高等学校理工科化学化工类规划教材

INORGANIC
AND ANALYTICAL CHEMISTRY

无机与分析化学

（第三版）

陈若愚 朱建飞 主 编

戎红仁 黄 薇 张致慧 赖梨芳 王红宁 程美玲 柳 娜
马 骁 刘 琦 王国平 吴大雨 陈若愚 朱建飞 编 者

大连理工大学出版社
Dalian University of Technology Press

图书在版编目(CIP)数据

无机与分析化学 / 陈若愚，朱建飞主编. --3 版
. --大连 ：大连理工大学出版社，2020.10(2023.8 重印)
ISBN 978-7-5685-2713-2

Ⅰ. ①无… Ⅱ. ①陈… ②朱… Ⅲ. ①无机化学－高等学校－教材②分析化学－高等学校－教材 Ⅳ. ①O6

中国版本图书馆 CIP 数据核字(2020)第 184617 号

大连理工大学出版社出版

地址:大连市软件园路 80 号 邮政编码:116023
发行:0411-84708842 邮购:0411-84708943 传真:0411-84701466
E-mail:dutp@dutp.cn URL:https://www.dutp.cn

辽宁星海彩色印刷有限公司印刷 大连理工大学出版社发行

幅面尺寸:185mm×260mm 印张:28.75 插页:1 字数:703 千字
2007 年 9 月第 1 版 2020 年 10 月第 3 版
2023 年 8 月第 3 次印刷

责任编辑:于建辉 责任校对:周 欢
封面设计:冀贵收

ISBN 978-7-5685-2713-2 定 价:58.00 元

第三版前言

“无机与分析化学”通常开设在大学化学类课程的第一学期，是与中学化学教学内容衔接最密切的化学专业基础课，也是化学化工类、材料科学类、环境科学类、制药与生物类、医学与药学类专业的重要专业基础课程。

以工科为特色的培养体系具有学科交叉融合和课程整体优化的特点，期望为学生提供较为综合的学科基础知识，为解决后续复杂的工程问题奠定基础。我们按照这个思路，在试用讲义的基础上，经过多年教学改革实践，将“无机化学”“分析化学”“物理化学”“仪器分析”等课程内容进行了整合优化，并参考了中学化学教学大纲的变化，于 2007 年出版了《无机与分析化学》(第一版)。本书出版后，得到了用书院校的积极反馈，大家一致认为本书通用型较强，内容简洁实用，比较符合工科院校现有的教学大纲和教学学时要求。2011 年，本书被评为“江苏省精品教材”。2013 年，我们根据使用教师的反馈意见，又对教材进行了较大幅度的修改，在保留第一版教材特色的基础上，对酸碱理论、电极电势等重点教学内容进行了重新整合，并整合了元素部分，以便使学生能较快掌握课程体系，使教师根据教学学时灵活安排教学内容，形成了《无机与分析化学》(第二版)。

近年来，信息技术与教育教学深度融合，以慕课为代表的大规模在线开放课程的兴起，打破了教育的时空界限，也让传统大学课堂教与学的方式发生了翻天覆地的变化。同时，高校国际化步伐加快，高校学生与国外留学生在专业和课程上的交流越来越多，而且，越来越多的本科生走进实验室，参与教师的科研活动。为了适应高等教育的新形势，我们在保持本书第二版特色和整体结构的基础上，进行了再次修订。在本次修订过程中，我们主要进行了如下修改和调整：

(1)尝试建设“立体化”教材。将教材相关章节课程慕课以二维码的形式引入相应章节，便于学生随时随地通过网络学习课程教学内容和检索教学知识，培养学生进行自主式、探索式和协作式学习，也有利于教师进行课堂教学交流，不断完善教学内容。

(2)尝试建设“国际化”教材。为标题及重要概念和名词添加相应的英文，并在书后增加了关键词索引，便于学生了解和掌握与课程相关的英文专业词汇，有利于学生的文献阅读和与留学生之间的课程和专业交流。

(3)对有关章节的内容进行了少量调整。考虑到目前高考选考科目的变化趋势，强化了第 2 章化学平衡的教学内容，增加了与水溶液相关的例题和习题；第 3 章增加了与实验密切相关的习题，调整了部分内容；第 4 章对 pH 计算的教学内容进行了重新编排，突出了实际工作中常用的 pH 近似计算内容，对酸碱滴定的相关章节部分进行了整合，增加了应用实例；第 6 章修改了部分描述；第 7、8 章内容较为抽象，大幅增加了思考题和习题，以便于学生对课程内容的练习和掌握；第 9 章增加了部分对应概念的例题。

(4)改写了两部分拓展阅读的内容：锂电池和 MOFs，使学生能了解当前无机化学和无机材料学科研究的最新热点。

(5)对全书的文字表述及印刷错误进行了修改。

参加本书第三版修订工作的有：黄薇(录制了所有慕课视频)，张致慧、王红宁(英文词条)，戎红仁、刘琦(第 6、9 章)，赖梨芳(第 2 章)，陈若愚(第 7、8 章)，程美玲(第 3 章和第 9 章拓展阅读)、马骁(第 10 章拓展阅读)、柳娜(第 4 章)、朱建飞(全书的文字表述及印刷错误)。王国平和吴大雨参与了教材修改大纲的制订，全书由陈若愚统稿并定稿。

在本书修订过程中，参阅了已出版的相关教材，并引用了一些图表和数据，特在此说明，并向这些教材的编者致谢。

限于编者的学识水平，书中错误与不妥之处在所难免，希望使用教材的教师和同学提出宝贵意见，使教材更加完善。

编　者

2020 年 10 月于常州

所有意见和建议请发往：dutpbk@163.com
欢迎访问高教数字化服务平台：https://www.dutp.cn/hep/
联系电话：0411-84708462　84708445

第二版前言

本书第一版自2007年出版至今已过6载，在这6年中，随着教学改革的不断深化，课程体系也在不断地调整。“无机与分析化学”作为工科高等学校的专业基础课，所担当的培养学生创新能力、实践能力和自学能力的任务和要求也相应提高。为了适应这种新的形势，同时考虑到无机化学、分析化学学科的发展以及中学化学教学大纲的变化，我们对本书进行了修订。

本次修订保留了第一版的基本特色：

(1)从学生角度来看，第一版教材充分注意到了与中学化学课程的衔接，由浅入深，循序渐进。既有利于学生掌握教学大纲要求的内容，又能培养学生的自主学习能力。

(2)从教师角度来看，第一版教材将无机化学的“四大平衡”与分析化学的化学分析有机结合，构成了一个完整的知识体系，较好地解决了教学内容与教学学时之间的矛盾。

本次修订注意贯彻以下指导原则：

(1)突出“以学生为主”教学理念

无机与分析化学是工科高等学校化工、材料等专业学生的第一门专业基础课。大学一年级学生面临从中学生到大学生的角色转换问题，我们充分注意与中学化学课程的衔接，力求帮助学生尽快掌握学习方法，提高自主学习能力。

(2)构建“大工程观”教学体系的基础，突出工科特色

“大工程观”教学体系目标是培养高质量工程应用人才，我们突出工科特色，不仅注重对学生基础理论知识的培养，更注重与专业知识的结合。

(3)体现环境保护意识，关注学科发展前沿

从“大工程观”教学体系的角度看，培养的人才不但应具有良好的专业素质，还应具有良好的社会责任感。要具有良好专业素质，就要求对学科发展前沿有一定的了解，而环境保护意识是社会责任感的基本要求。我们对这两方面的内容进行了整合。

(4)注重科学素质和创新能力的培养

注重术语和概念的正确性、法定计量单位的普及，并且增加例题和习题，以提高学生分析问题和解决问题的能力，为培养学生的创新能力打下基础。

本次修订在贯彻以上指导原则的基础上，还做了如下工作：第3章简化了定量分析的

一般程序，增加了测定数据的统计处理。第 4 章强化了酸碱质子理论，增加了酸碱电子理论和软硬碱理论；对弱酸（碱）的离解平衡进行了重新组合，增加了溶液的酸碱性和 pH；简化了 pH 的精确计算，强化了 pH 的近似计算；对酸碱滴定的内容进行了重新组合和增减。第 5 章增加了沉淀的生成。第 6 章对原电池和电极电势进行了增减，对电极电势的应用进行了重新组合；改写了高锰酸钾法的应用，增加了水体化学需氧量的测定；增加了碘量法的应用实例，增加了氧化还原滴定法的结果计算例题。第 8 章增加了离域 π 键。对第 10～12 章进行了较大的修改，并且增加了元素在自然界中的分布、元素的分类和在自然界中的存在形态、从自然界中提取元素单质的一般方法、清洁生产和绿色化学的内容。

参加本书第二版修订工作的有朱建飞（第 1、10～13 章）、赖梨芳（第 2、5 章）、程美玲（第 3 章）、王红宁（第 4 章）、戎红仁（第 6 章）、陈若愚（第 7、8 章）、刘琦（第 9 章）。蒋海燕校验了各章例题、习题和图表。全书由陈若愚、朱建飞统稿并定稿。

在本书修订过程中，参阅了已出版的相关教材，并引用了一些图表、数据，特在此说明，并向这些教材的编者致谢。

限于编者的学识水平，书中错误之处在所难免，欢迎读者批评指正。

编　者

2013 年 9 月于常州

第一版前言

“无机与分析化学”是大学化学专业的一门必修基础课程，是培养化学化工及化学近源专业，如生命科学、环境科学、医学、药学、轻工等专业工程技术人才所必需的整体知识结构的重要组成部分。同时本课程也是与中学化学教学内容关系最为密切的专业基础课程。

目前工科院校在基础化学课程设置上要充分考虑到学科的交叉与融合，课程的结构和内容则趋向于整体性的优化，为学生提供综合的知识背景，为复杂工程问题的解决奠定基础。本教材是在原来试用讲义的基础上，经过多年教学实践，将原有的“无机化学”“分析化学”“物理化学”“仪器分析”等课程内容进行整合编写而成的。教材中将原“无机化学”中热力学和动力学简介统一并入物理化学课程中（该部分一直是物理化学课程的重点之一），将原“分析化学”中仪器分析部分并入“仪器分析”课程，重点对化学分析和无机化学课程中的四大化学平衡进行整合，重新安排内容，形成有机的整体。教材突出了两条主线：一是四大化学平衡的原理及其应用，改变了以往原理和应用分离的状况；二是以元素周期系为基础的元素结构、性质、反应及无机化合物的合成。教材内容经整合后，删除了原化学分析的原理重复部分，使内容更加紧凑，内容安排符合学生的认知规律。将化学分析课程内容重点放到分析方法和分析方案制定等实际应用上，更加贴近化学分析的特点，增强学生解决实际问题的能力。对原子结构和分子结构进行了精简，减少了过于深奥的理论部分，在分子结构部分加强了与后续课程“有机化学”的联系，体现了课程之间的联系和基础化学的整体思想。在实例的选择上注意了教材的通用性。本书适用于化学工程、材料科学和环境科学等专业。

参加本书编写的人员有：朱建飞（第 1、11、13 章），赖梨芳（第 2、5 章），佟惠娟（第 3、4 章），戎红仁（第 6 章），陈若愚（第 7、8 章），刘琦（第 9 章），王国平（第 10、12 章），蒋海燕校验了各章例题、习题和图表，全书由陈若愚和朱建飞统稿并最后定稿。江苏大学谢吉民教授审阅了全书，并提出了宝贵的意见。另外，在本书的编写过程中，参考了已出版的相关教材，并引用了一些图表、数据，特在此说明并向这些教材的作者致谢。

限于编者对教学改革的认识和理解，以及学识水平所限，书中谬误之处在所难免，欢迎读者批评指正。

编　者

2007 年 8 月于常州

目　录

· 扩展阅读 ·

第1章

绪 论

Introduction

化学是一门在原子、分子水平上研究物质的组成、结构、性质及其变化规律和变化过程中能量关系的科学。化学涉及自然界中的物质——地球上的矿物，空气中的气体，海洋里的水和盐，动物体内的化学物质以及人类创造的新物质，还涉及自然界的变化——因闪电而着火的树木，与生命有关的化学变化以及由化学家发明和创造的新变化。

化学是21世纪的中心科学，起着移上游学科之花，接下游学科之木的作用。社会发展的各个方面以及个人的衣、食、住、行都与化学密切相关(图1-1)。

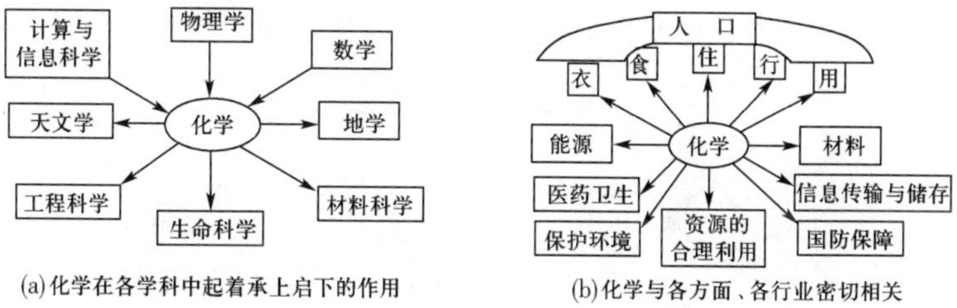

图1-1 化学是21世纪的中心科学

化学的研究范围极其广泛，无机化学、分析化学、有机化学和物理化学是四大基础化学，它们与其他学科交叉形成多种边缘学科：生物化学、生物无机化学、环境化学、农业化学、医学化学、材料化学、地球化学、放射化学、计算化学、高分子化学以及星际化学等。

无机化学是研究无机物的组成、结构、性质以及无机物反应与过程的科学。现代无机化学的形成以1870年前后门捷列夫(D. I. Mendeleev)和迈耶尔(J. L. Meyer)发现元素周期律和公布元素周期表为标志。无机化学对所有元素及其化合物及化学反应进行了实验研究和理论解释。制备和组装新物质、组装和加工新材料是无机化学研究的永恒目标，如高温超导材料Y-Ba-Cu-O(90 K)和Tl-Ba-Ca-Cu-O(125 K)的合成；尤其是C_{60}的碱金属化合物超导性的发现，为超导材料的发展开辟了一个新的空间。此外，还有Fe-Nd-B永磁材料的应用，无机非金属材料(如高温结构陶瓷Si_3N_4)的应用，砷化镓半导体材料的发展应用，气敏陶瓷材料的发展应用等。这些代表当今科技最前沿的发明创造都是以元素的性质和反应为基础的。无机材料的发展为无机化学理论的发展奠定了坚实的基础，例如，作为无机化学的最重要部分之一的配位化学，其研究对象已经不再局限于以共价键相结合的分子，超分子化学的发展为配位化学提供了广阔的空间。

无机化学是四大基础化学的基础，在化学的学习中，人们最先接触的是无机化学，主要研究酸碱反应、沉淀反应、配位反应、氧化还原反应的基本理论和实践，以及元素和物质结构的基础知识。

现代分析化学以化学平衡理论和近代物理理论为基础，研究获得物质化学组成、结构信息的方法及相关理论。分析化学分支形成最早，贝采里乌斯分析天平的使用和定量分析方法的建立标志着现代分析化学的形成。19 世纪初相对原子质量的准确测定，促进了分析化学的发展，这对相对原子质量数据的积累和元素周期律的发现都起到了很重要的作用。1841 年 J. J. Berzelius 的《化学教程》、1846 年 C. R. Fresenius 的《定量分析教程》和 1855 年 E. Mohr 的《化学分析滴定法教程》等著作相继出版，其中介绍的仪器设备、分离和测定方法，已初具今日化学分析的端倪。随着电子技术的发展，借助对物质的光学性质和电学性质的深入了解，现代分析化学已经建立了 X-射线衍射法、红外光谱法、紫外光谱法、核磁共振法等近代仪器分析方法，分析化学也从传统课题“有什么”和“有多少”发展到今天对物质的成分、价态、状态和结构的全方位分析。分析方法的灵敏度也不断提高，从常量分析（$>1\%$）到微量分析（$0.01\% \sim 1\%$），现已发展到痕量分析（$<0.01\%$），如对运动员的兴奋剂检测，尿样中某些药物浓度即使低达 $10^{-13}\ g \cdot dm^{-3}$，也可以被检测出来。现代分析化学不但包括传统分析方法，也包括现代仪器分析方法（图 1-2）。分析化学现在仍在不断发展：从静态分析到动态分析，从离线分析到在线分析，并向实时分析、活体内原位分析发展；灵敏度也向分子、原子级水平提高；分析仪器高度自动化、数字化、信息化和智能化。

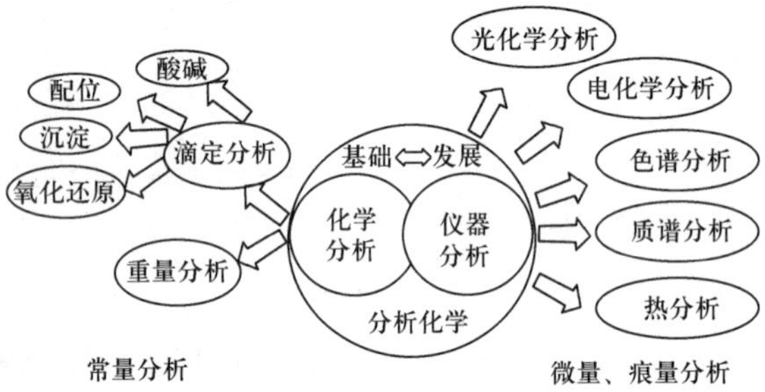

图 1-2　现代分析化学的分类

有机化学的结构理论和有机化合物的分类形成于 19 世纪下半叶。如 1861 年凯库勒（F. A. Kekule）提出碳的四价概念及 1874 年范特霍夫（van't Hoff）和勒贝尔（Lebel）的四面体学说，至今仍是有机化学最基本的概念之一，世界有机化学权威杂志就是由“Tetrahedron”（四面体）命名的。有机化学是最大的化学分支学科，它以碳氢化合物及其衍生物为研究对象，可以说有机化学就是“碳的化学”。医药、农药、染料、化妆品等无不与有机化学有关。在有机化学中有些小分子，如乙烯（C_2H_4）、丙烯（C_3H_6）、丁二烯（C_4H_6），在一定温度、压力和催化剂的条件下可以聚合成为相对分子质量为几万、几十万的高分子材料，这就是塑料、人造纤维、人造橡胶等，它们已经走进千家万户、各行各业。目前高分子材料的年产量已超过 1 亿吨，预计不久的将来其总产量将远远超过各种金属总产量之和。若按使用材料的主要种类来划分时代，人类在经历了石器时代、青铜器时代和铁器时代后，目前正在迈向高分子时代。现在已把高分子列为另一个化学分支学科——高分子化学。有机化学中另外一些小分子，如氨基酸、单糖则是构成生物体的蛋白质、DNA、纤维素的基础，它们是另一个化学分支学科——生物化学的研究对象。

物理化学是从化学变化与物理变化的联系入手，研究化学反应的方向和限度（化学热力学）、化学反应的速率和机理（化学动力学）以及物质的微观结构和宏观性质间的关系（结构化学）等问题，它是化学学科的理论核心。1887年奥斯特瓦尔德（W. Oswald）和范特霍夫合作创办了《物理化学杂志》，标志着这个分支学科的形成。随着电子技术、计算机、微波技术等的发展，化学研究如虎添翼，空间分辨率现已达 10^{-10} m，这是原子半径的数量级，时间分辨率已达飞秒级（1 fs＝10^{-15} s），这和原子世界里电子运动速度差不多。借助于仪器的延伸肉眼观察原子已经逐步成为现实，微观世界的原子和分子不再那么神秘莫测。

无机与分析化学是由化学学科的四大基础化学中的无机化学和分析化学中的化学分析部分合并而成的一门新课程。进入21世纪后，高等学校教学体制改革不断深化，教学思想、教学观念也不断转变。这些教学改革对基础化学教学的最直接影响就是教学学时数不断减少，使得教学内容与教学学时之间的矛盾十分突出。要化解这一矛盾，显然不能简单删减教学内容，因为无机化学和分析化学这两门课程经历数百年的发展，具备了完整的知识结构体系和严密的教学逻辑，教学内容的简单删减会破坏课程的系统性和教学的逻辑性，也会破坏学生知识结构的完整性。目前，解决这一矛盾的有效方法是对教学内容进行重新整合。考虑到在无机化学和分析化学这两门课程中，无机化学的四大平衡——酸碱平衡、配位平衡、氧化还原平衡和沉淀溶解平衡正是化学分析的酸碱滴定、配位滴定、氧化还原滴定、沉淀-溶解滴定和重量分析的基础，因此，将无机化学和分析化学中的化学分析部分合并，不但不会破坏课程的系统性和教学的逻辑性，而且避免了教学内容的重复，压缩了学时。教学内容由浅入深，从定性到定量，教学过程循序渐进，知识结构更具系统性。

无机与分析化学的知识结构体系可用两条主线和一些必备的基本概念概括：

第一条主线是与化学平衡有关的基础知识，主要内容是用化学平衡的基本概念讨论不同类型的化学反应，得到无机化学的四大平衡：酸碱平衡、沉淀溶解平衡、氧化还原平衡和配位平衡。然后讨论无机化学的四大平衡在分析化学中的应用，这就是以四大平衡为基础的四大滴定分析法：酸碱滴定法、沉淀-溶解滴定法、氧化还原滴定法和配位滴定法。

第二条主线是以物质结构初步知识和元素周期系为基础，讨论元素和化合物的结构与性质的关系、性质与用途的联系。主要内容有原子结构、化学键和分子结构、晶体结构、元素和化合物。

两条主线在内容上并不是完全独立的，它们之间有一定程度的相互渗透，如讨论酸碱理论、氧化还原的基本概念、配位化合物的基本知识等内容是在物质结构知识的基础上进行的，而讨论化合物的性质、制备往往离不开化学平衡的基础知识。

一些必备的基本概念指的是无机化学和分析化学中的最基本的常识和概念，它们中的许多已经在中学化学中有所涉及。无机化学的基本概念主要有酸碱理论、溶液的pH、溶解度、氧化和还原、元素周期律、离子键和共价键等；分析化学的基本概念主要有定量分析的一般程序、分析结果的表示方法、定量分析的误差、有效数字及其运算规则、可疑数据的取舍、分析结果的计算及其评价、标准溶液及其配制方法、酸碱指示剂的作用原理及选择原则、金属指示剂的作用原理及选择、氧化还原滴定的指示剂等。

第2章

化学平衡的基本概念

The Basic Concepts of Chemical Equilibrium

化学平衡是本课程基本理论的重要部分,它是后面有关章节所要讨论的各种平衡的理论基础。研究化学平衡,在理论和实践上都有着重要意义。

本章主要讨论化学平衡的基本概念、标准平衡常数及其意义以及影响化学平衡移动的主要因素。

2.1 可逆反应和化学平衡 Reversible reactions and chemical equilibrium

仅有少数化学反应的反应物(reactants)能全部转化成生成物(products),即反应能进行到底。例如

$$2KClO_3(s) \xrightarrow[\triangle]{MnO_2} 2KCl(s) + 3O_2(g)$$

在密闭容器中,这类反应的反应物能全部转化为产物。而 KCl 与 O_2 不能直接反应生成 $KClO_3$。像这种只能向一个方向进行的反应叫不可逆反应(irreversible reactions)。

大多数化学反应都是可逆的。例如,在密闭的容器中合成 NH_3,只要外界条件一定,无论经过多长时间,N_2 和 H_2 不可能完全转化为 NH_3。这是因为在 N_2 和 H_2 生成 NH_3 的同时,部分 NH_3 在同样的条件下又可以分解为 N_2 和 H_2。习惯上,把从左向右进行的反应叫正反应,把从右向左进行的反应叫逆反应。这种在同一条件下,既可以正向进行又可以逆向进行的反应称为可逆反应(reversible reactions)。可以表示为

$$N_2(g) + 3H_2(g) \rightleftharpoons 2NH_3(g)$$

在合成 NH_3 的反应中,在一定温度下,定量的反应物在密闭的容器中进行可逆反应,随着反应物的不断消耗,正反应速率逐渐降低,生成物浓度逐渐增加,逆反应速率逐渐增大,当反应进行到某一时刻,正、逆反应速率相等时,反应物和生成物的浓度不再随时间而发生变化,这种状态称为化学平衡(chemical equilibrium)。从宏观上看,反应似乎“终止”;从微观上看,正、逆反应仍在进行。反应达到的平衡是动态平衡。

达到平衡的化学反应有如下特点:

(1)达到平衡的化学反应前提是反应在一个密闭体系内进行。如果在水溶液中反应,且没有气体放出,可近似视为密闭体系。

(2)达到平衡时,正反应和逆反应速率相等,即 $v_{正}=v_{逆}\neq 0$,达到动态平衡。

(3)达到平衡时,各物质的浓度不再随时间而变化。

(4)当反应条件之一发生改变时,平衡被打破,原有的平衡状态(equilibrium states)就要发生变化,直到建立新的平衡。

判断化学反应是否达到平衡,这里以正、逆反应速率是否相等为判断依据,称为“化学平衡的速率标志”,化学平衡还有另一种判断依据,即“化学平衡的热力学标志”,将在后续课程中介绍。

2.2　平衡常数

Equilibrium constant

2.2.1　实验平衡常数 K_p 和 K_c

Experimental equilibrium constants K_p and K_c

视频

平衡常数

大量实验表明,任何可逆反应,不管起始状态如何,在一定的温度下达到平衡时,各生成物浓度以反应方程式中计量系数为指数的乘积与反应物浓度以反应方程式中计量系数为指数的乘积的比值是一个常数。例如,对于一般可逆反应:

$$mA+nB \rightleftharpoons pC+qD$$

在一定温度下,达到平衡时,各物质的浓度存在着如下关系:

$$K=\frac{[C]^p[D]^q}{[A]^m[B]^n}$$

K 称为平衡常数(equilibrium constant),上式为平衡常数的表达式。

平衡常数是化学反应的特征常数,K 的大小表示在一定条件下反应进行的程度。对于同类型的化学反应来讲,K 越大,反应物转化为产物的趋势越大。K 的大小与组分的起始浓度无关,与反应的本性和反应温度有关。对某一反应来讲,温度一定,平衡常数 K 为定值。

以上讨论的平衡常数是用平衡时各物质的浓度表示的,称为浓度平衡常数,用 K_c 表示。对于气相反应,在恒温恒容下,气体的分压与浓度成正比,因此,在平衡常数表达式中,可以用平衡时气体的分压来代替浓度,这样得到的平衡常数称为分压平衡常数,用 K_p 表示。如反应:

$$2SO_2+O_2 \rightleftharpoons 2SO_3$$

在一定温度下,达到平衡时,平衡常数可以表示为

$$K_c=\frac{[SO_3]^2}{[SO_2]^2[O_2]},\quad K_p=\frac{p^2(SO_3)}{p^2(SO_2)p(O_2)}$$

浓度平衡常数 K_c 和分压平衡常数 K_p 都是由实验测定得出的,因此又将它们合称为实验平衡常数或经验平衡常数。由于平衡常数表达式中各物质的浓度(或分压)都有单位,当反应前后非固体(或溶剂)的化学计量数不相等时,平衡常数也有单位。而且分压采用不同单位时,所得平衡常数的数值和单位也会不同,再加上同一化学反应既可以用浓度平衡常数来表

示，也可以用分压平衡常数来表示，很容易引起混淆。

2.2.2 标准平衡常数
Standard equilibrium constant

根据热力学函数计算得到的平衡常数称为标准平衡常数（standard equilibrium constant），又称为热力学平衡常数，用 $K^{\ominus}$ 表示。

比较标准平衡常数 $K^{\ominus}$ 与实验平衡常数 K_p 和 K_c，可以发现对溶液中的反应，其 $K^{\ominus}$ 与 K_c 数值上基本上是一致的，而气相反应的 $K^{\ominus}$ 与 K_p 的数值相差很大。研究表明，如果将平衡时各物质的浓度（或分压）除以其标准态的浓度（或分压）后，再按上述计算 K_p 和 K_c 的方法进行计算，计算结果与根据热力学函数计算得到的 $K^{\ominus}$ 数值上基本一致，而且解决了实验平衡常数的单位不统一的问题。所以，像实验平衡常数 K_p 和 K_c 一样，标准平衡常数 $K^{\ominus}$ 也可以根据平衡时各物质的浓度（或分压）来计算，计算公式称为标准平衡常数表达式，这里涉及物质的标准状态（standard states）问题。在热力学中对物质的标准状态（简称标准态）作了如下规定：

（1）气态物质的标准状态是指在任意温度（T）下、具有理想气体性质的纯气体，处于标准压力 $p^{\ominus}$ 下的状态。

（2）液体、固体物质的标准状态是指在任意温度（T）和标准压力（$p^{\ominus}$）下的纯液体、纯固体时的状态。

（3）溶液的标准状态是指在任意温度（T）和标准压力（$p^{\ominus}$）下，处于标准浓度（$c^{\ominus}=1.0\ \text{mol}\cdot\text{L}^{-1}$）的状态。

对于第（3）条规定中的标准浓度，严格地说，应当用质量摩尔浓度 $m^{\ominus}=1.0\ \text{mol}\cdot\text{kg}^{-1}$。对于稀溶液来说，质量摩尔浓度与体积摩尔浓度近似相等，所以这里用 $c^{\ominus}=1.0\ \text{mol}\cdot\text{L}^{-1}$ 作为标准浓度。

对于一个任意的气相可逆反应：

$$m\text{A(g)}+n\text{B(g)}\rightleftharpoons p\text{C(g)}+q\text{D(g)}$$

在一定温度下达到化学平衡，其标准平衡常数的表达式为

$$K^{\ominus}=\frac{(p_{\text{C}}^{\text{eq}}/p^{\ominus})^{p}(p_{\text{D}}^{\text{eq}}/p^{\ominus})^{q}}{(p_{\text{A}}^{\text{eq}}/p^{\ominus})^{m}(p_{\text{B}}^{\text{eq}}/p^{\ominus})^{n}} \tag{2-1}$$

对于溶液中的可逆反应：

$$m\text{A(aq)}+n\text{B(aq)}\rightleftharpoons p\text{C(aq)}+q\text{D(aq)}$$

其标准平衡常数的表达式为

$$K^{\ominus}=\frac{(c_{\text{C}}^{\text{eq}}/c^{\ominus})^{p}(c_{\text{D}}^{\text{eq}}/c^{\ominus})^{q}}{(c_{\text{A}}^{\text{eq}}/c^{\ominus})^{m}(c_{\text{B}}^{\text{eq}}/c^{\ominus})^{n}} \tag{2-2}$$

因为 $c^{\ominus}=1.0\ \text{mol}\cdot\text{L}^{-1}$，所以式（2-2）经常简写成

$$K^{\ominus}=\frac{[\text{C}]^{p}[\text{D}]^{q}}{[\text{A}]^{m}[\text{B}]^{n}} \tag{2-3}$$

式中 [C]\,[D]\,[A]\,[B]——平衡时物质 C、D、A、B 的相对浓度。

推而广之，对于一般的可逆化学反应：

$$aA(g)+bB(aq)+cC(s)\rightleftharpoons xX(g)+yY(aq)+zZ(l)$$

在一定温度下反应达到平衡，标准平衡常数的通式可写成

$$K^{\ominus}=\frac{(p_X^{eq}/p^{\ominus})^x[Y]^y}{(p_A^{eq}/p^{\ominus})^a[B]^b} \tag{2-4}$$

可以看到，标准平衡常数不但能够从热力学函数计算得到，还可以根据平衡时组分的浓度（或分压）计算得到，而且使用标准平衡常数能够避免一些混乱。所以，本书使用的平衡常数都是标准平衡常数。

在应用标准平衡常数的过程中，应注意以下几点：

(1)因为压力和浓度除以了各自的标准态，所以 $K^{\ominus}$ 是量纲一的量。

(2)标准平衡常数 $K^{\ominus}$ 的数值不随浓度（或分压）的变化而变化，它仅是温度的函数。

(3)标准平衡常数表达式中各物质的浓度（或分压）都是指平衡状态时的浓度（或分压）。

(4)在标准平衡常数表达式中，通常将生成物的浓度（或分压）写在分式的分子上，反应物的浓度（或分压）写在分式的分母上，式中每种物质的浓度（或分压）的幂就是化学方程式中该物质的计量系数。

(5)若同一反应的化学方程式写法不同，则标准平衡常数不同。例如，合成氨反应

$$N_2(g)+3H_2(g)\rightleftharpoons 2NH_3(g)$$

$$K_1^{\ominus}=\frac{[p^{eq}(NH_3)/p^{\ominus}]^2}{[p^{eq}(N_2)/p^{\ominus}][p^{eq}(H_2)/p^{\ominus}]^3}$$

若将上述反应写成

$$\frac{1}{2}N_2(g)+\frac{3}{2}H_2(g)\rightleftharpoons NH_3(g)$$

则

$$K_2^{\ominus}=\frac{[p^{eq}(NH_3)/p^{\ominus}]}{[p^{eq}(N_2)/p^{\ominus}]^{\frac{1}{2}}[p^{eq}(H_2)/p^{\ominus}]^{\frac{3}{2}}}$$

显然

$$(K_1^{\ominus})^{\frac{1}{2}}=K_2^{\ominus}$$

(6)标准平衡常数表达式中，反应体系中纯固体、纯液体及稀溶液中水的浓度不表达。例如

$$CaCO_3(s)\rightleftharpoons CaO(s)+CO_2(g)$$

$$K^{\ominus}=[p^{eq}(CO_2)/p^{\ominus}]$$

$$Hg(l)\rightleftharpoons Hg(g)$$

$$K^{\ominus}=[p^{eq}(Hg)/p^{\ominus}]$$

$$NH_3(aq)+H_2O(l)\rightleftharpoons NH_4^+(aq)+OH^-(aq)$$

$$K^{\ominus}=\frac{[NH_4^+][OH^-]}{[NH_3]}$$

化学平衡是无机化学四大平衡（酸碱平衡、沉淀溶解平衡、氧化还原平衡和配位平衡）计算的基础，正确理解和掌握不同类型化学标准平衡常数的表示及计算，在无机化学的学习中至关重要，它会影响到本课程及后续课程的学习。四大平衡主要讨论水溶液中的化学平衡，

因此本教材主要介绍水溶液中标准平衡常数的表示方法。

【例 2-1】 写出下列各反应的标准平衡常数表达式。

(1) $MgNH_4PO_4(s) \rightleftharpoons Mg^{2+}(aq) + NH_4^+(aq) + PO_4^{3-}(aq)$

(2) $HgI_2(s) + 2I^-(aq) \rightleftharpoons HgI_4^{2-}(aq)$

(3) $Sn^{2+}(aq) + 2Fe^{3+}(aq) \rightleftharpoons Sn^{4+}(aq) + 2Fe^{2+}(aq)$

(4) $MnO_4^-(aq) + 5Fe^{2+}(aq) + 8H^+(aq) \rightleftharpoons Mn^{2+}(aq) + 5Fe^{3+}(aq) + 4H_2O(l)$

解 上述各反应的标准平衡常数表达式：

(1) $K^{\ominus} = [Mg^{2+}][NH_4^+][PO_4^{3-}]$

(2) $K^{\ominus} = \dfrac{[HgI_4^{2-}]}{[I^-]^2}$

(3) $K^{\ominus} = \dfrac{[Sn^{4+}][Fe^{2+}]^2}{[Sn^{2+}][Fe^{3+}]^2}$

(4) $K^{\ominus} = \dfrac{[Mn^{2+}][Fe^{3+}]^5}{[MnO_4^-][Fe^{2+}]^5[H^+]^8}$

2.3 多重平衡规则

Rules for multiple equilibria

从上面标准平衡常数的表达式可以推出一个非常有用的运算规则——多重平衡规则：几个反应相加（或相减）得到另一个反应时，则所得反应的标准平衡常数等于几个反应的标准平衡常数的乘积（或商）。例如

视频

多重平衡规则

$$\text{反应(3)} = \text{反应(1)} + \text{反应(2)}$$
$$K_3^{\ominus} = K_1^{\ominus} K_2^{\ominus}$$
$$\text{反应(4)} = 2\times\text{反应(1)} + 3\times\text{反应(2)} - 2\times\text{反应(3)}$$
$$K_4^{\ominus} = (K_1^{\ominus})^2 \times \frac{(K_2^{\ominus})^3}{(K_3^{\ominus})^2}$$

【例 2-2】 已知 25 ℃时，反应：

(1) $2BrCl(g) \rightleftharpoons Cl_2(g) + Br_2(g)$ $\qquad K_1^{\ominus} = 0.45$

(2) $I_2(g) + Br_2(g) \rightleftharpoons 2IBr(g)$ $\qquad K_2^{\ominus} = 0.051$

计算反应(3) $2BrCl(g) + I_2(g) \rightleftharpoons 2IBr(g) + Cl_2(g)$ 的标准平衡常数 $K_3^{\ominus}$。

解

$$\text{反应(1)} + \text{反应(2)} = \text{反应(3)}$$
$$K_3^{\ominus} = K_1^{\ominus} K_2^{\ominus} = 0.45 \times 0.051 = 0.023$$

在使用多重平衡规则时，要求所有化学反应都在同一温度下进行。多重平衡规则有很强的实用性。在多个平衡同时存在时，可以利用此规则由已知反应的标准平衡常数推导出目标反应的标准平衡常数。

2.4　标准平衡常数的应用

Application of standard equilibrium constants

很多实际的化学反应都涉及标准平衡常数的应用，利用标准平衡常数可以对化学反应进行定性判断，也可以对平衡状态的组分作定量计算。

视频

标准平衡常数的应用

2.4.1　判断化学反应的程度

Determining the degree of chemical reactions

从标准平衡常数的表达式可以看出，标准平衡常数表示化学平衡时生成物的分压（或浓度）与反应物的分压（或浓度）的关系。一般而言，$K^{\ominus}$ 越大，反应进行得越完全，当 $K^{\ominus}>10^5$ 时，一般可认为反应进行完全；当 $10^{-3}<K^{\ominus}<10^3$ 时，反应物只是部分地转化为生成物。

2.4.2　预测化学反应的方向

Predicting the direction of chemical reactions

对于一般的化学反应：

$$aA(g)+bB(aq)+cC(s)\rightleftharpoons xX(g)+yY(aq)+zZ(l)$$

$$K^{\ominus}=\frac{(p_X^{eq}/p^{\ominus})^x[Y]^y}{(p_A^{eq}/p^{\ominus})^a[B]^b}$$

温度一定时，上述反应的标准平衡常数就确定了，不会随反应物或生成物的浓度（或分压）的改变而改变。在反应未达到平衡状态的任意状态下，定义

$$Q=\frac{(p_X/p^{\ominus})^x[c(Y)]^y}{(p_A/p^{\ominus})^a[c(B)]^b} \tag{2-5}$$

Q 称为反应商（reaction quotient），反应商表达式中的浓度（或分压）与标准平衡常数 $K^{\ominus}$ 表达式中的浓度（或分压）不是一个概念。标准平衡常数 $K^{\ominus}$ 表达式中的浓度（或分压）是指平衡状态下的浓度（或分压），在一定温度下是唯一的。而反应商 Q 表达式中的浓度（或分压）是在任意状态下的浓度（或分压），从反应开始直到平衡状态，此浓度（或分压）随反应的进行而不断变化。因此，反应商 Q 是随状态不同而变化的。

利用反应商 Q 和标准平衡常数 $K^{\ominus}$ 的相对大小可以预测在任意状态下反应将要进行的方向，这个规则称为反应商判据：

$Q<K^{\ominus}$，反应正向进行（toward products）。

$Q=K^{\ominus}$，系统处于平衡状态（at equilibrium）。

$Q>K^{\ominus}$，反应逆向进行（toward reactants）。

化学平衡的过程就是反应商 Q 逐渐向标准平衡常数 $K^{\ominus}$ 趋近，最终相等的过程。

2.4.3 利用标准平衡常数计算化学平衡的组成 Calculating the composition of chemical equilibrium

许多重要的工程实际过程都涉及化学平衡，或需借助平衡产率衡量实践过程的完善程度。因此，掌握有关化学平衡的计算十分重要。有关平衡的计算过程应特别注意：

(1)写出配平的化学反应方程式，并注明物质的聚集状态。

(2)标明各物质的初始浓度、反应变化浓度、平衡时各物质的浓度(称“三步填空法”)。清楚明了，不易出错，易于检查。

(3)将各物质的平衡浓度代入标准平衡常数表达式。

对于可逆反应，反应不可能进行到底。也就是说，当反应达到平衡时，总会有部分反应物没有转化为生成物。我们定义转化率(conversion rate，α)来表示反应在理论上进行的完全程度

$$\alpha=\frac{\text{反应物已转化的量}}{\text{反应开始时该反应物的总量}}\times 100\% \tag{2-6}$$

【例 2-3】 在水溶液中硼酸与甘油进行反应：

$$H_3BO_3(aq)+C_3H_5(OH)_3(aq)\rightleftharpoons H_3BO_3\cdot C_3H_5(OH)_3(aq)$$

25 ℃时，$K^\ominus=0.90$。若以 0.1 mol·L^{-1} 硼酸与 1.5 mol·L^{-1} 甘油作用，求平衡时各物质的浓度和硼酸的转化率。

解 设有 x mol·L^{-1} H_3BO_3 转化。用三步填空法来分析平衡时反应物和生成物的浓度：

	$H_3BO_3(aq)$	$+C_3H_5(OH)_3(aq)$	$\rightleftharpoons H_3BO_3\cdot C_3H_5(OH)_3(aq)$
起始浓度/(mol·L^{-1})	0.1	1.5	0
变化浓度/(mol·L^{-1})	$-x$	$-x$	x
平衡浓度/(mol·L^{-1})	$0.1-x$	$1.5-x$	x

$$K^\ominus=\frac{[H_3BO_3\cdot C_3H_5(OH)_3]}{[H_3BO_3][C_3H_5(OH)_3]}=\frac{x}{(0.1-x)\times(1.5-x)}=0.90$$

$x=2.65$ mol·L^{-1}(不合理，舍去) 或 $x=0.057$ mol·L^{-1}

达到平衡时反应物和生成物的浓度分别为

$$[H_3BO_3]=0.043\ \text{mol}\cdot\text{L}^{-1},\quad [C_3H_5(OH)_3]=1.44\ \text{mol}\cdot\text{L}^{-1}$$

$$[H_3BO_3\cdot C_3H_5(OH)_3]=0.057\ \text{mol}\cdot\text{L}^{-1}$$

H_3BO_3 的转化率为

$$\frac{0.057}{0.1}\times 100\%=57\%$$

2.5　化学平衡的移动

Shifts of chemical equilibrium

视频

化学平衡的移动

化学平衡是在一定条件下建立的，当条件改变时，原来的平衡状态被破坏，反应向某一方向进行，直到重新达到平衡状态。对于可逆反应，因外界条件变化而从一种旧的平衡状态变化到另一种新的平衡状态的过程称为化学平衡的移动。影响化学平衡移动的因素有浓度、压力、温度等，这里仅讨论在水溶液中因反应物或生成物浓度变化引起的化学平衡的移动。

在其他条件不变的情况下，增大反应物的浓度或减小生成物的浓度，化学平衡向着正反应方向移动；增大生成物的浓度或减小反应物浓度，化学平衡向着逆反应方向移动。因浓度变化引起的化学平衡的移动可以用反应商判据来判断，即

若 $Q<K^{\ominus}$，反应向正方向进行；

若 $Q>K^{\ominus}$，反应向逆方向进行。

下面举例说明浓度的变化对化学平衡移动的影响。

【例 2-4】　反应 $Fe^{2+}(aq)+Ag^{+}(aq) \rightleftharpoons Fe^{3+}(aq)+Ag(s)$　$K^{\ominus}=3.2$。

(1)当 $c(Ag^{+})=1.00\times10^{-2}\ mol\cdot L^{-1}$，$c(Fe^{2+})=0.100\ mol\cdot L^{-1}$，$c(Fe^{3+})=1.00\times10^{-3}\ mol\cdot L^{-1}$时，反应向哪一方向进行？

(2)平衡时，Ag^{+}、Fe^{2+}、Fe^{3+}的浓度各为多少？

(3)Ag^{+}的转化率为多少？

(4)如果保持 Ag^{+}、Fe^{3+}的初始浓度不变，使 $c(Fe^{2+})$增大至 $0.300\ mol\cdot L^{-1}$，求 Ag^{+}的转化率。

解　(1)先计算反应商，判断反应方向。

$$Q=\frac{c(Fe^{3+})}{c(Fe^{2+})c(Ag^{+})}=\frac{1.00\times10^{-3}}{0.100\times1.00\times10^{-2}}=1.00<K^{\ominus}=3.2$$

反应向正反应方向进行。

(2)设有 $x\ mol\cdot L^{-1}\ Fe^{2+}$转化，则

	$Fe^{2+}(aq)$	$+\ Ag^{+}(aq)$	$\rightleftharpoons\ Fe^{3+}(aq)$	$+Ag(s)$
起始浓度/$(mol\cdot L^{-1})$	0.100	1.00×10^{-2}	1.00×10^{-3}	
变化浓度/$(mol\cdot L^{-1})$	$-x$	$-x$	x	
平衡浓度/$(mol\cdot L^{-1})$	$0.100-x$	$1.00\times10^{-2}-x$	$1.00\times10^{-3}+x$	

$$K^{\ominus}=\frac{[Fe^{3+}]}{[Ag^{+}][Fe^{2+}]}=\frac{1.00\times10^{-3}+x}{(0.100-x)(1.00\times10^{-2}-x)}=3.2$$

$$x=1.60\times10^{-3}\ mol\cdot L^{-1}$$

平衡时

$$[Ag^{+}]=8.40\times10^{-3}\ mol\cdot L^{-1}$$

$$[Fe^{2+}]=9.84\times10^{-2}\ mol\cdot L^{-1}$$

$$[Fe^{3+}]=2.60\times10^{-3}\ mol\cdot L^{-1}$$

(3)Ag^{+}的转化率

$$\alpha_1=\frac{1.60\times10^{-3}}{1.00\times10^{-2}}\times100\%=16\%$$

(4)设达到新的平衡时 Ag^+ 的转化率为 α_2，则

	$Fe^{2+}(aq)$	+	$Ag^+(aq)$	$\rightleftharpoons$	$Fe^{3+}(aq)$	$+ Ag(s)$
起始浓度/($mol\cdot L^{-1}$)	0.300		1.00×10^{-2}		1.00×10^{-3}	
变化浓度/($mol\cdot L^{-1}$)	$1.00\times10^{-2}\alpha_2$		$1.00\times10^{-2}\alpha_2$		$1.00\times10^{-2}\alpha_2$	
平衡浓度/($mol\cdot L^{-1}$)	$0.300-1.00\times10^{-2}\alpha_2$		$1.00\times10^{-2}(1-\alpha_2)$		$1.00\times10^{-3}+1.00\times10^{-2}\alpha_2$	

$$K^{\ominus}=\frac{1.00\times10^{-3}+1.00\times10^{-2}\alpha_2}{(0.300-1.00\times10^{-2}\alpha_2)[1.00\times10^{-2}(1-\alpha_2)]}=3.2$$

$$\alpha_2=43\%$$

思考题

2-1　什么是可逆反应？如何理解化学平衡是动态平衡？

2-2　什么是标准状态？在水溶液中标准状态的定义是什么？

2-3　应用标准平衡常数应注意哪些事项？

2-4　反应物和生成物浓度的变化如何影响化学平衡的移动？

2-5　利用标准平衡常数表达式来推导多重平衡规则是什么？

习　题

2-1　写出下列各反应的标准平衡常数表达式：

(1) $HAc(aq)+H_2O(l)\rightleftharpoons Ac^-(aq)+H_3O^+(aq)$

(2) $H_3PO_4(aq)\rightleftharpoons H_2PO_4^-(aq)+H^+(aq)$

(3) $Ca_3(PO_4)_2(s)\rightleftharpoons 3Ca^{2+}(aq)+2PO_4^{3-}(aq)$

(4) $2Fe^{3+}(aq)+2I^-(aq)\rightleftharpoons 2Fe^{2+}(aq)+I_2(s)$

(5) $Cr_2O_7^{2-}(aq)+H_2O\rightleftharpoons 2CrO_4^{2-}(aq)+2H^+(aq)$

(6) $Cu^{2+}(aq)+4NH_3(aq)\rightleftharpoons [Cu(NH_3)_4]^{2+}(aq)$

2-2　醋酸铵在水中存在着如下平衡：

$NH_3(aq)+H_2O(l)\rightleftharpoons NH_4^+(aq)+OH^-(aq)$　　$K_1^{\ominus}$

$HAc(aq)+H_2O(l)\rightleftharpoons Ac^-(aq)+H_3O^+(aq)$　　$K_2^{\ominus}$

$NH_4^+(aq)+Ac^-(aq)\rightleftharpoons HAc(aq)+NH_3(aq)$　　$K_3^{\ominus}$

$2H_2O(l)\rightleftharpoons H_3O^+(aq)+OH^-(aq)$　　$K_4^{\ominus}$

以上四个反应标准平衡常数之间的关系是(　　)。

A. $K_3^{\ominus}=K_1^{\ominus}K_2^{\ominus}K_4^{\ominus}$　　B. $K_4^{\ominus}=K_1^{\ominus}K_2^{\ominus}K_3^{\ominus}$

C. $K_3^{\ominus}K_2^{\ominus}=K_1^{\ominus}K_4^{\ominus}$　　D. $K_3^{\ominus}K_4^{\ominus}=K_1^{\ominus}K_2^{\ominus}$

2-3　已知在 823 K 和标准态时，

(1) $CoO(s)+H_2(g)\rightleftharpoons Co(s)+H_2O(g)$　$K_1^{\ominus}=67.0$

(2) $CoO(s)+CO(g) \rightleftharpoons Co(s)+CO_2(g)$　$K_2^\ominus=490$

计算在该条件下，反应(3) $CO_2(g)+H_2(g) \rightleftharpoons CO(g)+H_2O(g)$ 的 $K_3^\ominus$。

2-4　温度为 25 ℃时反应：

$$HCN(aq) \rightleftharpoons H^+(aq)+CN^-(aq) \quad K_1^\ominus=6.2\times10^{-10}$$

$$NH_3(aq)+H_2O(l) \rightleftharpoons NH_4^+(aq)+OH^-(aq) \quad K_2^\ominus=1.8\times10^{-5}$$

$$H_2O(l) \rightleftharpoons H^+(aq)+OH^-(aq) \quad K_3^\ominus=1.0\times10^{-14}$$

则反应 $NH_3(aq)+HCN(aq) \rightleftharpoons NH_4^+(aq)+CN^-(aq)$ 的 $K^\ominus$ 为多少？

2-5　已知反应：

(1) $FeS(s) \rightleftharpoons Fe^{2+}(aq)+S^{2-}(aq)$　$K_1^\ominus=6.3\times10^{-18}$

(2) $HgS(s) \rightleftharpoons Hg^{2+}(aq)+S^{2-}(aq)$　$K_2^\ominus=1.6\times10^{-52}$

计算用 FeS 处理含 Hg^{2+} 废水反应的标准平衡常数 $K_3^\ominus$，反应方程式如下：

$$FeS(s)+Hg^{2+}(aq) \rightleftharpoons HgS(s)+Fe^{2+}(aq)$$

根据计算结果简单说明用 FeS 处理含 Hg^{2+} 废水的可行性。

2-6　反应 $Fe^{3+}(aq)+I^-(aq) \rightleftharpoons Fe^{2+}(aq)+\frac{1}{2}I_2(s)$ 的标准平衡常数 $K^\ominus=1.0\times10^4$，当各物质都处于标准状态时，反应向哪个方向进行？

2-7　已知反应 $Zn(s)+Fe^{2+}(aq) \rightleftharpoons Fe(s)+Zn^{2+}(aq)$ 在 25 ℃时的标准平衡常数 $K^\ominus=4.4\times10^{10}$。若将过量极细的锌粉加入 Fe^{2+} 溶液，求平衡时 $Fe^{2+}(aq)$ 浓度与 $Zn^{2+}(aq)$ 浓度的比值，根据计算结果简单说明其意义。

2-8　反应 $Sn(s)+Pb^{2+}(aq) \rightleftharpoons Pb(s)+Sn^{2+}(aq)$ 的标准平衡常数 $K^\ominus=2.41$。

(1) 当 $c(Pb^{2+})=1.0\ mol\cdot L^{-1}$、$c(Sn^{2+})=0.10\ mol\cdot L^{-1}$ 时，反应向哪个方向进行？

(2) 平衡时，溶液中各离子的浓度为多少？

(3) Pb^{2+} 的转化率为多少？

2-9　已知反应：

(1) $AgCl(s) \rightleftharpoons Ag^+(aq)+Cl^-(aq)$　$K_1^\ominus=1.8\times10^{-10}$

(2) $AgBr(s) \rightleftharpoons Ag^+(aq)+Br^-(aq)$　$K_2^\ominus=4.1\times10^{-13}$

采用加入 KBr 溶液的方法，将 AgCl 沉淀转化为 AgBr 沉淀，反应方程式如下：

$$AgCl(s)+Br^-(aq) \rightleftharpoons AgBr(s)+Cl^-(aq)$$

试求：(1) 该反应的标准平衡常数。

(2) Br^- 的浓度是 Cl^- 的浓度多少倍，才可将 AgCl 沉淀转化为 AgBr 沉淀？

第3章

定量分析概论

Overview of Quantitative Analysis

3.1 概　述

Overview

分析化学的主要任务是确定物质的化学组成，测量各组分的含量以及表征物质的化学结构。分析化学主要由定性分析（qualitative analysis）和定量分析（quantitative analysis）两部分组成。定性分析的任务是鉴定物质的化学组成；定量分析的任务是测定物质中各组分的含量。在对物质进行分析时，通常先进行定性分析，确定物质的组成，然后再进行定量分析。本书主要讨论定量分析。

视频

定量分析概述

3.1.1 分析方法的分类

Classification of analysis methods

根据分析任务、分析对象、分析方法、操作方法和具体要求的不同，分析方法可分为不同的种类。

1. 根据分析任务分类

定性分析：鉴定物质由哪些元素、原子团或化合物组成。

定量分析：测定物质中有关组分的含量。

结构分析：研究物质的分子结构或晶体结构。

2. 根据分析对象分类

无机分析：分析对象是无机物。主要是鉴定物质的组成和测定各组分的含量。

有机分析：分析对象是有机物。分析的重点是官能团和结构。

3. 根据分析方法分类

化学分析：以化学反应为基础的分析方法。包括滴定分析法和重量分析法。

仪器分析：借助仪器测定试样的物理性质或物理化学性质来得出待测组分含量的方法。包括光学分析法、电化学分析法、色谱法、质谱法、核磁共振波谱法、电子探针法和离子探针微区法等。

4. 根据试样的用量及操作规模分类

常量分析：试样质量大于 0.1 g，试液体积大于 10.00 mL。

半微量分析：试样质量为 0.01～0.1 g，试液体积为 1.00～10.00 mL。

微量分析：试样质量为 0.1～1 mg，试液体积为 0.01～1.00 mL。

超微量分析：试样质量小于 0.1 mg，试液体积小于 0.01 mL。

通常根据待测组分含量高低的不同，又可粗略地分为常量组分分析（$>1\%$），微量组分分析（0.01%～1%）和痕量组分分析（$<0.01\%$）。但痕量组分分析不一定是微量分析，有时为了测定痕量成分，取样要在 1 kg 以上。

5. 根据分析工作的性质分类

例行分析：一般化验室日常教学、科研、生产中的分析；

仲裁分析：不同单位对分析结果有争议时，请权威部门进行的分析。

3.1.2　定量分析的一般程序

General procedures of quantitative analysis

定量分析的任务是测定物质中某种或某些组分的含量。分析试样的种类众多，组成不同，即使分析同样的组分所用的方法也不同，具体步骤自然不同。定量分析通常分为如下几个步骤。

1. 取样

根据分析对象是气体、液体还是固体，采用不同的取样方法，相应的样品都有国家标准可参考。在取样过程中最重要的是要使分析试样具有代表性。

2. 试样的分解

定量分析一般采用湿法分析（光谱分析、差热分析等除外），通常要求将干燥好的试样分解后转入溶液中，然后进行分离及测定。根据试样的性质不同分解的方法也不同。

选择分解方法时，要求试样分解完全，即被测组分应定量地转入溶液，并使其状态有利于测定；分解速度快；分解过程中避免引入干扰组分和被测组分；分离测定较顺利，同时对环境无污染或污染很小。

3. 干扰组分的掩蔽和分离

所测定的试样中常含有多种组分，有些共存组分对测定有干扰，应设法消除。使用掩蔽剂消除干扰在操作上简单易行，而寻找不到合适的掩蔽方法时，必须进行分离。

4. 测定

根据试样的组成、待测组分的性质、大致含量和对分析结果准确度的要求，选择合适的分析方法。熟悉各种方法的特点，根据它们在灵敏度、选择性及适用范围等方面的差别来正确选择适合不同试样的分析方法是本课程的重要内容之一。

5. 数据处理及结果评价

根据分析过程中有关反应的计量关系及分析测量所得的数据，计算试样中待测组分的含量。对测定结果及其误差分布情况，应用统计学方法进行评价。合理取舍实验数据，使实验结果得到最好的表达。

3.1.3 分析结果的表示
Representation of analysis results

1. 待测组分的化学表示形式

分析结果通常以待测组分实际存在形式的含量表示。例如，测得试样中氮的含量以后，根据实际情况，以 NH_3、NO_3^-、N_2O_5、NO_2^- 或 N_2O_3 等形式的含量表示分析结果。

如果待测组分的实际存在形式不清楚，则分析结果最好以氧化物(oxides)或元素形式的含量表示。例如，在矿石分析中，各种元素的含量常以其氧化物(如 K_2O、Na_2O、CaO、MgO、FeO、Fe_2O_3、SO_3、P_2O_5 和 SiO_2 等)形式的含量表示；在金属材料和有机分析中，常以元素(如 Fe、Cu、Mo、W 和 C、H、O、N、S 等)形式的含量表示。

在工业分析中，有时还用所需组分的含量表示分析结果。例如，分析铁矿石的目的是寻找炼铁的原料，这时就以金属铁的含量表示分析结果。

电解质溶液(electrolyte solutions)的分析结果常以其中存在的离子的含量表示。例如，以 K^+、Na^+、Ca^{2+}、Mg^{2+}、SO_4^{2-}、Cl^- 等的含量表示。

2. 待测组分含量的表示方法

(1)固体试样

固体试样中待测组分的含量通常以质量分数表示。试样中待测物质 B 的质量以 m_B 表示，试样的质量以 m_S 表示，它们的比称为物质 B 的质量分数，以 w_B 表示。即

$$w_B=\frac{m_B}{m_S}$$

在实际工作中，通常使用的百分号"%"是质量分数的一种表示方法。例如，某铁矿中含铁量 $w(Fe)=0.564\ 3$，可以表示为 $w(Fe)=56.43\%$。当待测组分含量非常低时，可采用 $\mu g\cdot g^{-1}$、$ng\cdot g^{-1}$ 和 $pg\cdot g^{-1}$ 来表示。

(2)液体试样

液体试样中待测组分的含量常用下列方式表示。

物质的量浓度(molarity)：表示单位体积溶液中所含待测组分 B 的物质的量，以 c_B 表示。即

$$c_B=\frac{n_B}{V}$$

式中 V——溶液的体积；

n_B——溶液中待测组分 B 的物质的量；

c_B 的单位为 $mol\cdot dm^{-3}$ 或 $mol\cdot L^{-1}$。

质量摩尔浓度(mass molality)：表示单位质量的溶剂中所含待测组分 B 的物质的量，以 b_B 表示。即

$$b_B=\frac{n_B}{m}$$

式中 m——溶剂的质量；

n_B——待测组分 B 的物质的量。

(3)气体试样

气体试样中常量或微量组分的含量通常以体积分数表示，即

$$\varphi_B = \frac{V_B}{V_S}$$

式中　φ_B——体积分数；

V_B——待测组分 B 的体积；

V_S——试样的体积。

3.2 定量分析中的误差

Errors in quantitative analysis

定量分析的目的是通过一系列的分析步骤获得被测组分的准确含量。但是，在实际测定过程中，即使采用最可靠的分析方法、最精密的仪器，由技术熟练的人进行多次分析也很难得到完全一致和绝对准确的测定结果。如果对标准试样进行测定，所得的结果也不一定与标准值完全相符。凡是测量就有误差，减少测量误差是分析工作的重点之一。因此，有必要了解实验过程中误差产生的原因及误差出现的规律，以便正确地表征分析结果。

3.2.1 误差的分类

Classification of errors

实验误差(error)是指测定结果与真实结果之间的差值。在定量分析中，对于各种原因导致的误差，根据其性质和来源的不同可以分为系统误差、偶然误差和过失误差。

视频

误差的分类

1. 系统误差

系统误差(systematic error)是由某种固定原因所造成的。它对分析结果的影响比较固定，具有重复性、单向性，其大小、正负在理论上是可以测定的，所以又称为可测误差。根据系统误差产生的原因，可将其分为以下几类。

(1)方法误差

方法误差是由分析方法本身所造成的。例如，在重量分析中，沉淀的溶解、共沉淀、灼烧时沉淀的分解或挥发等产生的误差；在滴定分析中，反应进行不完全、干扰离子的影响、化学计量点和滴定终点不符合及发生副反应等，导致测定结果偏高或偏低。

(2)仪器误差

仪器误差来源于仪器本身不够精确。如砝码的锈蚀或磨损、容量器皿的刻度和仪器刻度不准确等。

(3)试剂误差

试剂误差来源于试剂不纯。例如，试剂和蒸馏水中含有被测物质或干扰物质，使分析结果偏高或偏低。

(4)操作误差

操作误差是由于分析人员所掌握的操作方法与正确的操作方法有差别引起的。例如，

分析人员在称取试样时不规范导致试样吸湿，洗涤沉淀时洗涤过分或洗涤不充分，灼烧沉淀时温度过高或过低，称量沉淀时坩埚及沉淀没完全冷却等。

(5)主观误差

主观误差又称个人误差。这种误差是由分析人员本身的一些主观原因造成的。例如，分析人员在辨别滴定终点的颜色时，有时偏深，有时偏浅；在读取刻度值时，有时偏高，有时偏低等。在实际工作中，有的人还有“先入为主”的习惯，即在得到第一个测定值后，再读取第二个测量值时，主观上尽量使其与第一个测定值相符合，这样也容易引起主观误差。主观误差有时列入操作误差中。

2. 偶然误差

偶然误差(random error)是由一些随机的偶然原因造成的，又称随机误差。例如，测量时环境的温度、湿度和气压的微小波动等，仪器性能的微小变化，分析人员对各试样处理的微小差别等。这些不可避免的偶然原因，都将使分析结果在一定范围内波动，引起偶然误差。偶然误差具有不确定性，有时大有时小，有时正有时负，所以偶然误差是不可测的。在分析操作中，偶然误差又是不可避免的，不能通过校正而减小或消除。例如，一个有经验的人，进行很仔细的操作，对同一试样进行多次分析，得到的分析结果却不能完全一致，而是有高有低。

从表面上看，偶然误差的出现似乎很不规律。但在消除系统误差后，经多次测定，便可发现偶然误差的分布符合正态分布规律：

(1)绝对值相等的正误差和负误差出现的概率相同。

(2)绝对值小的误差出现的概率大，绝对值大的误差出现的概率小，绝对值很大的误差出现的概率非常小。

上述规律可用正态分布曲线表示，如图 3-1 所示。图中横坐标代表误差的大小，以总体标准偏差 σ 为单位，纵坐标代表偶然误差发生的概率。

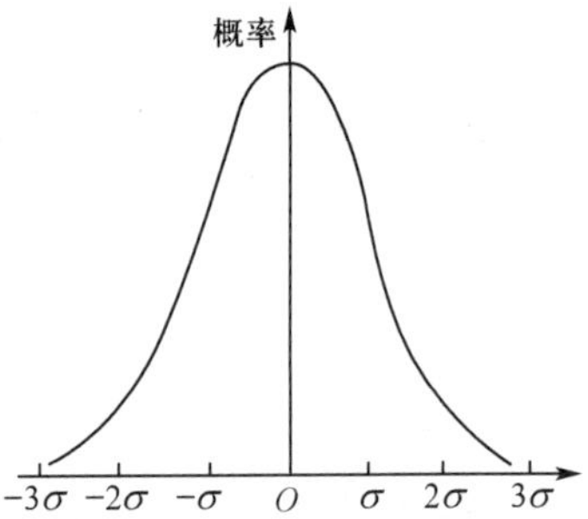

图 3-1 误差的正态分布曲线

由偶然误差的性质可知，随着测定次数的增加，偶然误差的算术平均值将逐渐接近于零。因此，多次测定结果的平均值更接近于真值。

3. 过失误差

过失误差是指分析人员工作中的差错，主要是由于分析人员的粗心或不按规则操作等原因造成的。例如，读错刻度、记录和计算错误及加错试剂等。在分析工作中，当出现很大误差时，应分析其原因，如确是过失所引起，则应在计算平均值时舍去。

要特别指出的是，一般情况下，数据的取舍应当由数理统计的结果来决定。

3.2.2 误差与准确度

Error and accuracy

视频

准确度、精密度

误差(E)是指测定值(x)与真实值(μ)之间的差值。即

$$E = x - \mu$$

实验结果的准确度(accuracy)是指测定值(x)与真实值(μ)之间的接近程度。因此,误差越小,表示测定值与真实值越接近,准确度越高;反之,误差越大,准确度越低。当测定值大于真实值时,误差为正值,表示测定结果偏高;反之,误差为负值,表示测定结果偏低。

真实值为某物理量本身具有的客观存在的真实数值。一般来说,真实值是未知的,但是下列情况的真实值可以认为是已知的。

(1)纯物质的理论值。如纯 NaCl 中 Cl 的理论含量:

$$\mu=\frac{A_r(\mathrm{Cl})}{M_r(\mathrm{NaCl})}=\frac{35.45}{58.44}\times 100\%=60.66\%$$

(2)计量学约定的真实值。如国际计量大会上确定的长度、质量、物质的量单位等。

(3)相对真值。有经验的人用可靠的方法多次测定的平均值,并确认已消除了系统误差。

误差可用绝对误差 E_a 和相对误差 E_r 表示。

绝对误差(absolute error)表示测定值与真实值之差。即

$$E_a=x-\mu$$

相对误差(relative error)表示误差在真实值中所占的百分率。即

$$E_r=\frac{x-\mu}{\mu}\times 100\%$$

例如,分析天平称量两物体的质量各为 1.638 0 g 和 0.163 7 g,假定两者的真实值分别为 1.638 1 g 和 0.163 8 g。则

两者的绝对误差分别为

$$E_{a1}=x_1-\mu_1=1.638\,0-1.638\,1=-0.000\,1$$

$$E_{a2}=x_2-\mu_2=0.163\,7-0.163\,8=-0.000\,1$$

两者的相对误差分别为

$$E_{r1}=\frac{x_1-\mu_1}{\mu_1}\times 100\%=-\frac{0.000\,1}{1.638\,1}\times 100\%=-0.006\%$$

$$E_{r2}=\frac{x_2-\mu_2}{\mu_2}\times 100\%=-\frac{0.000\,1}{0.163\,8}\times 100\%=-0.06\%$$

由此可知,绝对误差相等,相对误差并不一定相等。上例中第一个称量结果的相对误差为第二个称量结果相对误差的$\frac{1}{10}$。也就是说,同样的绝对误差,当被测定的质量较大时,相对误差就比较小,测定的准确度也就比较高。因此,用相对误差来表示测定结果的准确度更为确切。

3.2.3　偏差与精密度
Deviation and precision

并不是所有的真实值都为已知,对于不知道真实值的情况,可以用偏差的大小来衡量测定结果的好坏。

偏差(deviation,d)是指个别测定结果(x_i)与几次测定结果的平均值($\overline{x}$)之差。即

$$d=x_i-\overline{x}$$

精密度(precision)是指在确定条件下，对某一试样进行多次平行测定，所得结果相互接近的程度。

显然，偏差越大，测定结果的精密度越低；偏差越小，测定结果的精密度越高。一组测量数据中的偏差，必然有正有负，还有一些偏差可能为零。偏差同样也可用绝对偏差(或单次测定偏差)和相对偏差来表示。

(1)绝对偏差。一组平行测定值中单次测定值与算术平均值之差称为绝对偏差(absolute deviation)。

算术平均值：

$$\bar{x}=\frac{x_1+x_2+x_3+\cdots+x_n}{n}=\frac{1}{n}\sum_{i=1}^{n}x_i$$

$$d_1=x_1-\bar{x}$$

$$d_2=x_2-\bar{x}$$

$$\vdots$$

$$d_n=x_n-\bar{x}$$

$$\sum_{i=1}^{n}d_i=0$$

(2)相对偏差。偏差在算术平均值中所占的百分率称为相对偏差(relative deviation)。即

$$d_r=\frac{d_i}{\bar{x}}\times 100\%$$

绝对偏差和相对偏差只能评价相应的单次测量值之间的偏离程度，不能表示一组测量值中各测量值之间的分散程度，即不能评价精密度。测定结果的精密度用平均偏差、相对平均偏差和标准偏差、相对标准偏差来衡量。

(3)平均偏差。各单次测量值的绝对偏差的绝对值的算术平均值称为平均偏差(average deviation)，用 $\bar{d}$ 表示。

$$\bar{d}=\frac{|d_1|+|d_2|+\cdots+|d_n|}{n}=\frac{1}{n}\sum_{i=1}^{n}|d_i|=\frac{1}{n}\sum_{i=1}^{n}|x_i-\bar{x}|$$

(4)相对平均偏差。平均偏差在测量值的平均值中所占的百分率称为相对平均偏差，用 $\bar{d}_r$ 表示。

$$\bar{d}_r=\frac{\bar{d}}{\bar{x}}\times 100\%$$

(5)标准偏差。在无系统误差的前提下，当测定次数趋于无穷大时，总体的平均值 μ 可视为真实值，因此，单次测量值的偏差可视为误差，即

$$E_a=x_i-\mu$$

总体标准偏差 σ 可表示为

$$\sigma=\sqrt{\frac{\sum_{i=1}^{n}(x_i-\mu)^2}{n}}$$

在实际实验中，只作有限次测定，相对应的标准偏差称为样本标准偏差(standard deviation)，用 S 表示。

$$S=\sqrt{\frac{\sum_{i=1}^{n}(x_i-\overline{x})^2}{n-1}}$$

式中　$n-1$——自由度，指在 n 次测定中只有 $n-1$ 个可变的偏差。

(6)相对标准偏差(变异系数)。标准偏差在平均值中所占的百分率称为相对标准偏差(relative standard deviation)，用 S_r 或 CV 表示。

$$S_r=CV=\frac{S}{\overline{x}}\times 100\%$$

用平均偏差表示精密度比较简单，但由于在一系列的测定结果中，小偏差占多数，大偏差占少数，如果按总的测定次数求算术平均偏差，所得结果会偏小，大的偏差得不到应有的反映。而标准偏差是表示偏差的最好方法，其数学严格性高，可靠性大，能显示出较大的偏差，但需要足够多的测定次数。

【例 3-1】　有两组数据：(1)2.9，2.9，3.0，3.1，3.1；(2)2.8，3.0，3.0，3.0，3.2。分别计算其 $\overline{x}$、$\overline{d}$ 和 S。

解　(1)$\overline{x}=3.0$，　$\overline{d}=\frac{0.4}{5}=0.08$，　$S=0.1$。

(2)$\overline{x}=3.0$，　$\overline{d}=\frac{0.4}{5}=0.08$，　$S=0.14$。

计算结果说明，第(2)组数据的偏差较大。

3.2.4　准确度与精密度的关系

Relationship between accuracy and precision

准确度表示测定值与真实值接近的程度，用误差表示。精密度表示几次平行测定值之间的接近程度，用偏差表示。二者的关系如图 3-2 所示。

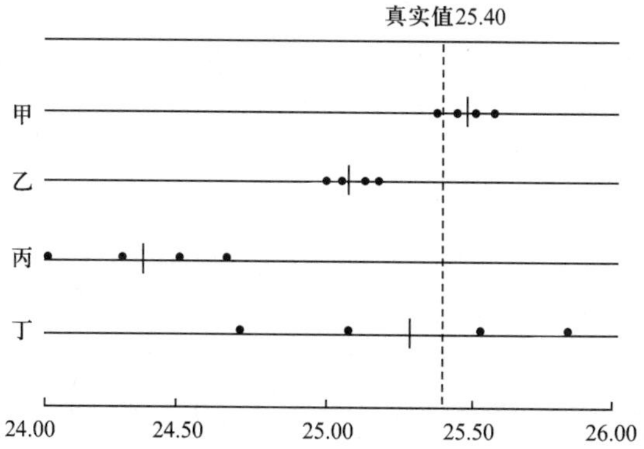

图 3-2　不同人分析同一试样中铁含量的结果(・表示个别测定值；| 表示平均值)

如图 3-2 所示为不同人分析同一试样中铁含量的结果。由图可见，甲测定结果的准确度和精密度都好，结果可靠；乙测定结果的精密度虽然很高，但准确度较低；丙测定结果的精密度和准确度都很差；丁测定结果的精密度很差，平均值虽然接近真实值，但这是由于大的正负误差相互抵消的结果，因此，这种结果也是不可靠的。

由此可见，精密度是保证准确度的必要条件。精密度好，准确度不一定好，可能有系统误差存在；精密度不好，衡量准确度就毫无意义。在确定消除了系统误差的前提下，精密度可以表示准确度。

3.2.5 测量误差的减免

Measurement error reduction

为了获得准确的分析结果，必须避免发生过失误差，消除系统误差，减少分析过程中的偶然误差。

视频

测量误差的减免

1. 选择合适的分析方法

各种分析方法的准确度和灵敏度是不同的。例如，重量分析法和滴定分析法的灵敏度虽然不高，但对于高含量组分的测定，能获得比较准确的分析结果。对于低含量组分的测定，重量分析法和滴定分析法的灵敏度达不到，而一般仪器分析法的灵敏度较高，相对误差虽然较大，因允许有较大的相对误差，所以采用仪器分析法比较合适。

2. 减小测量误差

任何分析方法都离不开测量，只有减小测量误差，才能保证分析结果的准确度。例如，在滴定分析中，需要称量和滴定，这时就应该设法减小称量和滴定两个步骤引起的误差。用一般的分析天平，以差减称量法进行称量，可能引起的最大绝对误差为±0.000 2 g，为了使测量的相对误差小于 0.1%，试样质量必须在 0.2 g 以上。在滴定分析中，滴定管读数有±0.01 mL 的绝对误差。在一次滴定中，可能造成最大的绝对误差为±0.02 mL，为了使测量的相对误差小于 0.1%，则消耗滴定剂的体积应控制在 20 mL 以上。在实际操作中，消耗滴定剂的体积可控制在 20～30 mL，这样既减小了测量误差，又节省了试剂和滴定时间。

3. 检查和消除系统误差

由于系统误差是由某些固定原因造成的，因此找出系统误差的来源就可消除系统误差。通常根据具体情况，可采用以下几种方法来检查和消除系统误差。

(1)做对照实验

做对照实验(control experiment)是检查是否存在系统误差的最有效方法。为了满足不同的需要，对照实验可分为：标样对照、标准方法对照和回收实验。标样对照：用已知含量的标准试样(或配制的试样)按所选用的测定方法，以同样的条件、同样的试剂进行测定，找出校正数据或直接在实验中纠正可能引起的误差。标准方法对照：对于同一试样分别用待检验方法和标准方法(国家标准局颁布的标准方法或公认的经典分析方法)进行测定，由不同人、不同实验室进行对照实验，如果对试样的组成不完全清楚，则可以采用加入回收法进行实验。回收实验：在测定试样某组分含量的基础上，加入已知量的该组分，再次测定其组分含量，由回收实验所得数据计算回收率。

$$回收率=\frac{x_3-x_1}{x_2}\times 100\%$$

式中 x_1——试样的初始含量；

x_3——试样的总含量；

x_2——试样的加入量。

由回收率的高低来判断有无系统误差存在。

(2)做空白实验

做空白实验(blank experiment)是指在不加试样的情况下，按照试样测定步骤和分析条件进行分析实验，所得结果称为空白值。从试样的测定结果中扣除此空白值，就可以消除由试剂、蒸馏水及器皿等引入的杂质所造成的系统误差。

(3)校准仪器

仪器不准引起的系统误差可通过校准仪器来减小。例如，在精确的分析过程中，要对滴定管、移液管、容量瓶、砝码等进行校正，并在计算结果时扣除校正值。

(4)校正方法

某些分析方法的系统误差可用其他方法直接校正。选用公认的校准方法与所采用的方法进行比较，从而确定校正系数，消除系统误差。例如，用电重量分析法测定纯度为99.9%以上的铜含量，因电解不完全而引起的系统误差，可用光度法测定溶液中未被电解的铜，将用光度法测得的结果加到电重量分析的结果中即可得到铜含量的准确结果。

4. 减小偶然误差

在消除系统误差的前提下，可采用适当增加平行测定次数，取其平均值的方法，来减小偶然误差。一般化学分析中，对同一试样，通常平行测定3～4次，以获得较准确的分析结果。

5. 过失误差的判断、可疑数据的取舍

在实际工作中，常常要对测定结果及其误差分布情况利用统计学方法进行评价处理。在实验中得到一组数据后，往往有个别数据与其他数据相差较远，这一数据称为可疑数据(suspicious data)，又称为异常值或极端值。可疑数据是保留还是舍去，应按一定的统计学方法进行处理。统计学处理可疑数据的方法有几种，下面重点介绍较简单的 Q 检验法、G 检验法和 $4\bar{d}$ 法。

视频

可疑数据的取舍

(1)Q 检验法

当测定次数 n 为3～10时，根据所要求的置信度(指测定值在一定范围内出现的概率)，按照下列步骤检验可疑数据是否应舍去。

①将各数据按递增的顺序排列：$x_1, x_2, \cdots, x_n$。

②求出最大数据与最小数据之差：$x_n - x_1$。

③求出可疑数据与其相邻数据之间的差：$x_n - x_{n-1}$ 或 $x_2 - x_1$。

④求出 $Q=\dfrac{x_n - x_{n-1}}{x_n - x_1}$ 或 $Q=\dfrac{x_2 - x_1}{x_n - x_1}$。

⑤根据测定次数 n 和要求的置信度(如90%)查表3-1得 $Q_{0.90}$。

⑥将 Q 与 $Q_{0.90}$ 相比较，若 $Q>Q_{0.90}$ 则弃去可疑值，否则应予以保留。

表 3-1 不同置信度下 Q 的值

测定次数 n	$Q_{0.90}$	$Q_{0.95}$	$Q_{0.99}$	测定次数 n	$Q_{0.90}$	$Q_{0.95}$	$Q_{0.99}$
3	0.94	0.98	0.99	7	0.51	0.59	0.68
4	0.76	0.85	0.93	8	0.47	0.54	0.63
5	0.64	0.73	0.82	9	0.44	0.51	0.60
6	0.56	0.64	0.74	10	0.41	0.48	0.57

(2)G 检验法

G 检验法(Grubbs 检验法)是目前应用较多、准确度较高的检验方法。具体步骤如下：

①计算包括可疑值在内的平均值 $\overline{x}$。

②计算可疑值和平均值之差 $x_q-\overline{x}$。

③算出包括可疑值在内的标准偏差 S。

④求出 $G=\dfrac{|x_q-\overline{x}|}{S}$。

⑤根据测定次数 n 和要求的置信度，查表 3-2 得 G 的临界值。

⑥若计算出的 G 大于 G 临界值，则该可疑值可以舍去。

表 3-2 G 检验临界值

测定次数 n	$G_{0.90}$	$G_{0.95}$	$G_{0.99}$	测定次数 n	$G_{0.90}$	$G_{0.95}$	$G_{0.99}$
3	1.15	1.15	1.15	7	1.94	2.02	2.14
4	1.46	1.48	1.50	8	2.03	2.13	2.27
5	1.67	1.71	1.76	9	2.11	2.21	2.39
6	1.82	1.89	1.97	10	2.18	2.29	2.48

【例 3-2】 在一组平行测定中，测得试样中钙的百分含量分别为：22.38%，22.39%，22.36%，22.40%，22.44%。试用 Q 检验法和 G 检验法判断 22.44%能否舍去。(要求置信度为 90%)

解 (1)Q 检验法

可疑数据为 x_n，则

$$Q=\frac{x_n-x_{n-1}}{x_n-x_1}=\frac{22.44\%-22.40\%}{22.44\%-22.36\%}=\frac{0.04\%}{0.08\%}=0.5$$

查表 3-1，$n=5$ 时，$Q_{0.90}=0.64$，$Q<Q_{0.90}$，所以 22.44%应予以保留。

(2)G 检验法

$\overline{x}=22.39\%$，$S=0.095\%$，则

$$G=\frac{|x_q-\overline{x}|}{S}=\frac{|22.44\%-22.39\%|}{0.095\%}=0.53$$

查表 3-2，$n=5$ 时，$G_{0.90}=1.67$，$G<G_{0.90}$，故 22.44 应保留，两种方法判断一致。

Q 检验法由于不必计算 $\overline{x}$ 及 S，故使用起来比较方便。Q 检验法在统计上有可能保留离群较远的值。置信度常选 90%，如选 95%，会使判断误差更大。判断可疑值用 G 检验法更好。

(3)4 $\overline{d}$法

根据正态分布规律，偏差超过 3σ(σ 为总体标准偏差)的个别测定值的概率小于0.3%，所以这一测定值通常可以舍去。而 $\delta=0.8\sigma$(δ 为测定次数无限多时的平均偏差)，$3\sigma\approx4\delta$，即偏差超过 4δ 的个别测定值可以舍去。

对于少量实验数据，只能用 S(样本标准偏差)代替 σ，用 $\overline{d}$(平均偏差)代替 δ。所以可粗

略地认为，偏差大于 $4\bar{d}$ 的个别测定值可以舍去。这样处理存在较大的误差，但是这种方法比较简单，不必查表，至今仍为人们所采用。当 $4\bar{d}$ 法与其他检验法矛盾时，应以其他方法为准。

用 $4\bar{d}$ 法判断可疑数据的取舍时，首先要求出除了可疑数据以外的其余数据的平均值和平均偏差 $\bar{d}$，然后将可疑数据与平均值进行比较，如差的绝对值大于 $4\bar{d}$，则将可疑数据舍去，否则应予保留。

【例 3-3】　测定某药物中钴的含量(10^6 g·L^{-1})，测得结果为 1.25，1.27，1.31，1.40。试问 1.40 这个数据是否应予保留？

解　首先不计可疑数据 1.40，求得其余数据的平均值和平均偏差为

$$\bar{x}=\frac{1.25+1.27+1.31}{3}=1.28$$

$$\bar{d}=\frac{\sum_{i=1}^{n}|x_i-\bar{x}|}{n}=\frac{|1.25-1.28|+|1.27-1.28|+|1.31-1.28|}{3}=0.023$$

可疑数据与平均值差的绝对值为

$$|1.40-1.28|=0.12>4\bar{d}=0.092$$

故 1.40 这一数据应予舍去。

3.2.6　有限次测定数据的统计处理
Statistical processing of limited measurement data

无限多次的测量值的偶然误差服从正态分布(normal distribution)。而在实际实验中，测量次数都是有限次的，其偶然误差不服从正态分布，而服从 t 分布。t 分布与正态分布的区别及规律介绍如下。

1. t 分布

在实际分析工作中，通常都是进行有限次测量，只能求出样本的标准偏差 S，故用 S 替代正态分布的总体标准偏差 σ 来估计测量数据的分散情况。用 S 替代总体标准偏差 σ 时，测量值或其偏差不符合正态分布，这时需用 t 分布来处理。t 分布曲线(图 3-3)与正态分布曲线相似，只是由于测量次数少，数据的集中程度较小，分散程度较大，分布曲线的形状将变得较矮且较钝。

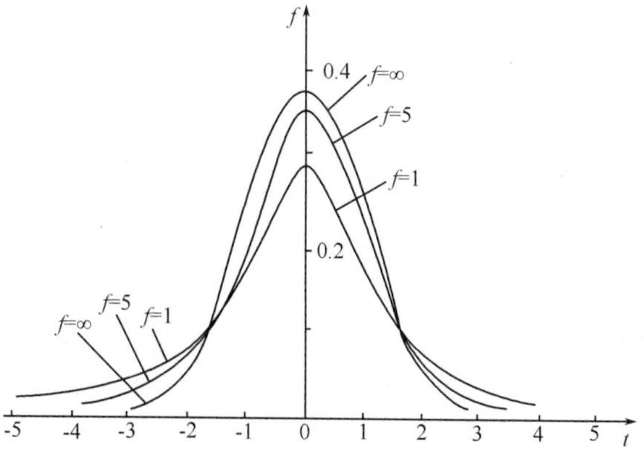

图 3-3　t 分布曲线

t 分布的统计量可按下式计算：

$$t=\frac{x-\mu}{S}$$

式中 t——以样本偏差 S 为单位的 $x-\mu$ 值。

t 分布曲线随 f（$f=n-1$）而改变，当 $f\to\infty$ 时，t 分布就趋近正态分布。t 分布曲线下面一定范围内的面积，就是该范围内测定值 x 出现的概率，对于 t 分布曲线，当 t 一定时，由于 f 不同，相应曲线所包括的面积不同，概率也就不同。不同 f 及其概率所对应的 t 见表 3-3。

表 3-3 t 检验临界值($t_{\alpha,f}$)表

f	t			f	t		
	双侧检验 $\alpha=0.10$	0.05	0.01		双侧检验 $\alpha=0.10$	0.05	0.01
	单侧检验 $\alpha=0.05$	0.025	0.005		单侧检验 $\alpha=0.05$	0.025	0.005
1	6.314	12.706	63.657	12	1.782	2.179	3.055
2	2.920	4.303	9.925	13	1.771	2.160	3.012
3	2.353	3.182	5.841	14	1.761	2.145	2.977
4	2.132	2.776	4.604	15	1.753	2.131	2.947
5	2.015	2.571	4.032	20	1.725	2.086	2.845
6	1.943	2.447	3.707	25	1.708	2.060	2.787
7	1.895	2.365	3.499	30	1.697	2.042	2.750
8	1.860	2.306	3.355	40	1.684	2.021	2.704
9	1.833	2.262	3.250	60	1.671	2.000	2.660
10	1.812	2.228	3.169	∞	1.645	1.960	2.576
11	1.796	2.201	3.106		(μ)	(μ)	(μ)

用 P 表示置信概率（也称为置信度），它表示在某一 t 时，测定值 x 落在 $\mu\pm tS$ 范围内的概率；测量值 x 落在 $\mu\pm tS$ 范围之外的概率为 $1-P$，称为显著性水平、置信系数、显著性水准等，用 α 表示。双侧 t 检验如图 3-4 所示，单侧 t 检验如图 3-5 所示。由于 t 与 α、f 有关，故引用时需加脚注，用 $t_{\alpha,f}$ 表示。

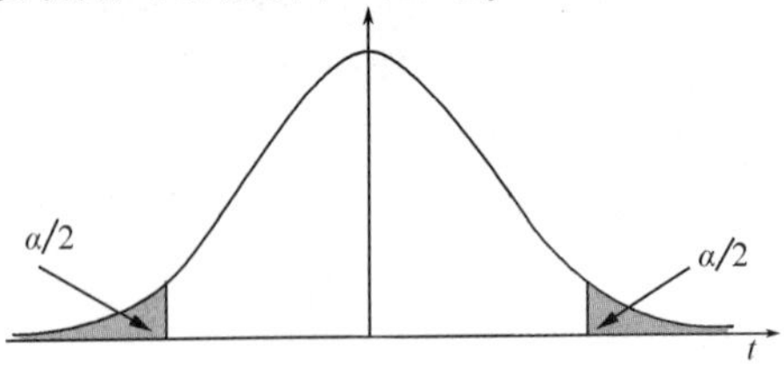

图 3-4 双侧 t 检验的 α

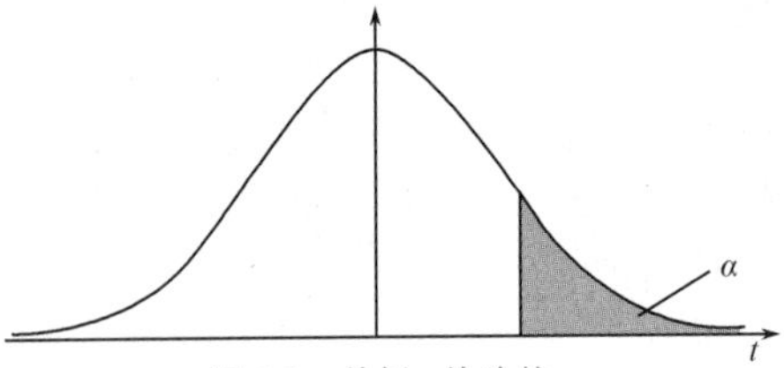

图 3-5 单侧 t 检验的 α

2. 置信区间

以测量结果为中心，包括总体平均值 μ 在内的可信范围（$x\pm u\sigma$）称为置信区间。若对于少量测量取样，考虑到 σ 未知，可采用样本标准偏差 S 近似代替 σ，因此用样本平均值 $\bar{x}$ 估计 μ 的范围，如下式：

$$\mu=\bar{x}\pm tS/\sqrt{n}$$

置信区间的宽窄与置信度、测定值的精密度和测定次数有关，当测定值精密度越高（S 越小），测定次数越多（n 越大）时，置信区间越窄，即平均值越接近真值，平均值越可靠。

3. 显著性检验

在定量分析工作中，经常需要对两个样品或两种分析方法的分析结果的平均值与精密

度等量，对是否存在显著性差别作出判断。这些问题都是统计检验的内容，称为显著性检验、差别检验或假设检验。统计检验的方法很多，在定量分析中最常用的是 t 检验与 F 检验，分别用于检验两组分析结果是否存在显著的系统误差与偶然误差。

(1)t 检验

t 检验主要用于样本均值与标准值间的比较或两组有限次测量数据的样本均值的比较，考查是否存在统计学上的显著性差别。

①样本均值($\overline{x}$)与已知值(或标准值，μ)的比较——准确性检验

比如鉴定一个新的方法是否合理或对分析人员进行技术考核，可将测定的平均值与标准值(μ)用 t 检验法进行显著性检验。

t 检验时，先根据所得数据$\overline{x}$，μ，S 及 n，求出 t 值：

$$t=\frac{|\overline{x}-\mu|}{S}\sqrt{n}$$

然后与由表 3-3 查得的相应的 $t_{\alpha,f}$ 相比较。若 $t< t_{\alpha,f}$，可认为$\overline{x}$与 μ 之间不存在显著性差异，即不存在系统误差。也就是说，新方法是合理的，分析人员是合格的。若 $t>t_{\alpha,f}$，结论相反。

②同一试样两组数据的比较——系统误差的显著性检验

不同分析人员或同一分析人员采用不同方法分析同一试样，所得到的平均值($\overline{x}_1$ 和$\overline{x}_2$)一般是不相等的。欲判断这两组数据之间是否存在系统误差，亦可采用 t 检验法。

两组数据平均值的 t 检验为

$$t=\frac{|\overline{x}_1-\overline{x}_2|}{S_R}\sqrt{\frac{n_1\times n_2}{n_1+n_2}}$$

式中 S_R——合并标准偏差或组合标准偏差；

n_1，n_2——两组数据的测量次数，n_1，n_2 可以不等，但是不能相差悬殊。

若已知 S_1 和 S_2(两者大小需相当)，可以求出 S_R：

$$S_R=\sqrt{\frac{(n_1-1)S_1^2+(n_2-1)S_2^2}{n_1+n_2-2}}$$

求出统计量 t，与表 3-3 查得的 $t_{\alpha,f}$ 比较。若 $t<t_{\alpha,f}$，则两组数据间无系统误差，都是合理的；若 $t>t_{\alpha,f}$，说明两组数据间存在显著性差异。

(2)F 检验——精密度显著性检验

判断两个平均值是否有显著性差异时，首先要求这两个平均值的精密度没有大的差别，为此可采用 F 检验法进行判断。

F 检验又称为方差比检验：

$$F=\frac{S_1^2}{S_2^2}\quad(S_1>S_2)$$

计算时，规定大的方差为分子，小的方差为分母。求出的 F 与表 3-4 查出的 F_{α,f_1,f_2} 进行比较：若 $F<F_{\alpha,f_1,f_2}$，说明两组数据的精密度不存在显著性差异；反之，则说明两组数据的精密度存在显著性差异。

表 3-4　置信度为 95%时的 F(单边)

f_1 \ f_2	2	3	4	5	6	7	8	9	10	20	∞
2	19.00	19.16	19.25	19.30	19.33	19.36	19.37	19.38	19.39	19.40	19.50
3	9.55	9.28	9.12	9.01	8.94	8.88	8.84	8.81	8.78	8.66	8.53
4	6.94	6.59	6.39	6.26	6.16	6.09	6.04	6.00	5.96	5.80	5.63
5	5.79	5.41	5.19	5.05	4.95	4.88	4.82	4.78	4.74	4.56	4.36
6	5.14	4.76	4.53	4.39	4.28	4.21	4.15	4.10	4.06	3.87	3.67
7	4.74	4.35	4.12	3.97	3.87	3.79	3.73	3.68	3.63	3.44	3.23
8	4.46	4.07	3.84	3.69	3.58	3.50	3.44	3.39	3.34	3.15	2.93
9	4.26	3.86	3.63	3.48	3.37	3.29	3.23	3.18	3.13	2.94	2.71
10	4.10	3.71	3.48	3.33	3.22	3.14	3.07	3.02	2.97	2.77	2.54
20	3.49	3.10	2.87	2.71	2.60	2.51	2.45	2.39	2.35	2.12	1.84
∞	3.00	2.60	2.37	2.21	2.10	2.01	1.94	1.88	1.83	1.57	1.00

注　f_1 为方差大的数据的自由度；f_2 为方差小的数据的自由度($f=n-1$)

(3)使用显著性检验的注意事项

①两组数据的显著性检验

检验的顺序是先进行 F 检验，再进行 t 检验。先由 F 检验确认两组数据的精密度(或偶然误差)无显著性差异后，才能进行两组数据的平均值是否存在系统误差的 t 检验，否则会得出错误的判断。

②双侧检验与单侧检验

检验两个分析结果间是否存在显著性差异时，用双侧检验；检验某分析结果是否明显高于(或低于)某值时，则用单侧检验。

③置信区间 P 或显著性水平 α 的选择

t 与 F 的临界值随 α 的不同而不同，因此 α 的选择必须适当。α 选择太小，则放宽对差别要求的限度，容易把本来有差别的情况判断为没有差别；α 选择太大，则提高对差别要求的限度，容易把本来没有差别的情况判断为有差别。在分析化学中，通常以 $\alpha=0.05$ 或 $P=95\%$ 作为判断差别是否显著的标志。

【例 3-4】　两人分析同一试样，得出两组数据：

甲：1.26，1.25，1.22　$n_1=3$，$\bar{x}_1=1.24$，$S_1=0.021$

乙：1.35，1.37，1.33，1.34　$n_2=4$，$\bar{x}_2=1.35$，$S_2=0.017$

检验两组数据间是否存在系统误差。

解　先进行精密度比较，相差不大，继续进行 t 检验：

$$S_R=\sqrt{\frac{(n_1-1)S_1^2+(n_2-1)S_2^2}{n_1+n_2-2}}$$

$$=\sqrt{\frac{(3-1)\times 0.021^2+(4-1)\times 0.017^2}{3+4-2}}$$

$$=0.019$$

$$t=\frac{|\bar{x}_1-\bar{x}_2|}{S_R}\sqrt{\frac{n_1\times n_2}{n_1+n_2}}=\frac{|1.24-1.35|}{0.019}\sqrt{\frac{3\times 4}{3+4}}=7.58$$

查表 3-3 得 $t_{0.05,5}=2.571$。由于 $t>t_{0.05,5}$，说明两组数据间存在系统误差。

3.3　有效数字及其运算规则

Significant figures and rules for calculations

分析工作中实际能测量到的数字叫有效数字(significant figures)。它不仅表示数值的大小，也反映测量数据的精确度。例如，使用 50 mL 的滴定管滴定，最小刻度为 0.10 mL，所得到的体积读数为 25.87 mL，表示前三位是准确的，只有第四位是估读出来的，属于可疑数字。那么，这四位数字都是有效数字，它不仅表示滴定体积是 25.87 mL，而且说明计量的精确度为±0.01 mL。

视频

有效数字及其运算规则

3.3.1　确定有效数字的原则

Significant figures: rules for determination

在定量分析中，确定有效数字的一般原则如下：

(1)分析结果最后只保留一位可疑数字(suspicious figures)。

(2)0～9 都是有效数字，但 0 作为定位小数点位置时，不是有效数字，作为普通数字 0 是有效数字。例如，某标准物质的质量为 0.056 60 g，这一数据中，数字前面的“0”只起定位作用，与所取的单位有关，若以毫克为单位，则为 56.60 mg。数字后面的“0”是有效数字。

(3)首位数字为 8 或 9 时，可按多一位处理。例如，8.37 虽然只有三位数字，但可看作四位有效数字。

(4)不能因为改变单位而改变有效数字的位数。例如

$$2.3\ \text{L}=2.3\times10^{3}\ \text{mL},\quad 20.3\ \text{L}=2.03\times10^{4}\ \text{mL},\quad 1.0\ \text{mL}=0.001\,0\ \text{L}$$

(5)常数、系数等自然数的有效数字位数可以认为没有限制，例如 π、e 等常数。在分析化学计算中遇到的一些分数，如 H_2SO_4 与 NaOH 反应，物质的量比为 1∶2，因而 $n(H_2SO_4)=\frac{1}{2}n(\text{NaOH})$ (n 为物质的量)，这里的 $\frac{1}{2}$ 或者 2 可视为足够有效，其有效数字位数可以认为没有限制，不根据它来确定计算结果的有效数字位数。

(6)对数的有效数字的位数由小数部分(尾数)数字的位数决定。例如，pH=11.20，有效数字为两位，即 $c(H^+)=6.3\times10^{-12}$；pM=5.0 有效数字则为一位。

(7)分析化学中一些常用仪器的有效数字位数如下：

①分析天平称取试样的质量，0.132 5 g，四位。

②滴定管读取滴定剂的体积，10.25 mL，四位。

③量筒量取试剂的体积，40.0 mL，三位。

④移液管移取试剂的体积，25.00 mL，四位。

(8)分析实验计算结果需分情况对待

①当计算结果为质量分数时：当被测组分的含量 $w\geqslant10\%$ 时，保留四位有效数字；当 $1\%<w<10\%$ 时，保留三位有效数字；当 $w<1\%$ 时，保留两位有效数字。

②当计算结果为标准溶液的浓度时，保留四位有效数字。

③当计算结果为各种误差、偏差时,保留 1～2 位有效数字。

3.3.2 有效数字的修约

Significant figures: rules for rounding

在处理数据的过程中,涉及的各测量值的有效数字位数可能不同,因而需要按下面所述的修约规则确定各测量值有效数字的位数。各测量值有效数字的位数确定之后,就要将它后面多余的数字舍去,舍去多余数字的过程称为有效数字的修约(rounding)。目前,一般采用“四舍六入五成双”规则。

(1)“四舍六入五成双”规则规定,当测量值中被修约的数字等于或小于 4 时,该数字舍去;等于或大于 6 时进位;等于 5 时,如进位后末位数为偶数则进位,如进位后末位数为奇数则舍去。

【例 3-5】 将下列数字修约为四位有效数字。

0.105 74, 0.105 75, 0.105 76, 0.105 85, 0.105 851(修约前)

解 0.105 7, 0.105 8, 0.105 8, 0.105 8, 0.105 8(修约后)

(2)一次修约,即只允许对测量值一次修约到所需要的位数,不能分次修约。

例如,将 2.549 1 修约为二位有效数字,不能先修约为 2.55,再修约为 2.6,而应一次修约为 2.5。

平均值的有效数字位数通常与测量值相同,若测定次数较多且精密度较好,可多保留一位。若精密度不好,应舍到平均值标准偏差能影响到的那一位数。

3.3.3 有效数字的运算规则

Significant figures: rules for calculation

1. 加减法

几个数据相加或相减,有效数字位数的保留应以小数点后位数最少(即绝对误差最大)的数字为准。

例如 $0.0121+25.64+1.05782=?$

由于每个数据中最后一位数有 ±1 的绝对误差,即 0.012 1 的绝对误差为 ±0.000 1;25.64 的绝对误差为 ±0.01;1.057 82 的绝对误差为 ±0.000 01。其中 25.64 的绝对误差最大,在计算结果中总的绝对误差取决于该数,故有效数字位数根据该数来修约,使每个数小数点后的位数相同。即

$$0.01+25.64+1.06=26.71$$

2. 乘除法

在乘除法运算中,有效数字的位数应以几个数中有效数字位数最少(即相对误差最大)的数字为准。例如

$$\frac{0.1056\times 7.36\times 159.7}{0.2568\times 2\times 1000}=0.2417=0.242$$

其中,各数字的相对误差为(当计算结果为误差或者偏差时,保留 1～2 位有效数字)

$$\pm\frac{0.0001}{0.1056}\times 100\%=\pm 0.09\%$$

$$\pm\frac{0.01}{7.36}\times100\%=\pm0.14\%$$

$$\pm\frac{0.1}{159.7}\times100\%=\pm0.06\%$$

$$\pm\frac{0.0001}{0.2568}\times100\%=\pm0.04\%$$

由此可见，7.36 的相对误差最大，应以它为标准将其他各数均修约为三位有效数字，然后相乘除。

例如，按有效数字计算下列结果：

$$\frac{0.0324\times8.40\times2.12\times10^2}{0.006153}=9.38\times10^3$$

注　利用计算器或计算机进行运算时，运算前可不修约，运算后再修约。

【例 3-6】 称取三份 0.300 0 g 草酸($H_2C_2O_4\cdot2H_2O$)，溶于水后分别用 NaOH 溶液滴定至终点，消耗 NaOH 溶液分别为 22.59 mL、22.47 mL、22.52 mL，求该 NaOH 溶液的浓度，并完成下列表格。

编号	V(NaOH)/mL	$\frac{c(\text{NaOH})}{\text{mol}\cdot\text{L}^{-1}}$	$\frac{\bar{c}(\text{NaOH})}{\text{mol}\cdot\text{L}^{-1}}$	绝对偏差	平均偏差	相对平均偏差
1	22.59					
2	22.47					
3	22.52					

解　此滴定反应为

$$H_2C_2O_4\cdot2H_2O+2NaOH \xlongequal{\quad} Na_2C_2O_4+2H_2O$$

$$n(\text{NaOH})=2n(H_2C_2O_4\cdot2H_2O)$$

$$n(\text{NaOH})=c(\text{NaOH})\cdot V(\text{NaOH})$$

$$n(H_2C_2O_4\cdot2H_2O)=\frac{m(H_2C_2O_4\cdot2H_2O)}{M(H_2C_2O_4\cdot2H_2O)}$$

$$c(\text{NaOH})=\frac{2m(H_2C_2O_4\cdot2H_2O)}{M(H_2C_2O_4\cdot2H_2O)\cdot V(\text{NaOH})}$$

当 $V(\text{NaOH})=22.59$ mL 时，

$$c(\text{NaOH})=\frac{2\times0.3000}{126.1\times22.59\times10^{-3}}$$
$$=0.2106\ \text{mol}\cdot\text{L}^{-1}$$

同理

$$V(\text{NaOH})=22.47\ \text{mL 时}, c(\text{NaOH})=0.2117\ \text{mol}\cdot\text{L}^{-1}$$

$$V(\text{NaOH})=22.52\ \text{mL 时}, c(\text{NaOH})=0.2113\ \text{mol}\cdot\text{L}^{-1}$$

$$\bar{c}(\text{NaOH})=\frac{0.2106+0.2117+0.2113}{3}=0.2112\ \text{mol}\cdot\text{L}^{-1}$$

$$d_1=0.2106-0.2112=-0.0006$$

$$d_2=0.2117-0.2112=0.0005$$

$$d_3=0.2113-0.2112=0.0001$$

$$\bar{d}=\frac{|d_1|+|d_2|+|d_3|}{3}$$

$$=\frac{0.0006+0.0005+0.0001}{3}$$

$$=0.0004$$

$$\bar{d}_r=\frac{\bar{d}}{\bar{x}}\times 100\%=\frac{0.0004}{0.2112}\times 100\%=0.2\%$$

编号	$V(NaOH)/mL$	$\frac{c(NaOH)}{mol\cdot L^{-1}}$	$\frac{\bar{c}(NaOH)}{mol\cdot L^{-1}}$	绝对偏差	平均偏差	相对平均偏差
1	22.59	0.210 6		−0.000 6		
2	22.47	0.211 7	0.211 2	0.000 5	0.000 4	0.2%
3	22.52	0.211 3		0.000 1		

3.4 滴定分析法概述

Overview of titration analysis

滴定分析法(titration analysis)又称为容量分析法,是化学分析中重要的分析方法之一。按反应类型可分为酸碱滴定、配位滴定、氧化还原滴定及沉淀滴定四大类。它是将一种已知准确浓度的试剂溶液(标准溶液)滴加到被测物质溶液中(或是将被测物质溶液滴加到标准溶液中),直到所加试剂与被测物质按化学计量关系定量反应为止,然后根据试剂溶液的浓度和用量计算被测物质含量的分析方法。

在滴定分析中,将已知准确浓度的试剂溶液称为滴定液或标准溶液,滴定液滴加到被测溶液中的操作过程,称为滴定(titration);当滴加的滴定液与被测物质的物质的量之间正好符合化学反应式所表示的计量关系时,称反应到达化学计量点(stoichiometric point,简称计量点,以 sp 表示);在被测溶液中加入一种指示剂(indicator),利用它的颜色变化指示化学计量点的到来,指示剂恰好发生颜色变化的转变点,称作滴定终点(endpoint of titration,以 ep 表示)。滴定终点是实验测量值,而化学计量点是理论值,两者不一定恰好吻合,它们之间存在很小的差别,由此造成的分析误差称为终点误差。终点误差是滴定分析法误差的主要来源之一,其大小与指示剂的性能有关。应选择最合适的指示剂,以获得较为准确的分析结果。

滴定分析简便、快速,可用于测定很多种元素,特别是在常量分析中。由于它具有很高的准确度,常作为标准方法使用。

3.4.1 滴定分析法分类

Classification of titration analysis

按照所应用的化学反应不同,滴定分析法可分成以下四类。

1. 酸碱滴定法

酸碱滴定法(acid-base titration)是以质子转移反应为基础的一种滴定分析法。可用于测定酸、碱,其反应实质可用下式表示:

$$H^+ + B^- \rightleftharpoons HB$$

视频

滴定分析的方法及方式

2. 配位滴定法

配位滴定法(complexometric titration)是以配位反应为基础的一种滴定分析法。可用于测定金属离子，如用 EDTA 做配位剂，反应为

$$M^{n+} + Y^{4-} \rightleftharpoons MY^{n-4}$$

式中　M^{n+}——n 价金属离子；

Y^{4-}——EDTA 阴离子。

3. 氧化还原滴定法

氧化还原滴定法(redox titration)是以氧化还原反应为基础的一种滴定分析法。可用于对具有氧化还原性质的物质及某些不具有氧化还原性质的物质进行测定。如高锰酸钾法，反应式如下：

$$MnO_4^- + 5Fe^{2+} + 8H^+ = Mn^{2+} + 5Fe^{3+} + 4H_2O$$

4. 沉淀滴定法

沉淀滴定法(precipitation titration)是以沉淀反应为基础的一种滴定分析法。可用于对 Ag^+、CN^-、SCN^- 及卤素离子等的测定。如银量法，反应式如下：

$$Ag^+ + Cl^- = AgCl\downarrow$$

3.4.2　滴定分析法对化学反应的要求和滴定方式

The chemical reaction requirements and titration methods of titration analysis

1. 滴定分析法对化学反应的要求

适用于滴定分析的化学反应必须具备下列条件：

(1)反应必须定量地完成。即反应按一定的计量关系进行，无副反应，而且反应完全程度达到 99.9%以上。

(2)反应速率要快。对于反应速率慢的反应，有时可通过加热或加入催化剂来加速反应的进行。

(3)能用简单、可靠的方法确定滴定终点。

凡是能满足上述条件的反应都可以用直接滴定法。

2. 滴定方式

滴定分析中常用的滴定方式有下列几种：

(1)直接滴定法

用标准溶液直接滴定被测试样溶液，利用指示剂指示化学计量点的滴定方式称为直接滴定法。例如，用 HCl 标准溶液滴定 NaOH 溶液。直接滴定法是最常用和最基本的滴定方式。

(2)返滴定法

当反应速率较慢或待测物质为固体时，向待测物质的溶液中加入符合计量关系的标准溶液(即滴定剂)后，反应常常不能立即完成，此种情况下，可于待测物质的溶液中先加入一定量过量的滴定剂，待反应完全后，再用另一种标准溶液滴定剩余的滴定剂，这种方法称为

返滴定法。例如，测定工业纯 $CaCO_3$ 样品的含量时，可先加入过量的 HCl 标准溶液，待反应完全后，用 NaOH 标准溶液返滴定剩余的 HCl 溶液，这样反应完全而且有合适的指示剂。

（3）置换滴定法

先用适当的试剂与待测组分反应，使其定量地置换出另一种物质，再用标准溶液滴定这种物质，这种滴定方法称为置换滴定法。若被测物质与滴定剂不能定量反应，则可以用置换滴定法来完成测定。例如，Ag^+ 与 EDTA 形成的配合物不太稳定，不宜用EDTA直接滴定 Ag^+，可将过量的$[Ni(CN)_4]^{2-}$溶液加入到 Ag^+ 溶液中，Ag^+ 很快与$[Ni(CN)_4]^{2-}$中的 CN^- 反应，置换出等量的 Ni^{2+}，再用 EDTA 滴定 Ni^{2+}，从而求出 Ag^+ 的含量。

（4）间接滴定法

不能与滴定剂直接发生反应的物质，有时可以通过另外的化学反应间接地滴定。例如，用 $KMnO_4$ 溶液不能直接滴定 Ca^{2+}，可先用$(NH_4)_2C_2O_4$ 将 Ca^{2+} 沉淀为 CaC_2O_4，将得到的沉淀过滤、洗涤后，用 HCl 溶解，以 $KMnO_4$ 溶液滴定 $C_2O_4^{2-}$，从而间接地求出 Ca^{2+} 的含量。

3.4.3 标准溶液和基准物质

Standard solution and primary standard

在滴定分析中，把一种已知准确浓度的试剂溶液称为标准溶液（standard solution）。

视频

标准溶液和基准物质

1. 基准物质

任何滴定分析都离不开标准溶液，都是利用标准溶液的浓度和体积来计算待测组分含量的。能用于直接配制或标定标准溶液的物质称为基准物质（primary standard），基准物质应满足下列要求：

（1）试剂组成与化学式完全相符，若含结晶水，如 $Na_2B_4O_7 \cdot 10H_2O$ 等，其结晶水的含量应符合化学式。

（2）试剂的纯度足够高（质量分数在 99.9%以上）。

（3）性质稳定，不易与空气中的 O_2 和 CO_2 反应，亦不吸收空气中的水分。

（4）试剂最好有较大的摩尔质量，以减小称量时的相对误差。

常用的基准物质有纯金属、纯化合物，如，Ag、Cu、Zn、Cd、Si、Ce、Al、Co、Ni、Fe；NaCl、$K_2Cr_2O_7$、Na_2CO_3、As_2O_3、CaC_2O_4、邻苯二甲酸氢钾、硼砂等。它们的含量一般在 99.9%以上，甚至可达到 99.99%以上。

2. 标准溶液的配制

标准溶液的配制方法有直接配制法和间接配制法两种。

（1）直接配制法

准确称取一定量的基准物质，溶解后配制成一定体积的溶液，根据所称取物质的质量和溶液的体积，即可计算出该标准溶液的准确浓度。例如，称取 4.903 g $K_2Cr_2O_7$（基准物质），溶于水后，定容于 1 L 容量瓶中，即得 0.016 68 $mol \cdot L^{-1}$ $K_2Cr_2O_7$ 标准溶液。

（2）间接配制法（标定法）

有一些物质是不能直接配制成标准溶液的。如除了恒沸点的盐酸外，一般市售的盐酸中 HCl 含量有一定的波动。又如，NaOH 极易吸收空气中的二氧化碳和水，称得的质量不代表纯 NaOH 的质量。这种情况应采用间接配制法配制标准溶液。

首先粗略地称取一定量的物质或量取一定量体积的溶液，配制成接近于所需要浓度的溶液，然后用基准物质或另一种物质的标准溶液来测定其准确浓度。这种确定浓度的操作称为标定。

例如，欲配制 0.100 0 $mol \cdot L^{-1}$ NaOH 标准溶液，先配制成约为 0.1 $mol \cdot L^{-1}$ NaOH 溶液，然后用该溶液滴定经准确称量的邻苯二甲酸氢钾，根据两者完全作用时 NaOH 溶液的用量和邻苯二甲酸氢钾的质量，即可算出 NaOH 溶液的准确浓度。

3. 标准溶液浓度表示方法

(1)物质的量浓度

物质的量浓度指单位体积溶液中所含溶质的物质的量，简称浓度，单位为 $mol \cdot L^{-1}$。物质 B 的物质的量浓度为

$$c_B = \frac{n_B}{V}$$

物质的量的单位为摩尔(mol)，用符号 n 表示。该系统中所包含的基本单元数与0.012 kg 碳-12 的原子数目相等。基本单元可以是原子、分子、离子、电子或其他粒子，或者是这些粒子的某种特定组合。例如，硫酸的基本单元可以是 H_2SO_4，也可以是 $\frac{1}{2}H_2SO_4$。当用 H_2SO_4 作为基本单元时，98.08 g 硫酸的基本单元数与 0.012 kg 碳-12的原子数目相等，因而 H_2SO_4 的物质的量 $n=1$ mol；当用$\frac{1}{2}H_2SO_4$ 作为基本单元时，$n\left(\frac{1}{2}H_2SO_4\right)=2$ mol。因此，在提到系统中物质 B 的物质的量 n_B 和使用单位(mol)时，必须注明基本单元，否则就没有意义。使用浓度、摩尔质量等物质的量的导出单位时，也必须指出基本单元。

物质 B 的物质的量 n_B 与物质 B 的质量 m_B 的关系为

$$n_B = \frac{m_B}{M_B}$$

式中　M_B——物质 B 的摩尔质量，它与所选用的基本单元有关。

【例 3-7】　已知硫酸的密度为 1.84 $g \cdot mL^{-1}$，其中硫酸含量约为 95%，求每升硫酸中的 $n(H_2SO_4)$、$n\left(\frac{1}{2}H_2SO_4\right)$ 及 $c(H_2SO_4)$和 $c\left(\frac{1}{2}H_2SO_4\right)$。

解　已知 $n_B=\frac{m_B}{M_B}$，$c_B=\frac{n_B}{V}$，则

$$n(H_2SO_4)=\frac{m(H_2SO_4)}{M(H_2SO_4)}=\frac{1.84\times 1\,000\times 0.95}{98.08}=17.8 \text{ mol}$$

$$n\left(\frac{1}{2}H_2SO_4\right)=\frac{m\left(\frac{1}{2}H_2SO_4\right)}{M\left(\frac{1}{2}H_2SO_4\right)}=\frac{1.84\times 1\,000\times 0.95}{49.04}=35.6 \text{ mol}$$

$$c(H_2SO_4)=\frac{n(H_2SO_4)}{V(H_2SO_4)}=\frac{17.8}{1}=17.8 \text{ mol} \cdot L^{-1}$$

$$c\left(\frac{1}{2}H_2SO_4\right)=\frac{n\left(\frac{1}{2}H_2SO_4\right)}{V\left(\frac{1}{2}H_2SO_4\right)}=\frac{35.6}{1}=35.6 \text{ mol} \cdot L^{-1}$$

(2)滴定度

在生产单位的例行分析中，为了简化计算，常用滴定度表示标准溶液的浓度。**滴定度**(titration concentration)是指每毫升滴定剂标准溶液相当于被测物质的质量(g 或 mg)，用 T(待测物/滴定剂)表示。例如，每毫升 $KMnO_4$ 标准溶液恰好能与0.005 682 g Fe反应，可表示为 $T(Fe/KMnO_4)=0.005\ 682\ g \cdot mL^{-1}$。如果在滴定中消耗该 $KMnO_4$ 标准溶液21.50mL，则被测溶液中 Fe 的质量为

$$m(Fe)=0.005\ 682\ g \cdot mL^{-1}\times 21.50\ mL=0.122\ 2\ g$$

这种浓度表示方法，对于工厂等单位来讲，由于经常分析同一种样品，能省去很多计算，很快就可以得出分析结果，使用起来非常方便。

3.4.4 滴定分析结果的计算 Calculating of titration analysis

视频

滴定分析结果的计算

滴定分析是用标准溶液滴定被测物质的溶液，由于反应物选取的基本单元不同，可以用两种不同的计算方法。如果选取分子、离子或原子作为反应物的基本单元，此时滴定分析结果计算的依据为：当滴定到化学计量点时，它们的物质的量之间的关系恰好符合其化学反应式所表示的**化学计量关系**(stoichiometry)。

1. 按化学计量关系计算

在直接滴定法中，设被测物质 A 与滴定剂 B 之间的反应式为

$$aA+bB=\!=\!=cC+dD$$

当滴定到化学计量点时，a mol A 恰好与 b mol B 完全作用，即

$$\frac{n_A}{a}=\frac{n_B}{b}$$

则

$$n_A=\frac{a}{b}n_B \quad 或 \quad n_B=\frac{b}{a}n_A$$

若被测物质是溶液，其体积为 V_A，浓度为 c_A，到达化学计量点时，用去浓度为 c_B 的滴定剂的体积为 V_B，则

$$c_AV_A=\frac{a}{b}c_BV_B$$

若基准物质为固体，则

$$c_AV_A=\frac{a}{b}\frac{m_B}{M_B}$$

若称取试样的质量为 m，则被测组分的质量分数为

$$w_A=\frac{m_A}{m}=\frac{\frac{a}{b}c_BV_BM_A}{m}$$

【例 3-8】 0.321 3 g 工业纯 $CaCO_3$ 试样，溶于 80.00 mL 0.100 0 mol·L^{-1} HCl 标准溶液中，过量的 HCl 溶液用 0.100 0 mol·L^{-1} NaOH 标准溶液滴定至终点，消耗 NaOH 标

准溶液 22.74 mL，求试样中 $CaCO_3$ 的质量分数。

解　滴定反应式为

$$CaCO_3 + 2HCl = CaCl_2 + CO_2 + H_2O$$

$$HCl + NaOH = NaCl + H_2O$$

$$w(CaCO_3) = \frac{[c(HCl)V(HCl) - c(NaOH)V(NaOH)]M(CaCO_3)}{2m} \times 100\%$$

$$= \frac{(0.1000 \times 80.00 - 0.1000 \times 22.74) \times 100.1}{2 \times 0.3213 \times 1000} \times 100\%$$

$$= 89.20\%$$

【例 3-9】　已知 $KMnO_4$ 标准溶液的浓度为 0.020 10 $mol \cdot L^{-1}$，求 $KMnO_4$ 标准溶液对 Fe 和 Fe_2O_3 的滴定度。如称取试样 0.271 8 g，溶解后将溶液中的 Fe^{3+} 还原为 Fe^{2+}，然后用 $KMnO_4$ 标准溶液滴定，用去 26.30 mL $KMnO_4$，求 $w(Fe)$ 和 $w(Fe_2O_3)$ 各为多少？

解　滴定反应式为

$$5Fe^{2+} + MnO_4^- + 8H^+ = 5Fe^{3+} + Mn^{2+} + 4H_2O$$

$$n(Fe) = 5n(KMnO_4), \quad n(Fe_2O_3) = \frac{5}{2}n(KMnO_4)$$

$$T(Fe/KMnO_4) = \frac{m(Fe)}{V(KMnO_4)} = \frac{n(Fe)M(Fe)}{V(KMnO_4)} = \frac{5n(KMnO_4)M(Fe)}{V(KMnO_4)}$$

$$= \frac{5c(KMnO_4)V(KMnO_4)M(Fe)}{V(KMnO_4)}$$

$$= 5c(KMnO_4)M(Fe)$$

$$= 5 \times 0.02010 \times 10^{-3} \times 55.85$$

$$= 0.005613 \ g \cdot mL^{-1}$$

$$T(Fe_2O_3/KMnO_4) = \frac{m(Fe_2O_3)}{V(KMnO_4)} = \frac{\frac{5}{2}n(KMnO_4)M(Fe_2O_3)}{V(KMnO_4)}$$

$$= \frac{\frac{5}{2}c(KMnO_4)V(KMnO_4)M(Fe_2O_3)}{V(KMnO_4)}$$

$$= \frac{5}{2} \times 0.02010 \times 10^{-3} \times 159.7$$

$$= 0.008025 \ g \cdot mL^{-1}$$

$$w(Fe) = \frac{T(Fe/KMnO_4)V(KMnO_4)}{m}$$

$$= \frac{0.005613 \times 26.30}{0.2718} \times 100\%$$

$$= 54.31\%$$

$$w(Fe_2O_3) = \frac{T(Fe_2O_3/KMnO_4)V(KMnO_4)}{m}$$

$$= \frac{0.008025 \times 26.30}{0.2718} \times 100\%$$

$$= 77.65\%$$

2. 按等物质的量的关系计算

为了简化计算，可以选取分子、原子、离子或这些粒子的特定组合作为反应的基本单元，使反应的计量比为 1∶1。当滴定达到化学计量点时，被测物质的物质的量与标准溶液的物质的量相等。

对于进行质子转移的酸碱反应，根据反应中转移的质子数来确定酸碱的基本单元，即以转移一个质子的特定组合为反应物的基本单元。例如，H_2SO_4 与 NaOH 的反应：

$$2NaOH + H_2SO_4 = Na_2SO_4 + 2H_2O$$

在反应中 NaOH 转移一个质子，因此选取 NaOH 作为基本单元；H_2SO_4 转移两个质子，选取 $\frac{1}{2}H_2SO_4$ 作为基本单元，1 mol 酸与 1 mol 碱将转移 1 mol 质子。当反应达到化学计量点时，$n(NaOH)=n\left(\frac{1}{2}H_2SO_4\right)$。

对于氧化还原反应，根据反应转移的电子数来确定反应物的基本单元。例如，$K_2Cr_2O_7$ 与 Fe^{2+} 的反应：

$$Cr_2O_7^{2-} + 14H^+ + 6e^- \longrightarrow 2Cr^{3+} + 7H_2O$$

$$Fe^{2+} \longrightarrow Fe^{3+} + e^-$$

其中，$K_2Cr_2O_7$ 得到 6 个电子，Fe^{2+} 失去 1 个电子。为了使 $K_2Cr_2O_7$ 与 Fe^{2+} 反应的计量比为 1∶1，应选取 $\frac{1}{6}K_2Cr_2O_7$ 和 Fe^{2+} 作为反应的基本单元。当反应达到化学计量点时，$n(Fe^{2+})=n\left(\frac{1}{6}K_2Cr_2O_7\right)$。

【例 3-10】 称取 0.150 0 g $Na_2C_2O_4$ 基准物质，溶解后在强酸溶液中用 $KMnO_4$ 溶液滴定，用去 20.00 mL $KMnO_4$ 溶液，计算 $c\left(\frac{1}{5}KMnO_4\right)$。

解 分别选取 $\frac{1}{5}KMnO_4$、$\frac{1}{2}Na_2C_2O_4$ 作为基本单元，当反应达到化学计量点时，两个反应物的物质的量相等，则

$$n\left(\frac{1}{5}KMnO_4\right)=n\left(\frac{1}{2}Na_2C_2O_4\right)$$

$$n\left(\frac{1}{5}KMnO_4\right)=c\left(\frac{1}{5}KMnO_4\right)V(KMnO_4)$$

$$n\left(\frac{1}{2}Na_2C_2O_4\right)=\frac{m(Na_2C_2O_4)}{M\left(\frac{1}{2}Na_2C_2O_4\right)}$$

$$c\left(\frac{1}{5}KMnO_4\right)V(KMnO_4)=\frac{m(Na_2C_2O_4)}{M\left(\frac{1}{2}Na_2C_2O_4\right)}$$

$$c\left(\frac{1}{5}KMnO_4\right)=\frac{0.150\ 0}{20.00\times10^{-3}\times\frac{134.0}{2}}=0.111\ 9\ \text{mol}\cdot\text{L}^{-1}$$

由此可知，选择基本单元的标准不同，所列的计算式也不同。

思考题

3-1 下列情况分别引起什么误差？如果是系统误差，应如何消除？

(1)砝码被腐蚀。

(2)读取分析天平数据时不关天平门。

(3)容量瓶和移液管不配套。

(4)重量法测定可溶性钡盐含量时,滤液中含有少量的 $BaSO_4$。

(5)试剂或蒸馏水中含有微量的被测组分。

(6)读取滴定管读数时,最后一位数字估计不准。

(7)以含量约为 99%的草酸钠做基准物质标定 $KMnO_4$ 溶液的浓度。

3-2　准确度与精密度、误差与偏差有何不同?

3-3　如何提高分析结果的准确度?

3-4　下列数字各有几位有效数字?

(1)0.037 6　(2)1.206 7　(3)0.218 0　(4)1.8×10^{-6}　(5)100　(6)pH=2.19

3-5　甲、乙两人同时分析一矿物的含硫量,每次取样 3.5 g,分析结果分别报告为

甲:0.042%,0.041%;乙:0.041 99%,0.042 01%

哪一份报告是合理的? 为什么?

3-6　什么是化学计量点? 什么是滴定终点?

3-7　能用于滴定分析的化学反应必须符合哪些条件?

3-8　用下列物质配制标准溶液,哪些可以用直接法配制? 哪些只能用间接法配制?

H_2SO_4,HCl,NaOH,$KMnO_4$,$Na_2S_2O_3\cdot5H_2O$, $K_2Cr_2O_7$, $H_2C_2O_4\cdot2H_2O$

3-9　用因保存不当失去部分结晶水的草酸($H_2C_2O_4\cdot2H_2O$)做基准物质来标定 NaOH 溶液的浓度,标定结果是偏低、偏高,还是无影响?

习　题

3-1　有一铜矿试样,经两次测定,测得铜含量分别为 24.87%和 24.93%,而铜的实际含量为 25.05%。求分析结果的绝对误差和相对误差。

3-2　测定某样品的含氮量,六次平行测定的结果分别为 20.48%、20.55%、20.58%、20.60%、20.53%、20.50%。

(1)计算这组数据的算术平均值、平均偏差、标准偏差和变异系数。

(2)若此样品的标准样品含氮量为 20.45%,计算以上结果的绝对误差和相对误差。

3-3　已知分析天平能准确至±0.1 mg,滴定管能准确至±0.01 mL,若要求分析结果达到 0.1%的准确度,问至少应用分析天平称取多少试样? 滴定时所用标准溶液的体积为多少?

3-4　在标定 NaOH 时,要求消耗 $0.1\ mol\cdot L^{-1}$ NaOH 溶液的体积为 20～30 mL,问:

(1)应称取多少邻苯二甲酸氢钾($KHC_8H_4O_4$,基准物质)?

(2)如果改用草酸($H_2C_2O_4\cdot2H_2O$)做基准物质,又该称取多少?

(3)若分析天平的称量误差为±0.000 2 g,试计算以上两种试剂称量的相对误差。

(4)计算结果说明了什么?

3-5　用两种不同方法测得数据如下:

(1)$n_1=6$, $\overline{x}_1=71.26\%$, $S_1=0.13\%$。

(2)$n_2=9$, $\overline{x}_2=71.38\%$, $S_2=0.11\%$。

判断两种方法间有无显著性差异。

3-6 测定某一热交换器水垢的 P_2O_5 和 SiO_2 的质量分数如下(已校正系统误差)：

$w(P_2O_5)$：8.44%,8.32%,8.45%,8.52%,8.69%,9.38%。

$w(SiO_2)$：1.50%,1.51%,1.68%,1.22%,1.63%,1.72%。

根据 Q 检验法对可疑数据进行取舍,置信度为 90%。然后求出平均值、平均偏差和标准偏差。

3-7 某学生标定 HCl 溶液的物质的量浓度时,得到下列数据：0.101 1, 0.101 0, 0.101 2, 0.101 6。根据 $4\bar{d}$ 法判断 0.101 6 是否应当保留？若再测定一次,得到 0.101 4, 0.101 6 是否应当保留？

3-8 按有效数字运算规则,计算下列各式：

(1) $2.187\times0.854+9.6\times10^{-5}-0.0326\times0.00814$

(2) $\dfrac{51.38}{8.709\times0.09460}$　　(3) $\dfrac{89.827\times50.62}{0.005164\times136.6}$

(4) $\sqrt{\dfrac{1.5\times10^{-8}\times6.1\times10^{-8}}{3.3\times10^{-6}}}$　　(5) $\dfrac{1.20\times(112-1.240)}{5.4375}$

(6) $\dfrac{1.50\times10^{-5}\times6.11\times10^{-8}}{3.3\times10^{-5}}$　　(7) pH=0.03,求 $c(H^+)$

3-9 将 0.008 9 g $BaSO_4$ 换算为 Ba,问计算时下列换算因数取何数较为恰当？计算结果应以几位有效数字给出？

0.588 4, 0.588, 0.59

3-10 已知浓硫酸的相对密度为 1.84,其中 H_2SO_4 含量(质量分数)为 98%，现要配制 1 L 0.1 $mol\cdot L^{-1}$的 H_2SO_4 溶液,应取多少这种硫酸？

3-11 有一 NaOH 溶液,其浓度为 0.545 0 $mol\cdot L^{-1}$,取该溶液 100.00 mL,需加多少水方能配制成 0.500 0 $mol\cdot L^{-1}$的 NaOH 溶液？

3-12 计算 0.101 5 $mol\cdot L^{-1}$ HCl 标准溶液对 $CaCO_3$ 的滴定度。

3-13 分析不纯 $CaCO_3$(其中不含干扰物质)时,称取三份试样并记录质量(见下表),分别加入浓度为 0.250 0 $mol\cdot L^{-1}$ 的 HCl 标准溶液 25.00 mL。煮沸除去 CO_2,再用浓度为 0.201 2 $mol\cdot L^{-1}$ 的 NaOH 溶液返滴定过量的酸,记录消耗 NaOH 溶液的体积。计算试样中 $CaCO_3$ 的质量分数,并完成下表。

编号	$m(CaCO_3)$/g	$V(NaOH)$/mL	$w(CaCO_3)$/%	$w(CaCO_3)$ 平均值/%	绝对偏差/%	平均偏差/%	相对平均偏差/%
1	0.300 0	5.84					
2	0.276 5	7.96					
3	0.290 2	6.74					

第4章

酸碱平衡和酸碱滴定法

Acid-base Equilibrium and Acid-base Titration

酸和碱是生产、生活和科学实验中两类重要的化学物质。酸碱平衡(acid-base equilibrium)是水溶液中最重要的平衡体系,是研究和处理溶液中各类平衡的基础,是酸碱滴定的理论依据。以酸碱反应为基础的酸碱滴定法是一种重要的、应用很广泛的滴定分析方法。

本章以酸碱质子理论为基础,重点讨论酸碱平衡的基本原理及各类酸碱溶液 pH 的计算,酸碱滴定法的基本原理和应用。

4.1 酸碱理论 The theories of acid-base

4.1.1 酸碱电离理论 Ionic theory

1884 年,瑞典化学家 S. Arrhenius 根据电解质溶液理论定义了酸和碱。酸碱电离理论认为:凡是在水溶液中能电离出 H^+ 的物质为酸;在水溶液中能电离出 OH^- 的物质为碱。酸碱的中和反应生成盐和水。Arrhenius 又根据强、弱电解质的概念,将在水中全部电离的酸和碱称为强酸和强碱,如 HCl、H_2SO_4 和 NaOH、$Ca(OH)_2$ 等;在水中部分电离的酸和碱称为弱酸和弱碱,如 HAc、H_3PO_4 和 $NH_3 \cdot H_2O$ 等。

视频

酸碱电离理论

酸碱电离理论对化学科学的发展起到了积极作用,直到现在仍在普遍应用。但是,酸碱电离理论存在一定的局限性,它把酸和碱只限于水溶液中,把碱仅限于氢氧化物,而对于氨这种碱,在水溶液中并不存在 NH_4OH。另外,氯化氢是酸,氨是碱,它们在苯中并不电离,却表现出酸和碱的性质,它们之间相互反应生成氯化铵。电离理论对这些实验事实都不能给出合理的解释。

4.1.2 酸碱质子理论 Proton theory

1923 年,丹麦化学家 J. N. Bronsted 和英国化学家 T. M. Lowry 同时独立

视频

酸碱质子理论

地提出了酸碱质子理论。所以,酸碱质子理论又称为 Bronsted-Lowry 酸碱理论。

1. 酸和碱的定义

酸碱质子理论认为:凡是在反应过程中能给出质子(H^+)的物质都是酸;凡是能接受质子(H^+)的物质都是碱。例如

$$HAc \rightleftharpoons H^+ + Ac^-$$
$$HCl \rightleftharpoons H^+ + Cl^-$$
$$H_2PO_4^- \rightleftharpoons H^+ + HPO_4^{2-}$$
$$HPO_4^{2-} \rightleftharpoons H^+ + PO_4^{3-}$$
$$NH_4^+ \rightleftharpoons H^+ + NH_3$$
$$[Fe(H_2O)_6]^{3+} \rightleftharpoons H^+ + [Fe(H_2O)_5OH]^{2+}$$
$$[Fe(H_2O)_5OH]^{2+} \rightleftharpoons H^+ + [Fe(H_2O)_4(OH)_2]^+$$
$$^+H_3N—R—NH_3^+ \rightleftharpoons H^+ + {}^+H_3N—R—NH_2$$

其中,HAc\,HCl\,$H_2PO_4^-$\,HPO_4^{2-}、NH_4^+、$[Fe(H_2O)_6]^{3+}$\,$[Fe(H_2O)_5OH]^{2+}$\,($^+H_3N)_2R$ 等都是酸,因为它们在一定条件下均可以给出质子。而 Ac^-\,Cl^-\,HPO_4^{2-}\,PO_4^{3-}\,NH_3、$[Fe(H_2O)_5OH]^{2+}$\,$[Fe(H_2O)_4(OH)_2]^+$\,$^+H_3N—R—NH_2$ 等均是碱,因为它们在一定条件下都可以接受质子。可见,质子理论的酸碱既可以是中性分子,又可以是正离子或负离子。质子理论既适用于水溶液系统,又适用于非水溶液系统。同一物质既可以是酸,也可以是碱,如 HPO_4^{2-} 和$[Fe(H_2O)_5OH]^{2+}$,这类物质称为两性物质。

2. 共轭酸碱对

酸碱质子理论中的酸和碱是相互依赖的关系。酸给出质子后生成相应的碱,而碱与质子结合生成相应的酸,酸碱之间这种相互依赖的关系称为共轭关系。相应的一对酸碱称为共轭酸碱对(conjugate acid-base pair)。可用通式表示为

$$酸(共轭酸) \rightleftharpoons H^+ + 碱(共轭碱)$$

例如

$$HAc(酸) \rightleftharpoons Ac^-(碱) + H^+$$

在上面的酸碱平衡式中,HAc 给出质子是酸,生成的 Ac^- 为碱,HAc 和 Ac^- 则为一对共轭酸碱。

在酸碱质子理论中,酸和碱的概念并不是固定的。在下面的多元酸的平衡中:

$$H_3PO_4(酸) \rightleftharpoons H_2PO_4^-(碱) + H^+ \tag{1}$$
$$H_2PO_4^-(酸) \rightleftharpoons HPO_4^{2-}(碱) + H^+ \tag{2}$$
$$HPO_4^{2-}(酸) \rightleftharpoons PO_4^{3-}(碱) + H^+ \tag{3}$$

在平衡式(1)中,H_3PO_4 能够给出质子,因此 H_3PO_4 是酸,相应得到的 $H_2PO_4^-$ 是碱,H_3PO_4(酸)-$H_2PO_4^-$(碱)是共轭酸碱对。而 $H_2PO_4^-$ 还有继续给出质子的能力,在平衡式(2)中,$H_2PO_4^-$ 给出质子,因此 $H_2PO_4^-$ 是酸,相应得到的 HPO_4^{2-} 是碱,$H_2PO_4^-$(酸)-HPO_4^{2-}(碱)也是共轭酸碱对。类似的,在平衡式(3)中 HPO_4^{2-}(酸)-PO_4^{3-}(碱)也是一对共轭酸碱对。

有酸就有碱,有碱也就有酸,这是酸碱质子理论的基础,当两种物质只相差一个质子的时候,这两种物质构成共轭酸碱对,如上式中 H_3PO_4(酸)-$H_2PO_4^-$(碱),$H_2PO_4^-$(酸)-HPO_4^{2-}

（碱），HPO_4^{2-}（酸）-PO_4^{3-}（碱）。而 H_3PO_4 与 HPO_4^{2-} 或 $H_2PO_4^-$ 与 PO_4^{3-} 就不是共轭酸碱对，因为它们分别相差了 1 个以上（2 个）质子。

3. 酸碱强度

在酸碱质子理论中，判断酸碱强度的依据是给出（接受）质子能力的强弱。对于 HCl、HNO_3、H_2SO_4 等酸，给出质子的能力强，在水溶液体系中，通常认为它们能够给出全部的质子（实际情况是给出大部分质子，目前还没有酸在水溶液中能够给出全部质子），因此，这类酸被称为强酸。而像 HAc、HCN 和 HF 等在水溶液中只能给出部分质子，则被称为弱酸，不同的弱酸给出质子的能力也有差异，其差异主要表现在弱酸的离解常数的差异，这部分内容见 4.2.1 节。碱的强度依据类似于酸，只不过将给出质子的能力换成接受质子的能力，其定量判断的依据是碱的离解常数。

4. 酸碱反应

按照酸碱质子理论，酸碱反应的实质就是质子转移（proton transfer）的过程，是两个共轭酸碱对共同作用的结果。酸和碱相遇时，酸给出质子而转变为它的共轭碱（用下标“1”表示），碱接受酸给出的质子转变为它的共轭酸（用下标“2”表示），酸碱反应通式可表示为

$$\overset{H^+}{\overbrace{\text{酸}_1+\text{碱}_2}} \rightleftharpoons \text{碱}_1+\text{酸}_2$$

例如，氯化氢和氨的反应就是质子转移的反应：

$$\underset{\text{酸}_1\quad\text{碱}_2}{\overset{H^+}{\overbrace{HCl+NH_3}}} \rightleftharpoons \underset{\text{碱}_1\quad\text{酸}_2}{Cl^-+NH_4^+}$$

该反应无论在水溶液、苯溶液或气相中进行，其实质都一样，就是酸（HCl）把质子（H^+）转移给碱（NH_3），本身转变为共轭碱 Cl^-，而碱（NH_3）转变为共轭酸 NH_4^+ 的过程。强酸的共轭碱接受质子的能力较弱，是弱碱；强碱的共轭酸给出质子的能力较弱，是弱酸。

又如，酸和碱在水中的离解过程也是其与水分子的质子转移过程：

$$HAc+H_2O \rightleftharpoons H_3O^+ + Ac^-$$

$$NH_3+H_2O \rightleftharpoons NH_4^+ + OH^-$$

盐类的水解过程也是质子转移过程：

$$NH_4^+ + H_2O \rightleftharpoons NH_3 + H_3O^+$$

$$Ac^- + H_2O \rightleftharpoons HAc + OH^-$$

在液氨的非水溶液中，NH_3 的自身质子自传递反应：

$$NH_3(l)+NH_3(l) \rightleftharpoons NH_4^+(am)+NH_2^-(am)$$

由上面的讨论可知，酸碱质子理论不仅扩大了酸碱的应用范围，而且也扩展了酸碱反应的应用范围。水溶液中的酸碱中和反应、酸碱电离反应、盐的水解反应及酸碱参与的复分解反应等在酸碱质子理论中都可看作酸碱反应。

酸碱质子理论中，酸碱概念的核心在于分子或离子之间的质子转移，显然对于那些不涉及质子转移，但却具有酸碱特征的反应无法给予解释。这一不足被美国化学家路易斯（G. N. Lewis）提出的酸碱电子理论所弥补。

4.1.3 酸碱电子理论和软硬酸碱理论

Electron theory and soft-hard acid base theory

1. 酸碱电子理论

视频

酸碱电子理论

1923 年，几乎在酸碱质子理论提出的同时，美国化学家路易斯在研究化学反应的过程中，从电子对的给予和接受的角度出发，提出了新的酸碱概念，后来发展成为 Lewis 酸碱理论，也称为酸碱电子理论。酸碱电子理论认为：凡是可以接受电子对的物质为酸；凡是可以给出电子对的物质为碱。酸是电子对的接受体，必须具有可以接受电子对的空轨道。碱则是可以给出电子对的分子或离子，即碱是电子对的给予体，必须具有未共用的孤电子对。酸碱反应的实质是电子对接受体与电子对给予体之间形成配位共价键的反应。例如

$$H^+ + :OH^- \rightleftharpoons H \leftarrow OH \qquad (a)$$

$$H^+ + :NH_3 \rightleftharpoons [H \leftarrow NH_3]^+ \qquad (b)$$

$$Cu^{2+} + 4:NH_3 \longrightarrow \left[\begin{array}{c} NH_3 \\ \downarrow \\ NH_3 \rightarrow Cu \leftarrow NH_3 \\ \uparrow \\ NH_3 \end{array}\right]^{2+} \qquad (c)$$

$$H_3BO_3 + H_2O: \rightleftharpoons [(HO)_3B \leftarrow OH]^- + H^+ \qquad (d)$$

若按酸碱电离理论，只能说反应(a)是酸碱反应；若按酸碱质子理论，反应(a)和反应(b)是酸碱反应，因为这两个反应都是质子转移反应。然而根据酸碱电子理论，这四个反应都是酸碱反应。其中 OH^-、NH_3、H_2O 都具有未共用的孤电子对，都能给予电子对，所以它们都是 Lewis 碱；而 H^+、Cu^{2+}、H_3BO_3 都具有空轨道，可以接受电子对，所以它们都是 Lewis 酸。可见，酸碱电子理论更加扩展了酸碱及酸碱反应的范围。

重要的 Lewis 酸碱反应可归纳为三种基本类型。

(1)配合物形成反应

这类反应是酸与碱在惰性溶剂中发生的反应，或者是反应物与溶剂本身的反应，或者是发生在气相中的反应。例如，上面的反应(a)～反应(d)。

(2)取代反应

一个 Lewis 酸或碱被另一个 Lewis 酸或碱从其配合物所取代的反应。例如

$$[Cu(NH_3)_4]^{2+} + 4H^+ \longrightarrow Cu^{2+} + 4NH_4^+$$

Lewis 酸 H^+ 从酸碱配合物 $[Cu(NH_3)_4]^{2+}$ 中取代了 Lewis 酸 Cu^{2+}，而自身与碱 NH_3 结合形成一种新的酸碱配合物 NH_4^+。又如

$$HS^- + H_2O \longrightarrow H_3O^+ + S^{2-}$$

Lewis 碱 S^{2-} 被另一种 Lewis 碱 H_2O 从 HS^- 中取代，Lewis 碱 H_2O 与 Lewis 酸 H^+ 结合生成了 H_3O^+。

(3)双取代反应

两种酸碱配合物中的酸碱相互交叉取代，生成两种新的酸碱配合物。例如

$$(C_2H_5)_3Si—I + AgBr = (C_2H_5)_3Si—Br + AgI$$

$$NaOH + HCl = NaCl + H_2O$$

酸碱电子理论不能比较酸碱的相对强弱，一种物质究竟属于酸还是碱，还是酸碱配合物，应根据具体的反应环境确定。

2. 软硬酸碱理论

除了上面介绍的酸碱电子理论外，还有软硬酸碱理论（soft-hard acid base theory），它是一种尝试解释酸碱反应及其性质的现代酸碱理论。软硬酸碱理论的基础是酸碱电子理论，即以电子对得失作为判定酸、碱的标准。

视频

软硬酸碱理论

在软硬酸碱理论中，酸、碱被分别归为“硬”“软”两类。“硬”酸、碱是指那些具有较高电荷密度、较小半径的粒子（离子、原子、分子），即电荷密度与粒子半径的比值较大。“软”酸、碱是指那些具有较低电荷密度和较大半径的粒子。

常见的硬酸包括 Na^+、Mg^{2+}、B^{3+}、Cr^{3+}、Fe^{3+} 等，这类离子的电子云的变形性小、半径小、电荷高。常见的软酸包括 Cu^+、Ag^+、Hg^{2+}、Pt^{2+} 等，这类离子电子云的变形性大、半径大、电荷低。还有一些交界酸，如 Cu^{2+}、Fe^{2+}、Co^{2+}、Ni^{2+} 和 Sn^{2+} 等，其变形性介于软硬酸之间。

视频

酸碱溶剂体系理论

常见的硬碱如 F^-、CN^- 等，其特点是给出电子对的离子的电负性大，不易变形，不易失去电子。常见的软碱如 I^-、S^{2-} 等，其特点是给出电子对的离子的电负性小，易变形，易失去电子。还有一些交界碱，失去电子的能力处于软硬碱之间，如 Br^-、N_2 等。

目前软硬酸碱理论在化学研究中得到了广泛的应用，能广泛地解释酸碱反应，其中最重要的莫过于对配合物稳定性的判别和其反应机理的解释。其反应的规则是：软亲软，硬亲硬，软硬一起不稳定。其反应机理部分详细介绍可以参阅相关参考文献。

除上述酸碱理论之外，还有 H. 卡迪和 H. P. 埃尔西提出的溶剂体系理论（solvent system theory），这是对电离理论及质子理论的进一步发展，把酸碱概念扩展到完全不涉及质子的溶剂体系中。水-离子理论是指水作为溶剂时的溶剂体系理论的特例。该理论认为，凡在溶剂中产生（或通过反应生成）该溶剂的特征阳离子的溶质称为酸，如水溶液中的水合质子、液氨中的铵盐等；而产生（或通过反应产生）该溶剂的特征阴离子的溶质称为碱，如水溶液氢氧根离子、液氨中的氨基负离子等。

4.2　酸碱离解平衡
Acid-base ionization equilibrium

根据酸碱质子理论，酸和碱能给出或接受质子，这种给出或接受质子的过程称为解离（也称离解），弱酸和弱碱只能部分地给出或接受质子，未解离的弱酸（碱）与已解离形成的离子在溶液中建立了平衡，这就是酸碱解离平衡（acid-base ionization equilibrium）。

4.2.1 弱酸(碱)的离解平衡 Ionization equilibrium of weak acid(base)

1. 一元弱酸(碱)

一元弱酸 HA 的离解反应可表示如下：

$$HA(aq)+H_2O(l) \rightleftharpoons A^-(aq)+H_3O^+(aq)$$

视频

一元弱酸(碱)

当反应达到平衡时，

$$K_a^{\ominus}=\frac{[H_3O^+][A^-]}{[HA]} \tag{4-1}$$

$K_a^{\ominus}$ 称为一元弱酸 HA 的离解常数(也称为 HA 的酸常数)。$K_a^{\ominus}$ 表示当弱酸的离解反应达到平衡时，溶液中各离子浓度的乘积与未离解的分子浓度的比值为一常数。在相同温度下，$K_a^{\ominus}$ 越大，弱酸的酸性越强，反之则越弱。例如

$$HAc+H_2O \rightleftharpoons H_3O^+ +Ac^- \qquad K_a^{\ominus}=1.8\times10^{-5}$$

$$NH_4^+ +H_2O \rightleftharpoons H_3O^+ +NH_3 \qquad K_a^{\ominus}=5.6\times10^{-10}$$

$$HS^- +H_2O \rightleftharpoons H_3O^+ +S^{2-} \qquad K_a^{\ominus}=1.26\times10^{-13}$$

这三种酸的相对强弱顺序为 $HAc>NH_4^+>HS^-$。

同理，一元弱碱 B 溶液中存在如下离解反应：

$$B(aq)+H_2O(l) \rightleftharpoons BH^+(aq)+OH^-(aq)$$

当反应达到平衡时，

$$K_b^{\ominus}=\frac{[BH^+][OH^-]}{[B]} \tag{4-2}$$

$K_b^{\ominus}$ 称为一元弱碱 B 的离解常数(也称为 B 的碱常数)。在相同温度下，$K_b^{\ominus}$ 越大，弱碱的碱性越强，反之则越弱。例如

$$Ac^-(aq)+H_2O(l) \rightleftharpoons HAc(aq)+OH^-(aq) \qquad K_b^{\ominus}=5.6\times10^{-10}$$

$$NH_3(aq)+H_2O(l) \rightleftharpoons NH_4^+(aq)+OH^-(aq) \qquad K_b^{\ominus}=1.8\times10^{-5}$$

$$S^{2-}(aq)+H_2O(l) \rightleftharpoons HS^-(aq)+OH^-(aq) \qquad K_b^{\ominus}=0.08$$

这三种碱的相对强弱顺序为 $S^{2-}>NH_3>Ac^-$。

上面的讨论定量地说明，酸越强，与其对应的共轭碱越弱；酸越弱，与其对应的共轭碱越强。

2. 多元弱酸(碱)

多元酸(碱)是指能够给出(或接受)2 个及以上质子的酸(碱)。其多个质子并不是一次给出(或接受)的，而是分步进行的。因此，它们在水溶液中存在多级离解平衡，每一级离解都有其相应的离解常数。

视频

多元弱酸(碱)的离解平衡

例如，多元酸 H_3A 在溶液中存在三步离解反应：

$$H_3A(aq)+H_2O(l) \rightleftharpoons H_3O^+(aq)+H_2A^-(aq) \qquad K_{a1}^{\ominus}=\frac{[H_3O^+][H_2A^-]}{[H_3A]} \tag{4-3}$$

$$H_2A^-(aq)+H_2O(l) \rightleftharpoons H_3O^+(aq)+HA^{2-}(aq) \qquad K_{a2}^{\ominus}=\frac{[H_3O^+][HA^{2-}]}{[H_2A^-]} \tag{4-4}$$

$$HA^{2-}(aq)+H_2O(l)\rightleftharpoons H_3O^+(aq)+A^{3-}(aq) \qquad K_{a3}^{\ominus}=\frac{[H_3O^+][A^{3-}]}{[HA^{2-}]} \tag{4-5}$$

同样，多元碱 A^{3-} 在溶液中也存在三步离解反应：

$$A^{3-}(aq)+H_2O(l)\rightleftharpoons HA^{2-}(aq)+OH^-(aq) \qquad K_{b1}^{\ominus}=\frac{[HA^{2-}][OH^-]}{[A^{3-}]} \tag{4-6}$$

$$HA^{2-}(aq)+H_2O(l)\rightleftharpoons H_2A^-(aq)+OH^-(aq) \qquad K_{b2}^{\ominus}=\frac{[H_2A^-][OH^-]}{[HA^{2-}]} \tag{4-7}$$

$$H_2A^-(aq)+H_2O(l)\rightleftharpoons H_3A(aq)+OH^-(aq) \qquad K_{b3}^{\ominus}=\frac{[H_3A][OH^-]}{[H_2A^-]} \tag{4-8}$$

对于多元弱酸，一般情况下，$K_{a1}^{\ominus}\gg K_{a2}^{\ominus}\gg K_{a3}^{\ominus}\cdots$，即一级离解是主要的；同样，对于多元弱碱，一般情况下，$K_{b1}^{\ominus}\gg K_{b2}^{\ominus}\gg K_{b3}^{\ominus}\cdots$，也是以一级离解为主。也就是说，多元弱酸(碱)溶液的酸碱性主要由它们的一级离解决定。在书写一元弱酸和多元弱酸的离解反应时，可以省略方程式两边的 H_2O。

常见的酸碱离解常数见附录 1。

4.2.2 水的离解平衡和溶液的酸碱性 Ionization equilibrium of water and acidity and alkalinity of solution

1. 水的离子积

根据酸碱质子理论，H_2O 是两性物质(amphoteric substance)，它既能给出质子又能接受质子，所以 H_2O 存在下列离解平衡：

$$H_2O(l)+H_2O(l)\rightleftharpoons H_3O^+(aq)+OH^-(aq)$$

简写为

$$H_2O(l)\rightleftharpoons H^+(aq)+OH^-(aq)$$

其平衡常数用 $K_w^{\ominus}$ 表示：

$$K_w^{\ominus}=\frac{c^{eq}(H^+)}{c^{\ominus}}\frac{c^{eq}(OH^-)}{c^{\ominus}}=[H^+][OH^-] \tag{4-9}$$

$K_w^{\ominus}$ 称为水的离子积常数(ionization product constant)，简称水的离子积(ionization product of water)。精确实验测得在室温(22～25 ℃)时，纯水中，

$$[H^+]=[OH^-]=1.0\times10^{-7}\ mol\cdot L^{-1}$$

所以，室温时

$$K_w^{\ominus}=1.0\times10^{-14}$$

像其他离解反应一样，水的离解也是吸热反应，所以 $K_w^{\ominus}$ 随温度的升高而变大，但在常温下变化不是很大。为了方便，一般在室温情况下采用 $K_w^{\ominus}=1.0\times10^{-14}$。不同温度下水的离子积见表 4-1。

表 4-1 不同温度下水的离子积

t/℃	$K_w^\ominus/10^{-14}$	t/℃	$K_w^\ominus/10^{-14}$	t/℃	$K_w^\ominus/10^{-14}$
0	0.13	24	1.00	60	9.26
5	0.19	25	1.01	80	25.2
10	0.29	30	1.47	100	55.1
20	0.68	40	2.92		

2. 溶液的酸碱性和 pH

在纯水和水溶液中，H^+ 和 OH^- 浓度的乘积是一个常数，这意味着：溶液中 H^+ 浓度越大，OH^- 浓度就会越小。溶液的酸碱性的本质是溶液中 H^+ 和 OH^- 浓度的相对大小。当 $[H^+]>[OH^-]$ 时，溶液呈酸性；当 $[OH^-]>[H^+]$ 时，溶液呈现碱性；当 $[H^+]=[OH^-]$ 时，溶液呈中性。

根据水的离子积，中性溶液 $[H^+]=[OH^-]=1.0\times10^{-7}\ mol\cdot L^{-1}$；酸性溶液 $[H^+]>1.0\times10^{-7}\ mol\cdot L^{-1}$；碱性溶液 $[H^+]<1.0\times10^{-7}\ mol\cdot L^{-1}$。对于弱酸性和弱碱性溶液来说，溶液中的 H^+ 和 OH^- 浓度一般都很小。在化学中，对于很小的数，一般用它们的负对数来表示，记作"p×"。如：

H^+ 浓度的负对数称为 pH，即

$$pH=-\lg\frac{c(H^+)}{c^\ominus}=-\lg[H^+] \tag{4-10}$$

OH^- 浓度的负对数称为 pOH，即

$$pOH=-\lg\frac{c(OH^-)}{c^\ominus}=-\lg[OH^-] \tag{4-11}$$

式(4-10)和式(4-11)中除以 $c^\ominus$ 是为了消除量纲，因为 pH 是公认的量纲一的量。

弱酸(碱)的离解平衡常数也可以表示为

$$pK_w^\ominus=-\lg K_w^\ominus$$
$$pK_a^\ominus=-\lg K_a^\ominus$$
$$pK_b^\ominus=-\lg K_b^\ominus$$
$$\cdots$$

因此，可以用 pH 来表示溶液的酸碱性：

$$pH<7\quad(\text{酸性溶液})$$
$$pH=7\quad(\text{中性溶液})$$
$$pH>7\quad(\text{碱性溶液})$$

必须指出的是，对于水溶液来说，pH=7 作为溶液呈中性的判断标准，是在室温条件下 $K_w^\ominus=1.0\times10^{-14}$ 得到的，如果 $K_w^\ominus$ 改变，其判断标准也会改变。通用的判断标准为

$$pH=\frac{1}{2}pK^\ominus \tag{4-12}$$

式(4-12)中的 $K^\ominus$ 是溶剂自身离解反应的平衡常数，这个判断标准不仅能用于水溶液，也能用于非水溶液。

将式(4-9)两边取负对数：

$$-\lg K_w^\ominus=-\lg[H^+]-\lg[OH^-]$$

$$14 = pH + pOH \tag{4-13}$$

这是水溶液中的一个很重要的关系式，在讨论溶液的酸碱性或计算溶液的 pH 时经常会用到式(4-13)。

4.2.3 共轭酸碱对 $K_a^\ominus$ 与 $K_b^\ominus$ 之间的关系

Relationship of $K_a^\ominus$ and $K_b^\ominus$ for conjugate acid-base pairs

由上面的讨论可知，一种酸的酸性越强，$K_a^\ominus$ 越大，则其相应的共轭碱的碱性越弱，其 $K_b^\ominus$ 越小。共轭酸碱对的 $K_a^\ominus$ 与 $K_b^\ominus$ 之间存在着一定的关系。例如

$$HAc + H_2O \rightleftharpoons H_3O^+ + Ac^- \quad K_a^\ominus = \frac{[H_3O^+][Ac^-]}{[HAc]}$$

$$Ac^- + H_2O \rightleftharpoons HAc + OH^- \quad K_b^\ominus = \frac{[HAc][OH^-]}{[Ac^-]}$$

$$K_a^\ominus K_b^\ominus = \frac{[H_3O^+][Ac^-]}{[HAc]} \frac{[HAc][OH^-]}{[Ac^-]} = [H_3O^+][OH^-] = K_w^\ominus$$

$$K_a^\ominus K_b^\ominus = K_w^\ominus, \quad pK_w^\ominus = pK_a^\ominus + pK_b^\ominus \tag{4-14}$$

$$K_a^\ominus = \frac{K_w^\ominus}{K_b^\ominus} \quad 或 \quad K_b^\ominus = \frac{K_w^\ominus}{K_a^\ominus} \tag{4-15}$$

因此，已知酸(或碱)的离解常数，就可以通过式(4-14)计算其共轭碱(或共轭酸)的离解常数。这里要注意多元酸物种与相应的多元碱物种之间的共轭关系。例如，三元酸 H_3PO_4 与三元碱 PO_4^{3-}，有三对共轭酸碱对存在：H_3PO_4-$H_2PO_4^-$、$H_2PO_4^-$-HPO_4^{2-} 和 HPO_4^{2-}-PO_4^{3-}。在这三对共轭酸碱对中共轭酸的酸常数从左到右分别为 H_3PO_4 的 $K_{a1}^\ominus$、$K_{a2}^\ominus$ 和 $K_{a3}^\ominus$；共轭碱的碱常数从左到右分别为 PO_4^{3-} 的 $K_{b3}^\ominus$、$K_{b2}^\ominus$ 和 $K_{b1}^\ominus$。它们之间的关系为

$$K_{a1}^\ominus \times K_{b3}^\ominus = K_{a2}^\ominus \times K_{b2}^\ominus = K_{a3}^\ominus \times K_{b1}^\ominus = K_w^\ominus$$

【例 4-1】 已知 NH_3 在水溶液中的 $K_b^\ominus$ 为 1.8×10^{-5}，求 NH_4^+ 的 $pK_a^\ominus$。

解　在 NH_3 水溶液中存在如下离解平衡：

$$NH_3 + H_2O \rightleftharpoons NH_4^+ + OH^-$$

其中 NH_4^+ 是 NH_3 的共轭酸。

根据式(4-15)，NH_4^+ 的离解常数为

$$K_a^\ominus = \frac{K_w^\ominus}{K_b^\ominus} = \frac{1.0 \times 10^{-14}}{1.8 \times 10^{-5}} = 5.6 \times 10^{-10}$$

$$pK_a^\ominus = -\lg K_a^\ominus = 9.25$$

【例 4-2】 在水溶液中，已知 $H_2C_2O_4$ 的 $pK_{a1}^\ominus = 1.25$，$C_2O_4^{2-}$ 的 $pK_{b1}^\ominus = 9.71$；求 $HC_2O_4^-$ 的 $pK_a^\ominus$ 和 $pK_b^\ominus$。

解　(1)求 $HC_2O_4^-$ 的 $pK_a^\ominus$

$$HC_2O_4^- + H_2O \rightleftharpoons H_3O^+ + C_2O_4^{2-}$$

$HC_2O_4^-$ 的共轭碱为 $C_2O_4^{2-}$，则

$$pK_a^\ominus(HC_2O_4^-) = pK_w^\ominus - pK_{b1}^\ominus = 14.00 - 9.71 = 4.29$$

即 $H_2C_2O_4$ 的 $pK_{a2}^{\ominus}=4.29$。

(2)求 $HC_2O_4^-$ 的 $pK_b^{\ominus}$

$$HC_2O_4^- + H_2O \rightleftharpoons OH^- + H_2C_2O_4$$

$HC_2O_4^-$ 的共轭酸为 $H_2C_2O_4$，则

$$pK_b^{\ominus}(HC_2O_4^-) = pK_w^{\ominus} - pK_{a1}^{\ominus} = 14.00 - 1.25 = 12.75$$

即 $C_2O_4^{2-}$ 的 $pK_{b2}^{\ominus}=12.75$ 。

4.2.4 离解度和同离子效应

Ionization proportion and common-ion effect

1. 离解度

在弱酸、弱碱的离解平衡组成计算中经常用到离解度(ionization proportion)的概念，离解度可用 α 表示。离解度 α 可定义为：已离解的分子数与分子总数之比。在定容反应中，已离解的弱酸(或弱碱)的浓度 c 与起始浓度 c_0 之比等于其离解度。即

视频

离解度和同离子效应

$$\alpha = \frac{c}{c_0} \times 100\%$$

离解度 α 及弱酸、弱碱的离解常数 $K_a^{\ominus}$\,$K_b^{\ominus}$，都可以用来表示酸或碱的相对强弱。在温度、浓度相同的条件下，离解度大的酸(或碱)，$K_a^{\ominus}$(或 $K_b^{\ominus}$)大，为较强的酸(或碱)；离解度小的酸(或碱)，$K_a^{\ominus}$(或 $K_b^{\ominus}$)小，为较弱的酸(或碱)，但二者是有区别的。$K_a^{\ominus}$ 和 $K_b^{\ominus}$ 是在弱电解质溶液系统中的一种平衡常数，不受浓度的影响；并且由于弱酸弱碱与水分子之间质子转移反应的热效应不大，因此，温度对其影响也不大。而离解度是化学平衡中的转化率在弱电解质溶液系统中的一种表现形式，因此，浓度对其有影响，浓度越小，其离解度越大。所以，弱酸或弱碱的离解常数 $K_a^{\ominus}$ 或 $K_b^{\ominus}$ 比离解度 α 能更好地表明弱酸或弱碱的相对强弱。

离解度 α 及弱酸、弱碱的离解常数 $K_a^{\ominus}$\,$K_b^{\ominus}$ 之间存在一定的关系，推导如下。

以 HA 的离解平衡为例：

	$HA + H_2O \rightleftharpoons$	H_3O^+	$+ A^-$
起始浓度/($mol \cdot L^{-1}$)	c_0	0	0
平衡浓度/($mol \cdot L^{-1}$)	$c_0 - c_0\alpha$	$c_0\alpha$	$c_0\alpha$

$$K_a^{\ominus} = \frac{(c_0\alpha)^2}{c_0 - c_0\alpha} = \frac{c_0\alpha^2}{1-\alpha}$$

当 $c_0/K_a^{\ominus} \geqslant 500$ 时，$1-\alpha \approx 1$

$$K_a^{\ominus} = c_0\alpha^2$$

$$\alpha = \sqrt{\frac{K_a^{\ominus}}{c_0}} \tag{4-16a}$$

对于弱碱：

$$\alpha = \sqrt{\frac{K_b^{\ominus}}{c_0}} \tag{4-16b}$$

式(4-16)表明了一元弱酸(碱)溶液的浓度、离解度和离解常数之间的关系,称为稀释定律。它表明在一定温度下,$K_a^\ominus$($K_b^\ominus$)保持不变,溶液被稀释时 α 增大。

2. 同离子效应

在弱酸或弱碱的平衡系统中,任何一种物质的浓度变化都将使系统的平衡发生移动。

例如,在弱酸 HAc 水溶液中,加入少量的 NaAc 固体,因 NaAc 在水中完全离解,使溶液中的 Ac^- 浓度增大,HAc 的离解平衡向左移动。

$$HAc \rightleftharpoons H^+ + Ac^-$$

从而降低了 HAc 的离解度。

同理,在氨水溶液中加入少量的固体 NH_4Cl 或 NaOH,由于

$$NH_3 + H_2O \rightleftharpoons NH_4^+ + OH^-$$

则平衡向左移动,氨水的离解度减小。

这种在弱酸或弱碱溶液中,加入和弱酸或弱碱含有相同组分的易溶电解质,使弱酸或弱碱的离解度减小的现象称为同离子效应(common-ion effect)。

【例 4-3】　在 0.10 $mol \cdot L^{-1}$ HAc 溶液中,加入少量的 NaAc 固体,使其浓度为 0.10 $mol \cdot L^{-1}$(忽略体积的变化),计算加入 NaAc 固体前后溶液的 pH 和 HAc 的离解度 α。

解　(1)加入 NaAc 固体前,由式(4-16a)得

$$\alpha = \sqrt{\frac{K_a^\ominus}{c_0}} = \sqrt{\frac{1.8\times10^{-5}}{0.10}} = 1.3\%$$

$$pH = -\lg c_0\alpha = -\lg(0.10\times1.3\%) = 2.89$$

(2)加入 NaAc 固体后,设平衡时溶液中的 H^+ 浓度为 x,则

$$HAc + H_2O \rightleftharpoons H_3O^+ + Ac^-$$

平衡浓度/($mol \cdot L^{-1}$)　　$0.10 - x$　　x　　$0.10 + x$

$$K_a^\ominus = \frac{[H_3O^+][Ac^-]}{[HAc]} = \frac{x(0.10+x)}{0.10-x}$$

由于 HAc 的离解度 α 很小,加入 NaAc 固体后 α 变得更小,所以

$$0.10 - x \approx 0.10,\quad 0.10 + x \approx 0.10$$

$$x = K_a^\ominus = 1.8\times10^{-5}$$

$$[H^+] = 1.8\times10^{-5}\ mol \cdot L^{-1},\quad pH = 4.74$$

$$\alpha = \frac{1.8\times10^{-5}}{0.10}\times100\% = 0.018\%$$

由计算结果可知,加入 NaAc 固体后,由于同离子效应的作用 HAc 的离解度降低。

4.3　酸碱溶液 pH 的近似计算

Approximate pH calculation of acid-base solution

酸碱溶液 pH 的计算是酸碱平衡中最基本、最重要的问题。根据对计算结果准确度的不同要求,pH 可以进行精确计算,也可以进行近似计算。实际上,精确计算的结果并不十分精确,主要原因如下:

(1)酸或碱的浓度存在测量误差。

(2)计算过程中常常忽略离子强度的影响。

(3)计算过程中需要解氢离子浓度的高次方程，从纯数学角度看，也要采用近似方法才能求解。

由于精确计算过程十分烦琐，酸碱溶液 pH 一般采用近似计算。

近似计算有两种方法：第一，按照精确计算的方法推导出精确公式，再根据近似条件将公式逐步简化成符合要求的近似公式(见 4.4.2 节)；第二，按离解平衡列出起始浓度，分析变化浓度，得到平衡浓度（称为“三步分析法”），再将平衡浓度代入标准平衡常数的表达式中，解方程就可以得到氢离子浓度。本节主要讨论第二种近似计算方法。

4.3.1 强酸(碱)溶液 pH 的近似计算 Approximate calculation of pH of strong acid (base) solutions

一般认为强酸(碱)在溶液中是完全离解的。当强酸(碱)的浓度不是很小时($>10^{-6}$ mol·L^{-1})，可以直接根据强酸(碱)的浓度得出 H^+(OH^-)的浓度：

$$[H^+]=c(\text{强酸})$$

$$[OH^-]=c(\text{强碱})$$

由此可以计算 pH。若强酸(碱)的浓度为 $10^{-8}\sim10^{-6}$ mol·L^{-1}，要用表 4-2 中的公式计算。

视频

强酸（碱）溶液的 pH 计算

4.3.2 一元弱酸(碱)溶液 pH 的近似计算 Approximate calculation of pH of weak monoprotic acid (base) solutions

一元弱酸(碱)的情况差异性比较大，通常情况下，$K_a^\ominus(K_b^\ominus)\gg K_w^\ominus$，当弱酸(碱)浓度不是很小时，$H^+$($OH^-$)主要来自于弱酸(碱)的离解，因此，在计算弱酸(碱)的 pH 时，可以不考虑水离解的 H^+(OH^-)(忽略 H_2O 离解的近似条件为 $cK_a^\ominus\geqslant20K_w^\ominus$ 或 $cK_b^\ominus\geqslant20K_w^\ominus$)。这样，就可以用三步分析法得到平衡浓度，将平衡浓度代入平衡常数表达式，即可求得 H^+ 的浓度：

视频

一元弱酸（碱）溶液的 pH 计算

$$HA(aq)+H_2O(l)\rightleftharpoons A^-(aq)+H_3O^+(aq)$$

	HA		A^-	H_3O^+
起始浓度/(mol·L^{-1})	c		0	0
变化浓度/(mol·L^{-1})	$-x$		x	x
平衡浓度/(mol·L^{-1})	$c-x$		x	x

在允许计算误差为 2%的情况下，若 $\dfrac{c}{K_a^\ominus}\geqslant500$，则

$$K_a^\ominus=\frac{[A^-][H_3O^+]}{[HA]}=\frac{x\cdot x}{c-x} \tag{4-17}$$

而 $c-x\approx c$(即平衡浓度近似等于起始浓度)，可得

$$[H_3O^+]=\sqrt{cK_a^\ominus} \tag{4-18}$$

这就是一元弱酸 pH 计算的最简式。在使用这一个公式时，要注意两个近似条件：

(1)$cK_a^\ominus \geqslant 20K_w^\ominus$，这是忽略水的离解的条件，有些很弱的酸，在浓度很小时可能不满足这一个条件，如很稀的 H_3BO_3、NH_4^+ 等，这时，需要用式(4-38)求解。

(2)$\dfrac{c}{K_a^\ominus} \geqslant 500$，这是平衡浓度近似等于起始浓度的近似条件，有些较强的酸，可能不满足这一个条件，如一氯乙酸、二氯乙酸等，这时要将式(4-17)展开，再解一元二次方程，取其合理解。

一元弱碱溶液近似计算的原理与一元弱酸完全相同，其解离反应式为

$$B(aq) + H_2O(l) \rightleftharpoons BH^+(aq) + OH^-(aq)$$

$$K_b^\ominus = \frac{[BH^+][OH^-]}{[B]} = \frac{x \cdot x}{c - x} \tag{4-19}$$

若$\dfrac{c}{K_b^\ominus} \geqslant 500$，则 $c - x \approx c$(即平衡浓度近似等于起始浓度)，可得

$$[OH^-] = \sqrt{cK_b^\ominus} \tag{4-20}$$

【例 4-4】 计算 25 ℃时 0.10 $mol \cdot L^{-1}$的 HAc 溶液中存在各物种的浓度及溶液的 pH。

解　$cK_a^\ominus \geqslant 20K_w^\ominus$，忽略水的离解，因此只要考虑 HAc 在水溶液中建立的平衡：

$$HAc(aq) + H_2O(l) \rightleftharpoons Ac^-(aq) + H_3O^+(aq)$$

	HAc	Ac⁻	H₃O⁺
起始浓度/($mol \cdot L^{-1}$)	c	0	0
变化浓度/($mol \cdot L^{-1}$)	$-x$	x	x
平衡浓度/($mol \cdot L^{-1}$)	$c-x$	x	x

$$K_a^\ominus = \frac{[Ac^-][H_3O^+]}{[HAc]} = \frac{x \cdot x}{c - x} = 1.8 \times 10^{-5}$$

$\dfrac{c}{K_a^\ominus} = \dfrac{0.10}{1.8 \times 10^{-5}} = 5\ 556 > 500$，所以 $c - x \approx c$。

$$[H_3O^+] = \sqrt{cK_a^\ominus} = \sqrt{0.10 \times 1.8 \times 10^{-5}} = 1.34 \times 10^{-3}\ mol \cdot L^{-1}$$

$$pH = -\lg[H_3O^+] = 2.87$$

溶液中除了 H_3O^+，还有 HAc、Ac^- 和 OH^-，它们的浓度分别为

$$[OH^-] = K_w/[H_3O^+] = 7.46 \times 10^{-12}\ mol \cdot L^{-1}$$

$$[Ac^-] = [H_3O^+] = 1.34 \times 10^{-3}\ mol \cdot L^{-1}$$

$$[HAc] = c - x \approx c = 0.10\ mol \cdot L^{-1}$$

4.3.3 多元酸(碱)溶液 pH 的近似计算

Approximate calculation of pH of polyprotic acid (base) solutions

多元酸(碱)的第一级离解平衡常数一般比水的离解平衡常数($K_w^\ominus$)大得多，所以计算多元酸(碱)溶液的 pH 时可以忽略水的离解。多元酸(碱)相邻两级离解平衡常数相差较大，H_3O^+ 主要来源于第一级离解；第一级离解出的 H_3O^+ 对第二级及以后的离解有抑制作用(同离子效应)，使第二级及以后离解出的 H_3O^+ 更小，因此，计算多元酸(碱)溶液的 pH 时可以忽略第二级及以后离解，近似条件为

视频

多元酸(碱)溶液的 pH 计算

$$\frac{K_{a1}^{\ominus}}{K_{a2}^{\ominus}} \geqslant 10^2 \quad 或 \quad \frac{K_{b1}^{\ominus}}{K_{b2}^{\ominus}} \geqslant 10^2$$

通过上面分析，就能得到一个重要的结论：多元酸（碱）溶液的 pH 的近似计算可以按照一元酸（碱）溶液的方法进行。

对于多元酸（H_nA）溶液，

$$K_{a1}^{\ominus} = \frac{[H_{n-1}A][H^+]}{[H_nA]} = \frac{x \cdot x}{c - x} \tag{4-21}$$

若$\frac{c}{K_{a1}^{\ominus}} \geqslant 500$，则

$$[H^+] = \sqrt{cK_{a1}^{\ominus}} \tag{4-22}$$

对于多元碱（B^{n-}）溶液，

$$K_{b1}^{\ominus} = \frac{[HB^{(n-1)-}][OH^-]}{[B^{n-}]} = \frac{x \cdot x}{c - x} \tag{4-23}$$

若$\frac{c}{K_{b1}^{\ominus}} \geqslant 500$，则

$$[OH^-] = \sqrt{cK_{b1}^{\ominus}} \tag{4-24}$$

要注意的是，多元酸（碱）的第一级离解平衡常数一般较大，有时不能满足$\frac{c}{K_{a1(b1)}^{\ominus}} \geqslant 500$这一条件，这时就要按式（4-21）或式（4-23）解一元二次方程。

【例 4-5】 计算 0.040 mol · L^{-1} H_2CO_3 溶液（CO_2 的饱和水溶液）中 H^+、H_2CO_3、HCO_3^-、CO_3^{2-} 和 OH^- 的浓度以及溶液的 pH。

解 查表得 H_2CO_3 的 $K_{a1}^{\ominus} = 4.2 \times 10^{-7}$，$K_{a2}^{\ominus} = 5.6 \times 10^{-11}$，则

$$[H^+] = \sqrt{cK_{a1}^{\ominus}} = \sqrt{0.040 \times 4.2 \times 10^{-7}} = 1.3 \times 10^{-4}\ \text{mol} \cdot \text{L}^{-1}$$

$$\text{pH} = 3.89$$

$$[OH^-] = \frac{K_w^{\ominus}}{[H^+]} = \frac{10^{-14}}{1.3 \times 10^{-4}} = 7.69 \times 10^{-11}\ \text{mol} \cdot \text{L}^{-1}$$

根据 H_2CO_3 的第一级离解：

$$H_2CO_3(aq) \rightleftharpoons H^+(aq) + HCO_3^-(aq)$$

可知，在忽略第二级离解时，溶液中

$$[HCO_3^-] \approx [H^+] = 1.3 \times 10^{-4}\ \text{mol} \cdot \text{L}^{-1}$$

根据 H_2CO_3 的第二级离解：

$$HCO_3^-(aq) \rightleftharpoons H^+(aq) + CO_3^{2-}(aq)$$

因为 $[HCO_3^-] \approx [H^+]$，所以

$$K_{a2}^{\ominus}(H_2CO_3) = \frac{[H^+][CO_3^{2-}]}{[HCO_3^-]} = [CO_3^{2-}]$$

即

$$[CO_3^{2-}] = K_{a2}^{\ominus} = 5.6 \times 10^{-11}\ \text{mol} \cdot \text{L}^{-1}$$

注意 $K_{a2}^{\ominus}$是没有单位的，这里的单位（mol · L^{-1}）来源于 $c^{\ominus}$，上式完整的表达式为

$$\frac{c^{eq}(CO_3^{2-})}{c^{\ominus}}=K_{a2}^{\ominus}=5.6\times10^{-11}$$

所以

$$c^{eq}(CO_3^{2-})=K_{a2}^{\ominus}c^{\ominus}=5.6\times10^{-11}\ \text{mol}\cdot\text{L}^{-1}$$

最后是 H_2CO_3 的浓度，这个问题留给读者思考。

从上面的计算中，我们可以看出：

(1) 二元弱酸的 $K_{a1}^{\ominus}\gg K_{a2}^{\ominus}$，其 H^+ 主要来源于二元弱酸的第一级离解。

(2) 二元弱酸酸根(CO_3^{2-})的浓度是由第二级离解产生的。它的浓度绝不是[H_3O^+]的1/2，而是远小于 H_3O^+ 浓度，而且与 H_2CO_3 的初始浓度无关，这真是一个有趣的结果。

(3) 根据第二级离解平衡我们发现，CO_3^{2-} 的浓度除了与 $K_{a2}^{\ominus}$ 有关外，只与溶液中的 H_3O^+ 相关，这样我们就可以通过改变溶液的 pH 来控制溶液中 CO_3^{2-} 的浓度。

4.3.4　两性溶液 pH 的近似计算
Approximate calculation of pH of amphoteric solutions

在酸碱平衡中经常遇到两类两性物质：一类是酸式盐，如 $NaHCO_3$、K_2HPO_4、KH_2PO_4 等；另一类是弱酸弱碱盐，如 NH_4Ac、NH_4F 等，这两类溶液的 pH 基本上不受溶液浓度的影响。由于它们既可以给出质子，也可以接受质子，其酸碱平衡较为复杂，在实际工作中，往往采取近似计算的方法。

视频

两性物质溶液的 pH 计算

对于第一类两性物质(酸式盐)，按不同的形式，近似计算公式如下：

(1) HA^-

$$[H^+]=\sqrt{K_{a1}^{\ominus}K_{a2}^{\ominus}} \tag{4-25}$$

(2) HA^{2-}

$$[H^+]=\sqrt{K_{a2}^{\ominus}K_{a3}^{\ominus}} \tag{4-26}$$

对于第二类两性物质(弱酸弱碱盐)，以 NH_4F 为例，近似计算公式为

$$[H^+]=\sqrt{K_a^{\ominus}(NH_4^+)K_a^{\ominus}(HF)}=\sqrt{\frac{K_w^{\ominus}}{K_b^{\ominus}(NH_3)}K_a^{\ominus}(HF)} \tag{4-27}$$

用上述方法计算，误差一般在 5%以内。但是，如果两性物质的酸(碱)性远远大于碱(酸)性(即 $K_a^{\ominus}\gg K_b^{\ominus}$ 或 $K_b^{\ominus}\gg K_a^{\ominus}$)，计算误差会超过 5%。

【例 4-6】 计算 0.2 mol·L^{-1} $NaHCO_3$ 水溶液的 pH。

解　查表得 H_2CO_3 的 $K_{a1}^{\ominus}=4.2\times10^{-7}$，$K_{a2}^{\ominus}=5.6\times10^{-11}$，则

$$[H^+]=\sqrt{K_{a1}^{\ominus}K_{a2}^{\ominus}}=\sqrt{4.2\times10^{-7}\times5.6\times10^{-11}}=4.85\times10^{-9}$$

$$pH=8.31$$

【例 4-7】 计算 0.2 mol·L^{-1} NH_4F 水溶液的 pH。

解　查表得 $NH_3\cdot H_2O$ 和 HF 的离解平衡常数：$K_b^{\ominus}(NH_3\cdot H_2O)=1.8\times10^{-5}$，$K_a^{\ominus}(HF)=7.2\times10^{-4}$，则

$$[H^+]=\sqrt{\frac{K_w^{\ominus}K_a^{\ominus}}{K_b^{\ominus}}}=\sqrt{\frac{1\times10^{-14}\times7.2\times10^{-4}}{1.8\times10^{-5}}}=6.32\times10^{-7}$$

$$pH=6.20$$

4.3.5 弱酸(碱)与强酸(碱)混合溶液 pH 的近似计算 Approximate calculation of pH of weak and strong acids(bases) mixed solutions

弱酸(如 HAc)和强酸(如 HCl)的混合，如果强酸的浓度不是太小($>10^{-4}$)，溶液中的 H^+ 主要是由强酸给出的，因此，在计算混合溶液的 pH 时，一般把它作为强酸溶液考虑。弱碱和强碱的混合溶液情况类似，把它作为强碱溶液考虑。

4.4 酸碱溶液 pH 的精确计算 Accurate pH calculation of acid-base solution

酸碱溶液 pH 的精确计算，就是按照酸碱平衡体系中各组分之间严格的数量关系，在不做任何近似或取舍的情况下计算出结果。而要对酸碱溶液 pH 做出精确计算，首先要了解酸碱平衡体系中同时存在的多种组分之间的关系，以及各种组分的浓度随 H^+ 浓度的改变而发生的变化。

4.4.1 酸碱溶液中各组分的分布 Component distribution in acid-base solution

在酸碱溶液中，当系统达到平衡时，溶液中通常同时存在多种组分，这些组分的浓度随溶液中 H^+ 浓度的变化而变化。平衡时各组分的浓度称为平衡浓度，各组分平衡浓度之和称为总浓度或分析浓度，某一组分(存在形式)的平衡浓度占总浓度的分数即为该组分(存在形式)的分布系数，以 δ 表示。分布系数 δ 与溶液 pH 之间的关系曲线称为分布曲线。

视频

酸碱溶液中各组分的分布

1. 一元弱酸(碱)溶液[weak monoprotic acid(base) solution]

以 HAc 为例，溶液中的存在形式为 HAc 和 Ac^-，总浓度为 c，HAc 和 Ac^- 的平衡浓度为[HAc]和[Ac^-]，则

$$c=[HAc]+[Ac^-]$$

设 HAc 的分布系数为 δ_1，Ac^- 的分布系数为 δ_0，则

$$\delta_1=\frac{[HAc]}{c}=\frac{[HAc]}{[HAc]+[Ac^-]}$$

$$=\frac{1}{1+\frac{[Ac^-]}{[HAc]}}$$

$$=\frac{1}{1+\frac{K_a^\ominus}{[H^+]}}=\frac{[H^+]}{[H^+]+K_a^\ominus} \tag{4-28a}$$

同理得

$$\delta_0=\frac{[Ac^-]}{c}=\frac{[Ac^-]}{[HAc]+[Ac^-]}=\frac{K_a^\ominus}{[H^+]+K_a^\ominus} \tag{4-28b}$$

显然，各组分分布系数之和等于 1，即 $\delta_1+\delta_0=1$。

如果以 pH 为横坐标，各组分的分布系数为纵坐标，可得如图 4-1 所示的分布曲线。

由图 4-1 可以看出，δ_0 随溶液 pH 的增大而增大，δ_1 随溶液 pH 的增大而减小。当 $pH=pK_a^\ominus$ 时，$\delta_0=\delta_1=0.5$，即溶液中 $[HAc]=[Ac^-]$，两种组分各占 50%；当 $pH<pK_a^\ominus$ 时，$HAc(\delta_1)$ 为主要组分；当 $pH>pK_a^\ominus$ 时，$Ac^-(\delta_0)$ 为主要组分。

对于一元弱碱的分布系数，如 NH_3 可用其共轭酸 NH_4^+ 的离解常数来处理。

$$\delta(NH_3)=\delta_0=\frac{[NH_3]}{c}=\frac{[NH_3]}{[NH_3]+[NH_4^+]}=\frac{K_a^\ominus}{K_a^\ominus+[H^+]} \tag{4-29}$$

$$\delta(NH_4^+)=\delta_1=\frac{[NH_4^+]}{c}=\frac{[NH_4^+]}{[NH_3]+[NH_4^+]}=\frac{[H^+]}{K_a^\ominus+[H^+]} \tag{4-30}$$

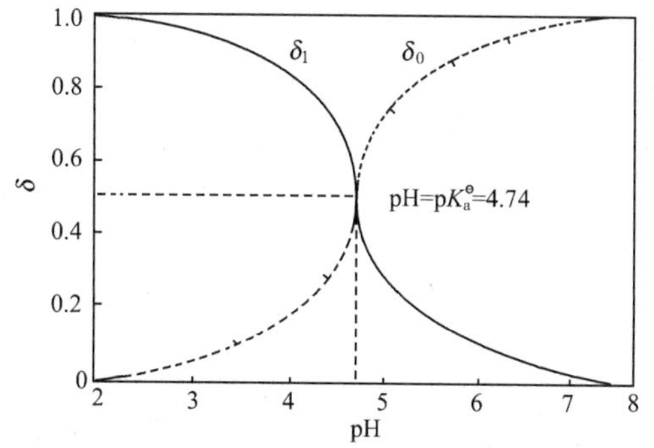

图 4-1　HAc\，Ac⁻分布系数与溶液 pH 的关系曲线

2. 多元弱酸溶液(weak polyprotic acid solution)

二元酸以 $H_2C_2O_4$ 为例，溶液中有三种存在形式，分别为 $H_2C_2O_4$、$HC_2O_4^-$、$C_2O_4^{2-}$，对应的分布系数为 δ_2、δ_1、δ_0，它们的总浓度为 c，即

$$c=[H_2C_2O_4]+[HC_2O_4^-]+[C_2O_4^{2-}]$$

则

$$\begin{aligned}\delta_2&=\frac{[H_2C_2O_4]}{c}=\frac{[H_2C_2O_4]}{[H_2C_2O_4]+[HC_2O_4^-]+[C_2O_4^{2-}]}\\&=\frac{1}{1+\frac{[HC_2O_4^-]}{[H_2C_2O_4]}+\frac{[C_2O_4^{2-}]}{[H_2C_2O_4]}}\\&=\frac{1}{1+\frac{K_{a1}^\ominus}{[H^+]}+\frac{K_{a1}^\ominus K_{a2}^\ominus}{[H^+]^2}}\\&=\frac{[H^+]^2}{[H^+]^2+K_{a1}^\ominus[H^+]+K_{a1}^\ominus K_{a2}^\ominus}\end{aligned} \tag{4-31}$$

同理可得

$$\delta_1=\frac{K_{a1}^\ominus[H^+]}{[H^+]^2+K_{a1}^\ominus[H^+]+K_{a1}^\ominus K_{a2}^\ominus} \tag{4-32}$$

$$\delta_0=\frac{K_{a1}^{\ominus}K_{a2}^{\ominus}}{[H^+]^2+K_{a1}^{\ominus}[H^+]+K_{a1}^{\ominus}K_{a2}^{\ominus}} \tag{4-33}$$

$$\delta_1+\delta_2+\delta_0=1$$

其分布曲线如图 4-2 所示。

由图 4-2 可见，当 $pH<pK_{a1}^{\ominus}$ 时，$H_2C_2O_4$ 为主要组分；当 $pK_{a1}^{\ominus}<pH<pK_{a2}^{\ominus}$ 时，$HC_2O_4^-$ 为主要组分；当 $pH>pK_{a2}^{\ominus}$ 时，$C_2O_4^{2-}$ 为主要组分；当 pH=2.75 时，δ_1 最大，$\delta_1=0.938$，$\delta_2=0.028$，$\delta_0=0.034$。

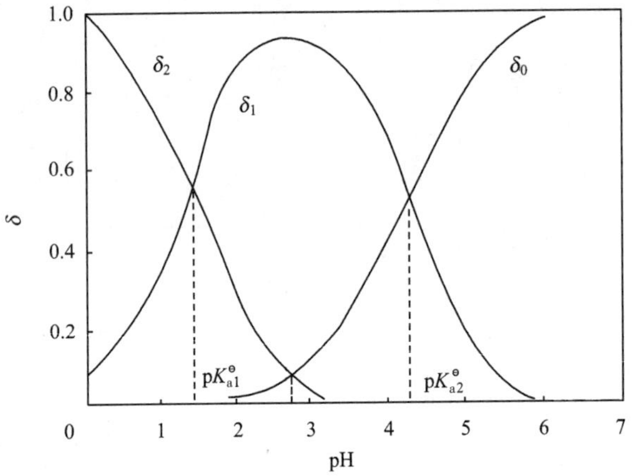

图 4-2 $H_2C_2O_4$ 溶液中各组分的分布系数与溶液 pH 的关系曲线

三元酸以 H_3PO_4 为例，溶液中有四种存在形式，分别为 H_3PO_4、$H_2PO_4^-$、HPO_4^{2-}、PO_4^{3-}，相应的分布系数分别为 δ_3、δ_2、δ_1、δ_0。

$$\delta_3=\frac{[H^+]^3}{[H^+]^3+K_{a1}^{\ominus}[H^+]^2+K_{a1}^{\ominus}K_{a2}^{\ominus}[H^+]+K_{a1}^{\ominus}K_{a2}^{\ominus}K_{a3}^{\ominus}} \tag{4-34}$$

$$\delta_2=\frac{K_{a1}^{\ominus}[H^+]^2}{[H^+]^3+K_{a1}^{\ominus}[H^+]^2+K_{a1}^{\ominus}K_{a2}^{\ominus}[H^+]+K_{a1}^{\ominus}K_{a2}^{\ominus}K_{a3}^{\ominus}} \tag{4-35}$$

$$\delta_1=\frac{K_{a1}^{\ominus}K_{a2}^{\ominus}[H^+]}{[H^+]^3+K_{a1}^{\ominus}[H^+]^2+K_{a1}^{\ominus}K_{a2}^{\ominus}[H^+]+K_{a1}^{\ominus}K_{a2}^{\ominus}K_{a3}^{\ominus}} \tag{4-36}$$

$$\delta_0=\frac{K_{a1}^{\ominus}K_{a2}^{\ominus}K_{a3}^{\ominus}}{[H^+]^3+K_{a1}^{\ominus}[H^+]^2+K_{a1}^{\ominus}K_{a2}^{\ominus}[H^+]+K_{a1}^{\ominus}K_{a2}^{\ominus}K_{a3}^{\ominus}} \tag{4-37}$$

$$\delta_0+\delta_1+\delta_2+\delta_3=1$$

以 pH 为横坐标，各组分的分布系数为纵坐标，可得如图 4-3 所示的分布曲线。

由图 4-3 可以看出，当 $pH<pK_{a1}^{\ominus}$ 时，$\delta_3\gg\delta_2$，溶液中 H_3PO_4 为主要的存在形式；当 $pK_{a1}^{\ominus}<pH<pK_{a2}^{\ominus}$ 时，$\delta_2\gg\delta_3$、$\delta_2\gg\delta_1$，溶液中 $H_2PO_4^-$ 为主要的存在形式；当 $pK_{a2}^{\ominus}<pH<pK_{a3}^{\ominus}$ 时，$\delta_1\gg\delta_2$、$\delta_1\gg\delta_0$，溶液中 HPO_4^{2-} 为主要的存在形式；当 $pH>pK_{a3}^{\ominus}$ 时，$\delta_0\gg\delta_1$，溶液中 PO_4^{3-} 为主要的存在形式。

H_3PO_4 的 $pK_{a1}^{\ominus}=2.12$，$pK_{a2}^{\ominus}=7.20$，$pK_{a3}^{\ominus}=12.36$。三个 $pK_a^{\ominus}$ 相差较大，共存现象不明显；pH=4.7 时，$\delta_2=0.994$，$\delta_3=\delta_1=0.003$；pH=9.8 时，$\delta_1=0.994$，$\delta_0=\delta_2=0.003$。这两

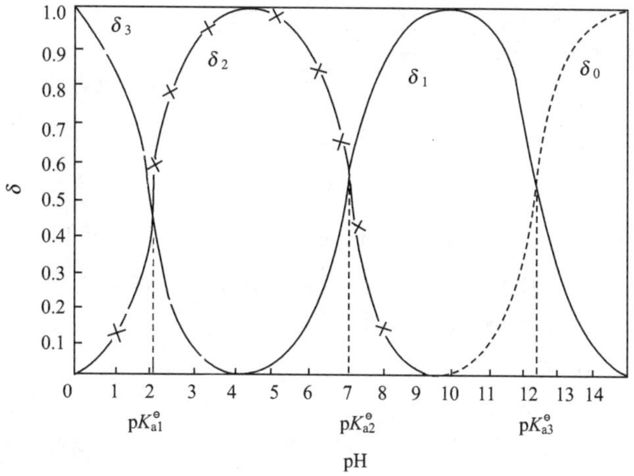

图 4-3　H_3PO_4 溶液中各组分的分布系数与溶液 pH 的关系曲线

种情况下，由于各次要组分的存在形式所占的比率很小，因此无法在分布曲线图中明显表示出来。

由上面的讨论可以看出，因为温度一定时，$K_a^{\ominus}$ 是常数，所以此时 δ 只是$[H^+]$的函数。已知$[H^+]$，便可求出 δ。如果已知酸碱的总浓度，还可以进一步求出酸或碱溶液中各组分的平衡浓度。

【例 4-8】 计算 pH＝4.00 时，室温下浓度为 0.10 $mol \cdot L^{-1}$ 的 HAc 溶液中，HAc 和 Ac^- 的分布系数及平衡浓度。

解

$$\delta(HAc)=\delta_1=\frac{[H^+]}{K_a^{\ominus}+[H^+]}=\frac{1.0\times10^{-4}}{1.8\times10^{-5}+1.0\times10^{-4}}=0.85$$

$$\delta(Ac^-)=1-0.85=0.15$$

$$[HAc]=\delta(HAc)c=0.85\times0.10=0.085\ mol\cdot L^{-1}$$

$$[Ac^-]=\delta(Ac^-)c=0.15\times0.10=0.015\ mol\cdot L^{-1}$$

4.4.2 pH 的精确计算

Accurate pH calculation

1. 酸碱溶液中组分浓度之间的关系

在一个酸碱平衡体系中，平衡中的各组分之间是有严格的数量关系的，这些数量关系主要由离解平衡、物料平衡和电荷平衡主导，或者说各组分之间的数量关系要满足离解平衡方程、物料平衡方程和电荷平衡方程。

(1)离解平衡方程

有关该部分内容，我们已经在前面详细讨论过，现以浓度为 c 的 Na_2CO_3 水溶液加以说明。Na_2CO_3 在水溶液中，先发生完全离解，得到浓度为 c 的 CO_3^{2-} 溶液。溶液中有下列的三个离解平衡关系，即 H_2O 的离解平衡和 CO_3^{2-} 的二级离解平衡：

$$CO_3^{2-}+H_2O \rightleftharpoons HCO_3^-+OH^- \tag{a}$$

$$K_{b1}^{\ominus}=\frac{[HCO_3^-][OH^-]}{[CO_3^{2-}]}$$

$$HCO_3^- + H_2O \rightleftharpoons H_2CO_3 + OH^- \qquad (b)$$

$$K_{b2}^{\ominus} = \frac{[H_2CO_3][OH^-]}{[HCO_3^-]}$$

$$H_2O \rightleftharpoons H^+ + OH^- \qquad (c)$$

$$K_w^{\ominus} = [H^+][OH^-]$$

在 Na_2CO_3 水溶液中，存在的五个物种浓度（$[H_2CO_3]$、$[HCO_3^-]$、$[CO_3^{2-}]$、$[H^+]$ 和 $[OH^-]$）应同时满足上述三个关系式。若只有这三个关系式，五个物种浓度并不能完全确定，溶液中还存在物料平衡方程和电荷平衡方程。

（2）物料平衡方程和电荷平衡方程

物料平衡方程是指在一个化学平衡体系中，某一给定物质的总浓度等于各有关组分平衡浓度之和，其数学表达式称为物料平衡。对于 Na_2CO_3 水溶液，物料平衡方程为

$$[CO_3^{2-}] + [HCO_3^-] + [H_2CO_3] = c \qquad (d)$$

电荷平衡方程是指单位体积溶液中，正离子所带的正电荷量（mol）应等于负离子所带的负电荷量（mol）。根据这一电中性原则，由各离子的电荷和浓度列出电荷平衡。对于 Na_2CO_3 水溶液，电荷平衡方程为

$$[H^+] + [Na^+] = [HCO_3^-] + 2[CO_3^{2-}] + [OH^-] \qquad (e)$$

将这五个关系式联立组成方程组，解方程组就能求得 H^+ 的浓度。用这个方法不仅能计算 H^+ 的浓度，还可以计算得到其他物种的浓度。若只要计算 H^+ 的浓度，则可以从质子条件出发，推导出计算 H^+ 浓度的精确公式。

2. 质子条件

根据酸碱质子理论，酸碱反应的本质是质子的转移，当反应达到平衡时，酸失去的质子和碱得到的质子的物质的量必然相等。其数学表达式称为质子平衡或**质子条件**（proton condition），用 PBE 表示。质子条件是准确反映整个平衡体系中质子转移的严格数量关系式。

视频

质子条件

质子条件的书写要点：

（1）在酸碱平衡体系中选取质子参考水平（或零水准）。通常是原始的酸碱组分，在很多情况下是溶液中大量存在的并与质子转移有关的酸碱组分。

（2）从质子参考水平出发，将溶液中其他组分与之比较，确定何者得失质子，得失多少质子。

（3）根据得失质子相等的原理写出质子条件式。

（4）涉及多级离解的物质时，与质子参考水平比较，质子转移数在 2 或 2 以上时，在它们的浓度项之前必须乘以相应的系数，以保持得失质子的平衡。

【例 4-9】 写出 Na_2CO_3 水溶液的质子条件。

解 选 CO_3^{2-} 和 H_2O 为参考水平，在 Na_2CO_3 水溶液中存在下列平衡：

$$CO_3^{2-} + H_2O \rightleftharpoons HCO_3^- + OH^-$$

$$HCO_3^- + H_2O \rightleftharpoons H_2CO_3 + OH^-$$

$$H_2O + H_2O \rightleftharpoons H_3O^+ + OH^-$$

将溶液中的各组分与参考水平 CO_3^{2-} 和 H_2O 相比较，得质子的为 HCO_3^-、H_2CO_3 和

H_3O^+，失质子的为 OH^-。根据反应达到平衡时，酸失去质子和碱得到质子的物质的量相等的原则，可得质子条件为

$$[H^+]+[HCO_3^-]+2[H_2CO_3]=[OH^-]$$

其中，H_2CO_3 是 CO_3^{2-} 得到 2 个质子的产物，在写质子条件式时应在$[H_2CO_3]$前乘以系数 2，以使得失质子的物质的量相等。

以上是根据溶液中得质子后产物与失质子后产物的质子得失量相等的原则直接列出质子条件式，也可以通过溶液中各存在形式的物料平衡和电荷平衡得出质子条件。

将 H_2CO_3 水溶液的电荷平衡式与物料平衡式联立，整理得到质子条件为

$$[H^+]+[HCO_3^-]+2[H_2CO_3]=[OH^-]$$

可见，与前面所列出的质子条件完全一致。

对于更复杂的二元体系，如 HA-A^- 共轭体系，则要选择两个零水准，其质子条件的推导如下：

以 HA 和 H_2O 为参考水平，则质子条件为

$$[H^+]+c(A^-)=[A^-]+[OH^-]$$

以 A^- 和 H_2O 为参考水平，则质子条件为

$$[H^+]+[HA]=[OH^-]+c(HA)$$

这两个质子条件是推导缓冲溶液 pH 精确计算公式的基础。

3. 酸碱溶液 pH 的精确计算实例

以一元弱酸溶液 pH 的精确计算为例。设弱酸(HA)的总浓度为 c mol·L^{-1}，在水溶液中其离解平衡为

$$HA+H_2O \rightleftharpoons H_3O^+ + A^-$$

$$H_2O+H_2O \rightleftharpoons H_3O^+ + OH^-$$

质子条件为

$$[H^+]=[A^-]+[OH^-]$$

而

$$[A^-]=K_a^{\ominus}\frac{[HA]}{[H^+]},\quad [OH^-]=\frac{K_w^{\ominus}}{[H^+]}$$

将上面两式代入质子条件式，整理得

$$[H^+]=\sqrt{K_a^{\ominus}[HA]+K_w^{\ominus}} \qquad (4\text{-}38)$$

将$[HA]=c\delta(HA)=\dfrac{c[H^+]}{[H^+]+K_a^{\ominus}}$代入式(4-38)，整理得精确公式：

$$[H^+]^3+K_a^{\ominus}[H^+]^2-(cK_a^{\ominus}+K_w^{\ominus})[H^+]-K_a^{\ominus}K_w^{\ominus}=0 \qquad (4\text{-}39)$$

如果计算结果允许有 2% 的误差，当 $cK_a^{\ominus}\geqslant 20K_w^{\ominus}$ 时，可忽略水的离解对$[H^+]$的贡献；当 $c/K_a^{\ominus}\geqslant 500$ 时，则近似地用 HA 的初始浓度 c 代替其平衡浓度[HA]。下面分几种情况进行讨论：

(1)当 $cK_a^{\ominus}<20K_w^{\ominus}$，$c/K_a^{\ominus}<500$ 时，须用精确公式计算溶液中的$[H^+]$。即

$$[H^+]^3+K_a^{\ominus}[H^+]^2-(cK_a^{\ominus}+K_w^{\ominus})[H^+]-K_a^{\ominus}K_w^{\ominus}=0$$

(2)当 $cK_a^\ominus \geqslant 20K_w^\ominus$，$c/K_a^\ominus < 500$ 时，可忽略式(4-38)中的 $K_w^\ominus$ 项，得

$$[H^+]=\sqrt{K_a^\ominus[HA]}=\sqrt{K_a^\ominus(c-[H^+])}$$

整理得

$$[H^+]^2+K_a^\ominus[H^+]-cK_a^\ominus=0$$

解得

$$[H^+]=\frac{-K_a^\ominus+\sqrt{(K_a^\ominus)^2+4cK_a^\ominus}}{2} \tag{4-40}$$

(3)当 $cK_a^\ominus < 20K_w^\ominus$，$c/K_a^\ominus \geqslant 500$ 时，可近似认为[HA]等于初始浓度 c，则

$$[H^+]=\sqrt{cK_a^\ominus+K_w^\ominus} \tag{4-41}$$

(4)当 $cK_a^\ominus \geqslant 20K_w^\ominus$，$c/K_a^\ominus \geqslant 500$ 时，忽略 $K_w^\ominus$ 项，近似地用 HA 的初始浓度 c 代替其平衡浓度[HA]，则可得最简式

$$[H^+]=\sqrt{cK_a^\ominus} \tag{4-42}$$

其他体系的 pH 精确计算公式的推导过程类似，其结果见表 4-2。

表 4-2　不同体系 pH 精确计算公式

溶液体系	精确计算公式(根据质子条件推导)
一元强酸	$[H^+]=\frac{K_w^\ominus}{[H^+]}+c_a$
一元弱酸	$[H^+]=\sqrt{K_a^\ominus[HA]+K_w^\ominus}$ $[H^+]^3+K_a^\ominus[H^+]^2-(cK_a^\ominus+K_w^\ominus)[H^+]-K_a^\ominus K_w^\ominus=0$
一元弱碱	$[OH^-]=\sqrt{K_b^\ominus[B]+K_w^\ominus}$ $[OH^-]^3+K_b^\ominus[OH^-]^2-(cK_b^\ominus+K_w^\ominus)[OH^-]-K_b^\ominus K_w^\ominus=0$
二元弱酸	$[H^+]=\sqrt{K_{a1}^\ominus[H_2A]\left(1+\frac{2K_{a2}^\ominus}{[H^+]}\right)+K_w^\ominus}$
两性物质溶液 (HA^-)	$[H^+]=\sqrt{\frac{K_{a1}^\ominus(K_{a2}^\ominus[HA^-]+K_w^\ominus)}{K_{a1}^\ominus+[HA^-]}}$
共轭酸碱对 (缓冲溶液)	$[H^+]=K_a^\ominus\frac{[HA]}{[A^-]}=K_a^\ominus\frac{c(HA)+[OH^-]-[H^+]}{c(A^-)+[H^+]-[OH^-]}$
一元强酸	$c_a \geqslant 10^{-6}\ mol\cdot L^{-1}$时，$[H^+]=c_a$ $c_a \leqslant 10^{-8}\ mol\cdot L^{-1}$时，$[H^+]=\sqrt{K_w^\ominus}$ $10^{-8}\ mol\cdot L^{-1} \leqslant c_a \leqslant 10^{-6}\ mol\cdot L^{-1}$时，$[H^+]=\frac{1}{2}(c_a+\sqrt{c_a^2+4K_w^\ominus})$
一元弱酸	$cK_a^\ominus < 20K_w^\ominus$，$c/K_a^\ominus \geqslant 500$ 时，$[H^+]=\sqrt{cK_a^\ominus+K_w^\ominus}$ $cK_a^\ominus \geqslant 20K_w^\ominus$，$c/K_a^\ominus \geqslant 500$ 时，$[H^+]=\sqrt{cK_a^\ominus}$
一元弱碱	$cK_b^\ominus \geqslant 20K_w^\ominus$，$c/K_b^\ominus < 500$ 时，解方程$[OH^-]^2+K_b^\ominus[OH^-]-cK_b^\ominus=0$ $cK_b^\ominus \geqslant 20K_w^\ominus$，$c/K_b^\ominus \geqslant 500$ 时，$[OH^-]=\sqrt{cK_b^\ominus}$
二元弱酸	$cK_{a1}^\ominus \geqslant 20K_w^\ominus$，$c/K_{a1}^\ominus \geqslant 500$，$\frac{2K_{a2}^\ominus}{[H^+]}=\frac{2K_{a2}^\ominus}{\sqrt{cK_{a1}^\ominus}} \ll 1$ 时，$[H^+]=\sqrt{cK_{a1}^\ominus}$

（续表）

溶液体系	精确计算公式（根据质子条件推导）
两性物质溶液（HA^-）	若 HA^- 得失质子能力都较弱，则$[HA^-]\approx c$ 若允许有 5%误差，$cK_{a2}^{\ominus}\geqslant 20K_w^{\ominus}$，则$[H^+]=\sqrt{\dfrac{cK_{a1}^{\ominus}K_{a2}^{\ominus}}{K_{a1}^{\ominus}+c}}$ 若 $c/K_{a1}^{\ominus}\geqslant 20$，则$[H^+]=\sqrt{K_{a1}^{\ominus}K_{a2}^{\ominus}}$
共轭酸碱对（缓冲溶液）	当 $c(HA)$、$c(A^-)$不是很小时，最简式为$[H^+]=K_a^{\ominus}\dfrac{c(HA)}{c(A^-)}$

4.5 缓冲溶液
Buffer solution

4.5.1 缓冲溶液及其作用原理
Buffer solution and the buffer principle

缓冲溶液(buffer solution)是指能够抵抗外加的少量的强酸、强碱或适当的稀释，而使溶液的 pH 基本保持不变的溶液。

视频

缓冲溶液及其作用原理

缓冲溶液一般由弱酸与其共轭碱，或者由弱碱与其共轭酸组成。例如，HAc-NaAc 溶液、NH_4Cl-NH_3 溶液等。其中组成缓冲溶液的一对共轭酸碱称为缓冲对。其缓冲原理，以 HAc 和 NaAc 的混合溶液为例讨论如下：

在 HAc 和 NaAc 的混合溶液中，存在如下反应：

$$NaAc \rightleftharpoons Na^+ + Ac^-$$

$$HAc \rightleftharpoons H^+ + Ac^-$$

系统中 HAc、Ac^- 是大量的，由于同离子效应的作用，H^+ 浓度相对较小。当向溶液中加入少量强酸时，H^+ 浓度的增加使 HAc 解离平衡左移，HAc 的浓度略有增加，Ac^- 的浓度略有减少，H^+ 的浓度保持基本不变，即溶液的 pH 基本保持不变。显然，溶液中的 Ac^- 起到了抗酸的作用。

若往系统中加入少量强碱，则 H^+ 与 OH^- 结合生成 H_2O，使 HAc 解离平衡右移，HAc 的浓度略有减少，Ac^- 的浓度略有增加，而 H^+ 的浓度仍保持基本不变，即溶液的 pH 基本保持不变。显然，溶液中的 HAc 起到了抗碱的作用。

当加入大量的强酸或强碱，使溶液中的 Ac^- 或 HAc 耗尽，则溶液将失去缓冲能力。除上述具有一定浓度共轭酸碱对的溶液外，一些较浓的强酸（pH＜2）或强碱（pH＞12）也可作为缓冲溶液。这是由于溶液中的 H^+ 和 OH^- 的浓度很高，当加入少量的酸或碱时，对溶液酸碱度的相对变化影响较小，因而可以控制溶液 pH 的变化。

4.5.2 缓冲溶液的 pH
pH of buffer solution

以 HA-A^- 组成的缓冲溶液为例，来说明缓冲溶液 pH 的计算。

设 HA-A^- 溶液中 HA 和 A^- 的浓度分别是 $c(HA)$ 和 $c(A^-)$，对溶液存在的离解平衡进行三步分析：

$$HA(aq)+H_2O(l) \rightleftharpoons A^-(aq)+H_3O^+(aq)$$

起始浓度/(mol·L^{-1})	$c(HA)$	$c(A^-)$	0
变化浓度/(mol·L^{-1})	$-x$	x	x
平衡浓度/(mol·L^{-1})	$c(HA)-x$	$c(A^-)+x$	x

$$K_a^\ominus=\frac{[A^-][H_3O^+]}{[HA]}=\frac{[c(A^-)+x]x}{c(HA)-x}$$

弱酸 HA 本身离解度就比较小，另外缓冲体系在解离前溶液就存在一定浓度的共轭碱 A^-，由于同离子效应的作用，离解出的 x 将会更小，所以

$$c(A^-)+x \approx c(A^-), \quad c(HA)-x \approx c(HA)$$

上式简化成

$$K_a^\ominus=\frac{[A^-][H_3O^+]}{[HA]}=\frac{c(A^-)x}{c(HA)}$$

由此得到缓冲溶液中$[H^+]$浓度计算的基本公式：

$$[H^+]=K_a^\ominus\frac{c(HA)}{c(A^-)} \tag{4-43}$$

使用时，也可以直接计算 pH，只要将上式两边取负对数，可得

$$pH=pK_a^\ominus-\lg\frac{c(HA)}{c(A^-)} \tag{4-44}$$

前面谈到，缓冲溶液不仅要能抵抗外加的少量强酸或强碱作用，而且通过适当的稀释，自身 pH 基本保持不变。从式(4-43)可以看出，适当的稀释不改变$\frac{c(HA)}{c(A^-)}$，所以溶液的 pH 不会变化。但是，在大量稀释的情况下，浓度极小的 HA 和 A^- 在溶液中类似于强电解质，几乎是完全离解的，式(4-43)不再正确，溶液的 pH 要用其他方法计算，结果当然会改变。

对于弱碱及其共轭酸组成的缓冲体系(如 $NH_3 \cdot H_2O$-NH_4^+)，计算过程与上述类似，相应得到

$$pH=14-pK_b^\ominus+\lg\frac{c(B)}{c(HB^+)} \tag{4-45}$$

式(4-45)和式(4-44)是等价的，$NH_3 \cdot H_2O$-NH_4^+ 体系也可看作是一个弱酸(NH_4^+)和一个弱碱($NH_3 \cdot H_2O$)组成。

【例 4-10】 已知若在 50.00 mL 含有 0.100 0 mol·L^{-1}的 HAc 和 0.100 0 mol·L^{-1} NaAc 缓冲液中，加入 0.050 mL 1.000 mol·L^{-1} HCl，求其 pH。

解 50.00 mL 缓冲溶液中加入盐酸后总体积为 50.05 mL，加入的 1.000 mol·L^{-1} HCl 由于稀释，浓度变为

$$\frac{0.050}{50.05}\times 1.000 \approx 0.001\ 0\ \text{mol}\cdot\text{L}^{-1}$$

由于加入的 H^+ 的量相对于溶液中 Ac^- 的量而言很小，可认为加入的 H^+ 完全与 Ac^- 结合成 HAc，于是

$$c(\text{HAc}) = (0.1000 + 0.0010)\ \text{mol} \cdot \text{L}^{-1} = 0.1010\ \text{mol} \cdot \text{L}^{-1}$$

$$c(\text{Ac}^-) = (0.1000 - 0.0010)\ \text{mol} \cdot \text{L}^{-1} = 0.0990\ \text{mol} \cdot \text{L}^{-1}$$

$$\text{pH} = \text{p}K_a^{\ominus} - \lg \frac{c(\text{HAc})}{c(\text{Ac}^-)} = 4.74 - \lg \frac{0.1010}{0.0990} = 4.73$$

计算结果表明，50 mL HAc-NaAc 缓冲溶液中，若加入少量的强酸(0.05 mL 1.0 $\text{mol} \cdot \text{L}^{-1}$的盐酸)，溶液的 pH 由 4.74 降至 4.73，仅改变 0.01；但若在 50 mL 纯水中加入 0.05 mL 1.0 $\text{mol} \cdot \text{L}^{-1}$ HCl 溶液，则由于 H^+ 的浓度约为 0.001 $\text{mol} \cdot \text{L}^{-1}$，pH=3，即 pH 改变了 3 个单位。

【例 4-11】 将 0.300 $\text{mol} \cdot \text{L}^{-1}$ NaOH 50.0 mL 与 0.450 $\text{mol} \cdot \text{L}^{-1}$ NH_4Cl 100.0 mL 混合，计算溶液的 pH。若往该溶液中加入 1.00 mL 1.00 $\text{mol} \cdot \text{L}^{-1}$ HCl 溶液，再计算溶液的 pH。[已知：$K_b^{\ominus}(\text{NH}_3 \cdot \text{H}_2\text{O}) = 1.8 \times 10^{-5}$]

解　计算这类伴随有化学反应的体系，一般先根据化学反应的情况，判断产物组成属于哪一类体系，再用相应的公式计算其 pH。这不仅适用于缓冲体系，本章所讲到的任何体系的 pH 计算都可以遵循这个步骤。

NaOH 和 NH_4Cl 混合，首先发生化学反应：

$$\text{NaOH} + \text{NH}_4\text{Cl} \longrightarrow \text{NH}_3 \cdot \text{H}_2\text{O} + \text{NaCl}$$

NH_4Cl 过量，反应完成后，除中性的 NaCl 外，溶液由 0.1 $\text{mol} \cdot \text{L}^{-1}$ 的 $\text{NH}_3 \cdot \text{H}_2\text{O}$ 和 0.2 $\text{mol} \cdot \text{L}^{-1}$ 的 NH_4^+ 组成。这是一个由共轭碱及共轭酸组成的缓冲体系。使用缓冲体系公式：

$$\text{pH} = 14.00 - \text{p}K_b^{\ominus} + \lg \frac{c(\text{B})}{c(\text{HB}^+)} = 14.00 + \lg(1.8 \times 10^{-5}) + \lg \frac{0.1}{0.2}$$

可得 pH=8.95。

向上述缓冲溶液加入 1.00 mL 的 1.00 $\text{mol} \cdot \text{L}^{-1}$ HCl 溶液，在下面平衡中：

$$\text{NH}_3(\text{aq}) + \text{H}_2\text{O}(\text{l}) \rightleftharpoons \text{NH}_4^+(\text{aq}) + \text{OH}^-(\text{aq})$$

H^+ 将会和 OH^- 反应，平衡向右移动，在 150 mL 的溶液中，H^+ 浓度为 6.67×10^{-3} $\text{mol} \cdot \text{L}^{-1}$(忽略体积变化)。反应后，$[\text{NH}_4^+]$的浓度变为$(0.2 + 6.67 \times 10^{-3})$ $\text{mol} \cdot \text{L}^{-1}$，$[\text{NH}_3 \cdot \text{H}_2\text{O}]$的浓度变为$(0.1 - 6.67 \times 10^{-3})$ $\text{mol} \cdot \text{L}^{-1}$，代入缓冲溶液公式：

$$\text{pH} = 14.00 - \text{p}K_b^{\ominus} + \lg \frac{c(\text{B})}{c(\text{HB}^+)} = 14 + \lg 1.8 \times 10^{-5} + \lg \frac{0.1 - 6.67 \times 10^{-3}}{0.2 + 6.67 \times 10^{-3}}$$

可得 pH=8.91。

可以看到，在上述 150 mL 缓冲溶液中，加入 1.00 mL 的 1.00 $\text{mol} \cdot \text{L}^{-1}$ HCl 强酸溶液，其 pH 仅仅降低了 0.04。

4.5.3　缓冲容量和缓冲范围

Buffer capacity and buffer range

任何缓冲溶液的缓冲能力都是有限的。当加入的强酸浓度接近缓冲体系的共轭碱的浓度，或当加入的强碱浓度接近缓冲体系的共轭酸的浓度时，缓冲溶液的缓冲能力即消失。

1922 年，D. D. Van Slyke(范斯莱克)提出以缓冲容量作为衡量缓冲溶液缓冲能力大小的尺度。所谓缓冲容量(buffer capacity)就是指单位体积缓冲溶液的 pH 改变极小值所需的酸或碱的物质的量,用符号 β 表示(单位:$mol \cdot L^{-1}$),即

$$\beta=\frac{dc_b}{dpH} \quad 或 \quad \beta=-\frac{dc_a}{dpH} \tag{4-46}$$

对于一个给定的缓冲体系,缓冲容量的大小与缓冲物质总浓度 c 有关。c 越大,缓冲容量越大,缓冲溶液的缓冲能力越强;缓冲容量的大小还与缓冲对的浓度比有关。在总浓度一定时,缓冲对的浓度比越接近 1,缓冲容量越大,等于 1 时,缓冲容量最大。因此,任何缓冲溶液的缓冲作用都有一个有效的 pH 范围,一般而言,缓冲溶液各组分的浓度为 0.1~1.0 $mol \cdot L^{-1}$,缓冲对浓度比为 $\frac{1}{10}$~10 时,具有可实用价值的缓冲能力。此浓度比所对应的 pH:

$$pH=pK_a^{\ominus}\pm 1 \tag{4-47}$$

称为缓冲范围(buffer range)。常用缓冲溶液的缓冲范围见表 4-3。

表 4-3 常用缓冲溶液的缓冲范围

缓冲溶液	共轭酸碱对	$pK_a^{\ominus}$	缓冲范围
$HCOOH/HCOO^-$	$HCOOH\text{-}HCOO^-$	3.74	2.74~4.74
HAc/NaAc	$HAc\text{-}Ac^-$	4.74	3.74~5.74
NaH_2PO_4/Na_2HPO_4	$H_2PO_4^-\text{-}HPO_4^{2-}$	7.20	6.20~8.20
$NH_3 \cdot H_2O/NH_4Cl$	$NH_4^+\text{-}NH_3$	9.26	8.26~10.26
$NaHCO_3/Na_2CO_3$	$HCO_3^-\text{-}CO_3^{2-}$	10.25	9.25~11.25
Na_2HPO_4/Na_3PO_4	$HPO_4^{2-}\text{-}PO_4^{3-}$	12.36	11.36~13.36
六次甲基四胺/HCl	$(CH_2)_6NH^+\text{-}(CH_2)_6N$	5.15	4.15~6.15

4.5.4 缓冲溶液的选择和配制
Buffer choice and buffer formulation

缓冲溶液的重要作用就是控制溶液的 pH,不同的缓冲溶液只有在不同的 pH 范围内才具有缓冲作用,见表 4-3。通常根据实际情况,选择不同的缓冲溶液,选择的原则如下:

视频
缓冲溶液的选择

(1)缓冲溶液应有较大的缓冲容量。

(2)缓冲溶液的各组分对化学反应不发生干扰。

(3)缓冲组分的总浓度应较大,一般在 0.01~1.00 $mol \cdot L^{-1}$。

(4)所需控制的溶液 pH 应在缓冲溶液的缓冲范围之内。

缓冲溶液的 pH 不仅取决于缓冲对中共轭酸的 $K_a^{\ominus}$,还取决于缓冲对浓度之比。若要一个缓冲溶液既能抵抗酸的作用,又能抵抗碱的作用,就要求缓冲对浓度之比尽可能趋近于 1,因为此时缓冲能力最强。从式(4-43)和式(4-44)可知,当缓冲对浓度之比等于 1 时,

$$pH=pK_a^{\ominus}$$

缓冲对浓度之比越趋近于 1,pH 与 $pK_a^{\ominus}$ 越接近。因此选择缓冲体系时,应选择共轭酸的 $pK_a^{\ominus}$ 与被控制溶液的 pH 尽可能相近的缓冲对。

例如，当需要 pH＝5.0 左右的缓冲溶液时，可选择 HAc-NaAc 缓冲体系，因为 HAc 的 $pK_a^{\ominus}=4.74$；又如，需要 pH＝9.0 的缓冲溶液时，可选择 NH_3-NH_4Cl 缓冲体系。

【例 4-12】 配制 1.0 L，pH＝5.0 的缓冲溶液，需要在 500 mL 1.0 $mol \cdot L^{-1}$ 的 HAc 溶液中加入多少 $NaAc \cdot 2H_2O$？若不用醋酸钠，要加入多少 NaOH？［已知 $pK_a^{\ominus}=4.74$，$M(NaAc \cdot 2H_2O)=118\ g \cdot mol^{-1}$，$M(NaOH)=40\ g \cdot mol^{-1}$，忽略固体加入时的体积的变化］

解　加入 $NaAc \cdot 2H_2O$ 后，体系变为 HAc-Ac^- 缓冲体系。由于溶液变为 1.0 L，所以缓冲溶液中 HAc 的浓度为 0.50 $mol \cdot L^{-1}$。设 1.0 L 缓冲溶液中 Ac^- 的浓度为 x，根据缓冲体系计算公式：

$$pH=pK_a^{\ominus}-\lg\frac{c(HAc)}{c(Ac^-)}$$

可得

$$5.0=4.74-\lg\frac{0.50}{c(Ac^-)}$$

解得　$c(Ac^-)=0.91\ mol \cdot L^{-1}$，　$m(NaAc \cdot 2H_2O)=0.91\times1\times118=107.38\ g$

若改加 NaOH，NaOH 先与部分 HAc 反应生成 NaAc（物质的量比 1∶1），形成 HAc-Ac^- 缓冲体系。缓冲溶液中缓冲对的总浓度为

$$c(HAc)+c(Ac^-)=0.50\ mol \cdot L^{-1} \tag{1}$$

根据缓冲体系计算公式：

$$pH=pK_a^{\ominus}-\lg\frac{c(HAc)}{c(Ac^-)}$$

可得

$$5.0=4.74-\lg\frac{c(HAc)}{c(Ac^-)}$$

解得

$$\frac{c(HAc)}{c(Ac^-)}=0.55 \tag{2}$$

将式(1)和式(2)联立成方程组，解得

$$c(Ac^-)=0.32\ mol \cdot L^{-1}$$

由于缓冲溶液中的 Ac^- 是由 NaOH 与 HAc 反应得到的，所以，这个浓度也等于 NaOH 浓度，因此，需加 NaOH 的质量：

$$m(NaOH)=0.32\times1\times40=12.8\ g$$

4.6　酸碱指示剂
Acid-base indicator

滴定分析中判定终点的方法有两种，一是利用指示剂在一定的条件时变色来指示滴定终点，即指示剂法；另一种是通过测定两个电极的电势差，根据电势差的突变来指示滴定终点，即电位滴定法。在这里只介绍前者。

视频

酸碱指示剂

4.6.1 酸碱指示剂概念

Acid-base indicator concept

酸碱指示剂一般是有机弱酸或有机弱碱，其共轭酸碱具有不同的结构，而且颜色不同。当溶液 pH 发生改变时，共轭酸碱相互转化，从而引起溶液颜色的变化进而指示滴定终点。

例如，酚酞是无色的二元弱酸，在溶液中有如下的平衡和颜色的变化：

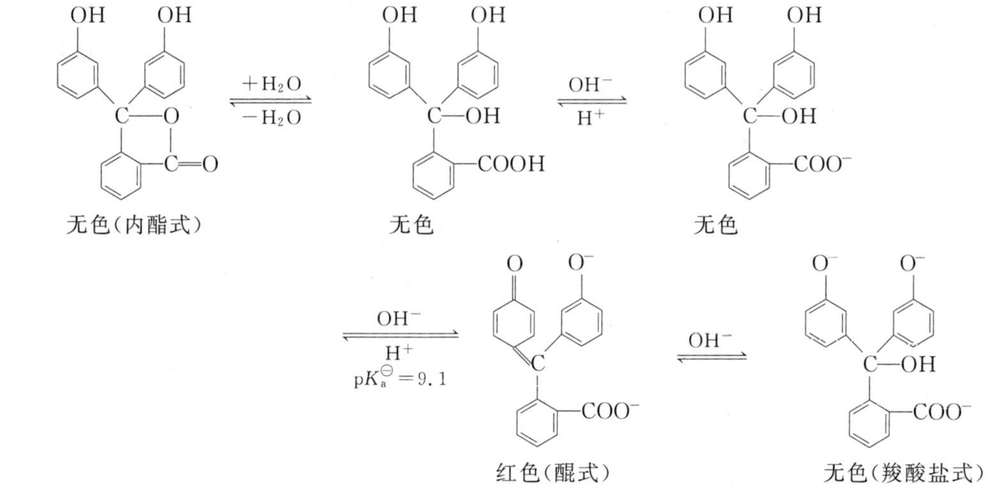

由平衡关系可以看出，在 pH<9.1 的溶液中，酚酞主要以各种无色形式存在；在 pH>9.1 的碱性溶液中，主要为红色的醌式结构。但是在足够浓的碱溶液中，又转变为无色的羧酸盐负离子。

又如，甲基橙是一种有机弱碱，在溶液中存在如下平衡和颜色的变化：

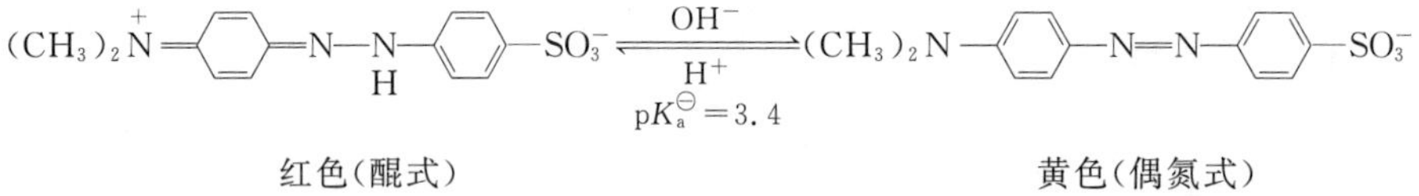

由上述平衡可见，当溶液的 pH>4.4 时，甲基橙主要以碱式离子存在，溶液显黄色；当溶液的酸度增大时，甲基橙由碱式结构逐渐转变为酸式结构，颜色也逐渐由黄色变成红色。当溶液 pH<3.1 时，甲基橙主要以酸式结构存在，溶液呈红色。

4.6.2 酸碱指示剂的作用原理

The principle of acid-base indicator

以 HIn 表示弱酸型指示剂，在溶液中的平衡移动过程可简单表示如下：

$$\underset{(酸型)}{HIn} + H_2O \rightleftharpoons H_3O^+ + \underset{(碱型)}{In^-}$$

$$K_a^{\ominus}(HIn) = \frac{[H_3O^+][In^-]}{[HIn]},\quad \frac{[HIn]}{[In^-]} = \frac{[H_3O^+]}{K_a^{\ominus}(HIn)} \tag{4-48}$$

式中 $K_a^{\ominus}(HIn)$——指示剂的离解常数；

[HIn]、[In⁻]——指示剂的酸型浓度和碱型浓度。

指示剂的颜色转变依赖于 $\frac{[HIn]}{[In^-]}$ 的比值。

由式(4-48)可知，$\frac{[HIn]}{[In^-]}$与 $K_a^\ominus(HIn)$和$[H^+]$有关，温度一定时 $K_a^\ominus(HIn)$为常数，指示剂颜色随溶液$[H^+]$改变而变。但是应当指出，并不是$\frac{[HIn]}{[In^-]}$任何微小的改变都能使人观察到溶液颜色的变化，因为人的眼睛辨别颜色的能力是有限的。一般来说，当$\frac{[HIn]}{[In^-]}=\frac{1}{10}$时，人的眼睛已能发现与碱型颜色略有差异的颜色，即已能从碱型颜色中辨认出酸型的颜色；当$\frac{[HIn]}{[In^-]}=10$ 时，人的眼睛已能发现与酸型颜色略有差异的颜色，即已能从酸型颜色中辨认出碱型的颜色；当$\frac{[HIn]}{[In^-]}\in\left(\frac{1}{10},10\right)$时，溶液呈混合颜色。

由式(4-48)可得

$$[H^+]=K_a^\ominus(HIn)\frac{[HIn]}{[In^-]}$$

负对数形式为

$$pH=pK_a^\ominus(HIn)-\lg\frac{[HIn]}{[In^-]}$$

分别将$\frac{[HIn]}{[In^-]}=10$ 和$\frac{[HIn]}{[In^-]}=\frac{1}{10}$代入，可得

$$pH=pK_a^\ominus(HIn)\pm 1 \tag{4-49}$$

式(4-49)称为指示剂变色的理论 pH 范围，简称指示剂的理论变色范围。当$[HIn]=[In^-]$时，$pH=pK_a^\ominus(HIn)$则称为指示剂的理论变色点。

不同的指示剂其 $pK_a^\ominus(HIn)$值不同，所以各有不同的变色范围，见表 4-4。

表 4-4　几种常见的酸碱指示剂及其变色范围

指示剂	变色范围 pH	颜色变化	$pK_a^\ominus(HIn)$	浓度	用量/(滴/10 mL 试液)
百里酚蓝	1.2～2.8	红～黄	1.7	0.1%的 20%乙醇溶液	1～2
甲基黄	2.9～4.0	红～黄	3.3	0.1%的 90%乙醇溶液	1
甲基橙	3.1～4.4	红～黄	3.4	0.05%的水溶液	1
溴酚蓝	3.0～4.6	黄～紫	4.1	0.1%的 20%乙醇溶液或其钠盐水溶液	1
溴甲酚绿	4.1～5.6	黄～蓝	4.9	0.1%的 20%乙醇溶液或其钠盐水溶液	1～3
甲基红	4.4～6.2	红～黄	5.0	0.1%的 60%乙醇溶液或其钠盐水溶液	1
溴百里酚蓝	6.2～7.6	黄～蓝	7.3	0.1%的 20%乙醇溶液或其钠盐水溶液	1
中性红	6.8～8.0	红～黄橙	7.4	0.1%的 60%乙醇溶液	1
苯酚红	6.8～8.4	黄～红	8.0	0.1%的 20%乙醇溶液或其钠盐水溶液	1
百里酚蓝	8.0～9.6	黄～蓝	8.9	0.1%的 20%乙醇溶液	1～4
酚酞	8.0～10.0	无～红	9.1	0.5%的 90%乙醇溶液	1～3
百里酚酞	9.4～10.6	无～蓝	10.0	0.1%的 90%乙醇溶液	1～2

实际上指示剂的变色范围不是由 $pK_a^\ominus$ 计算出来的，而是依靠人的眼睛观察出来的，这种变色范围称为实际变色范围。因为人的眼睛对不同颜色的敏感度不同所致和两种颜色相互影响，与理论变色范围常常有不同，观察结果彼此间也常有差别。例如，由于人的眼睛对

红色比黄色敏感，因此对于甲基橙，当 pH 下降到 3.1 时就可看到红色，而只有当 pH 增到 4.4 时才可看到黄色，因此观察到的实际变色范围有报道分别为 3.1～4.4，3.2～4.5，2.9～4.3 等；而理论变色范围为 2.4～4.4($pK_a^{\ominus}=3.4$)。

指示剂的变色范围越窄越好，这样在化学计量点时，pH 稍有改变，指示剂就有可能由一种颜色变化到另一种颜色。变色灵敏，可以减小滴定误差，有利于提高测定结果的准确度。

4.6.3 混合指示剂 Mixed indicators

一般的酸碱指示剂的变色范围为 1.5～2 个 pH 单位，这对于滴定反应进行程度比较完全的反应，如强酸与强碱的反应是适用的，但对于弱酸弱碱的滴定就显得比较宽。为了使指示剂的变色范围窄些，变色灵敏些，人们常常使用混合指示剂。混合指示剂是利用颜色的互补作用使颜色变化敏锐，易观察。

混合指示剂可分为两类。一类是由两种或两种以上酸碱指示剂混合而成。例如，0.1%溴甲酚绿(变色范围为 4.1～5.6)和 0.2%甲基红(变色范围为 4.4～6.2)以 3∶1 体积比混合，颜色变化如下：

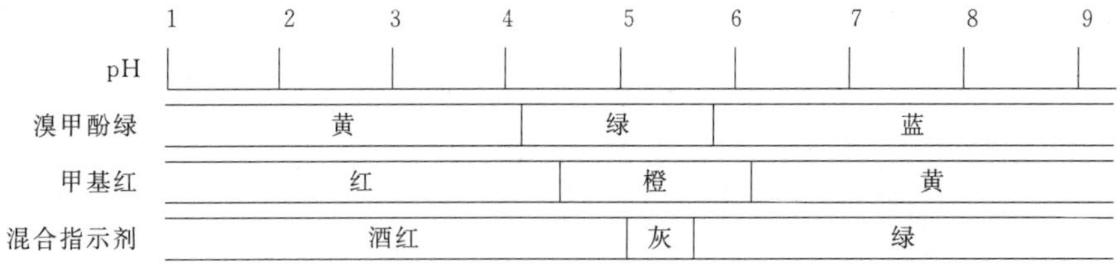

由图可见，当 pH<5.1 时，溶液呈酒红色；但当 pH>5.1 时，溶液呈绿色。由于绿色和酒红色互补溶液呈灰色。因此颜色变化非常明显。

另一类是由一种惰性染料和一种酸碱指示剂混合而成。例如，中性红与染料亚甲基蓝混合而成的混合指示剂，在 pH=7.0 时呈紫蓝色，变色范围只有 0.2 个 pH 单位左右，比单独的中性红的变色范围要窄得多。几种常见的混合指示剂见表 4-5。

表 4-5 几种常见的混合指示剂

指示剂溶液的组成	变色点 pH	颜色		备注
		酸色	碱色	
1 份 0.1%甲基黄乙醇溶液 1 份 0.1%亚甲基蓝乙醇溶液	3.25	蓝紫	绿	pH=3.2 蓝紫 pH=3.4 绿色
1 份 0.1%甲基橙水溶液 1 份 0.25%靛蓝二磺酸钠水溶液	4.1	紫	黄绿	pH=4.1 灰色
3 份 0.1%溴甲酚绿乙醇溶液 1 份 0.2%甲基红乙醇溶液	5.1	紫红	蓝绿	pH=5.1 灰色 颜色变化极显著
1 份 0.1%溴甲酚绿钠盐水溶液 1 份 0.1%氯酚红钠盐水溶液	6.1	黄绿	蓝紫	pH=5.4 蓝绿 pH=5.8 蓝色 pH=6.0 蓝微带紫 pH=6.2 蓝紫
1 份 0.1%中性红乙醇溶液 1 份 0.1%亚甲基蓝乙醇溶液	7.0	蓝紫	绿	pH=7.0 蓝紫
1 份 0.1%甲酚红钠盐水溶液 3 份 0.1%百里酚蓝钠盐水溶液	8.3	黄	紫	pH=8.2 玫瑰色 pH=8.4 紫色

（续表）

指示剂溶液的组成	变色点 pH	颜色		备注
		酸色	碱色	
1 份 0.1%酚酞乙醇溶液 2 份 0.1%甲基绿乙醇溶液	8.9	绿	紫	pH=8.8 浅蓝 pH=9.0 紫色
1 份 0.1%酚酞乙醇溶液 1 份 0.1%百里酚酞乙醇溶液	9.9	无	紫	pH=9.6 玫瑰色 pH=10.0 紫色
2 份 0.1%百里酚酞乙醇溶液 1 份 0.1%茜素黄乙醇溶液	10.2	无	紫	

应当指出，温度的改变会改变指示剂的变色范围。因为温度变化，指示剂的离解常数 $K_a^{\ominus}$(HIn)会发生变化，所以指示剂的变色范围发生变化。一般的情况下，温度升高，$K_a^{\ominus}$(HIn)增大。通常滴定是在常温下进行，如果需要加热，则标准溶液的标定也应在同样的条件下进行。另外，指示剂的加入量也会影响指示剂的变色。对于双色指示剂(如，甲基橙)，用量过多会使色调变化迟缓，降低指示剂的灵敏性，而且指示剂本身也会消耗一定量的滴定剂，带来滴定误差。对于单色指示剂，用量过多不但使指示剂的灵敏性下降，而且对其变色范围也有影响。例如，在 50～100 mL 溶液中加入 2～3 滴 0.1% 酚酞，在 pH=9.0 时可以观察到微红色；而在同样的情况下，加入 10～15 滴 0.1% 酚酞，在 pH=8.0 时就可以观察到微红色。因此，在能看清指示剂颜色变化的情况下，一般指示剂用量少一点为好。

4.7　酸碱滴定法的基本原理

Basic principle of acid-base titration

酸碱滴定法是以酸碱反应为基础的滴定分析方法。一般的酸碱以及能与酸碱直接或间接发生质子转移反应的物质几乎都可以用酸碱滴定法进行测定。

在酸碱滴定中，为了正确地运用酸碱滴定法准确地测定被测物质的含量，就要了解滴定过程中溶液 pH 的变化情况，以便选择最合适的指示剂来确定滴定终点。

滴定过程中溶液 pH 的变化情况一般用滴定曲线来表示，滴定曲线是以溶液的 pH 为纵坐标，以标准溶液(滴定剂)的体积或滴定分数为横坐标而绘制的关系曲线，滴定分数用 Φ 表示，对于滴定反应：

$$a\text{A}+b\text{B} \rightleftharpoons p\text{C}+q\text{D}$$

若以 B 滴定 A，则滴定分数为

$$\Phi=\frac{n(\text{B})/b}{n(\text{A})/a}\times 100\%=\frac{c(\text{B})V(\text{B})/b}{c(\text{A})V(\text{A})/a}\times 100\% \tag{4-50}$$

4.7.1　强碱(酸)滴定强酸(碱)

Titration of a strong acid(base) by a strong base(acid)

现以 0.100 0 mol・L^{-1} NaOH 溶液滴定 20.00 mL 0.100 0 mol・L^{-1} HCl 溶液为例，讨论强碱滴定强酸过程中溶液 pH 的变化规律\，滴定曲线和指示剂的选择。

视频

强碱滴定强酸

1.滴定曲线的绘制

整个滴定过程中溶液有四种不同的组成情况，所以可以分四个阶段计算溶液 pH。

(1)滴定开始前

溶液的 pH 取决于 HCl 溶液的原始浓度，0.100 0 mol·L^{-1} HCl 溶液的 $[H^+]=0.100\,0\ mol\cdot L^{-1}$，pH=1.00。

(2)滴定开始至化学计量点前

溶液的 pH 取决于剩余 HCl 的浓度，氢离子浓度可按下式计算。

$$[H^+]=\frac{c(HCl)V(HCl)-c(NaOH)V(NaOH)}{V(HCl)+V(NaOH)} \tag{4-51}$$

例如，加入滴定剂体积为 18.00 mL 时，溶液的 pH 取决于剩余 HCl 溶液的浓度。

$$[H^+]=\frac{0.100\,0(20.00-18.00)}{20.00+18.00}=5.3\times10^{-3}\ mol\cdot L^{-1}$$

$$pH=2.28$$

又如，加入滴定剂体积为 19.98 mL 时，

$$[H^+]=c\times\frac{V(HCl)}{V}=\frac{0.100\,0(20.00-19.98)}{20.00+19.98}=5.0\times10^{-5}\ mol\cdot L^{-1}$$

$$pH=4.30$$

(3)化学计量点

加入滴定剂体积为 20.00 mL，HCl 被 NaOH 全部中和生成 NaCl，溶液呈中性。

$$[H^+]=1.00\times10^{-7}\ mol\cdot L^{-1}$$

$$pH=7.00$$

(4)化学计量点后

溶液的 pH 取决于过量的 NaOH 溶液的浓度，OH^- 的浓度可按下式计算。

$$[OH^-]=\frac{c(NaOH)V(NaOH)-c(HCl)V(HCl)}{V(HCl)+V(NaOH)} \tag{4-52}$$

例如，加入滴定剂体积为 20.02 mL 时，

$$[OH^-]=\frac{0.100\,0\times0.02}{20.00+20.02}=5.0\times10^{-5}\ mol\cdot L^{-1}$$

$$pOH=4.30,\quad pH=14-4.30=9.70$$

按照以上方式逐一进行计算，就可以得到不同 NaOH 溶液加入量时相应溶液的 pH，见表 4-6。以 NaOH 溶液加入量为横坐标，对应的溶液的 pH 为纵坐标作图，就得到了如图 4-4 所示的滴定曲线(titration curve)。

表 4-6　用 0.100 0 mol·L^{-1} NaOH 溶液滴定 20.00 mL 0.100 0 mol·L^{-1} HCl 溶液 pH 的变化

加入 NaOH 溶液		剩余 HCl 溶液的体积 V/mL	过量 NaOH 溶液的体积 V/mL	pH	
mL	%				
0	0	20.00		1.00	
18.00	90.0	2.00		2.28	
19.80	99.0	0.20		3.30	
19.98	99.9	0.02		4.30A	滴定突跃
20.00	100.0	0.00		7.00	
20.02	100.1		0.02	9.70B	
20.20	101.0		0.20	10.70	
22.00	110.0		2.00	11.70	
40.00	200.0		20.00	12.50	

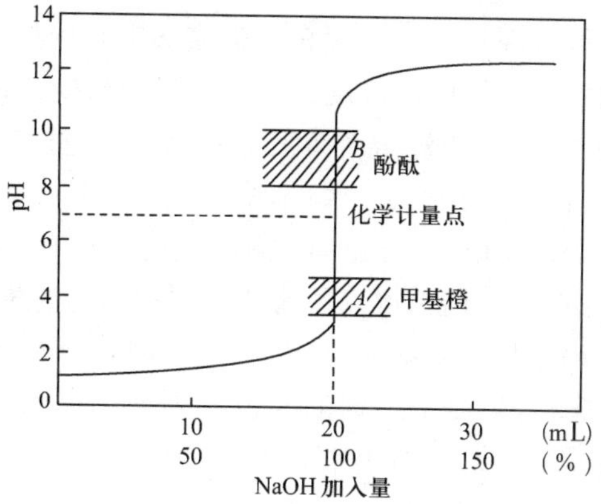

图 4-4　0.100 0 mol·L^{-1} NaOH 溶液滴定 20.00 mL 0.100 0 mol·L^{-1} HCl 溶液的滴定曲线

2. 滴定突跃及其影响因素

滴定突跃(titration jump)是指滴定分数从 99.9%变化到 100.1%时(即化学计量点前后 0.1%的变化,一般相当于 1 滴溶液),溶液 pH 的变化范围(表 4-6 和图 4-4 中的 *A*、*B* 两点间)。

由表 4-6 和图 4-4 可以看出,滴定开始时,溶液 pH 升高较慢。从滴定开始到加入19.80 mL NaOH 溶液,pH 只改变了 2.3 个单位,变化较缓慢;在化学计量点前后,从剩余 0.02 mL HCl 溶液到过量 0.02 mL NaOH 溶液,即滴定由 NaOH 溶液不足 0.1%到过量 0.1%,溶液的 pH 从 4.30(曲线上的 *A* 点)增加到 9.70(曲线上的 *B* 点),变化 5.4 个单位,形成了滴定曲线上的"突跃"部分。此后过量的 NaOH 溶液所引起的 pH 的变化又越来越小。

对于强酸与强碱之间的滴定,溶液浓度是影响突跃范围的大小的唯一因素。

图 4-5 为不同浓度 NaOH 滴定不同浓度 HCl 溶液的滴定曲线。

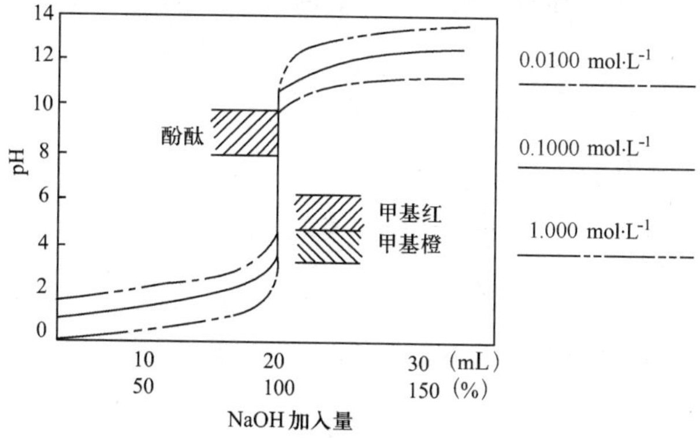

图 4-5　不同浓度 NaOH 溶液滴定不同浓度 HCl 溶液的滴定曲线

由图 4-5 可以看出,酸碱浓度增大 10 倍,滴定突跃部分的 pH 变化范围增加约两个单位。用 1.000 mol·L^{-1} NaOH 溶液滴定 1.000 mol·L^{-1} HCl 溶液,突跃范围为 3.3~10.7。而用 0.010 0 mol·L^{-1} NaOH 溶液滴定 0.010 0 mol·L^{-1} HCl 溶液,突跃范围为 5.3~8.7,这时由于滴定的突跃范围变小了,指示剂的选择受到了限制。

3. 指示剂的选择

最理想的指示剂应该恰好在计量点时变色。但实际上，凡是在 pH 为 4.30～9.70 以内变色的指示剂都可保证测定的足够的准确度。例如，甲基红（变色范围 pH 为 4.4～6.2）、甲基橙（变色范围 pH 为 3.1～4.4），当滴定至溶液由红色变黄色时，溶液的pH≈6.2 和 pH≈4.4，此时未反应的 HCl 溶液的量小于 0.1%；酚酞（变色范围 pH 为 8.0～10.0），滴定至溶液呈微红时，pH 略大于 8.0，此时超过计量点也不到半滴，即 NaOH 溶液过量不到 0.1%。因此，滴定误差均小于±0.1%，它们都可以作为这一类型滴定的指示剂。

总之，在酸碱滴定中，如用指示剂指示滴定终点，应根据化学计量点附近的滴定突跃来选择指示剂。指示剂选择原则：应使指示剂的变色范围处于或部分处于化学计量点附近的滴定突跃范围内。这时滴定的相对误差小于 0.1%。

例如，从图 4-5 可以看出，用 1.000 $mol \cdot L^{-1}$ NaOH 溶液滴定 1.000 $mol \cdot L^{-1}$ HCl 溶液，甲基红、甲基橙和酚酞都可以做指示剂，滴定误差将小于 0.1%。而用 0.010 0 $mol \cdot L^{-1}$ NaOH 溶液滴定 0.010 0 $mol \cdot L^{-1}$ HCl 溶液，可以用甲基红做指示剂，也可用酚酞，但若用甲基橙做指示剂，滴定误差将大于 1%。

如果用 0.100 0 $mol \cdot L^{-1}$ HCl 滴定 0.100 0 $mol \cdot L^{-1}$ NaOH 溶液，滴定曲线如图 4-6 所示，此时酚酞和甲基橙都可以做指示剂。

在实际操作过程中，选择指示剂除了要考虑上述选择原则，还要考虑人的眼睛对不同颜色的敏感程度不同。例如，用 NaOH 滴定 HCl 溶液和用 HCl 溶液滴定 NaOH 按选择原则都可以选择酚酞和甲基橙为指示剂，但是，用 NaOH 滴定 HCl 溶液选择酚酞较合适，因为从无色向红色变化人的眼睛是非常敏感的；而用 HCl 溶液滴定 NaOH 选择甲基橙为指示剂是基于同一原因。

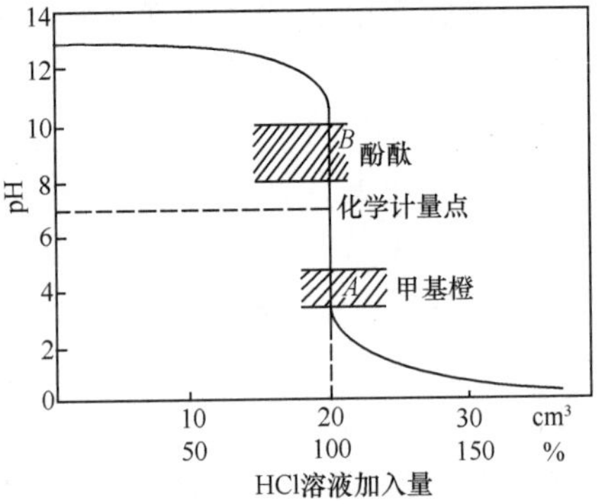

图 4-6　0.100 0 mol · L HCl 溶液滴定 20.00 mL 0.100 0 mol · L NaOH 的滴定曲线

4.7.2 强碱（酸）滴定一元弱酸（碱）

Titration of a weak monoprotic acid(base) by a strong base(acid)

以 0.100 0 $mol \cdot L^{-1}$ NaOH 溶液滴定 20.00 mL 0.100 0 $mol \cdot L^{-1}$ HAc 溶液为例，讨论强碱滴定弱酸的滴定曲线和指示剂的选择。

视频

强碱滴定一元弱酸

1. 滴定曲线的绘制

与强碱滴定强酸相似，根据整个滴定过程中溶液四种不同的组成情况，将溶液的 pH 也分四个阶段计算。绘制滴定曲线时，通常用最简式来计算溶液的 pH。

(1) 滴定开始前

这时溶液是 0.100 0 $mol \cdot L^{-1}$ HAc 溶液，则

$$[H^+]=\sqrt{K_a^{\ominus}c}=\sqrt{1.8\times10^{-5}\times0.1000}$$
$$=1.34\times10^{-3}\ \mathrm{mol\cdot L^{-1}}$$
$$\mathrm{pH}=2.87$$

与强酸相比，滴定开始点的 pH 抬高。

(2)滴定开始至化学计量点前

开始滴定后，溶液的组成为 $HAc(c_a)$-$NaAc(c_b)$缓冲溶液，溶液 pH 的计算公式可以按照缓冲溶液氢离子浓度计算的基本公式(4-43)推出：

$$[H^+]=K_a^{\ominus}\frac{c(HAc)}{c(Ac^-)}$$

式中

$$c(HAc)=\frac{c(HAc)V(HAc)-c(NaOH)V(NaOH)}{V(HAc)+V(NaOH)}$$
$$c(Ac^-)=\frac{c(NaOH)V(NaOH)}{V(HAc)+V(NaOH)}$$

所以

$$[H^+]=K_a^{\ominus}\times\frac{c(HAc)V(HAc)-c(NaOH)V(NaOH)}{c(NaOH)V(NaOH)} \tag{4-53}$$

例如，当加入滴定剂体积为 19.98 mL 时，

$$[H^+]=1.8\times10^{-5}\times\frac{0.1000\times20.00-0.1000\times19.98}{0.1000\times19.98}=1.80\times10^{-8}$$
$$\mathrm{pH}=7.74$$

(3)化学计量点

化学计量点时 NaOH 和 HAc 恰好完全反应，生成 NaAc，因此可以按照一元弱碱的计算公式(4-20)计算溶液的 pH。

Ac^-浓度和溶液的 pH 为

$$[Ac^-]=\frac{20.00\times0.1000}{20.00+20.00}=5.000\times10^{-2}\ \mathrm{mol\cdot L^{-1}}$$

$$[OH^-]=\sqrt{K_b^{\ominus}c}=\sqrt{\frac{K_w^{\ominus}}{K_a^{\ominus}}c}=\sqrt{\frac{1.0\times10^{-14}}{1.8\times10^{-5}}\times5.000\times10^{-2}}$$
$$=5.3\times10^{-6}\ \mathrm{mol\cdot L^{-1}}$$
$$\mathrm{pOH}=5.28$$
$$\mathrm{pH}=8.72$$

(4)化学计量点后

化学计量点后溶液是强碱与弱碱(NaOH＋NaAc)的混合溶液，pH 由过量的 NaOH 决定。例如，当加入 NaOH 溶液 20.02 mL 时，溶液的 OH^-浓度为

$$[OH^-]=\frac{0.1000\times0.02}{20.00+20.02}=5.0\times10^{-5}\ \mathrm{mol\cdot L^{-1}}$$
$$\mathrm{pOH}=4.30$$
$$\mathrm{pH}=14-4.30=9.70$$

如此逐一计算，将计算结果列于表 4-7 中，并以此绘制滴定曲线，得到如图 4-7 所示的曲线Ⅰ。

表 4-7 用 0.100 0 mol·L^{-1} NaOH 溶液滴定 20.00 mL 0.100 0 mol·L^{-1} HAc 溶液 pH 的变化

加入 NaOH 溶液 mL	加入 NaOH 溶液 %	剩余 HAc 溶液的体积 V/mol	过量 NaOH 溶液的体积 V/mL	pH	
0	0	20.00		2.87	
10.00	50.0	10.00		4.74	
18.00	90.0	2.00		5.70	
19.80	99.0	0.20		6.74	
19.98	99.9	0.02		7.74*A*	滴定突跃
20.00	100.0	0.00		8.72	
20.02	100.1		0.02	9.70*B*	
20.20	101.0		0.20	10.70	
22.00	110.0		2.00	11.70	
40.00	200.0		20.00	12.50	

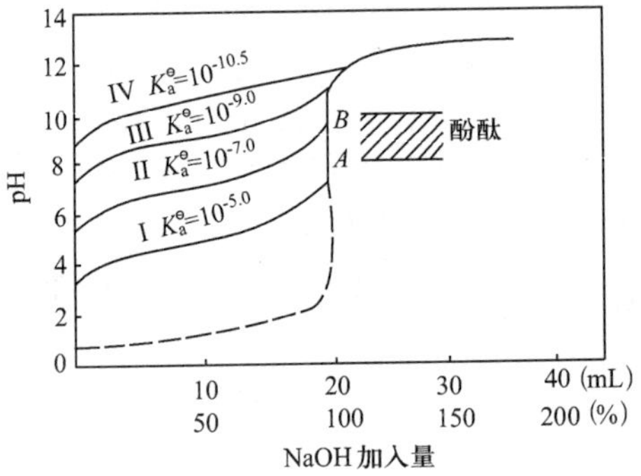

图 4-7 NaOH 溶液滴定不同弱酸溶液的滴定曲线

将 NaOH 滴定 HAc 与 NaOH 滴定 HCl 溶液的滴定曲线（图 4-7 中的曲线Ⅰ和虚线）进行比较，有以下几点值得注意：

①化学计量点后两者完全相同，这是因为计量点后的 pH 都是根据过量的 NaOH 进行计算的。

②滴定前，曲线Ⅰ的位置比虚线高，这是由于 HAc 在溶液中部分电离，H^+ 浓度远远小于同浓度的 HCl 溶液。

③滴定开始到化学计量点前，曲线Ⅰ的变化趋势与虚线也有区别：刚开始时曲线Ⅰ有一段较快的升高，然后再缓慢升高，临近化学计量点时又较快地升高。这是由于一开始反应生成的 Ac^- 产生同离子效应，使 HAc 更难解离，$[H^+]$有一个较快的降低过程；继续滴加 NaOH，溶液形成 HAc-Ac^- 缓冲体系，溶液 pH 变化缓慢；接近化学计量点时，剩余的 HAc 已很少，溶液的缓冲作用减弱，继续滴加 NaOH 溶液，pH 变化加快。

④化学计量点时，曲线Ⅰ的位置已在碱性范围之内，这是强碱滴定弱酸与强碱滴定强酸的最大区别，也是强碱滴定弱酸不能用像甲基橙、甲基红这类酸性范围内变色的指示剂的原因。

2. 滴定突跃及其影响因素

由表 4-7 和图 4-7 可知，强碱滴定弱酸（NaOH 滴定 HAc）的滴定突跃已经完全处于碱性范围之内，与强碱滴定强酸相比，滴定突跃小了很多，如 NaOH 滴定 HCl 溶液的滴定突跃为 5.4 个 pH 单位，而 NaOH 滴定 HAc 的滴定突跃只有约 2 个 pH 单位。

究竟什么因素在影响滴定突跃呢？弱酸的强度（即 $K_a^{\ominus}$ 的大小）直接影响滴定突跃的大小，从图 4-7 可以看到，随着 $K_a^{\ominus}$ 变小，滴定突跃也随之变小，当 $K_a^{\ominus}<10^{-9}$ 基本上就没有滴定突跃了。滴定突跃也与浓度有关，对于确定的弱酸，与强酸强碱间的滴定一样，浓度是影响滴定突跃的唯一因素。

3. 指示剂的选择

强碱滴定弱酸选择指示剂的原则与强酸强碱间的滴定一样：应使指示剂的变色范围处于或部分处于化学计量点附近的滴定突跃范围内。由于 NaOH 溶液滴定 HAc 溶液的突跃范围为 pH 7.74～9.70，因此，在酸性范围内变色指示剂，如甲基橙、甲基红等都不能使用，否则将引起较大的滴定误差。酚酞、百里酚酞和百里酚蓝等的变色范围恰好在此范围之内，所以可作为这一类型滴定的指示剂。

4. 直接准确滴定的条件

对于用指示剂法确定终点的直接滴定，结果的准确度与滴定突跃的大小有关，滴定突跃越大，终点误差越小，结果的准确度越高。一般来讲，滴定突跃大于等于 0.3 个 pH 单位时，人的眼睛就能够借助指示剂的颜色变化准确地判断滴定终点，此时终点误差在允许的 ±0.1% 以内。也就是说，要使终点误差小于等于 0.1%，就必须使滴定突跃大于等于 0.3 个 pH 单位，前面已经讲过，滴定突跃与弱酸的浓度和强度有关，理论计算和实践都表明，只要浓度和酸强度满足式(4-54)，就能够符合上述要求。

$$cK_a^{\ominus}\geqslant 10^{-8} \tag{4-54}$$

式(4-54)就是一元弱酸直接准确滴定的条件。

对于不能满足上述条件的弱酸，可采用其他方法进行测定。如用仪器来检测滴定终点，利用适当地化学反应使弱酸强化，或在非水介质中进行滴定。

例如，H_3BO_3 的 $K_a^{\ominus}=5.7\times10^{-10}$，浓度很大时也不能直接准确滴定，但是，可使其生成配合物而增强其酸性，再进行滴定。

对于强酸滴定弱碱，以 0.100 0 mol·L^{-1} HCl 溶液滴定 20.00 mL 0.100 0 mol·L^{-1} NH_3 溶液为例，同样可以计算出各点溶液的 pH，并绘制出滴定曲线，如图4-8所示。

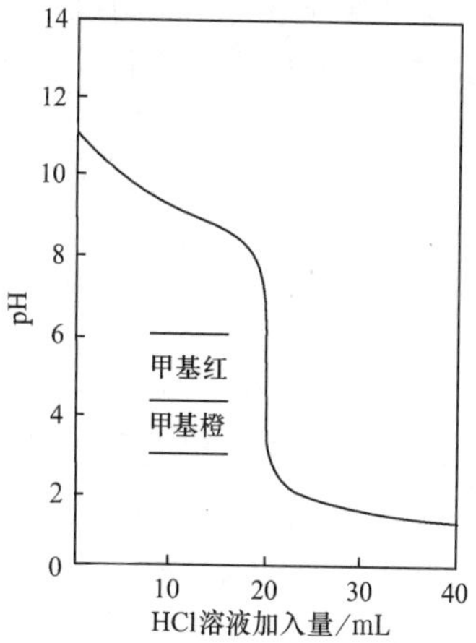

图 4-8　0.100 0 mol·L^{-1} HCl 溶液滴定 0.100 0 mol·L^{-1} NH_3 溶液的滴定曲线

同理可得，弱碱被直接准确滴定的条件为

$$cK_b^{\ominus}\geqslant 10^{-8}$$

【例 4-13】 计算 0.100 0 mol· L^{-1} HCl 溶液滴定 0.050 0 mol· L^{-1} $Na_2B_4O_7$ 溶液时，化学计量点的 pH，并选择合适的指示剂。

解　硼砂溶于水发生下列反应：

$$Na_2B_4O_7 \rightleftharpoons 2Na^+ + B_4O_7^{2-}$$

$$B_4O_7^{2-} + 5H_2O \rightleftharpoons 2H_2BO_3^- + 2H_3BO_3$$

其中产物 $H_2BO_3^-$ 是 H_3BO_3 的共轭碱，已知

$$K_a^\ominus(H_3BO_3)=10^{-9.24}, \quad K_b^\ominus(H_2BO_3^-)=10^{-4.76}$$

因 $cK_b^\ominus>10^{-8}$，故可直接用 HCl 准确滴定 $H_2BO_3^-$。

由上面的计量方程式可知：

$$c(H_3BO_3)=c(H_2BO_3^-)=2c(B_4O_7^{2-})=0.100\ 0\ \text{mol}\cdot\text{L}^{-1}$$

化学计量点时 $H_2BO_3^-$ 也被中和生成 H_3BO_3，而此时溶液已被稀释一倍。所以

$$c(H_3BO_3)=0.100\ 0\ \text{mol}\cdot\text{L}^{-1}$$

$$[H^+]=\sqrt{K_a^\ominus c}=\sqrt{10^{-9.24}\times0.100\ 0}=10^{-5.12}\ \text{mol}\cdot\text{L}^{-1}$$

$$\text{pH}=5.12$$

应选择甲基红做指示剂，指示滴定终点。

4.7.3 多元酸(碱)的滴定

Titration of a polyprotic acid(base)

视频

多元酸（碱）的滴定

在分析化学中，对于多元酸（碱）的滴定主要考虑 3 个问题：

(1)多元酸（碱）能够滴定到哪一步？

(2)能否分步滴定？

(3)能否准确测定多元酸（碱）？

第(1)个问题与直接准确滴定的条件有关，由于多元酸（碱）在滴定过程中或多或少存在着交叉反应（所谓交叉反应，是指第一步反应还没有完全进行，第二步反应已经开始），多元酸（碱）滴定的准确度低于一元酸（碱）。一般允许±1%的终点误差。所以，直接滴定的条件也相应放宽，判断多元酸能够滴定到哪一步的依据为

$$cK_{ai}^\ominus\geqslant10^{-9} \tag{4-55}$$

同样，判断多元碱能够滴定到哪一步的依据为

$$cK_{bi}^\ominus\geqslant10^{-9} \tag{4-56}$$

应用时，要注意浓度的变化，如多元酸，判断第一个质子能否滴定时用 $c_0K_{a1}^\ominus$，而判断第二个质子能否滴定时用 $cK_{a2}^\ominus$，这里 $c\neq c_0$。

第(2)个问题与多元酸（碱）相邻两级离解平衡常数的差别（比值）有关，相邻两级离解平衡常数的差别大，交叉反应程度就小，就有可能分步滴定。

在允许±1%终点误差，滴定突跃大于等于 0.4 个 pH 的情况下，多元酸分步滴定的条件如下：

$$c_0K_{a1}^\ominus\geqslant10^{-9}, \quad \frac{K_{a1}^\ominus}{K_{a2}^\ominus}\geqslant10^4 \tag{4-57}$$

也就是说，在满足式(4-57)这两个关系式的条件下，滴定多元酸第一个质子时，第二个质子参与反应的程度很小，可以忽略不计。

同样，多元碱分步滴定的条件为

$$c_0K_{b1}^\ominus\geqslant10^{-9}, \quad \frac{K_{b1}^\ominus}{K_{b2}^\ominus}\geqslant10^4 \tag{4-58}$$

第(3)个问题与多元酸（碱）最后一级离解平衡常数 $K_{an}^\ominus$（或 $K_{bn}^\ominus$）有关，所谓准确测定，一

般要求终点误差小于等于0.1%，所以多元酸(碱)能否准确测定与一元弱酸(碱)能否直接准确滴定的条件是一致的，即

$$c_0K_{an}^{\ominus}(\text{或 } c_0K_{bn}^{\ominus})\geqslant 10^{-8} \tag{4-59}$$

下面分别介绍 H_3PO_4、$H_2C_2O_4$ 和 Na_2CO_3 的滴定。

1. H_3PO_4 的滴定

H_3PO_4 为三元酸，其 $pK_{a1}=2.12$，$pK_{a2}=7.20$，$pK_{a3}=12.36$，由离解平衡常数可知，H_3PO_4 只有两个质子能够被滴定，第三个质子不符合式(4-55)，不能直接滴定，而且 H_3PO_4 也不符合式(4-59)，所以，用 NaOH 滴定 H_3PO_4 的准确度较低。滴定反应为

$$H_3PO_4+NaOH \rightleftharpoons NaH_2PO_4+H_2O \tag{1}$$

$$NaH_2PO_4+NaOH \rightleftharpoons Na_2HPO_4+H_2O \tag{2}$$

$pK_{a2}^{\ominus}-pK_{a1}^{\ominus}=5.08>4$，符合式(4-57)，因此，这两个质子可以分别滴定，图 4-9 是用 NaOH 溶液滴定 H_3PO_4 溶液的滴定曲线。

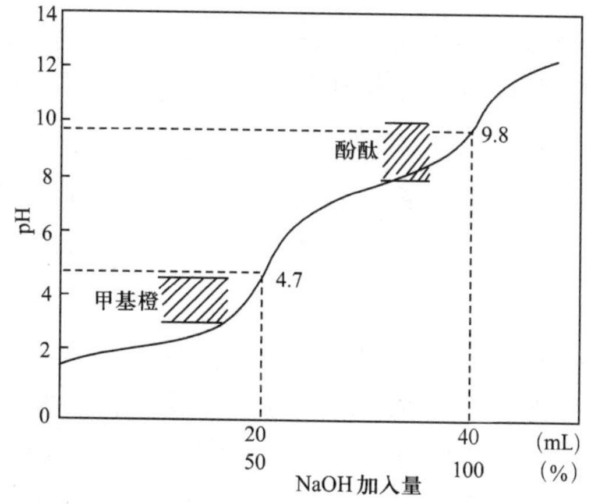

图 4-9 用 NaOH 溶液滴定 H_3PO_4 溶液的滴定曲线

从图 4-9 可以看到两个滴定突跃，但这两个突跃与一元弱酸的滴定突跃(图 4-7 中曲线Ⅰ)有明显的差别，一元弱酸的滴定突跃基本垂直于横坐标，而这里却相当倾斜，这意味着要消耗一定量的 NaOH 才能使 pH 突变(只有 pH 突变，才能使指示剂颜色有明显的改变)，这正是多元酸滴定准确度不高的原因。

这种情况是由交叉反应引起的，虽然 H_3PO_4 符合式(4-57)，但是并非没有交叉反应存在，通过分布系数的计算可以清楚地证明这一点。由滴定反应(1)，反应产物是 NaH_2PO_4，溶液的 pH 为

$$[H^+]_1=\sqrt{K_{a1}^{\ominus}K_{a2}^{\ominus}}=\sqrt{10^{-2.12}\times10^{-7.20}}=10^{-4.66},\quad pH=4.66$$

当 pH=4.66 时，$H_2PO_4^-$ 的 $\delta=99.4\%$，而 H_3PO_4 和 HPO_4^{2-} 各约占 0.3%，这说明当约 0.3% 的 H_3PO_4 未反应时，已有约 0.3% 的 $H_2PO_4^-$ 进一步反应成 HPO_4^{2-}。同样，滴定反应(2)生成 Na_2HPO_4，溶液的 pH 为

$$[H^+]_2=\sqrt{K_{a2}^{\ominus}K_{a3}^{\ominus}}=\sqrt{10^{-7.20}\times10^{-12.36}}=10^{-9.78},\quad pH=9.78$$

当 pH=9.78 时，HPO_4^{2-} 的 $\delta=99.4\%$，而 $H_2PO_4^-$ 和 PO_4^{3-} 也各约占 0.3%。所以，严

格地说，用 NaOH 滴定 H_3PO_4 的两步滴定反应都不存在化学计量点，但是考虑到允许 ±1%的终点误差，在实际操作中还是把它们看作是化学计量点。

根据这两个计量点的 pH，可以分别选择甲基橙和酚酞做指示剂。

2. $H_2C_2O_4$ 的滴定

$H_2C_2O_4$ 为二元酸，其 $pK_{a1}=1.25$，$pK_{a2}=4.29$，由离解平衡常数可知，$H_2C_2O_4$ 的两个质子都能够被滴定。图 4-10 是用 NaOH 溶液滴定 $H_2C_2O_4$ 溶液的滴定曲线示意图。

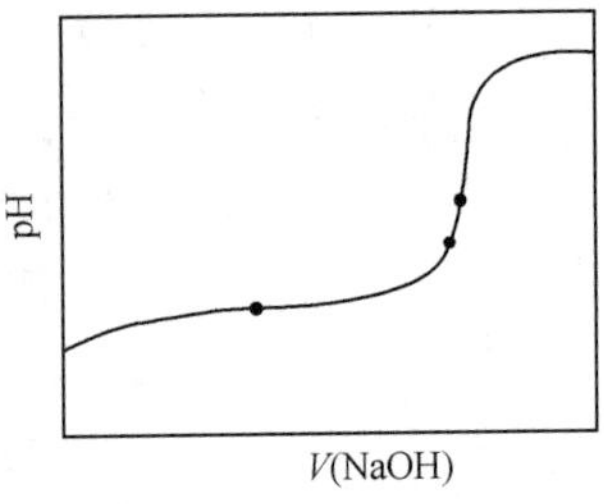

图 4-10 用 NaOH 溶液滴定 $H_2C_2O_4$ 溶液的滴定曲线示意图

从图 4-10 可以看出，只有第二个质子反应才出现滴定突跃，而且这个突跃与一元弱酸的滴定突跃(图 4-7 中曲线Ⅰ)基本相似。这说明，$H_2C_2O_4$ 能够直接准确滴定，事实上，$H_2C_2O_4$ 的滴定是符合式(4-59)的，滴定反应为

$$H_2C_2O_4+2NaOH \rightleftharpoons Na_2C_2O_4+2H_2O$$

根据计量点的 pH，可以选择酚酞为指示剂。

$H_2C_2O_4$ 的第一个质子反应时不出现滴定突跃，这与 $H_2C_2O_4$ 的 $pK_{a2}^{\ominus}-pK_{a1}^{\ominus}=3.04<4$ 是相符的，分布系数的计算可以清楚地看到严重的交叉反应。$NaHC_2O_4$ 溶液的 pH 为

$$[H^+]_2=\sqrt{K_{a1}^{\ominus}K_{a2}^{\ominus}}=\sqrt{10^{-1.25}\times10^{-4.29}}=10^{-2.77}, \quad pH=2.77$$

当 pH=2.77 时，$HC_2O_4^-$ 的 $\delta=94.0\%$，而 $H_2C_2O_4$ 和 $C_2O_4^{2-}$ 各约占 3.0%。这说明当约 3.0%的 $H_2C_2O_4$ 尚未反应时，已有约 3.0%的 $HC_2O_4^-$ 进一步反应成 $C_2O_4^{2-}$。

3. Na_2CO_3 的滴定

CO_3^{2-} 是二元弱碱，离解平衡常数：$pK_{b1}^{\ominus}=3.75$，$pK_{b2}^{\ominus}=7.62$，所以 Na_2CO_3 能够滴定到第二步。CO_3^{2-} 的 $pK_{b2}^{\ominus}-pK_{b1}^{\ominus}=3.87\approx4$，交叉反应较严重。图 4-11 是用 HCl 溶液滴定 Na_2CO_3 溶液的滴定曲线，可以看出，第二个滴定突跃垂直性较好，而第一个滴定突跃有一定程度的倾斜。所以，若进行分步滴定，第一个终点的准确度不高，这也是用双指示剂法测定混合碱准确度不高的原因。而第二个终点有较高的准确度，事实上，Na_2CO_3 可以作为标定 HCl 标准溶液的基准物。

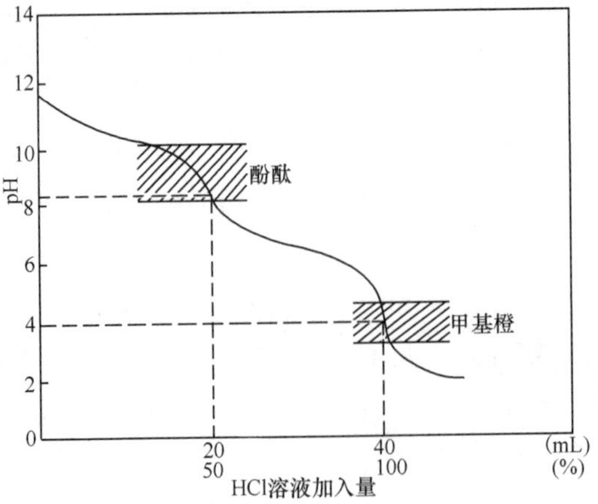

图 4-11 HCl 溶液滴定 Na_2CO_3 溶液的滴定曲线

分步滴定的两个化学计量点的 pH 计算如下：

第一化学计量点产物为两性物质 HCO_3^-。

$$[H^+]_1=\sqrt{K_{a1}^{\ominus}K_{a2}^{\ominus}}=\sqrt{4.2\times10^{-7}\times5.6\times10^{-11}}=4.85\times10^{-9}\ \mathrm{mol\cdot L^{-1}}$$

$$pH=8.31$$

第二化学计量点产物为 H_2CO_3，其常温下的饱和浓度为 0.040 mol・L^{-1}。

$$[H^+]_2=\sqrt{K_{a1}^{\ominus}c}=\sqrt{4.2\times10^{-7}\times0.040}=1.30\times10^{-4}\ \mathrm{mol\cdot L^{-1}}$$

$$pH=3.89$$

根据化学计量点的 pH，可以分别选择酚酞和甲基橙做指示剂。由于第一个滴定突跃不理想，为提高测定的准确度可选择混合指示剂，如甲酚红和百里酚蓝混合指示剂，其变色范围为 pH 8.2～8.4。

第二个终点时易形成 CO_2 的过饱和溶液，滴定过程中生成的 H_2CO_3 只能慢慢地转变为 CO_2，使溶液的酸度稍有增大，终点出现的稍早。因此，滴定近终点时应剧烈地摇动溶液或者加热煮沸溶液，以驱除 CO_2。

4.7.4　混合酸和混合碱的滴定

Titration of mixed acids or bases

1. 混合酸的滴定

混合酸有三种情况，第一种是两种强酸的混合酸，第二种是两种弱酸的混合酸，第三种是强酸和弱酸的混合酸。第三种情况比较复杂，这里不作讨论。

(1)强酸与强酸的混合酸

一般认为强酸是给出全部质子，所以在滴定混合强酸（如 HCl 和 HNO_3）时，滴定的只能是两个强酸释放出质子的总量。也就是总的 H^+ 浓度，无法区分强酸的各自浓度，这种情况可以按照一元强酸滴定来进行处理。

(2)弱酸与弱酸的混合酸

两种弱酸(HA+HB)的混合酸的滴定与多元酸的滴定相似，首先考虑两种弱酸能否滴定，判断依据分别是：[假定 $K_a^{\ominus}(HA)>K_a^{\ominus}(HB)$]

$$c(HA)K_a^{\ominus}(HA)\geqslant10^{-9},\quad c(HB)K_a^{\ominus}(HB)\geqslant10^{-9} \tag{4-60}$$

然后再确定能否分别滴定，在确定能否分别滴定的条件时，除了比较两种酸的强度，还应考虑浓度的因素。因此，在允许±1%误差和滴定突跃大于等于 0.3 个 pH 时，分别滴定的条件为

$$\frac{c(HA)K_a^{\ominus}(HA)}{c(HB)K_a^{\ominus}(HB)}\geqslant10^3 \tag{4-61}$$

若 HA 和 HB 都满足式(4-60)，在符合式(4-61)的情况下，可以分别测定 HA 和 HB；不符合式(4-61)时，只能测定总量。

若 HA 满足式(4-60)而 HB 不满足，在符合式(4-61)的情况下，可以测定 HA。不符合式(4-61)时，测定 HA 的准确度很低。

视频

混合碱的滴定

2. 混合碱的滴定

混合碱是指 NaOH、Na_2CO_3 和 $NaHCO_3$ 的混合物，但是 NaOH 和 $NaHCO_3$ 不能共存，所以混合碱组成有两种可能，即 NaOH + Na_2CO_3 和 $NaHCO_3$ + Na_2CO_3。

混合碱的分析通常有两种方法，即双指示剂法和氯化钡法。双指示剂法不仅能够测定混合碱组分的含量，还能确定混合碱的组成，但是由于滴定过程中涉及 Na_2CO_3 滴定的第一个化学计量点，所以准确度不高；氯化钡法在已知混合碱的组成的情况下可以比较准确地测定混合碱各组分的含量。这里主要介绍双指示剂法，氯化钡法只作简单介绍。

(1)双指示剂法

准确称取试样 m_s g，溶解后先以酚酞为指示剂，用 HCl 标准溶液滴定至红色几乎消失，消耗 HCl 标准溶液体积为 V_1 mL；再向溶液中加入甲基橙，继续滴定至橙色，消耗 HCl 标准溶液体积为 V_2 mL。

所涉及的滴定反应为

$$\left.\begin{aligned} NaOH + HCl &\xrightarrow{\text{酚酞}} NaCl + H_2O \\ Na_2CO_3 + HCl &\xrightarrow{\text{酚酞}} NaCl + NaHCO_3 \end{aligned}\right\} \quad V_1\ \text{mL}$$

$$NaHCO_3 + HCl \xrightarrow{\text{甲基橙}} NaCl + H_2CO_3 \quad V_2\ \text{mL}$$

首先确定混合碱的组成，根据双指示剂的两个终点时消耗 HCl 标准溶液的体积 V_1、V_2 的相对大小可以定性判断未知混合碱的组成，见表 4-8。

表 4-8 未知混合碱组分的定性判断

V_1 和 V_2 的相对大小	试样的组成	V_1 和 V_2 的相对大小	试样的组成
①$V_1>0, V_2\approx 0$	NaOH	④$V_1>V_2>0$	NaOH 和 Na_2CO_3
②$V_1\approx 0, V_2>0$	$NaHCO_3$	⑤$V_2>V_1>0$	Na_2CO_3 和 $NaHCO_3$
③$V_1=V_2>0$	Na_2CO_3		

确定组成后，就可以根据消耗 HCl 标准溶液的体积 V_1、V_2 及试样的质量计算各组分的含量。若 $V_1>V_2>0$，组成为 NaOH 和 Na_2CO_3，两者的质量分数计算公式为

$$w(Na_2CO_3)=\frac{c(HCl)V_2M(Na_2CO_3)}{1\,000m_s}\times 100\% \tag{4-62}$$

$$w(NaOH)=\frac{c(HCl)(V_1-V_2)M(NaOH)}{1\,000m_s}\times 100\% \tag{4-63}$$

若 $0<V_1<V_2$，组成为 Na_2CO_3 和 $NaHCO_3$，两者的质量分数计算公式为

$$w(Na_2CO_3)=\frac{c(HCl)V_1M(Na_2CO_3)}{1\,000m_s}\times 100\% \tag{4-64}$$

$$w(NaHCO_3)=\frac{c(HCl)(V_2-V_1)M(NaHCO_3)}{1\,000m_s}\times 100\% \tag{4-65}$$

为了提高双指示剂法的准确度，可以用混合指示剂代替酚酞，如甲酚红和百里酚蓝混合指示剂，其变色范围为 pH 8.2～8.4。

【例 4-14】 称取混合碱 NaOH 和 Na_2CO_3 或 $NaHCO_3$ 和 Na_2CO_3 的试样 1.200 0 g 溶

于水，用 0.500 0 mol·L^{-1} HCl 溶液滴至酚酞褪色，耗去 30.00 mL HCl。然后加入甲基橙，继续滴至溶液呈橙色，又用去 5.00 mL HCl。试样中含有何种组分？其含量各为多少？

解 由题得 $V_1 > V_2$，所以试样中含有 NaOH 和 Na_2CO_3。

$$\left.\begin{array}{l} NaOH + HCl \xrightarrow{\text{酚酞}} NaCl + H_2O \\ Na_2CO_3 + HCl \xrightarrow{\text{酚酞}} NaCl + NaHCO_3 \end{array}\right\} \text{消耗 HCl} \quad V_1 = 30.00\ \text{mL}$$

$$NaHCO_3 + HCl \xrightarrow{\text{甲基橙}} NaCl + H_2CO_3 \quad \text{消耗 HCl } V_2 = 5.00\ \text{mL}$$

$$w(Na_2CO_3) = \frac{c(HCl)V_2 M(Na_2CO_3)}{1\,000 m_s} \times 100\%$$

$$= \frac{0.500\,0 \times 5.00 \times 106.0}{1\,000 \times 1.200\,0} \times 100\%$$

$$= 22.08\%$$

$$w(NaOH) = \frac{c(HCl)(V_1 - V_2)M(NaOH)}{1\,000 m_s} \times 100\%$$

$$= \frac{0.500\,0 \times (30.00 - 5.00) \times 40.01}{1\,000 \times 1.200\,0} \times 100\%$$

$$= 41.68\%$$

(2)氯化钡法

用氯化钡法测定混合碱，首先要确定混合碱的组成，再根据组成采用不同的操作。若组成为 NaOH 和 Na_2CO_3，则用一份试液，以甲基橙为指示剂，测定总碱量；另取一份等量试液，加入 $BaCl_2$ 后，以酚酞为指示剂，测定 NaOH。若组成为 $NaHCO_3$ 和 Na_2CO_3，则用一份试液，以甲基橙为指示剂，测定总碱量；另取一份等量试液，先加入 NaOH 标准溶液，使 $NaHCO_3$ 转变为 Na_2CO_3，然后加入 $BaCl_2$，以酚酞为指示剂，滴定 NaOH(相当于返滴定)，计算出 $NaHCO_3$ 的含量。

4.8 终点误差

Endpoint error

在滴定分析中，如用指示剂的颜色变化来确定滴定终点，由于滴定终点与化学计量点不一致而产生的误差，称为滴定误差或终点误差，用 TE 表示。

$$TE = \frac{\text{终点时过量(或不足)滴定剂物质的量}}{\text{化学计量点时应加入滴定剂物质的量}} \times 100\%$$

4.8.1 一元酸碱的滴定

Titration of monoprotic acid-base

下面以具体实例进行讨论。

【例 4-15】 用 0.100 0 mol·L^{-1}NaOH 溶液滴定 20.00 mL 0.100 0 mol·L^{-1}HCl 溶液，用甲基橙做指示剂，滴定到橙黄色(pH=4.0)时为终点；用酚酞做指示剂，滴定到粉红色

(pH＝9.0)时为终点，分别计算终点误差。

解　强碱滴定强酸，化学计量点时 pH 应等于 7。

(1)甲基橙做指示剂，终点 pH＝4.0，终点提前，说明加入的 NaOH 溶液的量不足。

$$TE=\frac{\text{不足的 NaOH 的物质的量}}{\text{应加入 NaOH 的物质的量}}\times100\%$$

$$=-\frac{[H^+]V_{\text{终点}}}{c(NaOH)V(NaOH)}\times100\%$$

$$=-\frac{10^{-4}\times40.00}{0.1000\times20.00}\times100\%$$

$$=-0.2\%$$

(2)酚酞做指示剂，终点 pH＝9.0，终点拖后，说明加入的 NaOH 溶液已过量。

$$[OH^-]=\frac{K_w^{\ominus}}{[H^+]}=\frac{10^{-14}}{10^{-9}}=10^{-5}\ \text{mol}\cdot\text{L}^{-1}$$

$$TE=\frac{\text{过量的 NaOH 的物质的量}}{\text{应加入 NaOH 的物质的量}}\times100\%$$

$$=\frac{10^{-5}\times40.00}{0.1000\times20.00}\times100\%$$

$$=+0.02\%$$

说明用酚酞做指示剂终点误差较小。

【例 4-16】 用 0.1000 mol·L^{-1} NaOH 溶液滴定 20.00 mL 0.1000 mol·L^{-1} HAc 溶液，用酚酞做指示剂，滴定到粉红色(pH＝9.0)时为终点，计算终点误差。

解　化学计量点产物为 Ac^-。

$$[OH^-]=\sqrt{\frac{c}{2}K_b^{\ominus}}=\sqrt{0.0500\times10^{-9.26}}=5.24\times10^{-6}\ \text{mol}\cdot\text{L}^{-1}$$

$$pOH=5.28,\quad pH=8.72$$

用酚酞做指示剂，终点 pH＝9.0，终点拖后，说明加入的 NaOH 溶液已过量。

$$[OH^-]_{\text{过量}}=[OH^-]_{\text{总}}-[HAc]$$

$$=[OH^-]-\frac{[H^+]}{[H^+]+K_a^{\ominus}}c$$

$$=10^{-5}-\frac{10^{-9}}{10^{-9}+10^{-4.74}}\times0.05$$

$$=7.3\times10^{-6}\ \text{mol}\cdot\text{L}^{-1}$$

$$TE=\frac{\text{过量的 NaOH 的物质的量}}{\text{应加入 NaOH 的物质的量}}\times100\%$$

$$=\frac{7.3\times10^{-6}\times40.00}{0.10\times20.00}$$

$$\approx+0.02\%$$

计算结果说明，用酚酞做指示剂指示滴定终点可以获得十分准确的分析结果。

4.8.2 多元酸碱的滴定

Titration of polyprotic acid-base

【例 4-17】 用 0.100 0 mol · L^{-1} NaOH 溶液滴定 20.00 mL 0.100 0 mol · L^{-1} H_3PO_4 溶液，以甲基橙（pH=4.4）和百里酚酞（pH=10.0）做指示剂，分别指示两个滴定终点，分别计算终点误差。

解　(1)在第一化学计量点，产物为 $H_2PO_4^-$，设其浓度为 $c_{eq,1}$。

若终点提前，设未被中和的酸的浓度为 c_a，选 $H_2PO_4^-$ 和 H_2O 为参考水平，质子条件为

$$[H^+]+([H_3PO_4]-c_a)=[HPO_4^{2-}]+2[PO_4^{3-}]+[OH^-]$$

通过前面计算得第一化学计量点时 pH=4.66，所以可略去$[PO_4^{3-}]$和$[OH^-]$两项，则

$$c_a=[H^+]+[H_3PO_4]-[HPO_4^{2-}]$$

$$TE=-\frac{c_a}{c_{eq,1}}=\frac{[HPO_4^{2-}]-[H_3PO_4]-[H^+]}{c_{eq,1}}$$

$$=\frac{\delta_1 c_{eq,1}-\delta_3 c_{eq,1}-[H^+]}{c_{eq,1}}$$

$$=\delta_1-\delta_3-\frac{[H^+]}{c_{eq,1}}$$

若终点拖后，设过量的碱的浓度为 c_b，其质子条件为

$$[H^+]+[H_3PO_4]=[HPO_4^{2-}]+2[PO_4^{3-}]+([OH^-]-c_b)$$

同理，略去$[PO_4^{3-}]$和$[OH^-]$得

$$c_b=[HPO_4^{2-}]-[H_3PO_4]-[H^+]$$

$$TE=\frac{c_b}{c_{eq,1}}=\frac{[HPO_4^{2-}]-[H_3PO_4]-[H^+]}{c_{eq,1}}=\delta_1-\delta_3-\frac{[H^+]}{c_{eq,1}}$$

可见，在第一化学计量点时，不论终点提前或拖后，都可用同一公式计算终点误差。

由分布系数公式可求得 pH=4.4 时 $\delta_3=10^{-2.28}$，$\delta_1=10^{-2.80}$，所以

$$TE=10^{-2.80}-10^{-2.28}-\frac{10^{-4.4}}{0.05}=-0.45\%$$

(2)在第二化学计量点时，产物为 HPO_4^{2-}，设其浓度为 $c_{eq,2}$。

若终点提前，设未被中和的酸的浓度为 c_a。以 HPO_4^{2-}和 H_2O 为参考水平，质子条件为

$$([H_2PO_4^-]-c_a)+2[H_3PO_4]+[H^+]=[PO_4^{3-}]+[OH^-]$$

根据前面的计算得第二化学计量点时 pH=9.78，所以略去$[H_3PO_4]$和$[H^+]$，则

$$c_a=[H_2PO_4^-]-[PO_4^{3-}]-[OH^-]$$

$$TE=-\frac{c_a}{c_{eq,2}}=\frac{-[H_2PO_4^-]+[PO_4^{3-}]+[OH^-]}{c_{eq,2}}=\delta_0-\delta_2+\frac{[OH^-]}{c_{eq,2}}$$

若终点拖后，设过量的碱的浓度为 c_b，其质子条件为

$$[H_2PO_4^-]+[H^+]+2[H_3PO_4]=[PO_4^{3-}]+([OH^-]-c_b)$$

略去$[H_3PO_4]$和$[H^+]$，则

$$c_b=[PO_4^{3-}]-[H_2PO_4^-]+[OH^-]$$

$$TE=\frac{c_b}{c_{eq,2}}=\frac{[PO_4^{3-}]-[H_2PO_4^-]+[OH^-]}{c_{eq,2}}=\delta_0-\delta_2+\frac{[OH^-]}{c_{eq,2}}$$

$$c_{eq,2}=\frac{0.1000}{3}\ mol\cdot L^{-1},\quad \delta_2=10^{-2.80},\quad \delta_0=10^{-2.36},\quad [OH^-]=10^{-4}$$

计算结果为 $TE=+0.58\%$，误差较大。

4.9 酸碱滴定法的应用
Application of acid-base titration

4.9.1 酸碱标准溶液的配制和标定
Formulation and calibration of standard solutions

1. 酸标准溶液

酸标准溶液一般常用 HCl 溶液配制，常用的浓度为 $0.1\ mol\cdot L^{-1}$，但有时也需要浓度为 $1\ mol\cdot L^{-1}$ 的高浓度溶液或浓度为 $0.01\ mol\cdot L^{-1}$ 的低浓度溶液。HCl 标准溶液相当稳定，因此妥善保存的 HCl 标准溶液其浓度可以保持不变。

HCl 标准溶液一般用间接法配制，即先配制成近似浓度的溶液，然后用基准物质标定。常用的基准物质有无水 Na_2CO_3 和硼砂。

Na_2CO_3：易获得纯品，价格便宜。但易吸收水分（270 ℃ 左右干燥，然后密封于瓶中备用），称量误差比硼砂大。

标定反应为

$$Na_2CO_3+2HCl = 2NaCl+H_2CO_3$$
$$H_2CO_3 \longrightarrow H_2O+CO_2\uparrow$$

用甲基橙做指示剂，终点变色不太敏锐，临近终点将溶液煮沸，可使变色敏锐。

硼砂（$Na_2B_4O_7\cdot 10H_2O$）：易制得纯品、不易吸水、摩尔质量较大、称量误差小。但当空气中相对湿度小于 39%时，容易失去结晶水，因此应把它保存在相对湿度为 60%的恒湿器中。

标定反应为

$$Na_2B_4O_7+2HCl+5H_2O = 4H_3BO_3+2NaCl$$

以甲基红做指示剂，终点变色明显。

2. 碱标准溶液

碱标准溶液一般用 NaOH 溶液配制，常用的浓度为 $0.1\ mol\cdot L^{-1}$，但有时也需要浓度为 $1\ mol\cdot L^{-1}$ 的高浓度溶液或浓度为 $0.01\ mol\cdot L^{-1}$ 的低浓度溶液。NaOH 易吸潮、易吸收空气中的 CO_2，以致常含有 Na_2CO_3。有时还含有硫酸盐、硅酸盐和氯化物等杂质。因此应采用间接法配制，即先配制成近似浓度的溶液，然后用基准物质标定。常用的基准物有 $H_2C_2O_4\cdot 2H_2O$、KHC_2O_4、苯甲酸等，最常用的是邻苯二甲酸氢钾。

邻苯二甲酸氢钾：易用重结晶法制得纯品、不含结晶水、不吸潮、摩尔质量大、称量误差小、易保存。

标定反应为

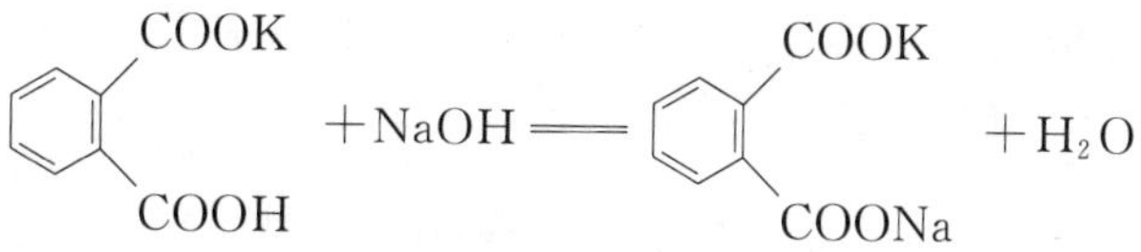

用酚酞做指示剂，终点变色敏锐。

由于 NaOH 易吸收空气中的 CO_2，因此在 NaOH 溶液中常含有少量的 Na_2CO_3。用该 NaOH 溶液做标准溶液，若滴定时以甲基橙或甲基红做指示剂，其中的 Na_2CO_3 被中和至 CO_2 和 H_2O，不会产生滴定误差；但若采用酚酞做指示剂，其中的 Na_2CO_3 仅被中和至 $NaHCO_3$，会产生一定的滴定误差。

要配制不含 Na_2CO_3 的 NaOH 溶液，应先配制 NaOH 饱和溶液（约 50%），此时 Na_2CO_3 溶解度较小而沉淀，取上层的清液，用煮沸已除去 CO_2 的蒸馏水稀释至所需的浓度。NaOH 标准溶液放置过久浓度会发生变化，使用前应重新标定。

4.9.2 酸碱滴定法应用实例

Application examples of acid-base titration

视频

酸碱滴定法的应用及结果计算

酸碱滴定法广泛应用于工业、农业、医药、食品等方面。例如，水果、蔬菜、食醋中的总酸度，天然水的总碱度，土壤、肥料中氨、磷的含量及混合碱的分析等都可用酸碱滴定法进行测定。

1. 硼酸的测定

H_3BO_3 的 $pK_a^{\ominus}=9.24$，$cK_a^{\ominus}<10^{-8}$时不能用标准碱直接滴定。但它可与多元醇（如乙二醇、丙三醇、甘露醇等）作用生成酸性较强的配位酸（$pK_a^{\ominus}=4.26$），可用标准碱溶液直接滴定，化学计量点的 pH 在 9 左右。用酚酞等在碱性溶液中变色的指示剂指示终点。反应为

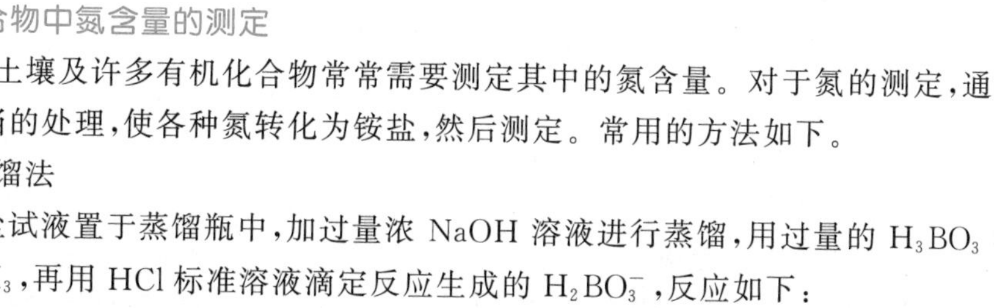

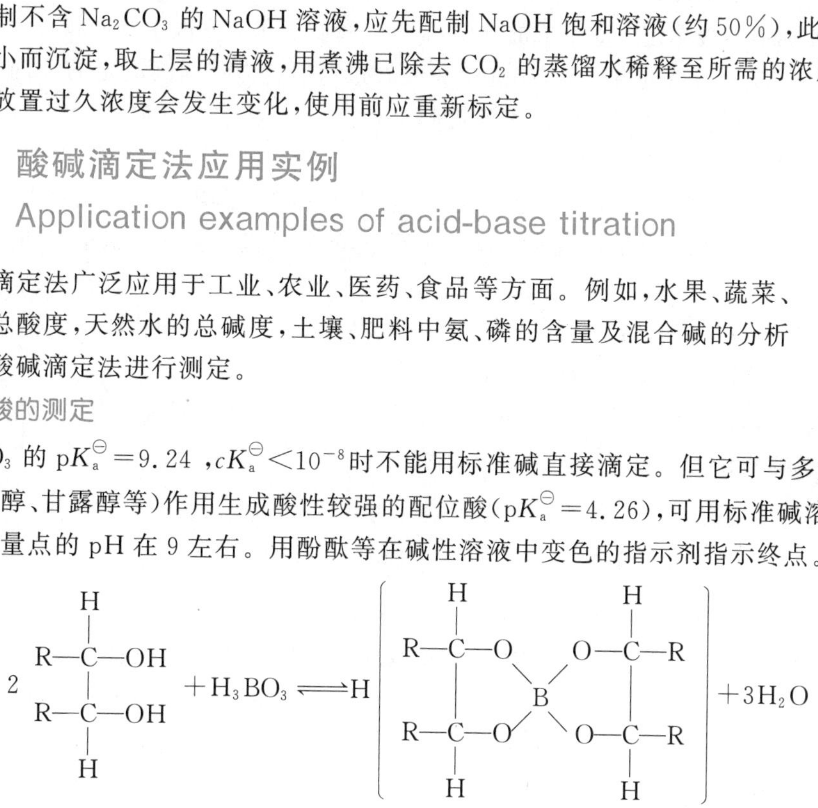

2. 化合物中氮含量的测定

肥料、土壤及许多有机化合物常常需要测定其中的氮含量。对于氮的测定，通常是将试样加以适当的处理，使各种氮转化为铵盐，然后测定。常用的方法如下。

（1）蒸馏法

将铵盐试液置于蒸馏瓶中，加过量浓 NaOH 溶液进行蒸馏，用过量的 H_3BO_3 溶液吸收蒸出的 NH_3，再用 HCl 标准溶液滴定反应生成的 $H_2BO_3^-$，反应如下：

$$NH_4^+ + OH^- \xlongequal{\triangle} NH_3\uparrow + H_2O$$

$$NH_3 + H_3BO_3 = NH_4^+ + H_2BO_3^-$$

$$H^+ + H_2BO_3^- = H_3BO_3$$

终点时的 pH=5，选用甲基红作指示剂。

或用过量的 HCl 溶液吸收蒸出的 NH_3，过量的 HCl 溶液用 NaOH 标准溶液回滴，以甲基红或甲基橙指示终点。反应如下：

$$NH_4^+ + OH^- \xlongequal{\triangle} NH_3\uparrow + H_2O$$

$$NH_3 + HCl(过量) \xlongequal{} NH_4^+ + Cl^-$$

$$NaOH + HCl(剩余) \xlongequal{} NaCl + H_2O$$

(2)甲醛法

甲醛与铵盐反应：

$$6HCHO + 4NH_4^+ \xlongequal{} (CH_2)_6N_4H^+ + 3H^+ + 6H_2O$$

利用 NaOH 标准溶液滴定反应生成的酸(包括 H^+ 和质子化的六次甲基四胺)。六次甲基四胺[$(CH_2)_6N_4$]是一种极弱有机碱，应选用酚酞做指示剂。为了提高测定的准确度，也可以加入过量的标准碱溶液，再用标准酸溶液返滴定。

(3)克氏法

含氮的有机物质有面粉、谷物、肥料、生物碱、肉类中的蛋白质、土壤、饲料以及合成药物等。不同的蛋白质，其氨基酸构成比例及方式不同，故各种蛋白质的含氮量不同。一般蛋白质含氮量为 16%，即 1 份氮素相当于 6.25(100/16)份蛋白质，蛋白质分子中氮的含量和蛋白质的相对分子质量之间的平均系数(6.25)就称为蛋白质系数。常用克氏(Kjeldahl)法测定氮的含量，以确定其氨基氮(NH_2-N)或蛋白质的含量。

测定时，将试样与浓硫酸共煮进行消化分解，并加入 K_2SO_4 提高沸点，促使分解过程的进行，使有机物转化为 CO_2 和 H_2O，其中的氮在 $CuSO_4$ 或汞盐的催化下转变为 NH_4^+。反应为

$$C_mH_nN \xrightarrow[CuSO_4]{H_2SO_4, K_2SO_4} CO_2\uparrow + H_2O + NH_4^+$$

溶液以过量的 NaOH 碱化后，再用蒸馏法测定 NH_4^+。

【例 4-18】 用克氏法测定蛋白质中 N 的含量。称取粗蛋白质试样 1.786 g，将试样中的氮转变为 NH_3，并以 25.00 mL 0.201 4 mol · L^{-1} HCl 标准溶液吸收，剩余的 HCl 用 0.128 8 mol · L^{-1} NaOH 标准溶液返滴定，消耗 NaOH 溶液 10.12 mL，计算此粗蛋白试样中氮的质量分数。

解 $$w(N) = \frac{[c(HCl)V(HCl) - c(NaOH)V(NaOH)] \cdot M(N)}{m} \times 100\%$$

$$= \frac{(0.201\ 4 \times 25.00 - 0.128\ 8 \times 10.12) \times 10^{-3} \times 14.01}{1.786} \times 100\%$$

$$= 2.927\%$$

3. 氟硅酸钾法测定 SiO_2 含量

硅酸盐试样一般难溶于酸，可用碱熔融，使之转化为可溶性硅酸盐，如 K_2SiO_3。K_2SiO_3 在强酸溶液中，过量 KCl、KF 存在下，生成难溶的氟硅酸钾沉淀：

$$2K^+ + SiO_3^{2-} + 6F^- + 6H^+ \longrightarrow K_2SiF_6\downarrow + 3H_2O$$

将生成的沉淀过滤、洗涤，并用 NaOH 溶液中和未洗净的游离酸，然后加入沸水使之水解：

$$K_2SiF_6 + 3H_2O \longrightarrow 2KF + H_2SiO_3 + 4HF$$

用标准碱滴定 HF(H_2SiO_3 的两个质子酸性极弱,不会干扰滴定),计算出试样中 SiO_2 的含量。由于有 HF 生成,此操作必须在塑料容器中进行。

4. 磷酸盐的测定

磷的存在形式多种多样。如磷酸及其盐类、亚磷酸及其盐类、次磷酸及其盐类、聚合磷酸及其盐类、有机磷酸及其盐类和其他含磷化合物。

如果仅需要测定磷的总量,可用酸水解无机聚合磷酸及其盐类成正磷酸盐,如三聚磷酸钠在硫酸中水解成 H_3PO_4:

$$2Na_5P_3O_{10} + 5H_2SO_4 + 4H_2O = 6H_3PO_4 + 5Na_2SO_4$$

再在酸性介质中加入钼酸铵,生成磷钼酸铵沉淀,将沉淀过滤、洗涤至无酸性后,用过量 NaOH 标准溶液溶解磷钼酸铵沉淀,多余的 NaOH 用 HCl 标准溶液滴定。

【例 4-19】 用酸碱滴定法测定某试样中的含磷量。称取试样 0.956 7 g,经处理后使 P 转化成 H_3PO_4,再在 HNO_3 介质中加入钼酸铵,即生成磷钼酸铵沉淀:

$$H_3PO_4 + 12MoO_4^{2-} + 2NH_4^+ + 22H^+ = (NH_4)_2HPO_4 \cdot 12MoO_3 \cdot H_2O\downarrow + 11H_2O$$

将黄色磷钼酸铵沉淀过滤,洗至不含游离酸后,溶于 30.48 mL 0.201 6 $mol \cdot L^{-1}$ NaOH 溶液中,其反应为

$$(NH_4)_2HPO_4 \cdot 12MoO_3 \cdot H_2O + 24OH^- = 12MoO_4^{2-} + HPO_4^{2-} + 2NH_4^+ + 13H_2O$$

用 0.198 7 $mol \cdot L^{-1}$ HNO_3 标准溶液回滴过量的碱至酚酞变色,耗去 15.74 mL。求试样中的含磷量。

解　由题意得

$$1P \longrightarrow H_3PO_4 \longrightarrow (NH_4)_2HPO_4 \cdot 12MoO_3 \cdot H_2O \longrightarrow 24NaOH$$

则

$$n(P) = \frac{1}{24}n(NaOH)$$

$$w(P) = \frac{\frac{1}{24}[c(NaOH)V(NaOH) - c(HNO_3)V(HNO_3)]M(P)}{1\ 000m_s} \times 100\% = 0.41\%$$

【例 4-20】 可能含 Na_3PO_4、Na_2HPO_4、NaH_2PO_4 或其混合物,及惰性物质。称取试样 2.000 g,溶解后用甲基橙指示终点,以 0.500 0 $mol \cdot L^{-1}$ HCl 标准溶液滴定时需用 32.00 mL。同样质量的试样,当用酚酞指示终点时,需用 HCl 标准溶液 12.00 mL。求试样中各组分的质量分数。

解　以甲基橙做指示剂,发生的反应为

$$Na_3PO_4 + HCl = Na_2HPO_4 + NaCl$$

$$Na_2HPO_4 + HCl = NaH_2PO_4 + NaCl$$

在这个反应过程中,Na_2HPO_4 一部分是试样中原来含有的,另一部分为 Na_3PO_4 与 HCl 反应的产物。共计消耗 HCl 标准溶液的体积为 $V_1 = 32.00$ mL。

以酚酞做指示剂,发生的反应为

$$Na_3PO_4 + HCl = Na_2HPO_4 + NaCl$$

消耗 HCl 标准溶液的体积为 $V_2 = 12.00$ mL。

因此,用于滴定 Na_3PO_4 所消耗的 HCl 体积为 V_2,用于滴定 Na_2HPO_4 所消耗的 HCl

体积为(V_1-2V_2)。则

$$w(Na_3PO_4)=\frac{c(HCl)\cdot V_2\cdot M(Na_3PO_4)}{1\,000m_s}\times 100\%$$

$$=\frac{0.500\,0\times 12.00\times 163.9}{1\,000\times 2.000}\times 100\%$$

$$=49.17\%$$

$$w(Na_2HPO_4)=\frac{c(HCl)(V_1-2V_2)M(Na_2HPO_4)}{1\,000m_s}\times 100\%$$

$$=\frac{0.500\,0\times(32.00-2\times 12.00)\times 142.0}{1\,000\times 2.000}\times 100\%$$

$$=28.40\%$$

由于 NaH_2PO_4 不能与 Na_3PO_4 共存，故试样中不含有 NaH_2PO_4。试样中 Na_3PO_4 的含量为 49.17%，Na_2HPO_4 的含量为 28.40%。

5. 酯的测定

酯在过量碱的标准溶液作用下，可以生成相应的盐和醇。多余的碱可用酸标准溶液滴定，例如乙酰水杨酸（APC）：

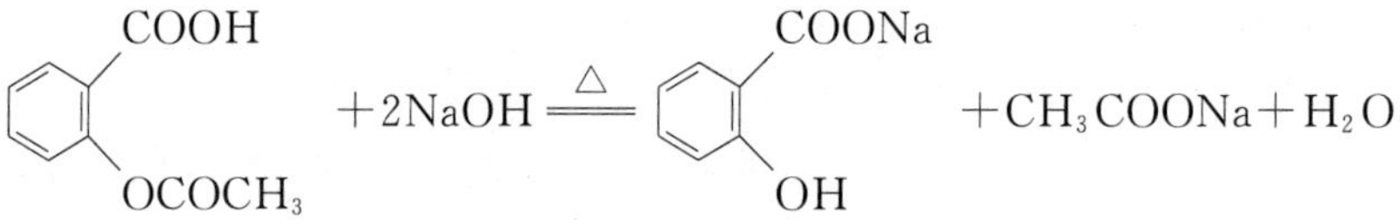

$$NaOH+HCl \Longrightarrow NaCl+H_2O$$

在此滴定过程中，1 mol 乙酰水杨酸可与 2 mol NaOH 反应，相当于二元酸。

6. 醛和酮的测定

醛、酮的测定常用下列两种方法。

(1)盐酸羟胺法

盐酸羟胺与醛、酮反应生成肟和酸：

$$RCH{=}O+NH_2OH\cdot HCl \Longrightarrow RCH{=}N{-}OH+HCl+H_2O$$

$$R_1R_2C{=}O+NH_2OH\cdot HCl \Longrightarrow R_1R_2C{=}NOH+HCl+H_2O$$

生成的游离酸可用 NaOH 标准溶液滴定。过量的 $NH_2OH\cdot HCl$ 也有酸性，但比 HCl 的酸性弱得多。当指示剂溴酚蓝变色时，NaOH 还没有和 $NH_2OH\cdot HCl$ 反应。

(2)亚硫酸钠法

$$RCHO+Na_2SO_3+H_2O \Longrightarrow RCH(OH)SO_3Na+NaOH$$

$$RCR'O+Na_2SO_3+H_2O \Longrightarrow RCR'(OH)SO_3Na+NaOH$$

生成的 NaOH 可以用 HCl 标准溶液滴定。由于溶液中有过量的 Na_2SO_3 存在，呈强碱性，因此指示剂选用变色范围为 9.4～10.6 的百里酚酞。若选用变色范围为 8.0～10.0 的酚酞，酚酞褪色时（pH=8.0），HCl 已经与 Na_2SO_3 反应。

水处理剂异噻唑啉酮便可采用此法进行含量的测定。

拓展阅读

环境友好的固体酸及其应用

在现代化学工业中，酸催化反应是一类重要的化学反应。尤其在石油化工的催化裂化、异构化、烷基化、聚合、脂化、水解等反应中，固体酸是一类重要的催化剂。

固体酸可理解为凡是能使碱性指示剂改变颜色的固体或者凡是能化学吸附碱性物质的固体。固体酸分为 Bronsted 酸（简称 B 酸）和 Lewis 酸（简称 L 酸）两类。两类固体酸最有效的区分方法是红外光谱法，通过吸附氨或吡啶来区分 B 酸和 L 酸。除此之外还有色谱法和化学方法。

固体酸的种类很多，常见的有以下几种：

(1)负载酸，如 H_2SO_4，H_3PO_4 等负载于硅胶、氧化铝或硅藻土上；

(2)天然黏土，如高岭土、蒙脱土和沸石等；

(3)复合金属氧化物，如 SiO_2-Al_2O_3、SiO_2-TiO_2、SiO_2-ZrO_2 等；

(4)金属硫酸盐，如 $CuSO_4$、$MgSO_4$、$CaSO_4$ 等。

固体酸的酸性一般包括酸中心的类型、酸强度和酸量。酸的类型是指 Bronsted 酸和 Lewis 酸。酸强度表示酸与碱作用的程度，是一个相对的量。从不同的角度用不同的物理量都可以反映酸的强度。用碱性气体从固体酸脱附的活化能，脱附温度，碱性指示剂与固体酸作用的颜色等都可以表示酸的强度。最常见的表征酸强度的方法为 Hammett 指示剂法，相应表示酸强度的物理量为 H_0。

B 酸的强度是指 B 酸给出质子的能力，或将某种碱转化为相应的共轭酸的能力。L 酸的强度是指 L 酸接受电子对的能力，或与 L 碱形成配合物的能力。测酸用的指示剂一般本身是碱，不同的指示剂有不同的接受质子的能力或给出电子对的能力。这反映在它们的 $pK_a^{\ominus}$ 有所不同，从而借助于指示剂的 $pK_a^{\ominus}$ 可测得各种酸的强度。

对于 Bronsted 酸的测定，设 B 为指示剂，它与其共轭酸的离解平衡为

$$BH^+ \rightleftharpoons B + H^+$$

$$K_a^{\ominus} = \frac{a_B a(H^+)}{a_{BH^+}} = \frac{a(H^+) c_B \gamma_B}{c_{BH^+} \gamma_{BH^+}}$$

式中　a——活度；

c——浓度；

γ——活度系数。

指示剂和固体酸表面作用之后，指示剂的颜色变化取决于$\frac{c_{BH^+}}{c_B}$。而

$$\frac{c_{BH^+}}{c_B} = \frac{\gamma_B a(H^+)}{\gamma_{BH^+} \cdot K_a^{\ominus}}$$

$$\lg\frac{c_{BH^+}}{c_B}=\lg\frac{\gamma_B a(H^+)}{\gamma_{BH^+}K_a^{\ominus}}=pK_a^{\ominus}+\lg\frac{\gamma_B a(H^+)}{\gamma_{BH^+}}$$

定义

$$H_0=-\lg\frac{\gamma_B a(H^+)}{\gamma_{BH^+}}$$

则

$$H_0=pK_a^{\ominus}-\lg\frac{c_{BH^+}}{c_B}$$

对于 Lewis 酸 A 同样可定义 H_0：

$$H_0=pK_a^{\ominus}-\lg\frac{c_{AB}}{c_B}$$

其中，AB 代表酸碱配合物。

对于一定的指示剂 B，其 $pK_a^{\ominus}$ 为定值，固体酸的强度不同，$\frac{c_{BH^+}}{c_B}\left(\frac{c_{AB}}{c_B}\right)$值不同，相应就有不同的 H_0 值。固体酸的酸性越强，则 H_0 值越小；反之，酸越弱 H_0 值越大。在化学计量点时，$\frac{c_{BH^+}}{c_B}\left(\frac{c_{AB}}{c_B}\right)=1$，$H_0=pK_a^{\ominus}$。利用各种指示剂 $pK_a^{\ominus}$ 的不同，可以求出固体酸的酸强度 H_0 范围。常用测定酸强度的指示剂见表 4-9。

表 4-9　常用测定酸强度的指示剂

指示剂	碱型色	酸型色	$pK_a^{\ominus}$	$H_2SO_4/\%$①
中性红	黄	红	+6.8	8×10^{-8}
甲基红	黄	红	+4.8	—
苯偶氮萘胺	黄	红	+4.0	5×10^{-5}
二甲基黄	黄	红	+3.3	3×10^{-4}
2-氨基-5-偶氮甲苯	黄	红	+2.0	5×10^{-3}
苯偶氮二苯胺	黄	紫	+1.5	2×10^{-2}
4-二甲基偶氮-1-萘	黄	红	+1.2	3×10^{-1}
结晶紫	蓝	黄	+0.8	0.1
对硝基苯偶氮-对硝基二苯胺	橙	紫	+0.43	—
二肉桂丙酮	黄	红	−3.0	48
苯亚甲基苯乙酮	无色	黄	−5.6	71
蒽醌	无色	黄	−8.2	90

①与左侧 $pK_a^{\ominus}$ 相当的硫酸溶液中硫酸的质量分数。

设有一种催化剂为固体酸，用苯亚甲基苯乙酮为指示剂，加入后变黄，而加入蒽醌后不变色。则该固体酸的 H_0 范围为 $-8.2<H_0<-5.6$。

一般认为，比 100% H_2SO_4 更强的酸称为超强酸。而 100% H_2SO_4 的 Hammett 酸度函数 $H_0=-11.9$，所以，将 $H_0<-11.9$ 的酸称为超强酸。如 $FSO_3H\cdot SbF$，其 H_0 范围为 $-20<H_0<-18$；TiO_2-SO_4^{2-}，ZrO_2-SO_4^{2-}，Fe_2O_3-SO_4^{2-}，SnO_2-SO_4^{2-} 等复合物的 H_0 也都在 −13 以下。因为它们的超强酸性，甚至可以使十分稳定的烷烃质子化。

酸量或酸浓度是指固体酸单位质量或单位表面积上所含酸的物质的量。由于固体酸表面的酸中心往往是不均匀的，有强有弱，为了全面描述其酸性，需测定酸量对酸强度的分布。

如用指示剂法测定固体酸的酸量，以正丁胺滴定悬浮在苯溶液中的固体酸，当某指示剂($pK_a^\ominus=\alpha$)吸附在固体酸上变成酸型色时，使指示剂恢复到碱型色所需的正丁胺滴定度，即为固体酸的酸量。用这种方法测定的酸量，实际上是具有酸强度 $H_0\leqslant\alpha$ 的那些酸中心的量。用不同 $pK_a^\ominus$ 的指示剂就可以得到不同强度范围内的酸量，酸量对酸强度有一定的分布。如图 4-12 所示是用指示剂法测定硅铝催化剂的酸量对酸强度的分布图。

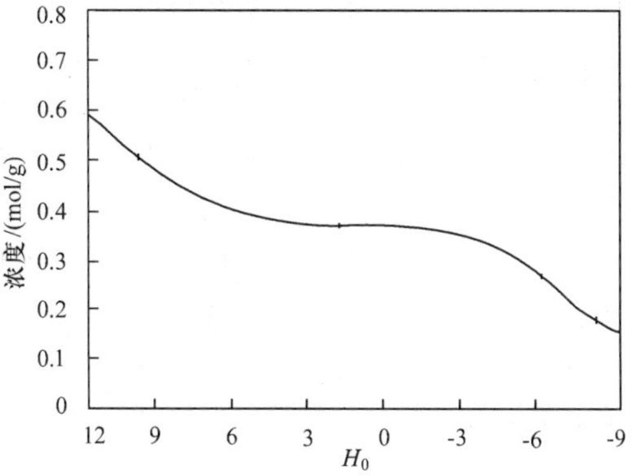

图 4-12　某硅铝催化剂的酸量对酸强度的分布

另外，用碱性气体的脱附温度表示酸的强度时，该温度下的脱附峰面积表示该强度的酸量。

在化学工业中，固体酸的应用引起了人们的广泛重视，但在有些工艺中至今仍使用 H_2SO_4、HF、$AlCl_3$ 等一些液体酸作为催化剂。这些酸催化反应都是在均相条件下进行的，和多相反应相比，存在工艺上连续化生产困难，催化剂与产物难以分离，对设备腐蚀严重及废酸液回收利用和排放污染环境等问题。因此，人们正在研究开发环境友好的固体酸催化反应与工艺。固体酸催化在工艺上容易实现连续生产，不存在产物与催化剂分离及对设备腐蚀等问题。并且固体酸催化剂活性高，耐高温，能大大提高生产效率。还可以扩大酸催化的领域，易于与其他单元过程耦合形成集成过程，节约能源和资源。

思考题

4-1　写出下列酸的共轭碱：$H_2PO_4^-$，NH_4^+，HCO_3^-，H_2O，苯酚。

4-2　写出下列碱的共轭酸：$H_2PO_4^-$，$HC_2O_4^-$，HPO_4^{2-}，HCO_3^-，H_2O，C_2H_5OH。

4-3　什么叫共轭酸碱对？共轭酸碱对的 $K_a^\ominus$ 与 $K_b^\ominus$ 之间有什么关系？酸碱质子理论的酸碱反应的实质是什么？

4-4　选择缓冲溶液的原则是什么？欲配制 pH＝3.0 的缓冲溶液，应选下列何种缓冲体系？HAc($pK_a^\ominus=4.74$)；甲酸($pK_a^\ominus=3.74$)；一氯乙酸($pK_a^\ominus=2.86$)；二氯乙酸($pK_a^\ominus=1.30$)；苯酚($pK_a^\ominus=9.95$)。

4-5　何谓指示剂的变色点和变色范围？指示剂的选择原则是什么？化学计量点的 pH 与选择指示剂有何关系？

4-6 下列物质能否在水溶液中直接滴定？若能应选择何种指示剂？（浓度均为 0.10 mol·L^{-1}）

(1)NH_4Cl；(2)HCN；(3)HCOOH；(4)CH_3NH_2；(5)盐酸羟胺；(6)乙胺；(7)六次甲基四胺；(8)HAc。

4-7 已知某 NaOH 标准溶液在保存过程中吸收了少量的 CO_2，用此溶液标定 HCl 溶液的浓度（用 HCl 滴定 NaOH），分别以甲基橙和酚酞为指示剂，讨论 CO_2 对测定的结果的影响有何不同。

4-8 若以 $Na_2B_4O_7 \cdot 10H_2O$ 作为基准物质标定 HCl，先将其置于盛有无水 $CaCl_2$ 的干燥器中保存，然后称取此硼砂标定 HCl 溶液。问所标定 HCl 溶液的浓度是偏高还是偏低，或是没有影响？

4-9 某一磷酸盐试样，可能为 Na_3PO_4\、Na_2HPO_4\、NaH_2PO_4，或者是某两者的混合物，用 HCl 标准溶液滴定至百里酚酞刚好变色，消耗 HCl 标准溶液 V_1 mL，再以甲基橙为指示剂继续滴定，又消耗 HCl 标准溶液 V_2 mL，试根据下列 V_1、V_2 判断其组成。

(1)$V_1=V_2$； (2)$V_1<V_2$； (3)$V_1=0, V_2>0$； (4)$V_1=0, V_2=0$。

习　题

4-1 写出下列各酸碱水溶液的质子条件。

(1) NH_4Cl。 (2) $Na_2C_2O_4$。 (3) Na_3PO_4。

(4) $NH_4H_2PO_4$。 (5) $NaNH_4HPO_4$。 (6) $(NH_4)_2CO_3$。

(7) NH_4Ac。 (8) $HAc+H_3BO_3$。 (9) $H_2SO_4+HCOOH$。

(10) $HCl+NaH_2PO_4$。 (11) $Na_2HPO_4+NaH_2PO_4$。

4-2 计算下列各溶液的 pH。

(1) 0.10 mol·L^{-1} NH_4Cl。 (2) 0.025 mol·L^{-1} HCOOH。

(3) 0.10 mol·L^{-1} H_3BO_3。 (4) 0.10 mol·L^{-1}三乙醇胺。

(5) 1.0×10^{-4} mol·L^{-1}HCN。 (6) 0.10 mol·$L^{-1}$$NH_4CN$。

(7) 0.10 mol·$L^{-1}$$Na_2S$。 (8) 0.010 mol·$L^{-1}$$H_2SO_4$。

(9) 0.10 mol·L^{-1}六次甲基四胺。

4-3 计算下列各溶液的 pH。

(1) 0.05 mol·L^{-1} HCl。 (2) 0.10 mol·L^{-1} $CH_2ClCOOH$。

(3) 0.10 mol·L^{-1} $NH_3 \cdot H_2O$。 (4) 0.10 mol·L^{-1} CH_3COOH。

(5) 0.20 mol·L^{-1} Na_2CO_3。 (6) 0.50 mol·L^{-1} $NaHCO_3$。

(7) 0.10 mol·L^{-1} NH_4Ac。 (8) 0.20 mol·L^{-1} Na_2HPO_4。

4-4 往 100 mL 0.10 mol·L^{-1} HAc 溶液中，加入 50 mL 0.10 mol·L^{-1}NaOH 溶液，求此混合液的 pH。

4-5 欲配制 pH=10.0 的缓冲溶液，如用 500 mL 0.10 mol·L^{-1} $NH_3 \cdot H_2O$ 溶液，问需加入 0.10 mol·L^{-1} HCl 溶液多少毫升？或加入固体 NH_4Cl 多少克？（假设体积不变）

4-6 欲将 100 mL 0.10 mol·L^{-1} HCl 溶液的 pH 从 1.00 增加至 4.46，需加入固体醋

酸钠(NaAc)多少克？(忽略溶液体积的变化)

4-7　欲配制0.50 L pH为9，其中$[NH_4^+]$ = 1.0 mol·L^{-1}的缓冲溶液，需密度为0.904g·cm^{-3}、氨质量分数为26.0%的浓氨水多少升？固体氯化铵多少克？

4-8　计算pH为8.00和12.00时0.10 mol·L^{-1} KCN溶液中CN^-的浓度。

4-9　称取纯的四草酸氢钾($KHC_2O_4 \cdot H_2C_2O_4 \cdot 2H_2O$)0.617 4 g，用NaOH标准溶液滴定时，用去26.35 mL。求NaOH溶液的浓度。

4-10　称取粗铵盐1.075 g，与过量碱共热，蒸出的NH_3以过量的硼酸溶液吸收，再以0.386 5 mol·L^{-1}HCl滴定至甲基红和溴甲酚绿混合指示剂终点，需33.68 mL HCl溶液，求试样NH_3的百分含量和以NH_4Cl表示的百分含量。

4-11　称取不纯的硫酸铵1.000 g，以甲醛法分析，加入已中和至中性的甲醛溶液和0.363 8 mol·L^{-1} NaOH溶液50.00 mL，过量的NaOH再以0.301 2 mol·L^{-1} HCl溶液21.64 mL回滴至酚酞终点。试计算$(NH_4)_2SO_4$的纯度。

4-12　面粉和小麦中粗蛋白质含量是将氮含量乘以5.7而得到的(不同物质有不同系数)，2.449 g面粉经消化后，用NaOH处理，蒸出的NH_3以100.0 mL 0.010 86 mol·L^{-1} HCl溶液吸收，需用0.012 28 mol·L^{-1} NaOH溶液15.30 mL回滴，计算面粉中粗蛋白质含量。

4-13　一试样含丙氨酸$[CH_3CH(NH_2)COOH]$和惰性物质，用克氏法测定氮，称取试样2.215 g，消化后，蒸馏出NH_3并吸收在50.00 mL 0.146 8 mol·$L^{-1}$$H_2SO_4$溶液中，再以0.092 14 mol·$L^{-1}$ NaOH 11.37 mL回滴，求丙氨酸的百分含量。

4-14　往0.358 2 g含$CaCO_3$及杂质不与酸作用的石灰石里加入25.00 mL 0.147 1 mol·L^{-1}HCl溶液，过量的酸需用10.15 mL NaOH溶液回滴。已知1 mL NaOH溶液相当于1.032 mL HCl溶液。求石灰石的纯度及CO_2的百分含量。

4-15　称取混合碱试样0.947 6 g，加酚酞指示剂，用0.278 5 mol·L^{-1} HCl溶液滴定至终点，计耗去酸溶液34.12 mL。再加甲基橙指示剂，滴定至终点，又耗去酸溶液23.66 mL。求试样中各组分的百分含量。

4-16　称取混合碱试样0.652 4 g，以酚酞为指示剂，用0.199 2 mol·L^{-1}HCl标准溶液滴定至终点，用去酸溶液21.76 mL。再加甲基橙指示剂，滴定至终点，又耗去酸溶液27.15 mL。求试样中各组分的百分含量。

4-17　一试样仅含NaOH和Na_2CO_3，一份重0.351 5 g试样需35.00 mL 0.198 2 mol·L^{-1}HCl溶液滴定到酚酞变色，那么还需再加入多少毫升0.198 2 mol·L^{-1}HCl溶液可达到以甲基橙为指示剂的终点？并分别计算试样中NaOH和Na_2CO_3的百分含量。

4-18　一瓶纯KOH吸收了CO_2和水，称取其均匀试样1.186 g溶于水，稀释至500.00 mL，吸取50.00 mL，以25.00 mL 0.087 17 mol·L^{-1}HCl处理，煮沸驱除CO_2，过量的酸用0.023 65 mol·L^{-1}NaOH溶液10.09 mL滴定至酚酞终点。另取50.00 mL试样的稀释液，加入过量的中性$BaCl_2$，滤去沉淀，滤液以20.38 mL上述酸溶液滴定至酚酞终点。计算试样中KOH\、K_2CO_3和H_2O的百分含量。

4-19　已知某试样可能含有Na_3PO_4\、Na_2HPO_4和惰性物质。称取该试样1.000 0 g，用水溶解。试样溶液以甲基橙为指示剂，用0.250 0 mol·L^{-1} HCl溶液滴定，用去

32.00 mL。含同样质量的试样溶液以百里酚酞为指示剂，需上述 HCl 溶液 12.00 mL。求试样中 Na_3PO_4 和 Na_2HPO_4 的质量分数。

4-20 称取 2.000 g 的干肉片试样，用浓 H_2SO_4 煮解(以汞为催化剂)直至其中的氮素完全转化为硫酸氢铵。用过量 NaOH 处理，放出的 NH_3 吸收于 50.00 mL H_2SO_4(1.00 mL 相当于 0.018 60 g Na_2O)中。过量酸需要 28.80 mL 的 NaOH(1.00 mL 相当于 0.126 6 g 邻苯二甲酸氢钾)返滴定。试计算肉片中蛋白质的质量分数。(N 的质量分数乘以因数 6.25 得蛋白质的质量分数)

4-21 有一在空气中暴露过的氢氧化钾，经分析测定内含水 7.62%，K_2CO_3 2.38% 和 KOH 90.00%。将此试样 1.000 g 加入 46.00 mL 1.000 $mol \cdot L^{-1}$ HCl 溶液，过量的酸再用 1.070 $mol \cdot L^{-1}$ KOH 溶液回滴至中性。然后将此溶液蒸干，问可得残渣多少克？

4-22 称取混合碱试样 0.898 3 g，加酚酞指示剂，用 0.289 6 $mol \cdot L^{-1}$ HCl 溶液滴定至终点，计耗去酸溶液 31.45 mL。再加甲基橙指示剂，滴定至终点，又耗去 24.10 mL 酸溶液。求试样中各组分的质量分数。

4-23 有一三元酸，其 $pK_{a1}^{\ominus}=2.0$，$pK_{a2}^{\ominus}=6.0$，$pK_{a3}^{\ominus}=12.0$，用 NaOH 溶液滴定时，第一和第二化学计量点的 pH 各为多少？两个化学计量点附近有无滴定突跃？应选择何种指示剂指示滴定终点？能否直接滴定酸的总量？

4-24 某一元弱酸(HA)试样 1.250 g，用水溶解后定容至 50.00 mL，用 41.20 mL 0.090 0 $mol \cdot L^{-1}$ NaOH 标准溶液滴定至化学计量点。加入 8.24 mL NaOH 溶液时，溶液 pH 为 4.30。求：(1)弱酸的摩尔质量。(2)弱酸的离解常数。(3)化学计量点的 pH。(4)选用何种指示剂？

第5章

沉淀平衡和沉淀滴定法

Precipitation Equilibrium and Precipitation Titration

沉淀的生成与溶解是一类十分常见的化学平衡。在自然界中，钟乳石的形成与沉淀的生成和溶解有关；在医学上，肾结石通常是人体中的 Ca^{2+} 与 $C_2O_4^{2-}$、PO_4^{3-} 生成难溶的 CaC_2O_4 和 $Ca_3(PO_4)_2$ 所致；在科学研究和化工生产中，经常利用沉淀反应来制备材料、分离杂质、处理污水或用重量分析法来定量等。生产、科研中经常遇到如何判断沉淀能否生成或溶解，如何使沉淀的生成和溶解更完全，如何创造条件，使混合物中的某一种离子产生沉淀进行分离等问题，了解并掌握有关沉淀的生成、溶解、转化以及相关的影响因素，对科学研究和实际生产都有重要的指导意义。

5.1 溶解度和溶度积

Solubility and solubility product

5.1.1 溶解度

Solubility

视频

溶解度和溶度积

在一定温度下，达到溶解平衡时，一定量的溶剂中含有溶质的质量，称为溶解度(solubility)，通常以符号 s 表示。

对水溶液来说，通常以饱和溶液中每 100 g 水所含溶质的质量来表示，即以g/(100 g H_2O)表示。一般将溶解度大于 0.1 g/(100 g H_2O)的物质称为易溶电解质，将溶解度在(0.01～0.1) g/(100 g H_2O)的物质称为微溶电解质，将溶解度小于0.01 g/(100 g H_2O)的物质称为难溶电解质。但应注意，难溶并非绝对不溶，只是溶解的程度比较小而已。本章主要讨论微溶和难溶(以下统称为难溶)强电解质的沉淀溶解平衡。

电解质在水溶液中的溶解度也可以用该电解质在水中溶解物质的量浓度来表示($mol \cdot L^{-1}$)。为了方便计算，本书如不作特别说明，所指的溶解度均采用物质的量浓度来表示。

尽管难溶强电解质在水溶液中溶解度很小，但溶解在水溶液中的强电解质是全部解离的。溶液中不存在水合强电解质分子。

5.1.2 溶度积
Solubility product

在一定温度下，将难溶电解质晶体放入水中时，会发生溶解和沉淀两个过程。例如，将 AgCl 晶体放入水中，晶体表面的 Ag^+ 和 Cl^- 受到附近水分子的作用，有部分 Ag^+ 和 Cl^- 离开晶体表面成为水合离子而进入溶液，这一过程称为溶解(dissolution)。同时，进入溶液的 Ag^+ 和 Cl^- 在不断的运动中相互碰撞或与未溶解的 AgCl(s)表面碰撞，以 AgCl 固体形式析出，这一过程称为沉淀(precipitation)。在一定条件下，当溶解和沉淀速率相等时，便建立了一种动态的多相离子平衡，这个可逆过程可表示如下：

$$AgCl(s) \underset{\text{沉淀}}{\overset{\text{溶解}}{\rightleftharpoons}} Ag^+(aq) + Cl^-(aq)$$

沉淀溶解平衡是一个动态平衡，与酸碱解离平衡一样，当达到平衡时，服从化学平衡的一般规律。上述平衡的标准平衡常数的表达式为

$$K_{sp}^{\ominus} = \frac{c^{eq}(Ag^+)}{c^{\ominus}} \frac{c^{eq}(Cl^-)}{c^{\ominus}}$$

因为 $c^{\ominus} = 1.0\ mol \cdot L^{-1}$，所以上式经常简写为

$$K_{sp}^{\ominus} = [Ag^+][Cl^-]$$

$K_{sp}^{\ominus}$ 是沉淀溶解平衡的标准平衡常数，称为溶度积常数(solubility product constant)，简称溶度积(solubility product)。$[Ag^+]$和$[Cl^-]$是饱和溶液中 Ag^+ 和 Cl^- 的平衡浓度。

对于一般的沉淀反应，在水溶液中存在平衡：

$$A_mB_n(s) \rightleftharpoons mA^{x+}(aq) + nB^{y-}(aq)$$

其溶度积的通式为

$$K_{sp}^{\ominus} = [A^{x+}]^m [B^{y-}]^n \tag{5-1}$$

【例 5-1】 写出 $Ca_3(PO_4)_2$ 的 $K_{sp}^{\ominus}$ 表达式。

解 根据 $Ca_3(PO_4)_2$ 在水溶液中的溶解平衡

$$Ca_3(PO_4)_2(s) \rightleftharpoons 3Ca^{2+}(aq) + 2PO_4^{3-}(aq)$$

所以

$$K_{sp}^{\ominus}[Ca_3(PO_4)_2] = [Ca^{2+}]^3 [PO_4^{3-}]^2$$

$K_{sp}^{\ominus}$ 与其他标准平衡常数一样，只是温度的函数，与溶液中的离子浓度、溶液中固体量的多少无关。温度改变，溶度积常数也随之改变。常见难溶电解质的溶度积常数见附录 2。

严格地讲，溶度积常数是平衡状态下相应各离子活度的乘积。对于离子浓度较低的难溶电解质，离子活度可近似地用离子浓度代替；但对于易溶电解质，离子浓度与活度差别较大，应该用活度来描述。

5.1.3 同离子效应和盐效应
Common-ion effect and salt effect

视频

同离子效应和盐效应

影响沉淀溶解平衡的因素很多。这里主要讨论影响难溶电解质溶解度的

两种不同效应——同离子效应和盐效应。

1. 同离子效应

与弱酸或弱碱溶液中的解离平衡相似，在沉淀溶解平衡体系中，加入含有相同离子的易溶强电解质，使难溶电解质溶解度降低的现象称为同离子效应。例如，$BaSO_4$ 的沉淀溶解平衡：

$$BaSO_4(s) \rightleftharpoons Ba^{2+}(aq) + SO_4^{2-}(aq)$$

若在上述溶液中加入少量的 Na_2SO_4，则由于 SO_4^{2-} 的浓度增大，根据平衡移动规则，上述平衡向左移动，平衡移动的结果使 $BaSO_4$ 的溶解度降低。

【例 5-2】 计算 25 ℃时，AgCl 分别在：(1)纯水，(2)0.010 mol·L^{-1} KCl 溶液中的溶解度。[已知 $K_{sp}^{\ominus}(AgCl) = 1.8\times10^{-10}$]

解　(1)设 AgCl 在纯水中的溶解度为 x。

$$AgCl(s) \rightleftharpoons Ag^{+}(aq) + Cl^{-}(aq)$$

$$\qquad\qquad x \qquad\qquad x$$

根据

$$K_{sp}^{\ominus} = [Ag^{+}][Cl^{-}]$$

$$x^2 = 1.8\times10^{-10}$$

$$x = 1.3\times10^{-5}\ \text{mol}\cdot\text{L}^{-1}$$

(2)设 AgCl 在 0.010 mol·L^{-1} KCl 溶液中的溶解度为 y。

$$AgCl(s) \rightleftharpoons Ag^{+}(aq) + Cl^{-}(aq)$$

$$\qquad\qquad y \qquad\qquad y+0.010$$

在沉淀溶解平衡时有

$$y(y+0.010) = K_{sp}^{\ominus} = 1.8\times10^{-10}$$

因为 $y \ll 0.010$，所以

$$y+0.010 \approx 0.010,\quad y = 1.8\times10^{-8}\ \text{mol}\cdot\text{L}^{-1}$$

计算结果表明，由于同离子效应的存在，使得难溶电解质的溶解度大为降低。另外，在同离子效应存在的情况下，溶解度 s 发生变化，但是溶度积不变。

同离子效应在分析化学中应用很广。例如，在重量分析中，常加入过量的沉淀剂，利用同离子效应来降低沉淀的溶解度，以使沉淀趋于完全(溶液中残留的离子浓度小于 10^{-5} mol·L^{-1})。

2. 盐效应

在难溶电解质的饱和溶液中加入其他强电解质，使难溶电解质的溶解度比同温度下纯水中的溶解度增大的现象称为**盐效应**(salt effect)。例如，在 AgCl 的饱和溶液中加入 KNO_3 溶液，则 AgCl 的溶解度比其在纯水中的溶解度略有增加。

产生盐效应的原因是加入易溶强电解质后，溶液中的各种离子总浓度增大，离子强度增大，离子间相互牵制作用增强，正负离子的有效浓度降低，使平衡向溶解的方向移动，因而当达到新的平衡时溶解度略有增加。

在发生同离子效应的同时也发生盐效应，两种效应哪一个大？表 5-1 是 $PbSO_4$ 在不同浓度 Na_2SO_4 溶液中的溶解度。从表中可以清楚地看出，浓度较小时，同离子效应随浓度的增加而增强；浓度达到一定值，盐效应的影响就会越来越强。

表 5-1　$PbSO_4$ 在不同浓度 Na_2SO_4 溶液中的溶解度

$c(Na_2SO_4)/(mol\cdot L^{-1})$	$s(PbSO_4)/(mmol\cdot L^{-1})$	$c(Na_2SO_4)/(mol\cdot L^{-1})$	$s(PbSO_4)/(mmol\cdot L^{-1})$
0	0.150	0.040	0.013
0.001	0.024	0.100	0.016
0.010	0.016	0.200	0.023
0.020	0.014		

5.1.4　溶度积与溶解度的关系

Relationship between solubility product and solubility

溶度积 $K_{sp}^{\ominus}$ 和溶解度 s 都可用来表示物质的溶解能力，但两者又有区别。溶度积在稀溶液中不受其他离子的影响，只取决于温度，而溶解度不仅与温度有关，还与溶液的组成、pH、氧化还原反应等因素有关。两者可以换算，在 $K_{sp}^{\ominus}$ 与 s 换算时，s 的单位必须用物质的量浓度 $(mol\cdot L^{-1})$。

【例 5-3】　已知 298 K 时 $BaSO_4$ 的溶解度为 $2.44\times10^{-3}\ g\cdot L^{-1}$，求 $K_{sp}^{\ominus}(BaSO_4)$。

解　$BaSO_4$ 的摩尔质量为 $233.4\ g\cdot mol^{-1}$，则 $BaSO_4$ 的溶解度为

$$s=\frac{2.44\times10^{-3}}{233.4}=1.05\times10^{-5}\ mol\cdot L^{-1}$$

根据溶解平衡：

$$BaSO_4(s)\rightleftharpoons Ba^{2+}(aq)+SO_4^{2-}(aq)$$

可以得到

$$[Ba^{2+}]=[SO_4^{2-}]=s$$

所以

$$K_{sp}^{\ominus}=[Ba^{2+}][SO_4^{2-}]=s^2=(1.05\times10^{-5})^2=1.10\times10^{-10}$$

【例 5-4】　已知 298 K 时 Ag_2CrO_4 的饱和溶液每升含 Ag_2CrO_4 2.2×10^{-2} g，求 $K_{sp}^{\ominus}(Ag_2CrO_4)$。

解　Ag_2CrO_4 的摩尔质量为 $331.7\ g\cdot mol^{-1}$，则 Ag_2CrO_4 的溶解度为

$$s=\frac{2.2\times10^{-2}}{331.7}=6.6\times10^{-5}\ mol\cdot L^{-1}$$

根据溶解平衡：

$$\begin{aligned}Ag_2CrO_4(s)\rightleftharpoons\ &2Ag^+(aq)+CrO_4^{2-}(aq)\\ &2s\qquad\qquad s\end{aligned}$$

$$\begin{aligned}K_{sp}^{\ominus}&=[Ag^+]^2[CrO_4^{2-}]=(2s)^2s=4s^3\\&=4\times(6.6\times10^{-5})^3=1.1\times10^{-12}\end{aligned}$$

【例 5-5】　已知 298 K 时 $Mg(OH)_2$ 的 $K_{sp}^{\ominus}=1.8\times10^{-11}$，求其溶解度 s。

解　根据溶解平衡：

$$\begin{aligned}Mg(OH)_2(s)\rightleftharpoons\ &Mg^{2+}(aq)+2OH^-(aq)\\ &s\qquad\qquad 2s\end{aligned}$$

$$K_{sp}^{\ominus}=[Mg^{2+}][OH^-]^2=s(2s)^2=4s^3$$

$$s=\sqrt[3]{\frac{K_{sp}^{\ominus}}{4}}=\sqrt[3]{\frac{1.8\times10^{-11}}{4}}=1.7\times10^{-4}\ \mathrm{mol\cdot L^{-1}}$$

AgCl、AgBr、AgI、$BaSO_4$ 等是 AB 型的难溶电解质，这类化合物的化学式中正负离子数之比为 1∶1。若正负离子数之比为 2∶1 或 1∶2，例如，Ag_2CrO_4、$Mg(OH)_2$ 分别是 A_2B 和 AB_2 型。

现将上述三例中的 $BaSO_4$、Ag_2CrO_4、$Mg(OH)_2$，以及 AgCl 的溶解度和溶度积列表如下：

电解质类型	化学式	溶度积 $K_{sp}^{\ominus}$	溶解度/($\mathrm{mol\cdot L^{-1}}$)	换算公式
AB	AgCl	1.8×10^{-10}	1.3×10^{-5}	$K_{sp}^{\ominus}=s^2$
AB	$BaSO_4$	1.1×10^{-10}	1.05×10^{-5}	$K_{sp}^{\ominus}=s^2$
AB_2	$Mg(OH)_2$	1.8×10^{-11}	1.7×10^{-4}	$K_{sp}^{\ominus}=4s^3$
A_2B	Ag_2CrO_4	1.1×10^{-12}	6.6×10^{-5}	$K_{sp}^{\ominus}=4s^3$

从上表数据可以看出，对于相同类型的难溶电解质，溶度积大，溶解度也大，可以通过溶度积直接比较其溶解度的相对大小，例如 $K_{sp}^{\ominus}(AgCl)>K_{sp}^{\ominus}(BaSO_4)$，AgCl 在水中的溶解度也大，$K_{sp}^{\ominus}[Mg(OH)_2]>K_{sp}^{\ominus}(Ag_2CrO_4)$，$Mg(OH)_2$ 在水中的溶解度也大；然而，对于不同类型的难溶电解质，则不能根据它们的溶度积来比较其溶解度的相对大小，例如 $K_{sp}^{\ominus}(AgCl)>K_{sp}^{\ominus}(Ag_2CrO_4)$，AgCl 在水中的溶解度反而比 Ag_2CrO_4 的小。必须通过 $K_{sp}^{\ominus}$ 计算 s 来进行比较。需要指出的是，溶解度和溶度积之间的关系比较复杂，上述换算关系只适用于难溶强电解质，对于难溶弱电解质，由于它在溶液中没有完全电离，上述换算关系不再成立。

5.2　沉淀的生成和溶解
Formation and dissolution of precipitation

沉淀溶解平衡与其他化学平衡一样，是一个动态平衡，在平衡状态，溶解和沉淀依然以相同的速率进行。当外界条件改变时，平衡会发生移动。究竟是生成沉淀还是沉淀溶解，我们同样可以利用反应商 Q 与 $K_{sp}^{\ominus}$ 之间的关系来判断。

5.2.1　溶度积规则
Solubility product rule

对于任意难溶强电解质的多相离子平衡体系：

$$A_mB_n(s)\rightleftharpoons mA^{x+}(aq)+nB^{y-}(aq)$$

平衡时

$$K_{sp}^{\ominus}=[A^{x+}]^m[B^{y-}]^n$$

视频

溶度积规则

上述解离式在任意状态时的反应商 Q(又称难溶电解质的离子积)表达式为

$$Q=\left[\frac{c(A^{x+})}{c^{\ominus}}\right]^m\left[\frac{c(B^{y-})}{c^{\ominus}}\right]^n$$

考虑到 $c^{\ominus}=1\ \mathrm{mol\cdot L^{-1}}$，通常写成

$$Q=[c(\mathrm{A}^{x+})]^m[c(\mathrm{B}^{y-})]^n$$

根据平衡移动原理，将 Q 与 $K_{sp}^{\ominus}$ 进行比较，可以得到：

(1)$Q<K_{sp}^{\ominus}$，溶液未饱和，若体系中已有沉淀，沉淀将会溶解，直至饱和，$Q=K_{sp}^{\ominus}$。

(2)$Q=K_{sp}^{\ominus}$，饱和溶液，处于动态平衡状态。

(3)$Q>K_{sp}^{\ominus}$，过饱和溶液，沉淀可从溶液中析出，直至饱和，$Q=K_{sp}^{\ominus}$。

以上规则称为溶度积规则，应用溶度积规则可以判断在给定条件下，溶液中是离子生成沉淀，还是沉淀发生溶解。在实际应用中，溶度积规则有重要的指导意义。

5.2.2 沉淀的生成

Formation of precipitates

视频

沉淀的生成

根据溶度积规则，在难溶电解质溶液中生成沉淀的必要条件是 $Q>K_{sp}^{\ominus}$，要满足这一条件，就必须增加离子的浓度。增加离子的浓度最直接的方法就是加入沉淀剂，对于氢氧化物沉淀和弱酸盐沉淀（如硫化物），可用控制 pH 的方法来获得一定的弱酸根浓度，以实现生成沉淀或分离沉淀的目的。

以硫化物沉淀的生成为例，H_2S 为二元弱酸，它在溶液中分两步解离：

$$H_2S \rightleftharpoons HS^- + H^+,\quad K_{a1}^{\ominus}=1.07\times10^{-7}$$

$$HS^- \rightleftharpoons H^+ + S^{2-},\quad K_{a2}^{\ominus}=1.26\times10^{-13}$$

两式相加，根据多重平衡规则可得

$$H_2S \rightleftharpoons 2H^+ + S^{2-}$$

$$K^{\ominus}=\frac{[H^+]^2[S^{2-}]}{[H_2S]}=K_{a1}^{\ominus}\cdot K_{a2}^{\ominus}$$

$$[S^{2-}]=\frac{[H_2S]}{[H^+]^2}\cdot K_{a1}^{\ominus}\cdot K_{a2}^{\ominus} \tag{5-2}$$

H_2S 在溶液中解离程度很小，因此 $[H_2S]=c(H_2S)$，所以式(5-2)中 H_2S 的平衡浓度可以用总浓度替代：

$$[S^{2-}]=\frac{c(H_2S)}{[H^+]^2}\cdot K_{a1}^{\ominus}\cdot K_{a2}^{\ominus} \tag{5-3}$$

常温下 H_2S 饱和溶液中 H_2S 的浓度等于 $0.10\ \mathrm{mol\cdot L^{-1}}$，由式(5-3)可知，溶液中 S^{2-} 浓度完全取决于溶液的 pH。用类似的方法可以推导出其他弱酸盐体系中弱酸根浓度与溶液 pH 之间的关系。

【例 5-6】 50 mL 含 Ba^{2+} 浓度为 $0.01\ \mathrm{mol\cdot L^{-1}}$ 的溶液与 30 mL 浓度为 $0.02\ \mathrm{mol\cdot L^{-1}}$ 的 Na_2SO_4 溶液混合。问：(1)能否生成 $BaSO_4$ 沉淀？(2)反应后溶液中的 Ba^{2+} 浓度为多少？[已知 $K_{sp}^{\ominus}(BaSO_4)=1.1\times10^{-10}$]

解 (1)两种溶液混合后，Ba^{2+}、SO_4^{2-} 的浓度分别为

$$c(Ba^{2+})=\frac{0.01\times50}{80}=6.3\times10^{-3}\ \mathrm{mol\cdot L^{-1}}$$

$$c(SO_4^{2-})=\frac{0.02\times30}{80}=7.5\times10^{-3}\ \mathrm{mol\cdot L^{-1}}$$

$$Q=c(Ba^{2+})c(SO_4^{2-})=6.3\times10^{-3}\times7.5\times10^{-3}=4.7\times10^{-5}$$

$Q>K_{sp}^{\ominus}(BaSO_4)$，能生成 $BaSO_4$ 沉淀。

(2)设平衡时溶液中 Ba^{2+} 的浓度为 x mol·L^{-1}，则

$$BaSO_4(s)\rightleftharpoons Ba^{2+}(aq)+SO_4^{2-}(aq)$$

	Ba^{2+}	SO_4^{2-}
起始浓度/(mol·L^{-1})	6.3×10^{-3}	7.5×10^{-3}
平衡浓度/(mol·L^{-1})	x	$7.5\times10^{-3}-(6.3\times10^{-3}-x)$ $=1.2\times10^{-3}+x$

由 $K_{sp}^{\ominus}=[Ba^{2+}][SO_4^{2-}]$，可得

$$x(1.2\times10^{-3}+x)=1.1\times10^{-10}$$

由于 $K_{sp}^{\ominus}$ 很小，即 x 很小，则 $1.2\times10^{-3}+x\approx1.2\times10^{-3}$，解得

$$x=9.2\times10^{-8}\ \text{mol}\cdot\text{L}^{-1}$$

即平衡时溶液中 Ba^{2+} 的浓度为 9.2×10^{-8} mol·L^{-1}。

沉淀的生成有很重要的现实意义，在制备、分离以及除杂等过程常用到沉淀的生成。在实际工作中，经常会遇到“沉淀完全”这一概念。什么是“沉淀完全”？由于沉淀溶解平衡的存在，溶液中或多或少总会有待沉淀的离子残留。在没有特殊要求的情况下，一般认为残留在溶液中的某种离子浓度小于 10^{-5} mol·L^{-1}时，这种离子已经沉淀完全。

【例 5-7】 假如溶液中 Fe^{3+} 的浓度为 0.010 mol·L^{-1}，求：

(1)开始生成 $Fe(OH)_3$ 沉淀的 pH。

(2)沉淀完全的 pH。

(已知 $K_{sp}^{\ominus}[Fe(OH)_3]=2.64\times10^{-39}$)

解

$$Fe(OH)_3(s)\rightleftharpoons Fe^{3+}(aq)+3OH^-(aq)$$

$$K_{sp}^{\ominus}[Fe(OH)_3]=[Fe^{3+}][OH^-]^3$$

(1)开始沉淀时，Fe^{3+} 的浓度为 0.010 mol·L^{-1}，溶液中所需 OH^- 的浓度为

$$[OH^-]=\sqrt[3]{\frac{K_{sp}^{\ominus}[Fe(OH)_3]}{[Fe^{3+}]}}=\sqrt[3]{\frac{2.64\times10^{-39}}{0.010}}=6.4\times10^{-13}\ \text{mol}\cdot\text{L}^{-1}$$

$$pH=14-pOH=14+\lg(6.4\times10^{-13})=1.81$$

(2)沉淀完全时，$c(Fe^{3+})=10^{-5}$ mol·L^{-1}，此时 OH^- 的浓度为

$$[OH^-]=\sqrt[3]{\frac{K_{sp}^{\ominus}[Fe(OH)_3]}{[Fe^{3+}]}}=\sqrt[3]{\frac{2.64\times10^{-39}}{10^{-5}}}=6.4\times10^{-12}\ \text{mol}\cdot\text{L}^{-1}$$

$$pH=14-pOH=14+\lg(6.4\times10^{-12})=2.81$$

可以看到，金属离子氢氧化物开始沉淀和沉淀完全可以是酸性环境，这主要取决于金属离子氢氧化物的 $K_{sp}^{\ominus}$，$K_{sp}^{\ominus}$不同，沉淀完全的 pH 也不同。若混合溶液中各金属离子的 $K_{sp}^{\ominus}$差别较大，就可以控制溶液 pH 而使金属离子分离。

【例 5-8】 在 0.3 mol·L^{-1} HCl 溶液中含有 0.1 mol·L^{-1}Cd^{2+}，室温下通入 H_2S 至饱和，此时是否有 CdS 沉淀生成？[已知：$K_{a1}^{\ominus}(H_2S)=1.07\times10^{-7}$，$K_{a2}^{\ominus}(H_2S)=1.26\times10^{-13}$，$K_{sp}^{\ominus}(CdS)=8.0\times10^{-27}$]

解 $c(H_2S)=0.1$ mol·L^{-1}，由式(5-3)可得

$$[S^{2-}]=\frac{0.1}{(0.3)^2}\times 1.07\times 10^{-7}\times 1.26\times 10^{-13}=1.5\times 10^{-20}$$

$$Q=c(Cd^{2+})\times c(S^{2-})=0.1\times 1.5\times 10^{-20}=1.5\times 10^{-21}$$

$$Q>K_{sp}^{\ominus}=8.0\times 10^{-27}$$

所以有 CdS 沉淀生成。

5.2.3 沉淀的溶解

Dissolution of precipitates

根据溶度积规则，在难溶电解质溶液中使沉淀溶解的必要条件是 $Q<K_{sp}^{\ominus}$，要满足这一条件，就必须降低组成沉淀的正离子或负离子的浓度。降低离子的浓度一般通过化学反应进行，根据沉淀性质的不同，可以选择不同的反应来使正离子或负离子的浓度降低而使沉淀溶解。常用的反应有酸碱反应、氧化还原反应和配位反应。

1. 酸碱反应

在沉淀反应中，特别是难溶氢氧化物、金属硫化物及一些难溶的弱酸盐，它们的溶解程度与溶液酸度的大小有直接关系。因此，可以用酸碱反应使这些沉淀溶解。本节主要讨论难溶金属氢氧化物、金属硫化物及弱酸盐沉淀在酸（碱）中的溶解。

（1）难溶金属氢氧化物的溶解

①溶于强酸

视频

难溶金属氢氧化物的溶解

加酸能使难溶的金属氢氧化物溶解，例如，$Mg(OH)_2$、$Fe(OH)_3$、$Cu(OH)_2$ 等不溶于水，但能溶于强酸，这是由于反应生成弱电解质 H_2O 的缘故。例如，$Fe(OH)_3$ 沉淀溶于盐酸的反应：

$$Fe(OH)_3(s)\rightleftharpoons Fe^{3+}(aq)+3OH^-(aq)$$

$$+$$

$$3HCl = 3Cl^-(aq)+3H^+(aq)$$

$$\downarrow$$

$$3H_2O$$

由于 OH^- 浓度的降低，使得 $Q<K_{sp}^{\ominus}$，平衡向 $Fe(OH)_3$ 溶解的方向移动。若加入足够的盐酸，$Fe(OH)_3$ 沉淀将全部溶解，其离子方程式为

$$Fe(OH)_3(s)+3H^+(aq)\rightleftharpoons Fe^{3+}(aq)+3H_2O$$

上述反应可以看成下列两个反应之和：

$$Fe(OH)_3(s)\rightleftharpoons Fe^{3+}(aq)+3OH^-(aq)\quad K_1^{\ominus}=K_{sp}^{\ominus}[Fe(OH)_3]$$

$$3OH^-(aq)+3H^+(aq)\rightleftharpoons 3H_2O\quad K_2^{\ominus}=\frac{1}{(K_w^{\ominus})^3}$$

根据多重平衡规则，$Fe(OH)_3$ 溶于酸的反应的平衡常数为

$$K^{\ominus}=K_1^{\ominus}K_2^{\ominus}=\frac{K_{sp}^{\ominus}[Fe(OH)_3]}{(K_w^{\ominus})^3}$$

推广到一般的难溶金属氢氧化物 $M(OH)_n$，溶于酸的反应为

$$M(OH)_n(s)+nH^+(aq)\rightleftharpoons M^{n+}(aq)+nH_2O$$

则难溶金属氢氧化物在强酸中溶解平衡的平衡常数的通式为

$$K^{\ominus}=\frac{K_{sp}^{\ominus}[M(OH)_n]}{(K_w^{\ominus})^n} \tag{5-4}$$

由此可见，难溶金属氢氧化物的 $K_{sp}^{\ominus}$ 越大，溶解反应的平衡常数越大，溶于酸的倾向越大。

从上述讨论可知，溶液中氢氧化物沉淀的生成或溶解，与溶液中 OH^- 浓度有关，也就是与溶液的 pH 有关。根据沉淀溶解平衡，难溶金属氢氧化物 $M(OH)_n$ 在水溶液中存在以下多相离子平衡：

$$M(OH)_n(s) \rightleftharpoons M^{n+}(aq)+nOH^-(aq)$$

达到沉淀溶解平衡时，有

$$K_{sp}^{\ominus}[M(OH)_n]=[M^{n+}][OH^-]^n$$

整理上式，得

$$[OH^-]=\sqrt[n]{\frac{K_{sp}^{\ominus}[M(OH)_n]}{[M^{n+}]}} \tag{5-5}$$

此即难溶金属氢氧化物 $M(OH)_n$ 沉淀生成所要求的最低 OH^- 浓度。

若以离子残余浓度小于 10^{-5} mol・L^{-1} 作为该离子沉淀完全的标准，则难溶金属氢氧化物 $M(OH)_n$ 沉淀完全时，溶液中的 $[OH^-]$ 为

$$[OH^-]=\sqrt[n]{\frac{K_{sp}^{\ominus}[M(OH)_n]}{[M^{n+}]}}=\sqrt[n]{\frac{K_{sp}^{\ominus}[M(OH)_n]}{10^{-5}}} \tag{5-6}$$

根据 pH=14－pOH ，可求出沉淀完全时相应的 pH。

②溶于弱酸

以铵盐为例，如 $Mg(OH)_2$ 溶于铵盐，其反应为

$$Mg(OH)_2(s)+2NH_4^+(aq) \rightleftharpoons Mg^{2+}(aq)+2NH_3 \cdot H_2O$$

根据多重平衡规则，可推导出反应的平衡常数：

$$K^{\ominus}=\frac{K_{sp}^{\ominus}[Mg(OH)_2]}{[K_b^{\ominus}(NH_3)]^2}$$

平衡常数也可以用添加物质法进行推导，对上面的反应有：

$$K^{\ominus}=\frac{[Mg^{2+}][NH_3 \cdot H_2O]^2}{[NH_4^+]^2}$$

分子和分母同时乘以$[OH^-]^2$，得

$$K^{\ominus}=\frac{[Mg^{2+}][NH_3 \cdot H_2O]^2[OH^-]^2}{[NH_4^+]^2[OH^-]^2}=\frac{[Mg^{2+}][OH^-]^2}{\frac{[NH_4^+]^2[OH^-]^2}{[NH_3 \cdot H_2O]^2}}=\frac{K_{sp}^{\ominus}[Mg(OH)_2]}{[K_b^{\ominus}(NH_3)]^2}$$

上述反应进行的难易程度取决于难溶金属氢氧化物的 $K_{sp}^{\ominus}$ 和氨水的离解平衡常数，也就是说，难溶金属氢氧化物溶于铵盐的反应，其反应的难易程度与难溶金属氢氧化物的 $K_{sp}^{\ominus}$ 有关，$K_{sp}^{\ominus}$ 越大，溶于铵盐的倾向越大。如 $Mg(OH)_2$、$Mn(OH)_2$ 的溶度积较大，能溶于铵盐，而 $Fe(OH)_3$、$Al(OH)_3$ 的溶度积较小，不能溶于铵盐。

【例 5-9】 在 100 mL 0.20 mol・L^{-1} $MnCl_2$ 溶液中，加入等体积含有 NH_4Cl 的 0.010 mol・L^{-1} 氨水溶液，问在此氨水溶液中需含有多少克 NH_4Cl 才不致产生 $Mn(OH)_2$ 沉淀？(设加入固体 NH_4Cl 后溶液的体积不变)

解　查附录2及附录1得

$$K_{sp}^{\ominus}[Mn(OH)_2]=1.9\times10^{-13},\quad K_b^{\ominus}(NH_3\cdot H_2O)=1.8\times10^{-5}$$

$$M(NH_4Cl)=53.5\ g\cdot mol^{-1}$$

两溶液等体积混合后，在发生反应之前 $MnCl_2$ 和氨水的浓度分别减半。即

$$[Mn^{2+}]=0.10\ mol\cdot L^{-1},\quad [NH_3\cdot H_2O]=0.0050\ mol\cdot L^{-1}$$

混合后，可发生如下反应，设平衡时 $[NH_4^+]=x$。

$$Mn^{2+}(aq)+2NH_3\cdot H_2O \rightleftharpoons Mn(OH)_2(s)+2NH_4^+(aq)$$

平衡浓度/($mol\cdot L^{-1}$)　0.10　　0.0050　　　　x

$$K^{\ominus}=\frac{[NH_4^+]^2}{[Mn^{2+}][NH_3\cdot H_2O]^2}=\frac{(K_b^{\ominus})^2}{K_{sp}^{\ominus}}=\frac{(1.8\times10^{-5})^2}{1.9\times10^{-13}}=1.7\times10^3$$

$$\frac{x^2}{0.10\times0.0050^2}=1.7\times10^3$$

$$x=0.065\ mol\cdot L^{-1}$$

（在 $NH_3\cdot H_2O$-NH_4Cl 体系中，解离度降低，因此可不考虑 $NH_3\cdot H_2O$ 的解离）

即

$$[NH_4^+]=0.065\ mol\cdot L^{-1}$$

故

$$m(NH_4Cl)=(53.5\times0.065\times0.20)\ g=0.70\ g$$

不难看出，在适当浓度的 $NH_3\cdot H_2O$-NH_4Cl 缓冲体系中，$Mn(OH)_2$ 沉淀不能析出。

(2)金属硫化物的溶解

大部分金属离子可与 S^{2-} 形成沉淀。这些沉淀各有特定的颜色，并且溶度积常数彼此有很大的差别。按照金属硫化物的溶解性，大体可以分为三类（表5-2）。在实际应用中，常利用硫化物的这些性质来分离或鉴定某些金属离子。

视频

金属硫化物的溶解

表5-2　某些金属硫化物的颜色和溶解性

溶于水的硫化物		不溶于水、溶于稀盐酸的硫化物		不溶于水和稀盐酸的硫化物	
化学式	$K_{sp}^{\ominus}$	化学式	$K_{sp}^{\ominus}$	化学式	$K_{sp}^{\ominus}$
Na_2S(白色)	—	MnS(肉色)	2.5×10^{-10}	SnS(棕色)	1.0×10^{-25}
K_2S	—	FeS(黑色)	6.3×10^{-18}	CdS(黄色)	8.0×10^{-27}
BaS	—	α-NiS(黑色)	3.2×10^{-19}	PbS(黑色)	8.0×10^{-28}
		β-ZnS(白色)	2.5×10^{-22}	CuS(黑色)	6.3×10^{-36}
				Ag_2S(黑色)	6.3×10^{-50}
				HgS(黑色)	4.0×10^{-53}

根据溶度积规则可知，很多难溶金属硫化物不溶于水，但可溶于稀酸。这是因为在酸性溶液中，由于 H^+ 浓度的增大，形成弱酸 H_2S，从而降低了溶液中 S^{2-} 的浓度，使得 $Q<K_{sp}^{\ominus}$，难溶金属硫化物溶解。

难溶金属硫化物在酸性溶液中同时存在下面两个平衡：

$$MS(s)\rightleftharpoons M^{2+}(aq)+S^{2-}(aq)\quad (M^{2+}表示二价金属离子)$$

$$S^{2-}(aq)+2H^+(aq)\rightleftharpoons H_2S(g)$$

合并上述两个离子方程式得

$$MS(s) + 2H^+(aq) \rightleftharpoons M^{2+}(aq) + H_2S(g)$$

其平衡常数

$$K^\ominus = \frac{[M^{2+}][H_2S]}{[H^+]^2} = \frac{K_{sp}^\ominus(MS)}{K_{a1}^\ominus K_{a2}^\ominus}$$

从上述平衡常数的表达式可知，难溶金属硫化物的 $K_{sp}^\ominus$ 不同，溶于酸的情况也不同。$K_{sp}^\ominus$ 非常小的硫化物，如 HgS，在盐酸、硝酸中均不溶解；$K_{sp}^\ominus$ 较大的硫化物，如 MnS，不仅在稀 HCl 中能溶解，而且在 HAc 中也能溶解：

$$MnS(s) + 2HAc(aq) \rightleftharpoons Mn^{2+}(aq) + 2Ac^-(aq) + H_2S(g)$$

$$K^\ominus = \frac{K_{sp}^\ominus(MnS)[K_a^\ominus(HAc)]^2}{K_{a1}^\ominus(H_2S)K_{a2}^\ominus(H_2S)}$$

【例 5-10】 现有 0.1 mol ZnS 沉淀，问需要 1 L 多少浓度的盐酸才可使之溶解？如果是 HgS 沉淀，情况又会怎样？

解　查附录 2 及附录 1 得

$$K_{sp}^\ominus(ZnS) = 2.5 \times 10^{-22}, \quad K_{sp}^\ominus(HgS) = 4.0 \times 10^{-53}$$

$$K_{a1}^\ominus(H_2S) = 1.07 \times 10^{-7}, \quad K_{a2}^\ominus(H_2S) = 1.26 \times 10^{-13}$$

(1)0.1 mol ZnS沉淀溶解后，溶液中$[Zn^{2+}] = 0.1\ mol \cdot L^{-1}$，$[H_2S] = 0.1\ mol \cdot L^{-1}$。

$$ZnS(s) + 2H^+(aq) \rightleftharpoons Zn^{2+}(aq) + H_2S(aq)$$

平衡浓度/$(mol \cdot L^{-1})$　　$[H^+]$　　0.1　　0.1

$$K^\ominus = \frac{[Zn^{2+}][H_2S]}{[H^+]^2} = \frac{K_{sp}^\ominus(ZnS)}{K_{a1}^\ominus K_{a2}^\ominus}$$

代入数据

$$\frac{0.1 \times 0.1}{[H^+]^2} = \frac{2.5 \times 10^{-22}}{1.07 \times 10^{-7} \times 1.26 \times 10^{-13}}$$

$$[H^+] = 0.73\ mol \cdot L^{-1}$$

溶解 0.1 mol ZnS 需要 0.1×2 mol H^+，1 L 溶液中盐酸的初始浓度至少应为

$$(0.1 \times 2 + 0.73)mol = 0.93\ mol$$

(2)

$$HgS(s) + 2H^+(aq) \rightleftharpoons Hg^{2+}(aq) + H_2S(aq)$$

平衡浓度/$(mol \cdot L^{-1})$　　$[H^+]$　　0.1　　0.1

$$K^\ominus = \frac{[Hg^{2+}][H_2S]}{[H^+]^2} = \frac{K_{sp}^\ominus(HgS)}{K_{a1}^\ominus K_{a2}^\ominus}$$

代入数据

$$\frac{0.1 \times 0.1}{[H^+]^2} = \frac{4.0 \times 10^{-53}}{1.07 \times 10^{-7} \times 1.26 \times 10^{-13}}$$

$$[H^+] = 1.8 \times 10^{15}\ mol \cdot L^{-1}$$

HCl 的浓度不可能达到 $1.8 \times 10^{15}\ mol \cdot L^{-1}$，所以 HgS 不可能溶于 HCl 中。

从上述讨论可知，各种金属硫化物的溶解性存在很大差异，利用这些差异，可以将溶液中的金属离子加以分离。通常采取控制溶液酸度的办法来调节溶液中的 S^{2-} 浓度，由此将金属离子先分成几组，再对不同条件下所得的沉淀及溶液做进一步的分离和鉴定。

(3)弱酸盐沉淀的溶解

$CaCO_3$、CaC_2O_4、CaF_2 等难溶弱酸盐都可溶于强酸，这是由于弱酸根与 H^+ 结合成难解离的弱酸，降低了溶液中弱酸根的浓度，使得 $Q<K_{sp}^{\ominus}$，沉淀溶解。例如，CaC_2O_4 沉淀溶于 HCl 的反应：

视频

弱酸盐沉淀的溶解

$$CaC_2O_4(s) \rightleftharpoons Ca^{2+}(aq) + C_2O_4^{2-}(aq)$$
$$+$$
$$2HCl(aq) = 2Cl^-(aq) + 2H^+(aq)$$
$$\downarrow$$
$$H_2C_2O_4(aq)$$

增加溶液的酸度，H^+ 可与溶液中的 $C_2O_4^{2-}$ 结合，使平衡向草酸钙溶解的方向移动。溶解反应方程式为

$$CaC_2O_4(s) + 2H^+(aq) \rightleftharpoons Ca^{2+}(aq) + H_2C_2O_4(aq)$$

其平衡常数

$$K^{\ominus} = \frac{[Ca^{2+}][H_2C_2O_4]}{[H^+]^2} = \frac{K_{sp}^{\ominus}(CaC_2O_4)}{K_{a1}^{\ominus}K_{a2}^{\ominus}}$$

由上式可知，难溶弱酸盐的 $K_{sp}^{\ominus}$ 越大，弱酸的 $K_a^{\ominus}$ 越小，反应就越完全，难溶弱酸盐的溶解程度越大。

2. 氧化还原反应

对于不能溶解于酸的一些难溶化合物，可以借助氧化还原的方法来溶解，其原理是通过用氧化剂或还原剂和难溶化合物中的离子发生氧化还原反应，使其在溶液中的离子浓度降低，则平衡向溶解的方向移动，即使 $Q<K_{sp}^{\ominus}$，则沉淀溶解。

视频

其他反应过程

例如

$$3CuS(s) + 8HNO_3(aq) \longrightarrow 3S(s) + 2NO(g) + 3Cu^{2+}(aq) + 6NO_3^-(aq) + 4H_2O(l)$$

$$CuS(s) \rightleftharpoons Cu^{2+}(aq) + S^{2-}(aq)$$
$$+$$
$$HNO_3(aq) \longrightarrow S(s) + NO(g) + H_2O(l)$$

溶液中 S^{2-} 浓度降低，从而使 $Q<K_{sp}^{\ominus}$，平衡向右移动，使 CuS 沉淀溶解。

3. 配位反应

利用配位反应可以有效降低金属离子的浓度，从而使沉淀溶解，如 AgCl 溶于氨水，就是利用 Ag^+ 与氨水生成了配离子 $[Ag(NH_3)_2]^+$。有些难溶化合物的 $K_{sp}^{\ominus}$ 非常小，即使用氧化还原的方法仍不能使其溶解，则可以采用加入配位剂的方法，使配位剂和难溶化合物的组分形成稳定的配合物，来降低难溶化合物溶液中离子的浓度，从而使平衡向右移动，沉淀溶解。

例如，HgS 的 $K_{sp}^{\ominus}$ 极小，只能在王水中溶解：

$$3HgS(s) + 2NO_3^-(aq) + 12Cl^-(aq) + 8H^+(aq) \longrightarrow$$
$$3[HgCl_4]^{2-}(aq) + 3S(s) + 2NO(g) + 4H_2O(l)$$

这一过程同时包括了配位溶解、氧化还原溶解和酸溶解。

氧化还原反应和配位反应对沉淀溶解的影响将在后面相应章节中详细讨论。

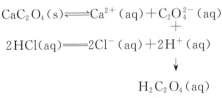

5.3　分步沉淀和沉淀转化

Step-wise precipitation and precipitation transformation

5.3.1　分步沉淀

Step-wise precipitation

前面讨论的是溶液中只有一种离子生成沉淀的情况，如果溶液中同时含有几种离子，这些离子又都能与同一种沉淀剂生成沉淀，那么哪一种离子先沉淀？哪一种离子后沉淀？还是同时沉淀？弄清这些问题对金属离子的分离过程十分重要。

视频

分步沉淀

一种沉淀剂能使溶液中几种离子沉淀，这几种离子生成沉淀时按先后次序进行，这种现象称为分步沉淀。

关于分步沉淀，要弄清楚下列几个问题：

(1)哪一种离子先沉淀？

(2)当第二种离子开始沉淀时，第一种离子的剩余浓度是多少？(或：第一种离子沉淀完全时第二种离子是否已经产生沉淀？)

(3)根据上述分析判断混合离子能否分离。

【例 5-11】　在 1.0 L 含相同浓度($0.01\ \mathrm{mol\cdot L^{-1}}$)的 I^- 和 Cl^- 的混合溶液中逐滴加入 $AgNO_3$ 溶液，哪一种离子先沉淀？两者是否可以完全分离？已知 $K_{sp}^{\ominus}(\mathrm{AgCl})=1.8\times10^{-10}$，$K_{sp}^{\ominus}(\mathrm{AgI})=8.3\times10^{-17}$。

解　(1)由于 AgCl 和 AgI 的溶度积不同，相应沉淀开始时所需的 Ag^+ 浓度也不同。

当$[I^-]=0.01\ \mathrm{mol\cdot L^{-1}}$时，开始生成 AgI 沉淀所需的 Ag^+ 浓度为

$$\mathrm{AgI(s)} \rightleftharpoons \mathrm{Ag^+(aq)} + \mathrm{I^-(aq)}$$

$$[\mathrm{Ag^+}][\mathrm{I^-}]=K_{sp}^{\ominus}(\mathrm{AgI})$$

$$[\mathrm{Ag^+}]_{\mathrm{AgI}}=\frac{K_{sp}^{\ominus}(\mathrm{AgI})}{[\mathrm{I^-}]}=\frac{8.3\times10^{-17}}{0.01}=8.3\times10^{-15}\ \mathrm{mol\cdot L^{-1}}$$

同理，开始生成 AgCl 沉淀所需的 Ag^+ 浓度为

$$[\mathrm{Ag^+}]_{\mathrm{AgCl}}=\frac{K_{sp}^{\ominus}(\mathrm{AgCl})}{[\mathrm{Cl^-}]}=\frac{1.8\times10^{-10}}{0.01}=1.8\times10^{-8}\ \mathrm{mol\cdot L^{-1}}$$

由计算结果可知，开始沉淀 I^- 时所需的 Ag^+ 浓度比开始沉淀 Cl^- 时所需的 Ag^+ 浓度小得多。当在混合溶液中逐滴加入 $AgNO_3$ 溶液时，随着 Ag^+ 浓度逐渐增加，使 AgI 的离子积先达到或超过其溶度积，因此 AgI 先沉淀。

(2)随着 AgI 沉淀的不断析出，溶液中 I^- 浓度不断降低，为了继续析出沉淀，Ag^+ 浓度必须继续增大，当溶液中$[\mathrm{Ag^+}]=1.8\times10^{-8}\ \mathrm{mol\cdot L^{-1}}$，AgCl 沉淀开始生成。此时 I^- 的浓度为

$$[\mathrm{I^-}]=\frac{K_{sp}^{\ominus}(\mathrm{AgI})}{[\mathrm{Ag^+}]}=\frac{8.3\times10^{-17}}{1.8\times10^{-8}}=4.6\times10^{-9}\ \mathrm{mol\cdot L^{-1}}$$

I^- 和 Cl^- 可以完全分离。$4.6\times10^{-9}\ mol\cdot L^{-1}\ll10^{-5}\ mol\cdot L^{-1}$，AgCl 开始沉淀时，$I^-$ 早已沉淀完全。

在 AgCl 沉淀开始生成时，溶液存在多相（AgCl、AgI 沉淀同时析出）离子平衡。即

$$[Ag^+][I^-]=K_{sp}^{\ominus}(AgI)$$

$$[Ag^+][Cl^-]=K_{sp}^{\ominus}(AgCl)$$

$$[Ag^+]=\frac{K_{sp}^{\ominus}(AgCl)}{[Cl^-]}=\frac{K_{sp}^{\ominus}(AgI)}{[I^-]}$$

也可写成

$$\frac{[I^-]}{[Cl^-]}=\frac{K_{sp}^{\ominus}(AgI)}{K_{sp}^{\ominus}(AgCl)}=\frac{8.3\times10^{-17}}{1.8\times10^{-10}}=4.6\times10^{-7}$$

由此式可推知，溶度积差别越大，就越有可能利用分步沉淀的方法进行分离。

通过以上计算可以看到，对于同一类型的难溶电解质，且被沉淀的离子浓度相同（或相近）的情况下，逐滴加入沉淀剂时，溶度积小的沉淀先析出，溶度积大的沉淀后析出。但必须注意：

①分步沉淀的次序不仅与溶度积的数值有关，还与溶液中对应各种离子的浓度有关。

②对于不同类型的难溶电解质，不能根据溶度积的大小来判断沉淀的先后次序，必须通过计算来确定沉淀的先后次序。

【例 5-12】 在含有 $0.030\ mol\cdot L^{-1}\ Pb^{2+}$ 和 $0.020\ mol\cdot L^{-1}\ Cr^{3+}$ 的混合溶液中，逐滴加入 NaOH（忽略体积变化），Pb^{2+} 与 Cr^{3+} 均有可能形成氢氧化物沉淀。问：

(1)哪一种离子先沉淀？

(2)若要分离这两种离子，溶液的 pH 应控制在什么范围？

解　查附录 2 得

$$K_{sp}^{\ominus}[Pb(OH)_2]=1.2\times10^{-15},\quad K_{sp}^{\ominus}[Cr(OH)_3]=6.3\times10^{-31}$$

(1)根据溶度积规则，计算出生成 $Pb(OH)_2$ 沉淀所需 OH^- 的最低浓度：

$$Pb(OH)_2(s)\rightleftharpoons Pb^{2+}(aq)+2OH^-(aq)$$

$$K_{sp}^{\ominus}[Pb(OH)_2]=[Pb^{2+}][OH^-]^2$$

$$[OH^-]=\sqrt{\frac{K_{sp}^{\ominus}[Pb(OH)_2]}{[Pb^{2+}]}}=\sqrt{\frac{1.2\times10^{-15}}{0.030}}=2.0\times10^{-7}\ mol\cdot L^{-1}$$

生成 $Cr(OH)_3$ 沉淀所需 OH^- 的最低浓度：

$$Cr(OH)_3(s)\rightleftharpoons Cr^{3+}(aq)+3OH^-(aq)$$

$$K_{sp}^{\ominus}[Cr(OH)_3]=[Cr^{3+}][OH^-]^3$$

$$[OH^-]=\sqrt[3]{\frac{K_{sp}^{\ominus}[Cr(OH)_3]}{[Cr^{3+}]}}=\sqrt[3]{\frac{6.3\times10^{-31}}{0.020}}=3.2\times10^{-10}\ mol\cdot L^{-1}$$

可见在 Pb^{2+} 与 Cr^{3+} 共存的条件下，$Cr(OH)_3$ 沉淀所需 OH^- 的浓度小于 $Pb(OH)_2$ 沉淀所需 OH^- 的浓度，所以 $Cr(OH)_3$ 先沉淀。

(2)当 Cr^{3+} 完全沉淀（即 $[Cr^{3+}]<10^{-5}\ mol\cdot L^{-1}$）时所需的 OH^- 浓度为

$$[OH^-]=\sqrt[3]{\frac{K_{sp}^{\ominus}[Cr(OH)_3]}{[Cr^{3+}]}}=\sqrt[3]{\frac{6.3\times10^{-31}}{10^{-5}}}=4.0\times10^{-9}\ mol\cdot L^{-1}$$

$$pOH=8.4, \quad pH=5.6$$

而 Pb^{2+} 开始沉淀时的 $[OH^-]=2.0\times10^{-7}\ mol\cdot L^{-1}$，pH=7.3。所以要分离这两种离子，溶液的 pH 应控制在 5.6～7.3。

掌握了分步沉淀的规律，根据具体情况，适当地控制条件，就可以达到分离离子的目的。

5.3.2　沉淀转化

Precipitation transformation

由一种沉淀转化为另一种沉淀的过程称为沉淀转化。如锅炉中的水垢中含有 $CaSO_4$，但 $CaSO_4$ 既不溶于水，也不溶于酸，很难除去。若用 Na_2CO_3 溶液处理，使 $CaSO_4$ 转化为疏松的且易溶于酸的 $CaCO_3$，则能把锅垢清除掉，上述转化过程的离子反应式为

视频

沉淀转化

$$CaSO_4(s)+CO_3^{2-}(aq) \rightleftharpoons CaCO_3(s)+SO_4^{2-}(aq)$$

沉淀转化的程度可以用平衡常数来衡量：

$$K^\ominus=\frac{[SO_4^{2-}]}{[CO_3^{2-}]}\times\frac{[Ca^{2+}]}{[Ca^{2+}]}=\frac{K_{sp}^\ominus(CaSO_4)}{K_{sp}^\ominus(CaCO_3)}=\frac{9.1\times10^{-6}}{2.8\times10^{-9}}=3.3\times10^3$$

此转化反应的平衡常数较大，表明沉淀转化的程度较大。

沉淀转化反应的方向同样由 $K^\ominus$ 和 Q 这两个因素判定，其中 $K^\ominus$ 取决于两沉淀的溶解度（注意，只有同类型的沉淀才完全取决于 $K_{sp}^\ominus$）。从这个意义上说，沉淀转化一般是由溶解度较大的难溶电解质转化为溶解度较小的难溶电解质。但是，当两沉淀的溶解度相差不大时，由离子浓度决定的 Q 也会影响沉淀转化反应的方向。

沉淀转化原理在化工生产中获得广泛应用。例如，生产锶盐时，考虑到原料天青石（含 65%～85% $SrSO_4$）既不溶于水，也不被一般的酸所分解，就需要先采用 Na_2CO_3 溶液将捣碎的 $SrSO_4$ 逐步转化为可溶于酸的 $SrCO_3$。

【例 5-13】　如果在 1 L Na_2CO_3 溶液中溶解 0.010 mol $SrSO_4$，Na_2CO_3 的开始浓度最低应为多少？

解　查附录 2 得

$$K_{sp}^\ominus(SrSO_4)=3.2\times10^{-7}, \quad K_{sp}^\ominus(SrCO_3)=1.1\times10^{-10}$$

Na_2CO_3 与 $SrSO_4$ 之间的离子反应为

$$SrSO_4(s)+CO_3^{2-}(aq) \rightleftharpoons SrCO_3(s)+SO_4^{2-}(aq)$$

平衡浓度/$(mol\cdot L^{-1})$　　$[CO_3^{2-}]$　　　　0.010

$$K^\ominus=\frac{[SO_4^{2-}]}{[CO_3^{2-}]}=\frac{K_{sp}^\ominus(SrSO_4)}{K_{sp}^\ominus(SrCO_3)}=\frac{3.2\times10^{-7}}{1.1\times10^{-10}}=2.9\times10^3$$

$$\frac{[SO_4^{2-}]}{[CO_3^{2-}]}=\frac{0.010}{[CO_3^{2-}]}=2.9\times10^3$$

$$[CO_3^{2-}]=\frac{0.010}{2.9\times10^3}=3.4\times10^{-6}\ mol\cdot L^{-1}$$

所以在 1 L Na_2CO_3 溶液中溶解 0.010 mol $SrSO_4$，Na_2CO_3 的开始浓度最低应为

$$(0.010+3.4\times10^{-6})\ mol\cdot L^{-1}\approx0.010\ mol\cdot L^{-1}$$

上例中沉淀转化反应的平衡常数较大，转化比较容易进行。若两个沉淀溶解度差别不大，则离子浓度对转化反应起着决定性的作用，例如 $BaSO_4$[$K_{sp}^{\ominus}(BaSO_4)=1.1\times10^{-10}$]与 $BaCO_3$[$K_{sp}^{\ominus}(BaCO_3)=5.1\times10^{-9}$]之间的转化反应：

$$BaCO_3(s)+SO_4^{2-}(aq) \rightleftharpoons BaSO_4(s)+CO_3^{2-}(aq)$$

$$K^{\ominus}=\frac{[CO_3^{2-}]}{[SO_4^{2-}]}=\frac{K_{sp}^{\ominus}(BaCO_3)}{K_{sp}^{\ominus}(BaSO_4)}=\frac{5.1\times10^{-9}}{1.1\times10^{-10}}=46.4$$

当 $Q=\frac{c(CO_3^{2-})}{c(SO_4^{2-})}<46.4$ 时，反应正向进行，$BaCO_3$ 转化为 $BaSO_4$。

当 $Q=\frac{c(CO_3^{2-})}{c(SO_4^{2-})}>46.4$ 时，反应逆向进行，$BaSO_4$ 转化为 $BaCO_3$。

5.4 沉淀滴定法
Precipitation titration

5.4.1 沉淀滴定法对沉淀反应的要求
Conditions of precipitation reaction for precipitation titration

沉淀滴定法是以沉淀反应为基础的滴定分析方法。沉淀反应很多，但不是所有的沉淀反应都能用于滴定分析。作为沉淀滴定基础的沉淀反应必须具备以下条件：

(1)沉淀反应速度要快，没有过饱和现象。

(2)沉淀反应能定量完成，生成的沉淀溶解度要小。

(3)要有合适的指示剂。

(4)沉淀对杂质的吸附不妨碍终点的观察。

这些条件不易同时满足，故能用于沉淀滴定的反应不多。沉淀滴定中最常用的沉淀反应是：

$$Ag^+(aq)+Cl^-(aq) \rightleftharpoons AgCl(s)$$

$$Ag^+(aq)+SCN^-(aq) \rightleftharpoons AgSCN(s)$$

这种利用生成难溶银盐反应的测定方法称为银量法。可用于测定 Cl^-、Br^-、I^-、SCN^- 和 Ag^+ 等。

5.4.2 几种沉淀滴定法
Several precipitation titration methods

下面简要介绍三种沉淀滴定分析法。

1. 摩尔法

用 K_2CrO_4 作指示剂的银量法称为摩尔(Mohr)法。例如，在中性或弱碱性介质中，用 $AgNO_3$ 标准溶液滴定 Cl^- 或 Br^-。用 $AgNO_3$ 标准溶液滴定 Cl^- 的有关反应如下：

视频

摩尔法

$$Ag^+(aq)+Cl^-(aq)\rightleftharpoons AgCl(s)(白色),\quad K_{sp}^{\ominus}(AgCl)=1.8\times10^{-10}$$

$$2Ag^+(aq)+CrO_4^{2-}(aq)\rightleftharpoons Ag_2CrO_4(s)(砖红色),\quad K_{sp}^{\ominus}(Ag_2CrO_4)=1.1\times10^{-12}$$

由于两者的溶度积不同，根据分步沉淀原理，AgCl 先沉淀。当滴定至化学计量点时，稍微过量的 Ag^+ 与 CrO_4^{2-} 生成砖红色的沉淀，指示滴定终点到达。

用摩尔法滴定时应注意如下条件：

(1)指示剂 K_2CrO_4 的用量

由于 K_2CrO_4 本身在水溶液中呈黄色，使终点颜色变化不敏锐，并且 CrO_4^{2-} 颜色会影响终点的观察。若 K_2CrO_4 指示剂的浓度过小则会引起终点后移，也影响结果的准确性。因此要求沉淀应恰好在滴定反应的化学计量点时产生。从理论上可以计算化学计量点时所需要的 CrO_4^{2-} 浓度：

$$[Ag^+]=\sqrt{K_{sp}^{\ominus}(AgCl)}=\sqrt{1.8\times10^{-10}}=1.34\times10^{-5}\ mol\cdot L^{-1}$$

$$[CrO_4^{2-}]=\frac{K_{sp}^{\ominus}(Ag_2CrO_4)}{[Ag^+]^2}=\frac{1.1\times10^{-12}}{1.8\times10^{-10}}=6.10\times10^{-3}$$

一般滴定溶液中的$[CrO_4^{2-}]$应控制在 $5.0\times10^{-3}\ mol\cdot L^{-1}$，同时以 K_2CrO_4 为指示剂进行空白滴定。

(2)酸度

滴定应在中性或弱碱性介质中进行，最适宜的 pH 为 6.5～10.5。若在酸性介质中，CrO_4^{2-} 与 H^+ 结合，致使 CrO_4^{2-} 的浓度降低，影响 Ag_2CrO_4 沉淀的生成；若在强碱性介质中，则有 AgOH，甚至 Ag_2O 沉淀析出。

(3)干扰因素

①凡能与 Ag^+ 生成沉淀的阴离子，如 PO_4^{3-}、S^{2-}、$C_2O_4^{2-}$ 等；凡能与 CrO_4^{2-} 生成沉淀的阳离子，如 Hg^{2+}、Pb^{2+} 等；以及在中性或弱碱性介质中易水解的离子，如 Al^{3+}、Fe^{3+}，都会干扰摩尔法的测定。

②摩尔法能测定 Cl^-、Br^-，但不能测定 I^- 和 SCN^-。因为 AgI 和 AgSCN 沉淀具有强烈的吸附作用，使终点变化不明显，产生较大误差。

③大量的有色离子，如 Fe^{3+}\,MnO_4^-\,Cu^{2+} 会影响终点的观察。

④滴定时应充分摇动，以减少化学计量点之前 AgCl 沉淀对剩余 Cl^- 的吸附。

2. 佛尔哈德法

用铁铵矾$[NH_4Fe(SO_4)_2]$作指示剂的银量法称为佛尔哈德(Volhard)法。按照滴定的方式不同，可分为直接滴定法和返滴定法。

视频

佛尔哈德法

(1)直接滴定法——测定 Ag^+

以铁铵矾作指示剂，用 KSCN、NaSCN 或 NH_4SCN 标准溶液滴定 Ag^+，滴定在 HNO_3 介质中进行。先析出 AgSCN 白色沉淀，化学计量点后，稍过量的 SCN^- 与 Fe^{3+} 生成红色的配合物$[Fe(NCS)]^{2+}$，指示终点到达。其反应为

$$Ag^+(aq)+SCN^-(aq)\rightleftharpoons AgSCN(s)(白色)$$

$$K_{sp}^{\ominus}(AgSCN)=1.0\times10^{-12}$$

$$Fe^{3+}(aq)+SCN^{-}(aq)\rightleftharpoons[Fe(NCS)]^{2+}(aq)\text{（红色）}$$

$$K_f^{\ominus}([Fe(NCS)]^{2+})=2.2\times10^{3}$$

(2)返滴定法——测定卤素及 SCN^-

在含有卤素的硝酸溶液中，先加入一定量过量的 $AgNO_3$ 标准溶液，然后以铁铵矾作指示剂，用 NH_4SCN 标准溶液返滴定剩余的 Ag^+。终点时稍过量的 SCN^- 与 Fe^{3+} 生成红色的配合物$[Fe(NCS)]^{2+}$，指示终点到达。

在滴定时，存在 AgCl 和 AgSCN 两种沉淀，为防止 Ag^+ 被沉淀吸附，化学计量点前需充分振荡。但由于 AgSCN 的溶解度小于 AgCl 的溶解度，如果剧烈摇动溶液，反应将不断向生成 AgSCN 的方向进行，破坏$[Fe(NCS)]^{2+}$，使红色消失而得不到终点。为解决这一问题，通常采用两种方法：一是通过过滤分离出 AgCl 沉淀，然后再滴定；二是加入有机溶剂，如硝基苯，用力摇动，使 AgCl 表面被有机溶剂覆盖，与溶液隔开，不再与滴定溶液接触。

比较溶度积的数值可知，用此方法测定 Br^- 和 I^- 时，不会发生上述沉淀转化反应。但在测定 I^- 时，应先加入指示剂，否则 Fe^{3+} 将与 I^- 作用析出 I_2。

应用佛尔哈德法还应注意：

①酸度：应在酸性介质中进行，以防止 Fe^{3+} 水解。通常在 0.1～1 $mol\cdot L^{-1}$ HNO_3 介质中进行。

②指示剂的用量：提高 Fe^{3+} 浓度可以减小终点时 SCN^- 的浓度，从而减小误差。实验证明，当溶液中 Fe^{3+} 的浓度为 0.2 $mol\cdot L^{-1}$ 时，滴定误差将小于±0.1%。

3. 法扬斯法

用吸附指示剂指示终点的银量法称为法扬斯(Fajans)法。吸附指示剂是一类有色的有机化合物，它被吸附在胶体微粒表面后，发生分子结构的变化，从而引起颜色的变化。

视频

法扬斯法

用 $AgNO_3$ 作标准溶液测定 Cl^- 含量时，可用荧光黄作指示剂(用 HFI 表示)。

化学计量点前：

$$AgCl\cdot Cl^- + FI^- \longrightarrow \text{不吸附}$$

溶液为黄绿色

化学计量点后：

$$AgCl\cdot Ag^+ + FI^- \longrightarrow AgCl\cdot Ag^+ | FI^-$$

溶液为淡红色

终点颜色变化：

黄绿色 ⟶ 淡红色

银量法中使用吸附指示剂，应注意以下几个因素：

①吸附指示剂的变色在沉淀颗粒的表面发生，应尽量使沉淀的比表面积大一些。在滴定的过程中，应防止 AgCl 沉淀聚集，通常加入糊精或淀粉作为保护胶体，防止 AgCl 过分凝聚。

②溶液的酸度要适当。吸附指示剂是一些有机弱酸或弱碱，pH 制约着它们的解离。

③卤化银沉淀对光敏感，因此滴定中应避免强光照射。

④指示剂被吸附的能力应适当。

⑤溶液中待测离子的浓度不能太低。

5.4.3　沉淀滴定法的应用
Application of precipitation titration

1. 天然水中 Cl^- 含量的测定

一般采用摩尔法测定天然水中的氯含量。若水中还含有 SO_3^{2-}、PO_4^{3-}、S^{2-} 等，则采用佛尔哈德法。

2. 有机卤化物中卤素的测定

以氯代烃为例。将试样与 KOH-乙醇溶液一起加热回流，使有机氯转化为 Cl^- 进入溶液，待溶液冷却后，用 HNO_3 调节酸度，用佛尔哈德法测定。

3. 银合金中银含量的测定

用 HNO_3 溶解试样、煮沸以除去氮的氧化物，以铁铵矾作指示剂，用 NH_4SCN 标准溶液滴定。

5.5　重量分析法
Gravimetry

重量分析法是利用称量反应产物的重量来确定待测成分含量的方法，它是化学分析中最基本、最直接的定量方法。尽管操作烦琐，费时较多，但准确度较高，相对误差一般为 0.1%～0.2%，常作为验证其他方法的基础方法。

5.5.1　重量分析法概述
Overview of gravimetry

在样品溶液中加入过量的沉淀剂，使之与待测成分形成难溶性化合物而沉淀，沉淀经过陈化、过滤、洗涤、干燥或灼烧后，转化为称量形式称重，最后通过化学计量关系计算得出分析结果。

视频

重量分析法概述

1. 对沉淀形式的要求

在溶液中，沉淀剂与待测成分形成沉淀的形式称为沉淀形式。在重量分析法中，对于一种化合物沉淀形式的要求是：

(1)沉淀的化合物的溶解度应该很小，以使待测成分沉淀完全，由沉淀过程及洗涤引起的沉淀溶解损失的量不超过定量分析中所允许的称量误差(0.2 mg)。

(2)沉淀的化合物应该容易过滤和洗涤，能在最后得到纯净的沉淀。

(3)沉淀易于转化为适宜的称量形式。

2. 对称量形式的要求

沉淀的化合物经过处理后进行称量时的形式称为称量形式。称量形式可以和沉淀形式相同，亦可以不相同。对于一种化合物的称量形式的要求是：

(1)称量形式的化合物与其要求的化学式必须完全符合,这是分析结果计算的基础。

(2)称量形式的化合物必须是稳定的物质,不易风化、吸潮和分解。

(3)称量形式的化合物必须有较大的摩尔质量,待测组分占称量形式的比例要小,以利于提高分析测定的准确度。

3. 沉淀剂的选择和用量

根据对沉淀形式的要求,选择合适的沉淀剂,其一般要求是:

(1)选择使形成的沉淀具有最小溶解度的沉淀剂,如 Ba^{2+} 可以形成几种难溶性的化合物,用硫酸盐为沉淀剂时,以 $BaSO_4$ 形式沉淀最好。

(2)最好选用易挥发性的物质,以便在沉淀处理时除去过量的沉淀剂,如在以$Fe(OH)_3$形式沉淀 Fe^{3+} 时,最好选用 $NH_3 \cdot H_2O$,而不选用 NaOH 为沉淀剂。

(3)应选择具有较大溶解度的沉淀剂,以减少沉淀粒子对沉淀剂的吸附,如用钡盐沉淀 SO_4^{2-} 时,选用 $BaCl_2$ 而不选用 $Ba(NO_3)_2$ 为沉淀剂,因为在 20 ℃时,$BaCl_2$和$Ba(NO_3)_2$在每100 g水中的溶解量分别为 69.1 g 和 9.1 g。

(4)沉淀剂应具有较好的选择性,即只与待测成分生成沉淀,不与其他离子作用。某些有机沉淀剂的选择性较好,如四苯硼钠测定 K^+,8-羟基喹啉测定 Al^{3+}、Mg^{2+} 等。

沉淀剂的用量必须适当地过量,利用同离子效应使待测离子沉淀完全。对于溶解度稍大的沉淀物,如 $PbSO_4$、CaC_2O_4 等,沉淀剂一般应过量 50%。在一般情况下,沉淀剂过量20%~50%即能满足要求。如果沉淀剂系易挥发性的物质,可在灼烧时除去,则可过量100%。但应当指出,在某些情况下,过量的沉淀剂会生成配合物,酸式盐或盐效应也会增加沉淀的溶解度。

5.5.2 沉淀反应的条件 Reaction conditions of precipitation

为了获得纯净且易于洗涤的沉淀,必须了解沉淀形成的过程和选择适当的沉淀条件。根据沉淀形式的不同,沉淀反应的条件也有所不同。

1. 晶形沉淀反应的适宜条件

要使沉淀的颗粒粗大而结实,易于过滤和洗涤,必须考虑的沉淀条件是:

(1)沉淀反应在稀溶液和热溶液中进行,以降低过饱和程度,减少沉淀的吸附。

(2)在不断搅拌下,缓慢地加入沉淀剂,消除局部过饱和程度,减少晶核生成的数目。

(3)沉淀反应完毕后要陈化,使小晶体再结晶,大晶体纯化并变大。

2. 非晶形沉淀反应的适宜条件

要使沉淀不致形成胶体溶液而穿透滤纸,并具有紧密的结构,易于过滤和洗涤,必须考虑的沉淀条件是:

(1)沉淀反应应在较浓的溶液中进行,在不断搅拌下,快速地加入沉淀剂,以使生成的沉淀结构紧密。

(2)沉淀反应在热溶液中进行,以防止沉淀的胶溶和减少杂质的吸附。

(3)沉淀溶液中加入适当的支持电解质,防止沉淀胶溶。

5.5.3　共沉淀现象及其减免

Co-precipitation and the reduction

当沉淀从溶液中析出时，并非是十分纯净的，常常含有从溶液中带来的各种杂质，称为共沉淀现象。其主要原因是表面吸附，其次是吸留后沉淀及形成混晶，这是重量分析中误差的重要来源之一。共沉淀现象一般有下列两种情况：

1. 吸附现象

晶形和非晶形沉淀的表面，特别是棱边和顶角，都存在自由电力场，且能选择性地吸附溶液中某些离子而使沉淀微粒带有电荷，带电微粒又吸引溶液中某些带异号电荷的离子，结果使沉淀粒子表面吸附了一层杂质分子。一般地，离子价数愈高，或愈易变形，或形成的化合物的电离度愈小，则愈容易被吸附。吸附杂质的数量取决于沉淀的表面积、被吸附杂质的浓度和沉淀介质的温度等。

2. 吸留现象

在沉淀过程中，若沉淀剂加入太快，沉淀迅速生成和长大，微粒表面吸附的离子尚来不及离开，就有可能陷入沉淀晶格的内部。若杂质与沉淀本身具有相同的晶格，即形成混晶；若杂质与沉淀本身具有不同的晶格，则沉淀的晶形变得不完整，这种情况可在沉淀陈化过程中逐渐得到克服。

为了获得比较纯净的沉淀，减少共沉淀作用对分析结果的影响，应在沉淀时采取以下措施：

(1)用分离或掩蔽等方法，预先把易被吸附的杂质除去。

(2)选择适当的沉淀条件和分离程序。

(3)选择适当的洗涤液洗涤沉淀。

(4)必要时进行再沉淀。

5.5.4　重量分析结果的计算和误差

Calculation and error of the gravimetry results

1. 沉淀的过滤、洗涤、烘干或灼烧

对沉淀的过滤，可按沉淀的性质选用疏密程度不同的快、中、慢速滤纸。对于需要灼烧的沉淀，常用无灰滤纸(每张滤纸灰分不大于 0.2 mg)。沉淀的过滤和洗涤均采用倾泻法。洗涤沉淀是为了除去吸附于沉淀表面的杂质和母液，特别要除去在烘干或灼烧时不易挥发的杂质。同时，要尽量减少因洗涤而带来的沉淀的溶解损失和避免形成胶体。

经洗涤的沉淀可采用电烘箱或红外灯干燥。有些沉淀因组成不定，烘干后不能称量，则需要用灼烧的方法将沉淀形式定量地转化为称量形式。

沉淀经干燥或灼烧后，冷却、称量，直至恒重。最后通过沉淀的质量计算待测成分的含量。

2. 分析结果的计算和误差

沉淀重量法分析结果是根据试样和称量形式的质量计算而得，计算时通常要引入一个

“化学因数”，即待测成分的相对原子质量或相对分子质量与称量形式的相对分子质量的比值。待测成分的质量等于沉淀形式的质量与化学因数的乘积。m g 样品中待测成分的百分含量为

$$x=\frac{G\times F}{m}\times 100\%$$

式中 G——沉淀形式的质量 g；

F——化学因数，其数值可由被测物含量表示形式和沉淀称量表示形式的相互关系得到。

例如，重量法测定铁，称量形式为 Fe_2O_3，含量表示形式可以是 Fe、Fe_2O_3 或 Fe_3O_4 等。当用 $w(Fe)$ 表示分析结果时，$F=\frac{2M(Fe)}{M(Fe_2O_3)}$；而用 $w(Fe_3O_4)$ 表示分析结果时，$F=\frac{2M(Fe_3O_4)}{3M(Fe_2O_3)}$。

重量分析误差来源于称量误差和操作误差。称量误差在使用同一天平时可以抵消，因此，分析结果的误差主要是在操作过程中造成的。只有认真地进行每一步操作，才能获得准确度较好的结果。通常，熟练操作人员的分析结果相对误差约为 0.2%。

5.5.5 重量分析法应用实例 Application examples of gravimetry

重量分析法是一种准确、精密的分析方法，在此列举一些常用的重量分析实例。

1. 硫酸根的测定

测定硫酸根时一般采用 $BaCl_2$ 将 SO_4^{2-} 沉淀成 $BaSO_4$，再灼烧、称量。由于 $BaSO_4$ 沉淀颗粒较细，浓溶液中沉淀时可能形成胶体，$BaSO_4$ 不易被一般溶剂溶解，不能进行二次沉淀，因此沉淀作用应在稀酸溶液中进行。实验室常常将酸度控制在 0.06 $mol\cdot L^{-1}$左右。溶液中不允许有酸不溶物和易被吸附的离子(如 Fe^{3+}、NO_3^- 等)。对于存在的 Fe^{3+}，常采用 EDTA配位掩蔽。实验室测定硫酸根一般采用玻璃砂芯坩埚抽滤 $BaSO_4$，烘干、称量，虽然其准确度比灼烧法稍差，但可缩短分析时间。硫酸钡重量法测定 SO_4^{2-} 的方法应用很广。如铁矿石中硫和钡的含量测定，磷肥、萃取磷酸、水泥中的硫酸根和许多其他可溶硫酸盐都可用此法测定。

2. 硅酸盐中二氧化硅的测定

硅酸盐在自然界分布很广，绝大多数硅酸盐不溶于酸，因此试样一般需用碱性溶剂熔融后，再加酸处理。此时金属元素成为离子溶于酸中，而硅酸根则大部分以胶状硅酸($SiO_2\cdot xH_2O$)析出，少部分仍分散在溶液中，需经脱水才能沉淀。经典方法是用盐酸反复蒸干脱水，准确度虽高，但操作烦琐、费时。后来多采用动物胶凝聚法，即利用动物胶吸附 H^+ 而带正电荷(蛋白质中氨基酸的氨基吸附 H^+)，与带负电荷的硅酸胶粒发生胶凝而析出，但必须蒸干才能完全沉淀。近年来，用长碳链季铵盐，如十六烷基三甲基溴化铵(简称 CTMAB)作沉淀剂，它在溶液中形成带正电荷胶粒，可以不再加盐酸蒸干，能将硅酸定量沉淀，所得沉淀疏松而易洗涤。这种方法比动物胶凝聚法优越，且可缩短分析时间。得到的硅酸沉淀需经

高温灼烧才能完全脱水和除去带入的沉淀剂。但即使经过灼烧，一般仍带有不挥发的杂质（如铁、铝等的化合物）。在要求较高的分析中，先灼烧、称量后，还需加氢氟酸及 H_2SO_4，再加热灼烧，使 SiO_2 转换成 SiF_4，挥发逸去，再称量，从两次所得质量差可计算出纯 SiO_2 的质量。

3. 磷的测定

如测定磷酸一铵、磷酸二铵中的有效磷，采用磷钼酸喹啉重量法，磷酸盐用酸分解后，可能成为偏磷酸 HPO_3 或次磷酸 H_3PO_2 等，故在沉淀前要用硝酸处理，使之全部变成正磷酸 H_3PO_4。磷酸在酸性溶液中（7%～10% HNO_3）与钼酸钠和喹啉作用形成磷钼酸喹啉沉淀：

$$H_3PO_4+3C_9H_7N+12Na_2MoO_4+24HNO_3 = (C_9H_7N)_3H_3[PO_4\cdot 12MoO_3]\cdot H_2O\downarrow+11H_2O+24NaNO_3$$

沉淀经过滤、烘干、除去水分后称量。

沉淀剂用喹钼柠酮试剂（含有喹啉、钼酸钠、柠檬酸、丙酮）。柠檬酸的作用是在溶液中与钼酸配位，以降低钼酸浓度，避免沉淀出硅钼酸喹啉（对测定有干扰），同时防止钼酸钠水解析出 MoO_3。丙酮的作用是使沉淀颗粒增大而疏松，便于洗涤，同时可增加喹啉的溶解度，避免其沉淀析出而干扰测定。

磷也可以转化为磷钼酸铵沉淀，分离后，用 NaOH 溶解，以 HNO_3 回滴过量的 NaOH。但结果的准确度不如重量法高。磷钼酸喹啉沉淀颗粒比磷钼酸铵沉淀颗粒粗些，较易过滤，但喹啉具有特殊气味，因此要求实验室通风良好。

4. 钾的测定

在微酸性溶液中，四苯硼钠与钾离子反应，生成一种晶态的、具有一定组成，而且溶解度很小的白色沉淀，成功地用于钾的测定，其反应为

$$K^++NaB(C_6H_5)_4 = KB(C_6H_5)_4\downarrow+Na^+$$

上述反应中主要干扰组分是 NH_4^+，在测定中需考虑 NH_4^+ 的干扰排除问题（加碱生成 NH_3 以去除 NH_4^+）。

其他如丁二酮肟试剂与 Ni^{2+} 生成鲜红色沉淀，该沉淀组成恒定，经烘干后称量，可得到满意的测定结果。钢铁及合金中的镍即采用此法测定，另外，试样中钠的含量在常规测定中用差减法进行测定，但作为某些分析结果的核对方法，用乙酸铀酰锌重量法测定。

拓展阅读

沉淀反应在处理工业废水中重金属离子的应用

随着工业生产和城市现代化的发展，环境污染越来越严重，由于水是人类生存和发展的物质基础，因此水质污染的问题引起人们的密切关注。而重金属是水环境中的主要污染物

之一，主要来自电镀、采矿、冶金、化工等工业，具有潜在的危害性，特别是 Hg、Cd、Cr、Pd 等重金属离子，具有显著的生物毒性，微量浓度即可产生毒性。在微生物的作用下重金属会转化为毒性更强的有机金属化合物(如 $HgCl_2$ 转化为甲基氯化汞 CH_3HgCl)或被生物富集，通过食物链进入人体，造成慢性中毒。因此有效去除工业废水中的有害金属离子特别是重金属离子已经成为当前迫切的任务。

工业废水处理的具体方法是将废水中所含有的各种污染物与水分离或加以分解，从而达到净化的目的。日常废水处理方法大体分为：物理、化学、物理化学和生物处理方法。物理处理法包括调节、离心分离、沉淀、除油、过滤等；化学处理法包括中和、化学沉淀、氧化还原等；物理化学处理法包括混凝、气浮、吸附、离子交换、膜分离等。

这里我们简单介绍化学沉淀法处理工业废水中的一些重金属离子。化学沉淀法：对于各种有毒或有害的金属离子，可加入沉淀剂与其反应，生成氢氧化物、碳酸盐或硫化物等难溶物质而除去。

1. 汞

水中汞污染来源于汞极电解食盐厂、汞制剂农药厂、用汞仪表厂等的废水。汞中毒后，会引起神经损害、瘫痪、精神错乱、失明等症状。汞的毒性的大小与其存在的形态有关，+1 价汞的化合物的毒性小，而+2 价汞的化合物毒性就大。有机汞的毒性比无机汞的毒性大。1953 年发生在日本的水俣病就是无机汞转变为有机汞、累积性的汞中毒事件。

废水中汞的处理一般采取先用 IR 树脂和 MR 树脂两次交换，然后加入 Na_2S 溶液，生成 HgS 沉淀回收。其反应为

$$Hg^{2+} + S^{2-} \xlongequal{\quad} HgS\downarrow$$

2. 镉

水中镉的主要存在形态是 Cd^{2+}，来源于金属矿山、冶炼厂、电镀厂、某些电池厂、特种玻璃制造厂及化工厂等的废水。镉有很高的潜在毒性，饮用水中含量不得超过 0.01 $mg\cdot L^{-1}$，否则将因累积而引起机体组织代谢的障碍，对肾脏损害最明显，常伴有肺部损伤，造成肺气肿。镉能使钙大量流失，引起骨质软化和骨骼萎缩变形，严重者会产生多发性自然骨折，是造成“痛痛病”的主要原因。

废水中镉的处理：若废水中仅含有 Cd^{2+}，可加入 NaOH 或 Na_2S 使之形成 $Cd(OH)_2$ 或 CdS 沉淀除去。

$$Cd^{2+} + 2OH^- \xlongequal{\quad} Cd(OH)_2\downarrow$$

$$Cd^{2+} + S^{2-} \xlongequal{\quad} CdS\downarrow$$

冶炼厂或电镀厂的含镉废水中常含有 $[Cd(CN)_4]^{2-}$，采用简单沉淀法达不到除去 Cd^{2+} 的目的，一般加入漂白粉，先使 CN^- 氧化，转化为无毒的 CO_3^{2-} 和 N_2，然后使 Cd^{2+} 生成 $Cd(OH)_2$ 沉淀除去。

$$Ca(ClO)_2 + 2H_2O \xlongequal{\quad} Ca(OH)_2 + 2HClO$$

$$CN^- + ClO^- \rightleftharpoons CNO^- + Cl^-$$

$$2CNO^- + 3ClO^- + 2OH^- \rightleftharpoons 2CO_3^{2-} + N_2\uparrow + 3Cl^- + H_2O$$

$$Cd^{2+} + 2OH^- \xlongequal{\quad} Cd(OH)_2\downarrow$$

3. 铬

水中铬的主要存在形态是铬酸根(CrO_4^{2-})或重铬酸根($Cr_2O_7^{2-}$),来源于冶炼厂、电镀厂及制革、颜料等工厂的废水。铬的化合物均有毒,Cr^{3+}是人体中的一种微量营养元素,但过量也会引起中毒,Cr(Ⅵ)的毒性更大。Cr(Ⅵ)是国际抗癌研究中心和美国毒理学组织公布的致癌物,具有明显的致癌作用,常接触大剂量Cr(Ⅵ)会引起接触部位的溃疡或造成不良反应。摄入过量的Cr(Ⅵ)会引起肾脏和肝脏受损、恶心、胃肠道刺激、胃溃疡、痉挛,甚至死亡。Cr(Ⅵ)还会进入DNA遗传给下一代。因而含铬废水必须处理后才能排放,以免污染环境,影响人体健康。废水中铬的处理方法一般有两种:

(1)铁屑还原法

在含铬废水中,加入如铁屑之类的还原剂,铁屑在酸性废水中失去电子成为亚铁离子Fe^{2+},继而被Cr(Ⅵ)氧化成Fe^{3+},而Cr(Ⅵ)还原成Cr^{3+}。然后加入NaOH,调节溶液的pH,使Cr^{3+}和Fe^{3+}生成氢氧化物沉淀,$Fe(OH)_3$具有凝聚作用,将$Cr(OH)_3$吸附凝聚在一起,这就使废水中的Cr(Ⅵ)和Cr^{3+}同时被除去,达到排放标准。

$$Fe - 2e^- \xlongequal{} Fe^{2+}$$

$$Cr_2O_7^{2-} + 6Fe^{2+} + 14H^+ \xlongequal{} 2Cr^{3+} + 6Fe^{3+} + 7H_2O$$

$$Cr^{3+} + 3OH^- \xlongequal{} Cr(OH)_3\downarrow$$

$$Fe^{3+} + 3OH^- \xlongequal{} Fe(OH)_3\downarrow$$

(2)铁氧体法

铁氧体是一种由铁离子、氧原子及其他金属离子组成的氧化物晶体,通常呈立方结构,是一种磁性半导体。在化学沉淀法处理废水中,铁氧体沉淀法是使废水中的各种金属离子形成铁氧体晶粒一起沉淀析出,从而使废水得到净化。铁氧体法处理一般有三个过程,即还原反应、共沉淀和生成铁氧体。

在含铬废水中,加入一定比例的$FeSO_4$,在一定酸度下将废水中Cr(Ⅵ)还原成Cr(Ⅲ),然后加入NaOH,调节反应体系酸度,使Fe^{3+}、Cr^{3+}与Fe^{2+}共沉淀,再迅速加热,通入大量压缩空气,使过量的Fe^{2+}继续被氧化成Fe^{3+}。当Fe^{2+}与Fe^{3+}物质的量比为1∶2时,即生成了具有磁性的铁氧体($Fe_3O_4 \cdot nH_2O$)。由于Cr^{3+}和Fe^{3+}具有相同的离子电荷和相近的离子半径,在铁氧体的沉淀过程中,Cr^{3+}取代大部分Fe^{3+},可以使Cr^{3+}成为铁氧体的组分而沉淀出来,然后用磁铁或电磁铁吸去沉淀物。从而去除了废水中的Cr(Ⅵ),达到净水的目的。

$$Cr_2O_7^{2-} + 6Fe^{2+} + 14H^+ \xlongequal{} 2Cr^{3+} + 6Fe^{3+} + 7H_2O$$

$$Cr^{3+} + 3OH^- \xlongequal{} Cr(OH)_3\downarrow$$

$$M^{n+} + nOH^- \longrightarrow M(OH)_n\downarrow \quad (M^{n+}\text{为}Fe^{2+}\backslash,Fe^{3+})$$

$$Fe(OH)_3 \longrightarrow FeOOH + H_2O$$

$$FeOOH + Fe(OH)_2 \longrightarrow FeOOHFe(OH)_2\downarrow$$

$$FeOOHFe(OH)_2 + FeOOH \longrightarrow Fe_3O_4\downarrow + 2H_2O$$

经过上述反应,废水中重金属离子进入铁氧体晶体,二价金属离子占据Fe^{2+}位置,三价金属离子占据Fe^{3+}位置,生成复合的铁氧体。铬离子形成的铬铁氧体的反应式为

$$Fe_3O_4 + Cr^{3+} \longrightarrow Fe^{3+}[Fe^{2+} \cdot Fe^{3+}_{(1-x)}Cr^{3+}_x]O_4 \quad (x\text{为}0\sim1)$$

4. 铅

水中铅的主要存在形态是Pb^{2+}，来源于金属矿山、冶炼厂、电池厂、油漆厂等的废水及汽车尾气。铅对环境的污染具有持久性、积累性，它不能被生物代谢所分解。铅是重金属污染中数量最大的一种，能毒害神经和造血系统，引起痉挛、反应迟钝、贫血等。

沉淀法处理废水中的铅：通过调节废水的 pH，使Pb^{2+}生成$Pb(OH)_2$沉淀除去。

$$Pb^{2+} + 2OH^- \longrightarrow Pb(OH)_2 \downarrow$$

铅属于两性金属，pH 过高时会形成络合物而使沉淀物发生反溶现象，因此，严格控制和保持最佳的 pH 是关键。

5. 砷

砷虽不属于重金属，但毒性与重金属相似。砷及所有含砷的化合物都是有毒的。砒霜是最常见的砷化合物。水中砷的主要存在形态是亚砷酸根离子（AsO_3^{3-}）和砷酸根离子（AsO_4^{3-}），AsO_3^{3-}的毒性比AsO_4^{3-}的要大。金属冶炼、农药、医药生产、皮革加工、玻璃陶瓷和杀虫剂生产的废水中都含有砷或砷的化合物。砷中毒会引起代谢紊乱、胃肠道失常、肾衰竭等。我国规定工业废水中砷的最大允许排放浓度（以 As 计）为 $0.5\ mg \cdot L^{-1}$。

化学沉淀法常以钙、铁、镁、铝盐及硫化物等作为沉淀剂，再经过滤后即可除去水中的砷。例如，用石灰乳作沉淀剂除砷：

$$3Ca^{2+} + 2AsO_3^{3-} \longrightarrow Ca_3(AsO_3)_2 \downarrow$$
$$3Ca^{2+} + 2AsO_4^{3-} \longrightarrow Ca_3(AsO_4)_2 \downarrow$$

2002 年 11 月，广西某县发生了交通事故，导致 20 吨砒霜泄漏，造成河流严重污染，相关部门采用投入大量生石灰（其用量以水体 pH 10.0～10.5 为宜，30～50 倍）的方法处理污染水体的砒霜，待生石灰与砒霜发生中和反应及沉淀反应后，通过一系列配套措施的应用，及时清运和处理了其反应沉淀产物，快速、高效、彻底地清除砷的污染，并彻底地清除撒落在陡坡上的砒霜，确保了无人畜中毒事故的发生。这种独创的除砷方法，以生石灰为原料，来源容易、价格低廉、运输方便、施用简单，更重要的是除河水的 pH 暂时改变更加有利于除砷外，生石灰不会对当地的水源和生态环境造成损害及二次污染。运用生石灰中和法治理砒霜泄漏污染事故，是一种安全有效、经济实用的方法，对于治理大量砷泄漏造成河流严重污染事故的野外现场应急处理效果十分明显。

思考题

5-1 说明下列基本概念：

(1)溶解度、溶度积和溶度积规则。

(2)沉淀反应中同离子效应和盐效应。

(3)分步沉淀与沉淀的转化。

5-2 下列叙述是否正确？并说明之。

(1)溶解度大的溶度积一定大。

(2)为了使某种离子沉淀得很完全，所加沉淀剂越多，则沉淀得越完全。

(3)所谓沉淀完全,就是指溶液中这种离子的浓度为零。

5-3　根据溶度积规则说明下列事实。

(1)$CaCO_3$(s)能溶于 HAc 溶液中。

(2)$Fe(OH)_3$(s)能溶于稀 H_2SO_4 溶液中。

(3)MnS(s)溶于 HAc,而 ZnS(s)不溶于 HAc,能溶于稀 HCl 溶液中。

(4)AgCl(s)不溶于稀 HCl(2.0 mol · L^{-1}),但可适当溶解于浓盐酸中。

5-4　影响沉淀溶解的因素有哪些?它们是如何影响的?对重量分析法有什么不良影响?

5-5　试说明为什么会出现下列现象或操作?

(1)氯化银在 1 mol · L^{-1} HCl 溶液中比在水中容易溶解。

(2)铬酸银在 0.001 mol · L^{-1} $AgNO_3$ 溶液中比在 0.001 mol · L^{-1} K_2CrO_4 溶液中难溶解。

(3)$BaSO_4$ 沉淀要陈化,而 AgCl 或 $Fe(OH)_3$ 沉淀不要陈化。

(4)$BaSO_4$ 可用水洗涤,而 AgCl 要用稀 HNO_3 洗涤。

5-6　某溶液中含有 SO_4^{2-}、Mg^{2+} 两种离子,欲用重量法测定,试拟订简要方案。

5-7　重量分析法的一般误差来源是什么?怎样减少这些误差?

5-8　试述银量法指示剂的作用原理,并与酸碱滴定法比较。

5-9　在下列情况下,分析结果偏高、偏低,还是无影响?为什么?

(1)pH=4 时用摩尔法测定 Cl^-。

(2)用佛尔哈德法测定 Cl^- 时,既没有滤去 AgCl 沉淀,又没有加有机溶剂。

(3)在(2)的条件下测定 Br^-。

习　题

5-1　写出下列难溶化合物的沉淀-溶解反应方程式及其溶度积常数表达式。

(1)CaC_2O_4　(2)$Mn_3(PO_4)_2$　(3)$Al(OH)_3$　(4)Ag_3PO_4　(5)PbI_2　(6)$MgNH_4PO_4$

5-2　根据 $Mg(OH)_2$ 的溶度积计算:

(1)$Mg(OH)_2$ 在水中的溶解度(mol · L^{-1})。

(2)$Mg(OH)_2$ 饱和溶液中的[Mg^{2+}]、[OH^-]和 pH。

(3)$Mg(OH)_2$ 在 0.010 mol · L^{-1}NaOH 溶液中的溶解度(mol · L^{-1})。

(4)$Mg(OH)_2$ 在 0.010 mol · $L^{-1}$$MgCl_2$ 溶液中的溶解度(mol · L^{-1})。

5-3　下列溶液中能否产生沉淀?

(1)0.02 mol · $L^{-1}$$BaCl_2$ 溶液与 0.01 mol · $L^{-1}$$Na_2CO_3$ 溶液等体积混合。

(2)0.05 mol · $L^{-1}$$MgCl_2$ 溶液与 0.1 mol · L^{-1}氨水等体积混合。

(3)在 0.1 mol · L^{-1}HAc 和 0.1 mol · $L^{-1}$$FeCl_2$ 混合溶液中通入 H_2S 气体至饱和(溶液中 H_2S 浓度约为 0.1 mol · L^{-1})。

5-4　计算 25 ℃下 CaF_2(s):(1)在水中的溶解度。(2)在 0.010 mol · L^{-1} $Ca(NO_3)_2$ 溶液中的溶解度。(3)在 0.010 mol · L^{-1} NaF溶液中的溶解度(mol · L^{-1})。比较三种情况下

溶解度的相对大小。

5-5 (1)在 10.0 mL 0.015 mol·L^{-1} $MnSO_4$ 溶液中，加入 5.0 mL 0.15 mol·L^{-1} NH_3(aq)，是否能生成 $Mn(OH)_2$ 沉淀？

(2)若在上述 10.0 mL 0.015 mol·L^{-1} $MnSO_4$ 溶液中先加入 0.495 g $(NH_4)_2SO_4$ 晶体，再加入 5.0 mL 0.15 mol·L^{-1} NH_3(aq)，是否有 $Mn(OH)_2$ 沉淀生成？

5-6 将 H_2S 气体通入 0.1 mol·L^{-1} $FeCl_2$ 溶液中，达到饱和，必须将 pH 控制在什么范围才能阻止 FeS 沉淀？

5-7 在某混合溶液中 Fe^{3+} 和 Zn^{2+} 浓度均为 0.010 mol·L^{-1}。加碱调节 pH，使 $Fe(OH)_3$ 完全沉淀出来，而 Zn^{2+} 保留在溶液中。通过计算确定分离 Fe^{3+} 和 Zn^{2+} 的 pH 范围。

5-8 某溶液中含有 Pb^{2+} 和 Ba^{2+}，其浓度都是 0.1 mol·L^{-1}，加入 Na_2SO_4 试剂，哪一种离子先沉淀？两者有无分离的可能？[$K_{sp}^{\ominus}(PbSO_4) = 1.6 \times 10^{-8}$，$K_{sp}^{\ominus}(BaSO_4) = 1.1 \times 10^{-10}$]

5-9 已知室温下，$2CrO_4^{2-} + 2H^+ \rightleftharpoons Cr_2O_7^{2-} + H_2O$，$K^{\ominus} = 3.5 \times 10^{14}$。$K_{sp}^{\ominus}(BaCrO_4) = 1.2\times10^{-10}$，$K_{sp}^{\ominus}(SrCrO_4) = 2.2\times10^{-5}$。通过计算说明：

(1)在 pH = 2.00 的 10 mL 0.010 mol·L^{-1} K_2CrO_4 溶液中，加入 1.0 mL 0.10 mol·L^{-1} $BaCl_2$ 溶液，可以产生 $BaCrO_4$ 沉淀。

(2)在同样条件下，加入 1.0 mL 0.10 mol·L^{-1} $Sr(NO_3)_2$ 溶液，不可能产生 $SrCrO_4$ 沉淀。

(3)怎样才能得到 $SrCrO_4$ 沉淀？

5-10 在 100 mL 0.100 mol·L^{-1} NaOH 溶液中，加入 1.51 g $MnSO_4$，如果要阻止 $Mn(OH)_2$ 沉淀析出，最少需加入多少克 $(NH_4)_2SO_4$？

5-11 在 1 L Na_2CO_3 溶液中使 0.010 mol $CaSO_4$ 全部转化为 $CaCO_3$，求 Na_2CO_3 的最初浓度为多少？

5-12 已知某溶液中含有 0.10 mol·L^{-1} Zn^{2+} 和 0.10 mol·L^{-1} Cd^{2+}，当在此溶液中通入 H_2S 使之饱和时，$c(H_2S)$ 为 0.10 mol·L^{-1}。

(1)试判断哪一种沉淀首先析出？

(2)溶液的酸度应控制在什么范围，才能使两者实现定性分离？(忽略离子强度)

5-13 计算下列换算因数：

(1)从 $Mg_2P_2O_7$ 的质量计算 MgO 的质量。

(2)从 $Mg_2P_2O_7$ 的质量计算 P_2O_5 的质量。

(3)从 $(NH_4)_3PO_4\cdot12MoO_3$ 的质量计算 P 和 P_2O_5 的质量。

5-14 仅含有 CaO 和 BaO 的混合物 2.212 g，转化为混合硫酸盐后质量为 5.023 g，计算原混合物中 CaO 和 BaO 的百分含量。

5-15 称取 0.481 7 g 硅酸盐试样，将它适当处理后获得 0.263 0 g 不纯的 SiO_2(主要含有 Fe_2O_3、Al_2O_3 等杂质)。将不纯的 SiO_2 用 H_2SO_4-HF 处理。使 SiO_2 转化为 SiF_4 而除去。残渣经灼烧后，质量为0.001 3 g。计算试样中纯 SiO_2 的含量。若不经 H_2SO_4-HF 处理，杂质造成的误差有多大？

5-16　称取基准物 NaCl 0.200 0 g，溶于水后，加入 $AgNO_3$ 标准溶液 50.00 mL，以铁铵矾作指示剂，用 NH_4SCN 标准溶液滴定至微红色，用去 NH_4SCN 标准溶液 25.00 mL。已知 1 mL NH_4SCN 标准溶液相当于 1.20 mL $AgNO_3$ 标准溶液，计算 $AgNO_3$ 和 NH_4SCN 标准溶液的浓度。

5-17　将 0.115 9 $mol \cdot L^{-1}$ $AgNO_3$ 溶液 30.00 mL 加入含有氯化物试样 0.225 5 g 的溶液中，然后用 3.16 mL 0.103 3 $mol \cdot L^{-1}$ NH_4SCN 溶液滴定过量的 $AgNO_3$。计算试样中氯的百分含量。

5-18　称取 0.500 0 g 纯净钾盐 KIO_x，还原为碘化物后，用 0.100 0 $mol \cdot L^{-1}$ $AgNO_3$ 溶液滴定，用去 23.36 mL，判断该盐的分子式。

第6章

氧化还原平衡和氧化还原滴定法

Redox Equilibrium and Redox Titration

化学反应可以分为两大类：一类是在反应过程中，反应物之间没有发生电子的转移，如酸碱反应、沉淀反应和配位反应等；另一类是在反应过程中，反应物之间发生了电子的转移，其显著的特征是参加反应的全部或部分元素的氧化数发生了改变，从微观角度来看，这类反应都伴随着电子的转移或共用电子对的偏离。据不完全统计，化工生产中约有50%的反应都涉及氧化还原反应，这类反应对于制备新物质、获取化学热能和电能都有重要意义。本章将讨论氧化还原反应的本质以及氧化还原反应的应用。

6.1 氧化还原反应的基本概念

Basic concepts of redox reaction

6.1.1 氧化数

Oxidation number

氧化数（又称氧化值）是一个人为的概念，是某元素一个原子的表观电荷数（又叫荷电荷数），通过假设把每个化学键中的电子指定给电负性更大的原子而求得。它主要用于描述物质的氧化或还原状态，并用于氧化还原反应方程的配平。

视频

氧化数

确定氧化数的一般规则如下：

（1）单质中元素的氧化数为零。这是因为成键原子的电负性相同，共用电子对不能指定给任何一方。

（2）在离子化合物中，元素的氧化数为该元素离子的电荷数。

（3）在共价化合物中，把两个原子共用的电子对指定给电负性较大的原子后，各原子所具有的形式电荷数即为它们的氧化数。例如，HCl分子中H的氧化数为+1，Cl的氧化数为−1。

（4）氧在化合物中的氧化数一般为−2，在过氧化物（如H_2O_2、Na_2O_2等）中为−1，在超氧化物（如KO_2）中为$-\frac{1}{2}$，在OF_2中为+2。氢在化合物中的氧化数一般为+1，仅在与活泼金属生成的离子型氢化物（如NaH、CaH_2）中为−1。

(5)在中性分子中，各元素的正负氧化数代数和为零；在复杂离子中，各元素的正负氧化数的代数和等于离子电荷。

根据以上规则，可以确定化合物中某元素的氧化数。例如，$K_2Cr_2O_7$ 中铬的氧化数为 $+6$，$S_4O_6^{2-}$ 中硫的氧化数为 $+\frac{5}{2}$。

必须指出，大多数情况下，氧化数与化合价是一致的。氧化数与化合价也有混用的，但它们是两个不同的概念。氧化数是人为规定的，不仅可以是整数，还可以是分数，是一种表观电荷数，而化合价是表示原子间相互化合的一种性质，其值没有分数。

此外，在共价化合物中，判断元素原子的氧化数时，不要与共价数(某元素原子形成的共价键的数目)相混淆。例如，在 CH_4、CH_3Cl、CH_2Cl_2、$CHCl_3$ 和 CCl_4 中，碳的共价数为 4，但其氧化数分别为 -4、-2、0、$+2$ 和 $+4$。氧化数有正负，而共价数无正负。

6.1.2　氧化还原反应 Redox reaction

1. 氧化与还原

化学反应中，反应前后元素的氧化数发生了变化的反应称为氧化还原反应。氧化数升高的过程称为氧化，氧化数降低的过程称为还原。为了叙述方便，将氧化与还原分别定义，事实上氧化反应(oxidation reaction)与还原反应(reduction reaction)是存在于同一反应中并且同时发生的。一种元素的氧化数升高，必有另一元素的氧化数降低，且氧化数升高数与氧化数降低数相等。例如

视频

氧化还原反应

氧化数降低，还原

$$\overset{+2}{Cu}O + \overset{0}{H_2} = \overset{0}{Cu} + \overset{+1}{H_2}O$$

氧化数升高，氧化

2. 氧化剂和还原剂

在氧化还原反应中，元素的氧化数发生改变的实质是反应过程中这些原子有电子的得失(包括电子对的偏移)。氧化是失去电子的变化，还原是得到电子的变化。反应中失去电子、氧化数升高的反应物是还原剂(oxidazing agent or oxidant)，得到电子、氧化数降低的反应物是氧化剂(reducing agent or reductant)。

常用的氧化剂有活泼的非金属单质，如 O_2、F_2、Cl_2、Br_2、I_2 以及含氧化数较高的元素的化合物或离子，如 $KMnO_4$、$K_2Cr_2O_7$、HNO_3、H_2SO_4、$Ce(SO_4)_2$ 等。

常用的还原剂有活泼的金属单质，如 Na、Mg、Al、Zn、Fe 以及含氧化数较低的元素的化合物或离子，如 KI、$SnCl_2$、H_2S、$H_2C_2O_4$ 等。

某些含有中间氧化数的物质，在反应时氧化数可能升高，也可能降低。在不同的反应条件下，这些物质有时作氧化剂，有时又可作还原剂。例如

$$H_2O_2 + 2Fe^{2+} + 2H^+ = 2Fe^{3+} + 2H_2O \quad (H_2O_2 \text{ 作氧化剂，O 的氧化数从} -1 \text{ 变为} -2)$$

$$H_2O_2 + Cl_2 = 2HCl + O_2 \quad (H_2O_2 \text{ 作还原剂，O 的氧化数从} -1 \text{ 变为 } 0)$$

人们还根据元素氧化数的变化情况，将氧化还原反应分类。将氧化数的变化发生在不同物质中不同元素上的反应称为一般的氧化还原反应，如 CuO 与 H_2 的反应。将氧化数的变化发生在同一物质内不同元素上的反应称为自身氧化还原反应，如 $2KClO_3 \xlongequal{} 2KCl + 3O_2\uparrow$。$KClO_3$ 中氯的氧化数由 +5 降为 −1，氧的氧化数由 −2 升为 0，$KClO_3$ 既是氧化剂又是还原剂。将氧化数的变化发生在同一物质内同一元素上的反应称为歧化反应，如 Cu^+ 在水溶液中的反应：

$$2Cu^+ \xlongequal{} Cu + Cu^{2+}$$

歧化反应是自身氧化还原反应的一种特殊类型。歧化反应的逆过程称为反歧化反应，如

$$2Fe^{3+} + Fe \xlongequal{} 3Fe^{2+}$$

3. 氧化还原半反应与氧化还原电对

任何一个氧化还原反应都可看作是两个“半反应”之和，一个半反应失去电子，另一个半反应得到电子。例如，$Cu^{2+} + Zn \xlongequal{} Cu + Zn^{2+}$ 可看成下面两个半反应的结果：

$$Cu^{2+} + 2e^- \rightleftharpoons Cu \qquad (1)$$

$$Zn^{2+} + 2e^- \rightleftharpoons Zn \qquad (2)$$

两者代数和即为总反应式。式(1)称为还原半反应式，式(2)称为氧化半反应式。

在氧化还原反应中，氧化剂与其还原产物、还原剂与其氧化产物这样的一对物质称为氧化还原电对，简称电对，用“氧化型|还原型”表示。

在氧化还原电对中，氧化数较高的物质称氧化型物质，氧化数较低的物质称还原型物质。

任何一种物质的氧化型和还原型都可以组成氧化还原电对，而每个电对构成相应的氧化还原半反应，写成通式是：

$$\text{氧化型} + ne^- \rightleftharpoons \text{还原型}$$

或

$$Ox + ne^- \rightleftharpoons Red$$

式中　n——半反应中转移的电子数。

每个氧化还原半反应都包含一个氧化还原电对 Ox|Red。因此，式(1)中存在 $Cu^{2+}|Cu$ 电对，式(2)中存在 $Zn^{2+}|Zn$ 电对。

氧化还原电对是氧化还原反应的精髓，是氧化还原反应相关计算的基础。利用氧化还原半反应来写氧化还原电对时，一定要尊重反应事实。例如

$$AgCl + e^- \rightleftharpoons Ag + Cl^-$$

包含的氧化还原电对是 AgCl|Ag，而不能写成 $Ag^+|Ag$。

再如

$$Fe(OH)_3 + e^- \rightleftharpoons Fe(OH)_2 + OH^-$$

包含的氧化还原电对是 $Fe(OH)_3|Fe(OH)_2$，而不能写成 $Fe^{3+}|Fe^{2+}$。

由氧化还原电对还原成为氧化还原半反应，在有些时候需添加必要的成分。例如，将 CuS|Cu 电对还原成为半反应，则在半反应式的右边添加 S^{2-}。其半反应为

$$CuS + 2e^- \rightleftharpoons Cu + S^{2-}$$

再如，将 $Cr_2O_7^{2-}$ | Cr^{3+} 电对还原成为氧化还原半反应，也需要添加必要的成分。其半反应为

$$Cr_2O_7^{2-} + 14H^+ + 6e^- \rightleftharpoons 2Cr^{3+} + 7H_2O$$

6.2　氧化还原反应方程的配平

Balancing of redox reaction equation

配平氧化还原反应方程，首先要确定在反应条件下(如温度、压力、介质的酸碱性等)，氧化剂的还原产物和还原剂的氧化产物，然后根据氧化剂和还原剂氧化数的变化相等的原则，或氧化剂和还原剂得失电子数相等的原则进行配平。

6.2.1　氧化数法

Oxidation number method

氧化数法的基本原则是反应中所有氧化剂元素氧化数降低值等于所有还原剂元素氧化数增加值，或反应中得失电子的总数相等。

以 $KMnO_4$ 和 HCl 的反应为例说明用此法配平氧化还原反应方程的具体步骤。

(1)写出基本反应式，即写出反应物和它们的主要产物。

$$KMnO_4 + HCl \longrightarrow MnCl_2 + Cl_2$$

(2)标出反应式中氧化数发生变化的元素(氧化剂、还原剂)的氧化数及其变化值。

$$2-7=-5$$

$$K\overset{+7}{Mn}O_4 + H\overset{-1}{Cl} \longrightarrow \overset{+2}{Mn}Cl_2 + \overset{0}{Cl_2}$$

$$2\times[0-(-1)]=+2$$

(3)按最小公倍数，即“氧化剂氧化数降低总和等于还原剂氧化数升高总和”原则。在氧化剂和还原剂分子式前面乘以适当的系数。

氧化数降低：

$$2-7=-5$$

氧化数升高：

$$2\times[0-(-1)]=+2$$

2 与 5 的最小公倍数为 10。

(4)配平方程式两边的 H 和 O 的个数。根据介质不同，在酸性介质中，O 多的一边加 H^+，O 少的一边加 H_2O；在碱性介质中，O 多的一边加 H_2O，O 少的一边加 OH^-；在中性介质中，一边加 H_2O，另一边加 H^+ 或 OH^-。

$$2KMnO_4 + 16HCl \longrightarrow 2MnCl_2 + 2KCl + 5Cl_2 + 8H_2O$$

(5)检查方程式两边是否达到质量平衡及电荷平衡。将箭头改为等号，得到平衡的化学反应方程式。

6.2.2 离子-电子法 Ion-electron method

离子-电子法根据氧化还原反应中氧化剂和还原剂得失电子的总数相等，反应前后各元素的原子总数相等的原则配平方程式。以酸性溶液 $KMnO_4$ 与 K_2SO_3 的反应为例来说明用离子-电子法配平氧化还原反应。

视频

离子-电子法

(1)写出氧化还原反应的离子反应式。

$$MnO_4^- + SO_3^{2-} \longrightarrow Mn^{2+} + SO_4^{2-}$$

(2)把总反应式分解为两个半反应，两个反应分别由两个电对构成，即 $MnO_4^- | Mn^{2+}$ 和 $SO_4^{2-} | SO_3^{2-}$，其半反应为

还原反应：

$$MnO_4^- + 5e^- \longrightarrow Mn^{2+}$$

氧化反应：

$$SO_3^{2-} - 2e^- \longrightarrow SO_4^{2-}$$

(3)分别配平两个半反应。先将两个半反应两边的原子数配平，再用电子将电荷数配平。

若半反应式两边的氢、氧原子数不相等，则应按反应进行的酸碱条件，添加适当数目的 H^+、OH^- 或 H_2O。一般来说，在酸性介质中，半反应两边哪边氧原子多，就在这一边添加 H^+，另一边添加 H_2O；在碱性介质中，半反应两边哪边氧原子多，就在这一边添加 H_2O，在另一边添加 OH^-。特别注意的是，在同一个半反应中，不能同时出现 H^+ 和 OH^-。上述半反应配平的结果是：

还原反应：

$$MnO_4^- + 8H^+ + 5e^- \longrightarrow Mn^{2+} + 4H_2O$$

氧化反应：

$$SO_3^{2-} + H_2O - 2e^- \longrightarrow SO_4^{2-} + 2H^+$$

(4)根据“氧化剂得电子总和等于还原剂失电子总和”的原则，在两个半反应前面乘以适当的系数，相加并约化。

$$\times 2)\ MnO_4^- + 8H^+ + 5e^- \longrightarrow Mn^{2+} + 4H_2O$$

$$+)\quad \times 5)\ SO_3^{2-} + H_2O - 2e^- \longrightarrow SO_4^{2-} + 2H^+$$

$$2MnO_4^- + 5SO_3^{2-} + 6H^+ \longrightarrow 2Mn^{2+} + 5SO_4^{2-} + 3H_2O$$

(5)检查方程式两边是否达到质量平衡及电荷平衡，然后将离子反应式改写为分子反应式，将箭头改为等号。

$$2KMnO_4 + 5K_2SO_3 + 3H_2SO_4 = 2MnSO_4 + 6K_2SO_4 + 3H_2O$$

离子-电子法突出了化学计量数的变动是电子得失的结果，反映了水溶液中反应的实质，特别对有介质参加的复杂反应配平比较方便。值得注意的是，离子-电子法仅适用于配平水溶液中的反应，并且无论在配平的离子方程式还是分子方程式中都不应出现游离电子。

6.3　原电池与电极电势

Primary battery and electrode potential

6.3.1　原电池

Primary battery

视频

原电池

1. 原电池

原电池是利用自发的氧化还原反应产生电流的装置，它可使化学能转化为电能。如 Cu-Zn 原电池，将锌片放入硫酸铜溶液中，会发生如下反应：

$$Cu^{2+} + Zn \Longrightarrow Cu + Zn^{2+}$$

Zn 和 Cu^{2+} 间发生了电子转移，Zn 失去电子被氧化，是还原剂；Cu^{2+} 得到电子被还原，是氧化剂。由于反应中锌片和 $CuSO_4$ 溶液直接接触，所以电子直接从锌片转移给 Cu^{2+}，而得不到电流，化学能以热的形式与环境发生交换。

如果锌片和 $CuSO_4$ 溶液不直接接触，而是在如图 6-1 所示的装置中进行反应，则可将化学能转变为电能，即可获得电流。

在甲乙两烧杯中分别放入 $ZnSO_4$ 和 $CuSO_4$ 溶液，在盛 $ZnSO_4$ 溶液的烧杯中插入 Zn 片，在盛 $CuSO_4$ 溶液的烧杯中插入 Cu 片。把两个烧杯中的溶液用一倒置的 U 形管连接起来。U 形管中装满用 KCl 饱和溶液和琼胶做成的冻胶。这种装满冻胶的 U 形管称为盐桥（salt bridge）。此时串联在 Cu 极和 Zn 极间的检流计指针立即向一方偏转，说明导线中有电流通过。这个装置称为铜-锌原电池。

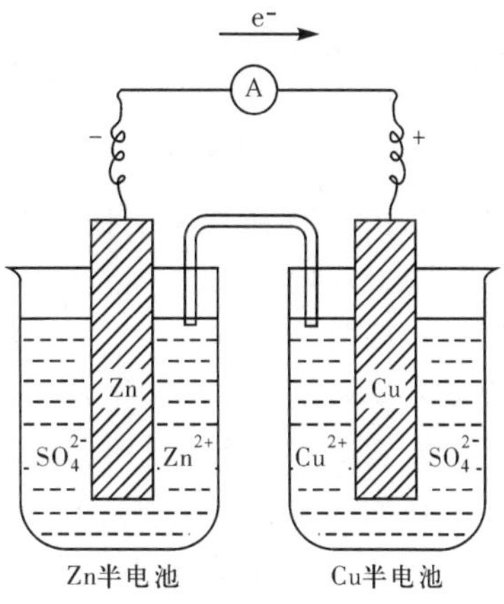

图 6-1　Cu-Zn 原电池

工作状态的化学电池同时发生三个过程，即两极表面分别发生氧化反应和还原反应，电子流过外电路，离子通过盐桥流入电解质溶液。

从原电池的装置中可以看出，原电池的一极是 $Zn^{2+}|Zn$ 电对构成，另一极是 $Cu^{2+}|Cu$ 电对构成，对应在电极的金属和溶液界面上发生的反应（半反应）称为电极反应或半电池反应。电极的正、负可由电子的流向确定。流出电子的电极为负极（negative pole），发生氧化反应；接受电子的电极为正极（positive pole），发生还原反应。将两个电极反应合并即得原电池的总反应，又称为电池反应。如铜-锌电池反应：

负极　　$Zn \rightleftharpoons Zn^{2+} + 2e^-$

正极　　$Cu^{2+} + 2e^- \rightleftharpoons Cu$

电池反应　　$Cu^{2+} + Zn \Longrightarrow Cu + Zn^{2+}$

盐桥内通常盛饱和 KCl 溶液或 NH_4NO_3 溶液（以琼胶做成冻胶），其作用是使溶液始终保持电中性，使电极反应得以继续进行，同时消除原电池中的液接电势（或扩散电势）。

2. 电极的类型和原电池符号

原电池的基本单元是氧化-还原电对，也就是说，电极是由氧化-还原电对构成的。依发生氧化还原反应类型的不同，电对主要有下列四种基本类型，相应地构成四种电极（注意，这里的四种电极与电化学中四种类型电极分类不同）：

（1）金属-金属离子电对

是由金属和金属离子组成，例如，$Zn^{2+}|Zn$。

电极反应为 $$Zn^{2+}+2e^{-}\rightleftharpoons Zn$$

为了书面表达方便，可以用电极符号来表示（以正极为例）：

$$Zn^{2+}(c_1)|Zn(s)$$

其中，“|”表示物质之间的相界面。

（2）气体-离子电对

是由气体和相应的离子组成，例如，$H^{+}|H_2$。

电极反应为 $$2H^{+}+2e^{-}\rightleftharpoons H_2$$

电极符号为 $$H^{+}(c_1)|H_2(p)|Pt$$

这类电对在组成原电池中需插入惰性电极（不参加电极反应，仅起导电作用的物质，如石墨、Pt 等）。

（3）金属-金属难溶盐电对

是由金属和相应的难溶盐组成，例如，$AgCl|Ag$。

电极反应为 $$AgCl+e^{-}\rightleftharpoons Ag+Cl^{-}$$

电极符号为 $$Cl^{-}(c_1)|AgCl|Ag$$

（4）氧化还原电对

是由不同氧化数的同一种元素组成，例如，$Fe^{3+}|Fe^{2+}$。

电极反应为 $$Fe^{3+}+e^{-}\rightleftharpoons Fe^{2+}$$

电极符号为 $$Fe^{3+}(c_1),Fe^{2+}(c_2)|\ Pt$$

这类电对在组成原电池中也需插入惰性电极。

3. 原电池符号

任何两个电对在理论上都可以组成一个原电池，原电池一般用原电池符号来表示。如铜-锌原电池可以表示为

$$(-)Zn(s)|ZnSO_4(c_1)\ \vdots\vdots\ CuSO_4(c_2)|Cu(s)(+)$$

（1）原电池符号的书写规则

原电池符号的书写须遵循以下规则：

①习惯上负极写在左边，正极写在右边。原电池符号两边的（+）和（−）也可以省略不写。

②用“|”表示物质之间的相界面，用“ ⁞⁞ ”表示盐桥。

③电极物质为溶液时要注明其浓度，为气体时需注明其分压。

④某些电极需插入惰性电极，如 $Fe^{3+}|Fe^{2+}$、$O_2|H_2O$ 等。惰性电极在电池符号中也要表示出来。

（2）电池反应与原电池符号间的“互译”

若化学反应作为电池反应，其原电池符号应如何表示？

①氧化还原反应作为电池反应

a. 确定氧化剂和还原剂。

b. 写出它们各自的电对。

c. 以氧化剂电对为正极，以还原剂电对为负极，写出原电池符号。

②非氧化还原反应作为电池反应

在方程式两边同时加上一个物质，将它变为一个氧化还原反应，然后再用上面的方法写出原电池符号。

【例 6-1】 在酸性介质中，MnO_4^- 和 Fe^{2+} 发生以下反应：

$$MnO_4^- + 5Fe^{2+} + 8H^+ \longrightarrow Mn^{2+} + 5Fe^{3+} + 4H_2O$$

将此反应设计为原电池。

解　电极反应：(－) $Fe^{2+} \rightleftharpoons Fe^{3+} + e^-$

$$(+)\ MnO_4^- + 8H^+ + 5e^- \rightleftharpoons Mn^{2+} + 4H_2O$$

电池符号：(－)$Pt|Fe^{2+}(c_1), Fe^{3+}(c_2) \vdots\vdots\ MnO_4^-(c_3), Mn^{2+}(c_4), H^+(c_5)|Pt$(＋)

在氧化还原反应中参与反应的介质(如 H^+)也应在原电池的图示中表达出来。

【例 6-2】 若反应 $Ag^+ + Cl^- \rightleftharpoons AgCl$ 是一个原电池反应，试写出原电池符号。

解　在方程式两边同时加上 Ag，反应就可以看成是氧化还原反应：

$$Ag + Ag^+ + Cl^- \rightleftharpoons AgCl + Ag$$

电极反应：　(－)$Ag + Cl^- \rightleftharpoons AgCl + e^-$

(＋)$Ag^+ + e^- \rightleftharpoons Ag$

电池符号：　(－)$Ag\ |AgCl|\ Cl^-(c_1) \vdots\vdots\ Ag^+(c_2)|\ Ag$(＋)

6.3.2 电极电势

Electrode potential

1. 电极电势的产生

电极电势产生的微观机理是非常复杂的。以金属电极为例，在金属晶体中存在金属离子和自由电子。当把金属棒 M 放入其盐溶液中时，一方面，金属棒 M 表面构成晶格的金属离子和极性大的水分子互相吸引，有一种使金属棒上留下电子而自身以水合离子的形式(M^{n+})进入溶液的倾向。金属越活泼或溶液中金属离子浓度越小，这种倾向越大；另一方面，溶液中的水合金属离子 M^{n+} 又有一种从金属表面获得电子而沉积在金属表面的倾向。金属越不活泼或溶液中金属离子浓度越大，这种倾向越大。这两种对立的倾向在某种条件下达到暂时的平衡：

视频

电极电势

$$M(s) \rightleftharpoons M^{n+}(aq) + ne^-$$

如果溶解倾向大于沉积倾向，达到平衡后金属表面将有一部分金属离子进入溶液，使金属表面带负电，而金属附近的溶液带正电[图 6-2(a)]；反之，如果沉积倾向大于溶解倾向，达到平衡后金属表面带正电，而金属附近的溶液带负电[图 6-2(b)]。不论是哪一种情况，在达到平衡后，金属与其盐溶液界面之间都会因带相反电荷而形成双电层结构，从而产生电势差。该电势差也称为电极的绝对电势，其大小和方向主要由金属的种类和溶液中离子浓度等因素决定。

2. 原电池的电动势与电极电势

原电池的电动势是电池中各个相界面上电势差的代数和。这些界面电势差主要有电极-溶液界面电势(electrode-solution interface potential),即绝对电势,还有不同金属间的接触电势(contact potential),以及两种溶液间的液体接界电势(liquid junction potential)。通常液体接界电势可用盐桥使其降至最小,以致可以忽略不计。接触电势一般也很小,常不加考虑。

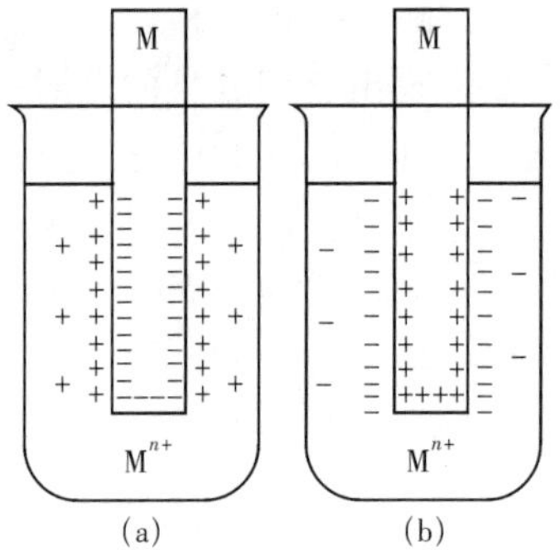

图 6-2　双电层示意图

目前还无法由实验测定单个电极的绝对电势,但可用电位计测定电池的电动势,并规定电动势 E 等于两个电极电势的相对差值,即

$$E=\varphi_{+}-\varphi_{-} \tag{6-1}$$

3. 标准电极电势

单个电极的电极电势是无法测量的,但是电池的电动势可以准确测定。要测量原电池的电动势,必须将待测电极与另一个电极组成原电池,另一个电极称为参比电极,电化学中将标准氢电极作为一级基准,规定其电极电势为零。将待测电极和标准氢电极组成原电池,通过测定该电池的电动势,可以求出待测电极的电极电势。但是,在实际测量过程中,因标准氢电极使用较麻烦,而且电极电势不容易保持稳定,一般使用甘汞电极或银-氯化银电极作为参比电极。

(1)标准氢电极

标准氢电极(standard hydrogen electrode)的结构如图 6-3 所示。将镀有铂黑的铂片置于氢离子浓度(严格地说应为活度)为 1.0 mol·L^{-1}的溶液中,然后不断地通入标准压力为 1.0×10^{5} Pa 的纯氢气达到饱和,在这个电极上建立了如下平衡:

$$\frac{1}{2}H_2(g)\rightleftharpoons H^+(aq)+e^-$$

这种状态下的电极电势即为氢电极的标准电极电势。

国际上规定,标准氢电极在任何温度下电极电势均为零,即

$$\varphi^{\ominus}(H^+|H_2)=0\ V \tag{6-2}$$

并以此为标准来确定其他电极的电极电势。

(2)标准电极电势

如果参加电极反应的物质均处于标准态,这时的电极称标准电极,对应的电极电势称标准电极电势(sandard electrode potential),用 $\varphi^{\ominus}$ 表示,SI 单位为 V。所谓标准态是指组成电极的离子浓度为1 mol·L^{-1},气体分压为 10^5 Pa,液体或固体都是纯净物质。如果原电池的两个电极均为标准电极,则此电池为标准电池,对应的电动势为标准电池电动势,用 $E^{\ominus}$ 表示,即

$$E^{\ominus}=\varphi_{+}^{\ominus}-\varphi_{-}^{\ominus} \tag{6-3}$$

用标准态下的各种电极与标准氢电极组成原电池,用检流计确定电池的正负极,用电位计测得电池的电动势,即可求出待测电极的标准电极电势。

$$Pt,H_2(p^{\ominus})|H^+(1\ mol\cdot L^{-1})\ \vdots\vdots\ 给定电极$$

或

$$给定电极 \; \vdots\vdots \; H^+(1\ mol \cdot L^{-1}) | H_2(p^\ominus), Pt$$

例如，要测定锌电极的标准电极电势，将标准锌电极与标准氢电极组成如图 6-4 所示的原电池。由实验可知，标准锌电极为负极，标准氢电极为正极，该原电池表示为

$$(-)Zn | Zn^{2+}(1\ mol \cdot L^{-1}) \; \vdots\vdots \; H^+(1\ mol \cdot L^{-1}) | H_2(p^\ominus), Pt(+)$$

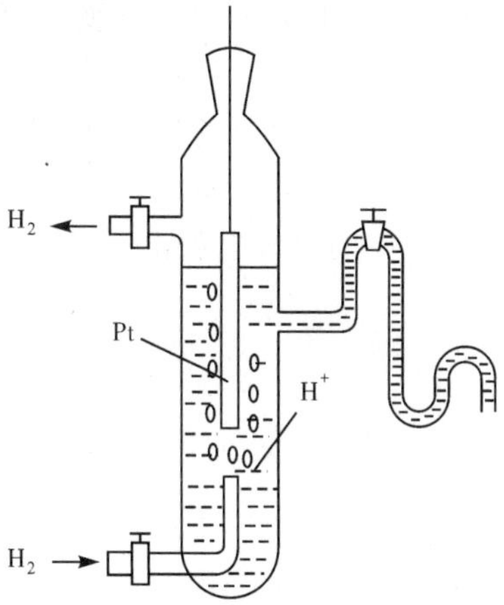

图 6-3　标准氢电极

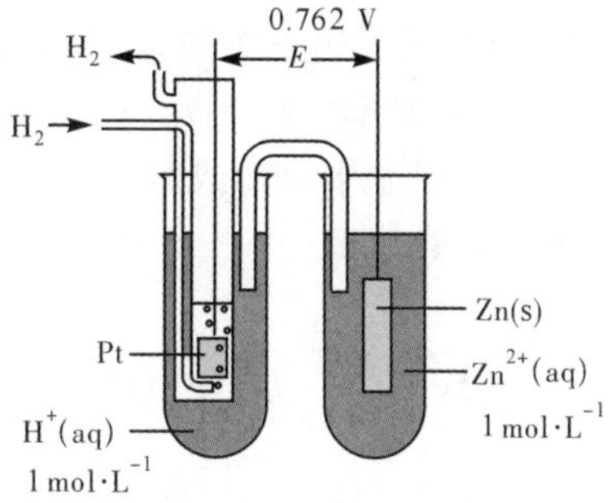

图 6-4　锌电极的标准电极电势测量装置图

用电位计测得该电池电动势 $E^\ominus = 0.762\ V$。由

$$E^\ominus = \varphi^\ominus(H^+ | H_2) - \varphi^\ominus(Zn^{2+} | Zn)$$

可得

$$\varphi^\ominus(Zn^{2+} | Zn) = -0.762\ V$$

再如，测定铜电极的标准电极电势，可将标准铜电极作为正极，与标准氢电极组成原电池。该电池可表示为

$$(-)Pt, H_2(p^\ominus) | H^+(1\ mol \cdot L^{-1}) \; \vdots\vdots \; Cu^{2+}(1\ mol \cdot L^{-1}) | Cu(+)$$

此时的电动势为电池的标准电动势，以 $E^\ominus$ 表示，298.15 K 时，测得 $E^\ominus = 0.342\ V$。所以，由

$$E^\ominus = \varphi^\ominus(Cu^{2+} | Cu) - \varphi^\ominus(H^+ | H_2)$$

可得

$$\varphi^\ominus(Cu^{2+} | Cu) = 0.342\ V$$

用同样的方法可测得其他电对的标准电极电势。对某些与水发生剧烈反应而不能直接测定的电极，如 $Na^+ | Na$、$F_2 | F^-$ 等则可通过热力学数据用间接方法来计算标准电极电势。附录 3 列出了较常见的各种电极的标准电极电势。

使用标准电极电势数据时应注意以下几点：

①按照国际惯例，电池半反应一律用还原反应 $M^{n+} + ne^- \rightleftharpoons M$ 表示，因此电极电势是还原电势。在附录 3 中，$\varphi^\ominus$ 的数值越正，说明氧化型物质获得电子的本领或氧化能力越强，即氧化性自上而下依次增强；反之，其数值越负，说明还原型物质失去电子的本领或还原能力越强，即还原性自下而上依次增强。

②表中 $\varphi^\ominus$ 从上向下依次增大。在氢电极上方的电对，其 $\varphi^\ominus$ 为负值，而在氢电极下方的电对，其 $\varphi^\ominus$ 为正值。

③标准电极电势的数值反映物质得失电子的倾向，是反应体系的强度性质，与电极反应式的写法和得失电子的多少无关，即与半反应式中的计量系数无关。例如

$$Fe^{3+}+e^- \rightleftharpoons Fe^{2+},\quad \varphi^{\ominus}(Fe^{3+}|Fe^{2+})=0.771\ V$$

$$2Fe^{3+}+2e^- \rightleftharpoons 2Fe^{2+},\quad \varphi^{\ominus}(Fe^{3+}|Fe^{2+})=0.771\ V$$

④表中数据为 298 K 时的标准电极电势。因为电极电势随温度的变化(温度系数)不大，所以在温室下一般均可应用该表数值。

⑤$\varphi^{\ominus}$的大小与反应速率无关。$\varphi^{\ominus}$的大小是电极处于平衡状态时表现出的特征值，与平衡到达的快慢、反应速率大小无关。

⑥本表不能用于非水溶液或熔融盐。在非水溶液中的电极电势由于有溶剂化作用而与水溶液中的电极电势不同。

6.4 影响电极电势的因素

Factors that affecting the electrode potential

6.4.1 电极电势的能斯特方程

Nernst equation of electrode potential

1. 电极电势的能斯特方程

影响电极电势的因素主要有电极的本性、氧化型物种及还原型物种的浓度(或分压)以及温度。对于任何给定的电极，其电极电势与物种浓度及温度的关系遵循**能斯特方程**(Nernst equation)。

视频

能斯特方程

设有电极反应

$$Ox+ne^- \rightleftharpoons Red$$

则有

$$\varphi=\varphi^{\ominus}+\frac{RT}{nF}\ln\frac{c(Ox)}{c(Red)} \tag{6-4}$$

式中 φ——氧化型物质和还原型物质为任意浓度时电对的电极电势；

$\varphi^{\ominus}$——电对的标准电极电势；

R——摩尔气体常数，8.314 J·mol^{-1}·K^{-1}；

n——电极反应传递的电子数；

F——法拉第常数。

式(6-4)称为能斯特方程，它反映了参加电极反应的各种物质的浓度以及温度对电极电势的影响。

298 K 时，将各常数代入式(6-4)，并将自然对数换成常用对数，即得

$$\varphi=\varphi^{\ominus}+\frac{0.059\ 2}{n}\lg\frac{c(Ox)}{c(Red)} \tag{6-5}$$

使用能斯特方程时必须注意以下几点：

(1)若电极反应中氧化型或还原型物质的计量数不是 1，能斯特方程中各物质的浓度项

变为以计量数为指数的幂。

(2)若电极反应中某物质是固体或液体，则不写入能斯特方程。如果是气体，则用该气体的分压和标准态压力($p^{\ominus}$)的比值代入方程。例如

$$Zn^{2+}+2e^- \rightleftharpoons Zn$$

$$\varphi(Zn^{2+}|Zn)=\varphi^{\ominus}(Zn^{2+}|Zn)+\frac{0.059\ 2}{2}\lg c(Zn^{2+})$$

$$Br_2+2e^- \rightleftharpoons 2Br^-$$

$$\varphi(Br_2|Br^-)=\varphi^{\ominus}(Br_2|Br^-)+\frac{0.059\ 2}{2}\lg\frac{1}{c^2(Br^-)}$$

$$O_2+4H^++4e^- \rightleftharpoons 2H_2O$$

$$\varphi(O_2|H_2O)=\varphi^{\ominus}(O_2|H_2O)+\frac{0.059\ 2}{4}\lg\left[\frac{p(O_2)}{p^{\ominus}}\cdot c^4(H^+)\right]$$

(3)公式中的 $c(\mathrm{Ox})$ 和 $c(\mathrm{Red})$ 并非专指氧化数有变化的物质的浓度，若有氧化剂、还原剂以外的物质参加电极反应(如 H^+、OH^- 等)，则应把这些物质的浓度以计量数为指数的幂表示在方程中。例如

$$MnO_4^-+8H^++5e^- \rightleftharpoons Mn^{2+}+4H_2O$$

$$\varphi(MnO_4^-|Mn^{2+})=\varphi^{\ominus}(MnO_4^-|Mn^{2+})+\frac{0.059\ 2}{5}\lg\frac{c(MnO_4^-)c^8(H^+)}{c(Mn^{2+})}$$

根据电极的组成，利用能斯特方程分别计算正负极的电极电势，可求得原电池的电动势。

2. 电动势的能斯特方程

氧化还原反应：

$$a\mathrm{Ox}_1+b\mathrm{Red}_2 \rightleftharpoons c\mathrm{Red}_1+d\mathrm{Ox}_2$$

其电动势的能斯特方程为

$$E=E^{\ominus}-\frac{RT}{nF}\ln\frac{c^c(\mathrm{Red}_1)c^d(\mathrm{Ox}_2)}{c^a(\mathrm{Ox}_1)c^b(\mathrm{Red}_2)} \tag{6-6}$$

298 K 时，将各常数代入式(6-6)，并将自然对数换成常用对数，得

$$E=E^{\ominus}-\frac{0.059\ 2}{n}\lg\frac{c^c(\mathrm{Red}_1)c^d(\mathrm{Ox}_2)}{c^a(\mathrm{Ox}_1)c^b(\mathrm{Red}_2)} \tag{6-7}$$

计算非标准态电池反应的电动势有两种方法：

(1)先由电极电势的能斯特方程计算出两电对的电极电势，再由 $E=\varphi_+-\varphi_-$ 计算电动势。

(2)直接根据电动势的能斯特方程计算。

建议采用第(1)种方法。

应该注意，原电池电动势数值与电池反应计量式的写法无关，即电动势数值不因电池反应方程式的化学计量数的改变而改变。

【例 6-3】 原电池的组成为(－)Zn|Zn^{2+}(0.001 mol·L^{-1}) ┆┆ Zn^{2+}(1.0 mol·L^{-1})|Zn(＋)。计算 298 K 时该原电池的电动势。已知 $\varphi^{\ominus}(Zn^{2+}|Zn)=-0.762$ V。

解　电极反应为

$$Zn^{2+} + 2e^- \rightleftharpoons Zn$$

$$\varphi_+ = \varphi(Zn^{2+}|Zn) = \varphi^{\ominus}(Zn^{2+}|Zn) = -0.762\ V$$

$$\varphi_- = \varphi(Zn^{2+}|Zn) = \varphi^{\ominus}(Zn^{2+}|Zn) + \frac{0.059\ 2}{2}\lg c(Zn^{2+})$$

$$= -0.762 + \frac{0.059\ 2}{2}\lg 10^{-3} = -0.851\ V$$

原电池的电动势

$$E = \varphi_+ - \varphi_- = -0.762 - (-0.851) = 0.089\ V$$

6.4.2 影响因素 Affecting factors

1. 参加电极反应的氧化型或还原型物质浓度

视频

影响电极电势的因素

参加电极反应的氧化型或还原型物质浓度对电极电势的影响主要通过能斯特方程来体现。

【例 6-4】 计算 298 K 时电对 $Fe^{3+}|Fe^{2+}$ 在下列情况下的电极电势：

(1)$c(Fe^{3+}) = 0.1\ mol \cdot L^{-1}$，$c(Fe^{2+}) = 1\ mol \cdot L^{-1}$。

(2)$c(Fe^{3+}) = 1\ mol \cdot L^{-1}$，$c(Fe^{2+}) = 0.1\ mol \cdot L^{-1}$。

解　电极反应为　　$Fe^{3+} + e^- \rightleftharpoons Fe^{2+}$

$$\varphi(Fe^{3+}|Fe^{2+}) = \varphi^{\ominus}(Fe^{3+}|Fe^{2+}) + 0.059\ 2\lg\frac{c(Fe^{3+})}{c(Fe^{2+})}$$

$$(1)\ \varphi(Fe^{3+}|Fe^{2+}) = 0.771 + 0.059\ 2\ \lg\frac{0.1}{1} = 0.712\ V$$

$$(2)\ \varphi(Fe^{3+}|Fe^{2+}) = 0.771 + 0.059\ 2\ \lg\frac{1}{0.1} = 0.830\ V$$

计算结果表明，降低电对中氧化型物质的浓度，电极电势数值减小，即电对中氧化型物质的氧化能力减弱或还原型物质的还原能力增强；降低电对中还原型物质的浓度，电极电势数值增大，即电对中氧化型物质的氧化能力增强或还原型物质的还原能力减弱。

2. 溶液酸碱性

若电极反应有 H^+、OH^- 参加，则溶液的酸碱性会对电极电势有较大的影响。

例如，在某一中性溶液中，$\varphi(Cr_2O_7^{2-}|Cr^{3+}) = 0.363\ V$，$\varphi(I_2|I^-) = 0.54\ V$，在这种情况下，$I_2$ 的氧化能力要比 $Cr_2O_7^{2-}$ 强，Cr^{3+} 的还原能力比 I^- 强。而在酸性溶液中，情况则不同。

【例 6-5】 设 $c(Cr_2O_7^{2-}) = c(Cr^{3+}) = 1\ mol \cdot L^{-1}$，计算 298 K 时电对 $Cr_2O_7^{2-}|Cr^{3+}$ 在 $1\ mol \cdot L^{-1}$ HCl 溶液和中性溶液中的电极电势。

解　电极反应为

$$Cr_2O_7^{2-} + 14H^+ + 6e^- \rightleftharpoons 2Cr^{3+} + 7H_2O$$

$$\varphi(Cr_2O_7^{2-}|Cr^{3+}) = \varphi^{\ominus}(Cr_2O_7^{2-}|Cr^{3+}) + \frac{0.059\ 2}{6}\lg\frac{c(Cr_2O_7^{2-})c^{14}(H^+)}{c^2(Cr^{3+})}$$

$$= 1.33 + \frac{0.059\ 2}{6}\lg c^{14}(H^+)$$

在 1 mol·L^{-1} HCl 溶液中，$c(H^+)=1$ mol·L^{-1}，则

$$\varphi(Cr_2O_7^{2-}|Cr^{3+})=1.33+\frac{0.0592}{6}\lg 1=1.33\ V$$

在中性溶液中，$c(H^+)=10^{-7}$ mol·L^{-1}，则

$$\varphi(Cr_2O_7^{2-}|Cr^{3+})=1.33+\frac{0.0592}{6}\lg(10^{-7})^{14}=0.363\ V$$

可见，$K_2Cr_2O_7$（以及大多数含氧酸盐）作为氧化剂的氧化能力受溶液酸度的影响非常大，酸度越高，其氧化能力越强。

溶液的酸度不仅影响电对的电极电势，还会影响氧化还原反应的产物，例如 MnO_4^- 作为氧化剂，在不同酸碱性溶液中的产物就不同：

$$2MnO_4^-+5SO_3^{2-}+6H^+ \rightleftharpoons 2Mn^{2+}+5SO_4^{2-}+3H_2O\text{（酸性）}$$

$$2MnO_4^-+3SO_3^{2-}+H_2O \rightleftharpoons 2MnO_2+3SO_4^{2-}+2OH^-\text{（中性）}$$

$$2MnO_4^-+SO_3^{2-}+2OH^- \rightleftharpoons 2MnO_4^{2-}+SO_4^{2-}+H_2O\text{（强碱性）}$$

溶液酸度的改变还会影响反应进行的方向。

例如，可逆反应：

$$H_3AsO_4+2H^++2I^- \underset{c(H^+)<0.39\ mol\cdot L^{-1}}{\overset{c(H^+)>0.39\ mol\cdot L^{-1}}{\rightleftharpoons}} HAsO_2+2H_2O+I_2$$

当溶液的 $c(H^+)>0.39$ mol·L^{-1}时，H_3AsO_4 可以将 KI 氧化成 I_2；当溶液的 $c(H^+)<0.39$ mol·L^{-1}时（包括中性溶液），H_3AsO_4 不能将 KI 氧化成 I_2，而 I_2 却能将 $HAsO_2$ 氧化成 H_3AsO_4（读者可以通过计算证实）。

【例 6-6】（1）试判断反应：$MnO_2+4HCl \rightleftharpoons MnCl_2+Cl_2+2H_2O$ 在 25 ℃时的标准状态下能否向右进行？

（2）实验室中为什么能用 MnO_2 与浓 HCl 反应制取 Cl_2？

解　（1）正极反应：$MnO_2+4H^++2e^- \rightleftharpoons Mn^{2+}+2H_2O$　$\varphi^\ominus(MnO_2|Mn^{2+})=1.23$ V

负极反应：$2Cl^--2e^- \rightleftharpoons Cl_2$　$\varphi^\ominus(Cl_2|Cl^-)=1.36$ V

$$E^\ominus=\varphi^\ominus(MnO_2|Mn^{2+})-\varphi^\ominus(Cl_2|Cl^-)=1.23-1.36=-0.13\ V<0$$

所以在标准状态下上述反应不能向右进行。

（2）在实验室中制取 Cl_2 时，用的是浓 HCl（12 mol·L^{-1}）。根据能斯特方程，可分别计算上述两电对的电极电势，并假定 $c(Mn^{2+})=1.0$ mol·L^{-1}，$p(Cl_2)=100$ kPa。在浓 HCl 中，$c(H^+)=12$ mol·L^{-1}，$c(Cl^-)=12$ mol·L^{-1}，则

$$\varphi_+=\varphi(MnO_2|Mn^{2+})=\varphi^\ominus(MnO_2|Mn^{2+})+\frac{0.0592}{2}\lg\frac{c^4(H^+)}{c(Mn^{2+})}$$

$$=1.23+\frac{0.0592}{2}\lg 12^4=1.36\ V$$

$$\varphi_-=\varphi(Cl_2|Cl^-)=\varphi^\ominus(Cl_2|Cl^-)+\frac{0.0592}{2}\lg\frac{p(Cl_2)/p^\ominus}{c^2(Cl^-)}$$

$$=1.36+\frac{0.0592}{2}\lg\frac{1}{12^2}=1.294\ V$$

$\varphi_+>\varphi_-$（或 $E=\varphi_+-\varphi_-=1.36-1.294=0.066\ V>0$）

因此，能用 MnO_2 与浓 HCl 反应制取 Cl_2。

3. 生成沉淀

(1)氧化型物质生成沉淀

在电对溶液中加入沉淀剂，若使氧化型物质生成沉淀，则电极电势降低。沉淀的 $K_{sp}^{\ominus}$ 越小，则 φ 越小，氧化型物质的氧化能力减弱，稳定性增加。例如，电对 $Ag^+|Ag$，电极反应为

$$Ag^+ + e^- \rightleftharpoons Ag, \quad \varphi^{\ominus}(Ag^+|Ag) = 0.800\ V$$

Ag^+ 为一中等强度的氧化剂。若在溶液中加入 NaCl，则生成 AgCl 沉淀，这时的电极反应为

$$Ag + Cl^- \rightleftharpoons AgCl + e^-$$

AgCl 沉淀的生成使溶液中 Ag^+ 浓度大大降低。平衡时，如果 $c(Cl^-) = 1\ mol \cdot L^{-1}$，则

$$c(Ag^+) = K_{sp}^{\ominus}/c(Cl^-) = 1.8 \times 10^{-10}\ mol \cdot L^{-1}$$

这时

$$\begin{aligned}\varphi(Ag^+|Ag) &= \varphi^{\ominus}(Ag^+|Ag) + 0.059\ 2\lg c(Ag^+) \\ &= 0.800 + 0.059\ 2\lg(1.8 \times 10^{-10}) \\ &= 0.223\ V\end{aligned}$$

计算所得的电极电势值是电对 $AgCl|Ag$ 按电极反应 $AgCl + e^- \rightleftharpoons Ag + Cl^-$ 的标准电极电势，即 $\varphi^{\ominus}(AgCl|Ag) = 0.223\ V$。与 $\varphi^{\ominus}(Ag^+|Ag) = 0.800\ V$ 相比，电极电势降低了 0.577 V。

若加入 KBr 或 KI，电极电势会降得更低。

(2)还原型物质生成沉淀

在电对溶液中加入沉淀剂，若使还原型物质生成沉淀，则电极电势升高。沉淀的 $K_{sp}^{\ominus}$ 越小，则 φ 越大，还原型物质的还原能力减弱，稳定性增加。例如，电对 $Cu^{2+}|Cu^+$ 的标准电极电势为 0.153 V，若在溶液中加入 NaCl，则生成 CuCl 沉淀，电极反应为

$$Cu^{2+} + Cl^- + e^- \rightleftharpoons CuCl$$

CuCl 沉淀的生成使溶液中 Cu^+ 浓度大大降低。达到平衡时，如果 $c(Cl^-) = 1\ mol \cdot L^{-1}$，则

$$c(Cu^+) = K_{sp}^{\ominus}/c(Cl^-) = 1.72 \times 10^{-7}\ mol \cdot L^{-1}$$

$$\begin{aligned}\varphi^{\ominus}(Cu^{2+}|CuCl) &= \varphi(Cu^{2+}|Cu^+) \\ &= \varphi^{\ominus}(Cu^{2+}|Cu^+) + 0.059\ 2\lg\frac{[Cu^{2+}]}{[Cu^+]} \\ &= \varphi^{\ominus}(Cu^{2+}|Cu^+) + 0.059\ 2\lg\frac{1}{K_{sp}^{\ominus}} \\ &= 0.153 + 0.059\ 2\lg\frac{1}{1.72 \times 10^{-7}} \\ &= 0.553\ V\end{aligned}$$

[注意，这里计算的是电对 $Cu^{2+}|CuCl$ 的标准电极电势，从电极反应可知，标准态时，$c(Cu^{2+}) = 1\ mol \cdot L^{-1}$]

可以看到，电极电势变大了，说明 CuCl 的还原性比 Cu^+ 弱。

(3)氧化型物质和还原型物质都生成沉淀

在电对溶液中加入沉淀剂，使氧化型物质和还原型物质都生成沉淀。若 $K_{sp}^{\ominus}(Ox) > K_{sp}^{\ominus}(Red)$，则电极电势升高；若 $K_{sp}^{\ominus}(Ox) < K_{sp}^{\ominus}(Red)$，则电极电势降低。例如，在碱性介质

中，$Fe^{3+}|Fe^{2+}$ 的电极反应为

$$Fe(OH)_3 + e^- \rightleftharpoons Fe(OH)_2 + OH^-$$

也可以由 $\varphi^{\ominus}(Fe^{3+}|Fe^{2+})$ 和 $K_{sp}^{\ominus}[Fe(OH)_3]$、$K_{sp}^{\ominus}[Fe(OH)_2]$ 计算 $\varphi^{\ominus}[Fe(OH)_3|Fe(OH)_2]$：

$$\varphi^{\ominus}[Fe(OH)_3|Fe(OH)_2] = \varphi^{\ominus}(Fe^{3+}|Fe^{2+}) + 0.059\ 2\lg\frac{K_{sp}^{\ominus}[Fe(OH)_3]}{K_{sp}^{\ominus}[Fe(OH)_2]}$$

若参加电极反应的氧化型物质或还原型物质生成配合物，其浓度发生变化，则电对的电极电势会明显改变，相关计算可参阅第 9 章。

【例 6-7】 已知 $\varphi^{\ominus}(Cu^{2+}|Cu^+) = 0.153$ V，$\varphi^{\ominus}(Cu^+|Cu) = 0.521$ V，$K_{sp}^{\ominus}(CuCl) = 1.72\times10^{-7}$。试计算 $\varphi^{\ominus}(Cu^{2+}|CuCl)$ 和 $\varphi^{\ominus}(CuCl|Cu)$。

解　这两个电对一个是还原型物质生成沉淀，另一个是氧化型物质生成沉淀，所以直接使用计算公式进行计算：

$$\begin{aligned}\varphi^{\ominus}(Cu^{2+}|CuCl) &= \varphi^{\ominus}(Cu^{2+}|Cu^+) + 0.059\ 2\lg\frac{1}{K_{sp}^{\ominus}(CuCl)}\\ &= 0.153 - 0.059\ 2\lg(1.72\times10^{-7})\\ &= 0.553\text{ V}\end{aligned}$$

$$\begin{aligned}\varphi^{\ominus}(CuCl|Cu) &= \varphi^{\ominus}(Cu^+|Cu) + 0.059\ 2\lg K_{sp}^{\ominus}(CuCl)\\ &= 0.521 + 0.059\ 2\lg(1.72\times10^{-7})\\ &= 0.121\text{ V}\end{aligned}$$

6.5　电极电势的应用

Application of electrode potential

利用能斯特方程分别计算原电池正负极的电极电势，或利用电极电势表查得原电池的标准电极电势，则可计算原电池的标准电动势。除此之外，还有以下几方面的应用。

6.5.1　判断原电池的正、负极，计算原电池的电动势

Predicting the positive and negative poles and calculating the electromotive force of the primary battery

在组成原电池的两个电极中，电极电势代数值较大的是原电池的正极，代数值较小的是原电池的负极。原电池的**电动势**(electromotive force)等于正极的电极电势减去负极的电极电势：

$$E = \varphi_+ - \varphi_-$$

视频

电极电势的应用(一)

【例 6-8】 指出下列原电池的正、负极，并计算其电动势。已知 $\varphi^{\ominus}(Zn^{2+}|Zn) = -0.762$ V，$\varphi^{\ominus}(Cu^{2+}|Cu) = 0.342$ V。

$$Zn|Zn^{2+}(0.100\ mol\cdot L^{-1}) \vdots\vdots Cu^{2+}(2.00\ mol\cdot L^{-1})|Cu$$

解　首先，根据能斯特方程分别计算两电极的电极电势：

$$\begin{aligned}\varphi(Zn^{2+}|Zn)&=\varphi^{\ominus}(Zn^{2+}|Zn)+\frac{0.0592}{2}\lg c(Zn^{2+})\\&=-0.762+\frac{0.0592}{2}\lg 0.100\\&=-0.792\ V\end{aligned}$$

$$\begin{aligned}\varphi(Cu^{2+}|Cu)&=\varphi^{\ominus}(Cu^{2+}|Cu)+\frac{0.0592}{2}\lg c(Cu^{2+})\\&=0.342+\frac{0.0592}{2}\lg 2.00\\&=0.351\ V\end{aligned}$$

故 $Cu^{2+}|Cu$ 为正极，$Zn^{2+}|Zn$ 为负极。

电极反应：

正极　$Cu^{2+}+2e^- \rightleftharpoons Cu$　（还原反应）

负极　$Zn-2e^- \rightleftharpoons Zn^{2+}$　（氧化反应）

电池反应：

$$Zn+Cu^{2+} = Zn^{2+}+Cu$$

或

$$\begin{aligned}E&=\varphi_+-\varphi_-=\varphi(Cu^{2+}|Cu)-\varphi(Zn^{2+}|Zn)\\&=0.351-(-0.792)\\&=1.143\ V\end{aligned}$$

6.5.2　比较氧化剂、还原剂的相对强弱

Predicting the relative strength of oxidants and reductant

电极电势的大小反映了电对中氧化态物质和还原态物质在水溶液中氧化还原能力的相对强弱。

视频

电极电势的应用(二)

电极电势代数值越小，则该电对的还原型物质越容易发生氧化反应，是较强的还原剂；相应地，该电对的氧化型物质越难发生还原反应，是较弱的氧化剂。电极电势代数值越大，则该电对的氧化型物质越容易发生还原反应，是较强的氧化剂；而还原型物质越难失去电子，是较弱的还原剂。

【例 6-9】 根据标准电极电势数值判断下列电对中氧化型物质的氧化能力和还原型物质的还原能力强弱次序。

$$Cr_2O_7^{2-}|Cr^{3+}，\quad Fe^{3+}|Fe^{2+}，\quad I_2|I^-$$

解　$\varphi^{\ominus}(Cr_2O_7^{2-}|Cr^{3+})=1.33\ V$，　$\varphi^{\ominus}(Fe^{3+}|Fe^{2+})=0.771\ V$，　$\varphi^{\ominus}(I_2|I^-)=0.536\ V$

由 $\varphi^{\ominus}$ 大小可知，氧化型物质氧化能力强弱次序为

$$Cr_2O_7^{2-}>Fe^{3+}>I_2$$

还原型物质还原能力强弱次序为

$$I^- > Fe^{2+} > Cr^{3+}$$

当电极中氧化型或还原型离子浓度不是 1 mol·L^{-1}，或者有 H^+ 或 OH^- 参加电极反应且它们的浓度也不是 1 mol·L^{-1}时，不能直接使用标准电极电势 $\varphi^\ominus$ 来判断氧化还原能力，而应考虑离子浓度或溶液酸碱性对电极电势的影响，运用能斯特方程计算 φ 后，再比较氧化剂或还原剂的相对强弱。不过，对于简单的电极反应，由于离子浓度的变化对 φ 的影响不大，因而只要两个电极在标准电极电势表中的位置相距较远时，通常也可直接用 $\varphi^\ominus$ 来进行比较。

6.5.3 选择合适的氧化剂和还原剂 Predicting the proper oxidant and reductant

在生产和科学实验中，有时需要对一个复杂化学体系的某一(或某些)组分进行选择性的氧化或还原处理，要求体系中其他组分不被氧化或还原，因此需要选择合适的氧化剂或还原剂。

根据所选氧化剂电对的 $\varphi^\ominus$ 必须大于被氧化物电对的 $\varphi^\ominus$，而要小于不被氧化物电对的 $\varphi^\ominus$，而且二者的 $\varphi^\ominus$ 相差越大越好的原则，即

$$\varphi^\ominus(\text{被氧化}) < \varphi^\ominus(\text{所选}) < \varphi^\ominus(\text{不被氧化})$$

如果选择合适的还原剂，选择的原则是：所选还原剂电对的 $\varphi^\ominus$ 必须小于被还原物电对的 $\varphi^\ominus$，而要大于不被还原物电对的 $\varphi^\ominus$，而且二者的 $\varphi^\ominus$ 相差越大越好的原则，即

$$\varphi^\ominus(\text{不被还原}) < \varphi^\ominus(\text{所选}) < \varphi^\ominus(\text{被还原})$$

【例 6-10】 已知 $\varphi^\ominus(I_2|I^-)=0.536$ V，$\varphi^\ominus(Fe^{3+}|Fe^{2+})=0.771$ V，$\varphi^\ominus(Br_2|Br^-)=1.065$ V，$\varphi^\ominus(Cl_2|Cl^-)=1.36$ V，$\varphi^\ominus(MnO_4^-|Mn^{2+})=1.491$ V。现有 Cl^-、Br^-、I^- 的酸性混合液，欲使 I^- 氧化为 I_2，而 Br^- 和 Cl^- 不被氧化，选择一种氧化剂，应选择 $KMnO_4$ 还是 $Fe_2(SO_4)_3$？

解　要使某一氧化剂仅能氧化 I^-，而不氧化 Br^- 和 Cl^-，该氧化剂电对的 $\varphi^\ominus$ 必须大于被氧化物电对的 $\varphi^\ominus$，而小于不被氧化物电对的 $\varphi^\ominus$，则应在 0.536～1.065 V。显然，选择 $Fe_2(SO_4)_3$ 作为氧化剂符合要求。

在分析化学中，需要在含有 Cl^-、Br^-、I^- 的混合液中作个别离子定性鉴定时，常用 $Fe_2(SO_4)_3$ 将 I^- 氧化生成 I_2，再用 CCl_4 萃取 I_2，就基于此原理。

6.5.4 判断氧化还原反应进行的次序 Predicting the order of redox reactions

在实际工作中，经常会遇到溶液中含有不止一种氧化剂或还原剂的情况。Br^- 和 I^- 都能被 Cl_2 氧化，假如加氯水于含有 Br^- 和 I^- 的混合液中，哪一个先被氧化？实验事实告诉我们，Cl_2 先氧化 I^-，后氧化 Br^-。

根据 $\varphi^\ominus(I_2|I^-)=0.536$ V，$\varphi^\ominus(Br_2|Br^-)=1.065$ V，$\varphi^\ominus(Cl_2|Cl^-)=1.36$ V，则

$$\varphi^\ominus(Cl_2|Cl^-)-\varphi^\ominus(Br_2|Br^-)=0.295\ \text{V}$$

$$\varphi^{\ominus}(Cl_2|Cl^-)-\varphi^{\ominus}(I_2|I^-)=0.824\ V$$

从它们的 $\varphi^{\ominus}$ 差可知，差值越大，越先被氧化。所以，一种氧化剂可以氧化几种还原剂时，首先氧化最强的还原剂。同理，还原剂首先还原最强的氧化剂。这说明在一定条件下，氧化还原反应首先发生在电极电势相差最大的电对之间，相差越大，反应越完全。

必须指出，有些氧化还原反应速率比较缓慢，虽然电极电势差值较大，但反应速率不一定就快。因此，只根据电极电势来判断氧化还原反应进行的次序，有时可能与实际观察到的反应先后次序不符，在这种情况下应该考虑反应速率的影响，否则容易得出错误的结论。

6.5.5 判断氧化还原反应进行的方向

Predicting the direction of redox reactions

判断一个氧化还原反应的方向，只要将此反应组成原电池，使反应物中的氧化剂电对作正极，还原剂电对作负极，即 φ_+ 就是在反应中作氧化剂电对的电极电势（$\varphi_{氧}$），φ_- 就是在反应中作还原剂电对的电极电势（$\varphi_{还}$），比较两电极电势的相对大小即可。自发的氧化还原反应，总是较强的氧化剂与较强的还原剂相互作用，生成较弱的还原剂和较弱的氧化剂。组成原电池的电动势为正值。

【例 6-11】 298 K 时，判断下列两种情况下反应自发进行的方向。

(1) $Pb+Sn^{2+}(1\ mol\cdot L^{-1})=\!=\!=Pb^{2+}(0.1\ mol\cdot L^{-1})+Sn$

(2) $Pb+Sn^{2+}(0.1\ mol\cdot L^{-1})=\!=\!=Pb^{2+}(1\ mol\cdot L^{-1})+Sn$

解 $\varphi^{\ominus}(Sn^{2+}|Sn)=-0.138\ V$，$\varphi^{\ominus}(Pb^{2+}|Pb)=-0.126\ V$

(1) $\varphi_+=\varphi^{\ominus}(Sn^{2+}|Sn)=-0.138\ V$

$$\varphi_-=\varphi(Pb^{2+}|Pb)=-0.126+\frac{0.059\ 2}{2}\lg 0.1=-0.156\ V$$

因为 $\varphi_+>\varphi_-$，所以反应正向进行。

(2) $\varphi_+=\varphi(Sn^{2+}|Sn)=-0.138+\frac{0.059\ 2}{2}\lg 0.1=-0.168\ V$

$$\varphi_-=\varphi^{\ominus}(Pb^{2+}|Pb)=-0.126\ V$$

因为 $\varphi_+<\varphi_-$，所以反应逆向进行。

例 6-11 说明，当氧化剂电对和还原剂电对的 $\varphi^{\ominus}$ 相差不大时，物质的浓度将对反应方向起决定作用。在非标准状态下，须用电对的电极电势值的相对大小来判断氧化还原反应的方向。

大多数氧化还原反应如果组成原电池，其电动势一般大于 0.2 V，在这种情况下，浓度的变化虽然会影响电极电势，但一般情况下不会使电动势值改变正负号。

6.5.6 判断氧化还原反应进行的程度

Predicting the spontaneity degree of redox reactions

把一个可逆的氧化还原反应设计成原电池，利用可逆电池的标准电动势 $E^{\ominus}$ 可计算该氧化还原反应的标准平衡常数 $K^{\ominus}$：

$$\lg K^{\ominus}=\frac{nFE^{\ominus}}{2.303RT} \tag{6-8}$$

当 $T=298$ K 时，将有关常数代入，得

$$\lg K^{\ominus}=\frac{nE^{\ominus}}{0.0592} \tag{6-9}$$

如果知道了电池的标准电动势或两电对的标准电极电势及电池反应传递的电子数 n，即可计算出该氧化还原反应的标准平衡常数 $K^{\ominus}$。应用式(6-8)和式(6-9)时应注意，同一反应式的计算方程式写法不同，标准平衡常数 $K^{\ominus}$ 有不同的数值。

化学反应进行的程度可由标准平衡常数 $K^{\ominus}$ 来衡量。由式(6-9)可知，氧化还原反应进行的程度可以用两电极的标准电极电势差来衡量，差值越大($E^{\ominus}$ 越大)，反应进行得越完全($K^{\ominus}$ 越大)。

【例 6-12】 试计算下列反应在 298 K 时的平衡常数 $K^{\ominus}$。

$$Cu^{2+}+Zn \rightleftharpoons Cu+Zn^{2+}$$

解 正极反应：

$$Cu^{2+}+2e^{-} \rightleftharpoons Cu, \quad \varphi^{\ominus}(Cu^{2+}|Cu)=0.342\ V$$

负极反应：

$$Zn-2e^{-} \rightleftharpoons Zn^{2+}, \quad \varphi^{\ominus}(Zn^{2+}|Zn)=-0.762\ V$$

$$E^{\ominus}=\varphi^{\ominus}(Cu^{2+}|Cu)-\varphi^{\ominus}(Zn^{2+}|Zn)$$

$$=0.342-(-0.762)=1.104\ V$$

$$\lg K^{\ominus}=\frac{nE^{\ominus}}{0.0592}=\frac{2\times1.104}{0.0592}=37.297$$

$$K^{\ominus}=1.98\times10^{37}$$

$K^{\ominus}$ 值很大，说明反应进行得很完全，即达平衡时，Cu^{2+} 几乎都被 Zn 置换，沉积为金属铜。

6.5.7 溶度积常数的测定和计算

Measuring and calculating solubility product constants

通过测定原电池的电动势或直接根据电对的电极电势可求得难溶强电解质的溶度积常数和配合物的稳定常数等。

【例 6-13】 已知 298 K 时下列半反应的 $\varphi^{\ominus}$，试求 AgCl 的 $K_{sp}^{\ominus}$。

$$Ag^{+}+e^{-} \rightleftharpoons Ag, \quad \varphi^{\ominus}(Ag^{+}|Ag)=0.800\ V$$

$$AgCl+e^{-} \rightleftharpoons Ag+Cl^{-}, \quad \varphi^{\ominus}(AgCl|Ag)=0.223\ V$$

解 设计一个原电池：

$$(-)Ag|AgCl|Cl^{-}(1.0\ mol\cdot L^{-1}) \,\vdots\vdots\, Ag^{+}(1.0\ mol\cdot L^{-1})|Ag(+)$$

电极反应：

$$正极 \quad Ag^{+}+e^{-} \rightleftharpoons Ag$$

$$负极 \quad Ag+Cl^{-} \rightleftharpoons AgCl+e^{-}$$

电池反应：

$$Ag^+ + Cl^- \Longrightarrow AgCl$$

则电池的电动势为

$$E^\ominus = \varphi^\ominus(Ag^+|Ag) - \varphi^\ominus(AgCl|Ag) = 0.800 \text{ V} - 0.223 \text{ V} = 0.577 \text{ V}$$

反应的平衡常数为

$$\lg K^\ominus = \frac{nE^\ominus}{0.0592} = \frac{1 \times 0.577}{0.0592} = 9.747$$

而

$$K_{sp}^\ominus = \frac{1}{K^\ominus}$$

解得

$$K_{sp}^\ominus = 1.79 \times 10^{-10}$$

6.6 元素电势图及其应用
Element potential diagram and the applications

6.6.1 元素电势图
Element potential diagram

将同一种元素的各种氧化态按氧化数从高到低的顺序排列,在两种氧化态之间用线连接,并在连线上标明相应电对的标准电极电势,这种图形称为元素电势图,又称 Latimer 图。

视频

元素电势图及
其应用

例如,铁元素通常有+3\,+2\,0 等氧化态,因此可以形成下列电对

$$Fe^{3+}|Fe^{2+}, \quad \varphi^\ominus = 0.771 \text{ V}$$
$$Fe^{2+}|Fe, \quad \varphi^\ominus = -0.441 \text{ V}$$
$$Fe^{3+}|Fe, \quad \varphi^\ominus = -0.037 \text{ V}$$

铁的元素电势图为

$$Fe^{3+} \underline{\quad 0.771 \text{ V} \quad} Fe^{2+} \underline{\quad -0.441 \text{ V} \quad} Fe$$
$$\underline{\quad\quad -0.037 \text{ V} \quad\quad}$$

又如,碘的元素电势图为

$$\underline{\quad\quad\quad 1.19 \text{ V} \quad\quad\quad}$$
$$H_5IO_6 \underline{\ 1.7 \text{ V}\ } IO_3^- \underline{\ 1.13 \text{ V}\ } HIO \underline{\ 1.45 \text{ V}\ } I_2 \underline{\ 0.536 \text{ V}\ } I^-$$
$$\underline{\quad\quad 0.99 \text{ V} \quad\quad}$$

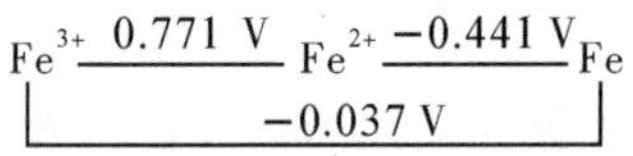

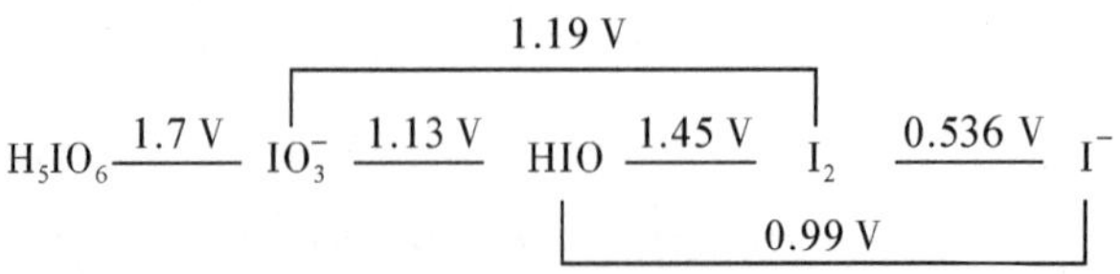

6.6.2 元素电势图的应用
Application of element potential diagram

从元素电势图不仅可以全面看出一种元素各氧化态之间电极电势的高低,而且可以判断元素在不同氧化态时的氧化还原性质,推导出各电对 $\varphi^\ominus$ 之间的定量关系。

1. 求算标准电极电势

若已知两个或两个以上相邻电对的标准电极电势，则可求出另一电对的未知标准电极电势。例如，某元素电势图为

$$\underbrace{A \xrightarrow{\varphi_1^{\ominus}} B \xrightarrow{\varphi_2^{\ominus}} C}_{\varphi^{\ominus}}$$

元素电势图中各电对之间的电势存在如下关系：

$$\varphi^{\ominus}=\frac{n_1\varphi_1^{\ominus}+n_2\varphi_2^{\ominus}}{n_1+n_2}$$

式中　n_1\,n_2——相应电极反应传递的电子数。

若有 i 个相邻电对，则

$$\varphi^{\ominus}=\frac{n_1\varphi_1^{\ominus}+n_2\varphi_2^{\ominus}+\cdots+n_i\varphi_i^{\ominus}}{n_1+n_2+\cdots+n_i} \tag{6-10}$$

【例 6-14】 碱性溶液中溴的元素电势图为

$$\varphi_B^{\ominus}/V \quad BrO_3^- \xrightarrow{0.54} BrO^- \xrightarrow{0.45} Br_2 \xrightarrow{1.07} Br^-$$

计算 $\varphi^{\ominus}(BrO^-|Br^-)$和 $\varphi^{\ominus}(BrO_3^-|Br^-)$。

解　根据各电对氧化数变化可知，n_1、n_2、n_3 分别为 4、1、1，则

$$\varphi^{\ominus}(BrO^-|Br^-)=\frac{1\times0.45+1\times1.07}{1+1}=0.76\ V$$

$$\varphi^{\ominus}(BrO_3^-|Br^-)=\frac{4\times0.54+1\times0.45+1\times1.07}{4+1+1}=0.61\ V$$

2. 判断歧化反应能否进行

某元素不同氧化态的三种物质组成两个电对，按其氧化态由高到低排列如下：

$$A \xrightarrow{\varphi_{左}^{\ominus}} B \xrightarrow{\varphi_{右}^{\ominus}} C$$

若 B 能发生歧化反应(disproportionation reaction)，则 $E^{\ominus}=\varphi_+^{\ominus}-\varphi_-^{\ominus}=\varphi_{右}^{\ominus}-\varphi_{左}^{\ominus}>0$，即 $\varphi_{右}^{\ominus}>\varphi_{左}^{\ominus}$；否则 B 不能发生歧化反应。

例如，在酸性溶液中，铜的元素电势图为

$$Cu^{2+} \xrightarrow{0.153\ V} Cu^+ \xrightarrow{0.521\ V} Cu$$

因为 $\varphi_{右}^{\ominus}>\varphi_{左}^{\ominus}$，所以在酸性溶液中 Cu^+ 不稳定，发生下列歧化反应：

$$2Cu^+ = Cu+Cu^{2+}$$

又如，铁的元素电势图

$$Fe^{3+} \xrightarrow{0.771\ V} Fe^{2+} \xrightarrow{-0.441\ V} Fe$$

因为 $\varphi_{右}^{\ominus}<\varphi_{左}^{\ominus}$，所以 Fe^{2+} 不能发生歧化反应。但是，$Fe^{3+}|Fe^{2+}$ 电对中的 Fe^{3+} 可氧化 Fe 生成 Fe^{2+} 而发生反歧化反应，即

$$Fe^{3+}+Fe = 2Fe^{2+}$$

6.7 氧化还原滴定法 Redox titration

6.7.1 氧化还原滴定法的特点 Characteristics of redox titration

氧化还原滴定法是以氧化还原反应为基础的滴定分析法，是滴定分析中应用最广泛的方法之一。该滴定法不仅可以测定许多具有氧化还原性质的金属离子、阴离子和有机化合物，而且某些非变价元素也可以通过与氧化剂或还原剂发生其他反应间接地进行测定，如土壤有机质、水中耗氧量、水中溶解氧的测定等。通常根据所用氧化剂和还原剂的不同，可将氧化还原滴定法分为高锰酸钾法、重铬酸钾法、碘量法、溴酸钾法和铈量法等。

氧化还原滴定对氧化还原反应的一般要求是：

(1)滴定剂与被滴定物质电对的电极电势要有较大的差值（一般要求≥0.40 V）。

(2)能有适当的方法或指示剂指示反应的终点。

(3)滴定反应能迅速完成。

6.7.2 条件电极电势与条件平衡常数 Conditional electrode potential and conditional equilibrium constant

1. 条件电极电势

在实际工作中，若溶液浓度大且离子价态高，则不能忽略离子强度的影响。在实际溶液中，电对的氧化型或还原型具有多种存在形式，溶液的条件一旦发生变化或有副反应发生，电对的氧化型或还原型的存在形式也随之改变，从而引起电极电势的改变。在使用能斯特方程时应考虑以上因素，才能使计算结果与实际情况较为相符。

视频

条件电极电势与条件平衡常数

当考虑离子强度的影响时，能斯特方程可写成：

$$\varphi(\mathrm{Ox}|\mathrm{Red})=\varphi^{\ominus}(\mathrm{Ox}|\mathrm{Red})+\frac{0.059\ 2}{n}\lg\frac{\gamma(\mathrm{Ox})c(\mathrm{Ox})}{\gamma(\mathrm{Red})c(\mathrm{Red})} \tag{6-11}$$

当电对的氧化型或还原型有副反应发生时，可引进副反应系数 α 来计算电对的氧化型和还原型浓度，则能斯特方程可化为

$$\begin{aligned}\varphi(\mathrm{Ox}|\mathrm{Red})&=\varphi^{\ominus}(\mathrm{Ox}|\mathrm{Red})+\frac{0.059\ 2}{n}\lg\frac{\gamma(\mathrm{Ox})\alpha(\mathrm{Red})c'(\mathrm{Ox})}{\gamma(\mathrm{Red})\alpha(\mathrm{Ox})c'(\mathrm{Red})}\\&=\varphi^{\ominus}(\mathrm{Ox}|\mathrm{Red})+\frac{0.059\ 2}{n}\lg\frac{\gamma(\mathrm{Ox})\alpha(\mathrm{Red})}{\gamma(\mathrm{Red})\alpha(\mathrm{Ox})}+\frac{0.059\ 2}{n}\lg\frac{c'(\mathrm{Ox})}{c'(\mathrm{Red})}\end{aligned} \tag{6-12}$$

式中　$c'(\mathrm{Ox})$和$c'(\mathrm{Red})$——氧化型物质和还原型物质的分析浓度。

当 $c'(\mathrm{Ox})=c'(\mathrm{Red})=1.0\ \mathrm{mol\cdot L^{-1}}$时，

$$\varphi(\mathrm{Ox}|\mathrm{Red})=\varphi^{\ominus}(\mathrm{Ox}|\mathrm{Red})+\frac{0.059\ 2}{n}\lg\frac{\gamma(\mathrm{Ox})\alpha(\mathrm{Red})}{\gamma(\mathrm{Red})\alpha(\mathrm{Ox})}=\varphi^{\ominus'} \tag{6-13}$$

$\varphi^{\ominus'}$ 称为**条件电极电势**(conditional electrode potential)。它是在特定条件下,电对的氧化型物质和还原型物质的分析浓度均为 1 mol · L^{-1},或它们的比值为 1 时的实际电极电势。若电对中氧化型物质发生了副反应,如生成沉淀、配合物等,α(Ox)较大,则条件电极电势低于标准电极电势。反之,若α(Red)较大,则条件电极电势高于标准电极电势。因此条件电极电势更好地反映了一定条件下物质的氧化还原能力。在离子强度和副反应系数等条件不变时,$\varphi^{\ominus'}$ 为常数。

引入条件电极电势的概念后,能斯特方程可写成

$$\varphi(\mathrm{Ox}|\mathrm{Red})=\varphi^{\ominus'}(\mathrm{Ox}|\mathrm{Red})+\frac{0.059\ 2}{n}\lg\frac{c'(\mathrm{Ox})}{c'(\mathrm{Red})} \tag{6-14}$$

可以看出,因电对的氧化型物质和还原型物质的分析浓度易知,如果知道电对的条件电极电势,则电对的实际电极电势很容易计算。附录 4 列出了部分氧化还原半反应的条件电极电势,供有关计算使用。

条件电极电势的大小说明在各种条件的影响下,电对的实际氧化还原能力。因此,应用条件电极电势比用标准电极电势更能正确判断氧化还原反应的方向、次序和反应完全的程度。

理论上条件电极电势的数值可以通过计算来求得,但实际上,副反应常比较复杂,副反应的有关常数还不完全,而且溶液中的离子强度较大时,活度系数 γ 不易计算。所以条件电极电势主要由实验测得。目前条件电极电势的数据很不齐全,在解决实际问题时应尽量采用条件电极电势,若条件电极电势实测数值缺乏,可采用以下方法:

(1)根据标准电极电势和溶液的具体情况,按条件电极电势的定义进行理论计算。

(2)当没有相同条件下的实测 $\varphi^{\ominus'}$ 时,可选用近似条件下的 $\varphi^{\ominus'}$。

(3)用标准电极电势 $\varphi^{\ominus}$ 代替条件电极电势 $\varphi^{\ominus'}$ 近似计算。

2. 条件平衡常数

氧化还原反应:

$$a\mathrm{Ox}_1+b\mathrm{Red}_2 \rightleftharpoons c\mathrm{Red}_1+d\mathrm{Ox}_2$$

的标准平衡常数为

$$K^{\ominus}=\frac{c^c(\mathrm{Red}_1)c^d(\mathrm{Ox}_2)}{c^a(\mathrm{Ox}_1)c^b(\mathrm{Red}_2)} \tag{6-15}$$

平衡常数的大小表示反应完全趋势的大小,但反应实际完全程度与反应进行的条件(如反应物是否发生了副反应)等有关。氧化还原反应的**条件平衡常数**(conditional equilibrium constant)$K^{\ominus'}$ 能更好地说明一定条件下反应实际进行的程度,即

$$K^{\ominus'}=\frac{[c'(\mathrm{Red}_1)]^c[c'(\mathrm{Ox}_2)]^d}{[c'(\mathrm{Ox}_1)]^a[c'(\mathrm{Red}_2)]^b} \tag{6-16}$$

式中　c'——有关物质的总浓度,即分析浓度。

$K^{\ominus'}$ 可依下式计算:

$$\lg K^{\ominus'}=\frac{n(\varphi_{+}^{\ominus'}-\varphi_{-}^{\ominus'})}{0.0592}\quad(n=n_1\times n_2)\tag{6-17}$$

式中 $\varphi_{+}^{\ominus'}-\varphi_{-}^{\ominus'}$——两电对条件电极电势差值；

n_1——氧化剂传递的电子数；

n_2——还原剂传递的电子数。

显然，$\varphi_{+}^{\ominus'}-\varphi_{-}^{\ominus'}$越大，反应进行得越完全。两电对的条件电极电势相差多大时反应才能定量完成，满足滴定分析的要求？要使反应完全程度为 99.9%以上，由式(6-16)和式(6-17)可以推导出：

$$\lg K^{\ominus'}\geqslant 3(n_1+n_2)$$

由此可得：

(1)若 $n_1=n_2=1$，则 $\lg K^{\ominus'}\geqslant 6$，$\varphi_{+}^{\ominus'}-\varphi_{-}^{\ominus'}\geqslant 0.36$ V。

(2)若 $n_1=n_2=2$，则 $\lg K^{\ominus'}\geqslant 12$，$\varphi_{+}^{\ominus'}-\varphi_{-}^{\ominus'}\geqslant 0.18$ V。

(3)若 $n_1=1,n_2=2$ 或 $n_1=2,n_2=1$，则 $\lg K^{\ominus'}\geqslant 9$，$\varphi_{+}^{\ominus'}-\varphi_{-}^{\ominus'}\geqslant 0.27$ V。

在氧化还原滴定中，一般可根据两电对条件电极电势之差是否大于 0.4 V 来判断氧化还原滴定能否进行。氧化还原滴定中，一般用强氧化剂作为滴定剂，还可控制条件改变电对的条件电极电势以满足这个要求。

6.7.3 氧化还原滴定曲线 Redox titration curve

1. 滴定曲线

在氧化还原滴定过程中，随着滴定剂(标准溶液)的加入，反应物和产物的浓度不断改变，使有关电对的电极电势也随之发生变化。这种电极电势的变化情况也可以用滴定曲线来描绘。各滴定点的电极电势可用实验方法测量，也可从理论上进行计算。

视频

氧化还原滴定

根据电对氧化型和还原型物质的化学计量数是否相等，可将氧化还原电对分为对称电对和不对称电对。例如，电对

$$Ce^{4+}+e^{-}\rightleftharpoons Ce^{3+}$$
$$Fe^{3+}+e^{-}\rightleftharpoons Fe^{2+}$$

是对称电对，电对 $Br_2+2e^{-}\rightleftharpoons 2Br^{-}$ 是不对称电对。两种电对在计算化学计量点电势时有区别。

例如，在 1.0 mol·L^{-1} H_2SO_4 中，用 0.100 0 mol·L^{-1} $Ce(SO_4)_2$ 溶液滴定 20.00 mL 0.100 0 mol·L^{-1} $FeSO_4$ 溶液，计算不同滴定阶段的电势。滴定反应为

$$Ce^{4+}+Fe^{2+}\rightleftharpoons Ce^{3+}+Fe^{3+}$$

其中各半反应和条件电极电势为

$$Fe^{3+}+e^{-}\rightleftharpoons Fe^{2+},\quad \varphi^{\ominus'}(Fe^{3+}|Fe^{2+})=0.68\ V$$
$$Ce^{4+}+e^{-}\rightleftharpoons Ce^{3+},\quad \varphi^{\ominus'}(Ce^{4+}|Ce^{3+})=1.44\ V$$

(1)滴定开始前

对于 Fe^{2+} 溶液，由于空气中氧的作用会有痕量的 Fe^{3+} 存在，组成 $Fe^{3+}|Fe^{2+}$ 电对，但由于 Fe^{3+} 的浓度未知，所以溶液的电势无从求得。不过这对滴定曲线的绘制无关紧要。

(2)滴定开始至化学计量点前

滴定开始后，溶液中存在 $Ce^{4+}|Ce^{3+}$ 和 $Fe^{3+}|Fe^{2+}$ 两个电对。在任一滴定点，这两个电对的电极电势相等，溶液的电势等于其中任一电对的电极电势，即 $\varphi(Fe^{3+}|Fe^{2+})=\varphi(Ce^{4+}|Ce^{3+})$。在化学计量点前，溶液中 Ce^{4+} 浓度很小，且不容易直接计算，而溶液中 Fe^{3+} 和 Fe^{2+} 的浓度容易求出，故在化学计量点前用 $Fe^{3+}|Fe^{2+}$ 电对计算溶液中各平衡点的电势。

$$\varphi(Fe^{3+}|Fe^{2+})=\varphi^{\ominus'}(Fe^{3+}|Fe^{2+})+0.059\ 2\lg\frac{c'(Fe^{3+})}{c'(Fe^{2+})}$$

为计算方便，可用滴定的百分比代替浓度比。例如，当加入 2.00 mL Ce^{4+} 溶液时，有 10%的 Fe^{2+} 被滴定，未被滴定的 Fe^{2+} 为 90%，则

$$\frac{c'(Fe^{3+})}{c'(Fe^{2+})}=\frac{1}{9}$$

$$\begin{aligned}\varphi(Fe^{3+}|Fe^{2+})&=\varphi^{\ominus'}(Fe^{3+}|Fe^{2+})+0.059\ 2\lg\frac{c'(Fe^{3+})}{c'(Fe^{2+})}\\&=0.68+0.059\ 2\lg\frac{1}{9}\\&=0.62\ \text{V}\end{aligned}$$

当加入 19.98 mL Ce^{4+} 时，有 99.9%Fe^{2+} 被滴定，未被滴定的 Fe^{2+} 为 0.1%，则

$$\frac{c'(Fe^{3+})}{c'(Fe^{2+})}=\frac{99.9}{0.1}$$

$$\begin{aligned}\varphi(Fe^{3+}|Fe^{2+})&=\varphi^{\ominus'}(Fe^{3+}|Fe^{2+})+0.059\ 2\ \lg\frac{c'(Fe^{3+})}{c'(Fe^{2+})}\\&=0.68+0.059\ 2\ \lg\frac{99.9}{0.1}\\&=0.86\ \text{V}\end{aligned}$$

(3)化学计量点

当加入 20.00 mL 0.100 0 mol·L^{-1} Ce^{4+} 溶液时，反应正好达到化学计量点。此时，Ce^{4+} 和 Fe^{2+} 均定量地转化为 Ce^{3+} 和 Fe^{3+}，所以 Ce^{3+} 和 Fe^{3+} 的浓度是已知的，但无法确切知道 Ce^{4+} 和 Fe^{2+} 的浓度，因而不可能根据某一电对计算 φ，而要通过两个电对的浓度关系来计算。

化学计量点时的电极电势 φ_{sp} 可分别表示为

$$\varphi_{sp}=\varphi^{\ominus'}(Fe^{3+}|Fe^{2+})+0.059\ 2\lg\frac{c'(Fe^{3+})}{c'(Fe^{2+})}$$

$$\varphi_{sp}=\varphi^{\ominus'}(Ce^{4+}|Ce^{3+})+0.059\ 2\lg\frac{c'(Ce^{4+})}{c'(Ce^{3+})}$$

两式相加，得

$$2\varphi_{sp}=\varphi^{\ominus'}(Fe^{3+}|Fe^{2+})+\varphi^{\ominus'}(Ce^{4+}|Ce^{3+})+0.059\ 2\lg\frac{c'(Fe^{3+})c'(Ce^{4+})}{c'(Fe^{2+})c'(Ce^{3+})}$$

化学计量点时，

$$c'(Ce^{3+})=c'(Fe^{3+}),\quad c'(Ce^{4+})=c'(Fe^{2+})$$

上式中对数项为零，则

$$\varphi_{sp}=\frac{\varphi^{\ominus'}(Fe^{3+}|Fe^{2+})+\varphi^{\ominus'}(Ce^{4+}|Ce^{3+})}{2}=\frac{0.68+1.44}{2}=1.06\ V$$

对于对称电对，当两个电对得失电子数相等时，计量点时的电势是两个电对条件电极电势的算术平均值，而与反应物的浓度无关。

(4)化学计量点后

由于 Fe^{2+} 已定量地氧化成 Fe^{3+}，$c(Fe^{2+})$ 很小且无法知道，而 Ce^{4+} 过量的百分数是已知的，从而可确定 $\frac{c'(Ce^{4+})}{c'(Ce^{3+})}$，这样可根据电对 $Ce^{4+}|Ce^{3+}$ 计算 φ。

例如，当加入 20.02 mL Ce^{4+} 溶液，即 Ce^{4+} 过量 0.1%时，$\frac{c'(Ce^{4+})}{c'(Ce^{3+})}=\frac{0.1}{100}$，所以

$$\varphi(Ce^{4+}|Ce^{3+})=\varphi^{\ominus'}(Ce^{4+}|Ce^{3+})+0.059\,2\lg\frac{c'(Ce^{4+})}{c'(Ce^{3+})}$$

$$=1.44+0.059\,2\lg\frac{0.1}{100}=1.26\ V$$

不同滴定点计算的 φ 见表 6-1，并绘成滴定曲线，如图 6-5 所示。从化学计量点前 Fe^{2+} 剩余 0.1%(0.02 mL，半滴)到化学计量点后 Ce^{4+} 过量 0.1%，溶液的电势值由 0.86 V 突增到 1.26 V，改变了 0.40 V，这个电势变化称为 Ce^{4+} 滴定 Fe^{2+} 的突跃。滴定突跃范围是选择氧化还原指示剂的依据。

表 6-1　在 1.0 $mol\cdot L^{-1}$ H_2SO_4 中，用 0.100 0 $mol\cdot L^{-1}$ $Ce(SO_4)_2$ 溶液滴定 20.00 mL 0.100 0 $mol\cdot L^{-1}$ $FeSO_4$ 溶液

滴入溶液/mL	滴入百分数/%	电势/V	
2.00	10.0	0.62	
10.00	50.0	0.68	
18.00	90.0	0.74	
19.80	99.0	0.80	
19.98	99.9	0.86	滴定突跃
20.00	100.0	1.06	
20.02	100.1	1.26	
22.00	110.0	1.38	
30.00	150.0	1.42	
40.00	200.0	1.44	

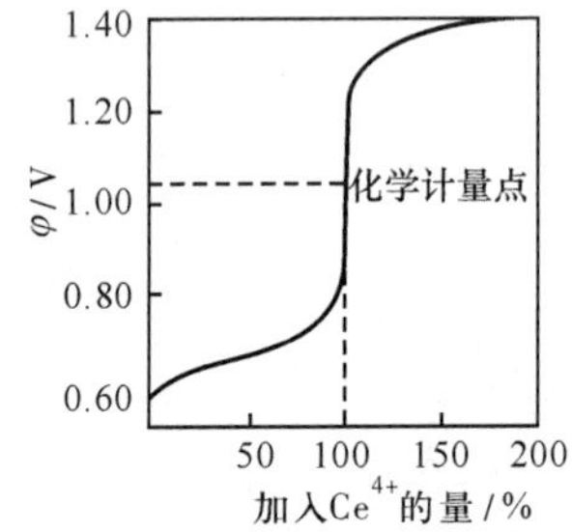

图 6-5　在 1.0 $mol\cdot L^{-1}$ H_2SO_4 中，用 0.100 0 $mol\cdot L^{-1}$ $Ce(SO_4)_2$ 溶液滴定 20.00 mL 0.100 0 $mol\cdot L^{-1}$ $FeSO_4$ 溶液

对于两电对得失电子数不相等的滴定反应，计算化学计量点的电势时稍有不同。

【例 6-15】 计算用 Sn^{2+} 滴定 Fe^{3+} 至化学计量点的电势。

解　滴定反应为

$$2Fe^{3+}+Sn^{2+}\rightleftharpoons 2Fe^{2+}+Sn^{4+}$$

$$\varphi_{sp}=\varphi^{\ominus'}(Fe^{3+}|Fe^{2+})+0.059\,2\lg\frac{c'(Fe^{3+})}{c'(Fe^{2+})}$$

$$\varphi_{sp}=\varphi^{\ominus'}(Sn^{4+}|Sn^{2+})+\frac{0.059\,2}{2}\lg\frac{c'(Sn^{4+})}{c'(Sn^{2+})}$$

两式相加，得

$$3\varphi_{sp}=\varphi^{\ominus'}(Fe^{3+}|Fe^{2+})+2\varphi^{\ominus'}(Sn^{4+}|Sn^{2+})+0.059\ 2\lg\frac{c'(Fe^{3+})c'(Sn^{4+})}{c'(Fe^{2+})c'(Sn^{2+})}$$

化学计量点时，

$$2c'(Sn^{2+})=c'(Fe^{3+}),\quad 2c'(Sn^{4+})=c'(Fe^{2+})$$

因此上式中对数项为零，所以

$$\begin{aligned}\varphi_{sp}&=\frac{\varphi^{\ominus'}(Fe^{3+}|Fe^{2+})+2\varphi^{\ominus'}(Sn^{4+}|Sn^{2+})}{3}\\&=\frac{0.68+2\times0.15}{3}\\&=0.33\ V\end{aligned}$$

一般的可逆对称氧化还原反应：

$$n_2Ox_1+n_1Red_2 \longrightarrow n_2Red_1+n_1Ox_2$$

其半反应和标准电极电势（或条件电极电势）分别为

$$Ox_1+n_1e^- \rightleftharpoons Red_1 \quad \varphi_1^{\ominus'}$$

$$Ox_2+n_2e^- \rightleftharpoons Red_2 \quad \varphi_2^{\ominus'}$$

计算化学计量点时电极电势 φ_{sp} 的通式为

$$\varphi_{sp}=\frac{n_1\varphi_1^{\ominus'}+n_2\varphi_2^{\ominus'}}{n_1+n_2} \tag{6-18}$$

由于 $n_1\neq n_2$，滴定曲线在计量点前后是不对称的，φ_{sp} 并不是在滴定突跃的中央，而是偏向电子传递数较大的一方。

2. 影响滴定突跃的因素

化学计量点附近滴定突跃范围与两个电对的条件电极电势有关。条件电极电势差值越大，突跃范围越大；条件电极电势差值越小，突跃范围越小。突跃范围越大，滴定时准确度越高。借助指示剂目测化学计量点时，通常要求有 0.2 V 以上的突跃。

氧化还原滴定曲线还因滴定时所用的介质不同而改变其曲线的位置和突跃的长短。如图 6-6 所示是 $KMnO_4$ 在不同介质中滴定 Fe^{2+} 的实测滴定曲线。

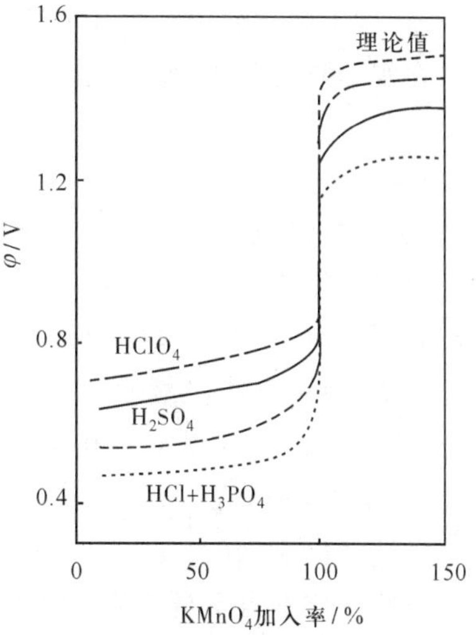

图 6-6　$KMnO_4$ 在不同介质中滴定 Fe^{2+} 的实测滴定曲线

① 化学计量点前，曲线的位置取决于 $\varphi^{\ominus'}(Fe^{3+}|Fe^{2+})$，而 $\varphi^{\ominus'}(Fe^{3+}|Fe^{2+})$ 又与 Fe^{3+} 和介质阴离子的配位作用有关。由于 PO_4^{3-} 易与 Fe^{3+} 形成稳定无色的 $[Fe(PO_4)_2]^{3-}$ 配离子，因此可使 $\varphi^{\ominus'}(Fe^{3+}|Fe^{2+})$ 降低。在 $HClO_4$ 介质中，由于 ClO_4^- 不与 Fe^{3+} 形成配合物，故 $\varphi^{\ominus'}(Fe^{3+}|Fe^{2+})$ 较高。所以，在有 H_3PO_4 介质存在的 HCl 溶液中，用 $KMnO_4$ 溶液滴定 Fe^{2+} 的曲线位置最低，滴定突跃范围最大。在实际滴定中，为避免

$KMnO_4$ 将 Cl^- 氧化而带来误差，通常采用以 H_2SO_4 为介质再加入 H_3PO_4 的方法。

②化学计量点后，溶液中存在过量的 MnO_4^-，由于 MnO_4^- 与溶液中 Mn^{2+} 反应生成了 Mn^{3+}，因此实际上决定电极电势的是 $Mn^{3+} \mid Mn^{2+}$ 电对，曲线的位置取决于 $\varphi^{\ominus\prime}(Mn^{3+} \mid Mn^{2+})$。由于 Mn^{3+} 易与 PO_4^{3-}、SO_4^{2-} 等阴离子形成配合物，因而降低了 $\varphi^{\ominus\prime}(Mn^{3+} \mid Mn^{2+})$，而 ClO_4^- 不与 Mn^{3+} 形成配合物，所以在 $HClO_4$ 介质中，用 $KMnO_4$ 溶液滴定 Fe^{2+} 在化学计量点后曲线位置最高。

③氧化还原电对常粗略地分为可逆电对与不可逆电对两大类。可逆电对在反应的任一瞬间能建立起氧化还原平衡，能斯特方程计算所得电势值与实测值基本相符，$Fe^{3+} \mid Fe^{2+}$ 与 $Ce^{4+} \mid Ce^{3+}$ 电对属于此类电对。而不可逆电对则不同，在反应的一瞬间，并不能马上建立起化学平衡，其电势计算值与实测值有时相差 0.1～0.2 V。

$MnO_4^- \mid Mn^{2+}$ 为不可逆电对，在开始反应的一瞬间，并不能马上建立起化学平衡，其电势计算值与实测值相差 0.1～0.2 V。在用 $KMnO_4$ 溶液滴定 Fe^{2+} 时，化学计量点前，溶液电势由 $Fe^{3+} \mid Fe^{2+}$ 计算，故滴定曲线的计算值与实测值无明显差别。但在化学计量点后，溶液电势由 $MnO_4^- \mid Mn^{2+}$ 电对计算，这时计算得到的滴定曲线在形状上与实测滴定曲线有明显的不同。

即使这样，应用能斯特方程计算得到的可逆电对滴定曲线对滴定过程进行初步研究，仍然有一定意义。

6.7.4 氧化还原滴定指示剂 Redox titration indicator

在氧化还原滴定中，经常使用一类在化学计量点附近颜色改变来指示终点的物质，这类物质称为氧化还原滴定指示剂。

视频

氧化还原滴定指示剂

在实际应用中，根据指示剂反应性质的不同，氧化还原滴定指示剂又可分为以下几种：

1. 自身指示剂

在氧化还原滴定中，有些标准溶液或被滴定物质本身有颜色，而滴定产物无色或颜色很浅，则滴定时就无须另加指示剂，反应物本身颜色的变化可用来指示滴定终点，这类物质称为自身指示剂。

例如，MnO_4^- 本身呈紫红色，在酸性溶液中用它滴定无色或浅色溶液时，它被还原为几乎无色的 Mn^{2+}，当滴定到化学计量点后，稍过量的 MnO_4^- 就可使溶液呈粉红色（此时 MnO_4^- 的浓度约为 $2\times10^{-6}\ mol \cdot L^{-1}$），指示滴定终点。

2. 显色指示剂(专属指示剂)

有些物质本身不具有氧化还原性，但它能与滴定剂或被测物产生特殊的颜色以指示滴定终点，这类指示剂称为显色指示剂或专属指示剂。例如，在碘量法中，利用可溶性淀粉与 I_3^- 生成深蓝色的吸附化合物，以蓝色的出现或消失指示滴定终点。

3. 氧化还原指示剂

氧化还原指示剂是本身具有氧化还原性质的有机化合物，其氧化态和还原态具有明显不同的颜色，在滴定过程中，因被氧化或还原而发生颜色变化以指示滴定终点。

如果用 In(Ox)和 In(Red)分别表示指示剂的氧化型和还原型，则这一电对的半反应为

$$\mathrm{In(Ox)} + ne^- \rightleftharpoons \mathrm{In(Red)}$$

其电极电势为

$$\varphi(\mathrm{In}) = \varphi^{\ominus'}(\mathrm{In}) + \frac{0.059\,2}{n}\lg\frac{c'[\mathrm{In(Ox)}]}{c'[\mathrm{In(Red)}]} \tag{6-19}$$

式中　$\varphi^{\ominus'}(\mathrm{In})$——指示剂的条件电极电势。

在滴定过程中，随着溶液电极电势的改变，指示剂的氧化型与还原型的浓度比也逐渐变化，溶液的颜色也发生变化。当 $c'[\mathrm{In(Ox)}] = c'[\mathrm{In(Red)}]$时，溶液的电极电势称为指示剂的理论变色点，而指示剂由氧化型颜色转变为还原型颜色，或相反。溶液电极电势的变化范围称为氧化还原指示剂的变色范围，在理论上为 $\varphi^{\ominus'}(\mathrm{In}) \pm \frac{0.059\,2}{n}$。

表 6-2 是常用的氧化还原指示剂。

表 6-2　常用的氧化还原指示剂

指示剂	$\varphi^{\ominus'}(\mathrm{In})/\mathrm{V}$	颜色变化		配制方法
	$[c(\mathrm{H^+}) = 1\ \mathrm{mol \cdot L^{-1}}]$	氧化型	还原型	
次甲基蓝	0.36	蓝	无色	0.05%水溶液
二苯胺	0.76	紫	无色	1 g 溶于 100 mL 2% H_2SO_4 中
二苯胺磺酸钠	0.85	紫红	无色	0.8 g 溶于 100 mL Na_2CO_3 中
邻苯氨基苯甲酸	1.08	紫红	无色	0.107 g 溶于 20 mL 5% Na_2CO_3 中，用水稀释至 100 mL
邻二氮菲亚铁	1.06	浅蓝	红	1.485 g 邻二氮菲及 0.965 g $FeSO_4$ 溶于 100 mL 水中

当指示剂半反应传递的电子数 $n=1$ 时，指示剂变色范围为 $\varphi^{\ominus'}(\mathrm{In}) \pm 0.059\,2$ V；$n=2$ 时，指示剂变色范围为 $\varphi^{\ominus'}(\mathrm{In}) \pm 0.030$ V。指示剂变色范围较窄，而氧化还原滴定突跃范围又较宽(一般要求 $\Delta\varphi > 0.2$ V)，所以一般可以根据指示剂的条件电极电势和滴定突跃范围来选用氧化还原指示剂，即只要指示剂的条件电极电势落在滴定突跃范围内就可选用。

例如，在 1 mol·L^{-1} H_2SO_4 溶液中，用 Ce^{4+} 溶液滴定 Fe^{2+}，滴定突跃范围是 0.86～1.26V，化学计量点电极电势是 1.06 V，显然可供选择的指示剂有邻二氮菲亚铁($\varphi^{\ominus'} = 1.06$ V)及邻苯氨基苯甲酸($\varphi^{\ominus'} = 1.08$ V)。

6.7.5　氧化还原滴定的预处理

Pretreatment of redox titration

氧化还原滴定时，被测物的价态往往不适于滴定，需进行滴定前的预处理。例如，用重铬酸钾法测定铁矿中的含铁量，Fe^{2+} 在空气中不稳定，易被氧化成 Fe^{3+}，而 $K_2Cr_2O_7$ 溶液不能与 Fe^{3+} 反应，必须预先将溶液中的 Fe^{3+} 还原为 Fe^{2+}，才能用 $K_2Cr_2O_7$ 溶液进行直接滴定。

预处理时所用的氧化剂或还原剂应满足下列条件：

(1)必须将欲测组分定量地氧化或还原为指定的型态或价态。

(2)预氧化或预还原反应进行完全,速度快。

(3)预氧化或预还原反应应具有好的选择性,避免其他组分的干扰。例如,钛铁矿中铁的测定。若采用金属锌为预还原剂,不仅将矿石中的 Fe^{3+} 还原为 Fe^{2+},而且也将 Ti^{4+} 还原为 Ti^{3+},再用 $K_2Cr_2O_7$ 滴定 Fe^{2+} 时,就会将 Ti^{3+} 同时滴定,造成较大的误差。此时如选用 $SnCl_2$ 作为预还原剂,则仅能使 Fe^{3+} 还原为 Fe^{2+},这就提高了反应的选择性。

(4)剩余的预氧化剂或预还原剂应易于除去。由于预处理时加入的预氧化剂或预还原剂都是过量的,预处理完毕后,必须除去过量的预处理剂,否则将干扰后续的滴定反应,除去的方法有以下几种。

①加热分解。如 $(NH_4)_2S_2O_8$、H_2O_2 等可通过加热煮沸、分解而除去,其反应为

$$2S_2O_8^{2-}+2H_2O \xrightarrow{煮沸} 4HSO_4^-+O_2\uparrow$$

$$2H_2O_2 \xrightarrow{煮沸} 2H_2O+O_2\uparrow$$

②过滤分离。如在 HNO_3 溶液中,$NaBiO_3$ 可将 Mn^{2+} 氧化为 MnO_4^-,$NaBiO_3$ 微溶于水,过量的 $NaBiO_3$ 可通过过滤分离除去。

③利用化学反应消除。例如,用 $HgCl_2$ 除去过量的 $SnCl_2$,其反应为

$$SnCl_2+2HgCl_2 = SnCl_4+Hg_2Cl_2\downarrow$$

反应中生成的 Hg_2Cl_2 沉淀不被一般氧化剂所氧化,不必过滤除去。

预处理时常用的预氧化剂与预还原剂见表 6-3 和表 6-4。

表 6-3 预处理时常用的预氧化剂

预氧化剂	反应条件	主要应用	过量预氧化剂除去方法
$(NH_4)_2S_2O_8$ (过二硫酸铵)	酸性 Ag^+ 作催化剂	$Mn^{2+}\longrightarrow MnO_4^-$ $Ce^{3+}\longrightarrow Ce^{4+}$ $Cr^{3+}\longrightarrow Cr_2O_7^{2-}$ $VO^{2+}\longrightarrow VO_2^+$	煮沸分解
$NaBiO_3$ (铋酸钠)	HNO_3 作介质	$Mn^{2+}\longrightarrow MnO_4^-$ $Ce^{3+}\longrightarrow Ce^{4+}$ $Cr^{3+}\longrightarrow CrO_4^{2-}$	过滤
高锰酸钾	焦磷酸盐和 氟化物或 Cr^{3+}	$Ce^{3+}\longrightarrow Ce^{4+}$ $VO^{2+}\longrightarrow VO_2^+$ $Cr^{3+}\longrightarrow Cr_2O_7^{2-}$	用叠氮化钠(NaN_3)或亚硝酸钠除去
H_2O_2 (过氧化氢)	碱性	$Co^{2+}\longrightarrow Co^{3+}$ $Mn^{2+}\longrightarrow MnO_4^{2-}$	煮沸分解,加入少量 Ni^{2+} 或 I^- 作催化剂,加速 H_2O_2 分解
$HClO_4$ (高氯酸)	热\,浓	$VO^{2+}\longrightarrow VO_2^+$ $I^-\longrightarrow IO_3^-$	迅速冷却,加水稀释

表 6-4 预处理时常用的预还原剂

预还原剂	反应条件	主要应用	过量预还原剂除去方法
$SnCl_2$ (二氯化锡)	HCl 溶液加热	$Fe^{3+}\longrightarrow Fe^{2+}$ $MnO_4^{2-}\longrightarrow MnO_2$ As(Ⅴ)⟶As(Ⅲ)	用 $HgCl_2$ 氧化

（续表）

预还原剂	反应条件	主要应用	过量预还原剂除去方法
$TiCl_3$（三氯化钛）	酸性溶液	$Fe^{3+} \longrightarrow Fe^{2+}$	加水稀释，少量 $TiCl_3$ 被水中溶解氧所氧化
肼类	酸性	$As(V) \longrightarrow As(III)$ $Sn^{4+} \longrightarrow Sn^{2+}$	浓 H_2SO_4，加热
Al	HCl 溶液	$Ti^{4+} \longrightarrow Ti^{3+}$ $Fe^{3+} \longrightarrow Fe^{2+}$	
锌汞齐还原柱	酸性溶液	$Cr^{3+} \longrightarrow Cr^{2+}$ $Ti^{4+} \longrightarrow Ti^{3+}$ $VO_2^{+} \longrightarrow VO_2^{2-}$	

6.8　氧化还原滴定法的应用

Application of redox titration

6.8.1　高锰酸钾法

Permanganometry

1. 概述

高锰酸钾是一种强氧化剂。在不同酸度的溶液中，其氧化能力和还原产物不同。

视频

高锰酸钾法

在强酸性溶液中，有

$$MnO_4^- + 8H^+ + 5e^- \rightleftharpoons Mn^{2+} + 4H_2O, \quad \varphi^{\ominus} = 1.491\ V$$

在中性或弱碱性溶液中，有

$$MnO_4^- + 2H_2O + 3e^- \rightleftharpoons MnO_2 + 4OH^-, \quad \varphi^{\ominus} = 0.58\ V$$

在强碱性溶液中，有

$$MnO_4^- + e^- \rightleftharpoons MnO_4^{2-}, \quad \varphi^{\ominus} = 0.56\ V$$

$KMnO_4$ 在强酸性溶液中的氧化能力强，一般都在强酸性条件下使用。但在测定某些有机物时，如甲醇、甲酸、甘油、酒石酸、葡萄糖等，在强碱性条件下反应速度更快，更适于滴定。

高锰酸钾法的优点是氧化能力强，可以采用直接、间接、返滴定等多种滴定方式，对多种有机物和无机物进行测定，应用非常广泛。另外，$KMnO_4$ 本身为紫红色，在滴定无色或浅色溶液时无须另加指示剂，其本身即可作为自身指示剂。其缺点是试剂中常含有少量的杂质，配制的标准溶液不太稳定，易与空气和水中的多种还原性物质发生反应，干扰严重，滴定的选择性差。

2. 标准溶液的配制与标定

市售的 $KMnO_4$ 试剂纯度约为 99%，其中常含有少量 MnO_2 和其他杂质，并且蒸馏水中常含有微量的还原性物质等，易还原析出 MnO_2 和 $MnO(OH)_2$ 沉淀。$KMnO_4$ 还能自行分解，即

$$4KMnO_4 + 2H_2O \rightleftharpoons 4MnO_2 \downarrow + 4KOH + 3O_2 \uparrow$$

MnO_2 和 Mn^{2+} 又能促进 $KMnO_4$ 的分解，上述反应见光时速率更快。所以 $KMnO_4$ 标

准溶液只能间接配制：

(1)称取略多于理论计算量的固体 $KMnO_4$，溶解于一定体积的蒸馏水中。

(2)将溶液加热煮沸，保持微沸约 1 小时，在暗处放置 2～3 天，使溶液中可能含有的还原性物质完全氧化。

(3)冷却后用微孔玻璃漏斗过滤除去 MnO_2 和 $MnO(OH)_2$ 沉淀。

(4)将过滤后的 $KMnO_4$ 溶液储存于棕色瓶中，置于暗处，避光保存。

标定 $KMnO_4$ 标准溶液的基准物有 $Na_2C_2O_4$、$H_2C_2O_4 \cdot 2H_2O$、As_2O_3 和纯铁丝等。最常用的是 $Na_2C_2O_4$，它易提纯，稳定，不含结晶水。在 105～110 ℃烘干 2 小时，置于干燥器中冷却后即可使用。

在酸性溶液中，$KMnO_4$ 与 $Na_2C_2O_4$ 的反应为

$$2MnO_4^- + 5C_2O_4^{2-} + 16H^+ \rightleftharpoons 2Mn^{2+} + 10CO_2\uparrow + 8H_2O$$

为了使滴定反应定量且迅速，应注意以下条件：

(1)温度

室温下此反应缓慢，常将溶液加热到 75～85 ℃进行滴定。但温度也不宜过高，温度超过 90 ℃，会使 $H_2C_2O_4$ 部分分解；温度低于 60 ℃，反应速率太慢。

$$H_2C_2O_4 \xrightarrow{>90\ ℃} H_2O + CO\uparrow + CO_2\uparrow$$

(2)酸度

为了保证滴定反应能正常进行，溶液必须保持一定的酸度。酸度太低，$KMnO_4$ 部分还原为 MnO_2；酸度太高，会加速 $H_2C_2O_4$ 的分解。开始滴定时，溶液酸度为 0.5～1.0 $mol \cdot L^{-1}$，滴定终点时溶液酸度为 0.2～0.5 $mol \cdot L^{-1}$。

(3)滴定速度

即便加热，MnO_4^- 与 $C_2O_4^{2-}$ 在无催化剂存在时，反应速率也很慢。滴定开始时，第一滴 $KMnO_4$ 溶液滴入后，红色很难褪去，这时需待红色消失后再滴加第二滴。由于反应中产生的 Mn^{2+} 对反应具有催化作用，加入几滴 $KMnO_4$ 后，反应速率明显加快，这时可适当加快滴定速度；否则，加入的 $KMnO_4$ 在热溶液中来不及与 $C_2O_4^{2-}$ 反应而发生分解：

$$4MnO_4^- + 12H^+ = 4Mn^{2+} + 5O_2\uparrow + 6H_2O$$

若在滴定前加入几滴 $MnSO_4$ 溶液，滴定一开始反应速率就较快。

(4)终点判断

$KMnO_4$ 可作为自身指示剂，滴定至化学计量点时，$KMnO_4$ 微过量就可使溶液呈粉红色，若 30 秒内不褪色，即可认为已到滴定终点。

3. 应用实例

高锰酸钾法应用范围广：直接滴定法可以测定具有还原性的物质；间接滴定法可以测定不具有氧化还原性的物质；返滴定法可以测定具有氧化性的物质，还能测定众多的有机化合物。表 6-5 列出了高锰酸钾法的测定对象。

视频

高锰酸钾法应用实例

表 6-5　高锰酸钾法的测定对象

滴定方法	测定对象	测定方法
直接滴定法	Fe^{2+}、As(Ⅲ)、Sb(Ⅲ)、H_2O_2、$C_2O_4^{2-}$、NO_2^- 等还原性物质	酸性条件下直接滴定
间接滴定法	Ca^{2+}、Sr^{2+}、Ba^{2+}、Pb^{2+} 等不具有氧化还原性的物质	生成草酸盐沉淀，分离溶解后滴定草酸
返滴定法	① MnO_2、PbO_2、Pb_3O_4 等具有氧化性的物质 ② 甘油、甲醇、甲醛、甲酸苯酚和葡萄糖等有机化合物	① 用过量草酸反应后，再滴定未反应的草酸 ② 在强碱性条件下，用过量的 $KMnO_4$ 反应，酸化后用还原剂的标准溶液（如 Fe^{2+}）滴定

下面介绍几种高锰酸钾法的应用实例：

(1)铁的测定——直接滴定法

铁的测定方法常用高锰酸钾法和重铬酸钾法，考虑到 Cr(Ⅵ)对环境的污染，现在用得较多的是高锰酸钾法。矿石、合金、盐类等试样的含铁量都可以用高锰酸钾法测定。试样溶解后，将试液预处理成 Fe^{2+}，加入硫酸、磷酸混合酸后，用 $KMnO_4$ 标准溶液滴定。滴定反应为

$$MnO_4^- + 5Fe^{2+} + 8H^+ \rightleftharpoons Mn^{2+} + 5Fe^{3+} + 4H_2O$$

加入 H_3PO_4 的主要作用：一是使黄色的 Fe^{3+} 生成无色稳定的 $[Fe(HPO_4)_2]^-$，有利于滴定终点的观察；二是可以避免 Cl^- 存在下所发生的诱导反应。诱导反应指的是一个氧化还原反应的发生会促进另一个氧化还原反应进行的现象。如 $KMnO_4$ 与 Cl^- 的反应：

$$2MnO_4^- + 10Cl^- + 16H^+ \rightleftharpoons 2Mn^{2+} + 5Cl_2 + 8H_2O$$

从热力学角度看，能够自发进行，而且反应程度很大，但其反应速率很小，不至于对滴定产生影响。但是，滴定反应的存在会促进它的进行，因而影响滴定结果的准确度。所以诱导反应常给定量分析带来误差，应引起重视。

(2)钙的测定——间接滴定法

试样溶解制成含 Ca^{2+} 试液，再将 Ca^{2+} 与 $C_2O_4^{2-}$ 反应生成草酸钙沉淀，沉淀经过滤、洗涤后，溶于热的稀 H_2SO_4 中，释放出等量的 Ca^{2+} 与 $C_2O_4^{2-}$，然后用 $KMnO_4$ 标准溶液滴定。有关反应为

$$Ca^{2+} + C_2O_4^{2-} \rightleftharpoons CaC_2O_4\downarrow$$

$$CaC_2O_4 + 2H^+ \rightleftharpoons Ca^{2+} + H_2C_2O_4$$

$$2MnO_4^- + 5H_2C_2O_4 + 6H^+ \rightleftharpoons 2Mn^{2+} + 10CO_2\uparrow + 8H_2O$$

样品中钙的质量分数：

$$w(Ca) = \frac{5c(KMnO_4)V(KMnO_4)M(Ca)}{2m}$$

(3)软锰矿中 MnO_2 的测定——返滴定法

试样中加入过量 $Na_2C_2O_4$，加入一定量硫酸，加热，反应完全后，用 $KMnO_4$ 标准溶液滴定。MnO_2 与 $C_2O_4^{2-}$ 的反应为

$$MnO_2 + C_2O_4^{2-} + 4H^+ \rightleftharpoons Mn^{2+} + 2CO_2 + 2H_2O$$

(4)有机物的测定——返滴定法

以甲酸为例，在强碱性溶液中过量的 $KMnO_4$ 能定量氧化甲酸，反应如下：

$$2MnO_4^- + HCOO^- + 3OH^- \rightleftharpoons CO_3^{2-} + 2MnO_4^{2-} + 2H_2O$$

反应完毕将溶液酸化，用亚铁盐还原剂标准溶液滴定剩余的 MnO_4^-。根据已知过量的 $KMnO_4$ 和还原剂标准溶液的浓度和消耗的体积，即可计算出甲酸的含量。

(5)水体需氧量的测定——返滴定法

水体需氧量可分为两种：化学需氧量(chemical oxygen demand，COD)和生化需氧量(biochemical oxygen demand，BOD)。化学需氧量是指在规定条件下，用强氧化剂处理废水样时所消耗该氧化剂的量，以 O_2(mg·L^{-1})表示。它是量度废水中还原性物质的重要指标。还原性物质主要包括有机物和亚硝酸盐、亚铁盐、硫化物等无机物。根据所用氧化剂的不同，化学需氧量可分为重铬酸钾法(COD_{Cr})和高锰酸钾法，后者又可分为酸性高锰酸钾法(COD_{Mn})和碱性高锰酸钾法(COD_{OH})。目前，酸性高锰酸钾法称为高锰酸钾指数，主要用于估计生化需氧量(BOD_5)的稀释倍数，适用于饮用水、水源水、地面水或污染较轻的水样的测定。对污染较重的水，可经稀释后测定。酸性高锰酸钾法不适用于测定工业废水中有机污染的负荷量。当水样中 Cl^- 含量大于 300 mg·L^{-1}时，应改用碱性高锰酸钾法。

高锰酸钾指数的测定须采用返滴定的方式进行。其原理为在酸性(硫酸溶液)和加热条件下，于 V_s mL 水样中先准确加入适当过量的 $KMnO_4$ 标准溶液 V_1 mL，置于沸水浴中加热一定时间，使之与水中某些有机及无机还原性物质充分反应，再准确加入适当过量的 $Na_2C_2O_4$ 标准溶液 V_3 mL，还原剩余的 $KMnO_4$，最后用 $KMnO_4$ 标准溶液回滴剩余部分的 $Na_2C_2O_4$，记消耗 $KMnO_4$ 溶液 V_2 mL，根据下式计算高锰酸钾指数：

$$\text{高锰酸钾指数} = \frac{\frac{1}{4}[5c(KMnO_4)(V_1+V_2) - 2c(Na_2C_2O_4)V_3]M(O_2)\times 1\,000}{V_s}(O_2, mg\cdot L^{-1})$$

式中 V_s——水样体积，mL；

V_1——适当过量的 $KMnO_4$ 标准溶液体积，mL；

V_3——适当过量的 $Na_2C_2O_4$ 标准溶液体积，mL；

V_2——用 $KMnO_4$ 标准溶液回滴剩余部分的 $Na_2C_2O_4$，消耗 $KMnO_4$ 溶液的体积，mL。

【例 6-16】 检验某病人血液中的含钙量，取 2.00 mL 血液，稀释后用 $(NH_4)_2C_2O_4$ 溶液处理，使 Ca^{2+} 生成 CaC_2O_4 沉淀，沉淀过滤、洗涤后溶解于强酸中，然后用 $c(KMnO_4)=$ 0.010 0 mol·L^{-1} $KMnO_4$ 溶液滴定，用去 1.20 mL，试计算此血液中钙的含量。[$M(Ca)=40.00$ g·mol^{-1}]

解 用高锰酸钾法间接测定 Ca^{2+} 时经过如下几步：

$$Ca^{2+} \xrightarrow{C_2O_4^{2-}} CaC_2O_4\downarrow \xrightarrow{H^+} H_2C_2O_4 \xrightarrow{KMnO_4, H^+} 2CO_2\uparrow$$

根据滴定反应：

$$2MnO_4^- + 5H_2C_2O_4 + 6H^+ \rightleftharpoons 2Mn^{2+} + 10CO_2\uparrow + 8H_2O$$

$$n(Ca) = \frac{5}{2}n(KMnO_4)$$

$$c(Ca^{2+}) = \frac{\frac{5}{2}c(KMnO_4)V(KMnO_4)M(Ca)}{V_s}$$

$$=\frac{\frac{5}{2}\times 0.0100\times 1.20\times 10^{-3}\times 40.00}{2.00\times 10^{-3}}$$

$$=0.600\ g\cdot L^{-1}$$

6.8.2 重铬酸钾法

Dichromatometry

1. 概述

视频

重铬酸钾法

$K_2Cr_2O_7$ 在酸性条件下是一种强氧化剂，其半反应为

$$Cr_2O_7^{2-}+14H^{+}+6e^{-}\rightleftharpoons 2Cr^{3+}+7H_2O,\quad \varphi^{\ominus}=1.33\ V$$

由其标准电极电势可以看出，$K_2Cr_2O_7$ 氧化能力没有 $KMnO_4$ 强，测定对象没有高锰酸钾法广泛。但重铬酸钾法具有以下特点：

(1) $K_2Cr_2O_7$ 易提纯，在 140～150 ℃干燥后，可直接配制标准溶液。标准溶液稳定，可在密闭容器中长期保存。

(2) $K_2Cr_2O_7$ 氧化性较弱，选择性高，在 HCl 浓度不太高时，$K_2Cr_2O_7$ 不氧化 Cl^-，因此可在盐酸介质中滴定。

(3) 重铬酸钾法滴定需加入氧化还原指示剂，常用指示剂为二苯胺磺酸钠。

(4) $K_2Cr_2O_7$ 滴定反应速度快，通常在常温下进行滴定。

应当指出，$K_2Cr_2O_7$ 和 Cr^{3+} 都是污染物，使用时应注意废液的处理，以免污染环境。

2. 应用实例

(1) 铁矿石（或钢铁）中全铁的测定——直接滴定法

重铬酸钾法最主要的应用是铁矿石（或钢铁）中全铁的测定，是公认的标准方法。其方法是：试样用浓热 H_2SO_4 分解，用 $SnCl_2$ 趁热将 Fe^{3+} 还原为 Fe^{2+}，过量 $SnCl_2$ 用 $HgCl_2$ 氧化，再用水稀释，并加入 H_2SO_4-H_3PO_4 混合酸，以二苯胺磺酸钠为指示剂，用 $K_2Cr_2O_7$ 标准溶液滴定至溶液由浅绿色（Cr^{3+}）变为蓝紫色。滴定反应为

$$Cr_2O_7^{2-}+6Fe^{2+}+14H^{+}\rightleftharpoons 2Cr^{3+}+6Fe^{3+}+7H_2O$$

故

$$w(Fe)=\frac{6c(K_2Cr_2O_7)V(K_2Cr_2O_7)M(Fe)}{m}$$

加入 H_3PO_4 的主要作用：一是降低 $Fe^{3+}|Fe^{2+}$ 电对的电极电势，使滴定突跃增大，这样二苯胺磺酸钠变色点的电势落在滴定的电势范围之内；二是与黄色的 Fe^{3+} 生成的 $[Fe(HPO_4)]^+$ 有利于滴定终点的观察。

【例 6-17】　有一 $K_2Cr_2O_7$ 标准溶液的浓度为 0.016 83 mol·L^{-1}，求其对 Fe 和 Fe_2O_3 的滴定度。称取铁矿样 0.280 1 g，溶解于酸并将 Fe^{3+} 还原为 Fe^{2+}。然后用上述 $K_2Cr_2O_7$ 标准溶液滴定，用去 25.60 mL。求试样中的含铁量，分别以 $w(Fe_2O_3)$ 和 $w(Fe)$ 表示。

解　滴定反应为

$$Cr_2O_7^{2-}+6Fe^{2+}+14H^{+}\rightleftharpoons 2Cr^{3+}+6Fe^{3+}+7H_2O$$

$$T(Fe|K_2Cr_2O_7)=\frac{m(Fe)}{V(K_2Cr_2O_7)}=\frac{6c(K_2Cr_2O_7)V(K_2Cr_2O_7)M(Fe)}{V(K_2Cr_2O_7)}$$

$$=\frac{6\times 0.016\ 83\ \text{mol}\cdot\text{L}^{-1}\times 0.001\ \text{L}\times 55.85\ \text{g}\cdot\text{mol}^{-1}}{1\ \text{mL}}$$

$$=5.640\times 10^{-3}\ \text{g}\cdot\text{mL}^{-1}$$

$$T(Fe_2O_3|K_2Cr_2O_7)=\frac{3c(K_2Cr_2O_7)V(K_2Cr_2O_7)M(Fe_2O_3)}{V(K_2Cr_2O_7)}$$

$$=\frac{3\times 0.016\ 83\ \text{mol}\cdot\text{L}^{-1}\times 0.001\ \text{L}\times 159.7\ \text{g}\cdot\text{mol}^{-1}}{1\ \text{mL}}$$

$$=8.063\times 10^{-3}\ \text{g}\cdot\text{mL}^{-1}$$

若含铁量以 Fe 表示，则

$$w(Fe)=\frac{T(Fe|K_2Cr_2O_7)V}{m}=\frac{5.640\times 10^{-3}\ \text{g}\cdot\text{mL}^{-1}\times 25.60\ \text{mL}}{0.280\ 1\ \text{g}}=51.55\%$$

若含铁量以 Fe_2O_3 表示，则

$$w(Fe_2O_3)=\frac{T(Fe_2O_3|K_2Cr_2O_7)V}{m}=\frac{8.063\times 10^{-3}\ \text{g}\cdot\text{mL}^{-1}\times 25.60\ \text{mL}}{0.280\ 1\ \text{g}}$$

$$=73.69\%$$

(2)水体化学需氧量的测定——返滴定法

在酸性介质中，以 $K_2Cr_2O_7$ 为氧化剂，测定化学需氧量的方法记作 COD_{Cr}，这是目前应用最为广泛的方法。分析步骤如下：于水样中加入 $HgSO_4$ 消除 Cl^- 的干扰，加入过量的 $K_2Cr_2O_7$ 标准溶液，在强酸介质中，以 Ag_2SO_4 作为催化剂，回流加热，待氧化完全后，以邻二氮菲亚铁为指示剂，用 Fe^{2+} 标准溶液滴定过量的 $K_2Cr_2O_7$。该法适用范围广泛，可用于污水中化学需氧量的测定，缺点是测定过程中会带来 Cr(Ⅵ)、Hg^{2+} 等有害物质的污染。

6.8.3 碘量法

Iodimetry

1. 概述

碘量法是基于 I_2 的氧化性及 I^- 的还原性所建立起来的氧化还原分析法。

$$I_3^- + 2e^- \rightleftharpoons 3I^-,\quad \varphi^{\ominus}=0.536\ \text{V}$$

视频

碘量法

I_2 在水中溶解度小，使用时将 I_2 溶于 KI 溶液，生成 I_3^-。为了简化和强调化学计量关系，通常将 I_3^- 写成 I_2。I_2 是较弱的氧化剂，而 I^- 是中等强度的还原剂。因此，既可以用 I_2 的标准溶液滴定一些强还原剂，如 Sn(Ⅱ)、H_2S、$S_2O_3^{2-}$、As(Ⅲ)、维生素 C 等，这种方法称为直接碘量法；又可利用 I^- 的还原作用，与氧化剂如 MnO_4^-、$Cr_2O_7^{2-}$、H_2O_2、ClO_4^-、Cu^{2+}、Fe^{3+} 等反应，定量析出 I_2，然后用 $Na_2S_2O_3$ 标准溶液滴定析出的 I_2，从而间接测定这些氧化剂，这种方法称为间接碘量法。在实际工作中间接碘量法应用更为广泛。

碘量法采用淀粉作为指示剂，其灵敏度很高，I_2 浓度为 $5\times 10^{-6}\ \text{mol}\cdot\text{L}^{-1}$ 时即显蓝色。

在直接碘量法中，淀粉可在滴定开始时就加入。化学计量点时，稍过量的 I_2 溶液就能使滴定溶液出现深蓝色。

在间接碘量法中，在到达化学计量点前，溶液中都有 I_2 存在，应先用 $Na_2S_2O_3$ 溶液将 I_2 大部分滴定后，再加入淀粉指示剂，也即淀粉必须在接近化学计量点时再加入(可从 I_2 的黄

色变浅判断)，用 $Na_2S_2O_3$ 溶液继续滴定至蓝色刚好消失即为终点。若淀粉加入过早，则大量的 I_2 与淀粉生成蓝色包结物，一部分碘被淀粉分子包裹后不易与 $Na_2S_2O_3$ 起反应，造成测定误差。

2. 直接碘量法

直接碘量法是以 I_2 为滴定剂，故又称为碘滴定法，其反应条件为酸性或中性。在碱性条件下，I_2 会发生歧化反应：

$$3I_2+6OH^- \rightleftharpoons IO_3^-+5I^-+3H_2O$$

由于 I_2 所能氧化的物质不多，所以直接碘量法在应用上受到限制。

(1)I_2 标准溶液

用升华的方法制得的纯碘可以直接配制成标准溶液。但通常是用市售的碘先配成近似浓度的碘溶液，再以 $Na_2S_2O_3$ 标液进行标定。由于碘几乎不溶于水，但能溶于 KI 溶液，故配制碘溶液时，应加入过量的 KI。

碘溶液应避免与橡胶等有机物接触，也要防止见光、受热，否则浓度将发生变化。

(2)应用实例

①硫化钠总还原能力的测定——返滴定法

依据在弱酸性溶液中可发生如下反应：

$$I_2+H_2S \rightleftharpoons S\downarrow+2H^++2I^-$$

来测定硫化钠的总还原能力。硫化钠中常含有的 Na_2SO_3 和 $Na_2S_2O_3$ 等还原性物质也能与 I_2 作用，因此测定的结果实际上是硫化钠的总还原能力。滴定时，常用移液管将硫化钠试液加到过量的 I_2 溶液中，待反应完毕后，再用 $Na_2S_2O_3$ 标准溶液回滴过量的 I_2。

钢铁、矿石、石油和废水以及有机物中的硫都可转化为硫化钠，进而可用直接碘量法测定它们的含硫量。

②有机物的测定——直接滴定法

对于能被碘直接氧化的物质，只要反应速率足够快，就可用直接碘量法进行测定。例如，抗坏血酸、巯基乙酸、四乙基铅及安乃近药物等。抗坏血酸(即维生素 C)是生物体中不可缺少的维生素之一。它具有抗坏血病的功能，也是衡量蔬菜、水果品质的常用指标之一。抗坏血酸分子中的烯醇基具有较强的还原性，能被 I_2 定量氧化成二酮基：

$$C_6H_8O_6+I_2 \rightleftharpoons C_6H_6O_6+2HI$$

用直接碘量法可滴定抗坏血酸。从反应式看出，在碱性溶液中有利于反应向右进行，但碱性条件会使抗坏血酸被空气中的氧所氧化，也会造成 I_2 的歧化反应。

3. 间接碘量法

间接碘量法又称为滴定碘法，有两个基本滴定反应：①被测物(氧化剂)与 I^- 反应定量生成 I_2；②用 $Na_2S_2O_3$ 滴定析出的 I_2，即

$$I_2+2S_2O_3^{2-} \rightleftharpoons 2I^-+S_4O_6^{2-}$$

在间接碘量法中，为了获得准确的分析结果，必须严格控制反应条件。

(1)控制溶液的酸度

间接碘量法一般在弱酸性或中性条件下进行，因为 $Na_2S_2O_3$ 在强酸性溶液中会分解，I^- 易被空气中的氧所氧化，其反应为

$$S_2O_3^{2-}+2H^+ \rightleftharpoons SO_2\uparrow+S\downarrow+H_2O$$

$$4I^-+4H^++O_2 \rightleftharpoons 2I_2+2H_2O$$

在碱性条件下，$Na_2S_2O_3$ 与 I_2 会发生如下副反应：

$$S_2O_3^{2-}+4I_2+10OH^- \rightleftharpoons 2SO_4^{2-}+8I^-+5H_2O$$

这种副反应影响滴定反应的定量关系。另外，在碱性溶液中 I_2 也会发生歧化反应。

(2)防止 I_2 的挥发和 I^- 的氧化

为防止 I_2 的挥发可加入过量的 KI(比理论量多 2～3 倍)，并在室温下进行滴定。滴定速度要适当，不要剧烈摇动。滴定时最好使用碘瓶。

间接碘量法可以测定许多无机物和有机物，应用十分广泛。

(3)硫代硫酸钠标准溶液的配制与标定

含结晶水的 $Na_2S_2O_3\cdot5H_2O$ 常含 S、Na_2SO_3、Na_2SO_4 等少量杂质，容易风化潮解，所以不能直接配制成标准溶液，并且若溶液中溶解有 O_2、CO_2 或微生物时，$Na_2S_2O_3$ 会析出单质硫。

在配制 $Na_2S_2O_3$ 标准溶液时应采用新煮沸(除氧、CO_2，杀菌)并冷却的蒸馏水，并加入少量 Na_2CO_3 使溶液呈弱碱性，以防止 $Na_2S_2O_3$ 分解。光照会促进 $Na_2S_2O_3$ 分解，因此应将溶液保存在棕色瓶中，置于暗处放置 8～12 天，待其浓度稳定后，再进行标定，但不宜长期保存。

常用来标定 $Na_2S_2O_3$ 的基准物质有 $K_2Cr_2O_7$、$KBrO_3$ 和 KIO_3 等。用 $K_2Cr_2O_7$ 标定 $Na_2S_2O_3$ 的反应式为

$$Cr_2O_7^{2-}+6I^-+14H^+ \rightleftharpoons 2Cr^{3+}+3I_2+7H_2O$$

$$I_2+2S_2O_3^{2-} \rightleftharpoons 2I^-+S_4O_6^{2-}$$

为防止 I^- 氧化，基准物质与 KI 反应时，酸度应控制在 0.2～0.4 $mol\cdot L^{-1}$，且加入 KI 的量应超过理论用量的 5 倍，以保证反应完全进行。

4. 应用实例

(1)硫酸铜中铜的测定——间接滴定法

间接碘量法测 Cu^{2+} 是基于 Cu^{2+} 与过量的 KI 反应定量地析出 I_2，然后用标准溶液测定，其反应式为

$$2Cu^{2+}+4I^- \rightleftharpoons 2CuI\downarrow+I_2$$

$$I_2+2S_2O_3^{2-} \rightleftharpoons 2I^-+S_4O_6^{2-}$$

由此可得

$$w(Cu)=\frac{c(Na_2S_2O_3)V(Na_2S_2O_3)M(Cu)}{m}$$

由于 CuI 沉淀表面强烈地吸附 I_2，会导致测定结果偏低，为此测定时常加入 KSCN，使 CuI 沉淀转化为溶解度更小的 CuSCN 沉淀：

$$CuI+KSCN \rightleftharpoons CuSCN+KI$$

这样就可将 CuI 吸附的 I_2 释放出来，提高测定的准确度。

还应注意，KSCN 应当在接近滴定终点时加入，否则 SCN^- 会还原 I_2，使结果偏低。另外，为了防止 Cu^{2+} 水解，反应必须在酸性溶液中进行，一般控制 pH 在 3～4。酸度过低，反

应速率慢,终点拖长;酸度过高,I^- 则被空气氧化为 I_2,使结果偏高。

(2)有机物的测定——间接滴定法

间接碘量法广泛地应用于有机物的测定。例如,在葡萄糖的碱性试液中加入一定量的 I_2 标准溶液,被 I_2 氧化的反应为

$$I_2 + 2OH^- \rightleftharpoons IO^- + I^- + H_2O$$

$$CH_2OH(CHOH)_4CHO + IO^- + OH^- \rightleftharpoons CH_2OH(CHOH)_4COO^- + I^- + H_2O$$

碱液中剩余的 IO^- 歧化为 IO_3^- 及 I^-:

$$3IO^- \rightleftharpoons IO_3^- + 2I^-$$

溶液酸化后又析出 I_2:

$$IO_3^- + 5I^- + 6H^+ \rightleftharpoons 3I_2 + 3H_2O$$

最后以 $Na_2S_2O_3$ 标准溶液滴定析出的 I_2。

6.9　氧化还原滴定结果的计算

Calculation of redox titration

氧化还原滴定结果的计算主要依据氧化还原反应式的化学计量关系。

【例 6-18】　用 25.00 mL $KMnO_4$ 溶液恰能氧化一定质量的 $KHC_2O_4 \cdot H_2O$,同样质量的 $KHC_2O_4 \cdot H_2O$ 又恰能被 20.00 mL 0.200 0 $mol \cdot L^{-1}$ KOH 溶液中和,求 $KMnO_4$ 溶液的浓度。

解　$KMnO_4$ 与 $KHC_2O_4 \cdot H_2O$ 的反应为

$$2MnO_4^- + 5C_2O_4^{2-} + 16H^+ \rightleftharpoons 2Mn^{2+} + 10CO_2\uparrow + 8H_2O$$

$KHC_2O_4 \cdot H_2O$ 与 KOH 的反应为

$$HC_2O_4^- + OH^- \rightleftharpoons C_2O_4^{2-} + H_2O$$

所以

$$n(KHC_2O_4 \cdot H_2O) = n(KOH)$$

$$n(KMnO_4) = \frac{2}{5}n(KHC_2O_4 \cdot H_2O)$$

根据反应的 $KHC_2O_4 \cdot H_2O$ 质量相等,有

$$n(KMnO_4) = \frac{2}{5}n(KOH)$$

故

$$c(KMnO_4) = \frac{2}{5} \times \frac{c(KOH)V(KOH)}{V(KMnO_4)}$$

$$= \frac{2}{5} \times \frac{0.200\,0 \times 20.00 \times 10^{-3}}{25.00 \times 10^{-3}}$$

$$= 0.064\,00\ mol \cdot L^{-1}$$

【例 6-19】　高锰酸钾指数适用于地表水、饮用水和生活污水。今取水样 100.0 mL,用 H_2SO_4 酸化后,加入 10.00 mL 0.002 000 $mol \cdot L^{-1}$ $KMnO_4$ 溶液,煮沸一定时间,稍冷后,

加入 10.00 mL 0.005 000 mol·L^{-1} $Na_2C_2O_4$ 溶液，立即用上述 $KMnO_4$ 溶液滴定至微红色，耗用 5.00 mL，计算水样的高锰酸钾指数，以 mg·L^{-1}表示。

解　有关反应如下：

$$4MnO_4^-(c_1, V_1)+5C+12H^+ \rightleftharpoons 4Mn^{2+}+5CO_2\uparrow+6H_2O$$

$$2MnO_4^-(余)+5C_2O_4^{2-}(c_2, V_3)+16H^+ \rightleftharpoons 2Mn^{2+}+10CO_2\uparrow+8H_2O$$

$$5C_2O_4^{2-}(余)+2MnO_4^-(c_1, V_2)+16H^+ \rightleftharpoons 2Mn^{2+}+10CO_2\uparrow+8H_2O$$

$$COD_{Mn}=\frac{\frac{1}{4}[5c(KMnO_4)(V_1+V_2)-2c(Na_2C_2O_4)V_3]M(O_2)\times 1\,000}{V_s}$$

$$=\frac{\frac{1}{4}[5\times 0.002\,000\times(10.00+5.00)-2\times 0.005\,000\times 10.00]\times 32\times 1\,000}{100.0}$$

$$=4.0(O_2, mg\cdot L^{-1})$$

【例 6-20】　在 H_2SO_4 溶液中，0.100 0 g 工业甲醇与 25.00 mL 0.016 67 mol·L^{-1} $K_2Cr_2O_7$ 溶液反应，剩余的 $K_2Cr_2O_7$ 以邻苯氨基苯甲酸为指示剂，用 0.100 0 mol·L^{-1} $(NH_4)_2Fe(SO_4)_2$ 溶液滴定，用去 10.00 mL。求试样中甲醇的质量分数。

解　在 H_2SO_4 介质中，甲醇与过量 $K_2Cr_2O_7$ 的反应为

$$CH_3OH+Cr_2O_7^{2-}+8H^+ \rightleftharpoons CO_2\uparrow+2Cr^{3+}+6H_2O$$

剩余的 $K_2Cr_2O_7$ 被 Fe^{2+} 溶液滴定，反应为

$$Cr_2O_7^{2-}+6Fe^{2+}+14H^+ \rightleftharpoons 2Cr^{3+}+6Fe^{3+}+7H_2O$$

与 CH_3OH 反应的 $K_2Cr_2O_7$ 的物质的量等于加入的 $K_2Cr_2O_7$ 的物质的量减去与 Fe^{2+} 作用的 $K_2Cr_2O_7$ 的物质的量。由反应的计量关系可得

$$n(CH_3OH)=n[Cr_2O_7^{2-}(总)]-\frac{1}{6}n(Fe^{2+})$$

所以

$$w(CH_3OH)=\frac{\left[c(K_2Cr_2O_7)V(K_2Cr_2O_7)-\frac{1}{6}c(Fe^{2+})V(Fe^{2+})\right]M(CH_3OH)}{m(样品)}$$

$$=\frac{(0.016\,67\times 25.00\times 10^{-3}-\frac{1}{6}\times 0.100\,0\times 10.00\times 10^{-3})\times 32.04}{0.100\,0}$$

$$=8.01\%$$

【例 6-21】　采用重铬酸钾法测定工业废水中的 COD。今取水样 100.0 mL，用 H_2SO_4 酸化后，加入 25.00 mL 0.016 67 mol·L^{-1} $K_2Cr_2O_7$ 溶液，以 Ag_2SO_4 为催化剂，煮沸一定时间，待水样中还原性物质较完全氧化后，以邻二氮菲亚铁为指示剂，用0.100 0 mol·L^{-1} 溶液滴定剩余的 $K_2Cr_2O_7$，用去 15.00 mL，计算水样的化学需氧量，以 mg·L^{-1}表示。

解　有关反应如下：

$$2Cr_2O_7^{2-}+3C+16H^+ \rightleftharpoons 4Cr^{3+}+3CO_2+8H_2O$$

$$Cr_2O_7^{2-}+6Fe^{2+}+14H^+ \rightleftharpoons 2Cr^{3+}+6Fe^{3+}+7H_2O$$

由反应可知

$$\mathrm{COD}=\frac{\frac{3}{2}[c(\mathrm{K_2Cr_2O_7})V(\mathrm{K_2Cr_2O_7})-\frac{1}{6}c(\mathrm{Fe^{2+}})V(\mathrm{Fe^{2+}})]M(\mathrm{O_2})\times 1\,000}{V_s}$$

$$=\frac{\frac{3}{2}\left(0.016\,67\times 25.00-\frac{1}{6}\times 0.100\,0\times 15.00\right)\times 32\times 1\,000}{100.0}$$

$$=80.04(\mathrm{O_2},\mathrm{mg\cdot L^{-1}})$$

【例 6-22】 25.00 mL KI 用稀盐酸及 10.00 mL0.050 00 mol·L^{-1} KIO_3 溶液处理，煮沸以挥发除去释出的 I_2，冷却后，加入过量的 KI 与剩余的 KIO_3 反应。释出的 I_2 需用 21.14 mL 0.100 8 mol·L^{-1} $Na_2S_2O_3$ 标准溶液滴定，计算 KI 溶液的浓度。

解　加入的 KIO_3 分两个部分分别与待测 KI(1)和以后加入的 KI(2)起反应，即

$$\mathrm{IO_3^-}+5\mathrm{I^-}+6\mathrm{H^+}\rightleftharpoons 3\mathrm{I_2}+3\mathrm{H_2O} \tag{1}$$

$$\mathrm{IO_3^-}+5\mathrm{I^-}+6\mathrm{H^+}\rightleftharpoons 3\mathrm{I_2}+3\mathrm{H_2O} \tag{2}$$

反应(2)生成的 I_2 又被 $Na_2S_2O_3$ 滴定，即

$$\mathrm{I_2}+2\mathrm{S_2O_3^{2-}}\rightleftharpoons 2\mathrm{I^-}+\mathrm{S_4O_6^{2-}}$$

反应(1)所消耗的 KIO_3 量为总的 KIO_3 量减去反应(2)所消耗的 KIO_3 量，即

$$n[\mathrm{KIO_3}(1)]=n[\mathrm{KIO_3}(总)]-n[\mathrm{KIO_3}(2)]$$

$$=n[\mathrm{KIO_3}(总)]-\frac{1}{3}n[\mathrm{I_2}(2)]$$

$$=n[\mathrm{KIO_3}(总)]-\frac{1}{6}n(\mathrm{Na_2S_2O_3})$$

而

$$n[\mathrm{KI}(1)]=5n[\mathrm{KIO_3}(1)]=5\left\{n[\mathrm{KIO_3}(总)]-\frac{1}{6}n(\mathrm{Na_2S_2O_3})\right\}$$

所以

$$c(\mathrm{KI})=\frac{5[c(\mathrm{KIO_3})V(\mathrm{KIO_3})-\frac{1}{6}c(\mathrm{Na_2S_2O_3})V(\mathrm{Na_2S_2O_3})]}{V(\mathrm{KI})}$$

$$=\frac{5\times(0.050\,00\times 10.00-\frac{1}{6}\times 0.100\,8\times 21.14)}{25.00}$$

$$=0.028\,97\ \mathrm{mol\cdot L^{-1}}$$

【例 6-23】 移取 20.00 mL HCOOH 和 HAc 的混合溶液，以 0.100 0 mol·L^{-1} NaOH 溶液滴定至终点，共消耗 25.00 mL。另取上述溶液 20.00 mL，准确加入 0.025 00 mol·L^{-1} $KMnO_4$ 强碱性溶液 50.00 mL，使其完全反应后，调至酸性，加入 0.200 00 mol·L^{-1} Fe^{2+} 标准溶液 40.00 mL，将剩余的 MnO_4^- 及 MnO_4^{2-} 歧化生成的 MnO_4^- 和 MnO_2 全部还原为 Mn^{2+}，剩余的 Fe^{2+} 溶液用上述 $KMnO_4$ 标准溶液滴定，至终点时消耗 24.00 mL。计算试液中 HCOOH 和 HAc 的浓度。

（提示：在碱性溶液中 MnO_4^- 将 $HCOO^-$ 氧化成 CO_3^{2-}，自身还原为 MnO_4^{2-}，MnO_4^{2-} 在酸性条件下歧化为 MnO_4^- 和 MnO_2。）

解　由题意可知，HCOOH 是利用氧化还原返滴定测定的。$KMnO_4$ 氧化 HCOOH 产

生的 K_2MnO_4 在酸性条件下发生歧化反应，生成 $KMnO_4$ 和 MnO_2，多余的 $KMnO_4$ 及歧化的产物一同被 Fe^{2+} 还原。

有关反应如下：

$$HCOO^- + 2MnO_4^- + 3OH^- \rightleftharpoons CO_3^{2-} + 2MnO_4^{2-} + 2H_2O$$

$$3MnO_4^{2-} + 4H^+ \rightleftharpoons 2MnO_4^- + MnO_2 + 2H_2O$$

$$MnO_2 + 2Fe^{2+} + 4H^+ \rightleftharpoons Mn^{2+} + 2Fe^{3+} + 2H_2O$$

$$MnO_4^- + 5Fe^{2+} + 8H^+ \rightleftharpoons Mn^{2+} + 5Fe^{3+} + 4H_2O$$

在这个体系中，可以认为氧化剂为 MnO_4^-（MnO_4^{2-} 和 MnO_2 均为中间产物），还原剂为 HCOOH 和 Fe^{2+}。1 mol MnO_4^- 最终还原为 1 mol Mn^{2+}，需得到 5 mol 电子；1 mol HCOOH 氧化为 1 mol CO_3^{2-}，失去 2 mol 电子；1 mol Fe^{2+} 氧化为 1 mol Fe^{3+}，失去 1 mol 电子。根据得失电子数相等的原则，有

$$n(\text{HCOOH}) = \frac{1}{2}[5n(MnO_4^-) - n(Fe^{2+})]$$

$$c(\text{HCOOH}) = \frac{5 \times 0.025\ 00 \times (50.00 + 24.00) - 0.200\ 00 \times 40.00}{2 \times 20.00} = 0.031\ 25\ \text{mol} \cdot \text{L}^{-1}$$

HAc 的含量用酸碱滴定差减法可得

$$c(\text{HAc}) = \frac{0.100\ 0 \times 25.00}{20.00} - 0.031\ 25 = 0.093\ 75\ \text{mol} \cdot \text{L}^{-1}$$

拓展阅读

化学电源实例

在日常生活、工业生产和科学研究中，如果没有化学电源简直难以想象。以原电池为基本模型的能持续产生直流电的装置统称为化学电源，通常称为电池。在电池中化学能转化为电能。

一般可将化学电源分为一次电池、二次电池和连续电池三类。化学电源所供应的电源比较稳定可靠，又便于移动。由于航天事业、计算机、心脏起搏器等迫切要求能量密度高、体积小、寿命长、恒定可靠的化学电源，以及火力发电、核电等对环境的影响，近几十年来，化学电源工业已成为电化学工业的一个重要部分，获得快速发展，新产品不断涌现。

在实际应用中，有小如纽扣的电池，也有能产生兆瓦级的燃料电池发电站，真可谓多种多样。

1. 一次电池

一次电池是放电后不能充电或补充化学物质使其复原的电池。日常生活中人们经常使用一次电池，使用最普遍的是酸性的锌-锰干电池和碱性的锌-氧化汞电池。

(1)锌-锰干电池

锌-锰干电池又叫锌-碳干电池，是使用最广泛的一种电池。全世界每年要消耗掉5×10^9支锌-锰干电池，为生产这些干电池每年消耗掉一万多吨金属锌。锌-锰干电池的结构如图6-7所示。金属锌壳是负极(阳极)，轴心的石墨棒是正极(阴极)，这一石墨棒被一层炭黑包裹着。在两极之间是含有NH_4Cl和$ZnCl_2$的糊状物。这种湿盐的混合物的作用如同电解质和盐桥，允许离子转移电荷使电池形成通路。电极反应非常复杂，一般认为其反应如下：

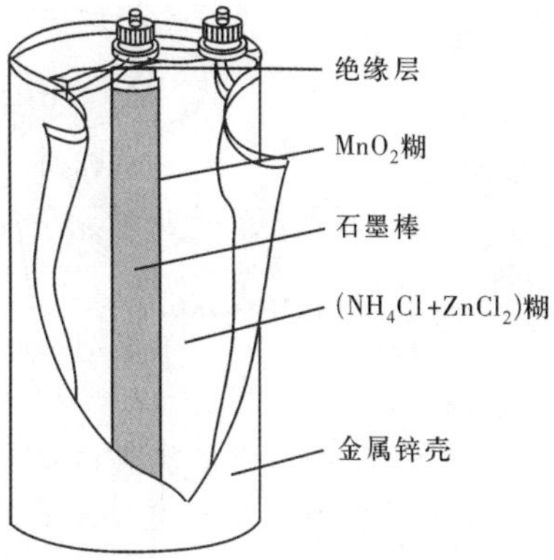

图6-7 锌-锰干电池的结构

负极：$Zn(s) \rightleftharpoons Zn^{2+}(aq) + 2e^-$

正极：$2MnO_2(s) + 2NH_4^+(aq) + 2e^- \rightleftharpoons Mn_2O_3(s) + 2NH_3(aq) + H_2O(l)$

电池反应：

$Zn(s) + 2MnO_2(s) + 2NH_4^+(aq) \rightleftharpoons Zn^{2+}(aq) + Mn_2O_3(s) + 2NH_3(aq) + H_2O(l)$

新的锌-锰干电池电压为1.5 V。在使用过程中，电池中离子浓度不断变化，电压不断下降，是这种电池的不足之处。

$NH_4Cl(aq)$和$ZnCl_2(aq)$是酸性介质。在碱性锌-锰干电池中以KOH取代了NH_4Cl。其结构与锌-锰干电池相似(图6-8)。这种电池具有更好的性能，适合于在气温比较低的环境中使用，而且放电时电压比较稳定。电极反应如下：

负极：$Zn(s) + 2OH^-(aq) \rightleftharpoons Zn(OH)_2(s) + 2e^-$

正极：$2MnO_2(s) + H_2O(l) + 2e^- \rightleftharpoons Mn_2O_3(s) + 2OH^-(aq)$

电池反应：$Zn(s) + 2MnO_2(s) + H_2O(l) \rightleftharpoons Zn(OH)_2(s) + Mn_2O_3(s)$

(2)锌-氧化汞电池

锌-氧化汞电池常被制作成纽扣大小，主要用于自动照相机、助听器、心脏起搏器、数字计算器和石英电子表等。在医学和电子工业中，它比锌-锰干电池应用得更广泛。锌-氧化汞电池结构如图6-9所示，其负极(阳极)是锌-汞合金(锌汞齐)，正极(阴极)是与钢相接触的氧化汞HgO(有的以碳代钢)。两极的活性物质分别是锌和氧化汞。电解质是45%的KOH溶液，这种溶液被某种材料所吸收，直至吸收材料达到饱和。负极(阳极)的电极反应与碱性锌-锰干电池的负极反应相同：

$$Zn(s) + 2OH^-(aq) \rightleftharpoons Zn(OH)_2(s) + 2e^-$$

正极(阴极)的电极反应则为

$$HgO(s) + H_2O(l) + 2e^- \rightleftharpoons Hg(l) + 2OH^-(aq)$$

电池反应为

$$Zn(s) + HgO(s) + H_2O(l) \rightleftharpoons Zn(OH)_2(s) + Hg(l)$$

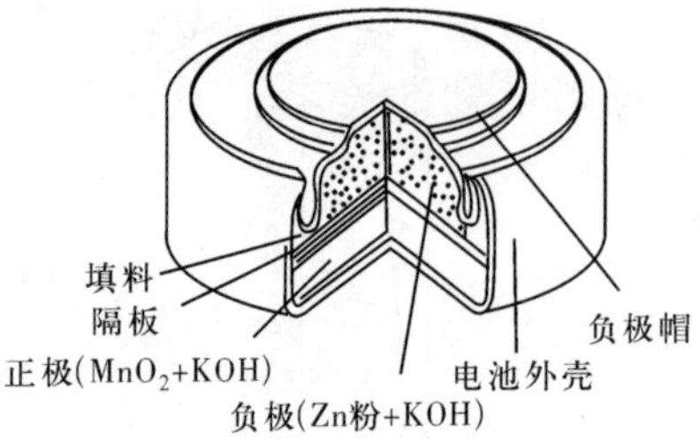

图 6-8 小的碱性干电池

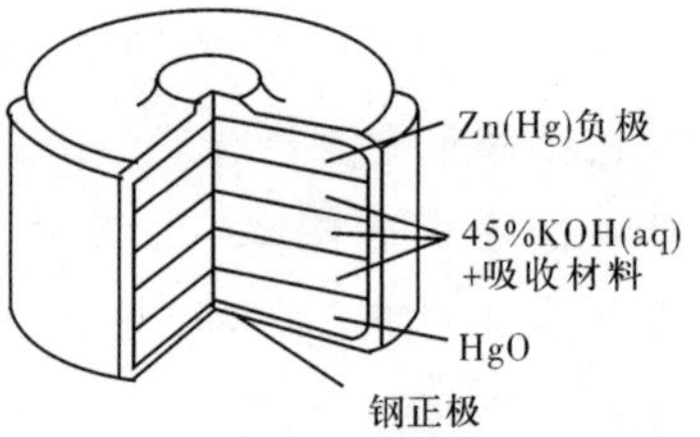

图 6-9 锌-氧化汞电池

这种锌-氧化汞电池有很稳定的输出电压(1.34 V),并有相当高的电池容量和较长的寿命,这些特性对它在通信设备和科研仪器中的使用有重要价值。

锌-锰干电池、锌-氧化汞电池都是一次电池。废弃的一次电池必须妥善处理,否则会造成矿产资源的极大浪费和环境污染。如锌-氧化汞电池生产中使用了大量的汞化合物,会对操作人员的身体健康造成有害的影响,废弃的锌-氧化汞电池也必须加以回收利用,以防对生态环境造成更广泛的伤害。

2. 二次电池

在一次电池中,当电池的氧化还原反应达到平衡时,反应达到了最大限度,电池放电结束。在某些电池的设计中,电极的活性物质能够再生到最初或接近最初的形态。这种再生是在外加直流电源作用下,将电能转化为化学能的过程,再生后的电池能继续放电。这种放电后能通过充电使其复原的电池称为二次电池,也叫作蓄电池或可充电电池。

常用的二次电池有铅蓄电池、镉-镍电池、氢-镍电池和锂电池。最普通的蓄电池是汽车上用的铅酸蓄电池,这在中学化学中已有介绍,故不再赘述,这里介绍另一种充电电池——镍-镉电池。镍-镉电池的负极(阳极)以镉为活性物质,正极(阴极)的活性物质是羟基氧化镍[NiO(OH)]。放电过程的半反应为

$$Cd(s)+2OH^-(aq) \rightleftharpoons Cd(OH)_2(s)+2e^-$$

$$2NiO(OH)(s)+2H_2O(l)+2e^- \rightleftharpoons 2Ni(OH)_2(s)+2OH^-(aq)$$

当电池充电时,在外接直流电源的作用下,发生上述半反应的逆反应,与电源负极相连接的镉电极发生还原反应(阴极),$Cd(OH)_2$ 转化为 Cd;与电源正极相连接的羟基氧化镍电极发生氧化反应(阳极),$Ni(OH)_2$ 转化为 NiO(OH)。

该电池能维持非常恒定的电压,可达 1.4 V,同时循环寿命长,为 2 000～4 000 次,广泛应用于笔记本电脑、便携式电动工具、电动剃须刀和牙刷等。镍-镉电池的电极结构、生产工艺在不断改进,它还用于飞机、火箭以及人造卫星的能源系统,在宇航技术的应用中常与太阳能电池相匹配。

3. 连续电池

连续电池在放电过程中可以不断地输入化学物质,使放电可以连续地进行。燃料电池就是一种连续电池,与前面介绍的电池的主要差别在于,燃料电池不是把还原剂、氧化剂全部储藏在电池内,而是在工作时不断从外界输入氧化剂和还原剂,同时将电极反应产物不断排出电池。因此燃料电池是名副其实的将燃料的化学能直接转化为电能的“能量转换器”。

燃料电池以还原剂(如氢气、肼、烃、甲醇、煤气、天然气等)为负极反应物质,以氧化剂(如氧气、空气等)为正极反应物质。为了使燃料便于进行电极反应,要求电极材料兼具催化

剂的特性，可用多孔碳，多孔镍和铂、银等贵金属作电极材料。电解质则有碱性、酸性、熔融盐、固体电解质以及高聚物电解质等。燃料电池能量转换率很高，理论上可达 100%。实际转化率为 70%～80%。而传统的火力发电，能量转化率还不及 40%。现在的燃料电池，不仅能量转化率高、寿命长，而且还能够连续大功率供电。其无噪声、无污染的优点，更展示了化学在能源领域中的作用和魅力。

1839 年，W. Grove 成功地研制出第一个氢-氧燃料电池，至今已经历了 180 多年。燃料电池的问世早于发电机，虽然它的发展曾受到发电机的干扰，但是自 20 世纪中期以来，航天事业的发展又促进了燃料电池的研制与应用。我国和许多发达国家都很重视燃料电池的研制、改进和提高。

最简单的燃料电池是氢-氧燃料电池，其结构示意图如图 6-10 所示。

在正极，氧气通过多孔的电极材料被催化还原：

$$O_2(g)+2H_2O(l)+4e^- \rightleftharpoons 4OH^-(aq)$$

在负极，氢气通过多孔的电极材料被催化氧化：

$$2H_2(g)+4OH^-(aq) \rightleftharpoons 4H_2O(l)+4e^-$$

电池反应：

$$2H_2(g)+O_2(g) \rightleftharpoons 2H_2O(l)$$

产生的水不断从电池内排出。

燃料电池的电解质是热的 KOH 溶液。像标准氢电极的金属铂一样，燃料电池的电极也有双重作用：其一是作为电的导体；其二是提供足够的表面积使电极的活性物质分子分解为原子物种，然后再发生电子转移。这实际上是一种电催化过程。铂、镍和铑这些金属是很好的电催化剂。

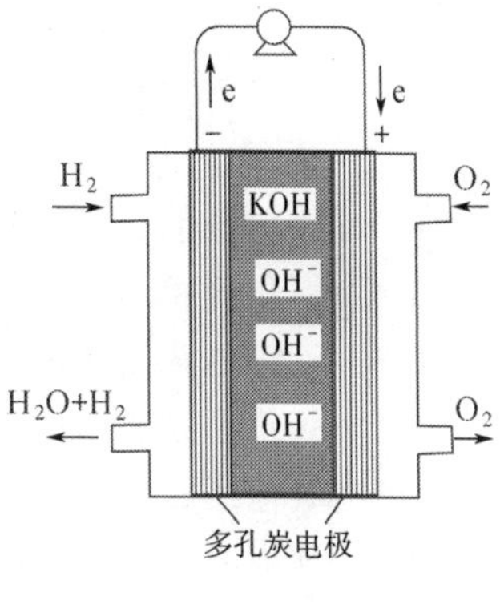

图 6-10　氢-氧燃料电池结构示意图

除了氢-氧燃料电池之外，还有以丙烷-氧燃料电池为代表的烃类燃料电池。

燃料电池中能量转换效率为 60%～70%，还有容量大、比能量高、噪音小等优点。在宇航技术中已得到应用。扩充燃料电池的燃料种类，改进性能和扩大其应用范围，是燃料电池研究者们所关注的问题。

4. 纳米型电池

化学电源的种类确实很多，除前面所列举的各种电池之外，还有如锂电池、钠-硫电池、固体电解质电池等，都是比较新型的化学电源。更多的新型化学电源的开发工作在各国的能源规划中越来越受到重视，新成果也不断出现。

近年来，化学家们对“纳米技术”产生了极大兴趣。这种技术使人们能够在原子与分子水平上对化学反应系统加以控制，以便于更好地了解各种过程的机理，并开辟了有控制地每次加入一个原子的材料加工过程。

这种研究的成果之一即纳米型电池，这是世界上最小的 Volta 电池。1992 年，化学家们在加利福尼亚大学欧文分校用扫描隧道显微镜将彼此紧挨着的很小的金属点沉积在一个表面上。他们制备出有 4 个电极的 Volta 电池，其中两个铜电极、两个银电极。这 4 个电极在石墨晶体的表面上堆成垛状，垛的直径为15～20 nm，高2～5 nm，电池的总尺寸为70 nm，约为血红细胞的百分之一。当电池浸在稀的硫酸铜溶液中时，作为负极(阳极)的铜垛就开始溶解，发生氧化反应：

$$Cu(s) \rightleftharpoons Cu^{2+}(aq) + 2e^-$$

作为正极(阴极)的银垛上就有铜原子镀在其上面，发生铜离子的还原反应：

$$Cu^{2+}(aq) + 2e^- \rightleftharpoons Cu(s)$$

总的电池反应过程是铜原子通过溶液中的Cu^{2+}从阳极向阴极转移，而在外电路则有电子通过石墨从阳极(Cu负极)向阴极(Ag正极)输送。这种电子流动可产生大约20 mV、1×10^{-18} A的微小电流。

当然，容量如此小的电池作化学电源的应用价值还有待探讨。但是，在原子层次去理解电化学过程，对固态电子学，特别是半导体领域的研究有重要意义。化学家在微观上研究氧化还原过程就有可能使人们更好地了解金属腐蚀，并找到防护方法。

思考题

6-1 什么叫元素的氧化数，举例说明。

6-2 原电池由两个电对构成，当两个金属-金属离子电对形式完全一样，金属离子浓度不同时，可否组成一个原电池？

6-3 原电池的正极和负极是如何区分的？

6-4 氧化剂相对强弱用$\varphi^{\ominus}$还是φ来判断？

6-5 计算氧化还原平衡常数应该用E还是$E^{\ominus}$，为什么？

6-6 氧化还原滴定中，有时为什么要进行预处理？对预处理剂有什么要求？

6-7 氧化还原滴定高锰酸钾法中，为什么在滴定中要加入H_2SO_4？可不可以加入HCl或HNO_3，为什么？

6-8 氧化还原滴定高锰酸钾法中，为什么滴定速度要先慢后快？

6-9 在间接碘量法中，为什么要保证体系是弱酸性，酸度过高或过低会有怎样的影响？

习　题

6-1 求下列物质中元素的氧化数：

(1) CrO_4^{2-} 中的Cr。　　(2) MnO_4^{2-} 中的Mn。

(3) Na_2O_2 中的O。　　(4) $H_2C_2O_4\cdot H_2O$ 中的C。

6-2 用离子-电子法配平下列反应式：

(1) $H_2O_2 + Cr_2(SO_4)_3 + KOH \longrightarrow K_2CrO_4 + K_2SO_4 + H_2O$

(2) $KMnO_4 + KNO_2 + KOH \longrightarrow K_2MnO_4 + KNO_3 + H_2O$

(3) $PbO_2 + HCl \longrightarrow PbCl_2 + Cl_2 + H_2O$

(4) $Na_2S_2O_3 + I_2 \longrightarrow NaI + Na_2S_4O_6$

(5) $CrO_2^- + Cl_2 + OH^- \longrightarrow CrO_4^{2-} + Cl^-$

(6) $KMnO_4 + KOH + K_2SO_3 \longrightarrow K_2MnO_4 + K_2SO_4 + H_2O$

6-3　在含有 Cl^-、Br^-、I^- 的溶液中，欲使 I^- 氧化为 I_2，而不使 Br^- 和 Cl^- 被氧化，选用 $KMnO_4$ 与 $Fe_2(SO_4)_3$ 哪个更适宜？

6-4　下列物质：$KMnO_4$、$K_2Cr_2O_7$、$CuCl_2$、$FeCl_3$、I_2、Br_2、Cl_2、F_2，在一定条件下都能作氧化剂，试根据标准电极电势表，把它们按氧化能力的大小顺序排列，并写出它们在酸性介质中的还原产物。

6-5　298 K 时，在 Fe^{3+}、Fe^{2+} 的混合溶液中加入 NaOH 时，有 $Fe(OH)_3$ 和 $Fe(OH)_2$ 沉淀生成（假如没有其他反应发生）。当沉淀反应达到平衡时，保持 $c(OH^-)=1.0\ mol \cdot L^{-1}$，计算 $\varphi(Fe^{3+}|Fe^{2+})$。

6-6　下列反应在原电池中发生，试写出原电池符号和电极反应。

(1) $Fe + Cu^{2+} \rightleftharpoons Fe^{2+} + Cu$。　(2) $Ni + Pb^{2+} \rightleftharpoons Ni^{2+} + Pb$。

(3) $Cu + 2Ag^+ \rightleftharpoons Cu^{2+} + 2Ag$。　(4) $Sn + 2H^+ \rightleftharpoons Sn^{2+} + H_2\uparrow$。

6-7　计算 298 K 时下列各电池的标准电动势，并写出每个电池的自发电池反应：

(1) $(-)Pt|I_2|I^- \,\vdots\vdots\, Fe^{3+}, Fe^{2+}|Pt(+)$。

(2) $(-)Zn|Zn^{2+} \,\vdots\vdots\, Fe^{3+}, Fe^{2+}|Pt(+)$。

(3) $(-)Pt|HNO_2, NO_3^-, H^+ \,\vdots\vdots\, Fe^{3+}, Fe^{2+}|Pt(+)$。

(4) $(-)Pt|Fe^{3+}, Fe^{2+} \,\vdots\vdots\, MnO_4^-, Mn^{2+}, H^+|Pt(+)$。

6-8　计算 298 K 时下列各电对的电极电势：

(1) $Fe^{3+}|Fe^{2+}$，$c(Fe^{3+})=0.1\ mol \cdot L^{-1}$，$c(Fe^{2+})=0.5\ mol \cdot L^{-1}$。

(2) $Sn^{4+}|Sn^{2+}$，$c(Sn^{4+})=1\ mol \cdot L^{-1}$，$c(Sn^{2+})=0.2\ mol \cdot L^{-1}$。

(3) $Cr_2O_7^{2-}|Cr^{3+}$，$c(Cr_2O_7^{2-})=0.1\ mol \cdot L^{-1}$，$c(Cr^{3+})=0.2\ mol \cdot L^{-1}$，$c(H^+)=2\ mol \cdot L^{-1}$。

(4) $Cl_2|Cl^-$，$c(Cl^-)=0.1\ mol \cdot L^{-1}$，$p(Cl_2)=2\times10^5\ Pa$。

6-9　计算 298 K、10^5 Pa 时 H_2 分别与 $0.1\ mol \cdot L^{-1}$ HAc 溶液和 $1\ mol \cdot L^{-1}$ NaOH 溶液所组成的电极的电极电势。

6-10　分别计算 298 K 时，下列各电对的标准电极电势：

(1) $AgBr|Ag$。(2) $Ag_2CrO_4|Ag$。(3) $Fe(OH)_3|Fe(OH)_2$。

6-11　由下列已知电对的标准电极电势，计算未知电对的标准电极电势：

(1) 已知 $\varphi^\ominus(Fe^{2+}|Fe)=-0.441\ V$，$\varphi^\ominus(Fe^{3+}|Fe^{2+})=0.771\ V$，求 $\varphi^\ominus(Fe^{3+}|Fe)$。

(2) 已知 $\varphi^\ominus(MnO_4^-|Mn^{2+})=1.491\ V$，$\varphi^\ominus(MnO_2|Mn^{2+})=1.23\ V$，求 $\varphi^\ominus(MnO_4^-|MnO_2)$。

(3) 已知 $\varphi^\ominus(Co^{3+}|Co^{2+})=1.842\ V$，$\varphi^\ominus(Co^{2+}|Co)=-0.277\ V$，求 $\varphi^\ominus(Co^{3+}|Co)$。

6-12　Ag 能否和 $1.0\ mol \cdot L^{-1}$ HCl 反应放出 H_2，如果将 Ag 和 $1.0\ mol \cdot L^{-1}$ HI 反应，能否放出 H_2？[$p(H_2)=100\ kPa$]

6-13　已知 $K_{sp}^\ominus[CuCl(s)]=1.72\times10^{-7}$，$\varphi^\ominus(Cu^{2+}|Cu)=0.342\ V$，$\varphi^\ominus(Cu^{2+}|Cu^+)=0.153\ V$。

计算：$Cu + Cu^{2+} = 2Cu^+$ 和 $Cu + Cu^{2+} + 2Cl^- \rightleftharpoons 2CuCl$ 的标准平衡常数。

6-14 已知：$\varphi^{\ominus}(Co^{3+}|Co^{2+})=1.842\ V$，$\varphi^{\ominus}(Br_2|Br^-)=1.065\ V$，$K_{sp}^{\ominus}[Co(OH)_2]=1.6\times10^{-15}$，$K_{sp}^{\ominus}[Co(OH)_3]=1.6\times10^{-44}$。

(1)判断反应：$Br_2+2Co^{2+} \rightleftharpoons 2Br^-+2Co^{3+}$ 在酸性条件下能否自发进行？

(2)判断反应：$2Co(OH)_2+Br_2+2OH^- \rightleftharpoons 2Co(OH)_3+2Br^-$ 在碱性条件下能否进行？若能进行，计算反应的标准平衡常数。

(3)判断反应：$2Co(OH)_3+6H^++2Br^- \rightleftharpoons 2Co^{2+}+Br_2+6H_2O$ 在酸性条件下能否进行？若能进行，计算反应的标准平衡常数。

6-15 已知：$\varphi^{\ominus}(I_2|I^-)=0.536\ V$，$\varphi^{\ominus}(H_3AsO_4|HAsO_2)=0.56\ V$。试计算下列反应在 25 ℃时的标准平衡常数：$I_2+HAsO_2+2H_2O \rightleftharpoons H_3AsO_4+2H^++2I^-$。若使反应正向进行，应怎样控制溶液的酸度？（假定除 H^+ 浓度外，其他各物质均处于标准状态）

6-16 一定质量的 $H_2C_2O_4$ 需用 21.26 mL 0.238 4 mol·L^{-1} NaOH 标准溶液滴定，同样质量的 $H_2C_2O_4$ 需用 25.28 mL $KMnO_4$ 标准溶液滴定，计算 $KMnO_4$ 标准溶液的浓度。

6-17 用高锰酸钾法测定硅酸盐样品中 Ca^{2+} 的含量，称取试样 0.586 3 g，在一定条件下，将钙沉淀为 CaC_2O_4，过滤、洗涤沉淀，将洗净的 CaC_2O_4 溶解于稀 H_2SO_4 中，用0.050 52 mol·L^{-1} $KMnO_4$ 标准溶液滴定，消耗 25.64 mL，计算硅酸盐中 Ca 的质量分数。

6-18 将 1.000 g 钢样中的铬氧化为 $Cr_2O_7^{2-}$，加入 25.00 mL 0.100 0 mol·L^{-1} $FeSO_4$ 标准溶液，然后用 0.018 00 mol·L^{-1} $KMnO_4$ 标准溶液 7.00 mL 回滴过量的$FeSO_4$，计算钢中铬的质量分数。

6-19 称取 KI 试样 0.350 7 g，溶解后用 0.194 2 g 分析纯 K_2CrO_4 处理，将处理后的溶液煮沸，逐出释出的碘，再加过量碘化钾与剩余的 K_2CrO_4 作用，最后用 0.105 3 mol·L^{-1} $Na_2S_2O_3$ 标准溶液滴定，消耗 10.00 mL $Na_2S_2O_3$。试计算试样中 KI 的质量分数。

6-20 用 KIO_3 作基准物质标定 $Na_2S_2O_3$ 溶液。称取 0.150 0 g KIO_3 与过量的 KI 作用，析出的碘用 $Na_2S_2O_3$ 溶液滴定，用去 24.00 mL，此 $Na_2S_2O_3$ 溶液浓度为多少？每毫升 $Na_2S_2O_3$ 相当于多少克碘？

6-21 抗坏血酸（摩尔质量为 176.1 g·mol^{-1}）是一种还原剂，其半反应为

$$C_6H_6O_6+2H^++2e^- \rightleftharpoons C_6H_8O_6$$

它能被 I_2 氧化。如果 10.00 mL 柠檬水果汁样品用 HAc 酸化，并加 20.00 mL 0.025 00 mol·L^{-1}I_2 溶液，待反应完全后，过量的 I_2 用 10.00 mL 0.010 00 mol·L^{-1}$Na_2S_2O_3$ 滴定，计算每毫升柠檬水果汁中抗坏血酸的质量。

6-22 测定铜的分析方法为间接碘量法：

$$2Cu^{2+}+4I^- \rightleftharpoons 2CuI+I_2$$

$$I_2+2S_2O_3^{2-} \rightleftharpoons 2I^-+S_4O_6^{2-}$$

用此方法分析铜矿样中铜的含量，为了使 1.00 mL 0.105 0 mol·L^{-1} $Na_2S_2O_3$ 标准溶液能准确表示 1.00%的 Cu，应称取铜矿样多少克？

第7章

原子结构

Atomic Structure

大千世界物质性质的丰富多彩是因为物质的组成和结构不同。要了解物质的性质,尤其是化学性质变化规律的内在本质,首先必须了解物质内部的结构,特别是原子结构以及参与化学反应的核外电子的运动状态。

7.1 原子结构理论发展概况

Overview of the development of atomic structure theory

7.1.1 原子结构的早期发展

Early development of the atomic structure

从1803年英国科学家道尔顿(J. Dalton)创立原子学说以后,在近100年的时间内人们都认为原子就像一个小得不能再小的实心球,是不可分割的。1897年和1909年汤姆逊(J. J. Thomson)和密立根(R. A. Millikan)通过实验测量了电子的电荷和质量,指出原子是由比它更小的粒子构成,打破了原子不可再分的传统观念。

视频

原子结构的发现

1911年,英国物理学家卢瑟福(E. Rutherford)利用平行的α粒子轰击金箔,结果发现,绝大多数α粒子穿过金箔而不改变原有的方向,极少数的α粒子产生了散射角度极小的偏转,个别α粒子偏转较大,大约有1/8 000的粒子被完全反射。卢瑟福认为:“这种反向散射只能是单次碰撞的结果。如果不考虑原子质量绝大部分都集中在一个很小的核中,那是不可能得到这个数量级的”。在此实验的基础上,卢瑟福提出了著名的“有核原子模型”。他认为,原子模型像一个太阳系,带正电的原子核像太阳,原子的正电荷以及几乎全部的质量集中在原子中心很小的区域中(半径$<10^{-12}$ m),带负电的电子像绕着太阳转的行星。在这个“太阳系”中,它们之间的作用力是电磁作用力。他解释说,原子中带正电的物质集中在一个很小的核心上,而且原子质量的绝大部分也集中在这个很小的核心上。当α粒子正对着原子核心射来时,就有可能被反弹回去。这就解释了α粒子的大角度散射。卢瑟福的学生莫塞莱(H. G. J. Moseley)和查德维克(J. Chadwick)进一步通过X射线实验测定了原子的核电荷和核外电子数,完善了卢瑟福的“有核原子模型”。

但是,按照经典的观点,卢瑟福的原子模型本身就存在缺点。在经典物理的框架中来考虑卢瑟福模型，找不到一个合理的特征长度，即不能确定原子的大小，更重要的是，按经典电动力学，电子围绕原子核旋转的运动是加速运动，电子将不断辐射能量从而丧失其本身的动能而减速，轨道半径应当不断缩小，将会逐渐转进核里面去。此外，卢瑟福模型中，原子受到外界粒子的碰撞也是很不稳定的。但是现实表明，原子可以稳定地存在于自然界中，矛盾尖锐地摆在人们面前。

7.1.2 原子的玻尔模型

Bohr model of the atom

20 世纪初物理学新发现、新理论不断涌现，这场物理学的革命不断地冲击着传统的牛顿力学体系。20 世纪初得到的氢原子光谱(图 7-1)，在红外区、可见区和紫外区都有几根不同波长的特征谱线，是线状光谱。按经典电动力学，绕氢原子核旋转的电子不断放出的能量所发射的电磁波应该是连续的，即产生连续光谱。这是卢瑟福的原子模型无法解释的。

视频

原子的玻尔模型

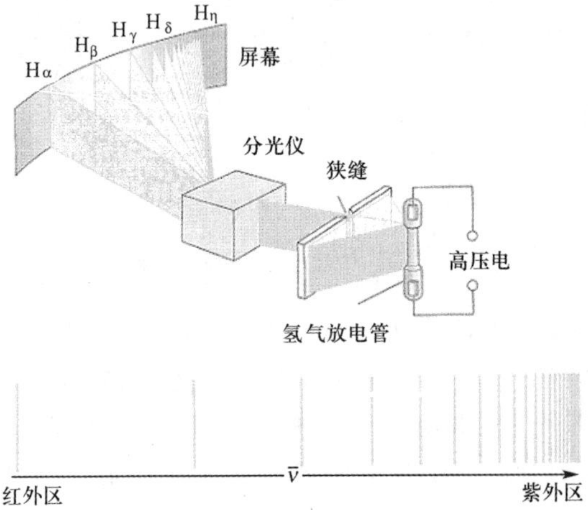

图 7-1 氢原子光谱实验示意图

1913 年，曾在卢瑟福的实验室进修的年轻的丹麦物理学家玻尔(H. D. Bohr)应用了普朗克(M. Planck)的量子假说成功地解释了氢原子的线状光谱，并将普朗克的量子假说推广到原子内部的能量，补救了卢瑟福的原子模型。

普朗克的量子假说认为，辐射能放出或吸收的能量并不是连续的，而是按一个基本量或基本量的整数倍被物质放出或吸收。即

$$E = nh\nu \tag{7-1}$$

式中 h——普朗克常数，6.626×10^{-34} J·s；

ν——吸收或发射频率。

这种情况被称作量子化。

玻尔假设，如果辐射不能连续发射，而只能以确定的量子发射，那就有理由设想原子结构里有某些确定的轨道，而电子可以沿轨道运动并不丧失能量，只有在电子从一个轨道跃迁到另一轨道时才会发出辐射。根据这一设想，就可以解释元素的原子光谱是由清晰的线条

组成而不是一条连续光带的事实。当一个电子从一个轨道跃迁到另一个轨道时，量子的能量以及因此而发出辐射的频率由电子在这两个轨道中动能的差决定。如果轨道是固定的，那么原子光谱上的每一条线应当相当于两个这样轨道之间的一种特殊的电子转移。

玻尔假设定量地说明了氢原子光谱，用一个量子数 n 代表主要轨道，电子可以在轨道间跃迁。n 可以有 1、2、3、4 等数值，从第二轨道跃迁到第一轨道产生一条光谱线，从第三轨道跃迁到第二轨道又产生一条光谱线等。玻尔推算氢原子核外电子轨道允许的能量为

$$E=-\frac{B}{n^2} \tag{7-2}$$

式中　B——数值为 2.18×10^{-18} J 的经验常数；

n——量子数，取 1、2、3\,…（任何正整数）。

当 $n=1$ 时，轨道离核最近，能量最低，称为氢原子的基态(ground state)，n 值越大，轨道离原子核越远，能量越高，称为氢原子的激发态(excited states)。

只有当电子从一个轨道跃迁到另一轨道时，才有能量吸收或放出，电子由能量较高的轨道跃迁到能量较低的轨道所放出的能量变成一个辐射能的量子，其频率 ν 可由下式给出：

$$\nu=\frac{E_2-E_1}{h} \tag{7-3}$$

通过对氢原子光谱波长的计算，结果和实验值十分吻合。这样，玻尔成功地解释了氢原子光谱，在原子结构的理论发展中起到了重要的作用。

根据玻尔的原子理论，原有的卢瑟福的原子模型被修正为，电子在一些特定的可能轨道上绕核做圆周运动，电子在这些可能的轨道上运动时，原子不发射也不吸收能量，只有当电子从一个轨道跃迁到另一个轨道时，原子才发射或吸收能量，而且发射或吸收的能量是量子化的，这样，玻尔解释了卢瑟福的原子模型的能量稳定性。

尽管玻尔理论成功地解释了氢原子光谱，但不能解释其他原子的光谱，也不能解释随后发现的氢原子光谱的精细结构，而玻尔的圆形固定轨道也不符合微观粒子运动特性。随着近代物理学的发展，玻尔理论逐渐被原子的量子模型所替代。

7.2　原子结构的近代概念

Modern concepts of the atomic structure

7.2.1　电子的波粒二象性

Electronic wave-particle duality

在争论了几百年后，通过光的干涉、衍射等现象证明了光具有波动性，光电效应实验又说明了光具有粒子性(particle property)，因此，光具有的波粒二象性逐渐被人们接受。

视频

电子的波粒二象性

玻尔提出氢原子理论后不久，1924 年，一位年轻的法国科学家德布罗意(L. de Broglie)假设任何带有质量的物质都符合如下关系：

$$\lambda=\frac{h}{m\nu} \tag{7-4}$$

这个被称为德布罗意关系式的公式的重要物理意义是:任何具有质量的运动物体,都有波动性质。物体的质量越大,λ 越小,其粒子特性较为明显而其波动特性愈不明显。反之,物质的质量越小,λ 越大,其波动特性明显而其粒子特性愈不明显。德布罗意关系式将物体的粒子与波动双重特性予以定量的描述,解决了科学界长久以来的疑点。

德布罗意的假设很快由电子衍射实验所证实,1927 年,戴维孙(C. J. Davisson)和革末(L. H. Germer)用一束电子流经一定的电压加速后通过金属镍(Ni)单晶体(作为光栅),结果发现,电子流像单色光一样发生了衍射,得到了一系列衍射环(图 7-2)。根据实验结果计算出的电子射线的波长与德布罗意关系式预测的波长相符。衍射是波的特性,上述实验证实了电子的波动性,不久,中子、质子等粒子的波动性也得到了证实。

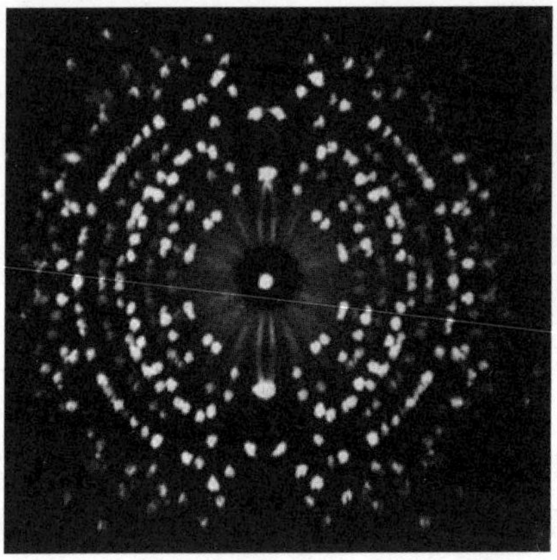

图 7-2 电子衍射图像

任何运动的物体,包括宏观物体,都可以按德布罗意关系式计算其波长,例如,电子(质量为 9.1×10^{-31} kg)在 100 kV 电压下的速度为 5.9×10^{6} m · s^{-1},利用德布罗意关系式计算电子的波长约为 120 pm。而质量为 1.0×10^{-2} kg 的子弹,射出速度为 1.0×10^{3} m · s^{-1},其波长为 6.6×10^{-35} m 。所以,宏观物体的波动性难以察觉。

观察电子的衍射图像可以发现,电子通过金属晶体(作为光栅),在底片出现光点,表现了电子的粒子性。但电子的衍射环即电子的衍射性的证明,则是一个电子成千上万次运动或大量电子运动得到的统计性结果。从电子的衍射图像可以看出,衍射强度大的地方,就是电子出现概率大的地方,衍射强度小的地方,电子出现的概率小,所以,这种微观粒子的物质波又称为统计波。

虽然玻尔的氢原子模型与德布罗意的理论解释了原子能量量子化的情形,也验证电子的波动特性,但实验上却无法成功地用仪器测定出原子中电子的位置与动量。1925 年,德国物理学家海森伯格(W. Heisenberg)经过仔细的分析,提出了著名的测不准原理。海森伯格指出,若测定的电子在 $x+\Delta x$ 的范围内,则会自动导致动量度量的偏差 Δp,且

$$\Delta x\Delta p\geqslant\frac{h}{4\pi} \tag{7-5}$$

因此,若能准确测量电子的位置 ($\Delta x=0$),则根本无法测量电子的动量,反之若能准确测量

电子的动量（$\Delta p=0$），则无法确知其位置。测不准原理并非由于仪器不够精密，而是任何测量方法的基本特性。此原理适用于任何对象，也反映了微观粒子的运动状态不服从经典力学的规律，而是遵循量子力学所描述的运动规律，从而彻底否定了玻尔的氢原子模型中固定轨道的概念。

7.2.2 核外电子运动状态的近代描述

Modern description of electron configurations

1. 薛定谔方程

由于微观粒子具有波粒二象性，其运动规律需用量子力学（quantum mechanics）来描述。1926 年，奥地利物理学家薛定谔（E. Schrödinger）在粒子波粒二象性的基础上，结合经典的光的波动方程，提出了著名的薛定谔方程：

$$\frac{\partial^2 \Psi}{\partial x^2}+\frac{\partial^2 \Psi}{\partial y^2}+\frac{\partial^2 \Psi}{\partial z^2}=-\frac{8\pi^2 m}{h^2}(E-V)\Psi \tag{7-6}$$

视频

薛定谔方程

式中 E——体系总能量；

V——体系的势能；

m——粒子的质量；

Ψ——描述粒子运动状态的数学函数式，称为波函数（wave function）；

x,y,z——空间坐标；

$\frac{\partial^2 \Psi}{\partial x^2},\frac{\partial^2 \Psi}{\partial y^2},\frac{\partial^2 \Psi}{\partial z^2}$——微积分中的符号，它表示 Ψ 对 x,y,z 的二阶偏导数。

薛定谔方程是量子力学中最重要的方程，它把体现微观粒子的粒子性（m,E,V 和坐标）与波动性（Ψ）有机地结合起来。如果解出方程中的 Ψ 和 E，就可以了解微观粒子的运动状态和能量高低，并可以由此得到一系列的重要物理量。解薛定谔方程需要较深的数理基础，这将在结构化学和量子化学逐步解决。我们只是了解量子力学处理原子结构问题的思路和一些重要的结论，重点放在图式及定性介绍上。

Ψ 是直角坐标的函数 $\Psi(x,y,z)$，为了数学上的处理方便，可以变换成球极坐标的函数 $\Psi(r,\theta,\phi)$。在数学上，与几个变量有关的函数可以假设分成几个只含有一个变量的函数乘积。这样 $\Psi(r,\theta,\phi)$ 的表达形式变为

$$\Psi(r,\theta,\phi)=R(r)\Theta(\theta)\Phi(\phi) \tag{7-7}$$

解薛定谔方程就是分别求解三个函数，再将三个函数相乘，最后可以得到波函数 Ψ。

通常将角度部分合并，上式变为

$$\Psi(r,\theta,\phi)=R(r)Y(\theta,\phi) \tag{7-8}$$

这样，波函数包括两个部分，一个是只与距离有关的函数 $R(r)$，在解氢原子核外电子波函数时，$R(r)$ 就只与电子离核的距离有关，所以，$R(r)$ 被称为波函数的径向部分，$Y(\theta,\phi)$ 只与两个角度有关，称为波函数的角度部分。

2. 波函数与原子轨道

薛定谔方程有很多解，要使得到的解具有特定的物理意义，需要引入 3 个量子数。这 3

个量子数只能取如下数值：

主量子数：$n=1,2,3,\cdots$（任意非零正整数）；

角量子数：$l=0,1,2,\cdots,n-1$（共可取 n 个数值）；

磁量子数：$m=0,\pm1,\pm2,\cdots,\pm l$（共可取 $2l+1$ 个数值）。

通过一组特定的量子数解薛定谔方程就可以得到一个相应的波函数的数学函数式，例如，对氢原子而言，用 $n=1,l=0,m=0$ 来解薛定谔方程，得到

$$R_{10}(r)=2\left(\frac{1}{a_0}\right)^{\frac{3}{2}}e^{-\frac{r}{a_0}} \tag{7-9}$$

$$Y_{00}(\theta,\phi)=\sqrt{\frac{1}{4\pi}} \tag{7-10}$$

$$\Psi_{100}(r,\theta,\phi)=R_{10}(r)Y_{00}(\theta,\phi)=\sqrt{\frac{1}{\pi a_0^3}}e^{-\frac{r}{a_0}} \tag{7-11}$$

其中，a_0 称为玻尔半径，数值是 52.9 pm。

同时还可以得到氢原子的能量是

$$E=-2.179\times10^{-18}\left(\frac{Z}{n}\right)^2\ \text{J} \tag{7-12}$$

在基态（$n=1$）时，$E_1=-2.179\times10^{-18}$ J。

通常把有确定量子数的波函数称为一个原子轨道，波函数和原子轨道是同义词，但这里的原子轨道不同于宏观物体的运动轨道。因为，描述电子在空间运动的 Ψ 不是一个确定的值，而是空间位置的函数，这表明，电子不是沿固定轨道运动，在这里，用“空间轨域”这个概念更为贴切。根据海森伯格测不准原理，我们无法同时准确测定电子在某一瞬间的位置和速度。量子力学理论认为，微观粒子在极小空间的运动没有固定的轨迹，只有统计的规律，即大量电子运动或一个电子的千万次运动具有一定的规律性。这可以用数学上统计的方法来推算电子在核外空间出现的概率。

3. 概率密度和电子云

波函数 Ψ 显然没有直观的物理意义，但波函数平方的绝对值 $|\Psi^2|$ 却有明确的物理意义，它表示空间某处单位体积电子出现的概率，即概率密度。

对氢原子核外一个电子的运动，如果我们能用高速照相机摄取一个电子在某一瞬间的空间位置，观察的结果是杂乱无章的，如果对千万张照片进行叠加，就可以发现明显的统计规律：电子在距原子核的一定距离的空间，电子出现的概率最大（图 7-3）。

图 7-3　氢原子 1s 电子云示意图

根据量子力学的计算，在半径等于 52.9 pm 的薄球层中电子出现的概率最大，而在球壳以外的地方电子云的密度就极其微小。很明显，电子云没有明确的边界，我们把电子出现概率相等的地方连接起来，作为电子云的界面，这个界面以内的电子出现的概率达到 90%，用来表示电子云的界面图（图 7-4）。

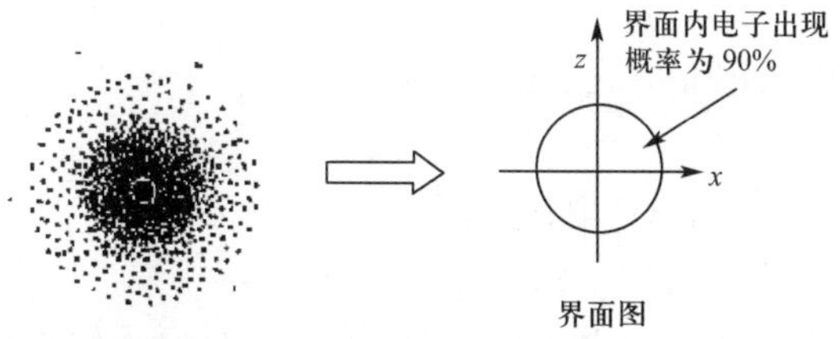

图 7-4　电子云界面示意图

4. 四个量子数

解薛定谔方程需要确定 3 个量子数 n、l、m。3 个量子数可以确定电子的运动状态，根据实验发现，电子自身还作自旋运动。这样，由上述 3 个量子数加 1 个自旋量子数（m_s）就可描绘出电子在原子核外区域出现的概率，以及它们能量的高低。下面对 4 个量子数分别进行讨论。

视频

四个量子数

（1）主量子数（n）

主量子数（principal quantum number）的取值和对应的代号是：

$$n=1,\quad 2,\quad 3,\quad 4,\quad 5,\quad 6,\quad \cdots$$

K，　L，　M，　N，　O，　P，　…

主量子数的物理意义是表示电子在核外出现概率最大的区域离核的平均距离。n 的数值越小，表示电子离核越近，受核的引力越大，电子的能量越小；当 n 增大时，表示电子离核较远，受核的引力较小，电子的能量就大。因此，n 不仅表示离核距离的远近，也是反映电子能量高低的主要因素。

（2）角量子数（l）

角量子数（angular quantum number）的取值和对应的光谱符号是：

$$l=0,\quad 1,\quad 2,\quad 3,\quad \cdots\quad (n-1)$$

s，　p，　d，　f，　…

l 的取值受主量子数 n 取值的限制，当 $n=1$ 时，角量子数 l 只能取 0，当 $n=2$ 时，角量子数 l 可以取 0，1，依此类推。

角量子数的物理意义是在同一电子层中，电子的能量还稍有差别，电子云的形状也不相同。根据这个差别，可以把一个电子层分成一个或几个亚层。当 $l=0$ 时，即 s 电子，该亚层在同一电子层中离核最近，能量最低，波函数角度部分呈球形对称；当 $l=1$ 时，即 p 电子，该亚层在同一电子层中离核较 s 电子远，能量较 s 电子高，波函数角度部分呈哑铃形；当 $l=2$ 时，即 d 电子，该电子层离核更远，能量更高，波函数角度部分呈花瓣形。在同一电子层里，亚层电子的能量是按 s、p、d、f 的次序递增的。s、p、d 轨道的形状如图 7-5 所示。

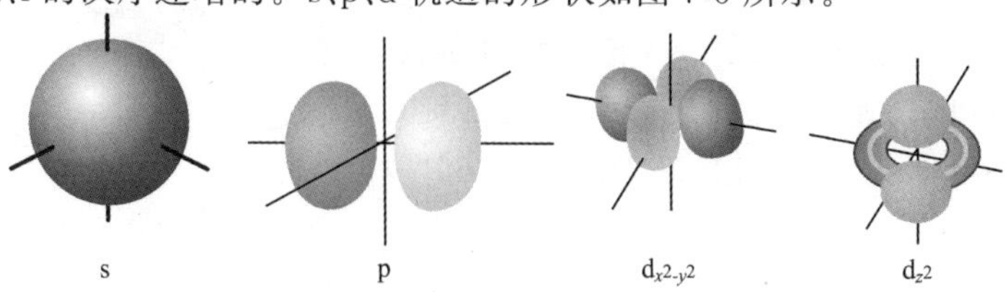

图 7-5　s、p、d 轨道的形状

(3)磁量子数(m)

磁量子数(magnetic quantum number)的取值是

$$m=0,\pm1,\pm2,\pm3,\cdots,\pm l$$

磁量子数的取值受角量子数(l)取值的限制,可取从 0 到$\pm l$,共 $2l+1$ 个数值。例如,当角量子数 $l=2$ 时,磁量子数 m 可取-2、-1、0、$+1$、$+2$。

磁量子数的物理意义是在同一电子层和电子亚层中,原子轨道可能会有不同的伸展方向,不同空间取向的轨道能量是相同的,也称为简并轨道。如 $l=1$ 的 p 轨道,可能会有 3 个空间取向 p_x、p_y、p_z,3 个轨道能量相同。s、p、d 轨道的空间取向示意图如图 7-6 所示。

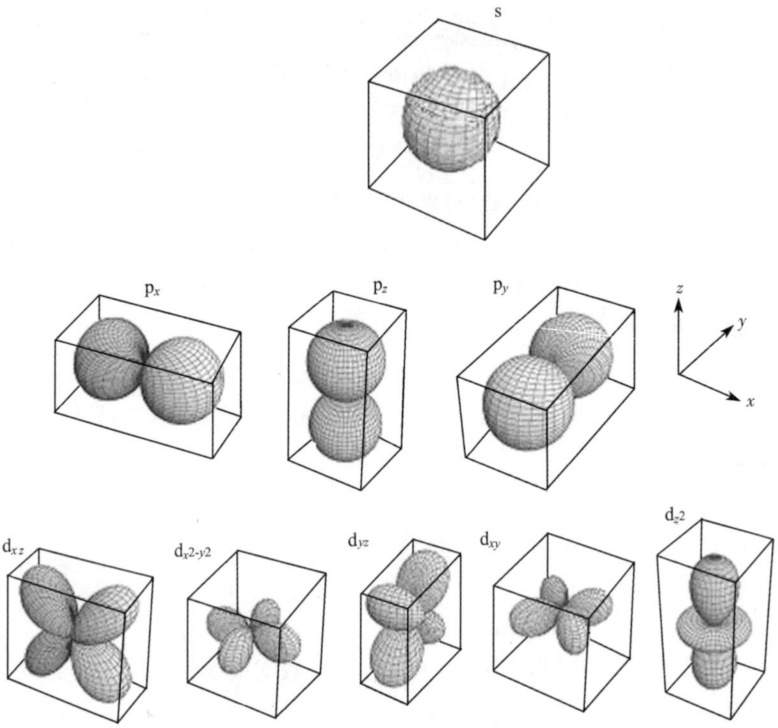

图 7-6　s、p、d 轨道的空间取向示意图

(4)自旋量子数(m_s)

自旋量子数(spin quantum number)的取值是:$m_s=\pm\frac{1}{2}$。

自旋量子数不是由薛定谔方程导出,而是在氢原子光谱研究中发现电子由 2p 能级跃迁到 1s 能级得到的不是一条谱线,而是两条谱线。这就是氢原子光谱的精细结构。这是因为电子除了绕核作高速运动外,还有自身的自旋运动,有顺时针和逆时针两种取向(图 7-7)。一般用"↑"和"↓"来表示。

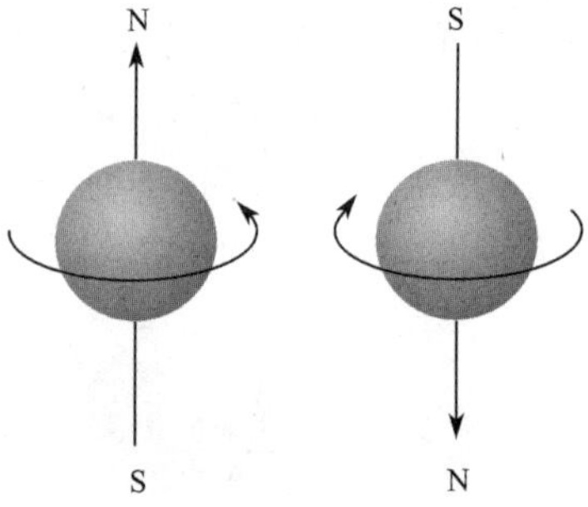

图 7-7　电子自旋示意图

综上所述,核外电子的运动状态可以用 4 个量子数来描述。4 个量子数确定了,电子在核外空间的运动状态就确定了。量子数与原子轨道关系见

表 7-1。

表 7-1 量子数与原子轨道关系

n	l	原子轨道	m	轨道数	
1	0	1s	0	1	
2	0	2s	0	1	4
	1	$2p(2p_x,2p_y,2p_z)$	+1,0,−1	3	
3	0	3s	0	1	9
	1	$3p(3p_x,3p_y,3p_z)$	+1,0,−1	3	
	2	$3d(3d_{xy},3d_{yz},3d_{xz},3d_{x^2-y^2},3d_{z^2})$	+2,+1,0,−1,−2	5	
4	0	4s	0	1	16
	1	$4p(4p_x,4p_y,4p_z)$	+1,0,−1	3	
	2	$4d(4d_{xy},4d_{yz},4d_{xz},4d_{x^2-y^2},4d_{z^2})$	+2,+1,0,−1,−2	5	
	3	4f	+3,+2,+1,0,−1,−2,−3	7	

5. 原子轨道与电子云的角度分布图

波函数 Ψ 是 r、θ、ϕ 3 个变量的函数，要画出其图像是极为困难的。在实际应用中，我们往往从它的不同角度去考查其性质，因此，可以从不同角度画出原子轨道和电子云的图像。在式(7-8)中，波函数可以分离成角度部分和径向部分的乘积，这样，我们就可以从角度部分和径向部分分别画出原子轨道和电子云的图像。由于角度分布图对化学键的形成和分子构型起重要作用，因此下面我们仅对原子轨道和电子云的角度分布图给予介绍，径向分布图可参考本章的阅读材料。

(1) 原子轨道的角度分布图

原子轨道的角度分布图的做法是根据薛定谔方程中波函数中角度部分的数学表达式，得到随 θ、ϕ 变化的 $Y(\theta,\phi)$；再以原子核为原点，引出方向为(θ,ϕ)的直线，直线长度为 Y；然后将这些直线的端点连接起来，得到一个空间曲面(图 7-8)，这就是原子轨道的角度分布图。在实际使用时，我们通常取其剖面图，剖面图的正负号仅代表 Y 值的正负，与电荷无关，也与三角函数中的象限无关。它在形成化学键时起重要作用。

如图 7-8 所示为 s、p、d 轨道波函数的角度分布剖面图。

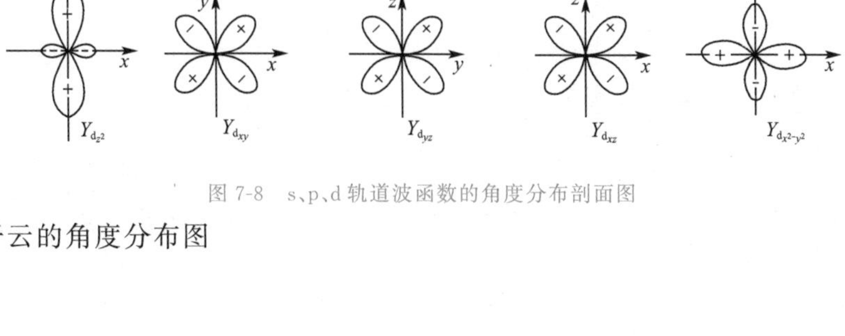

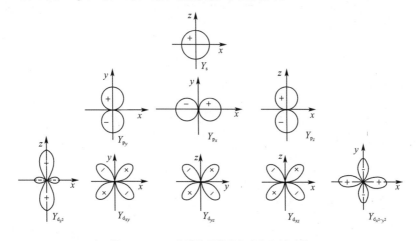

图 7-8 s、p、d 轨道波函数的角度分布剖面图

(2)电子云的角度分布图

概率密度是表示空间某处单位体积内电子出现的概率，大小用$|\Psi^2|$表示，用$|\Psi^2|$作图可以得到电子云的图像。其角度部分(Y^2)的分布图与原子轨道角度分布图中类似，但因$Y<1$，所以，$Y^2<Y$。得到的电子云角度分布图要比原子轨道的角度分布图的图形要“瘦”一些。另外，$|\Psi^2|$是正值，在电子云角度分布图中均为正值。电子云的角度分布图如图 7-9 所示。

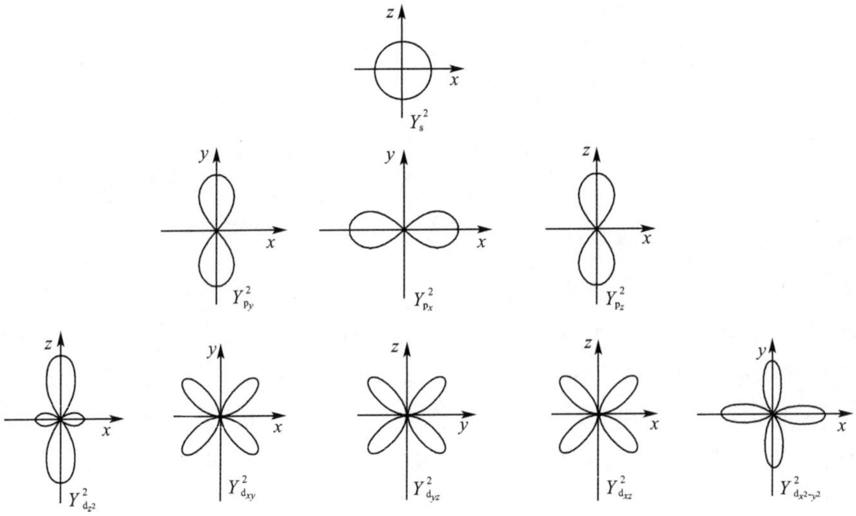

图 7-9　电子云的角度分布图

7.3　原子的电子结构与元素周期系

The electronic structures of atoms and the periodic system of elements

上一节讨论了核外电子的运动状态，本节将讨论核外电子如何排布在各个轨道上，电子的排布又有什么样的规律性？

7.3.1　多电子原子能级

Multi-electron atomic energy level

视频

多电子原子能级

氢原子外层只有一个电子，氢原子轨道能量只取决于主量子数，当主量子数相同时，轨道能量是相同的。因此，对于氢原子，其原子轨道的能级(energy level)顺序是

$$1s<2s=2p<3s=3p=3d<4s=4p=4d=4f\cdots$$

电子的能量只与主量子数有关：

$$E=-\frac{13.6\times Z^2}{n^2}\ \text{eV}\quad (Z=1) \tag{7-13}$$

在多电子原子中，轨道的能级不仅与主量子数 n 有关，还与角量子数 l 有关，根据光谱

实验结果，可以归纳为，在多电子原子中：

(1)角量子数 l 相同，主量子数 n 越大，能量越高，即

$$E_{1s}<E_{2s}<E_{3s}<E_{4s},\quad E_{2p}<E_{3p}<E_{4p},\quad E_{3d}<E_{4d}<E_{5d}$$

(2)主量子数 n 相同，角量子数 l 越大，能量越高，即

$$E_{ns}<E_{np}<E_{nd}<E_{nf}$$

(3)当主量子数 n 和角量子数 l 都不相同时，会出现能级交错现象。例如，在某些元素中，有 $E_{6s}<E_{4f}<E_{5d}<E_{6p}$，有关主量子数 n 和角量子数 l 都不相同时轨道能量高低的判断，我国科学家徐光宪总结出 $(n+0.7l)$ 的规律。即用 $n+0.7l$ 的大小来判断能级的高低，例如，4s 和 3d 轨道，用 $n+0.7l$ 计算相应得到 4.0 和 4.4，所以，$E_{4s}<E_{3d}$。

鲍林(L. Pauling)根据大量的光谱实验结果，总结出多电子原子核外电子轨道的能级从低到高的顺序(图 7-10，用方框或圆圈代表一个轨道)。

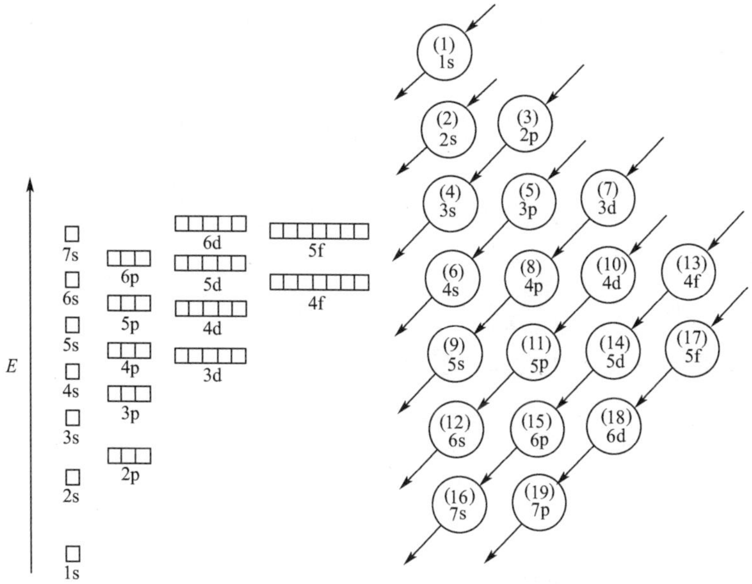

图 7-10　多电子原子核外电子轨道的能级图

能级交错的原因可以用**屏蔽效应**(shielding effect)来解释，在多电子原子中，一个电子不仅要受到核的吸引力还要受到其他电子的排斥力，两者作用相反。上述情况可以考虑成电子的排斥力是对原子核吸引力的抵消，这样，该电子实际所受到的原子核的吸引力要比等于原子序数 Z 的核电荷的引力要小。其他电子对原子核的抵消作用称为屏蔽效应。电子所受到与实际引力相当的电荷数称为**有效核电荷**(effective nuclear charge)。可用下式表示：

$$Z^{*}=Z-\sigma \tag{7-14}$$

其中，Z^{*} 是有效核电荷；Z 是元素的核电荷；σ 是**屏蔽常数**(shielding constant)。

相应的轨道能量变成

$$E=-\frac{13.6\times(Z-\sigma)^{2}}{n^{2}}\ \text{eV} \tag{7-15}$$

斯莱特等人根据实验结果，提出了斯莱特规则，用来估算屏蔽常数 σ。他把原子轨道分

成几个轨道组：

$$(1s);(2s、2p);(3s、3p);(3d);(4s、4p);(4d);(4f);(5s、5p);\cdots$$

斯莱特认为 σ 是下列各项之和：

(1)处于电子右边的轨道组，$\sigma=0$。

(2)1s 电子之间的 $\sigma=0.3$，其他同轨道组电子之间的 $\sigma=0.35$。

(3)$(n-1)$层的每个电子对 n 层电子的 σ 为 0.85，更内层为 1.00。

(4)被屏蔽的电子为 nd 或 nf 时，左边能级组电子对它的屏蔽常数 $\sigma=1.00$。

下面举例来说明斯莱特规则的应用。

【例 7-1】 计算钾(K，$Z=19$)的电子层结构中，4s 和 3d 轨道一个电子的能量。

对 4s 轨道上的一个电子

$$\sigma=0.85\times8+1.00\times10=16.80$$

$$Z^*=Z-\sigma=19-16.80=2.20$$

$$E_{4s}=-\frac{13.6\times(Z-\sigma)^2}{n^2}=-\frac{13.6\times2.20^2}{4^2}=-4.114\ \text{eV}$$

对 3d 轨道上的一个电子，若钾原子中最后一个电子填入 3d 轨道，则该电子受到影响的有效核电核为

$$\sigma=1.00\times18=18.0$$

$$Z^*=Z-\sigma=19-18.0=1.0$$

$$E_{3d}=-\frac{13.6\times(Z-\sigma)^2}{n^2}=-\frac{13.6\times1.0^2}{3^2}=-1.51\ \text{eV}$$

计算结果表明，$E_{4s}<E_{3d}$，因此，4s 能级比 3d 低。

7.3.2 核外电子排布规则
Electron configurations in atoms

1. 核外电子排布的 3 个规则

根据光谱实验结果，各元素原子核外电子的分布规律基本上遵循 3 个规则，即能量最低原理、泡利(Pauli)不相容原理和洪特(Hund)规则。

视频

核外电子排布规则

能量最低原理 在核外电子的排布中，通常状况下电子总是尽先占有能量较低的原子轨道，只有当能量较低的原子轨道占满后，电子才依次进入能量较高的原子轨道，这个规律称为能量最低原理(aufbau principle)。根据能量最低原理，按照多电子原子核外电子轨道的能级图(图 7-10)，就可以确定电子排入各原子轨道的次序。

泡利不相容原理 电子不可能都进入到能量最低的 1s 轨道。1925 年，泡利提出，在同一个原子里，不存在 4 个量子数完全相同的电子。这样，在同一原子轨道(前 3 个量子数相同)，可以填充两个电子，且自旋方向必然相反。运用泡利不相容原理(Pauli exclusion principle)，可计算出每一电子层或电子亚层所允许的电子最大容量。

例如，1s(1,0,0)轨道中的电子的 4 个量子数组合只能是$(1,0,0,+\frac{1}{2})$和$(1,0,0,-\frac{1}{2})$

两种。第一电子层只能容纳 $2\times1^2=2$ 个电子。依此类推,第二电子层可容纳的电子总数是 $2\times2^2=8$,第三电子层可容纳的电子总数是 $2\times3^2=18$,第 n 电子层可容纳的电子总数是 $2n^2$。

洪特规则　在同一电子亚层(n 和 l 值都相同)的等价轨道中,电子将采取自旋平行并分占不同的轨道。例如,碳元素原子的核电荷数为 6,即核外有 6 个电子。根据上述两个原理,核外电子首先在 1s 轨道排入 2 个自旋方向相反的电子,然后另外 2 个自旋方向相反的电子排入 2s 轨道,还剩 2 个电子,应排入 2p 轨道。电子排布式为 $1s^2 2s^2 2p^2$。2p 轨道有 3 个,按洪特规则(Hund's rule),其轨道表示式为

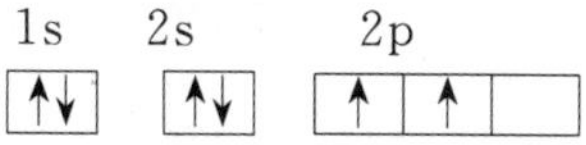

而不是

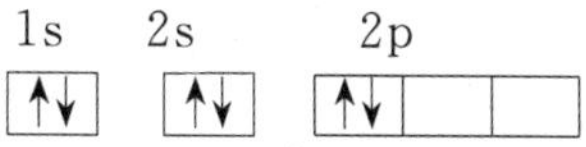

或

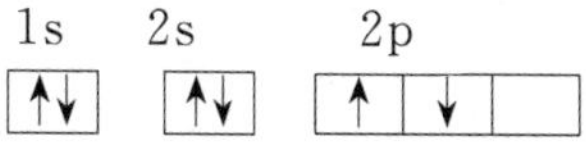

洪特规则还有一个特例,当等价轨道处于全充满、半充满或全空的状态时比较稳定。全充满、半充满或全空的结构分别表示如下:

全充满:p^6,d^{10},f^{14}

半充满:p^3,d^5,f^7

全　空:p^0,d^0,f^0

2. 核外电子的排布

核外电子排布的结果是根据光谱实验的结果得到的,它们大多符合上述 3 项规则。表 7-2 是原子序数为 1～109 各原子的电子排布式。

在电子排布式的表达上,经常把内层已达到稀有气体元素的原子的电子结构,用该稀有气体的元素符号加上方括号表示,称为原子实。例如,氧(O,$Z=8$),电子排布式是 $1s^2 2s^2 2p^4$,内层 $1s^2$ 的电子式与稀有气体氦(He)的电子排布一致,所以又写成[He]$2s^2 2p^4$,再如铷(Rb,$Z=37$),电子排布式是 $1s^2 2s^2 2p^6 3s^2 3p^6 3d^{10} 4s^2 4p^6 5s^1$,又可写成[Kr] $5s^1$。

铬(Cr,$Z=24$)的电子排布式是[Ar]$3d^5 4s^1$,而不是[Ar]$3d^4 4s^2$,这是洪特规则的特例,类似的元素还有铜(Cu,$Z=29$)、钼(Mo,$Z=42$)等电子的排布。

还有一些元素,如钌(Ru,$Z=44$),其电子排布式是[Kr]$4d^7 5s^1$,电子排布不符合上述 3 项规则。这是光谱实验的结果,我们只能尊重实验事实。类似的电子排布不符合上述 3 项规则的元素还有很多,如铑(Rh,$Z=45$)\,钯(Pd,$Z=46$)\,铂(Pt,$Z=78$)等。

表 7-2　原子的电子排布*

周期	原子序数	元素符号	电子结构
1	1	H	$1s^1$
	2	He	$1s^2$
2	3	Li	$[He]2s^1$
	4	Be	$[He]2s^2$
	5	B	$[He]2s^2 2p^1$
	6	C	$[He]2s^2 2p^2$
	7	N	$[He]2s^2 2p^3$
	8	O	$[He]2s^2 2p^4$
	9	F	$[He]2s^2 2p^5$
	10	Ne	$[He]2s^2 2p^6$
3	11	Na	$[Ne]3s^1$
	12	Mg	$[Ne]3s^2$
	13	Al	$[Ne]3s^2 3p^1$
	14	Si	$[Ne]3s^2 3p^2$
	15	P	$[Ne]3s^2 3p^3$
	16	S	$[Ne]3s^2 3p^4$
	17	Cl	$[Ne]3s^2 3p^5$
	18	Ar	$[Ne]3s^2 3p^6$
4	19	K	$[Ar]4s^1$
	20	Ca	$[Ar]4s^2$
	21	Sc	$[Ar]3d^1 4s^2$
	22	Ti	$[Ar]3d^2 4s^2$
	23	V	$[Ar]3d^3 4s^2$
	24	Cr	$[Ar]3d^5 4s^1$
	25	Mn	$[Ar]3d^5 4s^2$
	26	Fe	$[Ar]3d^6 4s^2$
	27	Co	$[Ar]3d^7 4s^2$
	28	Ni	$[Ar]3d^8 4s^2$
	29	Cu	$[Ar]3d^{10} 4s^1$
	30	Zn	$[Ar]3d^{10} 4s^2$
	31	Ga	$[Ar]3d^{10} 4s^2 4p^1$
	32	Ge	$[Ar]3d^{10} 4s^2 4p^2$
	33	As	$[Ar]3d^{10} 4s^2 4p^3$
	34	Se	$[Ar]3d^{10} 4s^2 4p^4$
	35	Br	$[Ar]3d^{10} 4s^2 4p^5$
	36	Kr	$[Ar]3d^{10} 4s^2 4p^6$

周期	原子序数	元素符号	电子结构
5	37	Rb	$[Kr]5s^1$
	38	Sr	$[Kr]5s^2$
	39	Y	$[Kr]4d^1 5s^2$
	40	Zr	$[Kr]4d^2 5s^2$
	41	Nb	$[Kr]4d^4 5s^1$
	42	Mo	$[Kr]4d^5 5s^1$
	43	Tc	$[Kr]4d^5 5s^2$
	44	Ru	$[Kr]4d^7 5s^1$
	45	Rh	$[Kr]4d^8 5s^1$
	46	Pd	$[Kr]4d^{10}$
	47	Ag	$[Kr]4d^{10} 5s^1$
	48	Cd	$[Kr]4d^{10} 5s^2$
	49	In	$[Kr]4d^{10} 5s^2 5p^1$
	50	Sn	$[Kr]4d^{10} 5s^2 5p^2$
	51	Sb	$[Kr]4d^{10} 5s^2 5p^3$
	52	Te	$[Kr]4d^{10} 5s^2 5p^4$
	53	I	$[Kr]4d^{10} 5s^2 5p^5$
	54	Xe	$[Kr]4d^{10} 5s^2 5p^6$
6	55	Cs	$[Xe]6s^1$
	56	Ba	$[Xe]6s^2$
	57	La	$[Xe]5d^1 6s^2$
	58	Ce	$[Xe]4f^1 5d^1 6s^2$
	59	Pr	$[Xe]4f^3 6s^2$
	60	Nd	$[Xe]4f^4 6s^2$
	61	Pm	$[Xe]4f^5 6s^2$
	62	Sm	$[Xe]4f^6 6s^2$
	63	Eu	$[Xe]4f^7 6s^2$
	64	Gd	$[Xe]4f^7 5d^1 6s^2$
	65	Tb	$[Xe]4f^9 6s^2$
	66	Dy	$[Xe]4f^{10} 6s^2$
	67	Ho	$[Xe]4f^{11} 6s^2$
	68	Er	$[Xe]4f^{12} 6s^2$
	69	Tm	$[Xe]4f^{13} 6s^2$
	70	Yb	$[Xe]4f^{14} 6s^2$
	71	Lu	$[Xe]4f^{14} 5d^1 6s^2$
	72	Hf	$[Xe]4f^{14} 5d^2 6s^2$

周期	原子序数	元素符号	电子结构
6	73	Ta	$[Xe]4f^{14} 5d^3 6s^2$
	74	W	$[Xe]4f^{14} 5d^4 6s^2$
	75	Re	$[Xe]4f^{14} 5d^5 6s^2$
	76	Os	$[Xe]4f^{14} 5d^6 6s^2$
	77	Ir	$[Xe]4f^{14} 5d^7 6s^2$
	78	Pt	$[Xe]4f^{14} 5d^9 6s^1$
	79	Au	$[Xe]4f^{14} 5d^{10} 6s^1$
	80	Hg	$[Xe]4f^{14} 5d^{10} 6s^2$
	81	Tl	$[Xe]4f^{14} 5d^{10} 6s^2 6p^1$
	82	Pb	$[Xe]4f^{14} 5d^{10} 6s^2 6p^2$
	83	Bi	$[Xe]4f^{14} 5d^{10} 6s^2 6p^3$
	84	Po	$[Xe]4f^{14} 5d^{10} 6s^2 6p^4$
	85	At	$[Xe]4f^{14} 5d^{10} 6s^2 6p^5$
	86	Rn	$[Xe]4f^{14} 5d^{10} 6s^2 6p^6$
7	87	Fr	$[Rn]7s^1$
	88	Ra	$[Rn]7s^2$
	89	Ac	$[Rn]6d^1 7s^2$
	90	Th	$[Rn]6d^2 7s^2$
	91	Pa	$[Rn]5f^2 6d^1 7s^2$
	92	U	$[Rn]5f^3 6d^1 7s^2$
	93	Np	$[Rn]5f^4 6d^1 7s^2$
	94	Pu	$[Rn]5f^6 7s^2$
	95	Am	$[Rn]5f^7 7s^2$
	96	Cm	$[Rn]5f^7 6d^1 7s^2$
	97	Bk	$[Rn]5f^9 7s^2$
	98	Cf	$[Rn]5f^{10} 7s^2$
	99	Es	$[Rn]5f^{11} 7s^2$
	100	Fm	$[Rn]5f^{12} 7s^2$
	101	Md	$[Rn]5f^{13} 7s^2$
	102	No	$[Rn]5f^{14} 7s^2$
	103	Lr	$[Rn]5f^{14} 6d^1 7s^2$
	104	Rf	$[Rn]5f^{14} 6d^2 7s^2$
	105	Db	$[Rn]5f^{14} 6d^3 7s^2$
	106	Sg	$[Rn]5f^{14} 6d^4 7s^2$
	107	Bh	$[Rn]5f^{14} 6d^5 7s^2$
	108	Hs	$[Rn]5f^{14} 6d^6 7s^2$
	109	Mt	$[Rn]5f^{14} 6d^7 7s^2$

* 单框中的元素是过渡元素，双框中的元素是镧系或锕系元素。

表取自：徐志珍，张敏，田振芬. 工科无机化学. 4 版. 上海：华东理工大学出版社，2018

7.3.3　元素周期系

Periodic system of elements

1. 原子电子层结构和周期的划分

根据核外电子排布的规则和光谱实验的结果，得到周期系中各元素原子的电子层结构。根据电子层的特点，可以把元素划分成不同的周期（period）。元素所在的周期数等于该元素的电子层数，也等于原子的电子结构中的最外电子层的主量子数。例如，第一周期元素原子有一个电子层，主量子数 $n=1$；第四周期元素原子有四个电子层，最外电子层主量子数 n 等于 4。

视频

元素周期系

各周期元素的数目等于原子轨道所能容纳的电子总数。各周期元素数目与相应能级组中原子轨道的关系见表 7-3。

表 7-3 各周期的元素数目、能级组和电子最大容量

周期	元素数目	相应能级组中原子轨道	电子最大容量
1	2	1s	2
2	8	2s 2p	8
3	8	3s 3p	8
4	18	4s 3d 4p	18
5	18	5s 4d 5p	18
6	32	6s 4f 5d 6p	32
7	26(未完)	7s 5f 6d 7p	未满

第一～三周期是短周期。在短周期中，随着原子序数的递增，新增电子依次填充到最外层上，各周期最后一种元素的各电子结构式分别是：氦(He) $1s^2$；氖(Ne) $1s^22s^22p^6$ 或 [He] $2s^22p^6$；氩(Ar) $1s^22s^22p^63s^23p^6$ 或[Ne] $3s^23p^6$。

从第四周期开始，各周期都是长周期。在长周期中，出现了能级交错，第四周期从钾(K，$Z=19$)开始，出现了新的电子层。根据能级顺序，电子先进入到能级较低的 4s 轨道，故钾和钙的电子结构式分别是：[Ar]$4s^1$，[Ar]$4s^2$。从钪(Sc)到锌(Zn)，新增电子进入到 3d 轨道，共填充了 10 个电子。锌(Zn)的电子结构式是[Ar]$3d^{10}4s^2$。这里需要说明的是，在填充电子时 3d 轨道的能级要高于 4s 轨道，但 4s 轨道填充电子后，能级上升，所以在失去电子时，先失去 4s 轨道的电子。填充电子后的电子式的写法是 3d4s 而不是 4s3d。当 d 轨道全部填满后，新增电子开始填充 4p 轨道，一直到第四周期最后一种元素氪(Kr)。电子结构式是：[Ar] $3d^{10}4s^24p^6$。

第五周期与第四周期电子填充方式类似，从铷(Rb)开始到氙(Xe)结束。新增电子依次进入 5s，4d，5p 轨道，最后一种元素氙(Xe)的电子结构式是：[Kr] $4d^{10}5s^25p^6$。

第六周期元素从铯(Cs，$Z=55$)开始，出现第六个电子层，新增电子在填满 6s 轨道后，不像第四周期和第五周期一样进入到 5d 轨道，而是进入到能级更低的 4f 轨道，共填充 14 个电子。从该周期第 3 个元素镧(La，$Z=57$)到镥(Lu，$Z=71$)这 15 种元素的性质极为相似，在周期表中放到同一位置，称为镧系元素，并单列一行，放到周期表的最下方。在 4f 轨道填满后，新增电子开始填充 5d 轨道和 6p 轨道，直到最后一种元素氡(Rn)。电子结构式是：[Xe] $4f^{14}5d^{10}6s^26p^6$。

第七周期是一个不完全的周期，现有 26 种元素，从这 26 种元素的电子排布上看，与第六周期非常类似。同样，从该周期第 3 种元素锕(Ac，$Z=89$)到铹(Lr，$Z=103$)这 15 种元素，在周期表放到同一位置，称为锕系元素，也单列一行，与镧系元素一起放到周期表的最下方。

2. 原子电子层结构和族的划分

在元素周期表中，外层电子结构式具有 ns 或 $ns\ np$ 构型的称为主族(main group)。主族元素的族数等于原子的最外层的电子数($ns+np$)。例如，钠(Na)和钾(K)，最外层电子构型分别是 $3s^1$ 和 $4s^1$，这两个元素就同属第一主族，写为ⅠA。在同一主族中，尽管电子层数不同，但都有相同的外层电子构型，最外层的电子数目也相同。彼此性质也非常相似。主族元素共有八族，从ⅠA～ⅧA，最后一族元素(ⅧA)是稀有气体元素。

副族元素的情况有所不同，其电子结构的特点是次外层电子数目多于 8 而少于 18。它

们除了能失去最外层电子外，还能失去次外层的一部分 d 电子，例如，元素钪[Sc]外层电子排布为 $3d^1 4s^2$，总共可以失去 3 个电子。钪属于ⅢB 族。一般而言，失去的电子总数就等于该元素所在的族次。但对于外层电子构型是$(n-1)dns$，总电子数为 8～10 的元素统一归为第ⅧB 族，这样，副族元素共有八族。$(n-1)d^{10}ns^{1\sim2}$ 归为ⅠB 和ⅡB 族，其他大多数副族元素的族次等于$(n-1)d+ns$ 的电子数。

3. 原子电子层结构和区的划分

周期表中的元素除了按周期和族划分之外，还可以根据电子层的结构特征划分成五个区(图 7-11)。

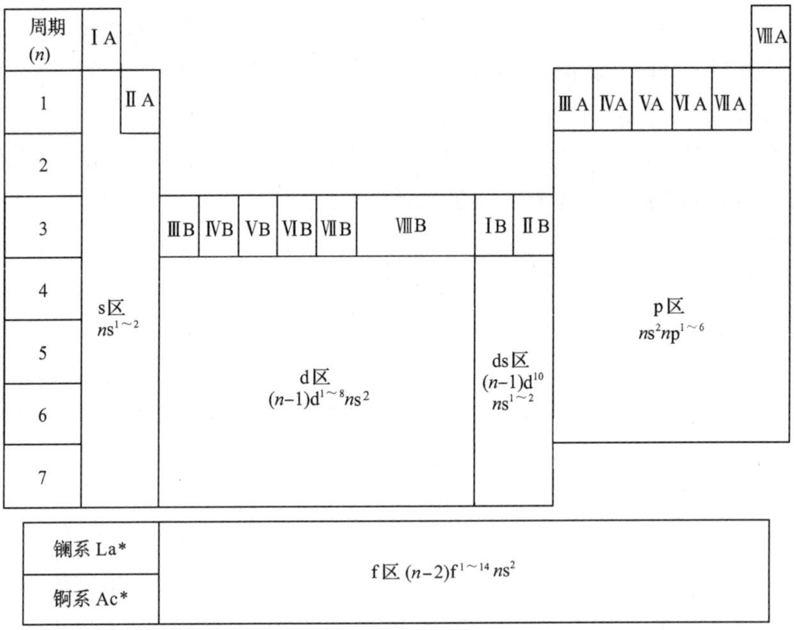

图 7-11 长式周期表各区元素外围电子的一般结构

(1)s 区元素：最外层电子构型 $ns^{1\sim2}$。包括ⅠA 和ⅡA 两族元素。这些元素的原子容易失去 1 个电子或 2 个电子，形成+1 或+2 价离子。

(2)p 区元素：最外层电子构型 $ns^2np^{1\sim6}$。包括ⅢA～ⅧA 族元素，非金属元素全部在 p 区。

(3)d 区元素：外围电子构型$(n-1)d^{1\sim8}ns^2$(Pd 和 Pt 除外)。包括ⅢB～ⅧB 族元素。d 区元素又称为过渡元素。这一区元素的最外层电子数目都是 1～2 个。在次外层上电子数目差异较大，经常参与化学反应。

(4)ds 区元素：最外层电子构型$(n-1)d^{10}ns^{1\sim2}$。包括ⅠB 和ⅡB 族元素。

(5)f 区元素：最外层电子构型$(n-2)f^{1\sim14}ns^2$。包括镧系和锕系元素，在周期表的最下方。

综上所述，我们可以看到，原子外层电子是呈周期性排布的，元素周期系中的每一周期的开始，都会出现一个新的电子层。元素电子排布式中最高的主量子数就是该元素所在周期数。对电子外层结构进行分类就形成了族和分区。同一族元素虽然电子层数不同，但其外层电子构型相同。对于主族元素，最外层电子数目等于族数。对副族元素，次外层电子为 8～18，其族数就等于最外层电子加次外层电子总数。同一族元素在参与化学反应时，常常表现相似的性质。

7.4　原子结构和元素性质的关系

Relationship between atomic structure and properties of elements

视频

元素性质的周期性变化

元素的性质是由原子结构决定的，原子结构周期性的变化也决定了元素性质的周期性变化。下面讨论原子结构与元素性质的关系。

7.4.1　元素有效核电荷的周期性变化

Periodic tendency of element effective nuclear charges

元素的原子序数增加，原子的核电荷也依次增加，但由于有屏蔽效应的存在，有效核电荷(Z^*)却呈周期性变化。

在短周期中，从左到右，电子依次填充到最外层，由于同层的屏蔽作用较小，所以有效核电荷显著增加。在长周期中，从 d 区元素开始，电子填充到次外层(d 轨道)，在次外层增加电子的屏蔽作用明显比在最外层增加电子的屏蔽作用要大，有效核电荷增加缓慢。其中，当次外层半充满和全充满时，屏蔽作用最强，使有效核电荷略有下降；在长周期后半部，次外层全部充满，电子又填充到最外层，有效核电荷又显著增加。

在同一族由上至下，核电荷增加了一个周期(分别增加 2\,8\,18\,32 种元素)，但同时也增加了一个电子层，屏蔽作用比较大，导致有效核电荷增加并不显著。元素有效核电荷随原子序数的变化规律如图 7-12 所示。

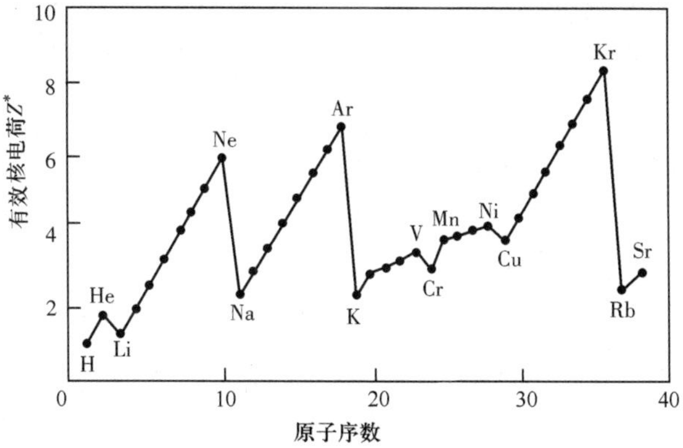

图 7-12　有效核电荷的周期性变化

7.4.2　原子半径的周期性变化

Periodic tendency of atomic radii

原子并没有一个明确的界面可以确定其大小，原子一般是以化学键的形式存在于单质或混合物中。假定原子是球形，通过测定相邻原子的核间距来描述原子半径的大小，可以近似地度量原子的相对大小，根据原子的不同存在形式可将原子半径分为下列几种情形，在金属晶体中，可以认为金属是由球状的金属原子紧密堆积而成。两原子间的核间距一半即为金属原子的半径，又称为金属半径(metallic radius)(图 7-13)。当两原子以共价键结合，电子云有部分重叠，这时，两原子核间距的一半称为共价半径(covalent radius)(图 7-13)。一般而言，同一元素共价半径要小于金属半径，例如，Li 的金属半径是 153 pm，而共价半径是 123 pm，另外，在分子晶体中，两个分子并未紧密接触，它们之间的作用力不是化学键，而是分子间作用力，这种非键结合的两个同种原子核间距离的一半称为范德华半径(图 7-13)。显然，对同一原子来说，范德华半径要大于共价半径。

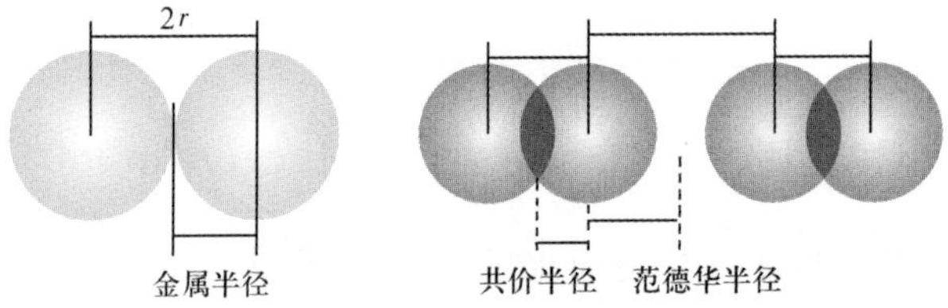

图 7-13 原子半径的表示方法

周期表中(除第七周期外)各原子的共价半径(稀有气体除外)见表 7-4。

表 7-4 原子的共价半径

ⅠA																	ⅧA
H 32	ⅡA											ⅢA	ⅣA	ⅤA	ⅥA	ⅦA	He 93
Li 123	Be 89											B 82	C 77	N 70	O 66	F 64	Ne 112
Na 154	Mg 136	ⅢB	ⅣB	ⅤB	ⅥB	ⅦB	ⅧB			ⅠB	ⅡB	Al 118	Si 117	P 110	S 104	Cl 99	Ar 154
K 203	Ca 174	Sc 144	Ti 132	V 122	Cr 118	Mn 117	Fe 117	Co 116	Ni 115	Cu 117	Zn 125	Ga 126	Ge 122	As 121	Se 117	Br 114	Kr 169
Rb 216	Sr 191	Y 162	Zr 145	Nb 134	Mo 130	Tc 127	Ru 125	Rh 125	Pd 128	Ag 134	Cd 148	In 144	Sn 140	Sb 141	Te 137	I 133	Xe 190
Cs 235	Ba 198		Hf 144	Ta 134	W 130	Re 128	Os 126	Ir 127	Pt 130	Au 134	Hg 144	Tl 148	Pb 147	Bi 146	Po 146	At 145	Rn 222

La	Ce	Pr	Nd	Pm	Sm	Eu	Gd	Tb	Dy	Ho	Er	Tm	Yb	Lu
169	165	164	164	163	162	185	162	161	160	158	158	158	170	158

原子半径的大小主要取决于原子的有效核电荷和核外电子层数。在同一周期中，原子半径变化的规律与原子的有效核电荷变化规律是一致的。随着有效核电荷的增加，原子半径变化总的趋势是减小的，在短周期中，有效核电荷的增加明显，原子核对外层电子层的吸引力增加明显，原子半径减小的趋势也就比较明显。在长周期中，由于 d 区有效核电荷增加缓慢，原子半径减小也随之缓慢。当次外层全充满后(ds 区)，电子填充在最外层，原子半径反而会略有增大，出现起伏，但随着电子继续填充到最外层，进入 p 区，又出现原子半径明显减小的趋势。

同族元素从上到下由于电子层数的增加，原子半径总的趋势是增大的，但主族和副族情况有所不同。同一主族由上至下，有效核电荷数和电子层数都增加，但电子层数增加因素占主导地位，随着电子层数的增加，原子核对外层电子的吸引力减弱，原子半径也明显增大。

副族元素的原子半径变化不明显。第四周期到第五周期原子半径是增大的，但第五周期和第六周期原子半径相差无几。这是因为在第六周期过渡元素增加了镧系元素，电子填充到外数第三层[$(n-2)f$]，屏蔽作用要较次外层[$(n-1)d$]更大，以至于有效核电荷增加更为缓慢。使第五周期和第六周期同族元素的原子半径非常接近。

从镧到镥随着原子序数的增加，它们的原子半径、离子半径均逐渐减小，称为“镧系收缩”(lanthanide contraction)。由于“镧系收缩”，镧系以后的元素如铪(Hf)、钽(Ta)、钨(W)等原子半径都相应减小，致使它们的半径与第五周期同族元素锆(Zr)、铌(Nb)、钼(Mo)非常接近。

Zr 145 pm	Nb 134 pm	Mo 130 pm
Hf 144 pm	Ta 134 pm	W 130 pm

由于 Zr 和 Hf，Nb 和 Ta 的原子半径相近，常在自然界矿物中共生，彼此难于分离。

原子半径随原子序数的变化规律如图 7-14 所示。

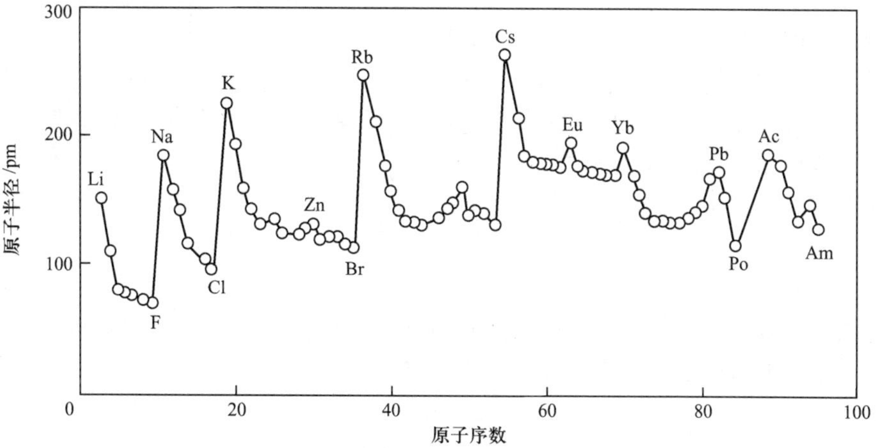

图 7-14　周期系中原子半径变化规律

7.4.3　元素电离能和亲和能的周期性变化

Periodic tendency of element ionization energy and electron affinity

基态的气态原子失去一个电子形成+1 价气态离子时所需能量称为元素的第一电离能(first ionization energy)(I_1)。元素+1 价气态离子失去一个电子形成+2 价气态离子时所需能量称为元素的第二电离能(I_2)。第三、四电离能依此类推。不难想象，随着原子逐步失去电子形成的离子正电荷越来越大，在继续失去电子时逐渐变难，所以 $I_1<I_2<I_3<\cdots$。由于原子失去电子必须消耗能量克服核对外层电子的引力，所以电离能总为正值。电离能可以定量地比较气态原子失去电子的难易，电离能越大，原子越难失去电子。电离能的 SI 单位为 $J \cdot mol^{-1}$，常用 $kJ \cdot mol^{-1}$。通常不特别说明，指的都是第一电离能。表 7-5 列出了周期系中元素的第一电离能。

表 7-5　周期系中元素的第一电离能　　　　(kJ · mol^{-1})

Ⅰ A																	ⅧA
H 1312	Ⅱ A											ⅢA	ⅣA	ⅤA	ⅥA	ⅦA	He 2372
Li 520	Be 900											B 801	C 1086	N 1402	O 1314	F 1681	Ne 2081
Na 496	Mg 738	ⅢB	ⅣB	ⅤB	ⅥB	ⅦB	ⅧB			Ⅰ B	Ⅱ B	Al 578	Si 787	P 1012	S 1000	Cl 1251	Ar 1521
K 419	Ca 590	Sc 631	Ti 658	V 650	Cr 653	Mn 717	Fe 759	Co 758	Ni 737	Cu 746	Zn 906	Ga 579	Ge 762	As 944	Se 941	Br 1140	Kr 1351
Rb 403	Sr 550	Y 616	Zr 660	Nb 664	Mo 685	Tc 702	Ru 711	Rh 720	Pd 805	Ag 731	Cd 868	In 558	Sn 709	Sb 832	Te 869	I 1008	Xe 1170
Cs 376	Ba 503	La 538	Hf 654	Ta 761	W 770	Re 760	Os 840	Ir 880	Pt 870	Au 890	Hg 1007	Tl 589	Pb 716	Bi 703	Po 812	At 912	Rn 1037

La	Ce	Pr	Nd	Pm	Sm	Eu	Gd	Tb	Dy	Ho	Er	Tm	Yb	Lu
538	528	523	530	536	543	547	592	564	572	581	589	597	603	524

影响电离能大小的因素有有效核电荷、原子半径和原子的电子构型。

同周期主族元素从左到右作用到最外层电子上的有效核电荷逐渐增大,电离能也逐渐增大。由于稀有气体具有稳定的电子层结构,其电离能最大。所以,同周期元素从强金属性逐渐变到非金属性,直至强非金属性。

同周期副族元素从左至右,由于有效核电荷增加不多,原子半径减小缓慢,其电离能增加不如主族元素明显。

同一主族元素从上到下,原子半径增加,有效核电荷增加不多,则原子半径增大的影响起主要作用,电离能由大变小,元素的金属性逐渐增强。同一副族元素电离能变化不规则。元素的第一电离能随原子序数变化规律如图 7-15 所示。

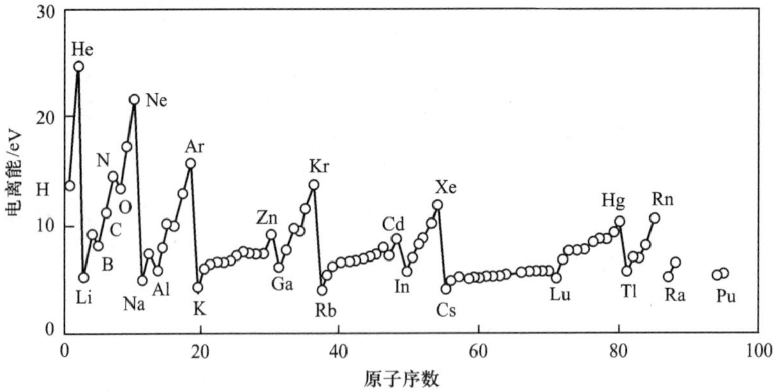

图 7-15　周期系中元素的第一电离能随原子序数的变化规律

一个基态气态原子得到一个电子形成－1 价气态离子所放出的能量称为第一电子亲和能(first electron affinity),以 E_{A1} 表示,依次也有 E_{A2}、E_{A3} 等。如果不特别说明,指的都是第一电子亲和能。一般通过计算获得电子亲和能的数据,但准确度不高。

元素的电子亲和能越大表示元素由气态原子得到电子生成负离子的倾向越大,该元素非金属性越强。影响电子亲和能大小的因素与电离能相同,即原子半径、有效核电荷和原子的电子构型。

在同一周期中，自左向右随着电子外层电子数增多，原子半径减小，有效核电荷增大，原子得到电子的能力增大，放出的能量增多，所以元素的电子亲和能呈增大趋势。但当外层电子构型是 ns^2、ns^2np^6 全充满时，原子本身比较稳定，再得到一个电子则需要从外界吸收能量。

同一族自上而下综合考虑原子半径增加和有效核电荷增加两个因素，元素的电子亲和能总的变化趋势是减小的，但规律性并不强。

7.4.4　元素电负性的周期性变化

Periodic tendency of element electronegativity

元素的电离能和电子亲和能只能从一个角度反映原子得失电子的能力，为了全面衡量分子中原子得失电子的能力，引入了元素电负性概念。通常把原子在分子中吸引成键电子的能力称为元素的电负性(electronegativity)，用符号 X 表示。

1932 年，鲍林提出了电负性概念。指定最活泼的非金属元素氟的电负性(X_p)为4.0，然后通过计算得出其他元素电负性的相对值。元素电负性越大表示该元素原子在分子中吸引成键电子的能力越强。反之，则越弱。同时，还近似规定 $X_p>2.0$ 的为非金属，$X_p<2.0$ 的为金属。

1934 年，密立根(R. A. Millikan)根据实验测定的电离能和电子亲和能的数据，综合考虑，也计算出一套元素电负性数据(X_M)。有关电负性的标度有 20 多种，这些数据是根据元素不同性质计算得到的。各种标度的数据不同，但变化规律大致相同，常用的是鲍林的元素电负性，见表 7-6。

表 7-6　元素电负性

H 2.1																
Li 1.0	Be 1.5											B 2.0	C 2.5	N 3.0	O 3.5	F 4.0
Na 0.9	Mg 1.2											Al 1.5	Si 1.8	P 2.1	S 2.5	Cl 3.0
K 0.8	Ca 1.0	Sc 1.3	Ti 1.5	V 1.6	Cr 1.6	Mn 1.5	Fe 1.8	Co 1.9	Ni 1.9	Cu 1.9	Zn 1.6	Ga 1.6	Ge 1.8	As 2.0	Se 2.4	Br 2.8
Rb 0.8	Sr 1.0	Y 1.2	Zr 1.4	Nb 1.6	Mo 1.8	Tc 1.9	Ru 2.2	Rh 2.2	Pd 2.2	Ag 1.9	Cd 1.7	In 1.7	Sn 1.8	Sb 1.9	Te 2.1	I 2.5
Cs 0.7	Ba 0.9	La 1.1	Hf 1.3	Ta 1.5	W 1.7	Re 1.9	Os 2.2	Ir 2.2	Pt 2.2	Au 2.4	Hg 1.9	Tl 1.8	Pb 1.9	Bi 1.9	Po 2.0	At 2.2

电负性递变规律如下：

(1)同一周期元素从左到右电负性逐渐增加，过渡元素的电负性变化不大。

(2)同一主族元素从上到下电负性逐渐减小，副族元素从上到下电负性逐渐增强。

(3)稀有气体的电负性是同周期元素中最高的。

电负性是判断元素是金属或非金属以及了解元素化学性质的重要参数。$X_p=2$ 是近似地标志金属和非金属的分界点，电负性越大，非金属性越强。电负性大的元素集中在周期表的右上角，F 是电负性最高的元素。周期表的左下角集中了电负性较小的元素，Cs 和 Fr 是电负性最小的元素。电负性数据是研究化学键性质的重要参数。电负性差值大的元素之间的化学键以离子键为主，电负性相同或相近的非金属元素以共价键结合，电负性相等或相近的金属元素以金属键结合。元素电负性随原子序数变化规律如图 7-16 所示。

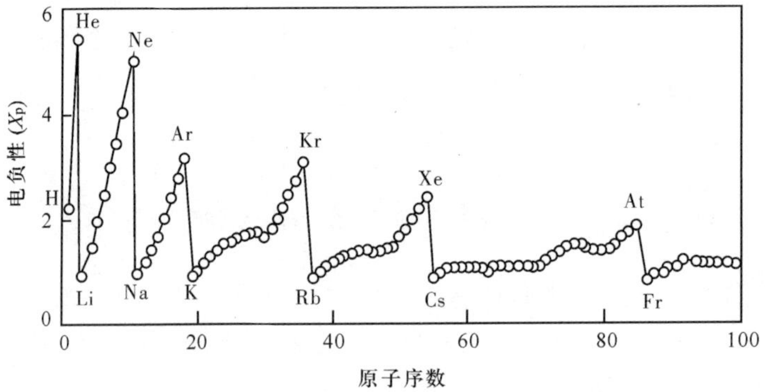

图 7-16 周期系中元素电负性随原子序数变化规律

7.4.5 元素氧化数的周期性变化

Periodic tendency of element oxidation numbers

为了反映元素的氧化状态，常用氧化数定量表征。元素的氧化数与其价层电子构型有关。由于元素价层电子构型是周期性的重复，所以元素的最高氧化数也是周期性的重复。元素参加化学反应时，达到的最高氧化数等于价电子总数，也等于所属族数，见表 7-7。

表 7-7 元素的最高氧化数和价层电子构型

主族	价层电子构型	最高氧化数	副族	价层电子构型	最高氧化数
ⅠA	ns^1	+1	ⅠB	$(n-1)d^{10}ns^1$	+3(部分元素)
ⅡA	ns^2	+2	ⅡB	$(n-1)d^{10}ns^2$	+2
ⅢA	ns^2np^1	+3	ⅢB	$(n-1)d^1ns^2$	+3
ⅣA	ns^2np^2	+4	ⅣB	$(n-1)d^2ns^2$	+4
ⅤA	ns^2np^3	+5	ⅤB	$(n-1)d^3ns^2$	+5
ⅥA	ns^2np^4	+6	ⅥB	$(n-1)d^{4\sim5}ns^{1\sim2}$	+6
ⅦA	ns^2np^5	+7	ⅦB	$(n-1)d^5ns^2$	+7
ⅧA	ns^2np^6	+8(部分元素)	ⅧB	$(n-1)d^{6\sim10}ns^{0\sim2}$	+8(部分元素)

拓展阅读

原子轨道径向波函数

波函数可以表示为

$$\Psi(r,\theta,\phi)=R(r)Y(\theta,\phi)$$

波函数包括两个部分，波函数的角度部分 $Y(\theta,\phi)$ 在本章已经讨论过了。下面简要讨论一下径向波函数。

根据薛定谔方程可以求出波函数的径向部分的函数式，如氢原子的 $R_{10}(r)=2\left(\frac{1}{a_0}\right)^{\frac{3}{2}}e^{-\frac{r}{a_0}}$，然后可以根据得到的函数式计算不同 r 的 $R(r)$ 值，用所得的数据作图，就可以得到原子轨道的径向分布图，如图 7-17 所示是氢原子的 1s，2s 径向波函数的示意图。

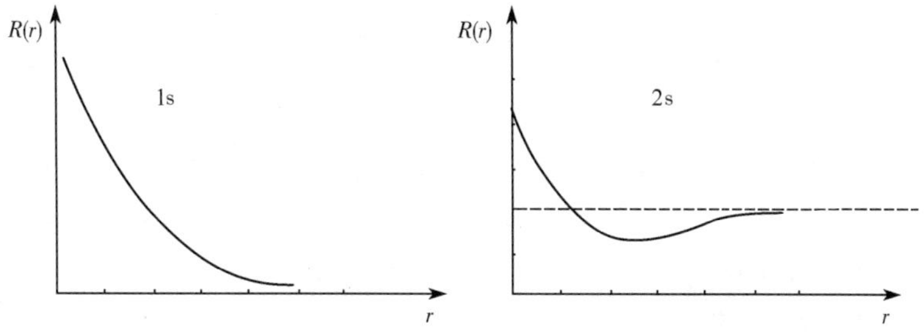

图 7-17　氢原子的 1s，2s 径向波函数的示意图

电子云的径向分布函数 $D(r)$ 用 $r^2R^2(r)$ 来表示，$r^2R^2(r)\mathrm{d}r$ 的物理意义是表示离核距离为 r，厚度为 $\mathrm{d}r$ 的薄球层内发现电子的概率。由基态氢原子的计算结果得到的径向分布函数示意图如图 7-18 所示。

从图中可看出，对球对称的电子径向分布函数，极大值已不在 $r=0$ 处。这是因为概率分布 $D(r)$ 随 r 值的增加而减少，而壳层体积 $4\pi r^2$ 随 r 的增大而增大。两者综合，在离核 a_0 处，1s 态电子出现的概率最大。当氢原子处于基态时，1s 电子运动构成一个围绕原子核的球，2s 态电子运动构成一个小球和一个外球壳，3s 态电子运动则构成一个小球和两个同心球壳，即有两个节面。

在原子核附近出现的概率较大的电子，可更多地避免其余电子的屏蔽，受到核的较强的吸引而更靠近核，这种进入原子内部空间的作用叫作“钻穿效应”。钻穿效应与原子轨道的径向分布函数有关。

氢原子只有一个电子，没有屏蔽效应，没有钻穿效应存在，原子轨道能量只取决于 n，与 l 无关。即 $E_{ns}=E_{np}=E_{nd}=E_{nf}$。对于多电子体系，从电子云的径向分布图上看，相同主量子数(n)的电子，角量子数(l)越小，峰就越多，第一个峰钻得愈深，离核就越近，能量就越低。例如，3s 比 3p 多一个离核较近的小峰，说明 3s 电子比 3p 电子钻穿能力强，从而受到屏蔽较小，能量较 3p 低(图 7-19)。

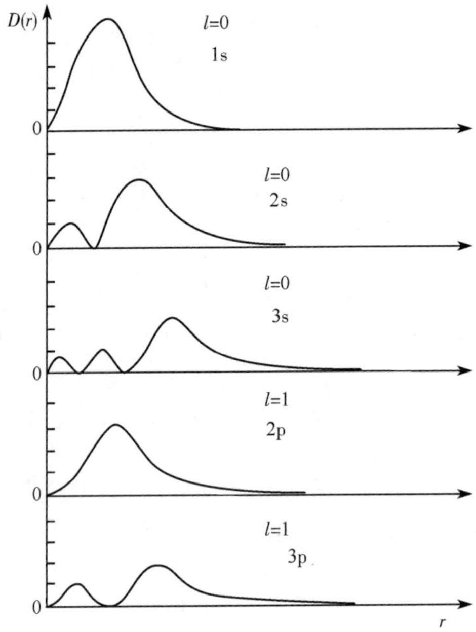

图 7-18　氢原子的电子云径向分布函数的示意图

由于钻穿效应的存在，在多电子体系中，产生了能级分裂，相同主量子数(n)电子的能级顺序是 $E_{ns}<E_{np}<E_{nd}<E_{nf}$。

钻穿效应除了可以说明能级分裂，还可以说明能级交错，把 4s 和 3d 的径向分布图进行比较，可以看出，尽管 4s 的最大峰距核比 3d 的最大峰要远，但 4s 有更强的钻穿效应，最小的一个峰更靠近核，所以 4s 的能量要低于 3d(图 7-20)。

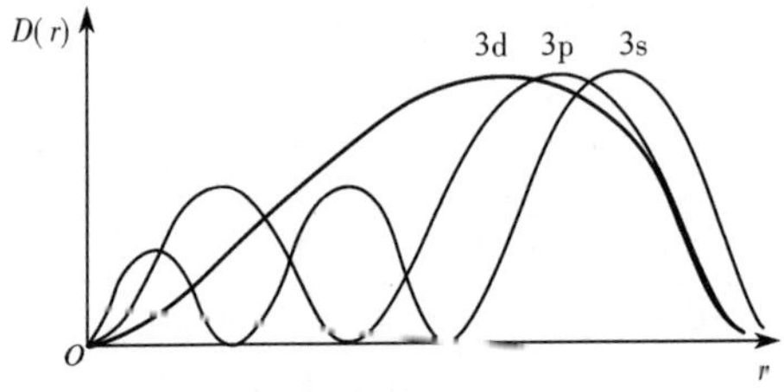

图 7-19　主量子数相同的径向分布函数示意图

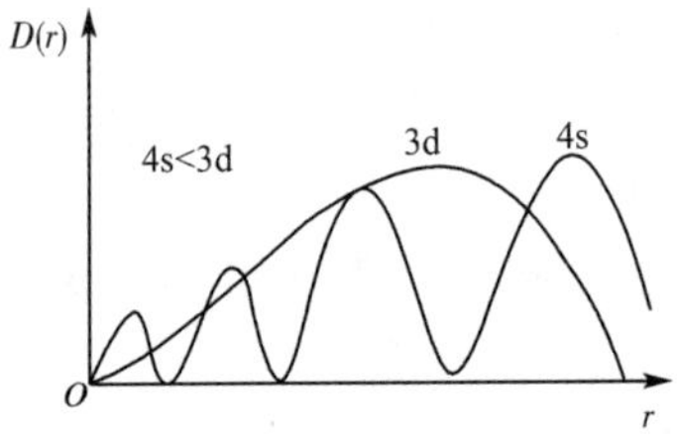

图 7-20　3d 和 4s 的径向分布函数图

思考题

7-1　解释下列概念：

波粒二象性，测不准原理，原子轨道，电子云，概率密度，能级交错，有效核电荷，镧系收缩，共价半径，金属半径，范德华半径，电负性。

7-2　电子的波动性是通过什么实验得到验证的？电子波动性的特点是什么？

7-3　氢原子的等价轨道和其他原子的等价轨道有什么区别？

7-4　原子轨道的角度分布图和电子云的角度分布图有什么区别？

7-5　为什么各个电子层所能容纳的最多电子数是 $2n^2$？

7-6　元素周期系中周期、族和区是依据什么来划分的？

7-7　第一过渡系(第四周期)的电子填充顺序是 3d，然后是 4s，那么失去电子的顺序呢？

7-8　产生镧系收缩的原因是什么？

7-9　元素原子半径随周期和族的变化规律是怎样的？

7-10　元素第一电离能随周期和族的变化规律是怎样的？

7-11　衡量原子得失电子能力的物理量是什么？如何用这个物理量来衡量元素的金属性和非金属性？变化规律是怎样的？

习　题

7-1　下列各组的电子运动状态是否存在？

(1) $n=2, l=2, m=0, m_s=+\frac{1}{2}$。(2) $n=3, l=1, m=2, m_s=-\frac{1}{2}$。

(3) $n=4, l=1, m=0, m_s=+\frac{1}{2}$。(4) $n=2, l=1, m=1, m_s=-\frac{1}{2}$。

7-2　填充下列各组合理的量子数：

(1) $n=?, l=2, m=0, m_s=+\frac{1}{2}$。(2) $n=2, l=?, m=+1, m_s=-\frac{1}{2}$。

(3) $n=4, l=2, m=0, m_s=?$。　(4) $n=2, l=0, m=?, m_s=+\frac{1}{2}$。

7-3　当 $n=3$ 时，l、m 有多少可能的值？分别用 n、l、m 表示。

7-4　写出 Mn 元素 3d 轨道上电子的四个量子数。

7-5　在某元素原子的某一电子层中，角量子数为 1 的能级中有几个原子轨道？画出处于该能级下电子可能的电子云形状。

7-6　下列元素的原子核外电子排布都是错误的，它们分别违背了核外电子排布规律中的哪一条？请加以改正。

1s　2s　2p

(1) C 原子的轨道表示式写成 [↑↓] [↑↓] [↑↓][ ][ ]，违背了______，应改为______。

(2) Ca 原子的电子排布式写成 $1s^2 2s^2 2p^6 3s^2 3p^6 3d^2$，违背了______，应改为______。

1s　2s　2p

(3) N 原子的轨道表示式写成 [↑↑] [↑↑] [↑][↑][↑]，违背了______，应改为______。

7-7　某元素原子的电子排布式是 $1s^2 2s^2 2p^6 3s^2 3p^6 3d^{10} 4s^1$，说明这种元素的原子核外有多少个电子层？每个电子层有多少个轨道？有多少个电子？

7-8　写出 $_{33}As$ 的电子排布式，并画出最外层电子的原子轨道的角度分布图。

7-9　已知下列元素原子的最外层电子结构(价层电子结构)为

$$3s^2, 4s^2 4p^3, 3d^5 4s^1, 3s^2 3p^5$$

它们各属于第几周期？第几族？处于哪一个区？

7-10　第四周期元素，其原子失去 3 个电子，在 3d 轨道内半充满，试推断该元素的原子序数，并指出该元素的名称。

7-11 写出下列离子的外层电子分布式，并指出成单电子数：

$$Mn^{2+},Cd^{2+},Fe^{2+},Ag^{+},Cu^{2+}$$

7-12 试回答下列问题：

(1)主、副族元素的电子层结构有什么特点？

(2)周期表中 s、p、d、ds 区元素的电子层结构各有什么特点？

(3)具有下列电子层结构的元素位于周期表的哪个区？

$$ns^2,ns^2np^2,(n-1)d^5ns^2,(n-1)d^{10}ns^2$$

7-13 填写下表中的空白：

原子序数	外层电子构型	未成对电子数目	周期	族	所属区
16					
18					
24					
29					
48					

7-14 外层电子构型满足下列条件之一的是哪一族或哪一种元素？

(1)具有 2 个 p 电子。

(2)量子数为 $n=4$ 和 $l=0$ 的电子有两个，量子数为 $n=3$ 和 $l=2$ 的电子有 6 个。

(3)3d 为全充满、4s 为半充满的元素。

7-15 已知某元素 R 属于第四周期，它有 6 个成单电子，其中只有一个成单电子的电子云呈球形对称。

(1)写出 R 的电子层结构，指出原子序数。

(2)写出各成单电子的量子数。

(3)推测 R 和氧化合时最高氧化数的分子式。

(4)指出 R 在周期表中的位置(指明区、族、周期)。

7-16 若元素最外层仅有一个电子，它的量子数为 $n=4$、$l=0$、$m=0$、$m_s=1/2$。问：

(1)符合上述条件的元素有几个？原子序数各是多少？

(2)写出相应元素原子的电子层结构，并指出其在周期表中的位置(指明区、族、周期)、最高氧化数、金属还是非金属。

(3)画出这些元素原子最外层电子的电子云角度分布图。

7-17 判断下列各对原子或离子中哪个半径大，并说明理由。

(1)H 和 He。 (2)Ba 和 Sr。 (3)Sc 和 Ca。 (4)Cu 和 Ni。

(5)Zr 和 Hf。 (6)K 和 Ag。 (7)Na^+ 和 Al^{3+}。(8)Fe^{2+} 和 Fe^{3+}。

7-18 有 A、B、C、D 四种元素，价电子数依次为 1、2、6、7，电子层数依次减少一层，已知 D^- 的电子层结构与 Ar 相同，A 和 B 的次外层只有 8 个电子，C 的次外层有 18 个电子。试判断这四种元素：

(1)电负性由小到大的顺序。

(2)金属性由弱到强的顺序。

7-19 不参看周期表，试推测下列每对原子中哪个原子具有较高的第一电离能和较大的电负性？

(1)19 和 29 号元素原子。

(2)37 和 55 号元素原子。

7-20　试解释以下事实：

(1)Na 的第一电离能小于 Mg，第二电离能则大于 Mg。

(2)Cl 的电子亲和能比 F 小。

(3)从混合物中分离 V 与 Nb 容易，而分离 Nb 和 Ta 难。

第8章

化学键和分子结构

Chemical Bonds and Molecular Structure

除稀有气体外，其他物质都能通过原子之间相互结合形成分子或晶体。在研究原子结合成分子的过程中，必然要涉及化学键的问题。分子或晶体中相邻原子间强烈的相互作用力称为化学键。

视频

化学键和分子结构

1916 年，美国科学家路易斯和德国科学家柯塞尔（A. Kossel）提出的共价键和离子键理论，初步解释了常见的共价键分子 H_2、O_2 等和离子键分子 NaCl 的形成过程。1927 年，德国科学家海特勒（W. Heitler）和伦敦（F. London）利用量子力学处理最简单的氢分子，揭示了共价键的本质。1931 年，美国科学家鲍林（L. Pauling）提出了杂化轨道理论，解释了部分共价键分子的空间构型。1932 年，美国科学家莫立根（R. S. Mulliken）和德国科学家洪特（F. Hund）提出了分子轨道理论，着重研究分子中电子的运动规律。分子轨道理论在 20 世纪 50 年代取得了重大成就，得到了广泛应用。

本章将在原子结构的基础上，讨论化学键的形成，了解分子构型，介绍各类化学键形成化合物的晶体，同时，对分子间力与氢键也做简单介绍。

8.1 离子键与离子晶体

Ionic bonds and ionic crystals

有些物质在通常状态下以晶体的形式存在，表现出较高的熔沸点、较高的硬度、易溶于水、在熔融状态或水溶液中能够导电等特点。结构研究结果表明，这类物质都是以离子键的方式结合的。1916 年，德国科学家柯塞尔提出了离子键理论——离子键是原子与原子之间由于价电子的转移分别形成正、负离子，靠库仑引力结合形成的化学键，解释了离子型化合物的形成。

8.1.1 离子键

Ionic bonds

当电负性相差较大的活泼金属和活泼非金属相互接近时，电负性较小的活泼金属容易失去最外层电子，而活泼非金属则容易得到电子，分别形成稳定的 8 电子结构的正离子和负离子。例如，Na^+：$2s^22p^6$；Cl^-：$3s^23p^6$。当正、负离子相互接近时，正、负离子间同时存在着正、负电荷的静电吸引力和离子外层电子的排斥力。当吸引力和排斥力达到平衡时，体系的总能量最低，体系最稳定。这时，形成了稳定的化学键——离子键(ionic bonds)。

$$\left.\begin{array}{l} Na - e^- \rightleftharpoons Na^+ \\ Cl + e^- \rightleftharpoons Cl^- \end{array}\right. \xrightarrow{\text{静电引力}} Na^+Cl^-$$

1. 离子键的特征

(1)离子键的本质

离子键的本质是正、负离子吸引形成的库仑引力。成键原子间电负性相差越大，电子越容易从活泼金属转移到活泼非金属上，形成的离子键的离子性应当更显著。然而，实验证明，即使是电负性相差最大的金属和非金属原子结合的离子键，其离子键成分也不是 100%。而随着成键原子间电负性差值的减小，离子键成分也在逐渐减少，相应的共价键成分增加。如图 8-1 所示为部分离子化合物单键的离子键成分与电负性差值的关系。

视频

离子键的形成及特征

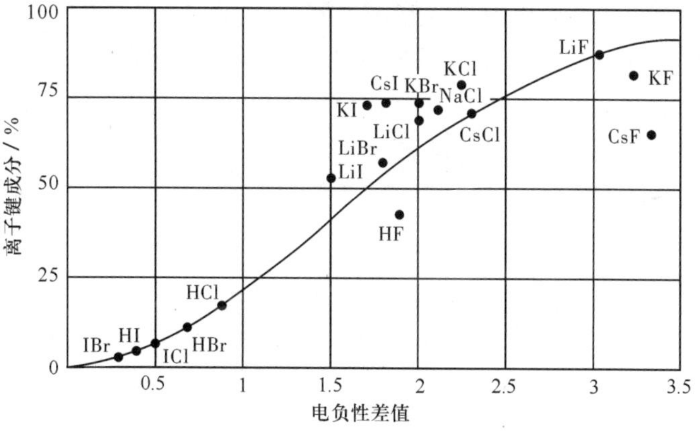

图 8-1　部分离子化合物单键的离子键成分与电负性差值的关系

一般而言，电负性差值大于 1.7，形成分子化学键中离子键成分大于 50%，可以认为是离子型化合物。当电负性差值小于 1.7 时，则将该物质看成是共价型化合物。

(2)离子键无方向性和饱和性

由于离子键的本质是库仑引力，而库仑引力是无方向性和饱和性的。一个电荷可以尽可能多地与空间各个方向的异号电荷产生库仑引力，并在空间按一定规律延伸，形成离子晶体。

2. 离子键的强度

离子键的强度(strength of ionic bonds)是用晶格能(lattice energy，U)来表示的。晶格能是指将离子晶体完全转变为气态的正离子和气态的负离子所需要的能量。晶格能越大，离子键强度越大，离子晶体的熔点、硬度越高。晶格能的大小与正、负离子的电荷及半径有关：

视频

离子键的强度

$$U \propto \frac{|Z_+ Z_-|}{r_+ + r_-}$$

3. 离子的特征

由于离子键是正、负离子相互作用，所以正、负离子的性质对离子型化合物的特征和性质有重要的影响。

视频

离子的特征

(1)离子电荷

离子电荷(ionic charge)是指形成离子键时，原子得到或失去电子后所具有的电荷数。电子得失的数目主要取决于原子的电离能和亲和能。一般而言，电离能越大，越不容易失去电子形成正离子。亲和能越大，越容易得到电子形成负离子。

(2)离子半径

严格地讲，由于电子云没有边界，所以**离子半径**(ionic radius)无法精确测定。通常将实验测得的正、负离子间的平均距离视为对应的正、负离子的半径和。1926 年，哥德希密德(V. M. Golschmid)从晶体结构的数据中，测得氟离子的半径为 133 pm，氧离子的半径为 132 pm。以此为标准，测定了离子化合物的核间距的实验数据，来计算各种离子的离子半径。1927 年，鲍林根据核电荷数和屏蔽常数的数值推算出离子半径，目前应用比较普遍。常见的离子半径数据见表 8-1。

表 8-1 常见的离子半径 (pm)

		Li^+	Be^{2+}													
		68	35													
O^{2-}	F^-	Na^+	Mg^{2+}	Al^{3+}												
132	133	97	66	51												
S^{2-}	Cl^-	K^+	Ca^{2+}	Sc^{3+}	Ti^{4+}	Cr^{3+}	Mn^{2+}	Fe^{3+}	Co^{2+}	Ni^{2+}	Cu^{2+}		Zn^{2+}	Ga^{3+}	Ge^{2+}	As^{3+}
184	181	133	99	73	68	63	80	64	72	69	72		74	62	73	58
Se^{2-}	Br^-	Rb^+	Sr^{2+}					Fe^{2+}				Ag^+	Cd^{2+}	In^{3+}	Sn^{2+}	Sb^{3+}
191	196	147	112					74				126	97	81	93	76
Te^{2-}	I^-	Cs^+	Ba^{2+}										Hg^{2+}	Tl^{3+}	Pb^{2+}	Bi^{3+}
211	220	167	134										110	95	120	96
外层8(或2)电子					外层9～17电子							外层18电子			外层18+2电子	

离子半径的大小受核电荷和核外电子数的影响较大，同一周期中自左至右，金属的离子半径随所带电荷的增加而减小，非金属的离子半径随负电荷的增加稍有增加，但变化幅度不大；同族带相同电荷的离子，核外电子数的增加是主要影响因素，自上而下离子半径增大；同一元素的正离子半径要小于原子半径，而负离子半径要大于原子半径；同一元素形成多种氧化态时，离子带正电荷越多，离子半径越小。

(3)电子构型

离子的**电子构型**(electron configuration)是指原子失去电子或得到电子所形成的离子的外层电子构型。一般稳定存在的离子最外层电子构型见表 8-2。

表 8-2　稳定存在的离子最外层电子构型

类型	最外层电子构型	离子举例
2 或 8 电子构型	ns^2；ns^2np^6	Be^{2+}、F^-、Na^+、Ba^{2+}、Cl^-
9～17 电子构型	$ns^2np^6nd^{1\sim9}$	Cr^{3+}、Mn^{2+}、Fe^{2+}、Fe^{3+}、Cu^{2+}
18 电子构型	$ns^2np^6nd^{10}$	Zn^{2+}、Ag^+、Hg^{2+}、Cu^+
18+2 电子构型	$(n-1)s^2(n-1)p^6(n-1)d^{10}ns^2$	Pb^{2+}、Sn^{2+}、Sb^{3+}、Bi^{3+}

离子的电子构型对离子键的离子性影响很大，并影响离子型化合物的性质。例如，Ag^+ 和 K^+ 所带电荷一样，半径也相差不大，但形成化合物的性质却明显不同。

8.1.2　离子晶体

Ionic crystals

晶体具有规则的几何构型，这是晶体最明显的特征。同一种晶体由于生成条件的不同，外形上可能有差别，但晶体的晶面角却不会变。在晶体中切割出能代表晶体一切特征的最小部分（一个平行六面体）称为晶胞（图 8-2），晶胞在三维空间的无限重复就形成了晶格。一个平行六面体的晶胞可以用 6 个常数来描述，分别是六面体的 3 个棱长和 3 个棱边夹角。根据这些常数的特征，可以划分成 7 个晶系，包含 14 种晶格（表 8-3）。

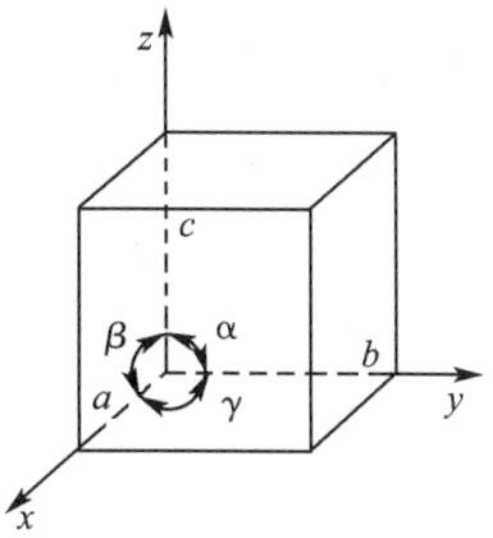

图 8-2　晶胞参数

视频

离子晶体

表 8-3　晶系和晶格

晶系	边长	夹角	晶体实例
立方晶系	$a=b=c$	$\alpha=\beta=\gamma=90°$	NaCl、ZnS
三方晶系	$a=b=c$	$\alpha=\beta=\gamma\neq90°$	Al_2O_3、Bi
四方晶系	$a=b\neq c$	$\alpha=\beta=\gamma=90°$	SnO_2\，Sn
六方晶系	$a=b\neq c$	$\alpha=\beta=90°,\gamma=120°$	AgI、SiO_2（石英）
正交晶系	$a\neq b\neq c$	$\alpha=\beta=\gamma=90°$	$HgCl_2$、$BaCO_3$
单斜晶系	$a\neq b\neq c$	$\alpha=\gamma=90°,\beta\neq90°$	$KClO_3$、$Na_2B_4O_7$
三斜晶系	$a\neq b\neq c$	$\alpha\neq\beta\neq\gamma\neq90°$	$CuSO_4\cdot5H_2O$

以离子键结合形成的离子型化合物主要以晶体的形式存在，这类晶体称为离子晶体。如前所述，离子键没有方向性和饱和性，因此，在离子晶体中，每个离子被若干带异号电荷的离子包围，无法分辨单个的小分子。所以在离子晶体中不存在简单离子，整个晶体可以看作一个大的分子，所以 NaCl 是化学式，而不是分子式。

离子半径、离子电荷和离子的电子构型都会影响离子晶体的类型，在这里只讨论立方晶系的 3 种晶格，即简单立方晶格、体心立方晶格和面心立方晶格（图 8-3）。

NaCl 型：由 Cl^- 形成面心立方晶格（图 8-3），Na^+ 占据晶格中所有八面体空隙。每个离子都被 6 个异号离子以八面体方式包围，配位比是 6∶6。

CsCl 型：由 Cl^- 做简单立方堆积（图 8-3），Cs^+ 填入立方体空隙中，正、负离子配位数都是 8，配位比是 8∶8。

ZnS 型：由 S^{2-} 做面心立方密堆积（图 8-3），Zn^{2+} 占据了四面体空隙中的一半，正、负离子配位数都是 4，配位比是 4∶4。

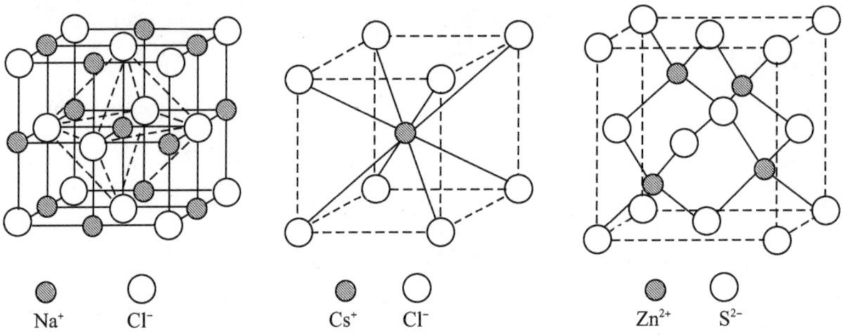

图 8-3　立方晶系的 3 种晶格

NaCl 型、CsCl 型和 ZnS 型都是 AB 型离子晶格，即只有一种正离子和一种负离子且电荷数相同的晶体。此外还有 AB_2 型、AB_3 型等。

离子晶体的配位比与正、负离子半径之比有关。对于离子晶体来说，只有当正、负离子以最紧密方式紧靠在一起时，系统能量最低，晶体才稳定。离子是否完全紧靠在一起则与正、负离子半径之比（r_+/r_-）有关。以配位比为 6∶6 的晶体的某一层为例（图 8-4）：

设 $r_-=1$，在等边直角三角形中，

$$ac=4,\quad ab=bc=2+2r_+$$

则

$$(ac)^2=(ab)^2+(bc)^2$$

即

$$4^2=2(2+2r_+)^2,\quad r_+=0.414$$

可见，在 $r_+/r_-=0.414$ 时，正、负离子紧靠在一起。

如图 8-5 所示，如果 $r_+/r_-<0.414$，负离子互相接触（排斥），而正、负离子没有接触，这样的构型不稳定。这种情况只有当配位数较少时，如 4∶4，正、负离子才能接触得比较紧密。如果 $r_+/r_->0.414$，负离子接触不好，但正、负离子接触好，这种构型可以稳定。

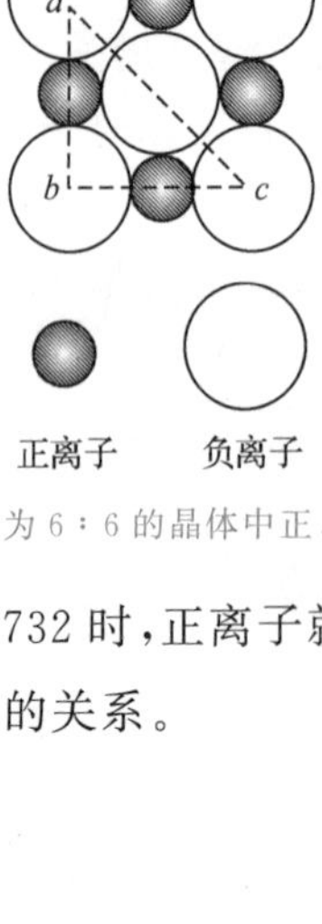

图 8-4　配位比为 6∶6 的晶体中正、负离子半径之比

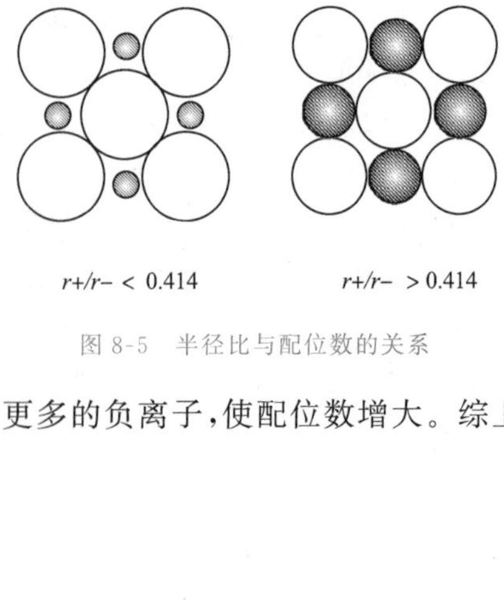

图 8-5　半径比与配位数的关系

当 $r_+/r_->0.732$ 时，正离子就可能接触到更多的负离子，使配位数增大。综上所述，可以归纳出表 8-4 中的关系。

表 8-4　离子半径与配位数的关系

r_+/r_-	配位数	构型
0.225～0.414	4	ZnS 型
0.414～0.732	6	NaCl 型
0.732～1.00	8	CsCl 型

8.1.3　离子极化对晶体结构及性质的影响

Effect of ion polarization on crystal structures and properties

1. 离子的极化和变形

离子并不是刚性的，当有外加电场时，离子受到电场作用，电子云会发生变形。在离子晶体中，离子带有电荷，本身就是一个小的“电场”，因此，会使异号离子的核和电子产生相对位移，发生变形。使带异号电荷离子发生变形的作用称为该离子的极化作用(polarization power)；而受异号电荷极化发生变形的性能称为离子的变形性(distortion)。

视频

离子的极化和变形

对于相互靠近的正、负离子而言，本身作为电场可以使带异号电荷离子因极化产生变形，表现出极化作用。同时，又受到被极化离子的反极化，自身也产生变形作用，表现出变形性。通常正离子带有多余的正电荷(外壳上缺少电子)，一般半径较小，它对相邻的负离子会发生诱导作用，而使之极化。负离子的半径一般较大，外壳上有较多的电子，易于被诱导，变形性大，所以，通常对正离子只考虑极化作用，而对负离子则只考虑变形性。

(1)离子的极化

影响极化作用强弱的因素有离子的半径、电荷和电子构型。离子电荷愈高，半径愈小，极化作用愈强。例如，$Al^{3+}>Mg^{2+}>Na^+$。如果电荷相等，半径相近，则主要考虑正离子的电子构型对极化的影响。其作用的次序是：外层具有 8 电子构型时(Na^+、Mg^{2+}等)，极化能力最小；外层具有 9～17 电子构型时(Mn^{2+}、Cr^{3+}、Fe^{2+}、Fe^{3+})，具有较大的极化能力；外层具有 18、18+2 和 2 电子构型时(Cu^+、Pb^{2+}、Be^{2+})，极化能力最强。

(2)离子的变形性

离子的半径愈大，变形性愈大，例如，$I^->Br^->Cl^->F^-$。离子电荷的高低对变形性也有影响：正离子电荷越高，变形性越小；负离子电荷越高，变形性越大。变形性也与电子构型有关，外层具有 9～17 或 18 电子构型的离子变形性比稀有气体电子构型的变形性要大得多。所以，有时一些最外层为 18 电子构型的正离子的变形性也需要考虑。

2. 离子的极化对晶体构型及性质的影响

(1)影响化学键的成分

离子极化的结果会导致化学键性质的变化。在离子键形成的离子晶体中，如果没有极化作用，化学键是纯粹的离子键，但正、负离子之间的极化是不可避免的，离子极化使离子的电子云变形并相互重叠，增加了共价键的成分。离子极化作用越强，共价键的成分就越多，离子键向共价键过渡。例如，由于外层电

视频

离子的极化对晶体构型及性质的影响

子构型的不同，K^+的极化作用要明显小于Ag^+，当它们与Cl^-结合时，KCl的化学键以离子键为主，而AgCl则带有相当成分的共价键，两者在物理、化学性质上表现出明显的差异。

(2)影响晶体的类型

由于化学键成分的变化，电子云的重叠，正离子部分钻入到负离子的电子云中，r_+/r_-变小，往往会造成晶体类型向配位数小的方向转变。例如，对于AgI晶体，按半径比规则判断，该晶体属于NaCl型($r_+/r_-=0.583$)，但实验测定结果表明，AgI是4配位的ZnS型离子晶体，这就是离子极化的结果。显然是由于Ag^+的极化作用较强(18电子构型)，而I^-半径较大、变形性大造成的。

(3)影响化合物的性质

化学键和晶型的变化会导致化合物性质的变化，会使化合物熔点和沸点降低。例如，在$BeCl_2$、$MgCl_2$、$CaCl_2$等化合物中，Be^{2+}半径最小，又是2电子构型，因此Be^{2+}有很强的极化能力，使Cl^-发生比较显著的变形，Be^{2+}和Cl^-之间的化学键有显著的共价性。因此$BeCl_2$明显较同族的氯化物具有较低的熔沸点。$BeCl_2$、$MgCl_2$、$CaCl_2$的熔点依次为410 ℃、714 ℃、782 ℃。

化学键键型的过渡也会导致晶体在水中溶解度的改变，一般使其在水中的溶解度下降。如Ag^+与F^-、Cl^-、Br^-、I^-形成卤化物，由于F^-、Cl^-、Br^-、I^-变形性依次增大，极化的结果使形成的化合物由离子型逐渐向共价型过渡。相应地在水中的溶解度也从AgF的易溶到AgI的不溶，溶解度逐渐减小。

离子的极化还会导致离子晶体颜色的加深，例如AgCl、AgBr、AgI的颜色由白色过渡到淡黄色再到黄色。再如Pb^{2+}、Hg^{2+}和I^-均为无色离子，但由于离子极化明显，使PbI_2呈金黄色，HgI_2呈朱红色。此外，离子极化还会引起某些化合物物理性质的变化，如金属性和导电性的增强。

8.2 共价键和原子晶体
Covalent bonds and atomic crystals

共价键(covalent bond)概念是1916年由美国化学家路易斯提出的。他认为在H_2、O_2、N_2等分子中，两个原子是由于共用电子对吸引两个相同的原子核而结合在一起的，电子成对并共用之后，每个原子都达到稳定的稀有气体原子的8电子结构。这种通过共用电子对形成的键叫作共价键。一般来说，电负性相差不大的元素的原子之间常形成共价键。

1927年，海特勒和伦敦用量子力学处理H_2的形成并揭示了共价键形成的本质。并在此基础上建立了**现代价键理论**(modern valence bond theory)。

8.2.1 价键理论
Valence bond theory

视频

量子力学处理氢分子

1. 量子力学处理氢分子的结果

氢分子是最简单的共价键分子，根据量子力学氢原子的薛定谔方程计算可以得出，当两个氢原子(各有一个自旋方向相反的电子)逐渐靠近到一定距离时，就发生相互作用，两个氢原子 1s 轨道发生重叠(波函数同号相叠加)，在两个氢原子之间形成了一个电子概率密度较大的区域(图 8-6)。两个氢原子核都被电子概率密度较大的电子云吸引，氢原子在到达平衡距离之前，随着核间距的缩小，(H＋H)体系的总能量将不断降低。直至吸引力和排斥力相等时，核间距离保持为平衡距离，体系的能量降至最低点(图 8-7)，通过计算，氢分子中的核间距为 74 pm(图 8-8)，此时，体系的总能量最低，氢原子的玻尔半径为 53 pm。氢分子的核间距比两个氢原子玻尔半径之和要小。这表明在两个氢原子间已经形成了稳定的共价键。

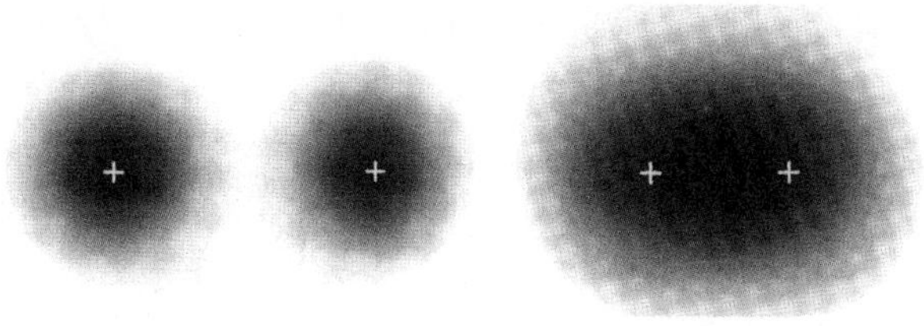

图 8-6　氢原子形成氢分子示意图

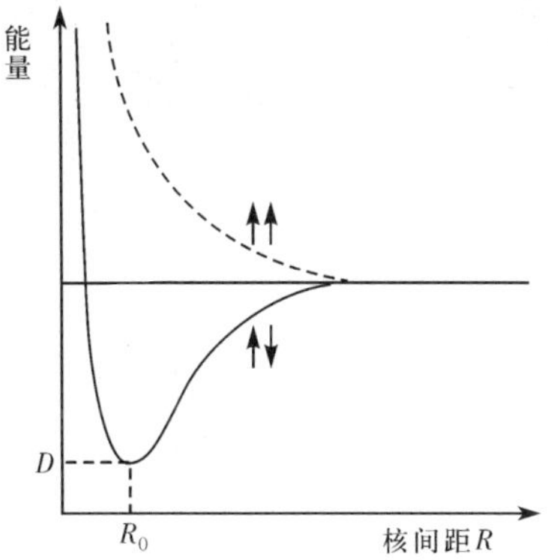

图 8-7　氢分子形成过程能量随核间距的变化

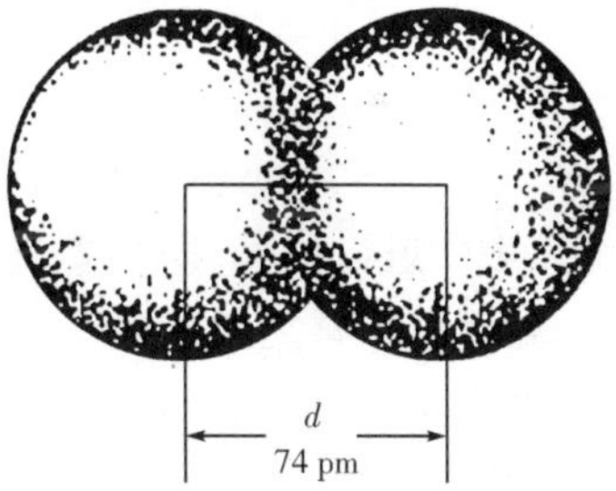

图 8-8　氢分子核间距

如果两个氢原子电子自旋方向相同，当它们彼此靠近时，两个原子轨道异号叠加(即波函数相减)，核间电子云密度减少，两核间斥力增大，系统能量升高，处于不稳定状态，此时，称为**排斥态**(repulsive state)，在能量曲线上没有最低点(图 8-7)，即它的能量要高于两个孤立的氢原子能量，说明它们不会形成氢分子。

2. 价键理论

应用量子力学研究氢分子的结果，推广到其他分子体系，发展成为**价键理论**(valence bond theory，简称 VB 法)。其基本要点如下：

a. 两原子接近时，自旋方向相反的未成对的价电子可以配对，形成共价键。

b. 形成共价键时，原子轨道总是尽可能最大程度地重叠，使系统能量最低。

视频
价键理论

根据以上要点，可以推知共价键具有饱和性和方向性两个特征。

(1)共价键的饱和性

根据价键理论中自旋方向相反的成单电子可以配对成键的观点可推知，原子的一个未成对电子，如果与另一个原子的自旋方向相反的电子配对成键后，就不能与第三个原子的电子配对成键。一个原子有几个未成对的价电子，一般就只能和几个自旋方向相反的电子配对成键。例如，氮原子含有三个未成对的价电子，因此，两个氮原子间只能形成叁键，形成N≡N分子。这说明一个原子形成共价键的数目是有限的，也即共价键具有饱和性。

(2)共价键的方向性

根据价键理论，原子轨道总是最大程度地重叠使系统能量最低，除 s 原子轨道外，其他 p、d、f 原子轨道在空间中都有不同的延展方向，因此，轨道只有沿着特定的方向重叠，才会形成电子概率密度大的区域，这就决定了共价键具有方向性。

由于原子轨道是波函数，按波的叠加原理，当两个原子轨道以同号(即“+”与“+”，“－”与“－”)相重叠时，两原子间电子出现的概率密度增大，体系总能量降低，才可能形成共价键。这种重叠对成键是有效的，称为有效重叠或正重叠。

原子轨道角度分布图可以表示原子轨道空间的延展方向，s、p、d 的几种正重叠的示意图如图 8-9 所示。

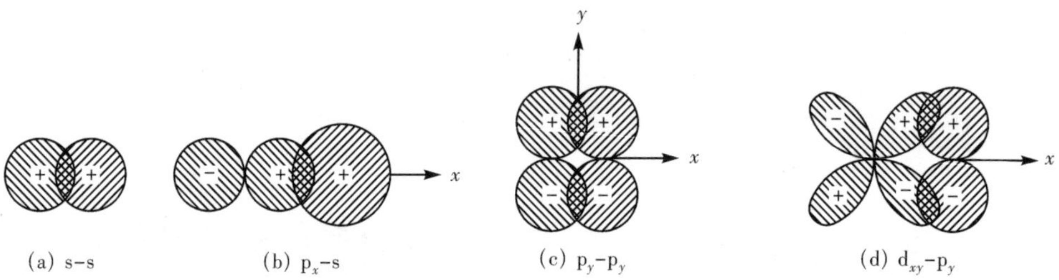

图 8-9　原子轨道几种正重叠示意图

当两个原子轨道以异号(即“+”与“－”)相重叠时，波函数相减，两原子间电子出现的概率密度最小，在两原子核之间形成了一个垂直于 x 轴的、电子的概率密度几乎等于零的平面(称节面)，体系能量升高。显然，这种重叠对成键是无效的，称为无效重叠或负重叠。原子轨道几种负重叠的示意图如图 8-10 所示。

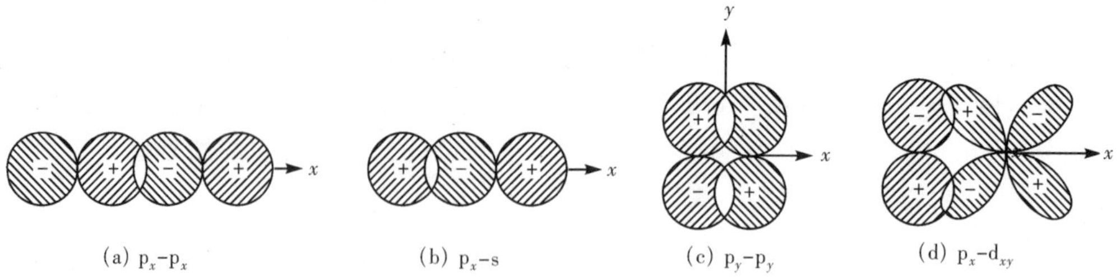

图 8-10　原子轨道几种负重叠示意图

(3)共价键的键型

由于原子轨道的空间延展方向不同，它们可以以不同的方式重叠。根据重叠方式的不同，共价键可以分成 σ 键和 π 键。

①σ 键

原子轨道沿键轴(两原子的核间连线)方向进行同号重叠所形成的共价键称为 **σ 键**(σ bond)。形成 σ 键的电子叫作 σ 电子。

s 轨道在空间的延展方向是球体，因此，s-s、s-p_x的有效重叠均为 σ 键。

p_x 轨道与 p_x 轨道同号轨道若以“头碰头”的方式（即沿着 x 轴的方向靠近重叠）所形成的键，即为 σ 键。如氯分子中的键就属于这种（p_x-p_x）σ 键。

如图 8-11 所示是几种不同 σ 键形成的示意图。

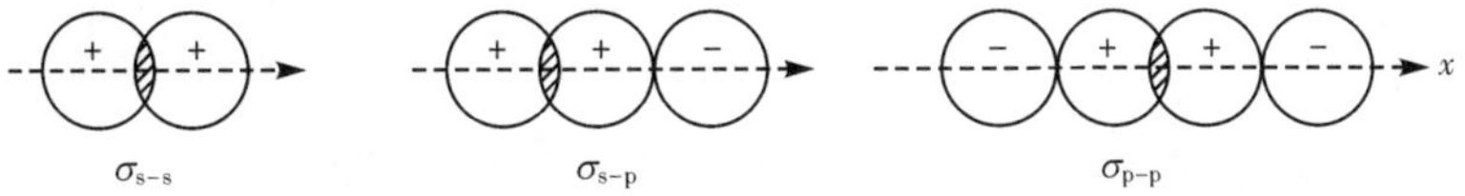

图 8-11　σ 键形成示意图

②π 键

原子轨道垂直键轴方向并相互平行而进行的同号重叠所形成的共价键称为 π 键（π bond）（图 8-12）。形成 π 键的电子叫作 π 电子。

例如，p_x 轨道与 p_z 轨道对称性相同的部分，若以“肩并肩”的方式，沿着 z 轴的方向靠近、重叠，其重叠部分对等地处在包含键轴（这里指 x 轴）的 xy 平面的上、下两侧，形状相同而符号相反，这样的重叠所形成的键，即为 π 键。

由于 σ 键电子云重叠程度较 π 键大，因而 σ 键比 π 键牢固。一般来说，π 键容易断开，化学活泼性较强。σ 键不易断开，是构成分子的骨架，可单独存在于两原子间。π 键不能单独存在，只能与 σ 键共存于具有双键或叁键的分子中。通常在以共价键结合的两原子间只能有一个 σ 键。σ 键和 π 键特征比较见表 8-5。

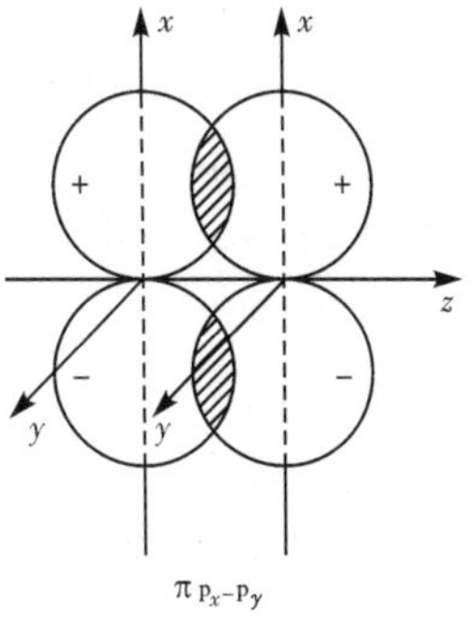

图 8-12　π 键形成示意图

表 8-5　σ 键和 π 键特征比较

键类型	原子轨道重叠方式	原子轨道重叠部位	原子轨道重叠程度	键的强度	化学活泼性
σ 键	沿键轴方向相对重叠	键轴处	大	较大	不活泼
π 键	沿键轴方向平行重叠	键轴上、下方，键轴处为零	小	较小	活泼

双键中有一个共价键是 σ 键，另一个是 π 键 。叁键中有一个共价键是 σ 键，另两个是 π 键。例如，氮原子的价层电子构型是 $2s^2 2p^3$，形成氮分子时用的是 2p 轨道上的三个单电子。这三个 2p 电子分别分布在三个相互垂直的 $2p_x$、$2p_y$、$2p_z$ 轨道内。当两个氮原子的 p_x 轨道沿着 x 轴方向以“头碰头”的方式重叠时，形成了一个 σ 键，两个氮原子进一步靠近，这时垂直于键轴（这里指 x 轴）的 $2p_x$ 和 $2p_y$ 轨道也分别以“肩并肩”的方式两两重叠，形成两个 π 键。氮分子中化学键示意图和价键结构如图 8-13 所示。

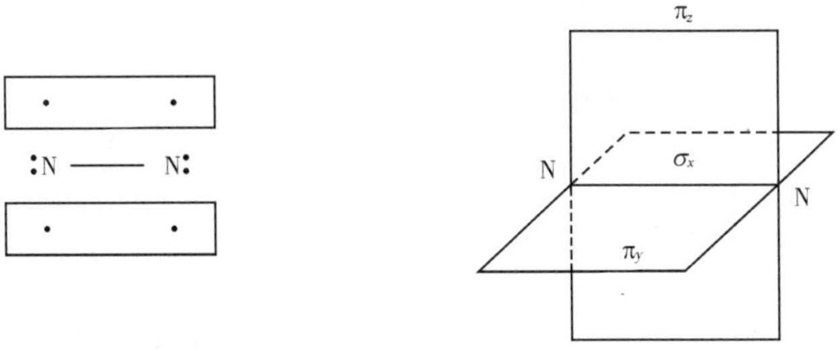

图 8-13　氮分子中化学键示意图和价键结构

图中横线表示 σ_x 键，两个长方框分别表示 π_y、π_z 键，框内电子表示 π 电子，元素符号侧旁的电子表示 2s 轨道上未成键的孤电子对。

(4)共价键的键参数

共价键的基本性质可以用某些物理量来表征，如键长、键能、键角等，这些物理量统称键参数(bond parameters)。

①键能

键能(bond energy)是化学键强弱的量度，是指在一定温度和标准压力下，断裂气态分子的单位物质的量的化学键(即 6.023×10^{23} 个化学键)，使它变成气态原子或原子团时所需要的能量。键能越大，表明该键越牢固，断裂该键所需要的能量越大。所以键能可作为共价键牢固程度的参数。

②键长

键长(bond length)是指分子中成键的两原子核间的平衡距离(即核间距)，常用单位为 pm (皮米)。用 X 射线衍射方法可以精确地测得各种化学键的键长。一般情况下，成键原子的半径越小，成键的电子对越多，其键长越短，键能越大，共价键就越牢固。

③键角

键角(bond angle)是分子中键与键之间的夹角。它是反映分子几何构型的重要因素之一。对于双原子分子，分子的形状总是直线形的。对于多原子分子，由于原子在空间排列不同，所以有不同的键角和几何构型。键角由实验测得。

一般来说，如果知道一个分子中所有共价键的键长和键角，这个分子的几何构型就能确定。例如，H_2O 分子中 O—H 键的键长和键角分别为 96 pm 和 104.5°，说明水分子是 V 形结构。

8.2.2 杂化轨道理论 Hybrid orbital theory

价键理论比较简明地阐明了共价键的本质、共价键的饱和性和方向性。但在解释分子的空间结构方面却遇到了困难。例如，经实验测知，甲烷分子具有正四面体的空间构型，如图 8-14 所示。碳原子位于四面体的中心，与四个氢原子形成四个等同的 C—H 键，指向四面体的顶点，两个 C—H 键间夹角∠HCH=109.5°。

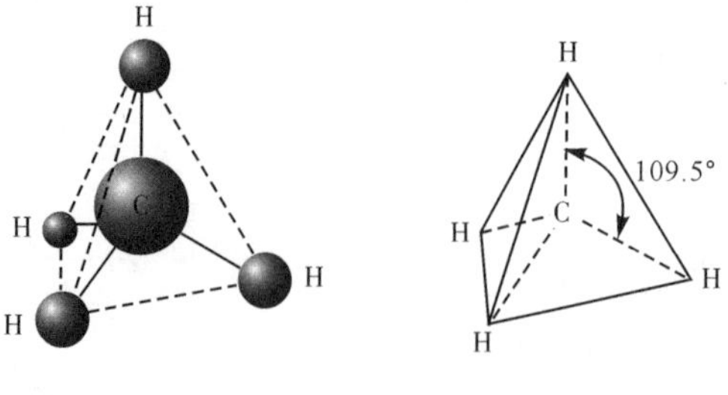

图 8-14　甲烷分子的空间构型

碳原子的外层电子构型是 $2s^2 2p_x^1 2p_y^1$，有两个未成对的 p 电子，按照价键理论，碳原子只能与两个氢原子形成两个共价键。如果考虑将碳原子的一个 2s 电子激发到 2p 空轨道上去，则碳原子有四个未成对电子（一个 s 电子和三个 p 电子），可与四个氢原子的 1s 电子配对形成四个 C—H 键。从能量观点上看，2s 电子激发到 2p 轨道所需要的能量（402 $kJ \cdot mol^{-1}$），可能被多形成的两个 C—H 键放出的能量（410 $kJ \cdot mol^{-1}$）所补偿。由于碳原子的 2s 电子和 2p 电子的能量不同，形成的四个 C—H 键也应当不同，这与实验事实不符。为了解决这个矛盾，1931 年鲍林和斯莱特提出了**杂化轨道理论**（hybrid orbital theory），进一步发展和丰富了现代价键理论。

1. 杂化轨道理论的基本要点

（1）在成键过程中，由于原子间的相互影响，同一原子中参加成键的几个能量相近的原子轨道可以进行混合，重新分配能量和空间方向，组成数目相等的新原子轨道。这种轨道重新组合的过程称为**轨道杂化**（orbital hybridization），简称杂化。所组成的新原子轨道叫作**杂化轨道**（hybridized orbital）。

视频

杂化轨道

（2）杂化轨道之间互相排斥，在空间取得最大的键角，使体系能量降低。各轨道的空间延展方向较原来的原子轨道发生了改变。

总之，原子轨道杂化以后所形成的杂化轨道更有利于成键。

2. 杂化轨道的类型

根据原子轨道的种类和数目不同，可以组成不同类型的杂化轨道。这里我们只介绍 s 轨道和 p 轨道之间的杂化。

视频

杂化轨道的类型

（1）sp 杂化

一个 s 轨道和一个 p 轨道杂化可组成两个 sp 杂化轨道，每个 sp 杂化轨道各含有 $\frac{1}{2}$s轨道和 $\frac{1}{2}$p 轨道成分，两个杂化轨道夹角为 180°（图 8-15）。杂化轨道成键时，沿电子云最大重叠方向进行，成键后的共价分子为直线形。

以气态 $BeCl_2$ 为例来说明 sp 杂化轨道的成键。铍原子的电子层结构为 $1s^2 2s^2$，按价键理论的观点是不能形成共价键的。但实际上铍可与氯气反应生成 $BeCl_2$ 共价分子。根据杂化轨道理论，铍原子成键时，2s 轨道上的一个电子先被激发到一个空的 2p 轨道上去，然后由含有一个未成对电子的 2s 轨道和 2p 轨道进行 sp 杂化，形成能量相等、夹角为 180°的两个 sp 杂化轨道（图 8-16）。两个杂化轨道再分别与两个氯原子的 3p 轨道重叠，形成两个互为 180°的 Be—Cl 键，因此 $BeCl_2$ 是直线形分子。

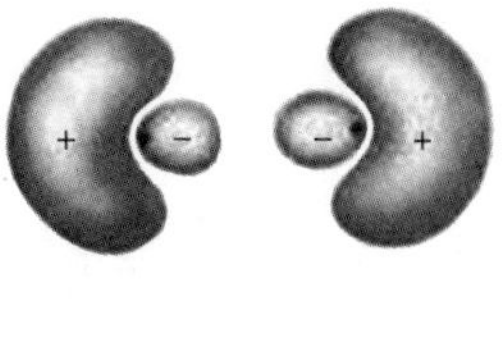

图 8-15　sp 杂化轨道及空间取向

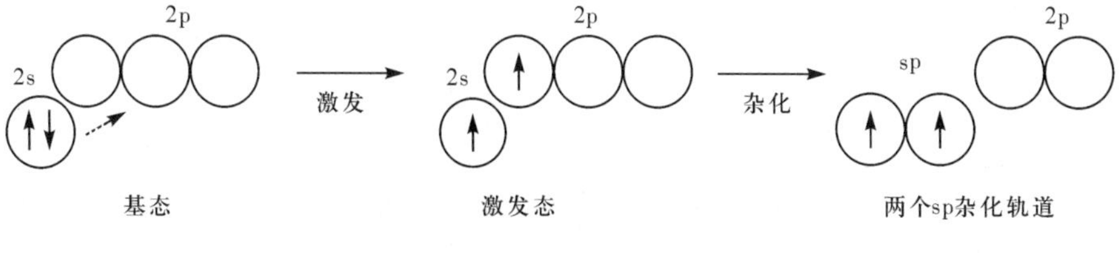

图 8-16　$BeCl_2$分子形成过程中 sp 杂化示意图

(2)sp^2 杂化

一个 s 轨道和两个 p 轨道杂化可组成 3 个 sp^2 杂化轨道,每个 sp^2 杂化轨道有 $\frac{1}{3}$s 轨道和 $\frac{2}{3}$p 轨道成分。为使轨道间的排斥能最小,3 个 sp^2 杂化轨道呈正三角形分布,夹角为 120°(图 8-17)。当 3 个 sp^2 杂化轨道分别与其他 3 个相同原子的轨道重叠成键后,就形成正三角形构型的分子。

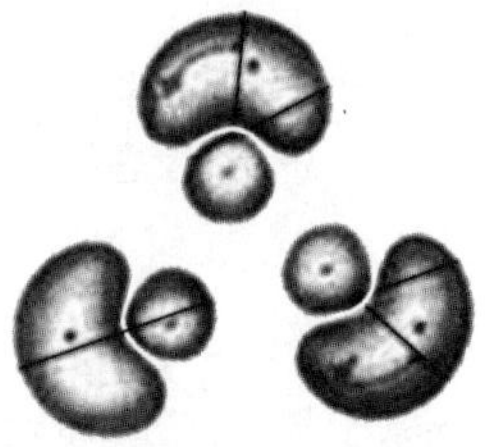

图 8-17 sp^2 杂化轨道及空间取向

以 BF_3 形成为例来说明 sp^2 杂化轨道的成键。硼原子的价层电子构型为 $2s^22p^1$。在形成 BF_3 时,硼原子 2s 轨道上的一个电子先激发到空的 2p 轨道上去,然后一个 2s 轨道和两个 2p 轨道进行 sp^2 杂化形成三个夹角为 120°的 sp^2 杂化轨道(图 8-18)。每个 sp^2 杂化轨道与 F 原子的一个 2p 轨道重叠组成一个 σ 键。BF_3 是平面三角形结构。分子中四个原子处在同一平面上,硼原子位于中心。

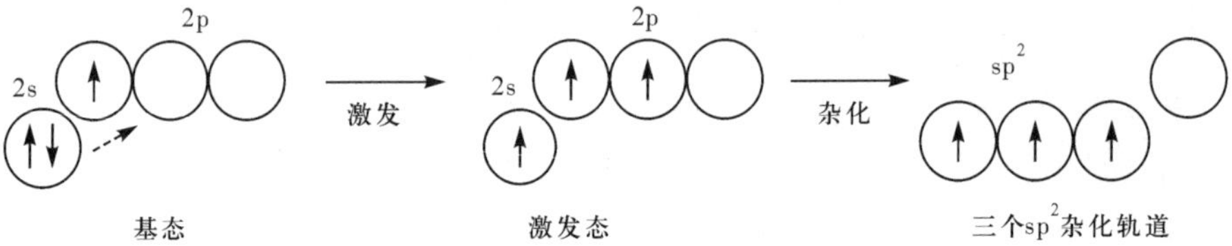

图 8-18 BF_3分子形成过程中 sp^2 杂化示意图

(3)sp^3 杂化

一个 s 轨道和三个 p 轨道杂化形成四个 sp^3 杂化轨道,每个 sp^3 杂化轨道含有 $\frac{1}{4}$s 轨道和 $\frac{3}{4}$p 轨道成分。每两个杂化轨道间的夹角为 109.5°。四个 sp^3 杂化轨道的取向是指向正四面体的四个顶角,所以 sp^3 杂化轨道也称正四面体杂化轨道(图 8-19)。

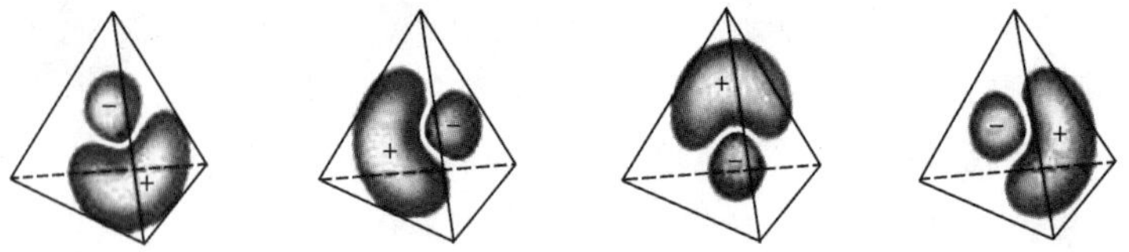

图 8-19 sp^3 杂化轨道及空间取向

以 CH_4 形成为例说明 sp^3 杂化轨道的成键。在形成 CH_4 时,碳原子的一个 2s 电子先激发到空的 2p 轨道上去,然后一个 2s 轨道和三个 2p 轨道杂化组成四个等同的 sp^3 杂化轨道。四个氢原子的 1s 轨道分别同碳原子的四个 sp^3 杂化轨道重叠,组成四个 σ 键,形成 CH_4(图 8-20)。

(4)不等性 sp^3 杂化

实验测得氨分子 N—H 键的夹角不是 90°,而是 107.3°的三角锥形结构,水分子中 O—H键的夹角是 104.5°。用杂化轨道如何来说明氨分子和水分子的空间构型呢?

用 sp^3 杂化轨道来解释氨分子的三角锥形,可以设想 NH_3 中 N(外层电子构型 $2s^22p^3$)

原子利用 1 个 2s 轨道和 3 个 2p 轨道进行 sp^3 杂化。这样杂化后的轨道空间延展方向是四面体，与 C 的 sp^3 杂化不同，四个杂化轨道不是有 4 个成单电子，而是只有 3 个未成对电子(图 8-21)，这样的杂化称为不等性杂化。

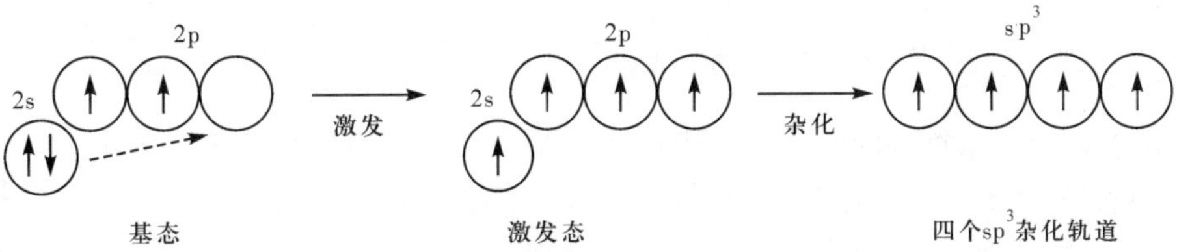

图 8-20　CH_4形成过程中 sp^3 杂化示意图

在杂化轨道中，三个成单电子可以与 H 原子形成三个共价键，已经成对的电子不参与成键，称为孤电子对，占据其中的一个杂化轨道。由于孤电子对和成键电子之间会有排斥作用，因此，孤电子对的存在影响了原有的四面体排布，使它们之间的夹角压缩到 107.3°(图 8-22)。

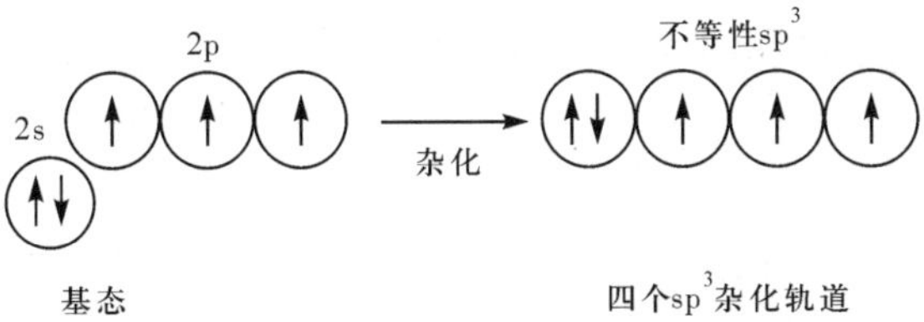

图 8-21　NH_3 分子形成过程中的不等性 sp^3 杂化

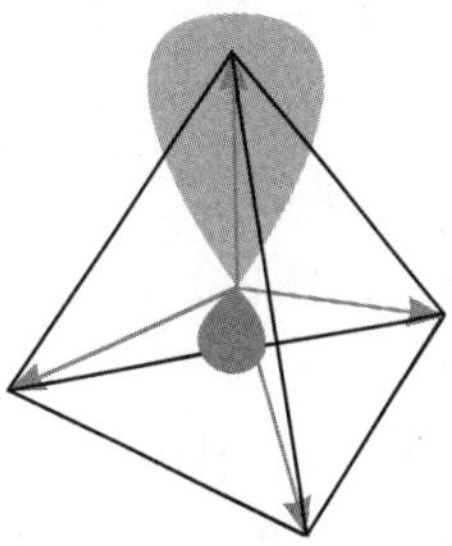

图 8-22　NH_3 分子空间结构示意图

与上述方法类似，H_2O 中的 O(外层电子构型 $2s^2 2p^4$)也采取不等性 sp^3 杂化(图 8-23)。

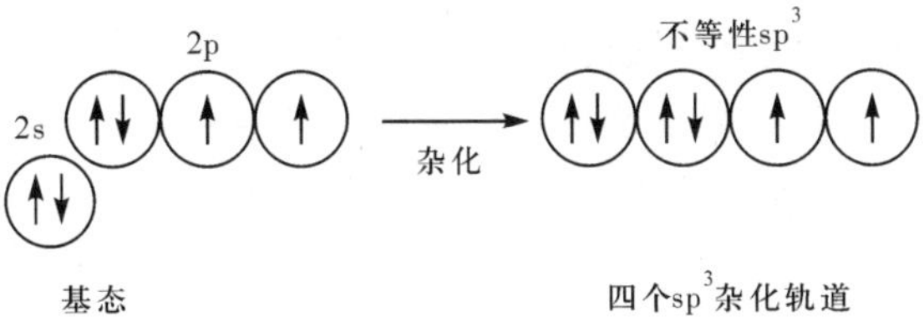

图 8-23　H_2O 形成过程中的不等性 sp^3 杂化

在 4 个 sp^3 杂化轨道中，孤电子对占据了 2 个，它们不参与成键。由于有两对孤电子对，孤电子对和成键电子之间的排斥作用比氨分子中一对孤电子对排斥作用更大，O—H 键的夹角被进一步压缩到 104.5°。

不等性杂化考虑了孤电子对的杂化，得到了性质不完全等同的杂化轨道，孤电子对较密集于氮原子或氧原子周围。由于孤电子对的杂化轨道排斥成键电子的杂化轨道，造成轨道的夹角不等，使氨分子和水分子的夹角均小于正四面体的 109.5°。

价键理论和杂化轨道理论抓住了形成共价键的主要因素，模型直观，在解释分子空间构型上取得了成功。但在解释有些分子的形成时，遇到了困难。如 H_2^+ 只有一个单电子键，虽然没有电子配对，但有明显的键能；又如，按价键理论，O_2 中的电子全部成对，应该没有成单电子，是抗磁性物质，但实验测定 O_2 有两个未成对电子。类似这样的一些问题在后来发展起来的分子轨道理论得到了解释。

8.2.3 分子轨道理论
Molecular orbital theory

价键理论和杂化轨道理论是在电子配对的基础上来说明共价键形成的本质，讨论成键的电子只局限在两个相邻原子的小区域中运动，未将分子作为一个整体来考虑。因此，对一些多原子分子空间构型的判断、氢分子离子 H_2^+ 中的单电子键、氧分子中三电子键以及分子的磁性等方面无法做出合理的解释。分子轨道理论（molecular orbital theory，简称 MO 法）以量子力学为基础，把分子作为一个整体来考虑，分子中的每一个电子从属于整个分子，不再从属于原来所属的原子，比较全面地反映了分子内部电子的各种运动状态，对分子中的电子对键、单电子键、三电子键的形成和多原子分子的结构等方面给出了合理的解释。分子轨道理论是近些年来发展较快的分子结构理论。

视频

分子轨道理论

1. 分子轨道理论的要点

（1）原子在形成分子时，所有电子都有贡献，分子中的电子不再从属于某个原子，而是在整个分子空间范围内运动。在分子中电子的空间运动状态可用相应的分子轨道波函数 ψ（称为分子轨道）来描述。

分子轨道和原子轨道的主要区别在于：在原子中，电子的运动只受到 1 个原子核的作用，原子轨道是单核系统；在分子中，电子则在组成分子的所有原子核势场作用下运动，分子轨道是多核系统。相应的轨道符号由 s、p、d、…变为 σ、π、δ、…。

（2）分子轨道可以由分子中原子轨道波函数的线性组合而得到。几个原子轨道可组合成几个分子轨道，其中有一半分子轨道分别由正负符号相同的两个原子轨道叠加而成，两核间电子的概率密度增大，其能量较原来的原子轨道能量低，有利于成键，称为成键分子轨道。另一半分子轨道分别由正负符号不同的两个原子轨道叠加而成，两核间电子的概率密度很小，其能量较原来的原子轨道能量高，不利于成键（bonding），称为反键（antibonding）分子轨道（图 8-24）。

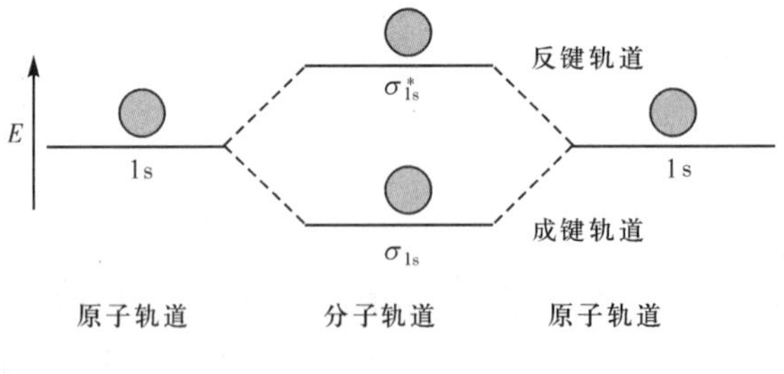

图 8-24　分子轨道形成示意图

（3）为了有效地组合成分子轨道，要求成键的各原子轨道必须符合下述三条原则，也就是组成分子轨道的三原则：

①对称性匹配原则

只有对称性匹配的原子轨道才能组合成分子轨道，称为对称性匹配原则。

原子轨道有 s、p、d 等各种类型，从它们的角度分布函数的几何图形可以看出，同号部分的波函数代表的波位于同一相位。当波函数相互结合时，可以相互叠加，核间电子的概率密度增大，使形成的分子轨道能量比单独各原子的原子轨道能量降低，有利于形成稳定的成键分子轨道，这类组合称为对称性匹配（有效重叠），组成的分子轨道称为成键分子轨道。符合对称性匹配原则的几种简单的原子轨道组合是：（对 x 轴）s-s、s-p_x、p_x-p_x 组成 σ 分子轨道；（对 xy 平面）p_y-p_y、p_z-p_z 组成 π 分子轨道。

异号部分的波函数相互结合，相当于不同相位的波函数相互叠加，产生波的干涉，原子间电子的概率密度降低，体系能量升高，此时组成的分子轨道能量大于原子轨道能量，不满足对称性匹配原则，这样的两个原子轨道组合的轨道称为反键分子轨道。

②能量近似原则

在对称性匹配的原子轨道中，只有能量相近的原子轨道才能组合成有效的分子轨道，而且能量愈相近愈好，称为能量近似原则。

③轨道最大重叠原则

由于每个原子轨道在空间均有一定的延展方向，其重叠程度愈大，则组合成的分子轨道的能量愈低，所形成的化学键愈牢固，称为轨道最大重叠原则。

在上述三条原则中，对称性匹配原则是首要的，它决定原子轨道有没有组合成分子轨道的可能性。能量近似原则和轨道最大重叠原则是在符合对称性匹配原则的前提下，决定分子轨道组合效率。

2. 分子轨道的类型和能级顺序

在满足分子轨道三原则后，形成的分子轨道因重叠形式不同而有不同的类型。

原子轨道沿着两个核的轴线而发生的“头碰头”重叠形成的轨道称为 σ 分子轨道。按分子轨道成键原则，两个原子轨道可以组合成两个分子轨道，其中一个称为成键轨道 σ，另一个称为反键轨道 σ^*。例如，s 和 s 原子轨道组合成 σ_s 成键轨道和 σ_s^* 反键轨道，p_x 和 p_x 原子轨道组合成 σ_p 成键轨道和 σ_p^* 反键轨道等。原子轨道在侧面发生平行重叠，以“肩并肩”方式组合，就形成了 π 分子成键轨道和 π^* 分子反键轨道（图 8-25）。

在 σ 轨道上的电子称为 σ 电子，构成的键称为 σ 键；在 π 轨道上的电子称为 π 电子，构成的键称为 π 键。

分子轨道能级的高低取决于原子轨道能量及轨道间的相互作用，由原子轨道组合而成的分子轨道的能级顺序是：

$$\text{反键轨道} > \text{原子轨道} > \text{成键轨道}$$

第一、二周期的多数同核双原子分子（homonuclear diatomic molecules）及分子轨道的排列次序可以根据 2s 和 2p 轨道能量相差情况得出两种排列方式：

当 2s 和 2p 轨道能级相差较大时（如氧原子和氟原子），如图 8-26(a)所示。

$$\sigma_{1s} < \sigma_{1s}^* < \sigma_{2s} < \sigma_{2s}^* < \sigma_{2p_x} < \pi_{2p_y} = \pi_{2p_z} < \pi_{2p_y}^* = \pi_{2p_z}^* < \sigma_{2p_x}^*$$

当 2s 和 2p 轨道能级相差较小时（如第二周期氮以前的各原子），如图 8-26(b)所示。

$$\sigma_{1s} < \sigma_{1s}^* < \sigma_{2s} < \sigma_{2s}^* < \pi_{2p_y} = \pi_{2p_z} < \sigma_{2p_x} < \pi_{2p_y}^* = \pi_{2p_z}^* < \sigma_{2p_x}^*$$

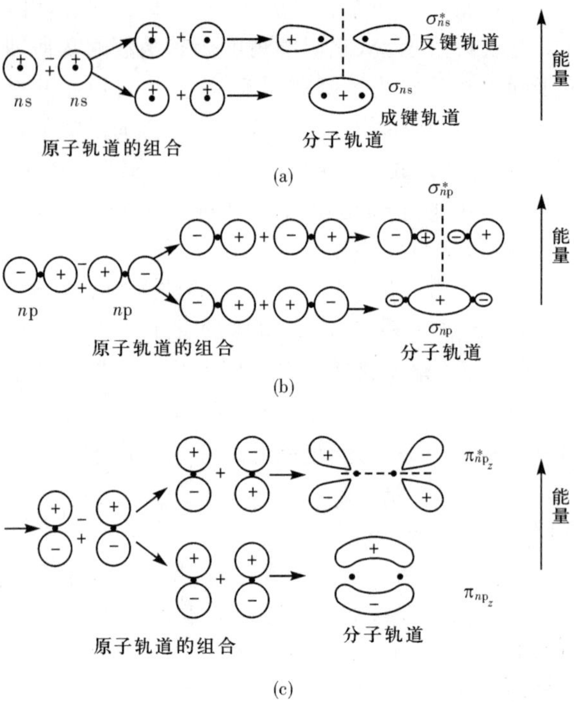

图 8-25　s-s，p_x-p_x，p_z-p_z 原子轨道重叠形成的分子轨道

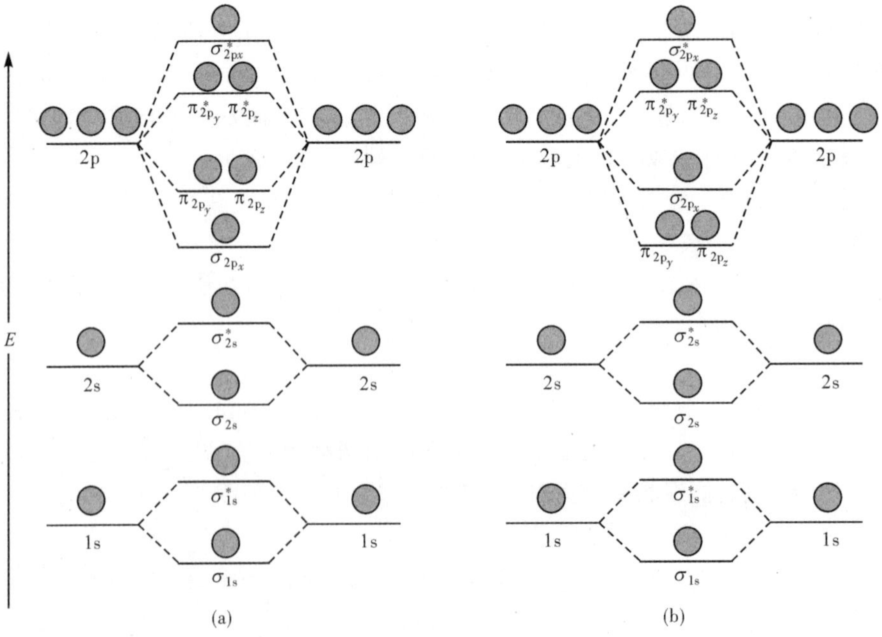

图 8-26　分子轨道能级图

3. 分子轨道中电子填充的次序

电子在分子轨道中的填充也遵守泡利不相容原理、能量最低原理和洪特规则。

电子进入到分子轨道中的成键轨道(bonding orbital),体系的能量会降低,有利于形成共价键;电子进入到分子轨道中的反键轨道(antibonding orbital),体系的能量会升高。最终能否成键取决于成键轨道和反键轨道的电子数。如果成键轨道的电子多于反键轨道的电子,则能够形成共价键。若成键轨道和反键轨道中的电子数目相等,则体系的能量没有发生变化,不能形成共价键。

在分子轨道理论中,用键级表示键的牢固程度。键级(bond order)的定义是:

$$键级=\frac{成键轨道上的电子数-反键轨道上的电子数}{2}$$

键级也可以是分数。一般来说,键级愈高,键愈稳定;键级为零,则表明原子不可能结合成分子。

4. 分子轨道理论的应用

(1)同核双原子分子的形成

以氮分子的形成说明分子轨道理论的应用。氮共有 14 个电子,由于氮原子中 2s 和 2p 轨道能量接近,因此,氮分子的分子轨道示意图如图 8-27 所示,表达式为

$$N_2[(\sigma_{1s})^2(\sigma_{1s}^*)^2(\sigma_{2s})^2(\sigma_{2s}^*)^2(\pi_{2p_y})^2(\pi_{2p_z})^2(\sigma_{2p_x})^2]$$

也可以用 KK 表示内层,则上式变为

$$N_2[KK(\sigma_{2s})^2(\sigma_{2s}^*)^2(\pi_{2p_y})^2(\pi_{2p_z})^2(\sigma_{2p_x})^2]$$

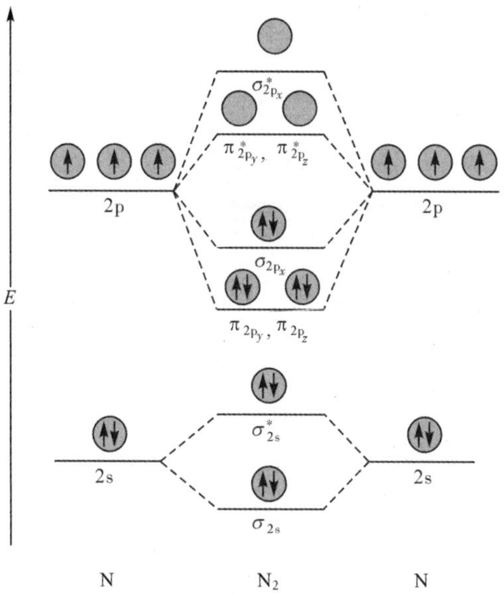

图 8-27　氮分子的分子轨道示意图

氮分子在成键轨道上有 10 个电子,在反键轨道上有 4 个电子,成键轨道电子数目大于反键轨道电子数目,所形成共价键稳定。成键轨道的净电子数目是 6 个,可形成三重键。键

级计算公式为

$$N_2 \text{ 的键级}=\frac{10-4}{2}=3$$

氧分子有 16 个电子，由于氧原子中 2s 和 2p 轨道能量相差较大，因此，氧分子的分子轨道示意图如图 8-28 所示，表达式为

$$O_2[KK(\sigma_{2s})^2(\sigma_{2s}^*)^2(\sigma_{2p_x})^2(\pi_{2p_y})^2(\pi_{2p_z})^2(\pi_{2p_y}^*)^1(\pi_{2p_z}^*)^1]$$

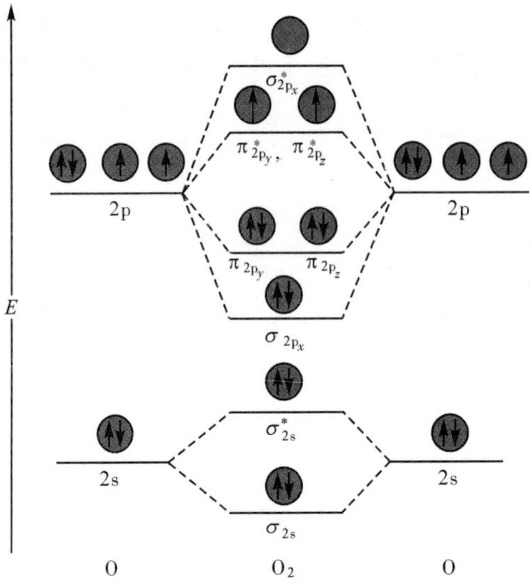

图 8-28　氧分子的分子轨道示意图

从上面分子轨道电子排布看，$(\sigma_{2p_x})^2$ 可以形成一个 σ 键，能级较高的 $(\pi_{2p_y},\pi_{2p_y}^*)$ 和 $(\pi_{2p_z},\pi_{2p_z}^*)$ 可以形成二个三电子 π 键。另外，从氧分子的分子轨道的电子排布中可以发现，氧分子中含有成单电子，表现出顺磁性，与实验测定的结果一致，这是价键理论无法解释的。

氧分子的键级为

$$O_2 \text{ 的键级}=\frac{10-6}{2}=2$$

(2)异核双原子分子的形成

异核双原子分子(heteronuclear diatomic molecules)的形成也可以用分子轨道理论进行解释。例如，CO 分子的电子总数是 14 个，它与 N_2 分子属等电子体，由此可知，分子轨道能级图与 N_2 相似，其分子轨道表达式为

$$CO[KK(\sigma_{2s})^2(\sigma_{2s}^*)^2(\pi_{2p_y})^2(\pi_{2p_z})^2(\sigma_{2p_x})^2]$$

视频

异核双原子分子的形成

与 N_2 分子类似，CO 分子是由一个 σ 键和两个 π 键形成的叁键分子。分子轨道能级图如图 8-29 所示。

分子轨道理论也可以用于解释异核多原子分子形成，例如，甲烷分子等，详细成键情况可以查阅相关文献资料。

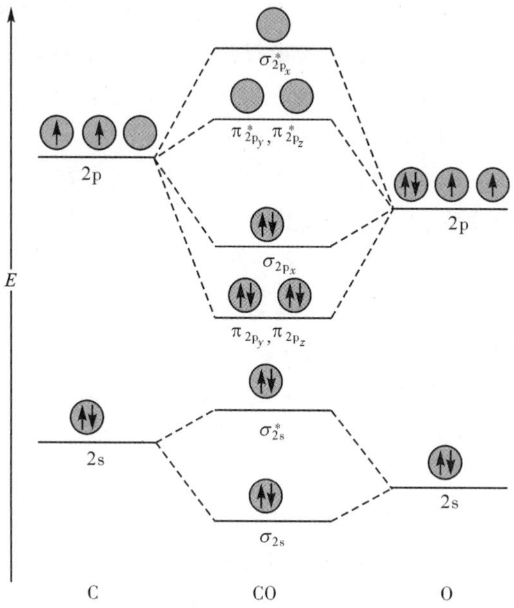

图 8-29　一氧化碳分子的分子轨道能级图

8.2.4　离域 π 键

Delocalized π bond

在共价键中，普通的 σ 键和 π 键又被称为定域键，因为这些键电子活动范围局限在两个成键原子之间。但是，有些分子或离子不能用定域 π 键来解释其性质。例如，1，3-丁二烯的分子结构通常被写成(图 8-30)：

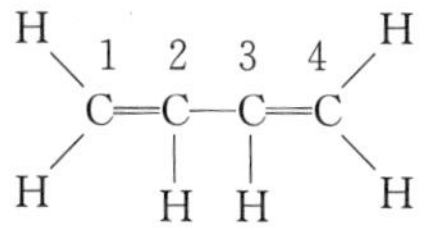

图 8-30　1，3-丁二烯的分子结构

但是丁二烯分子中的双键并不是定域在 C_1 与 C_2 和 C_3 与 C_4 原子之间，形成两个 π 键的 p 轨道也不仅在 C_1 与 C_2、C_3 与 C_4 原子间重叠，在 C_2 与 C_3 原子间也有些重叠。而且，随着重叠原子的增多，分子体系的能量会降低，从而增加了分子的稳定性。这种多个原子上相互平行的 p 轨道，它们连贯地“肩平肩”地重叠在一起而形成离域的化学键，也称为大 Π 键。由于大 Π 键中 p 轨道连贯性地重叠成了一个整体，p 电子是在整个整体中运动，所以也把大 Π 键称为离域 π 键(delocalized π bond)。

不是每一种分子或离子都能形成离域 π 键。从微观结构上看，分子或离子要形成离域 π 键，必须符合以下三个条件：

①这些原子都在同一平面上。

②这些原子有相互平行的 p 轨道。

③p 轨道上的电子总数小于 p 轨道数的 2 倍。

条件①、②保证了在形成离域 π 键时，p 轨道间能最大程度地重叠。条件③保证了在形成离域 π 键时，成键分子轨道中的电子数大于反键分子轨道中的电子数，从而保证离域 π 键的键级大于零。通常用通式 π_n^m 来表示离域 π 键的离域电子数和轨道数（n 指形成离域 π 键的原子数或 p 轨道数，m 指 p 轨道上的电子总数）。

对于平面型的多原子分子，只要符合上述三个条件，都会有 p-p 离域 π 键存在。常见的分子（离子）有 Be（Ⅱ）的卤化物、B（Ⅲ）的卤化物、CO_3^{2-}、CO_2、芳烃、共轭烯烃、NO_3^-、O_3、SO_3(g)等。

除了 p-p 离域 π 键，依照分子中不同的轨道类型，还有多种离域 π 键的形成方式。例如 $N(SiH_3)_3$，Si 的 3d 空轨道参与了成键，即 N 和 3 个 Si 共面，N 以 3 个 sp^2 杂化轨道与每个 Si 的 sp^3 杂化轨道之一形成 σ 键，N 上含有孤电子对的 $2p_z$ 轨道同时与 3 个 Si 对称性匹配的 3d 空轨道重叠，形成 π_4^2 d-p 离域 π 键（图 8-31）。

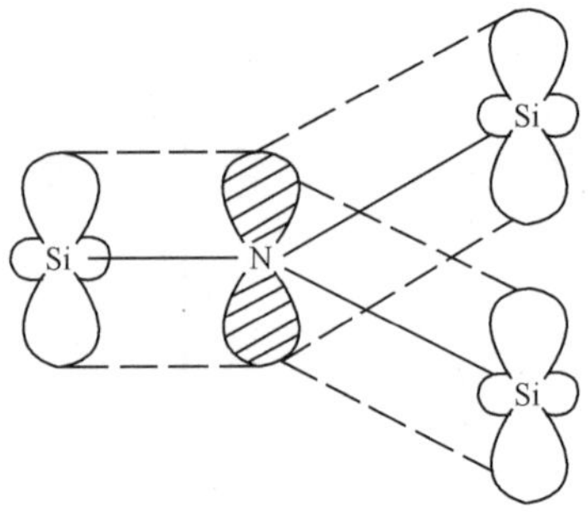

图 8-31　$N(SiH_3)_3$ 中 π_4^2 键的形成

在一些离子中，当某些原子轨道分布对称性匹配时，还可形成多组型离域 π 键。例如 SO_4^{2-}，S 以 sp^3 杂化，两个单电子杂化轨道和两个 O 形成 2 个 σ 键，与另外 2 个 O 的 2p 空轨道（由单电子归并后形成）形成 2 个 σ 配键，S 周围（四面体顶角）的 4 个 O 各自将两个 2p 电子对反馈到中心 S 对称性匹配的空的 3d 轨道中，形成 2 组 π_5^8 d-p 离域 π 键。由于 d-p 共轭键的形成，使 S—O 比正常单键要短（图 8-32）。

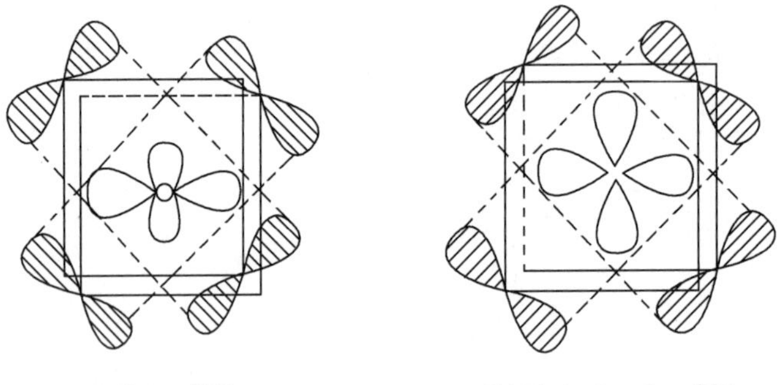

(a) $3d_{z^2}$-$2p_z$ 共轭　　(b) $3d_{(x^2-y^2)}$—$2p_y$ 共轭

图 8-32　SO_4^{2-} 的两组 π_5^8 d-p 离域 π 键的形成

除上述介绍的 d-p 共轭形成离域 π 键外，还有 σ-π 共轭离域 π 键（例如丙烯）。

分子或离子中离域 π 键的形成，对物质的性质会产生一定的影响：使分子（离子）的稳定性增加；改变物质的酸碱性，改变分子的极性；使物质产生颜色；使物质具有导电性等。

8.2.5　原子晶体

Atomic crystals

原子晶体在晶体的晶格点上排列着中性原子，原子之间以强大的共价键相联系，这类晶体不存在独立的小分子，整个晶体实际上是一个巨大的分子，也没有确定的分子质量。由于成键电子被定域到原子之间不能自由移动，因此原子晶体熔点高，硬度大，熔融时导电性能差，并且在大多数溶剂中的溶解性较差。

金刚石是典型的原子晶体，晶体的晶格点上是 C 原子，每个 C 原子与周围的四个 C 原子形成四个 sp^3 杂化轨道，形成四个共价键，在金刚石的晶胞中，C 占据着顶点和面心，并将晶胞分成 8 个小立方体，其体心也被 C 原子占据，配位数是 4(图 8-33)。金刚石晶体中原子对称，等距排布，结合力是强大的共价键，所以金刚石在天然物质中硬度最高。

原子半径较小、最外层电子数目较多的原子组成的单晶体通常属于原子晶体。像 Si、B、Ge 等半径较小，性质相似的元素组成的化合物也常形成原子晶体，如碳化硅、氮化硼、碳化硼和石英等。

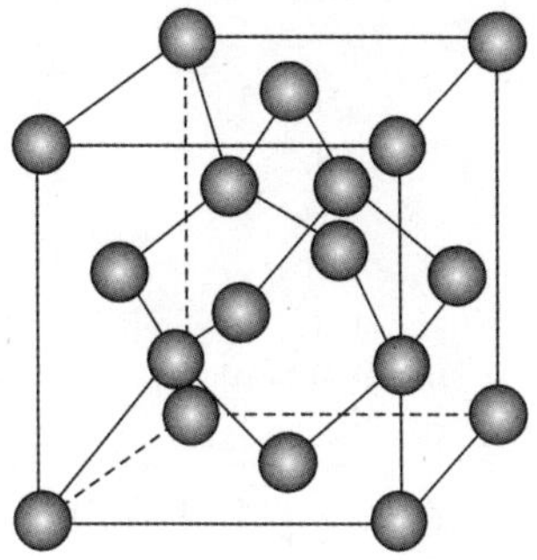

图 8-33　金刚石的结构模型

8.3　分子间作用力、氢键和分子晶体
Intermolecular forces, hydrogen bonding and molecular crystals

8.3.1　分子间作用力
Intermolecular forces

气态物质能凝聚成液态，液态物质能凝固成固态，表明分子之间也存在着相互排斥或吸引的作用力，即分子间作用力。分子间作用力是 1873 年由荷兰物理学家范德华(van der Waals)首先提出的，所以分子间作用力又称作范德华力。

视频

分子间作用力

分子间作用力没有化学键那么强烈，一般在几至几十 $kJ \cdot mol^{-1}$，相当于化学键的1/10～1/100，但是，分子间作用力对物质的熔点、沸点、表面张力、稳定性等物理性质有很大的影响。

1. 分子的极性和偶极矩

以共价键结合的分子中存在带正电荷的原子核和带负电荷的电子。整个分子是电中性的，例如，H_2 的正电荷在两个原子核上，负电荷则在两个电子(共用电子对)上。如果像考虑质量重心一样考虑电荷重心，那么在整个分子中就会存在两个电荷中心，即正电荷中心和负电荷中心。当两个电荷中心之间存在一定的距离时，即形成偶极。电荷的电量与两个电荷中心矢量距离的乘积称为偶极矩(dipole moment)($\boldsymbol{\mu}$，单位：$C \cdot m$)(图 8-34)：

$$\boldsymbol{\mu} = q \times d$$

式中　q ——正、负电荷的电量，C；

　　　d ——两极间的距离矢量，规定方向是从正电荷到负电荷，m。

偶极矩不等于零的分子称为极性分子(polar molecule)。极性分子的两个电荷中心不重合。分子极性的大小通常用偶极矩来衡量，偶极矩越大，分子极性越强。一些气态分子偶极矩的实验值见表8-6。

表 8-6 一些气态分子偶极矩的实验值

分子式	$\mu/(10^{-30}$ C·m)	分子构型	分子式	$\mu/(10^{-30}$ C·m)	分子构型
H_2	0	直线形	SO_2	5.33	折线形
N_2	0	直线形	H_2O	6.17	折线形
CO_2	0	直线形	NH_3	4.90	三角锥形
CH_4	0	正四面体	HF	6.37	直线形
CO	0.40	直线形	HCl	3.57	直线形
$CHCl_3$	3.50	四面体形	HBr	2.67	直线形
H_2S	3.67	折线形	HI	1.40	直线形

在水分子中，H—O 键为极性键，分子为 V 形结构(图 8-35)，分子的正、负电荷中心不重合，所以水分子是极性分子。

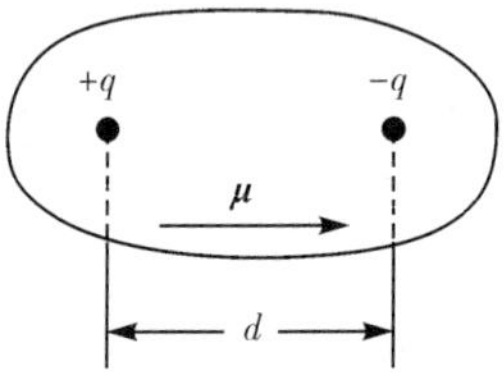

图 8-34 分子的偶极矩

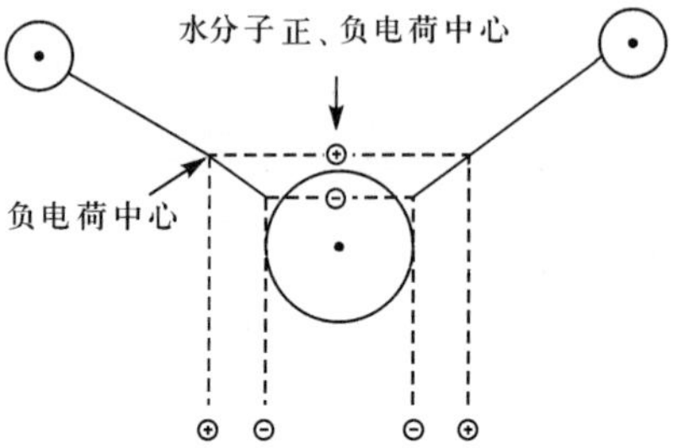

图 8-35 水分子中正、负电荷中心分布图

HF、HCl、HBr 和 HI 等由极性共价键结合，正、负电荷中心不重合，它们都是极性分子。

偶极矩等于零的分子称为**非极性分子**(non-polar molecule)，显然非极性分子的两个电荷中心重合。

同核双原子分子的极性和化学键的极性是一致的。例如，H_2、O_2、N_2 和 Cl_2 等都是由非极性共价键相结合的，分子中的两个电荷中心重合，它们都是非极性分子；而像 CO_2 中的 C—O 键虽为极性键，但由于 CO_2 是直线形，结构对称，两边键的极性相互抵消，整个分子的正、负电荷中心重合，故 CO_2 是非极性分子(图 8-36)。

由此可见，分子的极性既与化学键的极性有关，又与分子的几何构型有关，前面讲到的等性杂化轨道形成的共价键分子由于结构高度对称，尽管其共价键是极性的，但整个分子却是非极性的。

2. 分子的变形性

上面所讨论的分子的正负电荷重心并不是固定不动的，当分子受到外加电场的作用时，分子内部电荷将发生位移。

非极性分子在未受到电场的作用前，正、负电荷中心重合。当受到电场作用后，分子中带正电荷的核被吸向负极，带负电的电子云被引向正极，使正、负电荷中心发生相对位移而产生偶极(这种偶极称为诱导偶极)，整个分子发生了变形(图 8-37)。外电场消失后，诱导偶极也随之消失，分子恢复为原来的非极性分子。

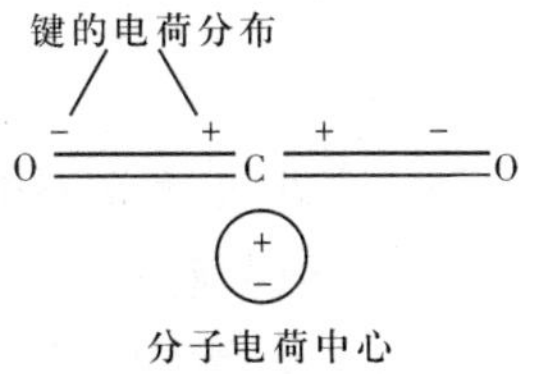

图 8-36　二氧化碳分子中正、负电荷中心分布图

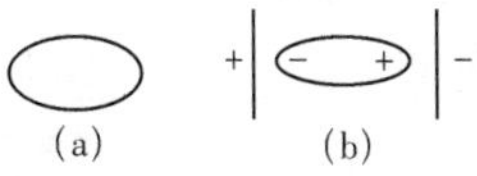

图 8-37　非极性分子在外电场作用下的极化

对于极性分子，分子本来就存在偶极（称为固有偶极），正、负电荷中心不重合。当加入外电场后，分子的正、负电荷中心也随之发生相对位移而使偶极距离增长，即固有偶极加上诱导偶极，使分子极性增加，分子发生变形。如果外电场消失，诱导偶极也随之消失，但固有偶极不变（图 8-38）。

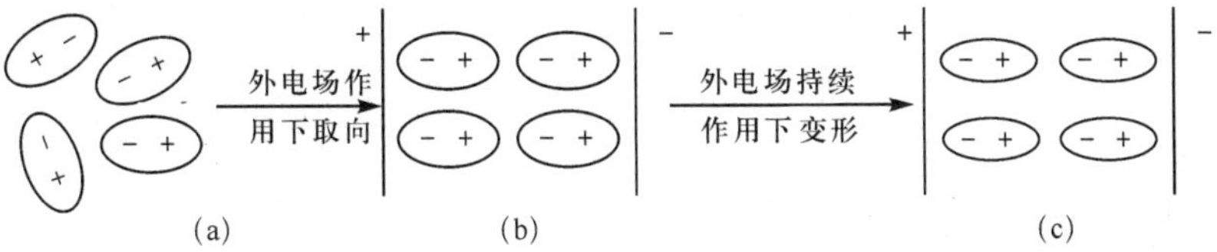

图 8-38　极性分子在外电场作用下的极化

非极性分子或极性分子受外电场作用而产生诱导偶极的过程，称为分子的极化（或称为变形极化）。分子极化后外形发生改变的性质，称为分子的变形性。电场越强，产生的诱导偶极也越大，分子的变形越显著；分子越大，所含电子越多，其变形性也越大。

3. 分子间力

分子具有极性和变形性是分子间产生作用力的根本原因。目前认为，分子间存在三种作用力，即色散力、诱导力和取向力，通称范德华力。

（1）色散力

非极性分子的偶极矩为零，似乎不存在相互作用。事实上分子内的原子核和电子在不断地运动，发生碰撞，在某一瞬间，正、负电荷中心发生相对位移，使分子产生瞬时偶极，如图 8-39(a)所示。当两个或多个非极性分子在一定条件下充分靠近时，就会由于**瞬时偶极**(transient dipole)而发生异极相吸的作用，如图 8-39(b)和图 8-39(c)所示。这种作用力虽然是短暂的，瞬现即逝，但原子核和电子时刻在运动，瞬时偶极不断出现，异极相邻的状态也时刻出现，所以分子间始终维持这种作用力。这种由于瞬时偶极而产生的相互作用力称为**色散力**(dispersion force)。当然，色散力不仅是非极性分子之间的作用力，也存在于极性分子的相互作用之中。

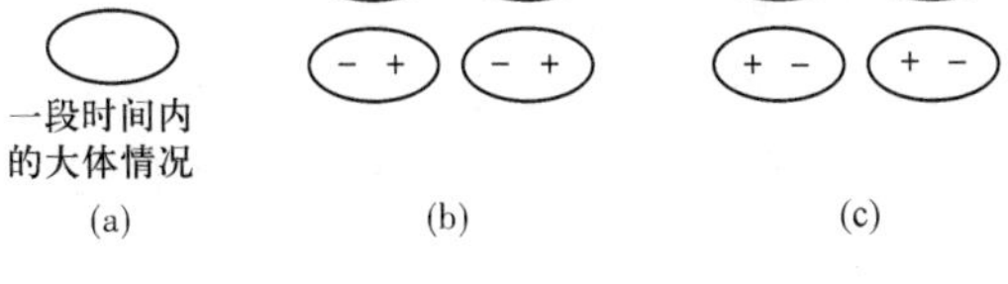

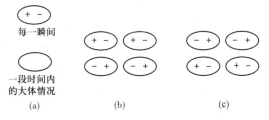

图 8-39　非极性分子的相互作用

色散力的大小与分子的变形性有关。变形性越大，分子之间的色散力越大，物质的熔沸

点越高。

(2)诱导力

极性分子中存在固有偶极，可以作为一个微小的电场。当非极性分子与其充分靠近时，就会被其极化而产生诱导偶极(induced dipole)(图 8-40)，诱导偶极与极性分子固有偶极之间有作用力；同时，诱导偶极又可反过来作用于极性分子，使其也产生诱导偶极，从而增强了分子之间的作用力，这种由于形成诱导偶极而产生的作用力称为诱导力(induction force)。诱导力与分子的极性和变形性有关，分子的极性和变形性越大，产生的诱导力也越大。当然，极性分子与极性分子之间也存在诱导力。

(a) 分子离得较远　　(b) 分子靠近时

图 8-40　极性分子与非极性分子间的作用

(3)取向力

当两个极性分子充分靠近时，由于极性分子中存在固有偶极(permanent dipole)，就会发生同极相斥、异极相吸的取向(或有序)排列，如图 8-41 所示。取向后，固有偶极之间产生的作用力称为取向力(dipole-dipole force)。取向力的大小取决于极性分子的偶极矩，偶极矩越大，取向力越大。

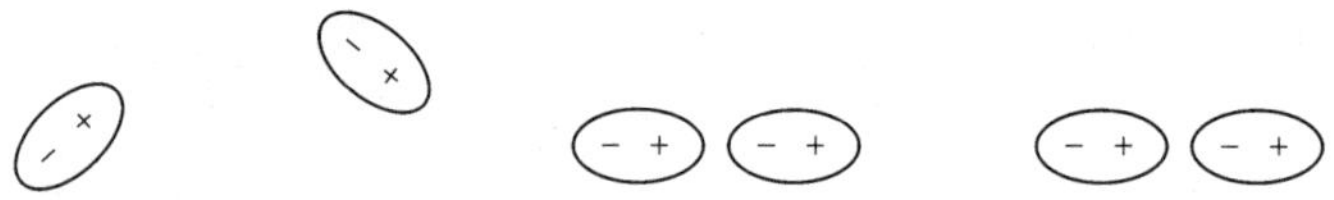

(a) 分子离得较远　　(b) 取向　　(c) 诱导

图 8-41　极性分子间的相互作用

综上所述，在非极性分子之间只有色散力，在极性分子和非极性分子之间有诱导力和色散力，在极性分子和极性分子之间有取向力、诱导力和色散力。这些力本质上都是静电引力。

分子间力具有下述特性：

①它是存在于分子间的一种作用力。

②作用能量一般是几 $kJ \cdot mol^{-1}$，比化学键小 1～2 个数量级。

③分子间力没有方向性和饱和性。

④分子间力是近距离的作用力，作用范围约为几百皮米(pm)。

⑤三种作用力中色散力是主要的，诱导力是次要的，取向力只是在较大的分子间占一定的比例。

分子间力对物质的性质，尤其是某些物理性质(如熔点、沸点、溶解度等)有一定的影响，分子间力的大小可以解释一些物理性质的递变规律。例如，某些相同类型的单质(如卤素、稀有气体)和化合物(如四卤化硅、直链烃)中，其熔点和沸点一般随相对分子质量的增大而升高。例如，在直链烷烃中，随着碳链的增长，$CH_3CH_2CH_3$(沸点：-44.5 ℃)、$CH_3CH_2CH_2CH_3$(沸点：-0.5 ℃)和 $CH_3CH_2CH_2CH_2CH_3$(沸点：36 ℃)分子的变形性增大，色散力增强，沸点升高。

8.3.2 氢　键

Hydrogen bonding

卤素氢化物的沸点随着相对分子质量的增大而递增，但 HF 却是个例外。在氧族的氢化物中，H_2O 的性质也很特殊。部分 p 区元素氢化物的沸点变化规律如图 8-42 所示。按相对分子质量减小的次序推测，HF、H_2O 的沸点应比 HCl 、H_2S 的沸点更低，实际上却要高得多。

视频

氢键

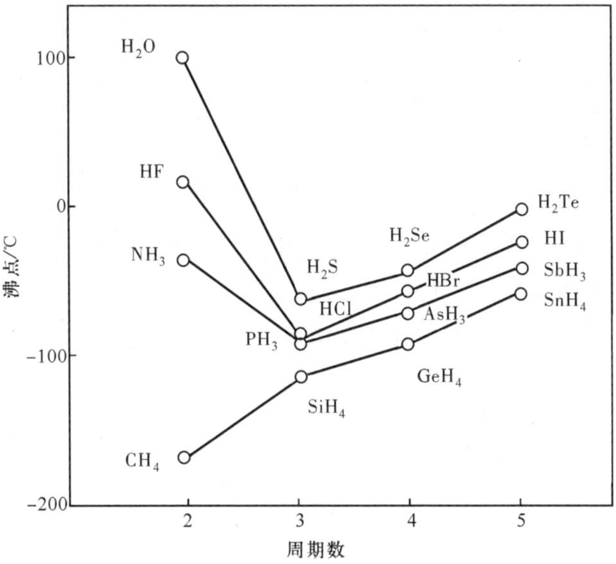

图 8-42　部分 p 区元素氢化物的沸点

氟化氢的性质和水的性质的反常现象说明了氟化氢分子之间、水分子之间有很大的作用力，致使这些简单的分子成为缔合分子。

分子缔合的重要原因是由于分子之间形成了氢键。氢键是一种特殊的分子间力。当氢原子同电负性大、半径小的原子 X(X=F、O、N)相结合时，电子对强烈地偏向 X 方，使氢原子几乎成为“裸核”。这个“裸核”氢又被另一个电负性大的带孤电子对的 Y 所吸引，这种由电负性大的元素与氢形成的化学键而引起的对另一元素孤对电子的吸引称为氢键。氢键的强度超过一般的分子间力，但远不及正常化学键。氢键从基本上属静电吸引作用，键能在 41.84 $kJ \cdot mol^{-1}$以下，比化学键键能小得多，但大于分子间力。如图 8-43 所示是水分子间的氢键形成示意图。

一般形成氢键的条件是：

①一个电负性大的原子 X 与 H 以共价键结合，共价键极性较大。

②有另一个电负性大且具有孤对电子的 Y 原子。

③Y 与 H 定向靠近形成氢键。

氢键具有方向性和饱和性，氢键的强弱与原子的电负性和半径有关。电负性越大，氢键越强；半径越小，氢键越强。例如，F 电负性最大，半径又小，形成的氢键最强。虽然 Cl 电负性也比较大，但原子半径较大，所以仅能形成微弱的氢键。而 C 电负性较小，一般不形成氢键。

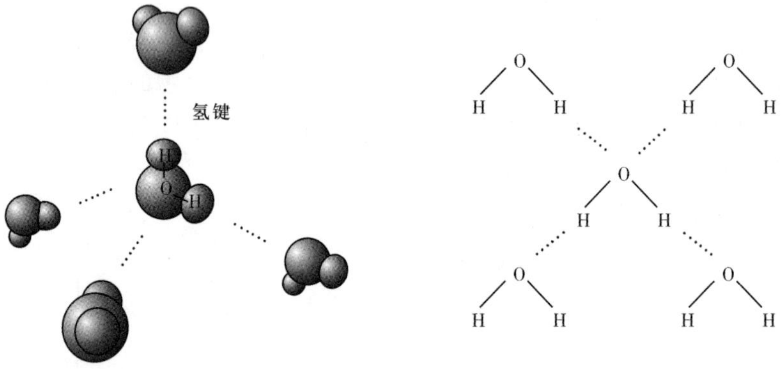

图 8-43 水分子间的氢键形成示意图

除了分子间可以形成氢键之外，分子内也可以形成氢键(图 8-44)。

能够形成氢键的物质很多，如水、醇、胺、羧酸、无机酸、水合物、氨合物等。在生命过程中，具有意义的基本物质(蛋白质、脂肪、糖)都含有氢键。氢键存在于晶态、液态甚至气态之中。在很多实际问题中都会遇到氢键，但是，对氢键本质的认识，仍有许多问题需进一步研究。

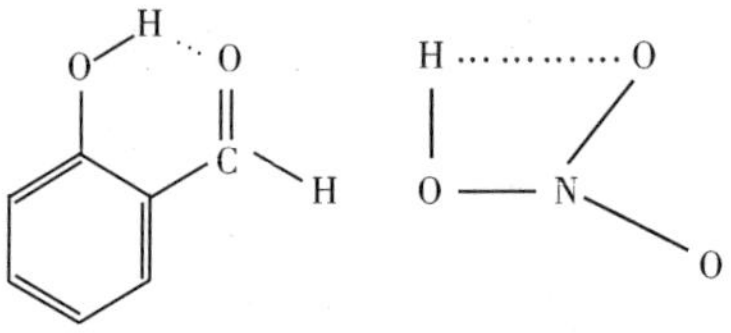

图 8-44 分子内氢键的形成

8.3.3 分子晶体

Molecular crystals

分子晶体在晶格的结点上排列着分子，这些分子通过分子间力结合，某些晶体中还有氢键。由于分子间力要比化学键小得多，因此，分子晶体的熔沸点都比较低，也不容易导电。大多数共价型非金属单质和化合物，如固态的 HCl、NH_3、N_2、CO_2、CH_4 等都属于分子晶体。CO_2 分子晶体示意图如图 8-45 所示。

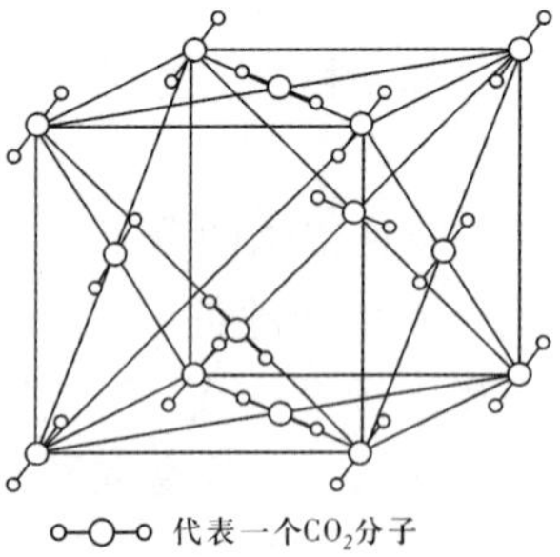

图 8-45 CO_2 分子晶体示意图

8.4 金属键

Metallic bonds

在 100 多种元素中，金属元素约占 4/5。在常温下，除汞是液态外，其他金属都是晶状固体。金属元素都有一些共同的物理化学性质。这些通性表明，金属具有某些类似的结构。

8.4.1　金属键理论
Metallic bond theory

金属键是金属晶体中存在的一种化学键，常被看成是一种特殊的化学键，所以又称为金属的改性共价键。金属晶体中的晶格点上的原子和离子共用晶体内的自由电子，但改性共价键又和一般共价键不同，共用电子并不是定域的，而是属于整个晶体，是非定域自由电子。形象地把金属键看成“金属原子和离子浸泡在电子的海洋中”。所以，金属的改性共价键理论又称为“电子海模型”。在金属晶体中，这些自由电子将原子和离子“胶合”在一起，形成了所谓的“金属键(metallic bond)”。

视频

金属键理论

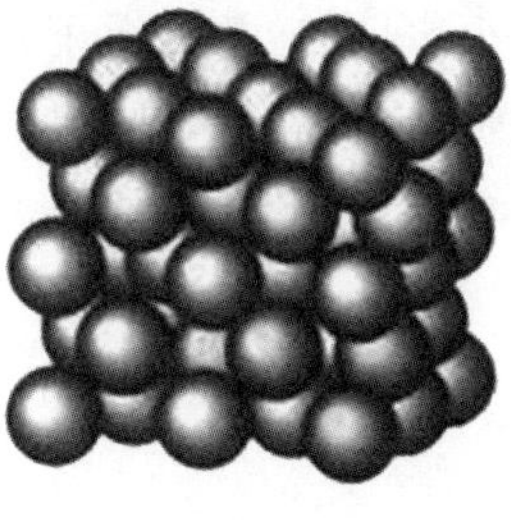

图 8-46　金属晶体的紧密堆积示意图

在金属中，自由电子容易摆脱金属原子的束缚成为自由电子，在外加电场的作用下会定向流动形成电流，表现出良好的导电性；受热时，金属离子振动，电子相互碰撞传递能量，表现出良好的导热性；受外力冲击时，由于自由电子的胶合作用，金属正离子间容易滑动，表现出良好的延展性。

金属原子的价电子主要是 s 电子，由于 s 电子是球形对称的，可在任意方向与临近的价电子云重叠，因此，金属键无方向性，也无饱和性，按紧密方式堆积起来，形成稳定的金属结构(图 8-46)。

8.4.2　能带理论
Band theory

能带理论是利用分子轨道理论的方法得到的。它把整个晶体看成一个大分子，是由多个原子组合而成的。这些原子中的每一个能级可以分裂成等于晶体中原子数目的很多小能级，这些能级通常连成一片，称为能带。金属晶体中的价电子按分子轨道理论的填充原则填充到能带中，充满电子的能带，称为满带(full band)。部分被填充电子占据的能带称为导带(conduction band)。价带和导带之间的能量间隔称为禁带(forbidden band)，未填充电子的能带称为空带(empty band)。

视频

能带理论

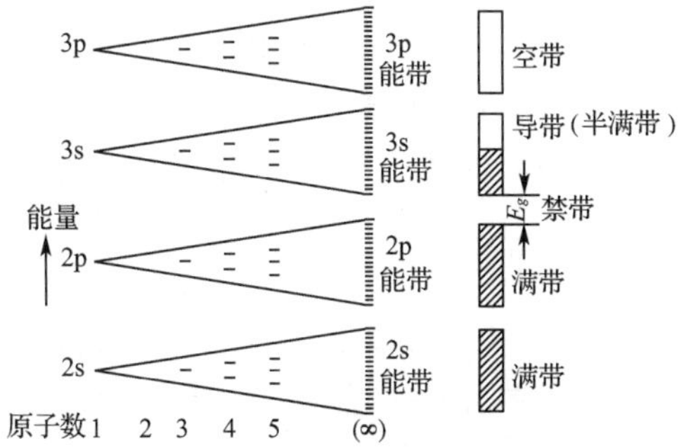

(a)原子增加形成的能带　(b)电子填充

图 8-47　金属钠的能带形成示意图

例如，金属钠的电子结构是 $1s^2 2s^2 2p^6 3s^1$，其能带形成示意图如图 8-47 所示(1s 略)。当多个 Na 相互靠近时，相应的 2s、2p、3s 原子轨道可以组合成与原子数目相同的分子轨道。如果取 1 mol Na，则由 2s 原子轨道组成的分子轨道数有 10^{23} 个(其中 $1/2\times10^{23}$ 个成键轨道，$1/2\times10^{23}$ 个反键轨道)，这些分子轨道数目众多，能量接近，形成了具有一定能量范围的能带。

从满带顶到导带底的能量差通常都比较大，低能带中的电子向高能带跃迁几乎是不可能的，所以称为禁带。金属中相邻的能带有时会相互重叠。例如，铍的电子层结构是 $1s^2 2s^2$，它的 2s 能带应该是满带，但由于铍的 2s 和 2p 能带能量比较接近时，原子间存在相互作用，使 2s 和 2p 轨道能级发生分裂，致使 2s 和 2p 能带有部分重叠，它们之间没有禁带。同时，由于 2p 能带是空的，所以 2s 能带的电子很容易跃迁到空的 2p 能带上去，成为导带。

根据固体的能带理论，禁带宽度和能带中的电子填充状况可以决定固体材料是导体、半导体还是绝缘体。一般金属导体的价电子能带是半满的，或者虽然价电子能带全满，但有能量间隔较小的空带彼此可以重叠，电子容易跃迁成为导带。绝缘体由于价电子都在满带，导带是空的，而且禁带的宽度大（能量间隔大），电子在外电场作用下，不能越过禁带跃迁到导带，故不能导电。半导体的能带结构是满带，被电子充满，禁带宽度很窄，在通常情况下是不导电的。但在光照或外电场作用下，满带上的电子很容易跃迁到空带上，使原来的空带成为导带，跃迁留下的空穴使原来的满带也成为导带，所以能导电。一般而言，半导体的温度越高，跃迁电子越多，导电性越强。

拓展阅读

价层电子对互斥理论

轨道杂化理论能很好地解释共价键的方向及分子的构型。但是，轨道杂化理论只能根据已知的构型说明成键特性而无法预测某种分子具体呈什么形状，或是某原子成键时应采用哪种杂化方式。

视频

价层电子对互斥理论

价层电子对互斥理论（valence shell electron pair repulsion，VSEPR）最初是由英国化学家西奇维克（N. V. Sidgwick）和鲍威尔（H. M. Powell）等于 1940 年提出分子几何构型与价层电子对互斥作用有关的假设，20 世纪 50 年代后期经加拿大化学家吉莱斯皮（R. J. Gillespie）等人的补充和发展形成系统理论，成为无机立体化学理论的重要组成部分。价层电子对互斥理论是继杂化轨道理论之后用来解释分子空间构型的重要方法，其特点是简单易懂，不需应用原子轨道概念，而判断、预言分子结构的准确性不比杂化轨道理论逊色。

视频

多重键的处理

（1）价层电子对互斥理论要点

该理论认为，AB_n 型多原子共价分子（或原子团）的几何构型主要由 A 原子价层电子对的相互排斥作用所决定，当价层电子对数目一定时，这些电子对排布在彼此相距尽可能远的空间位置上，以使价层电子对之间的互斥作用尽可能最小，而使分子趋于稳定，因此，分子采取尽可能对称的结构。价层电子是指 σ 键电子与孤对电子。

价层电子对之间存在排斥力，其斥力的大小为

孤对—孤对＞孤对—成键＞成键—成键

价层电子对数目的确定方法为

$$价层电子对数=\frac{中心原子的价层电子数+配位原子提供的价层电子数\pm\binom{负}{正}离子电荷}{2}$$

当氧族元素 O、S 等作为配位原子时，可认为它们从中心原子接受两个电子成键，自身不提供电子。例如，SO_2 中 S 原子的价层电子数可认为是 6，PCl_5 中 P 的价层电子数是 5(价层电子对数$=\frac{5+1\times5}{2}$)。

对于多原子构成的离子计算价层电子数时，应加上或减去与离子相应的电子数。例如，PO_4^{3-} 中 P 的价层电子数应加上 3 个电子；NH_4^+ 中 N 的价层电子数应减去 1 个电子。

根据斥力最小原则，中心原子的价层电子对数与电子对空间构型的关系见表 8-7。

表 8-7　价层电子对数与电子对空间构型的关系

价层电子对数	电子对空间构型	价层电子对数	电子对空间构型
2	直线形	5	三角双锥形
3	平面三角形	6	八面体形
4	四面体形		

(2)价层电子对互斥理论应用

如果中心原子没有孤对电子，那么电子对的空间构型就是分子的空间构型。如 BeH_2、BF_3、CH_4、PCl_5、SF_6 分子中没有孤对电子，每个分子的中心原子的价层电子对数正好等于配位原子数，由电子对的空间构型可知，它们分别是直线形、平面三角形、四面体形、三角双锥形和八面体形。

如果中心原子有孤对电子，那么电子对的空间构型与分子的空间构型不同，如 NH_3 和 H_2O 中心原子的价层电子对数都为 4，电子对的空间构型都为四面体形，而实际分子空间构型分别为三角锥形和 V 字形。这是由于孤对电子的排斥力较大，使 NH_3 中键角小于四面体中的 109.5°，为 107.3°；使 H_2O 中的键角进一步压缩为 104.5°。知道了孤电子对数，就可确定分子的空间构型。

各种分子类型的空间构型见表 8-8。

表 8-8　各种分子类型的空间构型

中心原子 A 的价层电子对数	电子对空间构型	化学式	孤对电子对数	示例	实际分子形状
2	:——A——:	AX_2	0	CO_2 (直线形)	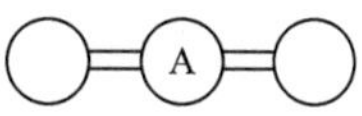
3	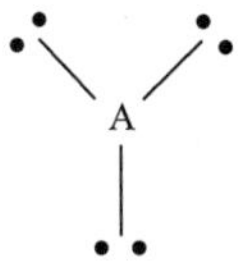	AX_3	0	BF_3 (平面正三角形)	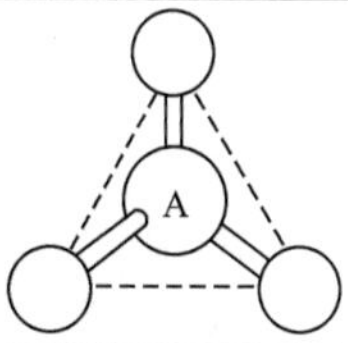
		AX_2	1	SO_2 (V 形或角形)	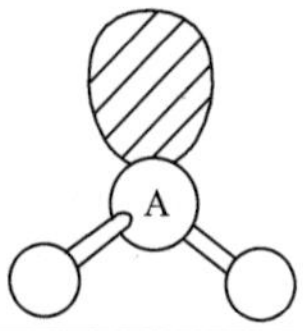

（续表）

中心原子A的价层电子对数	电子对空间构型	化学式	孤对电子对数	示例	实际分子形状
		AX_4	0	CH_4（正四面体）	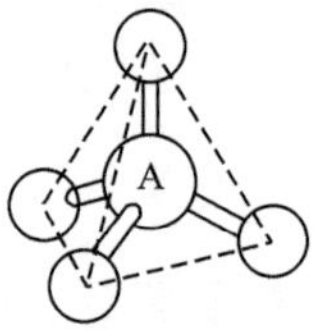
4	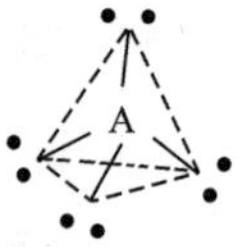	AX_3	1	NH_3（三角锥）	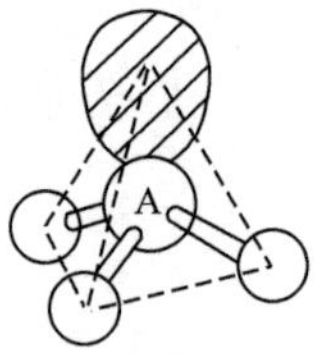
		AX_2	2	H_2O（V形）	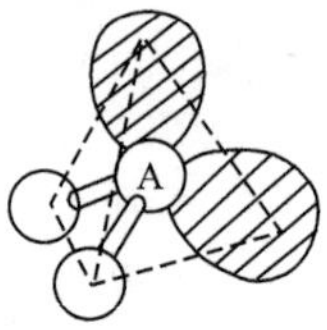
		AX_5	0	PCl_5（三角双锥）	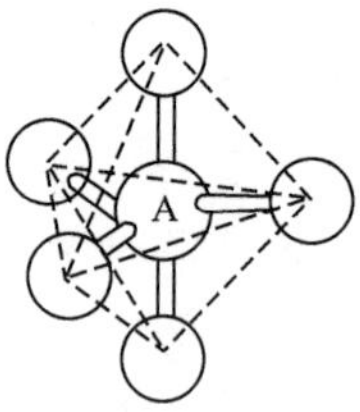
5	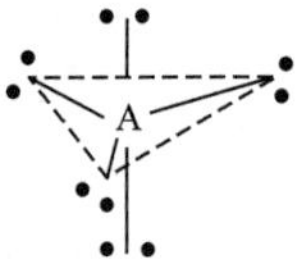	AX_4	1	$TeCl_4$（变形四面体）	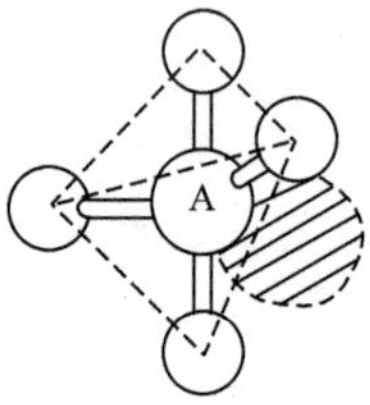
		AX_3	2	ClF_3（T形）	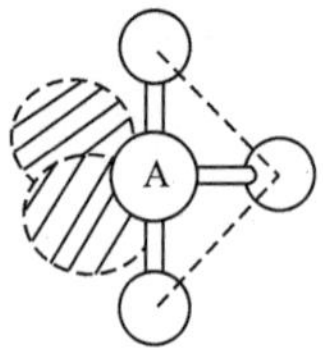
		AX_2	3	XeF_2（直线形）	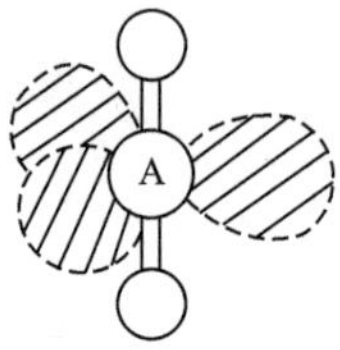

（续表）

中心原子 A 的价层电子对数	电子对空间构型	化学式	孤对电子对数	示例	实际分子形状
		AX_6	0	SF_6 （正八面体）	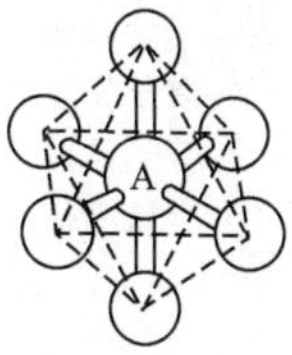
6	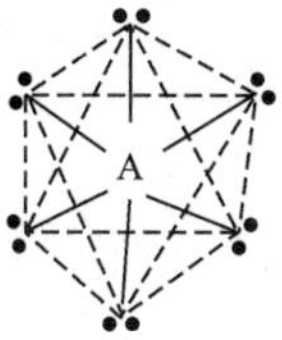	AX_5	1	IF_5 （四方锥）	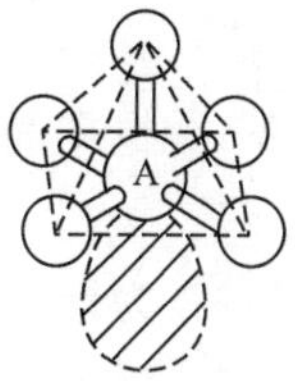
		AX_4	2	XeF_4 （平面正方形）	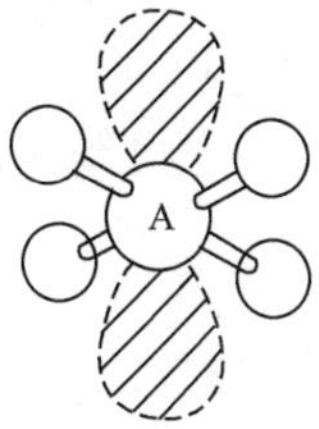

注　图中间斜线部分代表孤电子对占据的杂化轨道。

思考题

8-1　区别下列概念：

(1)原子轨道与分子轨道。　(2)成键轨道和反键轨道。

(3)σ 键和 π 键。　(4)等性杂化和不等性杂化。

(5)分子的极化和分子变形。　(6)极性键和非极性键。

(7)极性分子和非极性分子。　(8)氢键和分子间作用力。

8-2　用价键理论解释共价键为什么有方向性和饱和性？

8-3　氢键形成必须具备哪些基本条件，氢键的形成对物性有什么影响？

8-4　共价键理论的基本要点是什么？它们如何说明了共价键的饱和性和方向性？

8-5　说明 σ 键和 π 键、键的极性和分子的极性的差别与联系。

8-6　离子极化力、变形性与离子电荷、半径、电子层结构有什么关系？

8-7　为什么离子键没有方向性而共价键有方向性？

8-8　试以 O_2 和 F_2 为例，比较价键理论和分子轨道理论的优缺点。

8-9　在组成分子晶体的分子中，原子间是共价键结合，在组成原子晶体的原子间也是共价键结合，为什么分子晶体与原子晶体的性质有很大区别？

8-10　影响离子键和共价键强度的主要因素有哪些？

8-11 填写下表。

晶体类型	晶格上的结点粒子	质点作用力	晶体特性(硬度、熔沸点、溶解度、导电性)	实例
原子晶体				
离子晶体				
分子晶体				
金属晶体				

习 题

8-1 根据晶体的构型与半径比的关系，判断下列晶体类型：

BeO、NaBr、RbI、BeS、CsBr、AgCl

8-2 为什么 AgF、AgCl、AgBr、AgI 溶解度依次减小，颜色逐渐加深？

8-3 根据离子极化的观点，比较下列物质熔点的高低：

(1) $BeCl_2$、$CaCl_2$。 (2) $AlCl_3$、NaCl。 (3) $ZnCl_2$、$CaCl_2$。 (4) $FeCl_3$、$FeCl_2$。

8-4 已知无水亚铜和铜的卤化物颜色如下：

CuF	CuCl	CuBr	CuI
红色	无色	无色	无色
CuF_2	$CuCl_2$	$CuBr_2$	CuI_2
无色	黄棕	棕黑	不存在

试解释颜色变化和 CuI_2 不存在的原因。

8-5 已知 NO_2、CO_2、SO_2 的键角分别为 132°、180°、120°，判断它们中心原子轨道的杂化类型。

8-6 NH_3、H_2O 的键角为什么比 CH_4 小？CO_2 的键角为何是 180°？

8-7 在 BCl_3 和 NCl_3 中，为什么中心原子的氧化数和配体数都相同，但构型不同？

8-8 试判断下列分子的极性，并加以说明：

CO、NO、CS_2（直线形）、PCl_3（三角锥形）、SiF_4（正四面体形）、BCl_3（平面三角形）、H_2S（角折或 V 形）

8-9 解释氮分子具有反磁性，而氧分子具有顺磁性。

8-10 写出下列分子（离子）的分子轨道表示式，计算它们的键级，预测分子的稳定性。

(1) B_2。 (2) Li_2。 (3) O_2^{2-}。 (4) N_2^+。 (5) Ne_2^+。

8-11 将下列分子（离子）按稳定性由大到小排列，并说明理由。

O_2^{2+}、O_2^+、O_2、O_2^-、O_2^{2-}

8-12 判断下列每组物质中不同物质分子之间存在着何种成分的分子间力（取向力、诱导力、色散力和氢键）。

(1)苯和四氯化碳。 (2) N_2 和 H_2O。 (3) HBr 气体。 (4)甲醇和水。

(5) H_2S 和 H_2O。 (6) CO_2 和 H_2O。 (7) NH_3 和 H_2O。

8-13 用分子间力说明下列事实：

(1)常温下氟、氯是气体，溴是液体，碘是固体。

(2) HCl、HBr、HI 的熔沸点随相对分子质量的增大而升高。

(3) 稀有气体 He、Ne、Ar、Kr、Xe 的沸点随相对分子质量的增大而升高。

8-14　下列说法是否正确，举例说明为什么？

(1) 非极性分子中只有非极性键。

(2) 相对分子质量越大的分子，其分子间力越大。

(3) HBr 的分子间力较 HI 的小，故 HBr 没有 HI 稳定(即容易分解)。

(4) 氢键是一种特殊的分子间力，仅存在于分子之间。

(5) HCl 溶于水生成 H^+ 和 Cl^-，所以 HCl 是以离子键结合的。

8-15　为什么 H_2O 的沸点远高于 H_2S，而 CH_4 的沸点却低于 SiH_4？

8-16　预测下列各组物质熔沸点的高低，并说明理由。

(1) 乙醇和二甲醚。　(2) 甲醇、乙醇和丙醇。　(3) 乙醇和丙三醇。　(4) HF 和 HCl。

8-17　试解释下列现象：

(1) 为什么 CO_2 和 SiO_2 的物理性质相差很远？

(2) 卫生球(萘，$C_{10}H_8$)的气味很大，这与结构有什么关系？

(3) 为什么 NaCl 和 AgCl 的阳离子都是 +1 价(Na^+、Ag^+)，但 NaCl 易溶于水，AgCl 不溶于水？

8-18　填写下表。

物质	晶格上的结点粒子	质点间作用力	晶体类型	熔点高低
NaCl				
N_2				
SiO_2				
H_2O				
MgO				

8-19　某化合物的分子组成是 XY，已知 X、Y 的原子序数为 32、17，回答下列问题：

(1) X、Y 元素的电负性为 2.02 和 2.83，判断 X 与 Y 之间化学键的极性。

(2) 判断该化合物的空间结构、杂化类型和分子的极性。

(3) 该化合物在常温下为液体，问该化合物分子间作用力是什么？

(4) 该化合物与 $SiCl_4$ 比较，熔、沸点哪个高？

8-20　现有 x、y、z 三种元素，原子序数分别为 6、38、80：

(1) 试分别写出它们的电子构型，并指出它们在周期表中的位置。

(2) x、y 与 Cl 形成的氯化物的熔点哪个高？为什么？

(3) y、z 与 S 形成的硫化物的溶解度哪个大？为什么？

(4) x 与 Cl 形成的氯化物的偶极矩为零，试用杂化轨道理论说明。

第9章

配位平衡和配位滴定法

Coordination Equilibrium and Coordination Titration

配位化合物(coordination compound)简称配合物，是一类组成复杂的化合物。配位化合物不仅在生物体中具有重要意义，而且在化学分析、水的软化、医学、染料、催化合成、电镀、金属防腐、湿法冶金等方面都有着重要的应用。有关配合物的研究已发展成独立的分支学科——配位化学，并且与其他学科领域相互渗透，形成一些边缘学科，如金属有机化学、生物无机化学等。建立在配位反应基础上的滴定分析方法称为配位滴定法。

9.1 配合物的组成与命名 Composition and naming of coordination compounds

9.1.1 配合物的组成 Composition of coordination compounds

1893 年，Wemer(维尔纳)提出配位理论学说，认为配合物中有一个金属离子或原子处于配合物的中央，称为中心离子(或形成体)，在它周围按一定几何构型围绕着一些带负电荷的阴离子或中性分子，称为配位体(ligand)。中心离子和配位体构成了配合物的内界(inner)，这是配合物的特征部分，在化学式中用方括号括起来；距中心离子较远的其他离子称为外界离子，构成配合物的外界(outer)，在化学式中写在方括号之外，内界与外界构成配合物，如 $[Cu(NH_3)_4]SO_4$，内界离子称为配离子，外界离子一般为简单离子。配离子与相反电荷的离子(外界)，以离子键结合成电中性的配合物，如 $[Ag(NH_3)_2]Cl$、$K_3[Fe(CN)_6]$等。若内界不带电荷，称为配合分子，如$[Fe(CO)_5]$、$[PtCl_2(NH_3)_2]$等。配合物的组成如右图所示。

视频

配合物的组成

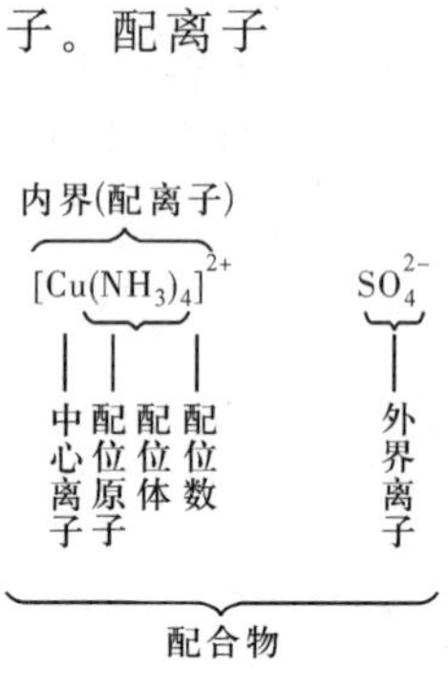

1. 中心离子或中心原子——配合物的形成体

配合物内界中，位于其结构的几何中心的离子或原子，称为中心离子(central ion)或中心原子，也统称为形成体，主要是一些过渡金属，如铁、钴、镍、铜、银、金等金属元素的离子。但像硼、硅、磷等一些具有高氧化数的非金属元素的离子也能作为中心离子，如$Na[BF_4]$中的

B（Ⅲ）、$K_2[SiF_6]$ 中的 Si（Ⅳ）和 $NH_4[PF_6]$ 中的 P（Ⅴ）。也有不带电荷的中性原子做形成体的，如 $[Ni(CO)_4]$、$[Fe(CO)_5]$ 中的 Ni\、Fe 都是中性原子。还有少数阴离子做中心离子的，如 $[I(I_2)]^-$ 中的 I^-，$[S(S_8)]^{2-}$ 中的 S^{2-} 等。

2. 配位体和配位原子

在内界中与中心离子结合的、含有孤电子对的中性分子或阴离子称为配位体，简称配体。其中直接与中心离子结合的原子称为配位原子，如 F^-、OH^-、NH_3、H_2O 等配体中的 F、N、O 原子是配位原子。配位原子主要是非金属 N、O、S、C 和卤素原子。依据配位体中配位原子的数目，一般可将配位体分为两类。

（1）单基（单齿）配体

只有一个配位原子的配体称为 单基（单齿）配体（unidentate ligand），如 NH_3、CN^- 等。

（2）多基（多齿）配体

含有两个或两个以上配位原子的配体称为 多基（多齿）配体（multidentate ligand），如乙二胺 H_2N—CH_2—CH_2—NH_2（en）、草酸根（ox）、氨基乙酸 H_2N—CH_2—COOH，乙二胺四乙酸（EDTA）是六基配体。

$$HOOCH_2C \diagdown \qquad \diagup CH_2COOH$$
$$\qquad N—CH_2—CH_2—N$$
$$HOOCH_2C \diagup \qquad \diagdown CH_2COOH$$

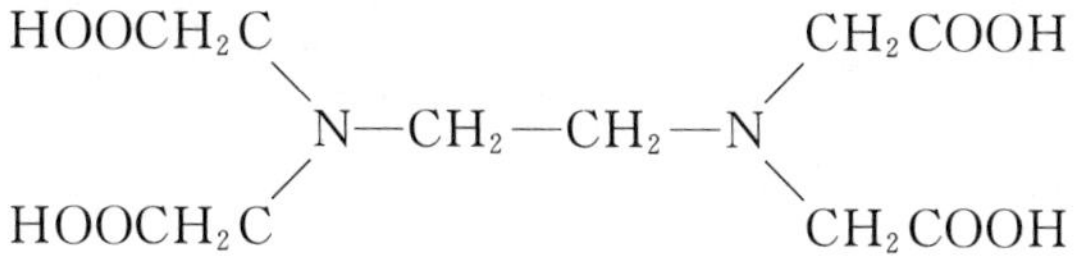

常见的配体见表 9-1。

表 9-1　常见的配体

配体名称	简写	化学式（或结构式）	价数（齿数）
氟离子	X^-	F^-	1
氯离子	X^-	Cl^-	1
溴离子	X^-	Br^-	1
碘离子	X^-	I^-	1
氰根		CN^-	1
硫氰根		—SCN^-	1
异硫氰根		—NCS^-	1
氢氧根		OH^-	1
硝基		—NO_2^-	1
亚硝酸根		—ONO^-	1
乙酸根	Ac^-	CH_3COO^-	1
亚硫酸根		SO_3^{2-}	1
硫代硫酸根		$S_2O_3^{2-}$	1
水		H_2O	1
氨		NH_3	1
羰基		CO	1
吡啶	Py	![pyridine]	1
乙二胺	en	H_2N—CH_2—CH_2—NH_2	2

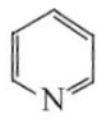

（续表）

配体名称	简写	化学式（或结构式）	价数（齿数）
4,4′-联吡啶	4,4′-dipy	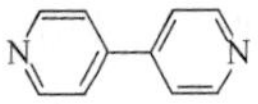	2
1,10-二氮菲	Phen	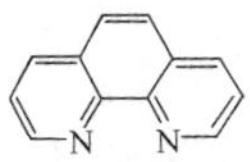	2
8-羟基喹啉		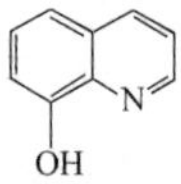	2
氨基乙酸根		$H_2N—CH_2—COO^-$	2
草酸根	ox	$^-OOC—COO^-$	2
乙酰丙酮基	acac	$CH_3—C(=O)—C(O^-)=CH—CH_3$	2
二乙撑三胺		$H_2NCH_2CH_2NHCH_2CH_2NH_2$	3
氨三乙酸根	NTA	$N(CH_2COO^-)_3$	4
乙二胺三乙酸根		$^-OOCCH_2—NH—CH_2—CH_2—N(CH_2COO^-)_2$	5
乙二胺四乙酸根	EDTA	$(^-OOCCH_2)_2N—CH_2—CH_2—N(CH_2COO^-)_2$	6

3. 配位数

在配体中，与中心离子或中心原子直接结合的配位原子的总数称为该中心离子的配位数（coordination number）。对于单基配体，配位数等于配体的个数，如$[Cu(NH_3)_4]^{2+}$中Cu^{2+}的配位数是4；对于多基配体，配位数等于配体个数乘以每个配体中配位原子的个数，如$[Cu(en)_2]^{2+}$中Cu^{2+}的配位数是4而不是2。

中心离子的配位数受到多方面因素的影响，主要取决于中心离子和配体的半径和电荷。中心离子常见的配位数为2、4、6，也有为3、5、8等（表9-2）。

表9-2 不同价态金属离子的配位数

中心离子电荷	配位数	实例
+1	2(4)	Ag^+ 2 Cu^+，Au^+ 2，4
+2	4(6)	Cu^{2+}、Zn^{2+}、Ni^{2+}、Co^{2+} 4，6 Fe^{2+}、Ca^{2+} 6
+3	4(6)	Al^{3+} 4，6 Fe^{3+}、Co^{3+}、Cr^{3+} 6

(1)中心离子对配位数的影响

一般来说,同一中心离子电荷越多,吸引配体的能力越强,配位数就越大。如 $[Cu(NH_3)_2]^+$ 中 Cu^+ 的配位数为 2,而 $[Cu(NH_3)_4]^{2+}$ 中 Cu^{2+} 的配位数为 4。中心离子的半径越大,其周围可容纳配体的有效空间越大,配位数也越大。例如,Al^{3+} 的离子半径比 B^{3+} 的离子半径大,$[AlF_6]^{3-}$ 中 Al^{3+} 的配位数为 6,而 $[BF_4]^-$ 中 B^{3+} 的配位数为 4。

(2) 配体对配位数的影响

对同种中心离子,配体的半径越大,则中心离子周围可容纳配体数目将减少,例如,$[AlF_6]^{3-}$ 和 $[AlCl_4]^-$;配体的电荷越高,则配体间相互排斥力越强,配位数将减少,例如,$[FeF_6]^{3-}$ 和 $[Fe(PO_4)_2]^{3-}$。

4. 配离子的电荷数

配离子的电荷数等于组成该配离子的中心离子电荷数与各配体电荷数的代数和。例如,配离子 $[Fe(CN)_6]^{3-}$ 的电荷数为 $(+3)+(-1)\times 6=-3$,配离子 $[PtCl_4(NH_3)_2]$ 的电荷数为 $(+4)+(-1)\times4+0\times2=0$。

5. 配合物的定义

由中心离子和一定数目的配体以配位键结合而形成的结构单元称为配位个体。配位个体一般为带电的离子,如 $[Cu(NH_3)_4]^{2+}$,也有电中性的,如 $[Ni(CO)_4]$。含有配位个体的电中性化合物即为配合物,如 $[Cu(NH_3)_4]SO_4$。电中性的配位个体本身就是配合物。

9.1.2 配合物的命名
Naming of coordination compounds

配合物的命名方法服从一般无机化合物的命名原则。若外界是简单负离子,如 Cl^-、OH^- 等,则称作"某化某";若外界是复杂负离子,如 SO_4^{2-}、NO_3^- 等,则称作"某酸某";若外界是正离子,配离子是负离子,则将配离子看成复杂酸根离子,称作"某酸某"。

1. 内界的命名

配合物中内界配离子的命名方法一般依照如下顺序:配体个数(中文数字)→配体名称→"合"→中心离子(原子)名称→中心离子(原子)氧化数(在括号内用罗马数字注明,中心原子的氧化数为零时可以不标明)。若配体个数为一时,其中文数字"一"也可以省略,若配体不止一种,不同配体之间以"·"分开。

(1)配体的命名顺序

①既有无机配体又有有机配体时,则无机配体在前,有机配体在后。

②在无机配体和有机配体中既有离子又有分子时,离子在前,分子在后,如 $K[PtCl_3NH_3]$,三氯·一氨合铂(Ⅱ)酸钾。

③同类配体的名称按配位原子元素符号的英文字母顺序排列,如 $[Co(NH_3)_5H_2O]Cl_3$,三氯化五氨·一水合钴(Ⅲ)。

(2)带倍数词头的无机含氧酸阴离子配体和复杂有机配体命名时,要加圆括号,如三(磷酸根)、二(乙二胺)。有的无机含氧酸阴离子,即使不含有倍数词头,但含有一个以上直接相连的成酸原子,也要加圆括号,如(硫代硫酸根)。

2. 配合物的命名

理顺内界命名的关系后，再加上外界即可按一般无机化合物的命名原则进行命名。例如

$[Cu(NH_3)_4]SO_4$	硫酸四氨合铜(Ⅱ)
$[Ag(NH_3)_2]Cl$	氯化二氨合银(Ⅰ)
$[Cr(NH_3)_2(en)_2](NO_3)_3$	硝酸二氨·二(乙二胺)合铬(Ⅲ)
$K_3[Co(CN)_6]$	六氰合钴(Ⅲ)酸钾
$Na_3[Ag(S_2O_3)_2]$	二(硫代硫酸根)合银(Ⅰ)酸钠
$K[FeCl_2(ox)(en)]$	二氯·草酸根·乙二胺合铁(Ⅲ)酸钾
$K[PtCl_3(C_2H_4)]$	三氯·乙烯合铂(Ⅱ)酸钾
$K[PtCl_5(NH_3)]$	五氯·一氨合铂(Ⅳ)酸钾
$H[AuCl_4]$	四氯合金(Ⅲ)酸
$H_2[PtCl_4]$	四氯合铂(Ⅱ)酸
$[Cu(OH)_4](OH)_2$	二氢氧化四羟合铜(Ⅱ)
$[CoCl_3(NH_3)_3]$	三氯·三氨合钴(Ⅲ)
$[Co(NH_3)_3(NO_2)_3]$	三硝基·三氨合钴(Ⅲ)
$[Fe(CO)_5]$	五羰基合铁

命名中有的原子团使用有机物官能团的名称，如—OH(羟基)、CO(羰基)、$—NO_2$(硝基)，尽管在配合物中作为配体的是氢氧根 OH^-、CO 分子。

有的配体在与不同的中心离子结合时，所用配位原子不同，命名时应加以区别。例如

$K_3[Fe(NCS)_6]$	六(异硫氰根)合铁(Ⅲ)酸钾
$[CoCl(SCN)(en)_2]NO_3$	硝酸一氯·一(硫氰根)·二(乙二胺)合钴(Ⅲ)
$[Co(NO_2)_3(NH_3)_3]$	三硝基·三氨合钴(Ⅲ)
$[Co(ONO)(NH_3)_5]SO_4$	硫酸一亚硝酸根·五氨合钴(Ⅲ)

有些配合物通常用其习惯名称：

	习惯名称	系统命名
$[Cu(NH_3)_4]^{2+}$	铜氨配离子	四氨合铜(Ⅱ)配离子
$[Ag(NH_3)_2]^+$	银氨配离子	二氨合银(Ⅰ)配离子
$K_3[Fe(CN)_6]$	铁氰化钾(赤血盐)	六氰合铁(Ⅲ)酸钾
$K_4[Fe(CN)_6]$	亚铁氰化钾(黄血盐)	六氰合铁(Ⅱ)酸钾
$H_2[SiF_6]$	氟硅酸	六氟合硅(Ⅳ)酸
$H[BF_4]$	氟硼酸	四氟合硼(Ⅲ)酸
$H_2[PtCl_6]$	氯铂酸	六氯合铂(Ⅳ)酸

9.1.3 配合物的磁性

Magnetism of coordination compounds

视频

配合物的磁性

配合物的磁性是配合物的重要性质之一，它为配合物结构的研究提供了重要的实验依据。

物质的磁性是指其在磁场中表现出来的性质。若把所有的物质分别放在磁场中，按照它们受磁场的影响可分为两大类：一类是反磁性物质，另一类是顺磁性物质。磁力线通过反磁性物质时，比在真空中受到的阻力大，外磁场力图把这类物质从磁场中排斥出去；磁力线通过顺磁性物质时，比在真空中来得容易，外磁场倾向于把这类物质吸向自己。除此以外，还有一类被磁场强烈吸引的物质叫作铁磁性物质，例如，铁、钴、镍及其合金。

上述不同表现主要与物质内部的电子自旋有关。若这些电子都是偶合的，由电子自旋产生的磁效应彼此抵消，这种物质在磁场中表现出反磁性。反之，有未成对电子存在时，由电子自旋产生的磁效应不能抵消，这种物质就表现出顺磁性。

大多数的物质都是反磁性的。反磁性的物质中最典型的是氢分子，因为它的分子中两个自旋方式不同的电子已偶合成键。顺磁性物质都含有未成对的电子，如 O_2、NO、NO_2、ClO_2 和 d 区元素中许多金属离子，以及由它们组成的简单化合物和配合物。

顺磁性物质的分子中如含有不同数目的未成对电子，则它们在磁场中产生的效应也不同，这种效应可以由实验测出。通常把顺磁性物质在磁场中产生的磁效应用物质的磁矩(μ)来表示，物质的磁矩与分子中的未成对电子数(n)有如下近似关系：

$$\mu=\sqrt{n(n+2)} \tag{9-1}$$

根据上式，可用未成对电子数目 n 估算磁矩 μ。

未成对电子数(n)	0	1	2	3	4	5
μ/(B. M.)	0	1.73	2.83	3.87	4.90	5.92

由实验测得的磁矩与以上的估算值略有出入。现将由实验测得的一些配合物的磁矩列在表 9-3 中。B. M. 为玻尔磁子，是磁矩的单位。

表 9-3　一些配合物的磁矩 μ

中心离子 d 电子总数	配合物	磁矩(实验值)/B. M.	未成对 d 电子数	磁矩(估算值)/B. M.
1	$[Ti(H_2O)_6]^{3+}$	1.73	1	1.73
2	$[V(H_2O)_6]^{3+}$	2.75～2.85	2	2.83
	$[Cr(H_2O)_6]^{3+}$	3.70～3.90	3	3.87
3	$[Cr(NH_3)_6]Cl_3$	3.88	3	3.87
	$K_2[MnF_6]$	3.90	3	3.87
4	$K_3[Mn(CN)_6]$	3.18	2	2.83
	$[Mn(H_2O)_6]^{2+}$	5.65～6.10	5	5.92
	$K_4[Mn(CN)_6]\cdot 3H_2O$	1.80	1	1.73
5	$K_3[FeF_6]$	5.90	5	5.92
	$K_3[Fe(CN)_6]$	2.40	1	1.73
	$NH_4[Fe(EDTA)]$	5.91	5	5.92
	$[Fe(H_2O)_6]^{2+}$	5.10～5.70	4	4.90
	$K_3[CoF_6]$	5.26	4	4.90
	$[Co(NH_3)_6]^{3+}$	0	0	0
6	$[Co(CN)_6]^{3-}$	0	0	0
	$[CoCl_2(en)_2]^+$	0	0	0
	$[Co(NO_2)_6]^{3-}$	0	0	0
	$[Fe(CN)_6]^{4-}$	0	0	0

（续表）

中心离子 d 电子总数	配合物	磁矩（实验值）	未成对 d 电子数	磁矩（估算值）
7	$[Co(H_2O)_6]^{2+}$	4.30～5.20	3	3.87
	$[Co(NH_3)_6](ClO_4)_2$	4.26	3	3.87
	$[Co(en)_3]^{2+}$	3.82	3	3.87
8	$[Ni(H_2O)_6]^{2+}$	2.80～3.50	2	2.83
	$[Ni(NH_3)_6]Cl_2$	3.11	2	2.83
	$[Ni(CN)_4]^{2-}$	0	0	0
9	$[Cu(H_2O)_4]^{2+}$	1.70～2.20	1	1.73

9.2 配合物的化学键理论

The chemical bond theory of coordination compounds

9.2.1 价键理论

Valence bond theory

配合物价键理论是美国化学家鲍林（L. Pauling）将杂化轨道理论应用于研究配合物结构而逐渐形成和发展起来的。该理论成功地解释了许多配合物的空间构型和磁性。

视频

价键理论

1. 价键理论的基本要点

（1）在配合物形成时，由中心离子或原子（M）作为受体提供空轨道，接受配体（L）提供的孤对电子（给体）而形成配位共价键（简称配位键，通常以 L→M 表示）。

（2）形成配合物时，中心离子或原子（M）采用杂化轨道与配体（L）成键。

（3）杂化轨道的类型与空间构型有关。

对于常见不同配位数的过渡金属配合物，其特定空间构型和磁性很容易用鲍林的杂化轨道理论来说明。

2. 配离子的空间构型及磁性与杂化轨道

（1）二配位的配离子

配位数为 2 的配离子常呈直线形构型。例如，$[Ag(NH_3)_2]^+$、$[Cu(NH_3)_2]^+$ 和 $[Au(CN)_2]^-$ 等，现以 $[Ag(NH_3)_2]^+$ 为例来讨论。

Ag^+ 的外层电子结构为

实验测得，$[Ag(NH_3)_2]^+$ 的磁矩为 0，和 Ag^+ 一样，没有未成对电子。可以看出，Ag^+ 与 2 个 NH_3 形成配离子时，将提供 1 个 5s 空轨道和 1 个 5p 空轨道来接受 NH_3 中的孤对电子。

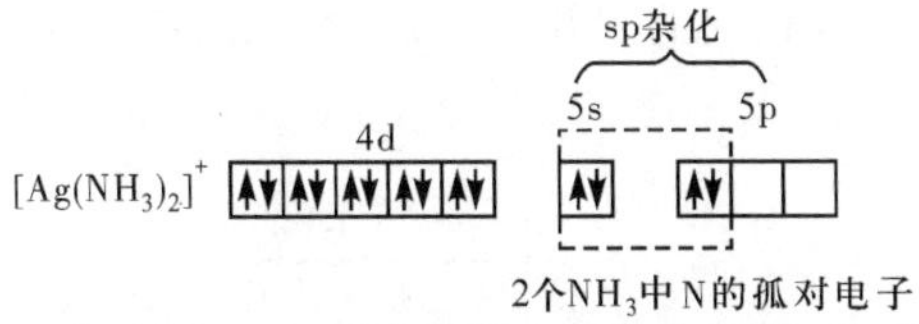

为了增加成键能力，$[Ag(NH_3)_2]^+$中的Ag^+采取 sp 杂化，形成了 2 个 sp 杂化轨道，分别与 2 个 NH_3 分子形成配位键，因此$[Ag(NH_3)_2]^+$具有直线形构型。

(2)四配位的配离子

配位数为 4 的配离子的空间构型有两种：正四面体和平面正方形。例如，$[Ni(NH_3)_4]^{2+}$、$[Zn(NH_3)_4]^{2+}$具有正四面体构型，$[Ni(CN)_4]^{2-}$、$[Pt(NH_3)_4]^{2+}$具有平面正方形构型。现以$[Ni(NH_3)_4]^{2+}$和$[Ni(CN)_4]^{2-}$为例来讨论。

Ni^{2+}的外层电子结构为

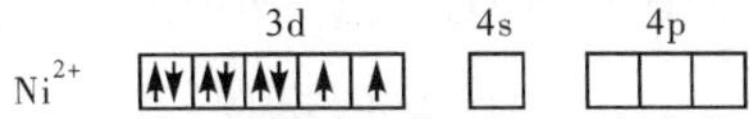

从实验测得 Ni^{2+}和$[Ni(NH_3)_4]^{2+}$的磁矩，知道 Ni^{2+}和$[Ni(NH_3)_4]^{2+}$的电子层结构中都有两个未成对电子，这就是说，Ni^{2+}与 NH_3 形成$[Ni(NH_3)_4]^{2+}$时，3d 轨道上电子排布没有发生变化，因此 Ni^{2+}将提供 1 个 4s 轨道和 3 个 4p 轨道来接受 NH_3 分子中的孤对电子：

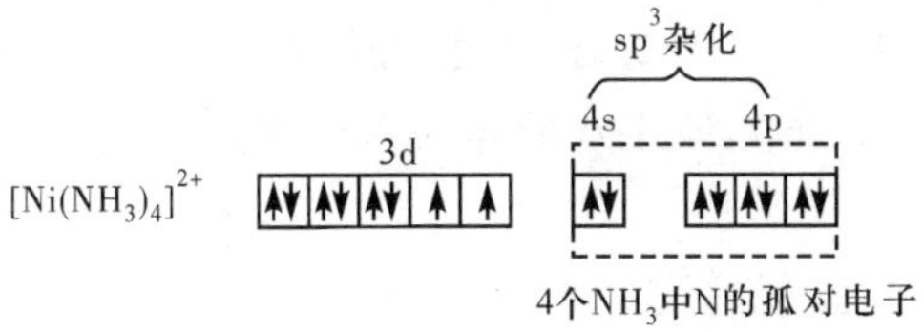

为了增加成键能力，$[Ni(NH_3)_4]^{2+}$中的 Ni^{2+}采取 sp^3 杂化，形成了 4 个 sp^3 杂化轨道与 4 个 NH_3 成键，因此$[Ni(NH_3)_4]^{2+}$具有正四面体构型。

对于$[Ni(CN)_4]^{2-}$，实验测得 $\mu=0$，说明其中已没有未成对的电子，可以推知 Ni^{2+}的 3d 轨道上两个未成对的电子将偶合成对，而空出 1 个 3d 轨道。因此 Ni^{2+}与 4 个 CN^-形成配离子时，将提供 1 个 3d 轨道、1 个 4s 轨道和 2 个 4p 轨道来接受 CN^-中 C 原子的孤对电子。

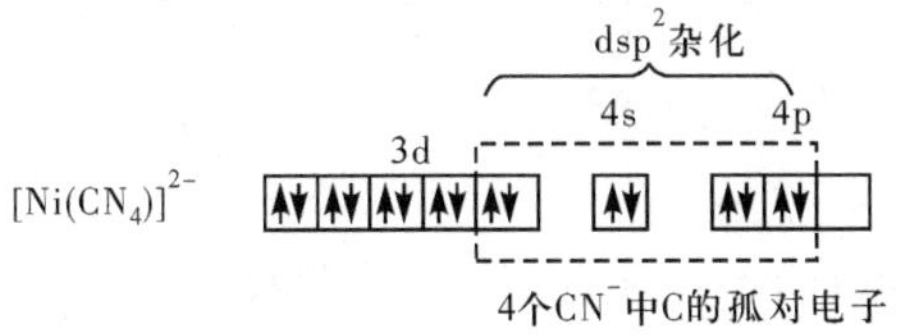

为了增加成键能力，$[Ni(CN)_4]^{2-}$中 Ni^{2+}的 1 个 3d 轨道、1 个 4s 轨道、2 个 4p 轨道采取 dsp^2 杂化，4 个 dsp^2 杂化轨道指向平面正方形的四个顶点，所以$[Ni(CN)_4]^{2-}$具有平面正方形构型。

(3)六配位的配离子

配位数为 6 的配离子大多为正八面体构型。例如，$[CoF_6]^{3-}$、$[Co(NH_3)_6]^{3+}$、$[FeF_6]^{3-}$和 $[Fe(CN)_6]^{4-}$等，现以$[CoF_6]^{3-}$和$[Co(NH_3)_6]^{3+}$为例来讨论。

Co^{3+}的外层电子结构为

实验测得$[CoF_6]^{3-}$与Co^{3+}有相同的磁矩，所以它应具有与Co^{3+}相等的未成对电子数，其电子排布必定是

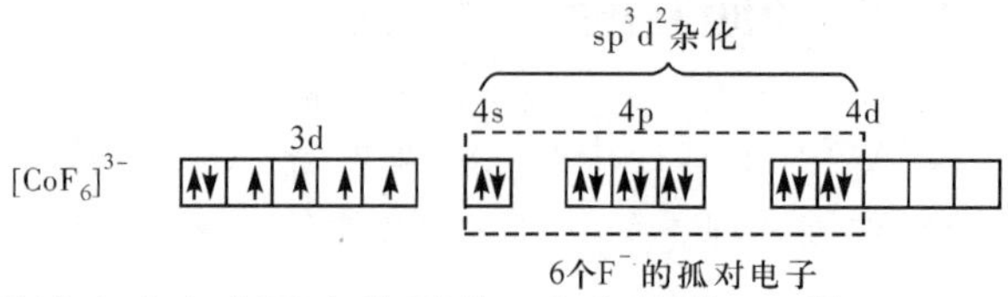

即6个F^-的孤对电子进入中心离子杂化了的sp^3d^2轨道。而$[Co(NH_3)_6]^{3+}$显示反磁性，应该没有未成对电子，其电子排布是

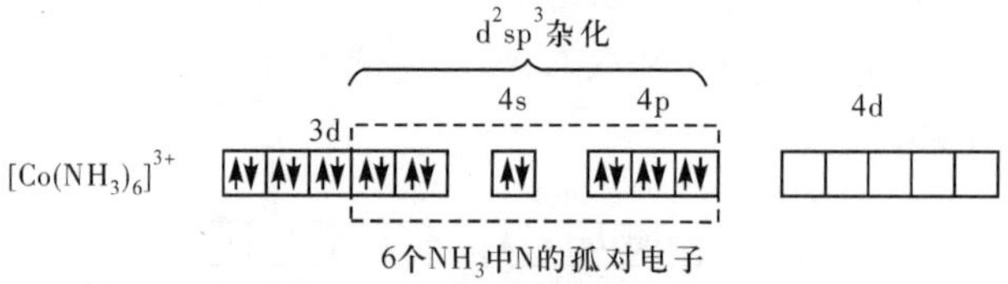

这里中心离子接受电子对的是d^2sp^3杂化轨道。即原来Co^{3+}的3d轨道中的6个电子都偶合成对，空出2个3d轨道参与杂化。

在这些六配位的配合物中，用来接受配体孤对电子的中心离子的原子轨道都是2个d轨道，1个s轨道和3个p轨道，这6个原子轨道相互混合组成6个相等的杂化轨道（分别为sp^3d^2和d^2sp^3）。这些杂化轨道指向正八面体的六个顶点以接受配体提供的孤对电子，形成正八面体构型的配合物。

3. 外轨型配合物和内轨型配合物

在配离子$[Ni(NH_3)_4]^{2+}$、$[CoF_6]^{3-}$中，中心离子Ni^{2+}、Co^{3+}分别以ns、np和ns、np、nd轨道组成sp^3和sp^3d^2杂化轨道与配体成键。这种情况下，中心离子原来的电子构型并未改变，配体的孤对电子好像只是简单地“投入”中心离子的外层轨道，这样形成的配合物称**外轨型配合物**(outer orbital coordination compound)。外轨型配合物中的配位键共价性较弱，离子性较强。

在配离子$[Ni(CN)_4]^{2-}$和$[Co(NH_3)_6]^{3+}$中，中心离子Ni^{2+}、Co^{3+}均以$(n-1)$d、ns、np轨道分别组成dsp^2、d^2sp^3杂化轨道与配体成键。这种情况下，中心离子原来的电子构型发生改变，配体的孤对电子好像“插入”了中心离子的内层轨道，这样形成的配合物称为**内轨型配合物**(inner orbital coordination compound)。内轨型配合物中配位键的共价性较强，离子性较弱。

(1)配合物稳定性与轨型的关系

由于$(n-1)$d轨道比d轨道能量低，当同一中心离子形成相同配位数的配离子时，一般是内轨型配合物比外轨型配合物稳定。例如

$[Fe(CN)_6]^{3-}$(内轨型)$>$ $[FeF_6]^{3-}$(外轨型)， $[Ni(CN)_4]^{2-} > [Ni(NH_3)_4]^{2+}$

(2)配合物磁性与轨型的关系

不同的配离子表现出不同的磁性，其大小与中心离子中所含未成对电子数密切相关。外轨型配离子，中心离子的价层电子结构保持不变，即内层d电子尽可能分占每个d轨道且自旋平行，未成对电子数一般较多，因而表现为顺磁性，且**磁矩**(magnetic moment)较高，称

为**高自旋体**(high-spin complex)(或高自旋型配合物)。内轨型配离子,中心离子的内层 d 电子经常发生重排,使未成对电子数减少,因而表现为弱的**顺磁性**(paramagnetism),磁矩较小,称为**低自旋体**(low-spin complex)(或低自旋型配合物)。如果中心离子的价电子完全配对或重排后完全配对,则表现为**反磁性**(diamagnetism),磁矩为零。

【例 9-1】 实验测得$[FeF_6]^{3-}$、$[Fe(CN)_6]^{3-}$的磁矩分别为 5.88 B.M.、2.0 B.M.。试据此推断此二类配离子的:(1)空间构型。(2)未成对电子数。(3)中心离子轨道杂化方式,属内轨型配合物还是外轨型配合物。

解　(1)由题给配离子的化学式可知是六配位配离子,应为正八面体空间构型。

(2)按 $\mu=\sqrt{n(n+2)}=5.88$ B.M.,可以解得 $n=4.96$,非常接近 5,一般按自旋公式求得的 n 取其最接近的整数,即为未成对电子数。这样,$[FeF_6]^{3-}$中的未成对电子数应为 5。

(3)根据未成对电子数为 5,对$[FeF_6]^{3-}$而言,这 5 个电子必然自旋平行分占 Fe^{3+} 的 5 个 d 轨道,所以中心离子 Fe^{3+} 只能采取 sp^3d^2 的杂化方式,形成 6 个 sp^3d^2 杂化轨道来接受 6 个配体 F^- 提供的孤对电子,$[FeF_6]^{3-}$属外轨型配合物。其外层电子结构为

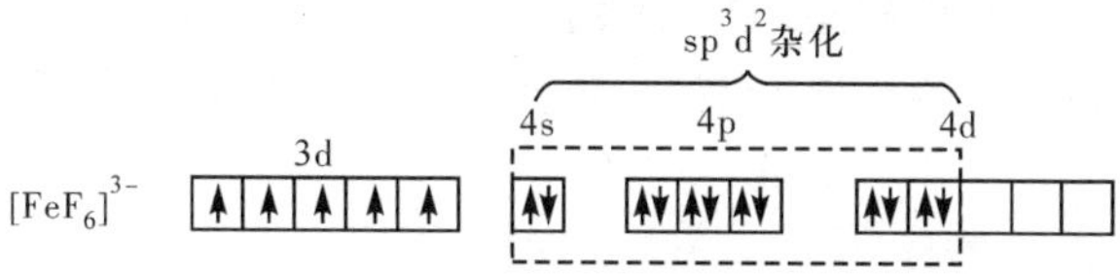

类似地,可以得出$[Fe(CN)_6]^{3-}$配离子中的未成对电子数为 1,Fe^{3+} 采取 d^2sp^3 的杂化方式,$[Fe(CN)_6]^{3-}$属内轨型配合物。

在什么情况下形成内轨型配合物或外轨型配合物,价键理论尚不能准确预见。从中心离子的价层电子构型来看,具有 d^4～d^7 构型的中心离子,既可能形成内轨型配合物,也可能形成外轨型配合物。配体的性质与形成内轨型配合物或外轨型配合物的关系比较复杂,难以做出全面的概括,只能以实验事实为依据。一般来说,电负性较大的配位原子(如 F、O)大都与上述中心离子形成外轨型配合物。CN^- 等配体通常能与多种中心离子形成内轨型配合物。

由于价键理论简单明了,又能解决一些问题,例如可以解释配离子的几何构型,形成体的配位数以及配合物的某些化学性质和磁性,所以它很容易被大家接受,在配合物化学的发展过程中,起到了一定的作用,但是这个理论也有缺陷,它忽略了配体对形成体的作用,而且到目前为止还不能定量地说明配合物的性质,例如无法定量地说明过渡金属配离子的稳定性随中心离子的 d 电子数变化而变化的事实,也不能解释配离子的吸收光谱和特征颜色(如$[Ti(H_2O)_6]^{3+}$为何显紫红色)。此外,价键理论根据磁矩虽然可区分中心离子 d^4～d^7 构型的八面体配合物属内轨型还是外轨型,但对具有 d^1、d^2、d^8 和 d^9 构型的中心离子所形成的配合物,因未成对电子数无论在内轨型还是外轨型配合物中均无差别,根据磁矩无法区别。

从 20 世纪 50 年代后期以来,价键理论的地位已逐渐为配合物的晶体场理论和配体场理论所取代。

9.2.2 晶体场理论
Crystal field theory

1920 年贝塞(H. Bethe)研究离子晶体时提出了晶体场理论,该理论是在静电理论的基础上,把配体看作点电荷或偶极子,来考虑它们对中心离子 d 电子的影响。它在物理学某些范围内先得到应用和发展,到 20 世纪 50 年代才为化学界公认并应用于处理配合物的化学键问题。

视频

晶体场理论

1. 晶体场理论的基本要点

晶体场理论是一种静电理论,该理论将配合物中的中心离子和配体都看作点电荷,由此指出:

①在配合物中,中心离子和配体之间的相互作用类似于离子晶体中正、负离子的静电作用,因而,它们间的化学键纯属静电作用力。

②当中心离子(指 d 区元素的离子)处于由配体所形成的非球形对称的负电场中时,中心离子的 d 电子将受到配体负电场的排斥作用,从而使原来 5 个等价的 d 轨道发生能级分裂,有些轨道的能量升高,有些轨道的能量降低。

③中心离子的 d 轨道产生能级分裂后,致使中心离子中的 d 电子排布也要发生变化,从而导致体系的能量发生变化。

2. 中心离子 d 轨道的能级分裂

d 轨道在空间有 5 个不同伸展方向(图 9-1)的等价轨道,当 d 轨道受到外界球形对称的负电场作用时,由于静电排斥作用使 5 个 d 轨道能量同时升高,但仍是等价轨道,未发生能级分裂。当 d 轨道受到非球形对称的负电场(如四面体场、八面体场等)作用时,由于静电排斥作用的强度不同,引起 d 轨道发生能级分裂。分裂的方式将随配体种类及配位数的不同而不同。现以六配位的正八面体场为例,当中心离子位于八面体的中心,6 个配体位于八面

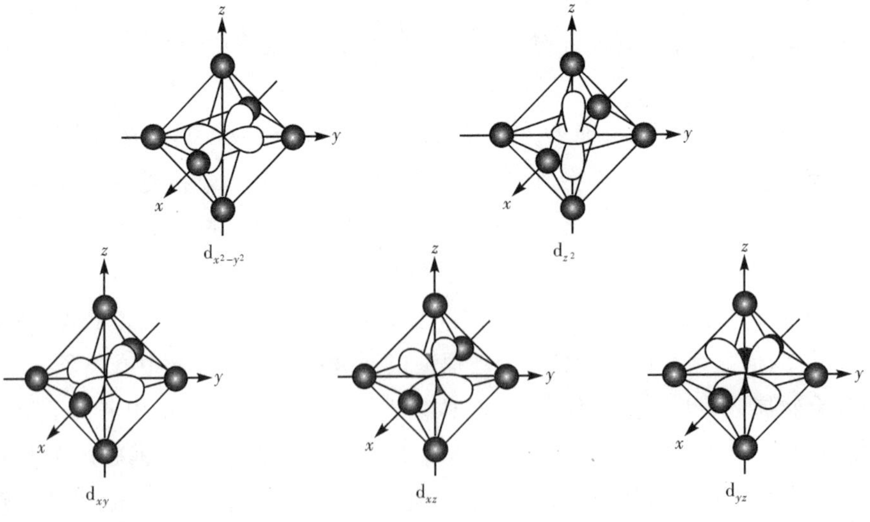

图 9-1 正八面体场对 5 个 d 轨道的作用

体的 6 个顶角，并分别沿着 $\pm x$、$\pm y$、$\pm z$ 轴方向接近中心离子时，由于 d 轨道在空间的伸展方向不同，受到配体电场的静电排斥作用将不同，沿着坐标轴方向伸展的 d_{z^2}、$d_{x^2-y^2}$ 轨道与配体电场迎头相碰，受到配体电场的静电排斥力大，因而轨道的能量上升较高，一般比受球形对称电场影响时的能量高。另 3 个轨道 d_{xy}、d_{yz}、d_{xz} 在坐标轴间伸展，正好处于配体电场的间隙处，因而轨道受配体电场的斥力较小，这 3 个轨道的能量比受球形对称电场影响时的能量低。由此，原来简并的 5 个 d 轨道在八面体电场的作用下被分裂成两组，其中高能量的 $d_{x^2-y^2}$、d_{z^2} 简并轨道称为 d_γ（或 e_g）轨道，低能量的 d_{xy}、d_{yz}、d_{xz} 简并轨道称为 d_ε（或 t_{2g}）轨道（图 9-2）。

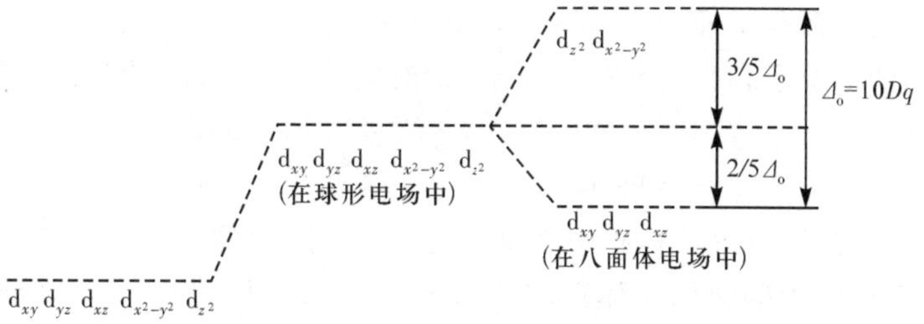

图 9-2　正八面体场中 d 轨道的分裂

（1）分裂能

在晶体场理论中，将分裂后的 d 轨道（d_ε 和 d_γ 轨道）之间的能量差称为分裂能（splitting energy），用 Δ（单位：$kJ\cdot mol^{-1}$）表示。

$$\Delta=E_{d_\gamma}-E_{d_\varepsilon}$$

式中　E_{d_ε}、E_{d_γ}——d_ε、d_γ 轨道的能量。

分裂能也可表示为一个电子从 d_ε 轨道跃迁到 d_γ 轨道所需吸收的能量。在八面体电场中，分裂能通常用 Δ_o 表示，同时规定

$$\Delta_o=10Dq$$

即

$$\Delta_o=E_{d_\gamma}-E_{d_\varepsilon}=10Dq \tag{1}$$

按照量子力学原理，分裂后轨道的总能量应保持不变，若以球形对称电场的能量作为比较标准，并定义为 0，则

$$2E_{d_\gamma}+3E_{d_\varepsilon}=0 \tag{2}$$

由式（1）和式（2）可求得

$$E_{d_\gamma}=6Dq=\frac{3}{5}\Delta_o$$

$$E_{d_\varepsilon}=-4Dq=-\frac{2}{5}\Delta_o$$

由计算可知，在八面体电场的作用下，d 轨道发生能级分裂后，每个 d_ε 轨道的能量比分裂前降低 $4Dq$，每个 d_γ 轨道比分裂前升高 $6Dq$。

当中心离子处于配位数为 4 的正四面体配体电场或平面正方形的配体电场中时，其轨道能级的分裂与八面体场完全不同，见表 9-4。

表 9-4　4 种晶体场中 d 轨道的能量　(*Dq*)

配位数	晶体场类型	$d_{x^2-y^2}$	d_{z^2}	d_{xy}	d_{yz}	d_{xz}
6	正八面体	6.00	6.00	−4.00	−4.00	−4.00
4	正四面体	−2.67	−2.67	1.78	1.78	1.78
4	平面正方形	12.28	−4.28	2.28	−5.14	−5.14
2	直线	−6.28	10.28	−6.28	1.14	1.14

(2)影响分裂能的因素

分裂能的大小可由光谱实验测得,影响分裂能的因素主要有中心离子的电荷、半径和配体的性质,现分别讨论如下。

①中心离子的电荷和半径

在配体相同的情况下,同一种中心离子所带的电荷越高,分裂能越大。例如

$$[Co(NH_3)_6]^{2+}\quad \Delta_o=120.8\ kJ\cdot mol^{-1}$$
$$[Co(NH_3)_6]^{3+}\quad \Delta_o=273.9\ kJ\cdot mol^{-1}$$

中心离子所带的正电荷越高,则中心离子与配体之间的静电吸引力越强,使中心离子和配体越靠近,因而配体所形成的晶体场对中心离子 d 轨道的静电斥力就越强,分裂能也越大。

当中心离子的氧化数相同时,随着中心离子半径的增大,分裂能也增大。这是因为半径越大,d 电子离核越远,越易受配体电场的影响,能量变化越大。例如

$$[CrCl_6]^{3-}\quad \Delta_o=162.7\ kJ\cdot mol^{-1}$$
$$[MoCl_6]^{3-}\quad \Delta_o=229.7\ kJ\cdot mol^{-1}$$

对于同族的氧化数相同的中心离子,由上至下随主量子数的增加,分裂能将增大,第五周期(d 轨道上主量子数为 4)比第四周期(d 轨道上主量子数为 3)的中心离子的分裂能增大 30%～50%,第六周期(d 轨道上主量子数为 5)比第五周期的中心离子的分裂能增大 20%～30%,例如

$$[Co(NH_3)_6]^{3+}\quad \Delta_o=275.1\ kJ\cdot mol^{-1}$$
$$[Rh(NH_3)_6]^{3+}\quad \Delta_o=405.1\ kJ\cdot mol^{-1}$$
$$[Ir(NH_3)_6]^{3+}\quad \Delta_o=586.1\ kJ\cdot mol^{-1}$$

②配体性质

当中心离子相同,配体不同时,则按配体场强的不同,分裂能也不同,一般配体场强越大,分裂能越大,配体的场强可由光谱实验数据总结得出,称为**光谱化学序列**(spectrochemical series),也可称为配位场强度顺序,配体场强由弱至强的变化顺序为

$$I^-<Br^-<S^{2-}<SCN^-<Cl^-<F^-<OH^-<C_2O_4^{2-}<H_2O<$$
$$EDTA<NH_3<乙二胺(en)<NO_2^-<CN^-<CO$$

其中,I^-\,Br^- 等为**弱场配体**(weak-field ligand),产生的分裂能较小;CN^-、CO 等为**强场配体**(strong-field ligand),产生的分裂能较大;NH_3、H_2O 等为中等强度配体,分裂能大小和中心离子有关。

③配合物空间构型

不同配位数的配合物具有不同的晶体场(如八面体场\,四面体场等),不同晶体场所产生的分裂能不同,如在四面体场中中心离子 d 轨道的分裂能 Δ_t 和八面体场中中心离子 d 轨

道的分裂能 Δ_o 之间的关系是

$$\Delta_t = -\frac{4}{9}\Delta_o$$

总之，影响分裂能的因素很多，某一配合物分裂能的大小是上述各种影响的综合结果。

3. 在分裂后的轨道中 d 电子的排布方式

在配体电场的作用下，中心离子 d 轨道发生了能级分裂，使原来 d 轨道上的电子排布方式也发生了变化，电子填入次序除了应符合电子排布的三原则外，还受到分裂能的影响。

以八面体场为例，中心离子的 d 轨道分裂成 d_ε 和 d_γ 二组轨道。当中心离子有 $d^{1\sim3}$、$d^{8\sim10}$ 电子时，电子排布只有一种方式，即电子先进入能量低的 d_ε 轨道，在简并轨道中电子填充依洪特规则，不受轨道分裂的影响；但当 d 电子数在 4～7 时，电子的排布会出现二种方式。例如，当有 4 个 d 电子时，3 个电子先进入能量低的 d_ε 轨道，并依洪特规则成单电子自旋平行状态；第 4 个电子的排列有两种可能，一是进入能量较高的 d_γ 轨道，形成一种单电子数较多的高自旋状态，二是进入能量较低的 d_ε 轨道，和原有的一个单电子成对，形成 4 个电子均处于低能量状态的单电子数较少的低自旋状态（表 9-5）。

对 4～7 个 d 电子，究竟以何种方式排列，取决于中心离子的种类和配体的性质。从能量角度看取决于分裂能和电子成对能的相对大小。所谓电子成对能是指 2 个电子在进入同一轨道时为克服相互间排斥力所需要的能量，常用 P 表示，单位为 $kJ \cdot mol^{-1}$。当$P > \Delta_o$时，则电子按洪特规则排列，尽可能先分占各个轨道自旋平行，形成高自旋状态，磁矩较大。当 $P < \Delta_o$ 时，则电子按能量最低原理排列，先占据能量低的轨道并配对，形成低自旋状态，磁矩较小。

表 9-5　正八面体场中中心离子电子的可能分布情况

d 电子数	弱场（按洪特规则排布） d_ε	弱场 d_γ	单电子数	强场（按能量最低原理排布） d_ε	强场 d_γ	单电子数
1	↓		1	↓		1
2	↓　↓		2	↓　↓		2
3	↓　↓　↓		3	↓　↓　↓		3
4	↓　↓　↓	↓	4	↓↑　↓　↓		2
5	↓　↓　↓	↓　↓	5	↓↑　↓↑　↓		1
6	↓↑　↓　↓	↓　↓	4	↓↑　↓↑　↓↑		0
7	↓↑　↓↑　↓	↓　↓	3	↓↑　↓↑　↓↑	↓	1
8	↓↑　↓↑　↓↑	↓　↓	2	↓↑　↓↑　↓↑	↓　↓	2
9	↓↑　↓↑　↓↑	↓↑　↓	1	↓↑　↓↑　↓↑	↓↑　↓	1
10	↓↑　↓↑　↓↑	↓↑　↓↑	0	↓↑　↓↑　↓↑	↓↑　↓↑	0

分裂能 Δ_o 和成对能 P 都可由光谱实验测定。成对能取决于中心离子的种类和性质，对同一种中心离子，成对能相同。分裂能与中心离子和配体的性质都有关，随着配体场强的不同，分裂能相差较大，对 d 电子排布的影响也较大，一般强场配体产生的分裂能较大，电子往往以低自旋方式排列；弱场配体产生的分裂能较小，电子常常以高自旋方式排列。

例如，$[Fe(CN)_6]^{3-}$ 配离子的 $P = 357\ kJ \cdot mol^{-1}$，$\Delta_o = 407.6\ kJ \cdot mol^{-1}$，则 5 个 d 电子的排列为 $d_\varepsilon^5 d_\gamma^0$，在轨道上仅有一个单电子呈低自旋状态。

常见八面体配合物的 P\,Δ_o 及自旋状态见表 9-6。

表 9-6 某些正八面体配合物中中心离子的 d 电子自旋状态

d 电子数	中心离子	配体	$P/(kJ\cdot mol^{-1})$	$\Delta_o/(kJ\cdot mol^{-1})$	d 电子排布	自旋类型
3	Cr^{3+}	H_2O	239.2	166.3	$d_\varepsilon^3 d_\gamma^0$	高
4	Mn^{3+}	H_2O	284.7	251.2	$d_\varepsilon^3 d_\gamma^1$	高
5	Mn^{2+}	H_2O	259.9	93.3	$d_\varepsilon^3 d_\gamma^2$	高
5	Fe^{3+}	H_2O	179.4	124.4	$d_\varepsilon^3 d_\gamma^2$	高
6	Fe^{2+}	H_2O	179.4	124.4	$d_\varepsilon^4 d_\gamma^2$	高
6	Fe^{2+}	CN^-	212.9	394.7	$d_\varepsilon^6 d_\gamma^0$	低
6	Co^{3+}	F^-	212.9	155.5	$d_\varepsilon^4 d_\gamma^2$	高
6	Co^{3+}	H_2O	212.9	222.5	$d_\varepsilon^6 d_\gamma^0$	低
6	Co^{3+}	NH_3	212.9	275.1	$d_\varepsilon^6 d_\gamma^0$	低
6	Co^{3+}	CN^-	212.9	406.7	$d_\varepsilon^6 d_\gamma^0$	低
7	Co^{2+}	H_2O	269.1	116.0	$d_\varepsilon^5 d_\gamma^2$	高

4. 晶体场的稳定化能

在晶体场作用下，中心离子的 d 轨道发生了能级分裂，d 电子进入分裂后的轨道，总的能量往往低于未分裂时轨道的总能量，这一总能量的降低值称为晶体场的稳定化能(crystal field stabilization energy)，用 CFSE 表示。能量的降低值越大，则配合物的稳定性越大。稳定化能可经计算求得，例如，$[Fe(CN)_6]^{3-}$ 中，Fe^{3+} 中 5 个 d 电子的排布为 $d_\varepsilon^5 d_\gamma^0$，则稳定化能为

$$
\begin{aligned}
\text{CFSE} &= 5\times E_{d_\varepsilon} + 0\times E_{d_\gamma} \\
&= 5\times(-4Dq) + 0\times(6Dq) \\
&= -20Dq
\end{aligned}
$$

又如，$[FeF_6]^{3-}$ 中 Fe^{3+} 的 5 个 d 电子的排布为 $d_\varepsilon^3 d_\gamma^2$，则稳定化能为

$$
\begin{aligned}
\text{CFSE} &= 3\times E_{d_\varepsilon} + 2\times E_{d_\gamma} \\
&= 3\times(-4Dq) + 2\times(6Dq) \\
&= 0Dq
\end{aligned}
$$

由计算可知，$[Fe(CN)_6]^{3-}$ 在形成后，总能量下降 $20Dq$，比 $[FeF_6]^{3-}$ 的 CFSE 小，因此 $[Fe(CN)_6]^{3-}$ 的稳定性大于 $[FeF_6]^{3-}$。晶体场的稳定化能与中心离子的 d 电子数、配体的场强及配合物的空间构型等均有关。表 9-7 列出了 $d^{0\sim10}$ 离子的晶体场稳定化能。

表 9-7 离子的晶体场稳定化能 (Dq)

d^n	离子	弱场			强场		
		正方形	正八面体	正四面体	正方形	正八面体	正四面体
d^0	Ca^{2+}, Sc^{3+}	0	0	0	0	0	0
d^1	Ti^{3+}	−5.14	−4	−2.67	−5.14	−4	−2.67
d^2	Ti^{2+}, V^{3+}	−10.28	−8	−5.34	−10.28	−8	−5.34
d^3	V^{2+}, Cr^{3+}	−14.56	−12	−3.56	−14.56	−12	−3.56
d^4	Cr^{2+}, Mn^{3+}	−12.28	−6	−1.78	−19.70	−16	−10.68
d^5	Mn^{2+}, Fe^{3+}	0	0	0	−24.84	−20	−8.90
d^6	Fe^{2+}, Co^{3+}	−5.14	−4	−2.67	−29.12	−24	−6.12
d^7	Co^{2+}, Ni^{3+}	−10.28	−8	−5.34	−26.84	−18	−5.34
d^8	Ni^{2+}, Pd^{2+}, Pt^{2+}	−14.56	−12	−3.56	−24.56	−12	−3.56
d^9	Cu^{2+}	−12.28	−6	−1.78	−12.28	−6	−1.78
d^{10}	Cu^+, Ag^+, Au^+, Zn^{2+}, Cd^{2+}, Hg^{2+}	0	0	0	0	0	0

5. 晶体场理论的应用

(1)解释配合物的磁性

配合物的磁性强弱与配合物中单电子数目有关。在晶体场理论中，通过比较配合物的 P 和 Δ_o 值，可判断 d 电子在分裂了的 d 轨道中的排布情况，从而推知单电子数目，并由式(9-1)计算出 μ，推知磁性强弱。如

视频

晶体场理论的应用

配合物	d 电子排布	单电子数	磁矩/(B. M.)
$[Fe(CN)_6]^{3-}$	$d_\varepsilon^5 d_\gamma^0$	1	1.73
$[FeF_6]^{3-}$	$d_\varepsilon^3 d_\gamma^2$	5	5.92

因此，$[FeF_6]^{3-}$ 的磁性强于 $[Fe(CN)_6]^{3-}$。

(2)解释配合物的颜色

晶体场理论能较好地解释配合物的颜色。过渡元素水合离子为配离子，其中心离子在配体水分子的影响下，d 轨道能级分裂。而 d 轨道又常没有填满电子，当配离子吸收可见光区某一部分波长的光时，d 电子可从能级低的 d 轨道跃迁到能级较高的 d 轨道(例如八面体场中由 t_{2g} 轨道跃迁到 e_g 轨道)，这种跃迁称为 d-d 跃迁。发生 d-d 跃迁所需的能量即为轨道的分裂能 Δ_o。吸收光的波长越短，表示电子被激发而跃迁所需要的能量越大，即分裂能 Δ_o 值越大。例如，$[Ti(H_2O)_6]^{3+}$ 的中心离子 Ti^{3+} 因吸收光能 d 电子发生d-d跃迁，其吸收光谱(图 9-3)显示最大吸收峰在 490 nm 处(蓝绿光)，最少吸收的光区为紫区和红区，所以它呈现与蓝绿光相应的补色——紫红色。对于不同的中心离子，虽然配体相同(都是水分子)，但 e_g 与 t_{2g} 能级差不同，d-d 跃迁时吸收不同波长的可见光，故显不同颜色。如果中心离子 d 轨道全空 (d^0)或全满(d^{10})，则不可能发生上面所讨论的那种d-d跃迁，故其水合离子是无色的(如$[Zn(H_2O)_6]^{2+}$、$[Sc(H_2O)_6]^{3+}$ 等)。

能量/($kJ \cdot mol^{-1}$)	301	241	199	169	151
波长/nm	400	500	600	700	800

被吸收的颜色	不可见光区	可见光区						不可见光区
	紫外区	紫	蓝	绿	黄	橙	红	红外区
观察到的颜色	无色	黄绿	黄	紫红	蓝	绿蓝	蓝绿	无色

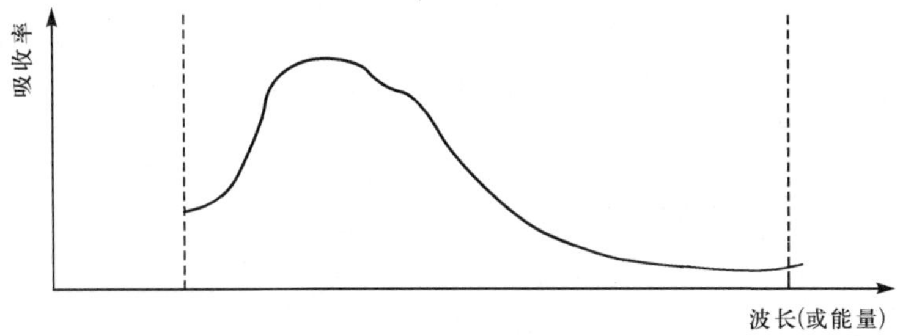

图 9-3　$[Ti(H_2O)_6]^{3+}$ 的吸收光谱

总之，晶体场理论能较好地解释配合物的自旋状态、磁性、颜色及配合物的稳定性等，并有一定的定量准确性，因而比价键理论更进一步。但此理论也有不足之处，晶体场理论将配体和中心离子之间的作用仅看作静电作用，却忽视了中心离子和配体之间形成配位键时有

部分轨道重叠的事实。因而，该理论也不能满意地解释一些现象，如无法解释它所导出的光谱化学序，无法解释中性原子和中性分子形成的羰基化合物等。

9.3 配位平衡 Coordination equilibrium

9.3.1 配位平衡常数 Coordination equilibrium constant

1. 稳定常数和不稳定常数

视频

配位平衡常数

在水溶液中，配离子是以比较稳定的结构单元存在的，但并不排斥有少量的离解现象。如含 $[Cu(NH_3)_4]^{2+}$ 的水溶液中加入少量 NaOH 溶液，不会产生 $Cu(OH)_2$ 沉淀。但当加入 Na_2S 时，则会立即产生 CuS 黑色沉淀，说明溶液中存在 Cu^{2+}，只不过量很少，只能达到 CuS 沉淀所需的量。溶液中少量的 Cu^{2+} 来自于 $[Cu(NH_3)_4]^{2+}$ 的部分离解。$[Cu(NH_3)_4]^{2+}$ 的离解可由下式表示：

$$[Cu(NH_3)_4]^{2+} \rightleftharpoons Cu^{2+} + 4NH_3$$

依据化学平衡原理，在标准状态下，上述体系达平衡后，则

$$K^{\ominus}_{不稳} = \frac{[Cu^{2+}][NH_3]^4}{[Cu(NH_3)_4^{2+}]} \tag{9-2}$$

$K^{\ominus}_{不稳}$（或 $K^{\ominus}_{d}$）表示配离子在水溶液中的离解程度，称为配离子的离解常数（dissociation constant）或不稳定常数。$K^{\ominus}_{不稳}$ 越大，说明配离子的离解程度越大，在水溶液中越不稳定。

配合物在水溶液中的稳定性也可以由中心离子和配体结合生成配合物的难易程度来表示，如

$$Cu^{2+} + 4NH_3 \rightleftharpoons [Cu(NH_3)_4]^{2+}$$

若体系建立平衡，则

$$K^{\ominus}_{稳} = \frac{[Cu(NH_3)_4^{2+}]}{[Cu^{2+}][NH_3]^4} \tag{9-3}$$

$K^{\ominus}_{稳}$（或 $K^{\ominus}_{f}$）称配离子的稳定常数（stability constant）或生成常数（formation constant），$K^{\ominus}_{稳}$ 越大，配离子越稳定。

$K^{\ominus}_{稳}$ 和 $K^{\ominus}_{不稳}$ 之间存在下述换算关系：

$$K^{\ominus}_{稳} = \frac{1}{K^{\ominus}_{不稳}} \tag{9-4}$$

2. 逐级稳定常数

配离子的生成或离解往往都是分步进行的，如 $[Cu(NH_3)_4]^{2+}$ 的形成分 4 步完成：

$$Cu^{2+} + NH_3 \rightleftharpoons [Cu(NH_3)]^{2+} \quad K^{\ominus}_1 = 1.4 \times 10^4$$

$$[Cu(NH_3)]^{2+} + NH_3 \rightleftharpoons [Cu(NH_3)_2]^{2+} \quad K^{\ominus}_2 = 3.1 \times 10^3$$

$$[Cu(NH_3)_2]^{2+} + NH_3 \rightleftharpoons [Cu(NH_3)_3]^{2+} \quad K^{\ominus}_3 = 7.7 \times 10^2$$

$$[Cu(NH_3)_3]^{2+} + NH_3 \rightleftharpoons [Cu(NH_3)_4]^{2+} \quad K_4^{\ominus} = 1.4 \times 10^2$$

每步可逆平衡的稳定常数称为逐级稳定常数(stepwise formation constant)，一般 $K_1^{\ominus} > K_2^{\ominus} > K_3^{\ominus} > K_4^{\ominus}$，总反应的稳定常数也称累积稳定常数(accumulated constant)(β)，它等于每分步稳定常数的乘积。

$$K_{稳}^{\ominus} = K_1^{\ominus} \times K_2^{\ominus} \times K_3^{\ominus} \times K_4^{\ominus} = 4.7 \times 10^{12}$$

同理，$[Cu(NH_3)_4]^{2+}$ 离解也可建立 4 个离解平衡。总的离解不稳定常数是每个离解过程的逐级不稳定常数的乘积。

配离子的逐级稳定常数相差不大，因此计算时必须考虑各级配离子的存在。但在实际工作中，生成配合物时，体系内常加入过量的配体(又称配位剂)，配位平衡向着生成配合物的方向移动，配离子主要以最高配位数形式存在，其他低配位数的离子可以忽略不计。所以在有关计算中，除特殊情况外，一般都用总的稳定常数 $K_{稳}^{\ominus}$ 进行计算。

$K_{稳}^{\ominus}$ 和 $K_{不稳}^{\ominus}$ 是配合物的特性常数，均可由实验测得。表 9-8 列出了常见配离子的 $K_{不稳}^{\ominus}$($K_{稳}^{\ominus}$ 见附录 5)。一般 $K_{不稳}^{\ominus}$ 越小($K_{稳}^{\ominus}$ 越大)则配合物越稳定，比较同类配合物稳定性时可直接比较 $K_{不稳}^{\ominus}$ 或 $K_{稳}^{\ominus}$ 的大小。但不同类型配合物的稳定性不能直接用 $K_{不稳}^{\ominus}$ 或 $K_{稳}^{\ominus}$ 比较。

表 9-8 常见配离子的不稳定常数($K_{不稳}^{\ominus}$)

配离子	$K_{不稳}^{\ominus}$	配离子	$K_{不稳}^{\ominus}$
$[Ag(NH_3)_2]^+$	8.93×10^{-8}	$[Cd(NH_3)_4]^{2+}$	7.58×10^{-8}
$[Ag(CN)_2]^-$	7.94×10^{-22}	$[Cd(CN)_4]^{2-}$	6.58×10^{-18}
$[Ag(SCN)_2]^-$	2.69×10^{-8}	$[Fe(CN)_6]^{3-}$	1.00×10^{-42}
$[Ag(S_2O_3)_2]^{3-}$	3.46×10^{-14}	$[Fe(CN)_6]^{4-}$	1.00×10^{-35}
$[AlF_6]^{3-}$	1.44×10^{-20}	$[FeF_6]^{3-}$	8.85×10^{-13}
$[Co(NH_3)_6]^{2+}$	7.75×10^{-6}	$[Ni(CN)_4]^{2-}$	5.00×10^{-32}
$[Co(NH_3)_6]^{3+}$	6.30×10^{-36}	$[Ni(NH_3)_4]^{3+}$	2.00×10^{-9}
$[Cu(NH_3)_4]^{2+}$	4.78×10^{-14}	$[Zn(CN)_4]^{2-}$	2.00×10^{-17}
$[Cu(CN)_2]^-$	1.00×10^{-24}	$[Zn(NH_3)_4]^{2+}$	3.48×10^{-10}

3. 累积稳定常数

将逐级稳定常数依次相乘，可得到各级累积稳定常数 $\beta_n^{\ominus}$ 如下：

$$M + L \rightleftharpoons ML \quad \beta_1^{\ominus} = K_1^{\ominus} = \frac{[ML]}{[M][L]}$$

$$ML + L \rightleftharpoons ML_2 \quad \beta_2^{\ominus} = K_1^{\ominus} K_2^{\ominus} = \frac{[ML_2]}{[M][L]^2}$$

$$\vdots \qquad\qquad\qquad \vdots$$

$$ML_{n-1} + L \rightleftharpoons ML_n \quad \beta_n^{\ominus} = K_1^{\ominus} K_2^{\ominus} \cdots K_n^{\ominus} = \frac{[ML_n]}{[M][L]^n}$$

式中 M——中心离子；

L——配体。

最后一级累积稳定常数就是配合物的总稳定常数。

9.3.2 配位平衡的计算
Calculation of coordination equilibrium

【例 9-2】 将 0.02 $mol \cdot L^{-1}$ $ZnSO_4$ 溶液与 1.08 $mol \cdot L^{-1}$ 氨水等体积混合，溶液中游离 Zn^{2+} 的浓度为多少？

解 混合后	Zn^{2+}	+	$4NH_3$	$\rightleftharpoons$	$[Zn(NH_3)_4]^{2+}$
初始浓度/($mol \cdot L^{-1}$)	0.01		0.54		
平衡浓度/($mol \cdot L^{-1}$)	x		$0.54-4(0.01-x)$ ≈ 0.50		$0.01-x$ ≈ 0.01

$$K_f^{\ominus}=\frac{[Zn(NH_3)_4^{2+}]}{[Zn^{2+}][NH_3]^4}$$

$$[Zn^{2+}]=x=\frac{[Zn(NH_3)_4^{2+}]}{K_f^{\ominus}[NH_3]^4}=\frac{0.01}{2.87\times 10^9\times(0.50)^4}=5.57\times 10^{-11}\ mol\cdot L^{-1}$$

9.3.3 配位平衡的移动
Shifts of coordination equilibrium

配位平衡是动态平衡，依据化学平衡原理，当外界条件改变时，平衡会发生移动。当生成弱电解质，发生沉淀反应或氧化还原反应时，配位平衡都将发生移动。

1. 配位平衡和沉淀溶解平衡

在含有配离子的溶液中，如果加入某一沉淀剂，使金属离子生成沉淀，则配离子的配位平衡遭到破坏，配离子将发生离解。在一些难溶盐的溶液中加入某一配位剂，由于配离子的形成而使得沉淀溶解，这时溶液中同时存在着配位平衡和沉淀溶解平衡，反应过程的实质上就是配位剂和沉淀剂争夺金属离子的过程。

视频

配位平衡的移动

例如，在含有 $[Ag(NH_3)_2]^+$ 的溶液中加入 NaCl，则 NH_3 和 Cl^- 争夺 Ag^+，溶液中同时存在配位平衡和沉淀溶解平衡：

$$[Ag(NH_3)_2]^+ \rightleftharpoons Ag^+ + 2NH_3$$

$$Ag^+ + Cl^- \rightleftharpoons AgCl\downarrow$$

多重平衡反应为

$$[Ag(NH_3)_2]^+ + Cl^- \rightleftharpoons AgCl\downarrow + 2NH_3$$

多重平衡常数 $K_j^{\ominus}$ 为

$$K_j^{\ominus}=\frac{[NH_3]^2}{[Ag(NH_3)_2^+][Cl^-]}=\frac{1}{K_f^{\ominus}K_{sp}^{\ominus}}$$

多重反应进行的程度大小取决于沉淀的溶度积和配离子的稳定常数。中心离子与某一沉淀剂生成的沉淀越难溶（$K_{sp}^{\ominus}$ 越小），$K_f^{\ominus}$ 越小，则多重反应进行的程度越大，配离子越易离解，沉淀越容易生成；反之，金属离子与某一配位剂生成的配离子越稳定（$K_f^{\ominus}$ 越大），$K_{sp}^{\ominus}$ 越大，则沉淀越容易溶解。

【例 9-3】 有一溶液含有 0.20 mol·L^{-1} NH_3，0.02 mol·L^{-1} NH_4Cl，若和等体积的 0.3 mol·L^{-1} $[Cu(NH_3)_4]^{2+}$ 溶液相混合，问能否有 $Cu(OH)_2$ 生成？

($K^{\ominus}_{不稳}([Cu(NH_3)_4]^{2+})=4.78\times10^{-14}$，$K^{\ominus}_{sp}[Cu(OH)_2]=2.2\times10^{-20}$)

解　首先算出平衡时$[Cu^{2+}]$和$[OH^-]$，然后再根据溶度积判断沉淀生成的情况。等体积稀释后，各物质浓度减小一半。设平衡时，$[Cu^{2+}]$为 x。

$$[Cu(NH_3)_4]^{2+} \rightleftharpoons Cu^{2+} + 4NH_3$$

起始浓度/(mol·L^{-1})　　0.15　　　　　　0.1

平衡浓度/(mol·L^{-1})　　0.15－x　　x　　0.1＋4x

$$K^{\ominus}_{不稳}=\frac{[NH_3]^4[Cu^{2+}]}{[Cu(NH_3)_4^{2+}]}=\frac{(0.1+4x)^4x}{0.15-x}=4.78\times10^{-14}$$

$$[Cu^{2+}]=x=7.17\times10^{-11}\ mol\cdot L^{-1}$$

再根据碱的解离平衡计算 OH^- 的浓度

$$K^{\ominus}_b=\frac{[OH^-][NH_4^+]}{[NH_3]}$$

$$1.8\times10^{-5}=\frac{[OH^-]\times0.01}{0.1},\quad [OH^-]=1.8\times10^{-4}$$

由于

$$[Cu^{2+}][OH^-]^2=7.17\times10^{-11}\times(1.8\times10^{-4})^2=2.32\times10^{-18}$$

$$K^{\ominus}_{sp}[Cu(OH)_2]=2.2\times10^{-20}$$

则$[Cu^{2+}][OH^-]^2>K^{\ominus}_{sp}[Cu(OH)_2]$，故有 $Cu(OH)_2$ 沉淀出来。

【例 9-4】　$CuCl(s)+Cl^- \rightleftharpoons [CuCl_2]^-$

(1)计算上述反应的标准平衡常数 $K^{\ominus}$。

(2)0.10 L 1.0 mol·L^{-1} HCl 溶液，最多可以溶解多少 CuCl 固体？

(3)如果在 1.0 L HCl 溶液中溶解 0.10 mol CuCl 固体(忽略体积变化)，问 HCl 溶液的最初浓度至少是多少？

已知 $K^{\ominus}_{sp}(CuCl)=1.72\times10^{-7}$，$K^{\ominus}_{不稳}([CuCl_2]^-)=3.13\times10^{-6}$。

解　(1)计算反应 $CuCl(s)+Cl^- \rightleftharpoons CuCl_2^-$ 的标准平衡常数有两种方法：多重平衡规则法和添加成分法。

①多重平衡规则法

$CuCl(s) \rightleftharpoons Cu^+ + Cl^-$　　$K^{\ominus}_1=[Cu^+][Cl^-]=K^{\ominus}_{sp}(CuCl)$

$Cu^+ + 2Cl^- \rightleftharpoons [CuCl_2]^-$　　$K^{\ominus}_2=\frac{[CuCl_2]^-}{[Cu^+][Cl^-]^2}=K^{\ominus}_{稳}([CuCl_2]^-)=\frac{1}{K^{\ominus}_{不稳}([CuCl_2]^-)}$

上述两式相加得

$$CuCl(s)+Cl^- \rightleftharpoons [CuCl_2]^-$$

$$K^{\ominus}=K^{\ominus}_1K^{\ominus}_2=\frac{K^{\ominus}_{sp}(CuCl)}{K^{\ominus}_{不稳}([CuCl_2]^-)}=\frac{1.72\times10^{-7}}{3.13\times10^{-6}}=5.50\times10^{-2}$$

②添加成分法

对于反应 $CuCl(s)+Cl^- \rightleftharpoons [CuCl_2]^-$，其标准平衡常数

$$K^{\ominus}=\frac{[CuCl_2^-]}{[Cl^-]}=\frac{[CuCl_2^-]}{[Cl^-]}\frac{[Cu^+][Cl^-]}{[Cu^+][Cl^-]}$$

$$=\frac{[CuCl_2^-]}{[Cu^+][Cl^-]^2}[Cu^+][Cl^-]$$

$$=K^{\ominus}_{稳}([CuCl_2]^-)K^{\ominus}_{sp}(CuCl)$$

$$=\frac{K^{\ominus}_{sp}(CuCl)}{K^{\ominus}_{不稳}([CuCl_2]^-)}$$

(2)设 CuCl(s)在 1.0 mol・L^{-1}HCl 中的溶解度为 x,则

$$CuCl(s)+Cl^- \rightleftharpoons [CuCl_2]^-$$

平衡浓度/(mol・L^{-1})　　1.0－x　　x

$$K^{\ominus}=\frac{[CuCl_2^-]}{[Cl^-]}=5.50\times10^{-2}$$

即

$$\frac{x}{1.0-x}=5.50\times10^{-2}$$

$$x=5.21\times10^{-2}\ mol\cdot L^{-1}$$

0.10 L 1.0 mol・L^{-1}HCl 最多可溶解 CuCl 固体物质的量为

$$5.21\times10^{-2}\times0.10=5.21\times10^{-3}\ mol$$

(3)设溶入的 CuCl 几乎全部转化成$[CuCl_2]^-$时,盐酸的最初浓度至少应为 x,则

$$[CuCl_2^-]=0.10\ mol\cdot L^{-1},\quad [Cl^-]=(x-0.10)\ mol\cdot L^{-1}$$

$$CuCl(s)+Cl^- \rightleftharpoons [CuCl_2]^-$$

平衡浓度/(mol・L^{-1})　　x－0.10　　0.10

$$K^{\ominus}=\frac{[CuCl_2^-]}{[Cl^-]}=\frac{0.10}{x-0.10}=5.50\times10^{-2}$$

$$x=1.92\ mol\cdot L^{-1}$$

在 1.0 L 盐酸中欲溶解 0.10 mol CuCl 固体,HCl 的最初浓度至少应为 1.92 mol・L^{-1}。

2.配离子之间的移动

【例 9-5】 试求下列配离子转化反应的平衡常数,并讨论之。

(1) $[Ag(NH_3)_2]^+ +2CN^- \rightleftharpoons [Ag(CN)_2]^- +2NH_3$

(2)$[Ag(NH_3)_2]^+ +2SCN^- \rightleftharpoons [Ag(SCN)_2]^- +2NH_3$

解　(1)求解转化反应的平衡常数有两种方法:多重平衡规则法和添加成分法。

通过计算所得转化反应平衡常数 $K^{\ominus}$ 的大小,可判断平衡转化的方向及程度。一般平衡总是向生成配离子稳定性较大的方向转化。

$$[Ag(NH_3)_2]^+ +2CN^- \rightleftharpoons [Ag(CN)_2]^- +2NH_3$$

其平衡常数表达式为

$$K^{\ominus}=\frac{[Ag(CN)_2^-][NH_3]^2}{[Ag(NH_3)_2^+][CN^-]^2}$$

$$=\frac{[Ag(CN)_2^-][NH_3]^2}{[Ag(NH_3)_2^+][CN^-]^2}\frac{[Ag^+]}{[Ag^+]}$$

$$=\frac{[Ag^+][NH_3]^2}{[Ag(NH_3)_2^+]}\frac{[Ag(CN)_2^-]}{[Ag^+][CN^-]^2}$$

$$=\frac{K^{\ominus}_{不稳}([Ag(NH_3)_2]^+)}{K^{\ominus}_{不稳}([Ag(CN)_2]^-)}=\frac{8.93\times10^{-8}}{7.94\times10^{-22}}=1.12\times10^{14}$$

采用多重平衡规则法也可得到同样的结果。

该转化反应的 $K^{\ominus}$ 值很大，表明转化为更稳定的配离子的程度很高。

(2)按上述同样方法，可求得反应

$$[Ag(NH_3)_2]^+ + 2SCN^- \rightleftharpoons [Ag(SCN)_2]^- + 2NH_3$$

的平衡常数

$$K^{\ominus}=\frac{[Ag(SCN)_2^-][NH_3]^2}{[Ag(NH_3)_2^+][SCN^-]^2}=\frac{K^{\ominus}_{不稳}([Ag(NH_3)_2]^+)}{K^{\ominus}_{不稳}([Ag(SCN)_2]^-)}=\frac{8.93\times10^{-8}}{2.69\times10^{-8}}=3.32$$

$K^{\ominus}$ 不大，说明配离子转化倾向不大。

配离子的转化具有普遍性，金属离子在水溶液中的配合反应也是配离子之间的转化。例如

$$[Cu(H_2O)_4]^{2+} + 4NH_3 \rightleftharpoons [Cu(NH_3)_4]^{2+} + 4H_2O$$

但通常简写反应式时把 H_2O 省去。

3. 配位平衡和氧化还原平衡

【例 9-6】　已知 $\varphi^{\ominus}(Au^+|Au)=1.68\ V$，$K^{\ominus}_{不稳}([Au(CN)_2]^-)=5.0\times10^{-39}$，求算 $\varphi^{\ominus}([Au(CN)_2]^-|Au)$。

已知简单电对的电极电位和 $K^{\ominus}_{不稳}$，求含配离子电对的标准电极电势的方法有两种：能斯特方程法和原电池法。

解法 1　电对 $[Au(CN)_2]^-|Au$ 的电极反应可由下列反应得到：

$$[Au(CN)_2]^- \rightleftharpoons Au^+ + 2CN^- \qquad (1)$$

$$+)\ Au^+ + e^- \rightleftharpoons Au \qquad (2)$$

$$[Au(CN)_2]^- + e^- \rightleftharpoons Au + 2CN^-$$

据式(1)

$$K^{\ominus}_{不稳}([Au(CN)_2]^-)=\frac{[Au^+][CN^-]^2}{[Au(CN)_2^-]}$$

$$[Au^+]=K^{\ominus}_{不稳}([Au(CN)_2]^-)\frac{[Au(CN)_2^-]}{[CN^-]^2}$$

代入电对 $Au^+|Au$ 的电极电势表达式中得

$$\varphi(Au^+|Au)=\varphi^{\ominus}(Au^+|Au)+\frac{0.059\ 2}{1}\lg[Au^+]$$

$$=\varphi^{\ominus}(Au^+|Au)+0.059\ 2\ \lg K^{\ominus}_{不稳}([Au(CN)_2]^-)\frac{[Au(CN)_2^-]}{[CN^-]^2}$$

当体系处于标准态时，

$$[Au(CN)_2^-]=[CN^-]=1\ mol\cdot L^{-1}$$

$$\varphi(Au^+|Au)=\varphi^{\ominus}(Au^+|Au)+0.059\ 2\ \lg K^{\ominus}_{不稳}([Au(CN)_2]^-)$$

此电极电势就是电对 $[Au(CN)_2]^-|Au$ 的标准电极电势，即

$$\varphi^{\ominus}([Au(CN)_2]^-|Au)=\varphi(Au^+|Au)$$
$$=\varphi^{\ominus}(Au^+|Au)+0.059\ 2\lg K^{\ominus}_{不稳}([Au(CN)_2]^-)$$
$$=1.68+0.059\ 2\lg 5.0\times10^{-39}$$
$$=-0.59\ V$$

解法 2 ①首先写出配离子的配位平衡式

$$Au^+ +2CN^- \rightleftharpoons [Au(CN)_2]^-$$

②两边各加上金属单质,得

$$Au+Au^+ +2CN^- \rightleftharpoons [Au(CN)_2]^- +Au$$

此反应分解为两个电对 $Au^+|Au$,$[Au(CN)_2]^-|Au$ 组成原电池

$$(-)Au|[Au(CN)_2]^- \ \vdots\vdots\ Au^+|Au(+)$$

正极反应为

$$Au^+ +e^- \rightleftharpoons Au \quad \varphi^{\ominus}(Au^+|Au)=1.68$$

负极反应为

$$Au+2CN^- -e^- \rightleftharpoons [Au(CN)_2]^- \quad \varphi^{\ominus}([Au(CN)_2]^-|Au)=?$$

电池反应为

$$Au^+ +2CN^- \rightleftharpoons [Au(CN)_2]^- \quad K^{\ominus}=K^{\ominus}_{稳}=\frac{1}{K^{\ominus}_{不稳}}$$

按自发电池反应的平衡常数为

$$\lg K^{\ominus}=\frac{n(\varphi^{\ominus}_{正}-\varphi^{\ominus}_{负})}{0.059\ 2}$$

$$\lg\frac{1}{K^{\ominus}_{不稳}}=\frac{\varphi^{\ominus}(Au^+|Au)-\varphi^{\ominus}([Au(CN)_2]^-|Au)}{0.059\ 2}$$

$$\varphi^{\ominus}([Au(CN)_2]^-|Au)=\varphi^{\ominus}(Au^+|Au)+0.059\ 2\lg K^{\ominus}_{不稳}$$
$$=1.68+0.059\ 2\lg(5.0\times10^{-39})$$
$$=-0.59\ V$$

从例 9-6 可知,金属配离子-金属组成的电对,其电极电势比该金属离子-金属组成电对的电极电势要低,因此,金属离子形成配离子后,氧化能力降低,金属还原性增强。

工业上将含有 Ag、Au 等贵金属的矿粉用含 CN^- 溶液处理,使 Ag、Au 溶解而加以富集提取,或者难溶盐的溶解也是应用这一原理。

若电对中的还原型离子形成配离子,其电极电势将升高,例如,$\varphi^{\ominus}(Cu^{2+}|[CuI_2]^-)>\varphi^{\ominus}(Cu^{2+}|Cu^+)$。氧化型和还原型都形成配合物,比较 $K_f^{\ominus}$ 的相对大小。若 $K_f^{\ominus}$(氧化型)$>K_f^{\ominus}$(还原型),则 φ 降低,反之,则 φ 升高。

【例 9-7】 已知

$$\varphi^{\ominus}(Fe^{3+}|Fe^{2+})=0.771\ V$$
$$K^{\ominus}_{不稳}([Fe(CN)_6]^{3-})=1.00\times10^{-42}$$
$$K^{\ominus}_{不稳}([Fe(CN)_6]^{4-})=1.00\times10^{-35}$$

求 $\varphi^{\ominus}([Fe(CN)_6]^{3-}|[Fe(CN)_6]^{4-})$。

解 根据已知条件,可设计一个原电池:

$$(-)Pt|[Fe(CN)_6]^{4-},[Fe(CN)_6]^{3-} \vdots\vdots Fe^{3+},Fe^{2+}|Pt(+)$$

电池反应为

$$Fe^{3+}+[Fe(CN)_6]^{4-} \rightleftharpoons Fe^{2+}+[Fe(CN)_6]^{3-}$$

相应的平衡常数为

$$K^{\ominus}=\frac{[Fe^{2+}][Fe(CN)_6^{3-}]}{[Fe^{3+}][Fe(CN)_6^{4-}]}=\frac{K^{\ominus}_{不稳}([Fe(CN)_6]^{4-})}{K^{\ominus}_{不稳}([Fe(CN)_6]^{3-})}$$

$$=\frac{1.00\times10^{-35}}{1.00\times10^{-42}}=10^7$$

又根据自发电池反应有

$$\lg K^{\ominus}=\frac{n(\varphi^{\ominus}_{正}-\varphi^{\ominus}_{负})}{0.059\ 2}$$

则

$$\lg 10^7=\frac{1\times(0.771-\varphi^{\ominus}_{负})}{0.059\ 2}$$

$$\varphi^{\ominus}_{负}=\varphi^{\ominus}([Fe(CN)_6]^{3-}|[Fe(CN)_6]^{4-})=0.36\ V$$

除上述方法外，当然也可通过其他方法求解。

4. 配位平衡和酸碱平衡

许多配体如 F^-、CN^-、SCN^- 和 NH_3 以及有机酸根离子，都能与 H^+ 结合，形成难解离的弱酸。因此，H^+ 的溶液中可以与金属离子争夺配体，造成配位平衡与酸碱平衡的相互竞争。例如，AgCl 沉淀可溶于氨水而生成 $[Ag(NH_3)_2]^+$，当向溶液中加入 HNO_3 时，会使 $[Ag(NH_3)_2]^+$ 被破坏，溶液中又生成 AgCl 白色沉淀，这正是两种平衡竞争转化的结果。

$$AgCl(s)+2NH_3 \longrightarrow [Ag(NH_3)_2]^+ + Cl^-$$

$$+$$

$$2HNO_3 \longrightarrow 2H^+ + 2NO_3^-$$

$$\downarrow$$

$$AgCl(s)+2NH_4^+ + 2NO_3^-$$

总反应可表示为

$$[Ag(NH_3)_2]Cl+2HNO_3 \longrightarrow AgCl\downarrow + 2NH_4NO_3$$

或

$$[Ag(NH_3)_2]^+ + 2H^+ \longrightarrow Ag^+ + 2NH_4^+$$

这里，反应的实质是 H^+ 与 Ag^+ 争夺配体 NH_3。

【例 9-8】 计算下列反应的平衡常数：

$$[Co(NH_3)_6]^{3+}+6H^+ \rightleftharpoons Co^{3+}+6NH_4^+$$

若 $[Co(NH_3)_6]^{3+}$ 和 H^+ 的起始浓度分别为 $0.10\ mol\cdot L^{-1}$ 和 $1.0\ mol\cdot L^{-1}$，求反应达平衡时 $[Co(NH_3)_6]^{3+}$ 的浓度。

已知 $K^{\ominus}_{稳}([Co(NH_3)_6]^{3+})=1.6\times10^{35}$，$K^{\ominus}_b(NH_3\cdot H_2O)=1.8\times10^{-5}$。

解　计算上述反应的平衡常数有两种方法：添加成分法和多重平衡规则法。

下面采用第一种方法，第二种方法读者可自己做。

$$[Co(NH_3)_6]^{3+}+6H^+ \rightleftharpoons Co^{3+}+6NH_4^+$$

$$K^{\ominus}=\frac{[Co^{3+}][NH_4^+]^6}{[Co(NH_3)_6^{3+}][H^+]^6}=\frac{[Co^{3+}][NH_3]^6[NH_4^+]^6[OH^-]^6}{[Co(NH_3)_6^{3+}][NH_3]^6[OH^-]^6[H^+]^6}$$

$$=\frac{K_b^{\ominus 6}(NH_3\cdot H_2O)}{K_{稳}^{\ominus}\,K_W^6}=\frac{(1.8\times10^{-5})^6}{1.6\times10^{35}\times(10^{-14})^6}$$

$$=2.13\times10^{20}$$

设反应达平衡时，留在溶液中的$[Co(NH_3)_6]^{3+}$为x，则

	$[Co(NH_3)_6]^{3+}$	$+6H^+$	$\rightleftharpoons$ Co^{3+}	$+$ $6NH_4^+$
起始浓度/$(mol\cdot L^{-1})$	0.10	1.0		
转化浓度/$(mol\cdot L^{-1})$	$0.10-x$	$6(0.10-x)$	$0.10-x$	$6(0.10-x)$
平衡浓度/$(mol\cdot L^{-1})$	x	$0.40+6x$	$0.10-x$	$6(0.10-x)$

$$K^{\ominus}=\frac{[6(0.10-x)]^6(0.10-x)}{x(0.40+6x)^6}=2.13\times10^{20}$$

$K^{\ominus}$较大，平衡时留在溶液中的$[Co(NH_3)_6]^{3+}$很少，即x很小。所以

$$0.10-x\approx0.10,\quad 0.40+6x\approx0.40$$

$$\frac{(0.6)^6\times0.1}{(0.40)^6x}=2.13\times10^{20}$$

$$x=5.35\times10^{-21}\ mol\cdot L^{-1}$$

反应达平衡时留在溶液中的$[Co(NH_3)_6]^{3+}$为$5.35\times10^{-21}\ mol\cdot L^{-1}$。说明用酸促$[Co(NH_3)_6]^{3+}$离解，反应相当完全。

9.4 螯合物
Chelates

在配位化合物中，除了由一个中心离子的若干单基配体形成的简单配合物以外，还有螯合物、多核配合物（含有两个或多个中心离子通过配体中的配位原子相连接的配合物）、羰基配合物（以 CO 为配体的配合物）、烯烃配合物（以乙烯、丙烯等不饱和烃为配体的配合物）等多种。本节仅对螯合物作一简单介绍。

视频

螯合物

9.4.1 螯合物的组成
Composition of chelates

由多基配体与金属离子形成的具有环状结构的配合物称为**螯合物**(chelates)。例如，Co^{3+}分别与多基配体乙二胺(en)、草酸根($C_2O_4^{2-}$)、氨基乙酸根($NH_2CH_2COO^-$)形成螯合物$[Co(en)_3]^{3+}$、$[Co(C_2O_4)_3]^{3-}$、$[Co(NH_2CH_2COO)_3]$，它们的结构式如图 9-4 所示。

可以看出，在这三个螯合物中，同一配体的两个配位原子之间相隔两个碳原子，所以形成的螯环是五元环。如果多基配体的两个配位原子之间相隔三个其他原子，则形成六元环。

螯合物可以是带电荷的配离子，也可以是不带电的中性分子，如$[Co(NH_2CH_2COO)_3]$。电中性的螯合物又称内配盐，它们在水中的溶解度一般都很小。

形成螯合物的多基配体也称螯合剂，它们大多是一些含有 N、O、S 等配位原子的有机分子或离子。例如，以两个氧原子为配位原子的螯合物有：草酸根（$C_2O_4^{2-}$）、羟基乙酸根（$HOCH_2COO^-$）、氨三乙酸[$N(CH_2COOH)_3$]、乙二胺四乙酸（EDTA）[$(HOOCCH_2)_2NCH_2CH_2N(CH_2COOH)_2$，$H_4Y$]。这类既含有氨基又含有羧基的螯合剂称为氨羧螯合剂，其中以 EDTA 最为重要，它的螯合能力特别强，可与绝大多数金属离子形成稳定的离子。

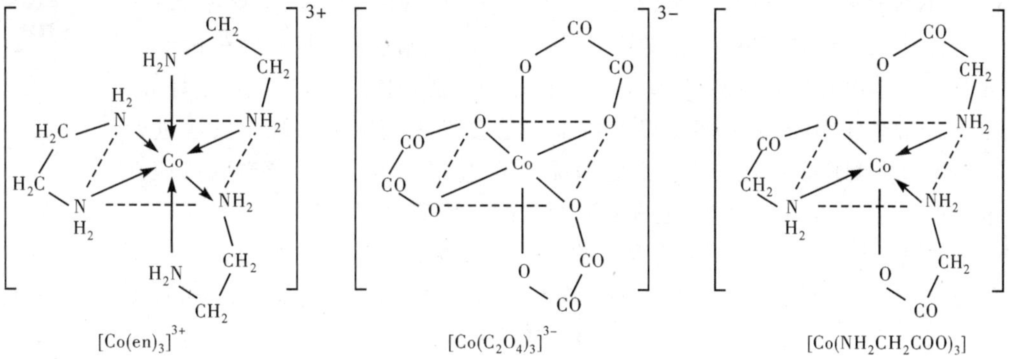

图 9-4　Co^{3+} 三种螯合物的结构式

螯合物的组成一般用螯合比来表示，也就是中心离子与螯合剂分子（或离子）数目之比。例如，$[Cu(en)_2]^{2+}$ 的螯合比为 1∶2，$[Co(NH_2CH_2COO)_3]$ 的螯合比为 1∶3，EDTA 与金属离子 M^{n+} 所形成螯合物 $[MY]^{n-4}$ 的螯合比通常为 1∶1。

9.4.2　螯合物的特性

Characteristics of chelates

金属螯合物与具有相同配位原子的简单配合物相比，常具有特殊的稳定性（表 9-9），在水中更难解离，这是螯合物性质的重要特点。这种特殊的稳定性与螯合物具有环状结构有关，在所形成的螯合环中，以五原子及六原子环为稳定。由于螯合环的形成，使螯合物具有特殊稳定性的作用，通常称为螯合效应（chelate effect）。

表 9-9　具有相同配位原子的某些螯合物和简单配合物的 $K^{\ominus}_{不稳}$

螯合物	$K^{\ominus}_{不稳}$	简单配合物	$K^{\ominus}_{不稳}$
$[Hg(en)_2]^{2+}$	5.0×10^{-24}	$[Hg(NH_3)_4]^{2+}$	5.25×10^{-20}
$[Co(en)_3]^{2+}$	1.15×10^{-14}	$[Co(NH_3)_6]^{2+}$	7.75×10^{-6}
$[Co(en)_3]^{3+}$	2.04×10^{-40}	$[Co(NH_3)_6]^{3+}$	6.30×10^{-36}
$[Ni(en)_3]^{2+}$	4.68×10^{-19}	$[Ni(NH_3)_6]^{2+}$	1.82×10^{-9}

螯合物除了有很高的稳定性外，很多还具有特征的颜色、难溶于水而易溶于有机溶剂等性质特点，因而被广泛地用于沉淀分离\，溶剂萃取、比色测定、容量分析等分离分析工作。

9.5 EDTA 的性质及配位滴定
Properties of EDTA and coordination titration

配位滴定法是以配位反应为基础的滴定分析方法。配位反应很多，但能用于配位滴定的配位反应并不多。除汞量法（$Hg^{2+} + 2SCN^- \xrightarrow{\text{二苯氨基脲(指示剂)}} [Hg(SCN)_2]$）测定汞和氰量法（$Ag^+ + 2CN^- \longrightarrow [Ag(CN)_2]^-$）测定 Ag^+、CN^- 等以外，其余的单基配位反应几乎不能用于配位滴定。其原因是由于大多数单基配合物的稳定性差，且反应的产物是一个混合体，无法进行定量计算。现在，成熟的配位滴定法大多是以有机多基螯合剂为滴定剂的配位反应进行的。应用这类配位反应进行配位滴定的优点是：生成的螯合物因螯合效应使其稳定性很强，配位反应很彻底；生成的配合物配位比简单、固定。

视频

EDTA 的性质及配位滴定

配位滴定法中，应用最广、最重要的一个氨羧配位剂是乙二胺四乙酸（EDTA），该酸中的羧酸根（—COO：$^-$）和氨基（≡N：）均有孤对电子，可以与金属原子同时配位，形成具有环状结构的螯合物，因此配位滴定法又称 EDTA 滴定法。

9.5.1 EDTA 的性质
Properties of EDTA

EDTA 是一个四元酸，通常用 H_4Y 表示，其结构式为

$$^-OOCH_2C \diagdown \overset{H}{\underset{N^+}{|}} - CH_2 - CH_2 - \overset{H}{\underset{N^+}{|}} \diagup CH_2COOH$$

$$HOOCH_2C \diagup \qquad \diagdown CH_2COO^-$$

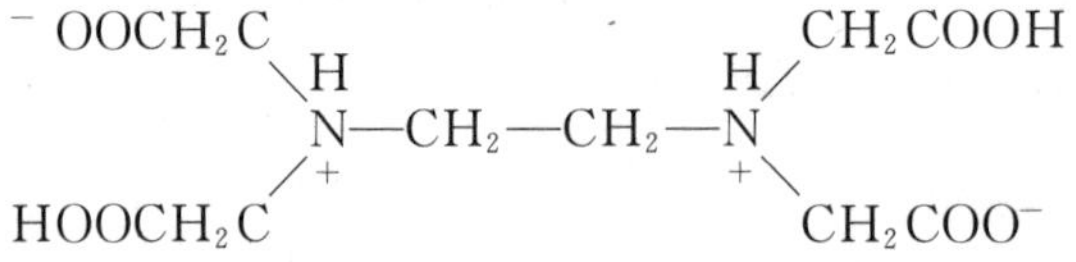

两个羧基上的 H^+ 转移到氨基上，形成双偶离子。当溶液的酸度较大时，两个羧酸根可以再接受两个 H^+，这时的 EDTA 就相当于一个六元酸，用 H_6Y^{2+} 表示。

EDTA 因溶解度太小[0.02 g·(100 mL 水)$^{-1}$]，在配位滴定中，常用其二钠盐 $Na_2H_2Y \cdot 2H_2O$，也简称为 EDTA。22 ℃时，100 mL 水中溶解 11.1 g $Na_2H_2Y \cdot 2H_2O$，溶液的浓度约为 0.3 mol·L^{-1}，可以满足常量分析的要求。

在酸性溶液中，EDTA 存在六级离解平衡，有 H_6Y^{2+}、H_5Y^+、H_4Y、H_3Y^-、H_2Y^{2-}、HY^{3-} 和 Y^{4-} 七种型体存在，见表 9-10。

在一定的 pH 下 EDTA 存在的型体可能不止一种，但总有一种型体是占主要的。

表 9-10 不同 pH 范围 EDTA 各型体的主要存在形式

pH	主要型体	pH	主要型体
<0.90	H_6Y^{2+}	2.67～6.16	H_2Y^{2-}
0.90～1.60	H_5Y^+	6.16～10.26	HY^{3-}
1.60～2.00	H_4Y	>10.26	Y^{4-}
2.00～2.67	H_3Y^-		

EDTA 的逐级稳定常数及各级累积稳定常数见表 9-11。

表 9-11　EDTA 的逐级稳定常数及各级累积稳定常数

稳定平衡	逐级稳定常数	各级累积稳定常数
$Y^{4-}+H^+ \rightleftharpoons HY^{3-}$	$\lg K_1^\ominus=10.26$	$\lg \beta_1^\ominus=10.26$
$HY^{3-}+H^+ \rightleftharpoons H_2Y^{2-}$	$\lg K_2^\ominus=6.16$	$\lg \beta_2^\ominus=16.42$
$H_2Y^{2-}+H^+ \rightleftharpoons H_3Y^-$	$\lg K_3^\ominus=2.67$	$\lg \beta_3^\ominus=19.09$
$H_3Y^-+H^+ \rightleftharpoons H_4Y$	$\lg K_4^\ominus=2.00$	$\lg \beta_4^\ominus=21.09$
$H_4Y+H^+ \rightleftharpoons H_5Y^+$	$\lg K_5^\ominus=1.60$	$\lg \beta_5^\ominus=22.69$
$H_5Y^++H^+ \rightleftharpoons H_6Y^{2+}$	$\lg K_6^\ominus=0.90$	$\lg \beta_6^\ominus=23.59$

这种关系还可以用 EDTA 的组分分布图表示(图 9-5)。在 EDTA 的各型体中,只有 Y^{4-} 可以与金属离子配位,所以,如果仅仅从 pH 单项条件考虑,pH 增大,对配位是有利的。

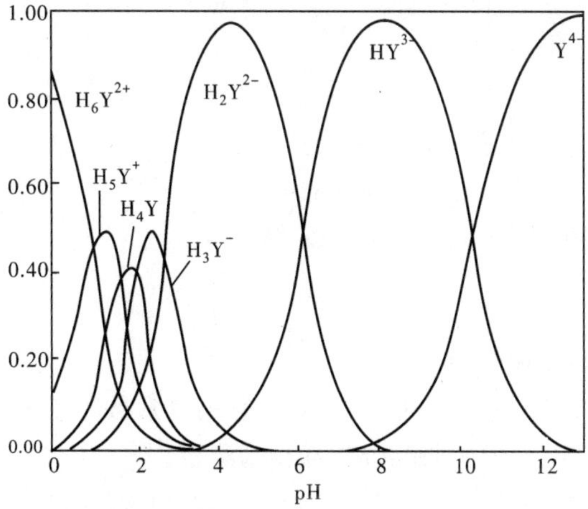

图 9-5　EDTA 各型体的分布曲线

9.5.2　EDTA 配合物的特点
Characteristics of EDTA complexes

1. 广谱性

EDTA 具有广泛的配位性能,属于广谱型配位剂,它几乎能与所有金属离子形成配合物。

2. 螯合比恒定

每个 EDTA 分子中含有六个配位原子,能与金属离子形成六个配位键,而且 EDTA 分子体积很大,EDTA 与金属离子形成的配合物的螯合比一般为 1∶1。例如

$$M^{2+}+H_2Y^{2-} \rightleftharpoons [MY]^{2-}+2H^+$$

$$M^{3+}+H_2Y^{2-} \rightleftharpoons [MY]^{-}+2H^+$$

$$M^{4+}+H_2Y^{2-} \rightleftharpoons MY+2H^+$$

3. 稳定性高

EDTA 与大多数金属离子形成多个五元环的螯合物,具有较高的稳定性。如图 9-6 所示为 Ca^{2+} 与 EDTA 所形成螯合物的立体结构示意图,由图可见,配离子中具有五个五元环,因而稳定性较高。

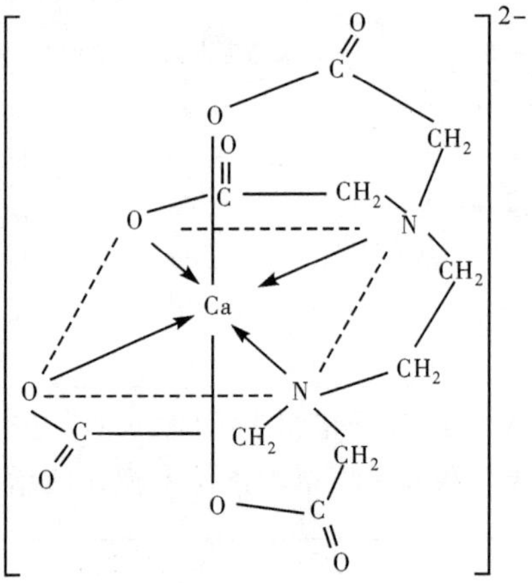

图 9-6　配合物$[CaY]^{2-}$的立体结构

为方便起见，金属离子与 EDTA 之间的配位反应简写为

$$M + Y \rightleftharpoons MY$$

将各组分的电荷略去，配合物 MY 的稳定常数为

$$K_{MY}^{\ominus} = \frac{[MY]}{[M][Y]} \tag{9-5}$$

其中，$K_{MY}^{\ominus}$也称为 MY 的形成常数。

一些金属离子与 EDTA 形成的配合物 MY 的稳定常数见表 9-12，由表中数据可看出，绝大多数金属离子与 EDTA 形成的配合物都相当稳定。

表 9-12　一些金属离子 EDTA 配合物的 $\lg K_{MY}^{\ominus}$　(I=0.1,293～298 K)

离子	$\lg K_{MY}^{\ominus}$	离子	$\lg K_{MY}^{\ominus}$	离子	$\lg K_{MY}^{\ominus}$
Ag^{+}	7.32	Gd^{3+}	17.37	Sc^{3+}	23.1
Al^{3+}	16.3	HfO^{2+}	19.1	Sm^{3+}	17.14
Ba^{2+}	7.86	Hg^{2+}	21.7	Sn^{2+}	22.11
Be^{2+}	9.3	Ho^{3+}	18.7	Sr^{3+}	8.73
Bi^{3+}	27.94	In^{3+}	25.0	Tb^{3+}	17.67
Ca^{2+}	10.69	La^{3+}	15.5	Th^{4+}	23.2
Cd^{2+}	16.46	Li^{+}	2.79	Ti^{3+}	21.3
Ce^{3+}	15.98	Lu^{3+}	19.83	TiO^{2+}	17.3
Co^{2+}	16.31	Mg^{2+}	8.70	Tl^{3+}	37.8
Co^{3+}	36	Mn^{2+}	13.87	Tm^{3+}	19.07
Cr^{3+}	23.4	Mo^{2+}	28	U(Ⅳ)	25.8
Cu^{2+}	18.80	Na^{+}	1.66	VO^{2+}	18.8
Dy^{3+}	18.30	Nd^{3+}	16.6	VO_2^{+}	18.1
Er^{3+}	18.85	Ni^{2+}	18.62	Y^{3+}	18.09
Eu^{3+}	17.35	Pb^{2+}	18.04	Yb^{3+}	19.57
Fe^{2+}	14.32	Pd^{2+}	18.5	Zn^{2+}	16.50
Fe^{3+}	25.1	Pm^{3+}	16.75	ZrO^{2+}	29.5
Ga^{3+}	20.3	Pr^{3+}	16.40		

4. EDTA 与无色金属离子形成无色配合物，与有色金属离子形成颜色更深的配合物，与

有色金属离子的螯合物见表 9-13。

表 9-13 有色金属离子的螯合物

金属离子	离子颜色	螯合物颜色	金属离子	离子颜色	螯合物颜色
Co^{3+}	粉红色	紫红色	Fe^{3+}	黄褐色	黄色
Cr^{3+}	灰绿色	深紫色	Mn^{3+}	浅粉红色	紫红色
Ni^{3+}	浅绿色	蓝绿色	Cu^{2+}	浅蓝色	深蓝色

5. 溶液的酸度或碱度较高时，H^+ 或 OH^- 也参与配位，形成酸式或碱式配合物。

例如，Al^{3+} 形成酸式配合物[AlHY]或碱式配合物$[Al(OH)Y]^{2-}$。有时还有混合配合物形成，如在氨性溶液中，Hg^{2+} 与 EDTA 可生成$[Hg(NH_3)Y]^{2-}$。这些配合物都不太稳定，它们的生成不影响金属离子与 EDTA 之间的 1∶1 定量关系。

9.6 影响金属 EDTA 配合物稳定性的因素 Factors that affecting the stability of metal EDTA complexes

9.6.1 主反应和副反应 Main and side reactions

在配位滴定中，除了存在 EDTA 与金属离子的主反应外，还存在许多副反应。所有存在于配位滴定中的化学反应可用下式表示：

视频

影响金属 EDTA 配合物稳定性的因素

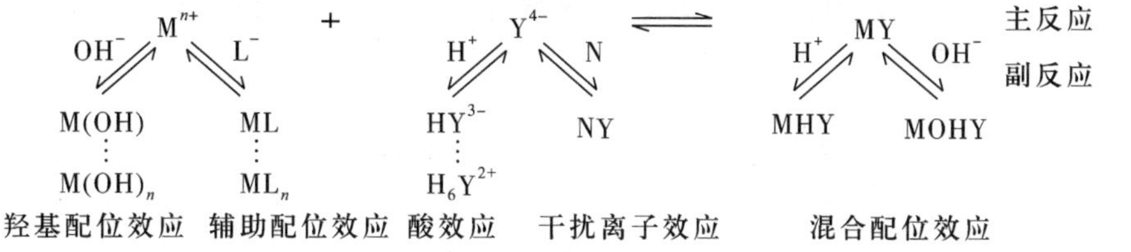

由上式可知，在 EDTA 的配位滴定中，存在三个方面的副反应：一是金属离子的水解效应及与 EDTA 以外的配位剂的配位效应；二是 EDTA 配位剂的酸效应及与待测金属离子以外的金属离子的配位效应；三是生成酸式配合物 MHY 及碱式配合物 MOHY 的副反应。在这三类副反应中，前两类对滴定不利，第三类虽对滴定有利，但因反应的程度很小，一般都忽略不计。

在副反应存在的条件下，用稳定常数衡量配位反应进行的程度就会产生较大的误差，对此常用条件稳定常数来描述。如果用 $K^{\ominus}_{MY'}$ 表示条件稳定常数（conditional stability constant），则

$$K^{\ominus}_{MY'}=\frac{c_{MY'}}{c_{M'}c_{Y'}}\approx\frac{[MY]}{c_{M'}c_{Y'}} \tag{9-6}$$

式中 $c_{M'}$ 和 $c_{Y'}$——没有参加主反应的金属离子及 EDTA 配位剂的总浓度；

$c_{MY'}$——形成的配合物的总浓度。

$$c_{M'}=[M]+[ML]+[ML_2]+\cdots+[M(OH)]+[M(OH)_2]+\cdots$$

$$c_{Y'}=[Y]+[HY]+[H_2Y]+\cdots+[H_6Y]+[NY]$$

$$c_{MY'}=[MY]+[MHY]+[MOHY]$$

当忽略了生成物的副反应时，$c_{MY'}\approx c_{MY}$。

由此可见，要计算 $K_{MY'}^{\ominus}$ 就必须知道以上各项的浓度，这种计算变得十分繁杂，甚至难以计算。为使 $K_{MY'}^{\ominus}$ 的计算简单可行，定量地了解副反应对滴定反应的影响程度，引入了副反应系数的概念。

9.6.2 EDTA 的酸效应及酸效应系数 Acid effect and acid effect coefficient of EDTA

在 EDTA 的七种型体中，只有 Y^{4-} 可以与金属离子 M 进行配位，而 Y^{4-} 是一种碱，其浓度受 H^+ 的影响，配位能力随着 H^+ 浓度的增加而降低，这种现象叫酸效应。酸效应系数 $\alpha_{Y(H)}$ 是用以衡量酸效应大小的一个参数，表示在一定的酸度下，未参加主反应的 EDTA 的总浓度与配位体系中 EDTA 的平衡浓度之比，即

$$\alpha_{Y(H)}=\frac{c_{Y'}}{[Y]}=\frac{[Y]+[HY]+[H_2Y]+\cdots+[H_6Y]}{[Y]}$$

$$=1+\frac{[HY]}{[Y]}+\frac{[H_2Y]}{[Y]}+\cdots+\frac{[H_6Y]}{[Y]}$$

$$=1+\frac{[H^+]}{K_{a6}^{\ominus}}+\frac{[H^+]^2}{K_{a6}^{\ominus}K_{a5}^{\ominus}}+\cdots+\frac{[H^+]^6}{K_{a6}^{\ominus}K_{a5}^{\ominus}K_{a4}^{\ominus}K_{a3}^{\ominus}K_{a2}^{\ominus}K_{a1}^{\ominus}} \tag{9-7}$$

由式(9-7)可知，$\alpha_{Y(H)}$ 随酸度的增大而增大，也就是说，酸度越大，$\alpha_{Y(H)}$ 越大，由酸效应引起的副反应也越大，主反应越不彻底。所以，仅考虑酸效应时，低酸度对滴定是有利的。表 9-14 列出了 EDTA 在不同的 pH 时的酸效应系数。

表 9-14　不同 pH 时的 $\lg\alpha_{Y(H)}$

pH	$\lg\alpha_{Y(H)}$	pH	$\lg\alpha_{Y(H)}$	pH	$\lg\alpha_{Y(H)}$
0.0	23.64	3.6	9.27	7.2	3.10
0.2	22.47	3.8	8.85	7.4	2.88
0.4	21.32	4.0	8.44	7.6	2.68
0.6	20.18	4.2	8.04	7.8	2.47
0.8	19.08	4.4	7.64	8.0	2.27
1.0	18.01	4.6	7.24	8.2	2.07
1.2	16.98	4.8	6.84	8.4	1.87
1.4	16.02	5.0	6.45	8.6	1.67
1.6	15.11	5.2	6.07	8.8	1.48
1.8	14.27	5.4	5.69	9.0	1.28
2.0	13.51	5.6	5.33	9.2	1.10
2.2	12.82	5.8	4.98	9.6	0.75
2.4	12.19	6.0	4.65	10.0	0.45
2.6	11.62	6.2	4.34	10.5	0.20
2.8	11.09	6.4	4.06	11.0	0.07
3.0	10.60	6.6	3.79	11.5	0.02
3.2	10.14	6.8	3.55	12.0	0.01
3.4	9.70	7.0	3.32	13.0	0.00

由表 9-14 可知，随着介质酸度增大，$\lg\alpha_{Y(H)}$ 增大，即酸效应显著，EDTA 参与配位反应的能力

显著降低。在 pH=12 时，$\lg\alpha_{Y(H)}$ 接近于零，所以 pH≥12 时，可忽略 EDTA 酸效应的影响。

9.6.3 金属离子的配位效应及配位效应系数

Coordination effect and coordination effect coefficient of metal ions

如果滴定体系中存在 EDTA 以外的其他配位剂(L)，则由于共存配位剂 L 与金属离子的配位反应而使主反应能力降低，这种现象叫配位效应。配位效应的大小常用配位效应系数 $\alpha_{M(L)}$ 衡量。

如果不考虑金属离子的水解副反应，则

$$\alpha_M = \alpha_{M(L)} = \frac{c_{M'}}{[M]} = \frac{[M]+[ML]+[ML_2]+\cdots+[ML_n]}{[M]}$$

$$= 1+\beta_1^{\ominus}[L]+\beta_2^{\ominus}[L]^2+\cdots+\beta_n^{\ominus}[L]^n \tag{9-8}$$

如果考虑金属离子的水解副反应，则

$$\alpha_M = \frac{c_{M'}}{[M]} = \frac{[M]+[ML]+[ML_2]+\cdots+[ML_n]}{[M]} +$$

$$\frac{[M]+[M(OH)]+[M(OH)_2]+\cdots+[M(OH)_n]}{[M]} - \frac{[M]}{[M]}$$

$$= \alpha_{M(L)} + \alpha_{M(OH)} - 1 \tag{9-9}$$

不难证明

$$\alpha_{M(OH)} = 1+[OH^-]\beta_1^{\ominus}+[OH^-]^2\beta_2^{\ominus}+\cdots+[OH^-]^n\beta_n^{\ominus} \tag{9-10}$$

一些金属离子的 $\lg\alpha_{M(OH)}$ 见表 9-15。

表 9-15　一些金属离子的 $\lg\alpha_{M(OH)}$

金属离子	离子强度	pH													
		1	2	3	4	5	6	7	8	9	10	11	12	13	14
Al^{3+}	2						1.3	5.3	9.3	13.3	17.3	21.3	25.3	29.3	33.3
Bi^{3+}	3	0.1	0.5	1.4	2.4	3.4	4.4	5.4							
Ca^{2+}	0.1													0.3	1.0
Cd^{2+}	3									0.1	0.5	2.0	4.5	8.1	12.0
Co^{2+}	0.1								0.1	0.4	1.1	2.2	4.2	7.2	10.2
Cu^{2+}	0.1								0.2	0.8	1.7	2.7	3.7	4.7	5.7
Fe^{2+}	1									0.1	0.6	1.5	2.5	3.5	4.5
Fe^{3+}	3			0.4	1.8	3.7	5.7	7.7	9.7	11.7	13.7	15.7	17.7	19.7	21.7
Hg^{2+}	0.1			0.5	1.9	3.9	5.9	7.9	9.9	11.9	13.9	15.9	17.9	19.9	21.9
La^{3+}	3										0.3	1.0	1.9	2.9	3.9
Mg^{2+}	0.1											0.1	0.5	1.3	2.3
Mn^{2+}	0.1										0.1	0.5	1.4	2.4	3.4
Ni^{2+}	0.1									0.1	0.7	1.6			
Pb^{2+}	0.1							0.1	0.5	1.4	2.7	4.7	7.4	10.4	13.4
Th^{2+}	1				0.2	0.8	1.7	2.7	3.7	4.7	5.7	6.7	7.7	8.7	9.7
Zn^{2+}	0.1									0.2	2.4	5.4	8.5	11.8	15.5

9.6.4 EDTA 配合物的条件稳定常数 Conditional stability constant of EDTA complexes

在一定条件下，α_M 和 $\alpha_{Y(H)}$ 的值为定值，所以 $K^{\ominus}_{MY'}$ 在一定条件下是一常数，称为配合物的条件稳定常数。

由式(9-6)～式(9-8)可知

$$K^{\ominus}_{MY'}=\frac{c_{MY'}}{c_{M'}c_{Y'}}\approx\frac{[MY]}{c_{M'}c_{Y'}}=\frac{[MY]}{[M]\alpha_M[Y]\alpha_Y}=K^{\ominus}_{MY}\frac{1}{\alpha_M\alpha_Y} \tag{9-11}$$

将上式两边取对数，得

$$\lg K^{\ominus}_{MY'}=\lg K^{\ominus}_{MY}-\lg\alpha_M-\lg\alpha_Y \tag{9-12}$$

如果配位滴定体系中仅考虑酸效应与配位效应，则

$$\lg K^{\ominus}_{MY'}=\lg K^{\ominus}_{MY}-\lg\alpha_{M(L)}-\lg\alpha_{Y(H)} \tag{9-13}$$

如果配位滴定体系中仅考虑酸效应，则

$$\lg K^{\ominus}_{MY'}=\lg K^{\ominus}_{MY}-\lg\alpha_{Y(H)} \tag{9-14}$$

由此可见，应用条件稳定常数比应用稳定常数能更准确地判断金属离子和 EDTA 的配位情况，在选择配位滴定的最佳酸度范围时，$K^{\ominus}_{MY'}$ 有着重要的意义。

【例 9-9】 计算在 pH=2.00 和 pH=5.00 时，ZnY 的条件稳定常数。

解　由表 9-12 和表 9-14 可查得：$\lg K^{\ominus}(ZnY)=16.50$；pH=2.00 时，$\lg\alpha_{Y(H)}=13.51$；pH=5.00 时，$\lg\alpha_{Y(H)}=6.45$。

将以上数值代入式(9-14)，得

pH=2.00 时，　　$\lg K^{\ominus}(ZnY')=16.50-13.51=2.99$

pH=5.00 时，　　$\lg K^{\ominus}(ZnY')=16.50-6.45=10.05$

【例 9-10】 Zn^{2+} 与 NH_3 配位反应的逐级稳定常数是：

$$K^{\ominus}_1=2.3\times10^2,\quad K^{\ominus}_2=2.8\times10^2,\quad K^{\ominus}_3=3.2\times10^2,\quad K^{\ominus}_4=1.4\times10^2$$

$\lg K^{\ominus}(ZnY)=16.50$，计算 Zn^{2+} 与 pH=9.0 的缓冲溶液反应的 $\lg K^{\ominus}(ZnY')$。[设缓冲溶液中游离 NH_3 的浓度为 0.1 $mol\cdot L^{-1}$，此时 $\alpha([Zn(OH)_2])$ 忽略不计]

解　根据式(9-8)计算：

$$\begin{aligned}\alpha([Zn(NH_3)_4]^{2+})&=1+\beta^{\ominus}_1[NH_3]+\beta^{\ominus}_2[NH_3]^2+\beta^{\ominus}_3[NH_3]^3+\beta^{\ominus}_4[NH_3]^4\\&=1+2.3\times10^2\times0.10+6.44\times10^4\times0.10^2+\\&\quad 2.06\times10^7\times0.10^3+2.88\times10^9\times0.10^4\\&=3.09\times10^5\end{aligned}$$

由表 9-14 查得 pH=9.0 时，$\lg\alpha_{Y(H)}=1.28$，则

$$\begin{aligned}\lg K^{\ominus}(ZnY')&=\lg K^{\ominus}(ZnY)-\lg\alpha([Zn(NH_3)_4]^{2+})-\lg\alpha_{Y(H)}\\&=16.50-\lg(3.09\times10^5)-1.28\\&=9.73\end{aligned}$$

9.7　配位滴定
Coordination titration

9.7.1　配位滴定曲线
Coordination titration curve

1. 滴定曲线的绘制

在配位滴定中，随着滴定剂的加入，被滴定的金属离子的浓度[M]在不断变化，若以滴定剂加入体积为横坐标，被测金属离子浓度的负对数值为纵坐标，可得一条滴定曲线。配位滴定的滴定曲线常有两种情况。

视频

配位滴定曲线

(1)只有酸效应存在时的滴定曲线

EDTA 酸效应对配位滴定的影响由式(9-14)可反映出来。当溶液 pH 一定时，稳定常数一定；溶液 pH 发生变化，则条件稳定常数也随之变化，滴定曲线的形状也将发生变化。现以 $0.010\,00\ \mathrm{mol\cdot L^{-1}}$ EDTA滴定 20.00 mL $0.010\,00\ \mathrm{mol\cdot L^{-1}}$ Ca^{2+} 溶液为例说明。

①pH＝9 时的滴定曲线

由表 9-12 知 $\lg K^{\ominus}(\mathrm{CaY})=10.69$，由表 9-14 可知，在 pH＝9.0 时，$\lg\alpha_{\mathrm{Y(H)}}=1.28$。

$$\lg K^{\ominus}(\mathrm{CaY'})=\lg K^{\ominus}(\mathrm{CaY})-\lg\alpha_{\mathrm{Y(H)}}=10.69-1.28=9.41$$

$$K^{\ominus}(\mathrm{CaY'})=2.57\times10^{9}$$

现分四阶段计算 pM：

a. 滴定开始前

$$[\mathrm{Ca^{2+}}]=0.010\,00\ \mathrm{mol\cdot L^{-1}},\quad \mathrm{pCa}=2.00$$

b. 滴定开始至化学计量点前

$$[\mathrm{Ca^{2+}}]=\frac{c(\mathrm{Ca^{2+}})[V(\mathrm{Ca^{2+}})-V(\mathrm{EDTA})]}{V(\mathrm{Ca^{2+}})+V(\mathrm{EDTA})}$$

式中　$V(\mathrm{Ca^{2+}})$、$V(\mathrm{EDTA})$——被测离子和加入 EDTA 溶液的体积；

$c(\mathrm{Ca^{2+}})$为被测金属离子的初浓度。

当 $V(\mathrm{EDTA})=19.98$ mL 时，

$$[\mathrm{Ca^{2+}}]=\frac{0.010\,00\times(20.00-19.98)}{20.00+19.98}$$

$$=5.00\times10^{-6}\ \mathrm{mol\cdot L^{-1}}$$

$$\mathrm{pCa}=5.30$$

c. 化学计量点

全部 Ca^{2+} 转变成了$[\mathrm{CaY}]^{2-}$。

$$[\mathrm{CaY}]^{2-}=\frac{c(\mathrm{Ca^{2+}})\times20.00}{20.00+20.00}=5.00\times10^{-3}\ \mathrm{mol\cdot L^{-1}}$$

设

$$[Ca^{2+}]_{平}=[Y]_{总}=x$$

则

$$K^{\ominus}(CaY')=\frac{[CaY^{2-}]_{平}}{[Ca^{2+}]_{平}[Y]_{总}}=\frac{5.00\times10^{-3}}{x^2}=2.57\times10^{9}$$

$$x=[Ca^{2+}]_{平}=1.39\times10^{-6}\ mol\cdot L^{-1}$$

$$pCa=5.86$$

d. 化学计量点后

若继续滴加 EDTA，则

$$[Y]_{总}=\frac{c(EDTA)[V(EDTA)-V(Ca^{2+})]}{V(EDTA)+V(Ca^{2+})}$$

若 V(EDTA)=20.02 mL，则 EDTA 过量 0.02 mL，

$$[Y]_{总}=\frac{0.010\ 00\times0.02}{20.02+20.00}=5.00\times10^{-6}\ mol\cdot L^{-1}$$

$$K^{\ominus}(CaY')=\frac{[CaY^{2-}]}{[Ca^{2+}][Y]_{总}}=\frac{5.00\times10^{-3}}{[Ca^{2+}]\times5.00\times10^{-6}}=2.57\times10^{9}$$

$$[Ca^{2+}]=3.89\times10^{-7}\ mol\cdot L^{-1}$$

$$pCa=6.41$$

计算数据见表 9-16，依据表中数据可绘制相应滴定曲线(图 9-7)。

表 9-16　0.010 00 mol·L^{-1} EDTA 滴定 0.010 00 mol·L^{-1} Ca^{2+} 溶液(pH=9)过程中的 pCa

加入 EDTA 溶液		剩余 Ca^{2+} 溶液的体积/mL	过量 EDTA 溶液的体积/mL	pCa
mL	%			
0.00	0.00	20.00		2.00
18.00	90.0	2.00		3.28
19.98	99.9	0.02		5.30
20.00	100.0	0.00		5.86
20.02	100.1		0.02	6.41

②其他 pH 时的滴定曲线

当 pH 改变时，同样可求出不同 pH 条件下 pCa，并绘制出不同 pH 条件下的滴定曲线，如图 9-7 所示。

由图 9-7 可见，在化学计量点前，滴定曲线的变化与 pH 无关，因为 pM 只取决于溶液中剩余的[Ca^{2+}]。而化学计量点后滴定曲线的变化与 pH 有关，因为化学计量点后溶液中主要存在过量的 EDTA，EDTA 的存在形式与 pH 有关，故滴定曲线也与 pH 有关。另外，图 9-7 也显示了滴定曲线的突跃长短与 pH 有关。pH 越小，突跃越短；pH 越大，突跃越长。这是因为 pH 越小，$K^{\ominus}_{MY'}$ 越小，故反映在滴定曲线上的突跃就越短。pH=6 时滴定曲线的突跃几乎消失。因此在配位滴定中，一定要选择合适的 pH 条件。

(2)多种副反应存在时的滴定曲线

有些被测金属离子易水解，则滴定时往往要加入辅助配位剂以防止金属离子的水解。因而，滴定过程同时受到酸效应和辅助配位效应的影响。例如，在碱性条件下测定 Ni^{2+}、Zn^{2+} 等时，为了防止 Ni^{2+}、Zn^{2+} 的水解，常加入氨缓冲溶液，使它们先生成氨配合物。氨配合物的稳定性与溶液的 pH 也有关。一般来说，溶液 pH 越大，氨溶液中氨的浓度越大，生成

的氨配合物越稳定，游离的金属离子浓度就越小，pM 越大，滴定曲线在化学计量点前位置越高，因此滴定曲线在化学计量点的前后都与溶液 pH 有关。如图 9-8 所示是 EDTA 滴定 0.001 mol·L^{-1} Ni^{2+} 的氨性溶液的滴定曲线。由图 9-8 可见，这类滴定曲线在化学计量点前后都与溶液的 pH 有关，滴定时必须综合考虑化学计量点前后的辅助配位效应和 EDTA 酸效应，选择能使突跃较长的合适的 pH 滴定条件。在 pH 等于 9 时，图 9-8 中滴定曲线的突跃最长。

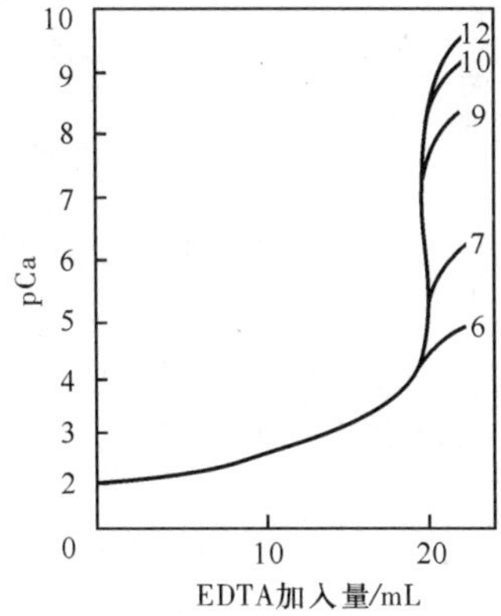

图 9-7　0.010 00 mol·L^{-1} EDTA 溶液滴定 0.010 00 mol·L^{-1} 20.00 mL Ca^{2+} 滴定曲线

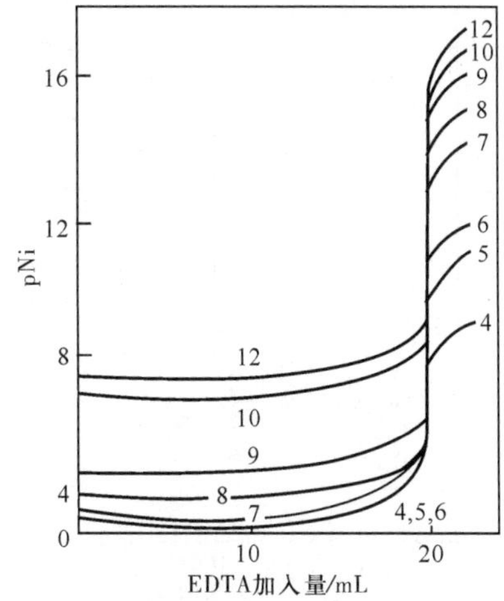

图 9-8　0.001 mol·L^{-1} Ni^{2+} 溶液用 EDTA 滴定的滴定曲线溶液中 $[NH_3]+[NH_4^+]=0.1$ mol·L^{-1}

综上所述，对于配位滴定，为了获得满意的定量结果，必须根据被测样品的性质，综合各方面的影响，确立一个合适的 pH 环境，以获得突跃尽可能长的滴定过程，提高分析结果的准确度和可靠性。当然要获得理想的结果除了上述因素外，还必须考虑如何选择合适的指示剂。

2. 影响滴定突跃的因素

由 Ca-EDTA 滴定曲线的绘制过程可知，影响滴定突跃的是 c_M 与 $K^{\ominus}_{MY'}$ 两个因素。下面分别讨论。

(1)金属离子浓度的影响

金属离子浓度影响的是滴定突跃范围的下限，在 $K^{\ominus}_{MY'}$ 一定时，金属离子的浓度对滴定曲线的影响如图 9-9 所示。c_M 越大，其负对数就越小，滴定曲线的起点就越低，滴定的突跃范围越大；反之，滴定的突跃范围越小。也就是说，滴定的突跃范围与 c_M 成正比。

(2)配合物的条件稳定常数 $K^{\ominus}_{MY'}$ 的影响

如图 9-10 所示，当金属离子浓度 c_M 一定时，配合物的条件稳定常数 $K^{\ominus}_{MY'}$ 影响的是滴定突跃范围的上限。这一结论可以从突跃范围上限金属离子浓度的计算公式 $c_{M'}=\dfrac{c_{MY}}{K^{\ominus}_{MY'}c_{Y'}}$ 得到。$K^{\ominus}_{MY'}$ 越大，则 $c_{M'}$ 越小，其负对数就越大，滴定突跃范围的上限也就越高，反之越低。

由式(9-13)可知，$\lg K^{\ominus}_{MY'}$ 取决于 $\lg K^{\ominus}_{MY}$ 和 $\lg\alpha_{Y(H)}$。当酸度一定时，配合物越稳定，即

$\lg K_{MY}^{\ominus}$越大时，$\lg K_{MY'}^{\ominus}$越大，表明滴定反应越彻底，滴定突跃范围也越大；当 $\lg K_{MY}^{\ominus}$一定时，$\lg K_{MY'}^{\ominus}$随 $\lg\alpha_{Y(H)}$的增大而减小，即 $\lg K_{MY'}^{\ominus}$随 pH 增大而增大，反之减小。如图 9-8 所示，若单从酸度一个因素考虑，增大 pH 对滴定是有利的。但是，pH 过大会相应地增大金属离子水解的程度，反而使 $\lg K_{MY'}^{\ominus}$减小。

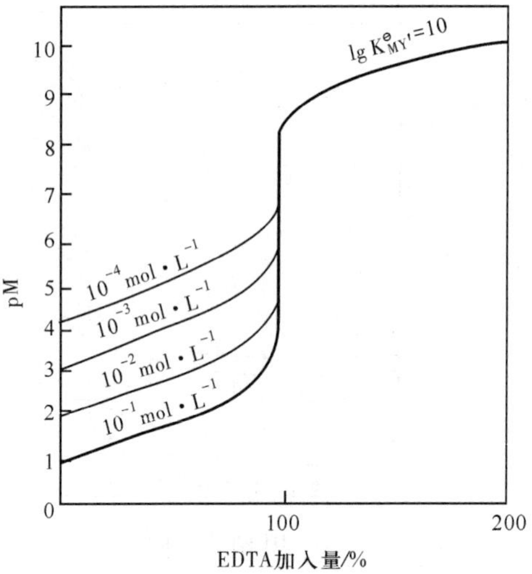

图 9-9　EDTA 滴定不同浓度金属离子的滴定曲线

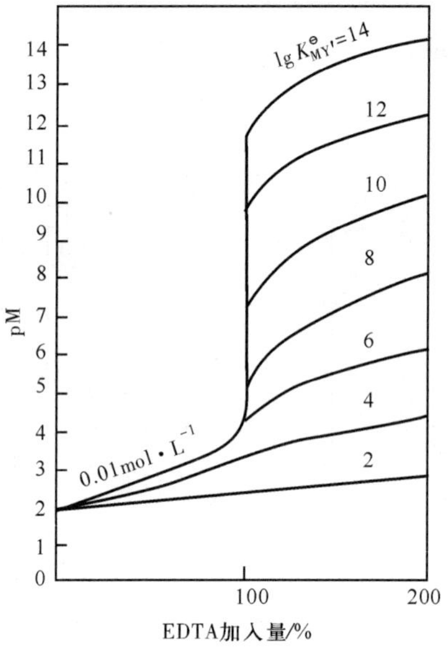

图 9-10　不同 $\lg K_{MY}^{\ominus}$时用 0.01 mol · L^{-1} EDTA 滴定 0.01 mol · L^{-1} M^{n+}的滴定曲线

9.7.2　准确滴定的条件
Conditions for accurate titration

通过分析影响滴定突跃的因素可知，决定配位滴定准确度的重要依据是滴定突跃的大小，而滴定突跃的大小又受 $\lg K_{MY'}^{\ominus}$及 c_M 的影响。那么，$\lg K_{MY'}^{\ominus}$及 c_M 的大小与配位滴定的准确度之间是否存在着一定的计量关系？

设被测金属离子的浓度为 c_M，已知滴定分析允许的终点误差为±0.1%，则在滴定至终点时

$$c_{MY'} \geqslant 0.999c_M,\quad c_{M'} \leqslant 0.001c_M,\quad c_{Y'} \leqslant 0.001c_M$$

代入式(9-6)，得

$$K_{MY'}^{\ominus} = \frac{c_{MY'}}{c_{M'}c_{Y'}} \geqslant \frac{0.999c_M}{(0.001c_M)^2} = \frac{10^6}{c_M}$$

即

$$c_M K_{MY'}^{\ominus} \geqslant 10^6 \tag{9-15}$$

当 c_M＝0.01 mol · L^{-1}时

$$K_{MY'}^{\ominus} \geqslant 10^8 \quad 或 \quad \lg K_{MY'}^{\ominus} \geqslant 8 \tag{9-16}$$

式(9-15)或式(9-16)就是 EDTA 准确直接滴定单一金属离子的条件。

【例 9-11】　通过计算说明，用 EDTA 溶液滴定 Ca^{2+}为什么必须在 pH＝10.0 而不能在

pH＝5.0 的条件下进行，但滴定 Zn^{2+} 时，则可以在 pH＝5.0 时进行？

解　查表 9-12 和表 9-14 可知

$$\lg K^{\ominus}(ZnY)=16.50,\quad \lg K^{\ominus}(CaY)=10.69$$

pH＝5.0 时，$\lg\alpha_{Y(H)}=6.45$；

pH＝10.0 时，$\lg\alpha_{Y(H)}=0.45$。

由式(9-14)可得

pH＝5.0 时，

$$\lg K^{\ominus}(ZnY')=16.50-6.45=10.05>8$$
$$\lg K^{\ominus}(CaY')=10.69-6.45=4.24<8$$

pH＝10.0 时，

$$\lg K^{\ominus}(ZnY')=16.50-0.45=16.05>8$$
$$\lg K^{\ominus}(CaY')=10.69-0.45=10.24>8$$

由此可见，pH＝5.0 时，EDTA 溶液不能准确地滴定 Ca^{2+}，但可以准确地滴定 Zn^{2+}。pH＝10.0 时，Ca^{2+}、Zn^{2+} 都能用 EDTA 准确地滴定。

9.7.3　酸效应曲线和配位滴定中酸度的控制

Acid effect curve and control of acidity in coordination titration

1. 配位滴定的最高酸度和酸效应曲线

滴定金属离子的最低 pH(即滴定所允许的最高酸度)可以用以下的方法确定。

视频

滴定中酸度的控制

设滴定体系只存在酸效应，不存在其他副反应，则

$$\lg K^{\ominus}_{MY'}=\lg K^{\ominus}_{MY}-\lg\alpha_{Y(H)}\geqslant 8 \tag{9-17}$$

得

$$\lg\alpha_{Y(H)}\leqslant \lg K^{\ominus}_{MY}-8 \tag{9-18}$$

将不同配合物的 $\lg K^{\ominus}_{MY}$ 代入式(9-18)，求得 $\lg\alpha_{Y(H)}$，查表 9-14，就可得到准确滴定金属离子的最低 pH。以金属离子的 $\lg K^{\ominus}_{MY}$ 为横坐标，pH 为纵坐标，所得到的曲线即为 EDTA 的酸效应曲线。该曲线通常又称为林邦(Ringbom)曲线，如图 9-11 所示。

在 EDTA 酸效应曲线上不仅可以得到指定金属离子准确滴定的最低 pH，确定一定 pH 范围内能滴定的离子及干扰滴定的离子种类，还可判断共存金属离子分步滴定的可能性。例如，pH＝10.0 时可以滴定 Mg^{2+}，但位于其下的 Ca^{2+}、Pb^{2+} 等干扰 Mg^{2+} 的测定。

【例 9-12】　求用 0.010 $mol\cdot L^{-1}$ EDTA 溶液滴定 0.010 $mol\cdot L^{-1}$ Zn^{2+} 时溶液的最低 pH。

解　由表 9-12 可知，$\lg K^{\ominus}(ZnY)=16.50$，将其代入 $\lg\alpha_{Y(H)}\leqslant \lg K^{\ominus}_{MY}-8$ 中，得

$$\lg\alpha_{Y(H)}\leqslant 16.50-8=8.50$$

从表 9-14 或酸效应曲线中可查到，当 $\lg\alpha_{Y(H)}=8.50$ 时，其相应的 pH 约为 4，即EDTA 滴定 Zn^{2+} 的最低 pH 应为 4 左右。

2. 配位滴定的最低酸度

从滴定曲线的讨论中可知，pH 越大，由于酸效应减弱，$\lg K^{\ominus}_{MY'}$ 增大，配合物越稳定，被滴定

金属离子与 EDTA 的反应也越完全，滴定突跃也越大。但是，随着 pH 增大，金属离子可能会发生水解，生成多羟基配合物，降低 EDTA 配合物的稳定性，甚至会因生成氢氧化物沉淀而影响 EDTA 配合物的形成，故对滴定不利。因此，对不同的金属离子，因其性质不同而在滴定时有不同的最高允许 pH 或最低酸度。在没有辅助配位剂存在时，准确滴定某一金属离子的最低允许酸度通常可粗略地由一定浓度的金属离子形成氢氧化物沉淀时的 pH 估算。

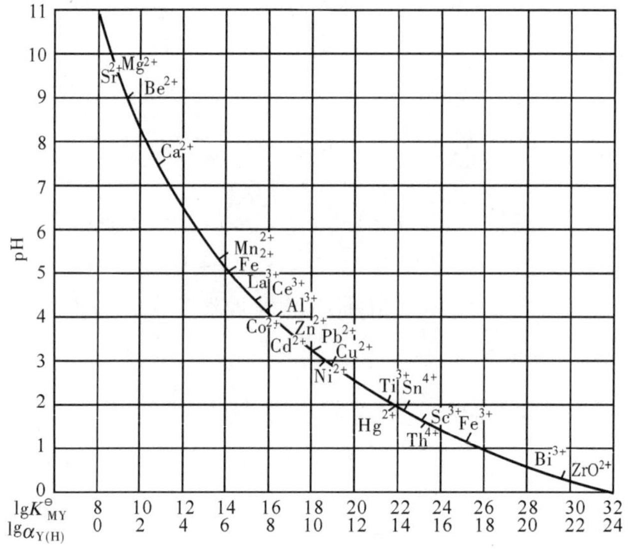

图 9-11 EDTA 的酸效应曲线

【例 9-13】 试计算用 0.01 mol·L^{-1}EDTA 滴定 0.01 mol·L^{-1} Fe^{3+} 时溶液的最高酸度和最低酸度。

解 由式(9-18)得

$$\lg\alpha_{Y(H)} \leqslant \lg K^{\ominus}(FeY) - 8 = 25.1 - 8 = 17.1$$

查表 9-14 或酸效应曲线，得到 pH≥1.2，故滴定时的最低 pH 为 1.2。

最低酸度由 $Fe(OH)_3$ 的 $K^{\ominus}_{sp}$ 求得

$$[OH^-] = \sqrt[3]{\frac{K^{\ominus}_{sp}}{[Fe^{3+}]}} = \sqrt[3]{\frac{2.64\times10^{-39}}{0.01}} = 6.42\times10^{-13}\ mol\cdot L^{-1}$$

$$pOH = 12.2,\quad pH = 1.8$$

即滴定时的最高 pH 为 1.8。

显然，此处计算出的最高 pH 是刚开始析出 $Fe(OH)_3$ 沉淀时的 pH。这样按 $K^{\ominus}_{sp}$ 计算所得的最低酸度可能与实际情况略有出入，因为在计算过程中忽略了羟基配合物、离子强度及沉淀是否易于再溶解等因素的影响。尽管如此，按这种方式计算而得到的最低酸度仍可供实际滴定时参考。

配位滴定应控制在最高酸度和最低酸度之间进行，将此酸度范围称为配位滴定的适宜酸度范围。

3. 缓冲溶液的作用

在配位滴定过程中，随着配合物的生成，不断有 H^+ 释放出来，即有

$$M^{n+}+H_2Y^{2-} \rightleftharpoons MY^{(4-n)-}+2H^+$$

因此，溶液的酸度不断增大，不仅降低了配合物的实际稳定性（$\lg K_{MY'}^{\ominus}$ 减小），使滴定突跃减小，同时也可能改变指示剂变色的适宜酸度，导致很大的误差，甚至无法滴定。因此，在配位滴定中，通常要加入缓冲溶液来控制 pH。

9.8　金属指示剂

Metal indicators

判断滴定终点的方法有很多种，其中最常用的是金属指示剂判断滴定终点的方法。

视频

金属指示剂

9.8.1　金属指示剂的性质和作用原理

The properties and interaction principle of metal indicators

金属指示剂是一些有机配位剂，可与金属离子形成有色配合物，其颜色与游离的指示剂的颜色不同，因而能指示滴定过程中金属离子浓度的变化情况。现以铬黑 T 为例说明其原理。铬黑 T 在 pH 为 8～11 时呈蓝色，它与 Ca^{2+}、Mg^{2+}、Zn^{2+} 等金属离子形成的配合物呈酒红色。如果用 EDTA 滴定这些金属离子，加入铬黑 T 指示剂，滴定前它与少量金属离子结合成酒红色，绝大部分金属离子处于游离状态。随着 EDTA 的滴入，游离金属离子逐步被配位而形成配合物 M-EDTA。当游离金属离子配合物的条件稳定常数大于铬黑 T 与金属离子配合物的条件稳定常数时，EDTA 夺取指示剂配合物中的金属离子，将指示剂游离出来，溶液显示游离铬黑 T 的蓝色，指示出滴定终点的到来。

$$\underset{\text{(酒红色)}}{\text{M-铬黑 T}}+\text{EDTA} \rightleftharpoons \text{M-EDTA}+\underset{\text{(蓝色)}}{\text{铬黑 T}}$$

应该指出，许多金属指示剂不仅具有配位剂的性质，而且本身常是多元弱酸或多元弱碱，能随溶液 pH 变化而显示不同的颜色。例如，铬黑 T 是一个三元酸，第一级离解极容易，第二级和第三级离解则较难（$pK_{a2}^{\ominus}=6.3$，$pK_{a3}^{\ominus}=11.6$），在溶液中存在下列平衡：

$$\underset{\substack{\text{(红色)}\\ pH<6}}{H_2In^-} \underset{+H^+}{\overset{-H^+}{\rightleftharpoons}} \underset{\substack{\text{(蓝色)}\\ pH=8\sim11}}{HIn^{2-}} \underset{+H^+}{\overset{-H^+}{\rightleftharpoons}} \underset{\substack{\text{(橙色)}\\ pH>12}}{In^{3-}}$$

铬黑 T 与许多阳离子，如 Ca^{2+}、Mg^{2+}、Cu^{2+} 等形成酒红色的配合物，显然，铬黑 T 在 $pH<6$ 或 $pH>12$ 时，游离指示剂的颜色与指示剂形成的金属离子配合物颜色没有显著差别。只有在 pH 为 8～11 时进行滴定，终点由金属离子配合物的酒红色变成游离指示剂的颜色，颜色变化才显著。因此使用金属指示剂必须注意选用合适的 pH 范围。

9.8.2　金属指示剂应具备的条件

Conditions for metal indicators

从以上讨论可知，作为金属指示剂必须具备下列条件：

(1)在滴定的 pH 范围内,游离指示剂和指示剂金属离子配合物两者的颜色应有显著的差别,这样才能使终点颜色变化明显。

(2)指示剂与金属离子形成的有色配合物要有适当的稳定性。指示剂与金属离子配合物的稳定性必须小于 EDTA 与金属离子配合物的稳定性,这样在滴定到达化学计量点时指示剂才能被 EDTA 置换出来,而显示终点的颜色变化。但如果指示剂与金属离子所形成的配合物不太稳定,则在化学计量点前指示剂就开始游离出来,使终点变色不敏锐,并使终点提前出现而引入误差。另一方面,如果指示剂与金属离子形成更稳定的配合物而不能被 EDTA 置换,则虽加入大量 EDTA 也达不到终点,这种现象称为指示剂封闭。例如,铬黑 T 能被 Fe^{3+}、Al^{3+}、Cu^{2+} 和 Ni^{2+} 等封闭。

为了消除指示剂封闭现象,可以加入适当的配位剂来掩蔽能封闭指示剂的离子(量多时要分离除去)。有时使用的蒸馏水不合要求,其中含有微量重金属离子,也能引起指示剂封闭,所以配位滴定要求蒸馏水达到一定的质量指标。

(3)指示剂与金属离子形成的配合物应易溶于水,如果生成胶体溶液或沉淀,在滴定时指示剂与 EDTA 的置换作用将进行缓慢而使终点拖长,这种现象称为指示剂僵化。例如,用 PAN 作指示剂,在温度较低时,易发生指示剂僵化。

为了避免指示剂僵化,可以加入有机溶剂或将溶液加热,以增大有关物质的溶解度,加热还可加快反应速率。在可能发生指示剂僵化时,接近终点时更要缓慢滴定,剧烈振摇。

金属指示剂多数是具有若干双键的有色有机化合物,易受日光、氧化剂、空气等作用而分解,有些在水溶液中不稳定,有些日久会变质。为了避免指示剂变质,有些指示剂可以用中性盐(如 NaCl 固体等)稀释后配成固体指示剂使用,有时可在指示剂溶液中加入可以防止指示剂变质的试剂,如在铬黑 T 溶液中加入三乙醇胺等。一般指示剂都不宜久放,最好是用时新配。

9.8.3 常用的金属指示剂 General metal indicators

常用金属指示剂的主要使用情况见表 9-17。除表 9-17 中所列指示剂外,还有一种 Cu-PAN指示剂,它是 CuY 与少量 PAN 的混合溶液。用此指示剂可以滴定许多金属离子,包括一些与 PAN 结合不够稳定或不显色的离子。将此指示剂加到含有被测 M 金属离子的试液中时,发生如下置换反应:

$$\underset{\text{(蓝色)}}{CuY}+\underset{\text{(黄色)}}{PAN}+M \rightleftharpoons MY+\underset{\text{(紫红色)}}{Cu\text{-}PAN}$$

溶液呈现紫红色。用 EDTA 滴定时,EDTA 先与游离的 M 金属离子结合,当加入的 EDTA 定量结合 M 金属离子后,EDTA 将夺取 Cu-PAN 中的 Cu^{2+} 而使 PAN 游离出来:

$$\underset{\text{(紫红色)}}{Cu\text{-}PAN}+Y \rightleftharpoons \underset{\text{(蓝色)}}{CuY}+\underset{\text{(黄色)}}{PAN}$$

溶液由紫红色变为 CuY 及 PAN 混合而成的绿色,即到达终点。因滴定前加入的 CuY 与最后生成的 CuY 是相等的,故加入的 CuY 不影响测定结果。

Cu-PAN 指示剂可在很宽的 pH 范围(2～12)内使用,此指示剂能被 Ni^{2+} 封闭。此外,使用此指示剂不可同时加入能与 Cu^{2+} 生成更稳定配合物的其他掩蔽剂。

表 9-17　常用金属指示剂的主要使用情况

指示剂	终点变色 (MIn→In)	变色的 pH 范围	直接滴定的金属离子	指示剂的配制	备注
铬黑 T (EBT)	酒红→蓝	8～11	Mg^{2+}、Zn^{2+}、Pb^{2+}、Cd^{2+} 等	1∶100 NaCl (固体)	Al^{3+}、Fe^{3+}、Ti^{4+}、Co^{2+} 等有封闭
二甲酚橙 (XO)	紫红→亮黄	<6.3	Bi^{3+}、Pb^{2+}、Zn^{2+}、Cu^{2+} 等	质量分数为 0.5% 的水溶液	Fe^{3+}、Al^{3+}、Ni^{2+}、Ti^{4+} 等有封闭
PAN	紫红→黄	1.9～12.2	Cu^{2+}、Bi^{3+}、Zn^{2+}、Fe^{2+} 等	质量分数为 0.1% 的乙醇溶液	
磺基水杨酸 (ssal)	紫红→黄	1.8～2.5	Fe^{3+}	质量分数为 2% 的水溶液	ssal 本身无色，黄色为 FeY
钙指示剂	酒红→蓝	12～13	Ca^{2+}	1∶100 NaCl (固体)	Fe^{3+}、Al^{3+}、Cu^{2+}、Mn^{2+} 等有封闭

9.9　配位滴定的方式和应用

Method and application of coordination titration

9.9.1　单组分含量的测定

Determination the content of single component

当溶液中只有一种待测金属离子，或溶液中共存离子对测定无影响时，采用配位滴定方式测定某金属离子的含量，一般有 4 种方法。

视频

单组分含量的测定

1. 直接滴定法

直接滴定法(direct titration)是在满足配位滴定的基本条件(即 $\lg cK^{\ominus}_{稳} \geqslant 6$)时，用 EDTA 标准溶液直接滴定待测离子，以求得其含量的方法。此法迅速方便，一般情况下可减小引入误差，因此在可能范围内应尽可能采用此法。但在下列情况下不能采用直接滴定法。

(1)被测离子虽能与 EDTA 形成稳定的配合物，但无合适的指示剂，如 Sr^{2+} 等。

(2)被测离子极易水解或易产生指示剂封闭现象，被测金属离子与 EDTA 反应速率太慢，如 Al^{3+} 等。

(3)被测离子不与 EDTA 形成配合物，或形成的配合物不稳定。如 SO_4^{2-}、PO_4^{3-}、Ag^+ 等。

上述情况下需采用其他滴定方式。

【例 9-14】　取 100 mL 水样，用氨性缓冲液调节 pH＝10，以铬黑 T 为指示剂，用 0.010 60 mol·L^{-1} EDTA 标准溶液滴定至终点，共消耗 18.58 mL，计算水的总硬度(以 $CaCO_3$ mg·L^{-1}计)。

解　水的总硬度以 $CaCO_3$ 计，因此

$$
\begin{aligned}
总硬度 &= c(\text{EDTA}) \times V(\text{EDTA}) \times M(\text{CaCO}_3) \times 10 \\
&= (0.010\,60 \times 18.58 \times 100.1 \times 10)\ \text{mg} \cdot \text{L}^{-1} \\
&= 197.1\ \text{mg} \cdot \text{L}^{-1}
\end{aligned}
$$

2. 间接滴定法

当被测离子不与 EDTA 形成配合物或形成的配合物不稳定时，可采用间接滴定法(indirect titration)。此法是加入过量的能与 EDTA 形成稳定配合物的金属离子作沉淀剂，使被测离子沉淀，而过量的沉淀剂用 EDTA 滴定。从 EDTA 的耗用量可间接算出待测离子的含量。例如，测定 PO_4^{3-}，可加入过量 $Bi(NO_3)_3$，使之生成 $BiPO_4$ 沉淀，而剩余的 Bi^{3+} 再用 EDTA 滴定。用 EDTA 耗用量计算出剩余 Bi^{3+} 量，从而可知与 Bi^{3+} 反应的 PO_4^{3-} 量(必要时，也可先将沉淀分离、溶解后再用 EDTA 滴定)。

【例 9-15】 称取 0.050 00 g 含磷试样，处理成溶液，把磷沉淀为 $MgNH_4PO_4$，将沉淀过滤、洗涤后再溶解。在适当的条件下，用 0.010 00 mol・L^{-1} EDTA 标准溶液滴定其中的 Mg^{2+}，用去 20.00 mL，求试样中 P_2O_5 的质量分数？

解

$$w(P_2O_5)=\frac{n(P_2O_5)\times M(P_2O_5)}{m_s}\times 100\%$$

$$=\frac{\frac{1}{2}\times c(EDTA)\times V(EDTA)\times M(P_2O_5)}{m_s}\times 100\%$$

$$=\frac{\frac{1}{2}\times 0.010\,00\ mol\cdot L^{-1}\times 20.00\times 10^{-3}\ L\times 142\ g\cdot mol^{-1}}{0.050\,00}\times 100\%$$

$$=28.40\%$$

3. 返滴定法

当被测离子与 EDTA 反应速率很慢，或找不到变色敏锐的指示剂时，可采用返滴定法(reverse titration)。具体做法是：在被测金属离子的溶液中加入过量的 EDTA 溶液，在反应完成后，剩余的 EDTA 再用其他金属离子的标准溶液返滴定。金属离子标准溶液的选择原则是：其与 EDTA 反应的稳定性最好和被测离子与 EDTA 反应的稳定性相近。返滴定最典型的例子是 Al^{3+} 的测定。由于 Al^{3+} 易形成一系列羟基配合物，又与 EDTA 反应速率缓慢，而且没有滴定 Al^{3+} 的合适指示剂，故常用返滴定法测定。一般先加入过量 EDTA 溶液，经煮沸与 Al^{3+} 作用完全后，用 Cu^{2+}(或 Zn^{2+})标准溶液返滴过量的 EDTA，按化学计量关系可求得 Al^{3+} 的含量。

【例 9-16】 称取干燥 $Al(OH)_3$ 凝胶 0.498 6 g，在 250.00 mL 容量瓶中溶解，定容后吸取 25.00 mL，准确加入 25.00 mL 0.051 40 mol・L^{-1} EDTA 标准溶液，过量的 EDTA 溶液用 0.049 98 mol・L^{-1}锌标准溶液回滴，用去 15.02 mL，求试样中 Al_2O_3 的含量。

解 过量的 EDTA 溶液的体积为

$$V(EDTA)=\frac{c(Zn)\times V(Zn)}{c(EDTA)}$$

$$=\frac{0.049\,98\ mol\cdot L^{-1}\times 15.02\ mL}{0.051\,40\ mol\cdot L^{-1}}$$

$$=14.61\ mL$$

试样中 Al_2O_3 的含量为

$$w(Al_2O_3)=\frac{\frac{1}{2}\times n(Al)\times M(Al_2O_3)\times 10}{m_s}$$

$$=\frac{\frac{1}{2}\times 0.051\,40\ \mathrm{mol\cdot L^{-1}}\times(25.00-14.61)\times 10^{-3}\ \mathrm{L}\times 102\ \mathrm{g\cdot mol^{-1}}\times 10}{0.498\,6\ \mathrm{g}}\times 100\%$$

$$=54.63\%$$

4. 置换滴定法

当无合适指示剂指示被测离子与 EDTA 反应的终点时，可用置换滴定法(displacement titration)。一般在待测溶液中加入适当的 EDTA 的金属盐 MY(例如，MgY 或 ZnY)，使被测离子置换出 MY 中的金属离子(M)，再用 EDTA 溶液滴定 M 离子。例如，测定 Ba^{2+} 可加入 MgY，再用 EDTA 滴定。

$$Ba^{2+}+[MgY]^{2-}=\!=\!=[BaY]^{2-}+Mg^{2+}$$

$$Mg^{2+}+Y^{4-}=\!=\!=[MgY]^{2-}$$

该法是置换金属离子，也可用另一种配位剂置换出被测离子与 EDTA 配合物中的 EDTA，再用其他金属离子标准溶液滴定置换出来的 EDTA。例如，在测定 Al^{3+} 时，若有 Cu^{2+} 和 Zn^{2+} 共存，可先加入过量 EDTA，在加热条件下，使三种离子均与 EDTA 配合。调节溶液 pH 为 5～6，用 PAN 为指示剂，以铜盐标准溶液返滴定剩余的 EDTA，然后加入 NH_4F，利用 F^- 能与 Al^{3+} 生成更稳定的 $[AlF_6]^{3-}$ 的性质，将 $[AlY]^-$ 配离子转变成 $[AlF_6]^{3-}$，释放出的 EDTA 再用铜盐标准溶液滴定。由铜盐溶液的消耗量，按化学计量关系，可得出 Al^{3+} 的含量。反应如下：

$$[AlY]^-+6F^-=\!=\!=[AlF_6]^{3-}+Y^{4-}$$

$$Y^{4-}+Cu^{2+}=\!=\!=[CuY]^{2-}$$

9.9.2　混合物中各组分含量的测定

Determination of the contents in the mixture

1. 判断干扰的依据

当被测液为混合物，有多种金属离子共存，且都能和 EDTA 形成满足滴定分析要求的稳定配合物时，要想分别测定各组分的含量，可能会有相互干扰。在不考虑金属离子的水解效应和其他配合效应的情况下，干扰的程度取决于各金属离子的浓度以及它们与 EDTA 形成配合物的稳定性。判断有无干扰的方法如下。

视频

混合物中各组分含量的测定

现有一种混合溶液内含被测离子 M 和干扰离子 N，它们的浓度分别为 c_M 和 c_N，这两种离子与 EDTA 所形成配合物的条件稳定常数分别为 $K^{\ominus}_{MY'}$ 和 $K^{\ominus}_{NY'}$，若测定时的允许误差为±0.5%，终点的 ΔpM≈0.3，则可推得下式：

$$\frac{c_M K^{\ominus}_{MY'}}{c_N K^{\ominus}_{NY'}}\geqslant 10^5 \tag{9-19}$$

即

$$\lg c_M K^{\ominus}_{MY'}-\lg c_N K^{\ominus}_{NY'}\geqslant 5$$

当 $c_M=c_N$ 时，$\Delta\lg K^{\ominus}\geqslant 5$。

式(9-19)即为判断有无干扰的依据。若计算结果满足上式，则说明在混合液中测定 M 离子时 N 离子的存在不会产生干扰，在 M 离子本身满足 $\lg c_M K^{\ominus}_{MY'} \geqslant 6$ 的条件下，就可不经分离，通过控制适当的 pH 条件，用配位滴定法直接测出混合液中 M 离子的含量。若不能满足上式要求，则需采用掩蔽或分离的方法去除干扰，才能测得混合液中 M 离子的含量。

2. 使用调节溶液酸度的方法分别测定混合物中各组分的含量

若经判断混合液中各组分的测定互不干扰，则可不经分离，依据各种金属离子测定的 pH 条件，用控制酸度的办法依次测出各组分的含量。

混合物分析的具体步骤如下：

(1)比较混合物中各组分离子与 EDTA 形成配合物的稳定常数，列出 EDTA 与之反应的次序，得出首先测定的应是 $K^{\ominus}_{MY}$ 最大的一个。

(2)用式(9-19)判断 $K^{\ominus}_{MY}$ 最大的一个金属离子和与最大 $K^{\ominus}_{MY}$ 相近的第二个金属离子之间有无干扰。

(3)若无干扰，则可通过计算选择 $K^{\ominus}_{MY}$ 最大的金属离子测定的 pH 范围，选用指示剂等滴定条件，按照与单组分相同的方式进行测定，其他离子依此类推。

(4)若有干扰，则不能直接测定，需采取掩蔽或解蔽方式解决。

【例 9-17】 在 Fe^{3+}、Al^{3+}、Ca^{2+}、Mg^{2+} 的混合溶液中，能否分别测定 Fe^{3+}、Al^{3+}、Ca^{2+}、Mg^{2+} 的含量，具体的测定条件是什么？(假设它们的浓度均为 0.01 mol · L^{-1})

解 由表 9-12 查得

	FeY	AlY	CaY	MgY
$\lg K^{\ominus}_{MY}$	25.1	16.3	10.69	8.7

从 $\lg K^{\ominus}_{MY}$ 的大小可知，用 EDTA 滴定它们的次序为 Fe^{3+}、Al^{3+}、Ca^{2+}、Mg^{2+}，故先测定 Fe^{3+}。与 FeY 稳定性最接近的是 AlY，依式(9-19)可判断 Al^{3+} 对 Fe^{3+} 测定有无干扰。因为二者浓度相同，直接比较稳定常数得

$$\lg K^{\ominus}(FeY) - \lg K^{\ominus}(AlY) = 25.1 - 16.3 = 8.8 > 5$$

故 Al^{3+} 的存在不干扰 Fe^{3+} 的测定。由例 9-13 可知，Fe^{3+} 测定的 pH 为 1.2～1.8，据此可选择磺基水杨酸作指示剂进行测定。当被测溶液由紫红色变淡黄色时，Fe^{3+} 的测定即完成。

测定 Fe^{3+} 后，继续测定的是 Al^{3+}，用类似方法可判断共存的 Ca^{2+} 有无干扰。因二者的 $\Delta\lg K^{\ominus}_{MY} > 5$，故无干扰。选择测 Al^{3+} 的条件和滴定方式需采用返滴定法，具体做法是：在调节 pH=3 时，加入过量 EDTA，煮沸，再用六亚甲基四胺缓冲液调节 pH 为 4～6，使 Al^{3+} 和 EDTA 配位完全。然后以 PAN 为指示剂，用 Cu^{2+} 标准溶液返滴定过量的 EDTA，由化学计量关系可测出 Al^{3+} 的含量。

Ca^{2+}、Mg^{2+} 因 $\Delta\lg K^{\ominus}_{MY} < 5$ 而无法采用调节酸度的方法分别测定。一般先测定 Ca^{2+}、Mg^{2+} 的总量，选择的条件是在氨性溶液中用铬黑 T 作指示剂。然后通过沉淀掩蔽法掩蔽 Mg^{2+} 而测出 Ca^{2+} 的含量。二者之差即为 Mg^{2+} 的含量。

3. 掩蔽和掩蔽的方法

若混合物组分的测定不能满足式(9-19)，就不能直接利用控制酸度的方法分别测定，则一般应采用掩蔽的方法来消除干扰离子的影响或降低干扰离子的浓度，使之与EDTA或指示剂形成的配合物变得十分不稳定，从而达到消除干扰的目的。采用掩蔽方法时，一般要求

干扰离子的量和被测离子的量之比小于 1∶100，否则掩蔽效果不佳。

掩蔽的方法可根据掩蔽剂与干扰离子产生反应的类型不同而分成配位掩蔽法、沉淀掩蔽法和氧化还原掩蔽法等，其中配位掩蔽法应用最广。

(1)配位掩蔽法

利用干扰离子和掩蔽剂形成稳定配合物来消除干扰的方法称为配位掩蔽法。例如，欲在 Fe^{3+}、Al^{3+}、Ca^{2+}、Mg^{2+} 的混合溶液中测定 Ca^{2+}、Mg^{2+} 的总量，可采用配位掩蔽法去除 Fe^{3+}、Al^{3+} 的干扰。选择三乙醇胺为掩蔽剂，使它们生成比 FeY、AlY 更稳定的配合物，从而去除 Fe^{3+}、Al^{3+} 对 Ca^{2+}、Mg^{2+} 测定的影响。

EDTA 滴定中常用的配位掩蔽剂见表 9-18。应用时应注意以下几点：

①掩蔽剂(A)与干扰离子(N)生成的配合物(NA)应比 EDTA 与干扰离子生成的配合物(NY)更稳定。

②掩蔽剂不与被测离子配位或配位倾向很小。

③掩蔽剂和干扰离子的配合物应是无色或浅色的。

④掩蔽时使用的 pH 范围应与测定所需的 pH 范围一致。

表 9-18　EDTA 滴定中常用的配位掩蔽剂

掩蔽剂	掩蔽离子	测定离子	pH	指示剂	备注
二巯基丙醇(BAL)	Ag^{+}、As^{3+}、Bi^{3+}、Cd^{2+}、Hg^{2+}、Pb^{2+}、Sb^{3+}、Sn^{4+}、Co^{2+}、Cu^{2+}、Ni^{2+}	Ca^{2+}、Mg^{2+}、Mn^{2+}	10	铬黑 T	Co^{2+}、Cu^{2+}、Ni^{2+} 与 BAL 的配合物有色
三乙醇胺(TEA)	Al^{3+}	Mg^{2+}、Zn^{2+}	10	铬黑 T	
	Al^{3+}、Fe^{3+}、Mn^{2+}	Ca^{2+}	碱性	Cu-PAN	
	Al^{3+}、Fe^{3+}、Tl^{3+}、Mn^{2+}	Ca^{2+}	>12	紫脲酸铵或钙指示剂	
		Ni^{2+}	10	紫脲酸铵	
		Cd^{2+}、Mg^{2+}、Mn^{2+}	10	铬黑 T	
	Al^{3+}、Fe^{2+}、Sn^{4+}、Ti^{2+}	Pb^{2+}、Zn^{2+}			
酒石酸盐	Al^{3+}	Zn^{2+}	5.2	二甲酚橙	
	Al^{3+}、Fe^{3+}	Ca^{2+}、Mn^{2+}	10	Cu-PAN	
	Al^{3+}、Fe^{3+}、少量 Ti^{4+}	Ca^{2+}	>12	钙黄绿素或钙指示剂	
柠檬酸	少量 Al^{3+}、Fe^{3+}	Zn^{2+}	8.5～9.5	铬黑 T	30 ℃
		Cd^{2+}、Cu^{2+}、Pb^{2+}	8.5	萘基偶氮羟啉 S	丙酮(黄→粉红)测定 Cu^{2+} 和 Pb^{2+} 时加入 Cu-EDTA
氰化物	Ag^{+}、Cd^{2+}、Co^{2+}、Cu^{2+}、Fe^{2+}、Hg^{2+}\,、Ni^{2+}、Zn^{2+} 和铂系金属	Ba^{2+}、Sr^{2+}	10.5～11	金属酞	
		Ca^{2+}			
		Mg^{2+}	>12	钙指示剂	50%甲醇溶液
		$Mg^{2+}+Ca^{2+}$	10	铬黑 T	
	Cu^{2+}、Zn^{2+}	Mn^{2+}、Pb^{2+}	10	铬红 B	
氟化物	Al^{3+}	Cu^{2+}	3～3.5	萘基偶氮羟啉 S	氟化物还是沉淀掩蔽剂
	Fe^{3+}、Al^{3+}	Zn^{2+}	5～6	二甲酚橙	
		Cu^{2+}	6～6.5	铬天青 S	
碘化钾	Hg^{2+}	Cu^{2+}	7	PAN	70 ℃
		Zn^{2+}	6.4	萘基偶氮羟啉 S	

(2)沉淀掩蔽法

利用某一沉淀剂与干扰离子生成难溶性沉淀,降低干扰离子浓度,在不分离沉淀的条件下可直接滴定被测离子。例如,在 pH=10 时用 EDTA 滴定 Ca^{2+},这时 Mg^{2+} 也被测定。若加入 NaOH,使溶液 pH>12,则 Mg^{2+} 形成 $Mg(OH)_2$ 沉淀而不干扰 Ca^{2+} 的滴定。

视频

沉淀掩蔽法

沉淀掩蔽法不是一种理想的掩蔽方法,在实际应用中有一定局限性。必须注意以下两点。

①沉淀反应要进行完全,沉淀溶解度要小,否则掩蔽效果不好。

②生成的沉淀应是无色或浅色致密的,最好是晶形沉淀,否则由于颜色深、体积大,吸附被测离子或指示剂而影响终点观察。

(3)氧化还原掩蔽法

当某种价态的共存离子对滴定有干扰时,利用氧化还原反应改变干扰离子的价态,则可消除对被测离子的干扰。例如,用 EDTA 滴定 Hg^{2+}、Bi^{3+}、ZrO^{2+}、Sn^{4+}、Th^{4+} 等时,Fe^{3+} 有干扰[$\lg K^{\ominus}([FeY]^-)=25.1$],若用盐酸羟胺或抗坏血酸将 Fe^{3+} 还原为 Fe^{2+},由于 Fe^{2+} 的 EDTA 配合物稳定性较差[$\lg K^{\ominus}([FeY]^{2-})=14.32$],因而可消除 Fe^{3+} 的干扰。

有些离子(如 Cr^{3+})对滴定有干扰,而其高价态与 EDTA 形成的配合物稳定性较差,不干扰 EDTA 滴定,可先将其氧化为高价态离子(如 $Cr_2O_7^{2-}$),即可消除干扰。

(4)解蔽方法

将干扰离子掩蔽以滴定被测离子,然后再加入一种试剂,使已被掩蔽剂配位的干扰离子重新释放出来,这种作用称为解蔽,所用试剂称为解蔽剂。利用某些选择性解蔽剂,可提高配位滴定的选择性。

例如,测定铜合金中的 Zn^{2+}、Pb^{2+} 时,可在氨性溶液中用 KCN 掩蔽 Cu^{2+}、Zn^{2+},在 pH=10 时以铬黑 T 为指示剂,用 EDTA 滴定 Pb^{2+}。在滴定 Pb^{2+} 后的溶液中加入甲醛或三氯乙醛,则 $[Zn(CN)_4]^{2-}$ 被破坏而释放出 Zn^{2+},然后用 EDTA 滴定释放出的 Zn^{2+},其反应如下:

$$[Zn(CN)_4]^{2-}+4HCHO+4H_2O \rightleftharpoons Zn^{2+}+4HOCH_2CN+4OH^-$$

$[Cu(CN)_4]^{2-}$ 很稳定,不易被解蔽,但要注意甲醛应分次滴加,不宜过多,且温度不能太高,否则 $[Cu(CN)_4]^{2-}$ 会部分被解蔽而使 Zn^{2+} 的测定结果偏高。

9.9.3 预先分离 Pre-separation

如果用控制溶液酸度和使用掩蔽剂等方法都不能消除共存离子的干扰而选择滴定被测离子,就只有预先将干扰离子分离出来,再滴定被测离子。分离的方法很多,可根据干扰离子和被测离子的性质进行选择。例如,磷矿石中一般含 Fe^{3+}、Al^{3+}、Ca^{2+}、Mg^{2+}、PO_4^{3-}、F^- 等,欲用 EDTA 滴定其中的金属离子,F^- 有严重干扰,它能与 Fe^{3+}、Al^{3+} 生成很稳定的配合物,酸度小时又能与 Ca^{2+} 生成 CaF_2 沉淀,因此在滴定前必须先加酸、加热,使 F^- 生成 HF 而挥发除去。

9.9.4 其他配位剂
Other complexing agents

除 EDTA 外，其他许多配位剂也能与金属离子形成稳定性不同的配合物，因而选用不同的配位剂进行滴定，有可能提高滴定某些离子的选择性。例如，多数金属离子与 EDTP（乙二胺四丙酸）形成的配合物的稳定性比它们的 EDTA 配合物的稳定性差很多，而 $[Cu(EDTP)]^{2-}$ 与 $[Cu(EDTA)]^{2-}$ 稳定性相差不大，因而可用 EDTP 直接滴定 Cu^{2+}，而 Zn^{2+}、Cd^{2+}、Mg^{2+}、Mn^{2+} 等都不干扰。又如 Ca^{2+}、Mg^{2+} 的 EDTA 配合物的稳定性相差不大，若用 EGTA（乙二醇二乙醚二胺四乙酸）作为配位剂，由于 $[Ca(EGTA)]^{2-}$ 仍有较高稳定性（比 $[CaY]^{2-}$ 略高），而 $[Mg(EGTA)]^{2-}$ 稳定性下降很多，故可用 EGTA 直接滴定 Ca^{2+} 而 Mg^{2+} 不干扰。

拓展阅读

配位化合物的应用

配位化合物的应用十分广泛，几乎渗透到人类生活的各个角落，无论工业还是农业，无论化学领域还是生物、医学领域，都离不开配位化合物。下面仅选择某些方面进行扼要介绍。

1. 配合物在生物科学和医学上的应用

配合物在生命机体的正常代谢过程中起着十分重要的作用。例如，人体和动物体中氧的运载体是肌红蛋白和血红蛋白，它们都含有血红素基团，而血红素是铁的卟啉配合物（图 9-12），它与氧分子的可逆结合可表示为

$$Fe(L)+O_2 \rightleftharpoons Fe(L)(O_2)$$

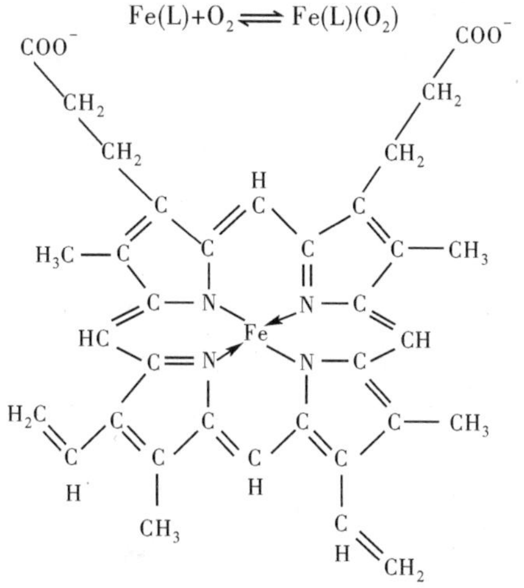

图 9-12　血红素的结构

［Fe^{2+} 位于八面体中心，周围有四个氮原子、一个球蛋白分子和一个水分子（在纸面的上方、下方）］

上述平衡对氧的浓度很敏感。在肺部因有大量的 O_2，平衡右移。氧以血红蛋白配合物的形式为红细胞所吸收，并输送给各种细胞组织，以供应新陈代谢所需要的氧。某些分子或负离子，如 CO 或 CN^-，可以与血红蛋白中的 Fe^{2+} 形成比 $Fe(L)(O_2)$ 更稳定的配合物，可以使血红蛋白中断输氧，造成组织缺氧而中毒，这就是煤气(含 CO)及氰化物(含 CN^-)中毒的基本原理。

维生素是辅酶的组成部分，参与机体多种重要的代谢作用。维生素 B_{12} 是含钴的螯合物，由 Co(Ⅲ)和卟啉环构成，又称钴胺素。它是唯一已知的含金属离子的维生素，参与蛋白质和核酸的生物合成，是造血过程的生物催化剂，缺乏时会引起恶性贫血症。

叶绿素结构如图 9-13 所示，它是植物体中进行光合作用的一组色素，是镁的卟啉类螯合物。植物如果缺镁，即缺少叶绿素，光合作用和植物细胞的电子传递都不能正常进行。

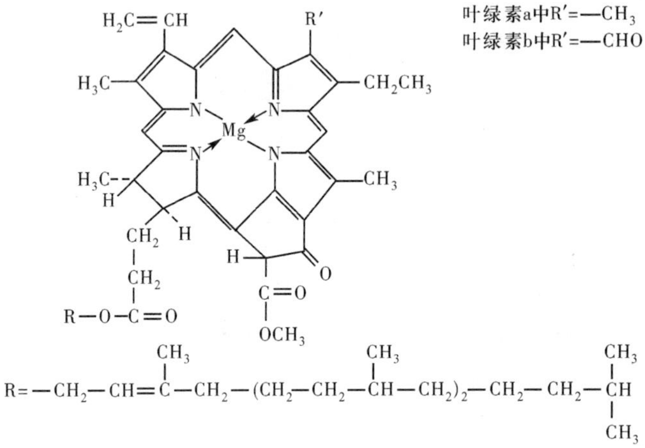

图 9-13 叶绿素 a 和叶绿素 b 的结构式

此外，生物体内的大多数反应都是在酶的催化下进行的，其催化效能比一般非生物催化剂高千万倍至十万亿倍，而许多酶分子都含有以配合形态存在的金属，这些金属往往起着活性中心的作用，如铁酶、锌酶、钼酶等。据研究，生物体中具有固氮作用的固氮酶由铁蛋白和铁钼蛋白组成，是铁、钼的复杂螯合物。通过固氮的催化作用，能在常温常压下将氮气转变为氨，满足植物的生长所需。因此，化学模拟固氮是一个重要的科学研究课题，若能通过化学方法模拟固氮酶，可在常温常压下合成氨，必将极大地促进化学合成工业的发展。

配合物在医学中的应用是多方面的。

(1)排除金属中毒

利用某种很强的螯合剂与有毒金属离子形成非常稳定的配合物，然后从肾脏排出体外。如二巯基丙醇(BAL)可与 As、Hg、Au 等形成稳定配合物而从体内排出；EDTA 是较强的螯合剂，可用来排除体内的铅、钒、铀、钚、铜、锰等。

(2)治疗药物

顺式二氯二氨合铂(Ⅱ)$[PtCl_2(NH_3)_2]$(简称顺铂)是一种常用抗癌药，其中的 Pt(Ⅱ)能与癌细胞核中 DNA 上的碱基结合，破坏遗传信息的复制和转录等，抑制癌细胞的分裂。胰岛素是治疗糖尿病的有效药物，它是一种含锌的蛋白质。

2. 配合物在工业上的应用

(1) 配位催化

在催化反应中，催化剂与反应分子配位，使反应分子在其上处于有利于进一步反应的活泼状态，从而加快反应，这就是配位催化。例如，用 $PdCl_2$ 作催化剂，在常温常压下将乙烯氧化为乙醛。

$$C_2H_4+\frac{1}{2}O_2 \xrightarrow{PdCl_2、CuCl_2、稀盐酸} CH_3CHO$$

反应时首先生成配合物$[Pd(H_2O)(C_2H_4)]Cl_2$，然后分解生成乙醛和 Pd，Pd 又与 $CuCl_2$ 反应生成 $PdCl_2$。又如，工业上低压法生产聚乙烯是用 Ziegler(齐格勒)型催化剂在低温低压下聚合。所谓 Ziegler 型催化剂，一般是用烷基铝[如 $Al(C_2H_5)_3$ 或 $Al(C_2H_5)_2Cl$]还原 $TiCl_4$，生成微细颗粒的 β-$TiCl_3$ 配合物作为催化剂的活性体，从而使乙烯聚合。

(2) 电镀工业

电镀是通过电解使阴极上析出均匀、致密、光亮的金属层的过程。大多数金属从它们的水合离子溶液中只能获得晶粒粗大、无光泽的疏松镀层。为了得到良好的镀层，常在电镀液中加入适当的配位剂，使金属离子转化为较难还原的配离子，减慢金属晶体的形成速度，促进新晶核的产生，从而得到比较光滑、均匀、致密的镀层。电镀上常用的配体，以往主要是 CN^-，由于其毒性大，污染严重，现在更多的是采用无氰电镀。例如，镀锌时采用氨三乙酸-氯化铵电镀液，Zn^{2+} 与氨三乙酸根(NTA)形成配离子$[Zn(NTA)]^-$，NH_4^+ 作为辅助配位剂，离解为 NH_3 后也可与 Zn^{2+} 形成一系列配合物，使 Zn^{2+} 浓度降低，Zn 析出速度减慢，得到分散均匀、细致光亮的镀层。又如，镀铜时采用焦磷酸钾 $K_4P_2O_7$ 作为配位剂，形成$[Cu(P_2O_7)_2]^{6-}$；镀锡时采用焦磷酸钾和枸橼酸钠两种配位剂，适当条件下均可获得满意的镀层。

(3) 湿法冶金

配合物的形成对于一些贵金属的提取起着重要的作用。用稀 NaCN 溶液在空气中处理已粉碎的含金、银的矿石，金、银便可形成配合物而转入溶液：

$$4Au+8NaCN+2H_2O+O_2 \longrightarrow 4Na[Au(CN)_2]+4NaOH$$

$$4Ag+8NaCN+2H_2O+O_2 \longrightarrow 4Na[Ag(CN)_2]+4NaOH$$

然后用活泼的金属(如锌)还原，可得单质金或银：

$$2[Au(CN)_2]^-+Zn \longrightarrow [Zn(CN)_4]^{2-}+2Au$$

上述提取贵金属的过程，不同于高温火法冶炼金属，是在溶液中进行的，因而称为湿法冶金。某些稀土金属的提取也可采取湿法进行，例如，某些稀土元素(Re)与$(NH_4)_2C_2O_4$ 生成可溶性螯合物$(NH_4)_2[Re(C_2O_4)_3]$，而另一些稀土元素草酸盐不溶解，可以将它们分离。

配合物还应用于给水工业中使硬水软化，制备纯水。环境治理中也常用生成配合物来处理工业三废。

3. 配合物在元素分离和分析中的应用

配体作为试剂参与的反应几乎涉及分析化学的所有领域，它可用作显色剂、沉淀剂、萃取剂、滴定剂、掩蔽剂及螯合离子交换剂等。配合物在元素分离和分析中的应用主要利用它们的溶解度、颜色以及稳定性等差异。

(1)利用形成有色配合物来鉴定某些离子

不少配位剂与金属离子的反应具有很高的灵敏性和专属性，且能生成具有特征颜色的配合物，因而常用作鉴定某种离子的特征试剂。例如，在 Fe^{3+} 溶液中加入 KSCN，生成血红色 $[Fe(NCS)]^{3-}$；或加入 $K_4[Fe(CN)_6]$，生成蓝色沉淀（普鲁士蓝），均可鉴定 Fe^{3+}。

(2)利用沉淀反应分离某些离子

如锆和铪的分离，由于它们性质很相似，一般方法很难将它们完全分离，可用 KF 作为配位剂，使 Zr(Ⅳ)和 Hf(Ⅳ)分别生成 K_2ZrF_6 和 K_2HfF_6，因 K_2HfF_6 的溶解度比 K_2ZrF_6 的大 2 倍，可将它们分离。

(3)用有机溶剂萃取法分离某些金属离子

如果水相中含有多种金属离子，其中只有一种能与有机配位剂形成稳定配合物，并可溶于有机溶剂，这样该离子就可被萃取出来。例如，用二苯并-24-冠-8 可从 Sr^{2+} 中萃取出 Ba^{2+}。

(4)在定量分析上的应用

如配位滴定法，即利用金属离子与配位剂生成稳定配合物的反应来测定某些组分的含量。在配位滴定中，配位剂作为金属离子指示剂；在分光光度法中，配位剂作为显色剂。

4. 金属有机框架化合物及其应用

配位聚合物(coordination polymers，CPs)是指经配位实体延伸的具有一维、二维或三维结构重复单元的配位化合物，它具有高度规整的无限网络结构。配位实体是指由中心原子或离子与几个配体分子或离子以配位键相结合而形成的复杂分子或离子结构单元。**金属有机框架化合物**(meal-organic frameworks，MOFs)是配位化学发展的最热门、最重要的学科分支，它是同时含有有机配体并具有潜在孔洞的配位网络。MOFs 具有非常独特的性质，在气体存储与分离、催化、生物医学、光学、电学、磁性和化学检测等领域均具有广泛的应用前景。

(1) 气体存储与分离

Yaghi 等使 Zn^{2+} 与对苯二甲酸反应生成了具有储氢功能的 MOF-5，其在 77 K、100 kPa 下的氢气存储量为 1.3%（质量分数），在 4×10^3 kPa 下的氢气存储量为 7.1%（质量分数），在 10^4 kPa 下的氢气存储量可达 10%（质量分数）。另外，氢气可以在 2 min 内存储进一个冷样品中，可以完全脱附、再吸附，循环 24 次而不失去存储能力。

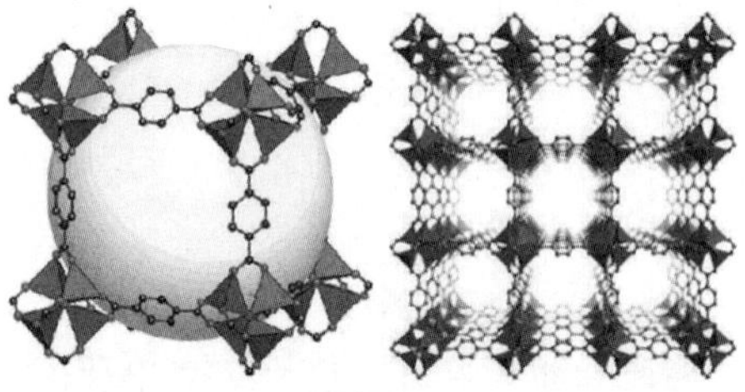

MOF-5

以 MOF-5 为原型，Yaghi 研究小组又合成了 IRMOF (isoreticular metal-organic framework)系列。在相同的合成参数下，通过改变二羧酸配体的长度和配体苯环上的取代基，实现与 MOF-5 相同的拓扑结构下的官能化和尺寸变化。它们的孔径为0.38～2.88nm，其中 IRMOF-8、IRMOF-10、IRMOF-12、IRMOF-14、IRMOF-16 的孔径超过了 2 nm。从孔径尺寸来讲，它们可以被认为是晶态介孔材料，它们是当时已报道的晶体材料中密度最低的。并且与 MOF-5 一样具有良好的稳定性，去除客体分子后，可以得到开放结构的骨架。

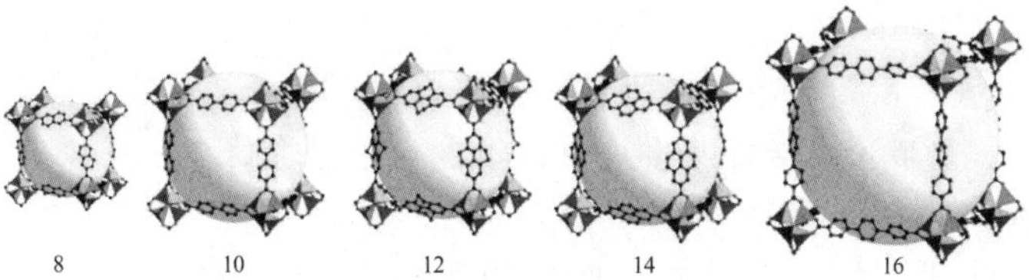

8　10　12　14　16

IRMOF-n（n=8,10,12,14 和 16）

Cu-BTC 又名 HKUST-1、MOF-199 或 Basolite C300，是由 Cu^{2+} 与均苯三甲酸反应生成的三维多孔晶体材料。首先由 4 个 BTC 单元通过 6 个二聚铜单元连接成具有 Pocket 状的次级结构单元，它们之间进一步连接，得到含有空腔的三维结构。Cu-BTC骨架结构中 Cu^{2+} 配位不饱和，完全活化后具有暴露的铜离子极性吸附位点，对 CO 和 CO_2 等分子具有较强的吸附。

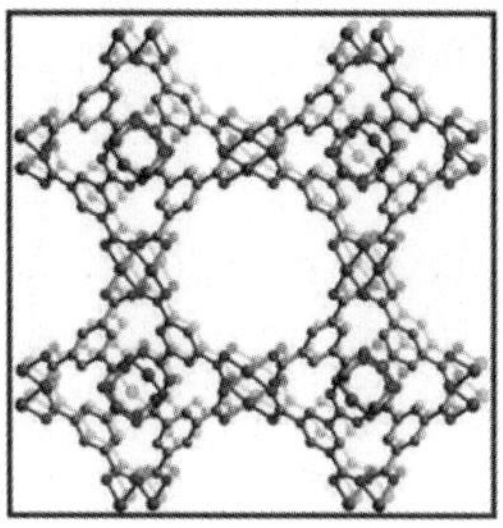

Cu-BTC

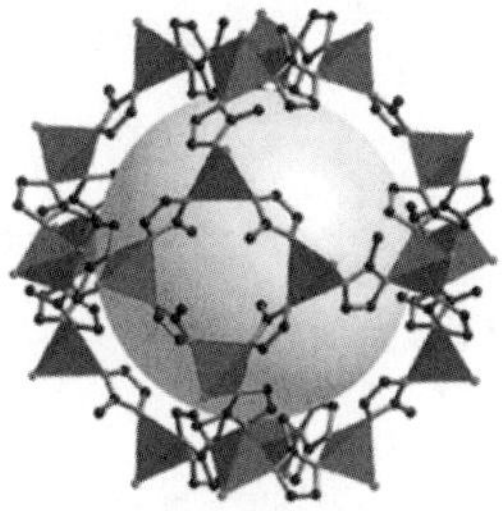

ZIF-8

类沸石咪唑类骨架材料（zeolitic imidazolate frameworks，ZIFs）是由金属离子与咪唑或其衍生物组装而形成的具有类沸石结构的 MOFs。其具有较大的孔容和较小的窗口开孔，因此是优异的 CO_2 选择性吸附剂。ZIF-8 又称 Basolite Z1200，作为 ZIFs 材料的典型代表，是由 Zn^{2+} 与 2-甲基咪唑反应而得，其中每个 Zn^{2+} 与 4 个甲基咪唑环上的 N 配位，形成 ZnN_4 四面体团簇，ZnN_4 团簇进一步通过 2-甲基咪唑连接成方钠石型拓扑结构。当温度为 303 K 时，ZIF-8 的 CH_4/N_2 选择性为 2.8，而且其在 77 K、3×10^3 kPa 下的氢气存储量也能达到 3.3%（质量分数）。

（2）催化

通过预合成或后处理手段，可使 MOFs 骨架中具有活性金属点，目前利用 MOFs 这种催化作用的反应有加氢、氧化、脱氢、环氧化、开环、酰化、羰基化、水合、酯化、烷氧基化、脱水、异构化、重整、聚合和光催化等。例如，将 Cu-BTC 在 250 ℃下进行活化产生具有 Lewis 酸催化活性的不饱和金属配位点。在催化 CO 氧化反应中，Cu-BTC 骨架上的不饱和金属配位点是加速 CO 氧化的主要原因，不饱和金属配位点越多，催化活性越高。Cu-BTC 活化 3 h 后，催化 CO 在 170 ℃下发生氧化反应，CO 完全转化为 CO_2。将 Pd 的纳米颗粒掺入MOF-5 制得的 1%Pd-MOF-5（1%为质量分数），其在 100 kPaH_2、308 K，催化剂和底物比为 1%时，催化氢化苯乙烯的反应效果要优于 Pd/C 催化剂。而且反应中没有观察到 Pd 的流失。循环利用三次后催化活性没有明显的降低，且比催化剂 Pd/C、Pd/Norit A 具有更高的催化活性。

（3）生物医学

MOFs 具有比表面积大、孔隙率高和结构多样等特点，是多种药物的优良载体，其中的配位键使其具有生物降解性，因此 MOFs 作为药物载体，成为药物控释研究中的热点。MOFs 用于药物载体时，可能造成 11 种生物相容性金属在体内存留。研究者在对 Fe-MIL-88和 Fe-MIL-101 的毒性检测中已经获得良好结果，Fe-MIL-88A 被批准为口服补铁剂。MIL-100（Cr）和 MIL-101（Cr）可作为药物布洛芬的载体，同时，多种 MOFs［如

UMCM-1、ZIF-8、MIL-53(Cr, Fe)、UIO-66 和 Cu-BTC 等]也陆续被证明具有载药潜力。MOFs 复合材料也成为生物医学领域的研究热门，纳米 MOFs 在早期癌症诊断技术的发展中受到了极大关注，被用作包括磁共振成像、CT 和光学成像的多种成像模式的潜在造影剂。

文中 MOFs 简称对应的金属-有机配体化合物：

HKUST-1：$Cu_3(btc)_2$(btc＝1,3,5-benzenetricarboxylate，均苯三酸)

MOF-5：$Zn_4O(bdc)_3$(bdc＝1,4-benzenedicarboxylate，对苯二甲酸)

IRMOF-8：$Zn_4O(2,6\text{-}NDC)_3\cdot(DEF)_3$(2,6-NDC＝2,6-naphthalenedicarboxylate；2,6-萘二甲酸)

IRMOF-10：$Zn_4O(BPDC)_3\cdot(DEF)_{12}(H_2O)$ (BPDC＝biphenyldicarboxylate，联苯二甲酸)

IRMOF-12：$Zn_4O(HPDC)_3\cdot(DEF)_{12}(H_2O)$ (HPDC＝4,5,9,10-tetrahydro-pyrene-2,7-dicarboxylate；4,5,9,10-四氢-芘-2,7-二甲酸)

IRMOF-14：$Zn_4O(PDC)_3\cdot(DEF)_6(H_2O)_5$(PDC＝pyrene-2,7-dicarboxylate；2,7-芘二甲酸)

IRMOF-16：$Zn_4O(TPDC)_3\cdot(DEF)_{17}(H_2O)_2$(TPDC＝terphenyldicarboxylate，连三苯二甲酸)

ZIF-8：$Zn(mim)_2$(mim＝2-methylimidazolate，2-甲基咪唑)

MIL-100(Cr)：$Cr_3OX(btc)_2$(X＝F, OH)

MIL-101(Cr)：$Cr_3FO(bdc)_3$

MIL-53(Cr)：Cr(OH)(bdc)

MIL-53(Fe)：Fe(OH,F)(bdc)

Fe-MIL-88A：$Fe_3O(CH_3OH)_3(fumarate)_3$(fumaric acid，反丁烯二酸)

UMCM-1：$Zn_4O(bdc)(btb)_{4/3}$[H_3btb＝1,3,5-tris(4-carboxyphenyl)benzene；1,3,5-三(羧苯基)苯]

UiO-66：$Zr_6O_6(bdc)_6$

思考题

9-1 配合物的价键理论有何优缺点？

9-2 什么是螯合物？为什么螯合物具有特殊的稳定性？

9-3 配合物的稳定常数和条件稳定常数有什么不同？为什么要引入条件稳定常数？

9-4 何谓副反应系数？何谓条件稳定常数？它们之间有何关系？

9-5 指示剂的封闭现象是什么？怎样消除封闭？

9-6 金属指示剂应具备什么条件？

9-7 确定配位滴定最高酸度和最低酸度的根据是什么？

9-8 配位滴定法中为什么要用缓冲溶液调节溶液的 pH？

习 题

9-1 无水 $CrCl_3$ 和氨作用能形成两种配合物 A 和 B，组成分别为 $CrCl_3\cdot 6NH_3$ 和 $CrCl_3\cdot 5NH_3$。加入 $AgNO_3$，A 溶液中几乎全部的氯沉淀为 AgCl，而 B 溶液中只有 2/3 的氯沉淀出来。加入 NaOH 并加热，两种溶液均无氨味。试写出这两种配合物的化学式并命名。

9-2 指出下列配合物的中心离子、配体、配位数、配离子电荷数和配合物名称。

$$K_2[HgI_4],\ [CrCl_2(H_2O)_4]Cl,\ [Co(NH_3)_2(en)_2](NO_3)_2$$

$Fe_3[Fe(CN)_6]_2$，$K[Co(NO_2)_4(NH_3)_2]$，$[Fe(CO)_5]$

9-3　试用价键理论说明下列配离子的类型、空间结构和磁性。

(1)$[CoF_6]^{3-}$ 和 $[Co(CN)_6]^{3-}$。　(2) $[Ni(NH_3)_4]^{2+}$ 和 $[Ni(CN)_4]^{2-}$。

9-4　将 0.10 $mol \cdot L^{-1}$ $ZnCl_2$ 溶液与 1.0 $mol \cdot L^{-1}$ NH_3 溶液等体积混合，求此溶液中 $[Zn(NH_3)_4]^{2+}$ 和 Zn^{2+} 的浓度。

9-5　在 100 mL 0.05 $mol \cdot L^{-1}$ $[Ag(NH_3)_2]^+$ 溶液中加入 1 mL 1 $mol \cdot L^{-1}$ NaCl 溶液，溶液中 NH_3 的浓度至少需多少才能阻止 AgCl 沉淀生成？

9-6　计算 AgCl 在 0.1 $mol \cdot L^{-1}$ 氨水中的溶解度。

9-7　在 100 mL 0.15 $mol \cdot L^{-1}$ $[Ag(CN)_2]^-$ 溶液中加入 50 mL 0.1 $mol \cdot L^{-1}$ KI 溶液，是否有 AgI 沉淀生成？在上述溶液中再加入 50 mL 0.2 $mol \cdot L^{-1}$ KCN 溶液，又是否会产生 AgI 沉淀？

9-8　0.08 $mol \cdot L^{-1}$ $AgNO_3$ 溶解在 1 L $Na_2S_2O_3$ 溶液中形成 $[Ag(S_2O_3)_2]^{3-}$，过量的 $S_2O_3^{2-}$ 浓度为 0.2 $mol \cdot L^{-1}$。欲得到卤化银沉淀，所需 I^- 和 Cl^- 的浓度各为多少？

9-9　50 mL 0.1 $mol \cdot L^{-1}$ $AgNO_3$ 溶液与等量的 6 $mol \cdot L^{-1}$ 氨水混合后，向此溶液中加入0.119 g KBr固体，有无 AgBr 沉淀析出？如阻止 AgBr 析出，原混合溶液中氨的初始浓度至少应为多少？

9-10　分别计算 $Zn(OH)_2$ 溶于氨水生成 $[Zn(NH_3)_4]^{2+}$ 和 $[Zn(OH)_4]^{2-}$ 时的平衡常数。若溶液中 NH_3 和 NH_4^+ 的浓度均为 0.1 $mol \cdot L^{-1}$，则 $Zn(OH)_2$ 溶于该溶液主要生成哪一种配离子？（$[Zn(OH)_4]^{2-}$ 的不稳定常数为 2.19×10^{-18}）

9-11　将含有 0.2 $mol \cdot L^{-1}$ NH_3 和 1.0 $mol \cdot L^{-1}$ NH_4^+ 的缓冲溶液与 0.02 $mol \cdot L^{-1}$ $[Cu(NH_3)_4]^{2+}$ 溶液等体积混合，有无 $Cu(OH)_2$ 沉淀生成？[已知 $Cu(OH)_2$ 的 $K_{sp}^{\ominus} = 2.2 \times 10^{-20}$]

9-12　写出下列反应的方程式并计算平衡常数：

(1)AgI 溶于 KCN 溶液中。

(2)AgBr 微溶于氨水中，溶液酸化后又析出沉淀(两个反应)。

9-13　下列化合物中，哪些可作为有效的螯合剂？

(1)HO—OH　　(2) $H_2N-(CH_2)_3-NH_2$　　(3)$(CH_3)_2N-NH_2$

(4)$H_3C-CH(COOH)-OH$　　(5) 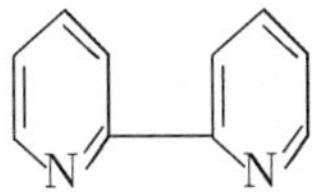　　(6)$H_2N(CH_2)_4COOH$

9-14　计算 pH=7.0 时 EDTA 的酸效应系数 $\alpha_{Y(H)}$，此时 Y^{4-} 占 EDTA 总浓度的百分数是多少？

9-15　在 0.01 $mol \cdot L^{-1}$ Zn^{2+} 溶液中，用浓的 NaOH 溶液和氨水调节 pH 至 12.0，且使氨浓度为 0.01 $mol \cdot L^{-1}$（不考虑溶液体积的变化），此时游离 Zn^{2+} 的浓度为多少？

9-16　pH=6.0 的溶液中含有 0.1 $mol \cdot L^{-1}$ 的游离酒石酸根(Tart)，计算此时的 $\lg K^{\ominus}([CdY']^{2-})$。若 Cd^{2+} 的浓度为 0.01 $mol \cdot L^{-1}$，能否用 EDTA 标准溶液准确滴定？（已知 Cd^{2+}-Tart 的 $\lg\beta_1 = 2.8$）

9-17　pH=4.0 时，能否用 EDTA 准确滴定 0.01 $mol \cdot L^{-1}$ Fe^{2+}？pH=6.0、8.0 时又如何？

9-18 若配制 EDTA 溶液的水中含有 Ca^{2+}、Mg^{2+}，在 pH 为 5～6 时，以二甲酚橙作指示剂，用 Zn^{2+} 标定该 EDTA 溶液，其标定结果是偏高还是偏低？若以此 EDTA 溶液测定 Ca^{2+}、Mg^{2+}，所得结果又如何？

9-19 含 0.01 mol·L^{-1} Pb^{2+}、0.01 mol·L^{-1} Ca^{2+} 的溶液中，能否用 0.01 mol·L^{-1} EDTA 准确滴定 Pb^{2+}？若可以，应在什么 pH 下滴定而 Ca^{2+} 不干扰？

9-20 用返滴定法测定 Al^{3+} 的含量时，首先在 pH＝3 左右加入过量的 EDTA 并加热，使 Al^{3+} 完全配位。试问为何选择此 pH？

9-21 量取含 Bi^{3+}、Pb^{2+}、Cd^{2+} 的试液 25.00 mL，以二甲酚橙为指示剂，在 pH＝1.0 时用 0.020 15 mol·L^{-1} EDTA 溶液滴定，用去 20.28 mL。调节 pH 至 5.5，用此 EDTA 滴定时又消耗 28.86 mL。加入邻二氮菲，破坏 $[CdY]^{2-}$，释放出的 EDTA 用 0.012 02 mol·L^{-1} Pb^{2+} 溶液滴定，用去 18.05 mL。计算溶液中 Bi^{3+}、Pb^{2+}、Cd^{2+} 的浓度。

9-22 在 25.00 mL 含 Ni^{2+}、Zn^{2+} 的溶液中加入 50.00 mL 0.015 00 mol·L^{-1} EDTA 溶液，用0.010 00 mol·L^{-1} Mg^{2+} 返滴定过量的 EDTA，用去 17.52 mL，然后加入二巯基丙醇解蔽 Zn^{2+}，释放出 EDTA，再用去 22.00 mL Mg^{2+} 溶液滴定。计算原试液中 Ni^{2+}、Zn^{2+} 的浓度。

9-23 间接法测定 SO_4^{2-} 时，称取 3.000 g 试样溶解后，稀释至 250.00 mL。在 25.00 mL 试液中加入 25.00 mL 0.050 mol·L^{-1} $BaCl_2$ 溶液，过滤 $BaSO_4$ 沉淀后，滴定剩余 Ba^{2+} 用去 29.15 mL 0.020 02 mol·L^{-1} EDTA。试计算 SO_4^{2-} 的质量分数。

9-24 称取硫酸镁样品 0.250 0 g，以适当方式溶解后，以 0.021 15 mol·L^{-1} EDTA 标准溶液滴定，用去 24.90 mL，计算 EDTA 溶液对 $MgSO_4 \cdot 7H_2O$ 的滴定度及样品中 $MgSO_4$ 的质量分数。

9-25 分析铜、锌、镁合金时，称取试样 0.500 0 g 溶解后稀释至 200.00 mL。取 25.00 mL调至 pH＝6，用 PAN 作指示剂，用 0.030 80 mol·L^{-1} EDTA 溶液滴定，用去 30.30mL。另取 25.00 mL 试液，调至 pH＝10，加入 KCN 掩蔽铜、锌，用同浓度 EDTA 滴定，用去 3.40 mL，然后滴加甲醛解蔽剂，再用该 EDTA 溶液滴定，用去 8.85 mL。计算试样中铜、锌、镁的质量分数。

9-26 欲测定 Pb^{2+}、Al^{3+} 和 Mg^{2+} 溶液中的 Pb^{2+} 含量，问共存的其他两种离子有无干扰？如何去除干扰？试拟出测定 Pb^{2+} 的简要方案？

9-27 称取 0.100 0 g 纯 $CaCO_3$，溶解后用容量瓶配成 100 mL 溶液，吸取 25 mL，pH＞12 时用钙指示剂指示终点，用 EDTA 标准溶液滴定，用去 22.70 mL，试计算：

(1)EDTA 的浓度(mol·L^{-1})。

(2)每毫升 EDTA 溶液相当于 FeO、Fe_2O_3 的克数。

9-28 称取 1.682 0 g 氧化铝试样，溶解后，移入 250 mL 容量瓶中，稀释至刻度。吸取 25.00 mL，加入 $T(Al_2O_3|EDTA)=1.605$ mg·mL^{-1}的 EDTA 标准溶液 10.00 mL，以二甲酚橙为指示剂，用 $Zn(Ac)_2$ 标准溶液返滴定至终点(红紫色)，消耗 $Zn(Ac)_2$ 标准溶液 13.2mL。已知 1 mL $Zn(Ac)_2$ 溶液相当于 0.681 2 mL EDTA 溶液，求试样中 Al_2O_3 的含量。

9-29 用配位滴定法测定氯化锌的含量，称取 0.250 0 g 试样，溶于水后，在 pH 为 5～6 时用二甲酚橙作指示剂，用 0.010 24 mol·L^{-1} EDTA 标准溶液滴定，用去 17.16 mL，计算试样中氯化锌的质量分数。

9-30　称取 0.800 g 黏土试样，用碱熔融后分离除去 SiO_2，配成 250 mL 溶液，吸取 100 mL，在 pH 为 2～2.5 的热溶液中，用磺基水杨酸为指示剂，用 0.020 00 $mol \cdot L^{-1}$ EDTA溶液滴定 Fe^{3+}，用去 EDTA 7.20 mL，滴定 Fe^{3+} 后的溶液在 pH=3 时加入过量的 EDTA，煮沸后再调节 pH 为 5～6，用 PAN 作指示剂，用硫酸铜标准溶液（每毫升含纯的 $CuSO_4 \cdot 5H_2O$ 0.005 g）滴定至溶液呈紫红色。再加入 NH_4F 煮沸，又用$CuSO_4$标准溶液滴定，用去$CuSO_4$ 25.20 mL，计算黏土中 Fe_2O_3 和 Al_2O_3 质量分数。

9-31　称取锡青铜（含 Sn、Cu、Zn 和 Pb）试样 0.203 4 g 处理成溶液，加入过量的EDTA 标准溶液，使其中所有重金属离子均形成稳定的 EDTA 配合物。过量的 EDTA 在 pH 为 5～6的条件下，以二甲酚橙为指示剂，用 $Zn(Ac)_2$ 标准溶液进行回滴。然后在上述溶液中加入少许固体 NH_4F，使 SnY 转化为更稳定的$[SnF_6]^{2-}$，同时释放出一定量的EDTA，最后用 $[Zn^{2+}]$=0.011 03 $mol \cdot L^{-1}$ 的 $Zn(Ac)_2$ 标准溶液滴定 EDTA，消耗$Zn(Ac)_2$标准溶液 20.08 mL。计算该铜合金中锡的含量。

9-32　试拟订用 EDTA 测定 Bi^{3+}\，Al^{3+}\，Pb^{2+} 含量的简要方案。

第10章

s 区元素

s-Bock Elements

化学元素是化学研究的基础，无论是制备合成新分子，还是设计组装新材料，都离不开元素。迄今为止，在人类可探索的宇宙范围内，已经发现 118 种元素，其中天然存在的元素有 92 种，其余为人工合成元素。本章将按元素的分区逐次介绍 s、p、d 和 ds 区一些典型的元素及其化合物的主要性质。

10.1 概述

Overview

10.1.1 元素在自然界中的分布

Distribution of elements in nature

地球上天然存在的元素有 92 种，它们构成了地壳、海洋和大气。元素在地壳中的含量称为丰度(abundance)，又称为克拉克值(Clarke value)，通常以质量分数或原子分数表示，分别称为质量克拉克值和原子克拉克值。表 10-1 列出了地壳中含量最多的 10 种元素，这 10 种元素占地壳总质量的 99.22%。其他元素的丰度是很小的，如金的丰度为 1×10^{-7}%，由于性质稳定，大部分以单质存在，分布又比较集中，所以很早就被人们发现和利用。钛在地壳中的丰度虽然不低，但它的分布很分散，直到 20 世纪 40 年代才被重视。

表 10-1　地壳中主要元素的丰度

元素	质量分数/%	元素	质量分数/%
O	48.6	Na	2.74
Si	26.3	K	2.47
Al	7.73	Mg	2.00
Fe	4.75	H	0.76
Ca	3.45	Ti	0.42

地球表面约有 70%为水所覆盖，海水中主要元素的含量见表 10-2，除了表中所列的元素外，海水中还有微量的 Zn、Cu、Mn、Ag、Au、Ra 等 50 余种元素，这些微量元素大多以离子形式存在于海水中，也有些沉积于海底，如太平洋海底的锰结核矿。由于海水总体积远远大于陆地总体积(约为 1.4×10^{9} km^3)，许多元素资源在海洋中的储量要比陆地大得多，如 U，海水中的含量很低，约为 3×10^{-7}%，但其总量为 $4\times10^{12}\sim5\times10^{12}$ kg，因此海洋是元素资源

的巨大宝库。我国海岸线长 18 000 多公里，这对开发、利用海洋资源十分有利。

表 10-2 海水中主要元素的含量(未计入溶解气体)

元素	质量分数/%	元素	质量分数/%
O	85.89	B	4.6×10^{-4}
H	10.32	Si	约 4×10^{-4}
Cl	1.9	C(有机物)	约 3×10^{-4}
Na	1.1	Al	约 2×10^{-4}
Mg	0.13	F	1.4×10^{-4}
S	0.088	N(硝酸盐)	约 7×10^{-5}
Ca	0.040	N(有机物)	约 2×10^{-5}
K	0.038	Rb	约 2×10^{-5}
Br	0.006 5	Li	约 1×10^{-5}
C(无机物)	0.002 8	I	约 5×10^{-6}
Sr	0.001 3	U	约 3×10^{-7}

地球表面的上方有 100 km 厚的大气层，大气的组成用质量分数或体积分数表示，表10-3给出了大气的平均组成。大气的组分除了氮、氧和稀有气体比较固定外，其余组分随地域和环境的不同而有变化。

表 10-3 大气的平均组成

元素	体积分数/%	质量分数/%	元素	体积分数/%	质量分数/%
N_2	78.09	75.51	CH_4	0.000 22	0.000 12
O_2	20.95	23.15	Kr	0.000 11	0.000 29
Ar	0.934	1.28	N_2O	0.000 1	0.000 15
CO_2	0.0314	0.046	H_2	0.000 05	0.000 003
Ne	0.001 82	0.001 25	Xe	0.000 008 7	0.000 036
He	0.000 52	0.000 072	O_3	0.000 001	0.000 036

化学元素存在于地壳、海洋和大气之中，元素化学的内容主要讨论化学元素及其单质和化合物的制备、提取方法，化学元素的性质及变化规律，化学元素的用途和新材料的开发。

10.1.2 元素的分类及其在自然界中的存在形态

The classification of elements and the existing forms in nature

1. 元素的分类

118 种元素按其性质可以分为金属元素和非金属元素，其中金属元素 94 种，非金属元素 24 种。它们在周期表中的位置可以通过 B—Si—As—Te—At 和 Al—Ge—Sb—Po 之间的对角线来划分，位于这条对角线右上方的是非金属元素，左下方的是金属元素。对角线附近的 Ge、As、Sb、Te 等称为准金属元素，单质的性质介于金属和非金属之间，是常用的半导体材料。

在化学上还将元素分为普通元素和稀有元素。稀有元素一般指在自然界中含量少或分布稀散的元素，它们被发现较晚，从矿物中提取的技术要求高，因此制备和应用也较晚。应当指出的是，有些稀有元素的含量并不低，如 Ti(钛)在地壳中的丰度位列第十，但它的分布很分散，直到 20 世纪 40 年代才被重视，也称为稀有元素。而含量很低的金，早就为人们熟悉，被列为普通元素。因此普通元素和稀有元素的划分不是绝对的。而且，随着稀有元素的应用日益广泛，两者之间的界限越来越不明显。表 10-4 列出了一些稀有元素。

表 10-4 稀有元素一览表

类型	元素	类型	元素
轻稀有元素	Li、Rb、Cs、Be	稀土元素	Sc、Y、La 以及镧系元素
分散性稀有元素	Ga、In、Tl、Se、Te	放射性稀有元素	Ac 以及锕系元素、Fr、Ra、Tc、Po、At
高熔点稀有元素	Ti、Zr、Hf、V、Nb、Ta、Mo、W	稀有气体	He、Ne、Ar、Kr、Xe、Rn
铂系元素	Ru、Rh、Pd、Os、Ir、Pt		

2. 元素在自然界中的存在形态

元素在自然界中的存在形态主要有游离态(单质)和化合态(化合物)。

(1)游离态

自然界中以游离态存在的元素比较少，大致有三种情况：

①气态非金属单质，如 N_2、O_2、H_2、稀有气体等。

②固态非金属单质，如 C、S 等。

③金属单质，如 Hg、Ag、Au 及铂系元素，还有陨石引进的天然铜和铁。

(2)化合态

大多数元素以化合态广泛存在于海洋和地壳中，主要有氧化物、硫化物、氯化物、碳酸盐、磷酸盐、硫酸盐、硅酸盐和硼酸盐等。

①活泼金属元素

主要是ⅠA 族和ⅡA 族的 Mg 与卤素形成离子型卤化物，存在于海水、盐湖水、地下卤水、气井水及岩盐矿中，如 NaCl、KCl、光卤石($KCl \cdot MgCl_2 \cdot 6H_2O$)等。ⅡA 族元素以难溶碳酸盐存在于矿物中，如石灰石($CaCO_3$)、菱镁矿($MgCO_3$)、白云石[$CaMg(CO_3)_2$]等。还有以硫酸盐形式存在的矿物，如石膏($CaSO_4$)、重晶石($BaSO_4$)、芒硝($Na_2SO_4 \cdot 10H_2O$)等。

②准金属元素(除 B)以及ⅠB 族和ⅡB 族元素

这些元素常以硫化物的形式存在，如辉锑矿(Sb_2S_3)、辉铜矿(Cu_2S)、闪锌矿(ZnS)、辰砂矿(HgS)等。

③ⅢB 族和ⅧB 族元素

这些元素主要以氧化物形式存在，如金红石(TiO_2)、铬铁矿($FeO \cdot Cr_2O_3$)、软锰矿(MnO_2)、磁铁矿(Fe_3O_4)、赤铁矿(Fe_2O_3)等。

10.1.3 从自然界中提取元素单质的一般方法

General methods for extracting elemental elements from nature

在自然界中大多数元素以化合态存在，天然单质是很少的。根据元素在自然界中的存在形态及其性质，单质的制取一般有五种方法：物理分离法、热分解法、热还原法、氧化法和电解法。

1. 物理分离法

这种方法一般用于天然单质的提取，它是利用被提取单质与杂质的物理性质(如密度、熔沸点等)的差异而进行的。如淘金、液态空气的分馏等。

2. 热分解法

热稳定性较差的金属化合物，如 Ag_2O、HgS、Au_2O_3、$Ni(CO)_4$ 等，受热分解为单质：

$$Ag_2O \xrightarrow{\triangle} 2Ag + \frac{1}{2}O_2$$

$$HgS \xrightarrow[\triangle]{O_2} Hg + SO_2$$

热分解法还用于制备一些高纯单质，如

$$Fe(粗) + 5CO \xrightarrow{20\ MPa} [Fe(CO)_5] \xrightarrow{200\sim250\ ℃} 5CO + Fe(高纯)$$

$$Zr(粗) + 2I_2 \xrightarrow{600\ ℃} ZrI_4 \xrightarrow{1\ 800\ ℃} Zr(高纯) + 2I_2$$

3. 热还原法

在高温下使用还原剂(一般用焦炭、CO、H_2、活泼金属等)还原金属氧化物或硫化物制取金属单质的方法称为热还原法，如

$$2ZnO + C \xrightarrow{\triangle} 2Zn + CO_2\uparrow$$

$$MnO_2 + 2CO \xrightarrow{\triangle} Mn + 2CO_2\uparrow$$

$$WO_3 + 3H_2 \xrightarrow{\triangle} W + 3H_2O\uparrow$$

$$Fe_2O_3 + 2Al \xrightarrow{\triangle} 2Fe + Al_2O_3$$

$$2Ca_3(PO_4)_2 + 10C + 6SiO_2 \xrightarrow{\triangle} 6CaSiO_3 + 10CO\uparrow + P_4\uparrow$$

用热还原法还原金属氧化物时，还原剂可以根据金属氧化物的吉布斯函数-温度曲线图进行选择。

4. 氧化法

使用氧化剂制取单质的方法称为氧化法。氧化法一般用于制取非金属单质，如用空气氧化法从黄铁矿中提取硫：

$$4FeS_2 + 12C + 15O_2 \xrightarrow{\triangle} 2Fe_2O_3 + 12CO_2 + 8S$$

冷却硫蒸气可得粉末状的硫。

又如，从海水中提取溴时，首先在 110 ℃下通氯气于 pH＝3.5 的海水中置换出单质溴：

$$2Br^- + Cl_2 \longrightarrow Br_2 + 2Cl^-$$

然后用空气把 Br_2 吹出，并用 Na_2CO_3 溶液吸收，得较浓的 NaBr 和 $NaBrO_3$ 溶液：

$$3CO_3^{2-} + 3Br_2 \longrightarrow 5Br^- + BrO_3^- + 3CO_2\uparrow$$

最后，将溶液酸化，单质溴即从溶液中游离出来：

$$5Br^- + BrO_3^- + 6H^+ \longrightarrow 3Br_2 + 3H_2O$$

再如，氰化法提取黄金：将粉末状金矿用水、石灰拌成浆状，浸入 0.03%～0.08% 的氰化钠溶液中，鼓入空气，金被 O_2 氧化，形成配合物而溶解：

$$4Au + 8NaCN + O_2 + 2H_2O \longrightarrow 4Na[Au(CN)_2] + 4NaOH$$

过滤除去泥沙，加入 Zn，Au 被还原出来：

$$2Na[Au(CN)_2] + Zn \longrightarrow 2Au + Na_2[Zn(CN)_4]$$

此法效率很高，但氰化钠是剧毒物质，在安全生产和环境保护方面存在严重问题，改进方法是用硫脲代替氰化钠：

$$4Au + 8SC(NH_2)_2 + O_2 + 4HCl \longrightarrow (4Au[SC(NH_2)_2]_2)Cl + 2H_2O$$

5. 电解法

活泼的金属和非金属单质可采用电解法(electrolysis)制取，如电解熔融 NaCl 制取 Na，电解熔融 Al_2O_3 制取 Al，电解 NaCl 溶液制取 Cl_2 和 H_2 等。

10.1.4 清洁生产和绿色化学
Cleaner production and green chemistry

无论是从自然界中提取单质，还是以天然的或人工的原料制备生产化工产品，都会造成“三废”的大量排放，严重污染人类生存环境，制约经济的持续发展。而且，为了保护环境，现代化学工业中，“三废”治理的费用在生产成本中所占的比例越来越高。

若能从废弃物的末端处理转变为对生产全过程进行控制，将废物减量化、资源化和无害化，采用无公害生产工艺，这是符合可持续发展方向的一个战略性转变。清洁生产和绿色化学就是这样的先进科学技术。

清洁生产通常是指在生产过程和预期消费中，既合理利用自然资源，把对人类和环境的危害减至最小，又能充分满足人类需要，使社会经济效益最大化的一种生产模式。清洁生产的环境经济效益远远超过工业污染的末端控制。

绿色化学是一种以保护环境为目标来设计、生产化学品的一门新兴学科，它是一门从源头上阻止污染的化学。它用化学的技术和方法减少或消灭那些对人类健康、安全、生态环境有害的原料、催化剂、溶剂和试剂、产物、副产物等的产生和使用。绿色化学为传统化学工业带来革命性的变化，化学工作者不仅要研究化学产品生产的可行性，还要设计符合绿色化学要求、不产生或少产生污染的化学过程。近年来，开发的“原子经济性”反应已成为绿色化学的研究热点之一。理想的原子经济性反应是原料中的原子 100% 地转变为产物，不产生副产物或废物，实现废物的零排放。

图 10-1 给出了化学品生产的传统化学工艺与环境系统的物流关系，它对环境的污染与危害的解决是一种被动的治理。从图 10-2 可以看到，绿色化学工艺对环境几乎没有影响。

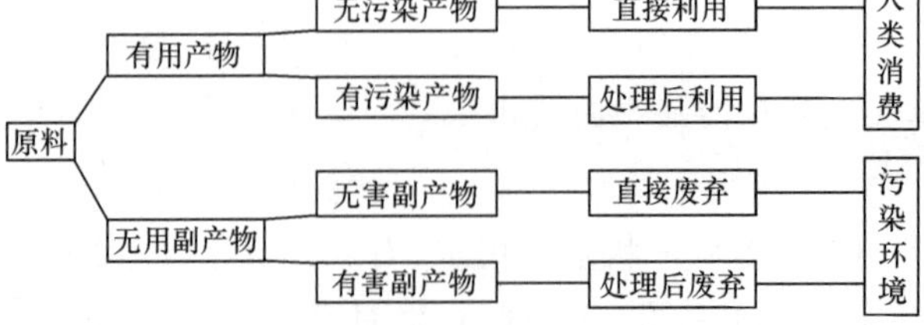

图 10-1　传统化学工艺与环境系统的物流关系

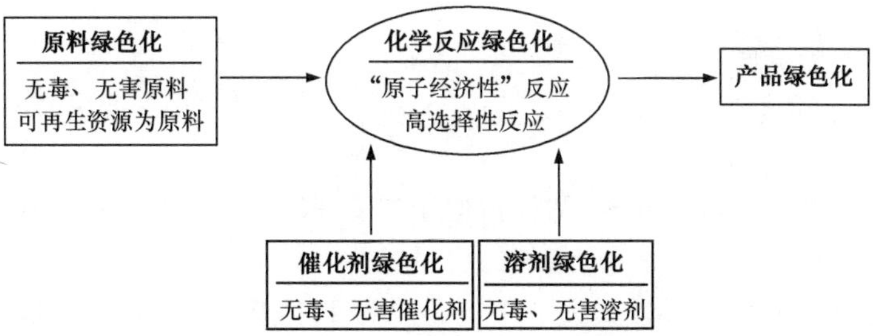

图 10-2 绿色化学工艺

我国很早就注意清洁生产，著名化学家侯德榜(1890—1974)在 1942 年对索尔维制碱法(Solvay process)改进而提出的联合制碱法(侯氏制碱法)就是清洁生产的典型代表。

索尔维制碱法用饱和的食盐水吸收氨和二氧化碳，制得溶解度较小的碳酸氢钠，再将碳酸氢钠煅烧生成碳酸钠。主要反应如下：

$$NaCl + NH_3 + CO_2 + H_2O \longrightarrow NaHCO_3 \downarrow + NH_4Cl$$

$$2NaHCO_3 \xrightarrow{\triangle} Na_2CO_3 + H_2O \uparrow + CO_2 \uparrow$$

$$2NH_4Cl + Ca(OH)_2 \longrightarrow CaCl_2 + 2NH_3 \uparrow + 2H_2O$$

所需的 CO_2 和石灰由煅烧石灰石制取：

$$CaCO_3 \xrightarrow{\triangle} CaO + CO_2 \uparrow$$

$$CaO + H_2O \longrightarrow Ca(OH)_2$$

该法中 NH_3 和 CO_2 可以循环使用，但产生大量的 $CaCl_2$ 用途不大，成为废渣排放而污染环境。而且，食盐的利用率低，氨损失大。

侯德榜对此法做了重大改进，他将制碱和合成氨创造性地结合起来。这种方法在工艺上根据化学平衡的基本原理，在分离出 $NaHCO_3$ 的母液中加入 NaCl 固体，由于低温时 NH_4Cl 的溶解度比 NaCl 小和同离子效应，使 NH_4Cl 从母液中析出。NH_4Cl 可用于染料工业和锰锌干电池的制造，也可以用作肥料。避免了废渣 $CaCl_2$ 对环境的污染。这种方法还革除了用石灰石生产 CO_2 这一工段。CO_2 是利用合成氨原料气中的 CO 经转化而产生的。侯氏制碱法的工艺如图 10-3 所示。

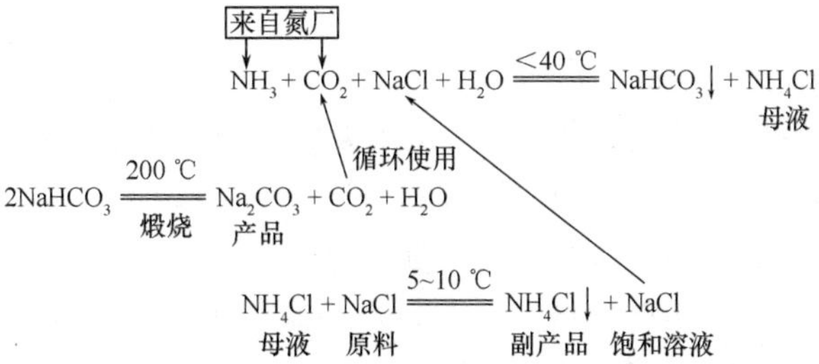

图 10-3 侯氏制碱法工艺图

s 区元素包括第ⅠA 族碱金属和第ⅡA 族碱土金属元素，它们的价电子层结构分别为 ns^1 和 ns^2。氦也是 s 电子最后填充的元素，考虑到氦属于稀有气体，故周期表中放在 p 区ⅧA族。

10.2 氢及其化合物
Hydrogen and its compounds

氢是宇宙中含量最丰富的元素，估计占原子总数 90%以上。自然界中的氢主要以化合态存在于水和烃类化合物中，大气中氢气的含量极少。

氢的电子构型为 $1s^1$，它可以失去一个电子成为 H^+，像ⅠA 族元素；也可以获得一个电子成为 H^-，像ⅦA 族元素。氢在元素周期表中的位置，有人将它排在ⅦA 族，但氢的电离性能(I)和电子亲和能(A)均与碱金属元素显示出一致的变化趋势，在低温高压下，氢气可以转变成黑色晶体——金属氢，因而，一般将氢排在周期表ⅠA 族的第一个位置上。

10.2.1 氢的制备、性质和用途
Preparation, properties and usage of hydrogen

1. 氢的制备

氢气既是重要的工业原料，又是新的能源。其制备方法可分为工业、实验室和能源法三类。

视频

氢的概述

工业上大量制氢主要通过以下途径。

(1)由天然气或煤制氢

工业上制氢最常用的是以天然气(主要成分 CH_4)或煤为原料，用水蒸气通过炽热的煤层或同天然气作用，反应如下：

$$C(s)+H_2O(g)\xrightarrow{1\,273\ K}\underbrace{CO(g)+H_2(g)}_{\text{水煤气}}$$

$$CH_4(g)+H_2O(g)\xrightleftharpoons[\text{催化剂}]{1\,073\sim1\,173\ K}CO(g)+3H_2(g)$$

(2)电解水制氢

电解 15%～20% NaOH 或 KOH 溶液，在阴极上放出氢气，而在阳极上放出氧气：

阴极 $$2H^+ + 2e^- \longrightarrow H_2\uparrow$$

阳极 $$4OH^- - 4e^- \longrightarrow 2H_2O + O_2\uparrow$$

阴极上产生的氢气纯度可达 99.99%～99.999%，但耗电量高，效率低。每生产 1 kg 氢需要耗电 57 kW·h，总转化率还不到 32%，比用天然气制氢的成本要高 2～3 倍。在氯碱工业中，电解 NaCl 水溶液制取 NaOH 和氯气时也可制得氢气。

实验室制备氢气最常用的方法是锌与稀硫酸反应：

$$Zn + H_2SO_4 \longrightarrow ZnSO_4 + H_2\uparrow$$

不过用此法制得的氢气不纯，含有 H_2S、SO_2、AsH_3 等杂质。通常可用 $Pb(NO_3)_2$ 溶液除去 H_2S，用 KOH 溶液除去 SO_2，用 Ag_2SO_4 溶液除去 AsH_3。

单质硅或两性金属锌、铝等与碱溶液反应，可制得纯度较高的氢气。例如

$$Si + 2NaOH + H_2O \longrightarrow Na_2SiO_3 + 2H_2\uparrow$$

在野外作业需少量纯氢时，除用上述方法外，也可采用某些金属氢化物与水反应制氢

气。例如

$$CaH_2 + 2H_2O \longrightarrow Ca(OH)_2 + 2H_2 \uparrow$$

工业上制氢气的方法不仅要消耗能量，而且还离不开煤、天然气、石油等。将其用作能源是不理想的。考虑到地球上最大的能源是太阳能，而且水的储量极大，目前认为利用太阳光解水产生氢气是最理想的途径。光分解水大致有三种方法：光电化学电池分解水、光配位催化分解水和生物法分解水。

2. 氢气的性质和用途

氢气在常温下是无色无味无臭的气体。它的摩尔质量是所有气体中最小的，也是所有气体中最轻的，因此常用于填充气球，以携带仪器做高空探测。氢气的扩散性大、导热性强，熔沸点极低，可以利用液氢获得极低温度，液氢是超低温制冷剂，可以使除 He 以外的所有气体冷冻为固体。氢气在水中的溶解度很小，以体积计，273 K 时仅能溶解 2%，但它却能大量溶解于 Ni、Pd、Pt 等金属中，例如，一体积 Pd 能溶解 700 体积氢气。这为氢气的储存提供了一条崭新的途径，当然 Pd 是贵金属，从实用的观点来看是不经济的。近年来人们发现过渡金属的合金型氢化物有很好的储氢性能，例如 Ti-Fe，Ti-Ni，La-Mg，La-Ni，La-Ni-Mg，$LaNi_5$ 等储氢材料。如每立方米 $LaNi_5$ 可储存约 88 kg 氢气，相当于 $LaNi_5$ 本身体积的 1 000倍以上。而一个 40 L 的钢瓶中只能装 0.5 kg 氢气。一旦储氢问题得以解决，氢气作为清洁能源将发挥日益重要的作用。

氢分子中的 H—H 键能（436 $kJ \cdot mol^{-1}$）较大，氢分子在常温常压下很稳定，通常要在加热或增压甚至需催化剂参与下才能同其他物质发生化学反应。在高温下氢气可以将许多金属氧化物还原，得到高纯度的金属单质粉末，如

$$WO_3 + 3H_2 \longrightarrow W + 3H_2O$$

常用于粉末冶金。氢气也用于不饱和烃、植物油的加氢、不饱和脂肪酸的氢化等。

常压下，当空气中氢气的体积分数为 4%～74%时，一经点燃，将以极快的速度进行链式反应而发生爆炸。因此点燃氢气时要保证氢气的纯度，使用氢气的厂房要严禁烟火，加强通风。

10.2.2　氢化物

Hydrides

氢与某元素所生成的二元化合物叫作氢化物。除稀有气体外，其他元素都能生成氢化物。典型的氢化物有离子型、共价型和金属型三大类。各类氢化物在周期表中的分布见表 10-5。

视频

氢化物

表 10-5　各类氢化物在周期表中的分布

Li	Be											B	C	N	O	F
Na	Mg											Al	Si	P	S	Cl
K	Ca	Sc	Ti	V	Cr	Mn	Fe	Co	Ni	Cu	Zn	Ga	Ge	As	Se	Br
Rb	Sr	Y	Zr	Nb	Mo	Tc	Ru	Rh	Pd	Ag	Cd	In	Sn	Sb	Te	I
Cs	Ba	La 系	Hf	Ta	W	Re	Os	Ir	Pt	Au	Hg	Tl	Pb	Bi	Po	At
离子型氢化物		金属(间充)型氢化物											共价型氢化物			

1. 离子型氢化物

s 区元素(除 Be、Mg 外)在受热与加压下能与氢气直接化合,生成离子型化合物(ionic hydrides):

$$2M+H_2 \longrightarrow 2M^+H^- \quad (M=碱金属)$$

$$M+H_2 \longrightarrow M^{2+}H_2^- \quad (M=Ca、Sr、Ba)$$

这类氢化物都呈白色或无色,实验证明此类化合物中含有金属正离子和氢负离子 H^-。它们都是离子晶体,故称为离子型氢化物,又叫作盐型氢化物。

离子型氢化物的热稳定性大多较差,加热不到熔点就分解成金属和氢。实验测到的分解温度,LiH 为 1 123 K,NaH 为 698 K,CaH_2 约为 1 273 K。

离子型氢化物具有强还原性,在水溶液中 $H_2|H^-$ 电对的标准电极电势 $\varphi^\ominus=-2.23$ V,所以 H^- 是最强的还原剂之一,能同含活泼氢(氢原子上有部分正电荷)的化合物(如 H_2O、NH_3 等)反应放出氢:

$$MH+HCl \longrightarrow MCl+H_2\uparrow$$

$$MH+H_2O \longrightarrow MOH+H_2\uparrow$$

$$MH+NH_3 \longrightarrow MNH_2+H_2\uparrow \quad (M=碱金属)$$

$$MH+ROH(醇) \longrightarrow MOR+H_2\uparrow$$

它也能将金属氧化物或卤化物还原成金属:

$$2LiH+TiO_2 \longrightarrow Ti+2LiOH$$

$$2CaH_2+ZrO_2 \longrightarrow 2CaO+Zr+2H_2\uparrow$$

$$4NaH+TiCl_4 \xrightarrow{673\ K} Ti+4NaCl+2H_2\uparrow$$

与卤素离子一样,负氢离子也是配位体,它在非质子溶剂中与 B、Al、Ga 等缺电子原子化合物反应形成配位化合物,如氢化铝锂(Li[AlH_4],四氢合铝酸锂)和硼氢化钠(Na[BH_4])。在乙醚中用 LiH 与无水 $AlCl_3$ 反应可生成 Li[AlH_4]:

$$4LiH+AlCl_3 \xrightarrow{乙醚} Li[AlH_4]+3LiCl$$

Li[AlH_4]具有强烈的还原性,是在无机合成及有机合成中常用的优良还原剂。例如

$$Li[AlH_4]+SiCl_4 \longrightarrow LiCl+AlCl_3+SiH_4$$

$$RCOOH+Li[AlH_4] \xrightarrow[②H_2O]{①(C_2H_5)_2O} RCH_2OH+LiOH+Al(OH)_3$$

Na[BH_4]可用偏硼酸钠、氢气和金属铝在高压容器中合成:

$$3NaBO_2+4Al+6H_2 \xrightarrow[6.1\ MPa]{373\ K} 3Na[BH_4]+2Al_2O_3$$

Na[BH_4]是一种白色晶状固体,能溶于水、醚类、胺类和多元醇等。Na[BH_4]也是一种强还原剂,例如可同三氟化硼乙醚溶液反应,定量释放出乙硼烷:

$$3Na[BH_4]+BF_3 \longrightarrow 3NaF+2B_2H_6$$

2. 共价型氢化物

共价型氢化物是最常见的氢的化合物,自然界中的氢基本上都是以共价型氢化物(covalent hydrides)存在的。如 p 区元素(除稀有气体、In、Tl 外)与氢形成的化合物都是共价型氢化物。固态共价型氢化物是分子晶体,又称为分子型氢化物。这类氢化物的特点是

熔点、沸点较低，在通常条件下为气体，性质差别较大。

3. 金属型氢化物

氢与过渡金属、s区的Be、Mg和p区的In、Tl可生成**金属型氢化物**(metallic hydrides)。这类氢化物的组成大多不固定，通常是非整比化合物，例如 $TaH_{0.76}$、$LaH_{2.76}$、$LaH_{5.7}$、$TiH_{1.73}$、$PdH_{0.85}$等。对这类氢化物曾有两种看法：

①氢原子间充于金属晶体中的间隙位置而形成间充化合物。

②氢溶在金属中形成固熔体，氢原子在晶格中占据与金属原子相应的位置。

现已证明这些金属型氢化物都有明确的物相，其晶体结构与原金属的晶体结构是完全不同的。

金属型氢化物大多数为脆性固体(金属氢化后变脆，称为氢脆)，具有深色或类似金属的外貌，基本上保留着金属的一些物理性质，如都具有类似于金属的导电性和磁性等，但是它们的密度比相应的金属低。

过渡金属的氢化物常常在加压和中等温度条件下直接由金属与氢化合而成，温度再升高就会分解，利用这种可逆反应可以制备出非常纯净的氢气。因而，金属氢化物的一个十分有意义的潜在应用就是作为轻便的和相对安全的储氢材料。

10.3 碱金属和碱土金属 Alkali and alkali-earth metals

碱金属和碱土金属位于周期表的s区，是金属活泼性最强的两族元素。本节将简要介绍它们的单质、氧化物、氢氧化物、氢化物及一些重要盐类的知识。

10.3.1 概　述 Overview

碱金属元素包括锂、钠、钾、铷、铯和钫六种元素，属于周期表的ⅠA族。由于它们的氧化物溶于水呈强碱性，所以称为碱金属。碱土金属包括铍、镁、钙、锶、钡和镭六种元素，属于周期表的ⅡA族。由于钙、锶、钡的氧化物在性质上介于“碱性”和“土性”(既难溶于水又难熔融的 Al_2O_3 称为“土性”)之间，所以这几种元素又称为碱土金属，现习惯上把铍、镁也包括在内。

碱金属元素是最活泼的金属元素，碱土金属的活泼性仅次于碱金属。它们的各种性质递变在周期表中最有规律，如从Li到Cs，从Be到Ba，金属活泼性依次增加。

碱金属和碱土金属在自然界中均以化合态形式存在。钠、钾在地壳中分布很广，其丰度均名列前十，其主要矿物有：钠长石($Na[AlSi_3O_8]$)、钾长石($K[AlSi_3O_8]$)、光卤石($KCl \cdot MgCl_2 \cdot 6H_2O$)以及明矾石[$KAl_3(SO_4)_2(OH)_6$]等。浙江省明矾石探明储量占全国50%以上，尤以温州市苍南县矾山为最，储量为1.67亿吨，含纯明矾石45.4%～47.7%，是世界最大的明矾石矿。海水中氯化钠含量为2.7%，植物灰中也含有钾盐。锂的重要矿物为锂辉石($Li_2O \cdot Al_2O_3 \cdot 4SiO_2$)。由于锂及铷、铯在自然界储量较小且分散，被列为稀有金属。碱土金属的重要矿物有：绿柱石($3BeO \cdot Al_2O_3 \cdot 6SiO_2$)、白云石($CaCO_3 \cdot MgCO_3$)、菱镁矿($MgCO_3$)、方解石($CaCO_3$)、碳酸锶矿($SrCO_3$)、碳酸钡矿($BaCO_3$)、石膏($CaSO_4 \cdot 2H_2O$)、天青石($SrSO_4$)和重晶石($BaSO_4$)等。碱土金属中 Be 为稀有元素。

1. 单质的物理性质及用途

碱金属和碱土金属单质除铍呈钢灰色外，其他均具有银白色光泽。碱金属和碱土金属单质的物理性质见表 10-6。

表 10-6 碱金属和碱土金属单质的物理性质

金属	熔点/K	沸点/K	密度(293 K)/$g \cdot cm^{-3}$	硬度	金属	熔点/K	沸点/K	密度(293 K)/$g \cdot cm^{-3}$	硬度
锂	453	1 620	0.534	0.6	铍	1 556	3 243	1.85	—
钠	370	1 156	0.971	0.4	镁	923	1 363	1.74	2.0
钾	336	1 047	0.862	0.5	钙	1 123	1 757	1.55	1.5
铷	312	961	1.532	0.3	锶	1 043	1 657	2.54	1.8
铯	301	951.5	1.873	0.2	钡	977	1 913	3.5	—
					镭	973	1 413	5	—

注 金刚石的硬度为 10。

碱金属具有密度小、硬度小、熔点低的特点，是典型的轻、软金属。其中锂、钠、钾比水轻；锂比煤油还轻，是固体单质中最轻的。由于它们的硬度小，钠、钾可用小刀切割，切割后的新鲜表面可以看到银白色的金属光泽，接触空气后，由于生成氧化物、氮化物和碳酸盐层，颜色变暗。碱金属还具有良好的导电性，铷、铯在光照下便能发射电子，因此它们可作光电元件材料；铯光电管制成的自动报警装置可报告远处的火警；在天文仪器中用铯光电管可测出星体的亮度，从而推测该星体与地球之间的距离；铷、铯还可用于制造最准确的计时仪器——铷、铯原子钟。

由于碱土金属核外有 2 个成键电子，晶体中原子间距离较小，金属键强度较大，因此它们的熔点、沸点较碱金属高，硬度也较大，但导电性却低于碱金属。而且，碱土金属的物理性质递变不如碱金属那么有规律，这是由于它们单质的晶格类型不同所致。

碱金属和碱土金属的单质及合金在工农业生产、科学研究和日常生活中发挥着越来越大的作用。如钠钾合金(77.2% K 和 22.8% Na，熔点 260.7 K)由于具有较高的比热容和较宽的液态范围被用作核反应堆的冷却剂。锂和锂的合金广泛用于航空航天工业，如用于生产航空工程所需的各种高强度、低密度铝合金等；由于锂的热容量大、液态范围宽等，还是理想的反应堆传热介质；另外，${}^{6}_{3}Li$ 能与氘发生热核反应，${}^{6}_{3}Li$、${}^{7}_{3}Li$ 均可被中子轰击得到氘，因此锂在核动力技术中将起重要作用。近年来发展最快的锂的应用是锂电池。

碱土金属中实际用途最大的是镁，其次是铍。镁主要用于制镁铝合金，供制造汽车和飞机的部件。薄的铍片易被 X 射线穿过，是制造 X 射线管小窗不可取代的材料；铍还是核反应堆中最好的中子反射剂和减速剂之一；由于铍具有密度小、比热容大、导热性好、韧度大等优良性能，使得它在航空航天方面得到了广泛应用。

2. 单质的化学性质

碱金属元素和碱土金属元素原子的价层电子构型分别为 ns^1 和 ns^2，次外层均为 8 电子的饱和结构，对核电荷的屏蔽效应较强，因此它们在化学反应中易失去最外层电子，形成离子型化合物。碱金属元素和碱土金属元素的氧化数分别为 +1 和 +2。

碱金属和碱土金属易与活泼的非金属单质反应生成离子化合物(锂、铍的某些化合物有共价性)。如在空气中碱金属表面迅速罩上一层氧化物，锂的表面还有氮化物生成。钠、钾在空气中加热便燃烧，铷、铯在常温下遇空气即燃烧。碱土金属的活泼性弱于碱金属，室温下这些金属表面缓慢生成氧化膜，在空气中加热时才显著发生反应，除有氧化物生成外，还有氮化物生成。例如

$$3Ca + N_2 = Ca_3N_2$$

因此在金属冶炼及电子工业中常用锂、钙作除气剂，以除去某些体系中不必要的氧气和氮气。

碱金属和碱土金属均能与水反应，但反应的剧烈程度各不相同。锂的电极电势虽比铯更小，但由于锂的熔点较高，且 LiOH 溶解度小，易覆盖在锂的表面，因而锂与水反应反而不如钠剧烈。钠与水反应放出的热使钠熔化成小球，钾与水反应产生的氢气能燃烧，铷、铯与水剧烈反应并发生爆炸。相比之下，碱土金属与水的反应要温和得多：铍仅能与水蒸气反应，镁能分解热水，钙、锶、钡能与冷水发生比较剧烈的反应。

碱金属的一个有趣性质是能溶在液氨中，其稀溶液呈蓝色，且随溶液浓度的增大，溶液颜色加深。当浓度超过 1 $mol \cdot L^{-1}$后，在原来深蓝色溶液上出现一个青铜色的新相。将此溶液蒸发，又得到碱金属。研究认为，在碱金属的稀氨溶液中存在下列平衡：

$$M(s) + (x+y)NH_3(l) \rightleftharpoons M(NH_3)_x^+ + e(NH_3)_y^-$$

碱金属液氨溶液中的溶剂合电子 $e(NH_3)_y^-$ 是一种很强的还原剂，广泛应用于无机化合物和有机化合物的制备。钙、锶、钡也能溶于液氨生成蓝色溶液。碱金属和碱土金属的液氨溶液不稳定，在有杂质(如水、空气，特别是过渡金属化合物)存在时分解为氨基化合物：

$$2M + 2NH_3 \rightleftharpoons 2MNH_2 + H_2 \quad (M = Li、Na、K、Rb、Cs)$$

碱金属的另一个有趣的性质便是获得电子生成非常活泼的负离子 M^-，如 Na^- 可以在气态钠中稳定存在。下列反应中也有 Na^- 生成：

$$2Na + Cryp(\text{穴醚}) + xNH_3(l) \rightleftharpoons [Na(Cryp)]^+[Na(NH_3)_x]^-(s)$$

经 X 射线分析证实，其中 Na^- 在化合物中对应于 NaCl 中的 Cl^-。若除去上述固体盐中的氨，甚至可生成电子盐(electride)。钠的电子盐中的 Na^+、e^- 相似于 NaCl 中的 Na^+ 和 Cl^-。这类化合物有特殊的电磁性质。如锂的电子盐在 228 K 以上有较高的导电性，低于此温度，导电性下降。

10.3.2 氧化物 Oxides

碱金属和碱土金属与氧化合可形成多种氧化物：普通氧化物(含 O^{2-})、过氧化物(含 O_2^{2-})、超氧化物(含 O_2^-)和臭氧化物(含 O_3^-)。

1. 普通氧化物

碱金属在空气中燃烧时，只有锂生成普通氧化物(common oxide)Li_2O，钠主要生成过氧化物 Na_2O_2，钾、铷、铯则大部分生成超氧化物 MO_2(M=K\,Rb\,Cs)。要制备除锂以外的其他碱金属的普通氧化物必须用其他方法。例如，用钠还原过氧化钠，用钾还原硝酸钾，可

分别制得氧化钠和氧化钾：

$$2Na + Na_2O_2 \xlongequal{} 2Na_2O$$

$$10K + 2KNO_3 \xlongequal{} 6K_2O + N_2$$

碱土金属在室温或加热时与氧气反应，一般只生成普通氧化物 MO。实际生产中常用它们的碳酸盐或硝酸盐加热分解制备：

$$CaCO_3 \xlongequal{} CaO + CO_2\uparrow$$

$$2Sr(NO_3)_2 \xlongequal{} 2SrO + 4NO_2\uparrow + O_2\uparrow$$

碱金属氧化物的颜色从 Li_2O 到 Cs_2O 逐渐加深，Li_2O 和 Na_2O 为白色，K_2O 为淡黄色，Rb_2O 为亮黄色，Cs_2O 为橙红色。碱金属氧化物的熔点比碱土金属氧化物的熔点低得多。碱金属氧化物与水反应均生成相应的氢氧化物：

$$M_2O + H_2O \xlongequal{} 2MOH \quad (M=\text{碱金属})$$

上述反应的程度从 Li_2O 到 Cs_2O 依次加强；Li_2O 与水反应很慢；Rb_2O 和 Cs_2O 与水反应发生燃烧，甚至爆炸。

碱土金属氧化物都是白色固体。除 BeO 外，它们都是 NaCl 型晶格的离子化合物。由于正、负离子都带两个正电荷，距离又较小，所以碱土金属氧化物有较大的晶格能，熔点和硬度都相当高。经过煅烧的 BeO 和 MgO 难溶于水，常用于制耐火材料和金属陶瓷。钙、锶、钡的氧化物可与水迅速反应并放出大量的热，反应的剧烈程度从 CaO 到 BaO 依次增大。

2. 过氧化物

过氧化物(peroxide)是含有过氧基(—O—O—)的化合物，可看作是 H_2O_2 的衍生物。除铍外，碱金属元素和碱土金属元素在一定条件下都能形成过氧化物。常见的是用途较大的过氧化钠。

工业上制备过氧化钠的方法是：将钠加热至熔化，通入一定量除去 CO_2 的干燥空气，维持温度在 453～473 K，钠即被氧化为 Na_2O，进而增加空气流量并迅速提高温度到 573～673 K，可制得淡黄色粉末 Na_2O_2：

$$4Na + O_2 \xlongequal{453\sim473\ K} 2Na_2O$$

$$2Na_2O + O_2 \xlongequal{573\sim673\ K} 2Na_2O_2$$

实验室中可用浓 NaOH 溶液与浓 H_2O_2 反应制得 $Na_2O_2\cdot 8H_2O$ 晶体。

过氧化钠的化学性质主要是氧化性和碱性。

过氧化钠与水或稀酸反应产生 H_2O_2，H_2O_2 不稳定，立即分解放出氧气。因此过氧化钠可作氧化剂、氧气发生剂和漂白剂。

$$Na_2O_2 + 2H_2O \longrightarrow 2NaOH + H_2O_2$$

$$\hookrightarrow H_2O + O_2$$

过氧化钠与二氧化碳反应也放出氧气：

$$2Na_2O_2 + 2CO_2 \xlongequal{} 2Na_2CO_3 + O_2$$

所以，在防毒面具、高空飞行和潜艇中常用 Na_2O_2 作 CO_2 的吸收剂和供氧剂。

过氧化钠在碱性介质中可把 As(Ⅲ)、Cr(Ⅲ)、Fe(Ⅲ)氧化为 As(Ⅴ)、Cr(Ⅵ)、Fe(Ⅵ)

等，因此过氧化钠常用作分解矿石的熔剂。

$$Cr_2O_3 + 3Na_2O_2 = 2Na_2CrO_4 + Na_2O$$

$$MnO_2 + Na_2O_2 = Na_2MnO_4$$

由于 Na_2O_2 有强碱性，熔融时不能采用瓷制器皿或石英器皿，宜用铁、镍器皿。

碱土金属的过氧化物中以过氧化钡 BaO_2 较为重要。在 773～793 K 时，将 O_2 通过 BaO 即可制得 BaO_2：

$$2BaO + O_2 \xlongequal{773\sim793\ K} 2BaO_2$$

过氧化钡与稀酸反应生成 H_2O_2，这是实验室制 H_2O_2 的方法：

$$BaO_2 + H_2SO_4 = BaSO_4 + H_2O_2$$

3. 超氧化物

钾、铷、铯在过量的氧气中燃烧可直接生成相应的超氧化物(superoxide)。超氧化物中含超氧离子 O_2^-，结构为

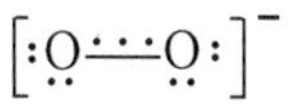

其分子轨道式为 $O_2^-[KK(\sigma_{2s})^2(\sigma_{2s}^*)^2(\sigma_{2p})^2(\pi_{2p})^4(\pi_{2p}^*)^3]$。

在 O_2^- 中，成键的$(\sigma_{2p})^2$ 构成一个 σ 键，成键的$(\pi_{2p})^2$ 和反键的$(\pi_{2p}^*)^1$ 构成一个三电子 π 键，键级为 1.5。

因 O_2^- 中有一个未成对电子，故它有顺磁性，并呈现出颜色。KO_2 为橙黄色，RbO_2 为深棕色，CsO_2 为深黄色。超氧离子的键级比氧小，所以稳定性比氧差。超氧化物是强氧化剂，与 H_2O 剧烈反应，放出氧气：

$$2MO_2 + 2H_2O = O_2 + H_2O_2 + 2MOH$$

超氧化物也能与 CO_2 反应放出氧气：

$$4MO_2 + 2CO_2 = 2M_2CO_3 + 3O_2$$

故像 Na_2O_2 一样，超氧化物也能除去 CO_2 和再生 O_2，也可用于急救器和潜水、登山等方面。

碱土金属中的钙、锶、钡在一定条件下也能形成超氧化物 MO_4。

4. 臭氧化物

K、Rb、Cs 的氢氧化物与臭氧 O_3 反应，可以制得臭氧化物，例如

$$3KOH(s) + 2O_3(g) = 2KO_3(s) + KOH \cdot H_2O(s) + \frac{1}{2}O_2(g)$$

将 KO_3 用液氨结晶，可得到橘红色的 KO_3 晶体，它缓慢地分解为 KO_2 和 O_2。

10.3.3 氢氧化物

Hydroxides

碱金属和碱土金属的氧化物(BeO 和 MgO 除外)与水作用，即可得到相应的氢氧化物：

$$M_2O + H_2O = 2MOH \quad (M = 碱金属)$$

$$MO + H_2O = M(OH)_2 \quad (M = Ca、Sr、Ba)$$

碱金属和碱土金属的氢氧化物均为白色固体，它们的溶解度和碱性(solubility and

alkalinity)见表 10-7。

表 10-7 碱金属和碱土金属氢氧化物的溶解度和碱性

碱金属氢氧化物	溶解度(288 K) / $mol \cdot L^{-1}$	碱性	碱土金属氢氧化物	溶解度(293 K) / $mol \cdot L^{-1}$	碱性
LiOH	5.3	中强碱	$Be(OH)_2$	8×10^{-6}	两性
NaOH	26.4	强碱	$Mg(OH)_2$	5×10^{-4}	中强碱
KOH	19.1	强碱	$Ca(OH)_2$	1.8×10^{-2}	强碱
RbOH	17.9	强碱	$Sr(OH)_2$	6.7×10^{-2}	强碱
CsOH	25.8	强碱	$Ba(OH)_2$	2×10^{-1}	强碱

由表 10-7 可知,碱金属和碱土金属氢氧化物的溶解度和碱性均表现为较好的规律性,即从 LiOH 到 CsOH,从 $Be(OH)_2$ 到 $Ba(OH)_2$,溶解度逐渐增大,碱性逐渐增强。

碱金属氢氧化物中除 LiOH 的溶解度稍小外,其余都易溶于水。碱土金属氢氧化物的溶解度则比碱金属氢氧化物小得多,其中溶解度最大的 $Ba(OH)_2$ 也仅为微溶,比碱金属氢氧化物中溶解度最小的 LiOH 的溶解度还小。

碱金属氢氧化物中,LiOH 为中强碱,其余均为强碱。碱土金属的氢氧化物中,$Be(OH)_2$为两性的,可溶于酸和碱:

$$Be(OH)_2 + 2H^+ = Be^{2+} + 2H_2O$$

$$Be(OH)_2 + 2OH^- = [Be(OH)_4]^{2-}$$

$Mg(OH)_2$ 与 LiOH 相似,为中强碱。$Ca(OH)_2$、$Sr(OH)_2$、$Ba(OH)_2$ 均为强碱。由于它们在水中的溶解度不大,其水溶液中的 OH^- 浓度不高,因而它们的水溶液的碱性不是很强。$Ca(OH)_2$(又名熟石灰)价廉易得,当不需要高浓度的碱时,常把它配成石灰乳当碱使用。

碱金属氢氧化物较重要的是氢氧化钠 NaOH。由于它对纤维和皮肤有强烈的腐蚀作用,所以又称它为烧碱、火碱和苛性碱。它的水溶液和熔融物既能溶解某些两性金属(铝、锌等)及其氧化物,也能溶解许多非金属(硅、硼等)及其氧化物:

$$2Al + 2NaOH + 6H_2O = 2Na[Al(OH)_4] + 3H_2\uparrow$$

$$Al_2O_3 + 2NaOH = 2NaAlO_2 + H_2O$$

$$Si + 2NaOH + H_2O = Na_2SiO_3 + 2H_2\uparrow$$

$$SiO_2 + 2NaOH = Na_2SiO_3 + H_2O$$

NaOH 熔点较低,又具有上述性质,因此工业生产和分析中常用它分解矿石。

工业上用电解食盐水的方法制备 NaOH。如需少量的 NaOH,也可用苛化法制备,即用消石灰或石灰乳与碳酸钠的浓溶液反应:

$$Na_2CO_3 + Ca(OH)_2 = CaCO_3\downarrow + 2NaOH$$

氢氧化钠溶于水放出大量的热,在空气中易潮解,故常用固体氢氧化钠作干燥剂。NaOH 还易与 CO_2 反应生成碳酸盐,所以要密封保存。但 NaOH 表面总难免要接触空气而带有一些 Na_2CO_3,如果在化学分析中需要不含 Na_2CO_3 的 NaOH 溶液,可先配制 NaOH 的饱和溶液,Na_2CO_3 因不溶于饱和 NaOH 溶液而析出沉淀,取上层清液,用煮沸后冷却的去离子水稀释到所需浓度即可。

应该指出,氢氧化钠的腐蚀性极强,熔融的氢氧化钠腐蚀性更强,因此工业上熔融氢氧化钠一般用铸铁容器盛放,在实验室可用银或镍制器皿盛放。氢氧化钠能腐蚀玻璃是因为它和玻璃中的主要成分 SiO_2 反应生成的 Na_2SiO_3 有黏性，极易将瓶口和瓶塞粘紧。

10.3.4 盐　类
Salts

碱金属和碱土金属的常见盐类有卤化物、碳酸盐、硝酸盐、硫酸盐和硫化物等。在此讨论它们的共性及一些特性，并简单介绍几种重要的盐。

1. 盐类的通性

(1)颜色及焰色反应

碱金属和碱土金属离子的核外电子排布均为饱和结构，一般情况下电子不易跃迁，因此它们的离子均为无色。除了与有颜色的阴离子形成的盐有颜色外，其他盐一般都是无色或白色的。碱金属和碱土金属的盐在高温火焰中电子易被激发而呈现特殊的颜色，这就是焰色反应(flame reaction)。锂使火焰呈红色，钠使火焰呈黄色，钾(透过蓝色钴玻璃)、铷、铯使火焰呈紫色，钙使火焰呈橙红色，锶使火焰呈洋红色，钡使火焰呈绿色。据此可用它们的化合物制五颜六色的焰火。

(2)溶解性

碱金属盐类最显著的特征是易溶于水。由于 Li^+ 半径小，极化作用强，其盐与其他碱金属盐的溶解性有较大差异。如 $LiCl$、$LiNO_3$ 溶解性很好；弱酸盐的溶解性刚好相反，如 Li_2CO_3 和 Li_3PO_4 的溶解性很差。除锂外，碱金属的盐类多为离子型化合物，在水中易溶，难溶的仅为少数含大阴离子的盐。钠、钾的难溶盐主要有：六羟基锑酸钠($Na[Sb(OH)_6]$)、醋酸双氧铀酰锌钠[$NaAc \cdot Zn(Ac)_2 \cdot 3UO_2(Ac)_2 \cdot 9H_2O$]、高氯酸钾($KClO_4$)、酒石酸氢钾($KHC_4H_4O_6$)、六氯铂酸钾($K_4[PtCl_6]$)、钴亚硝酸钠钾($K_2Na[Co(NO_2)_6]$)和四苯硼酸钾($K[B(C_6H_5)_4]$)。这些盐中除醋酸双氧铀酰锌钠为黄绿色，六氯铂酸钾为淡黄色，钴亚硝酸钠钾为亮黄色外，其余均为白色，据此可鉴定 Na^+、K^+。

钠、钾的可溶性盐中钠盐的溶解性更好。但 $NaHCO_3$ 因形成氢键导致溶解性不好，$NaCl$ 的溶解度随温度的变化不大，这是常见的盐中溶解性较特殊的。

碱土金属盐类的重要特征便是其难溶性，大多数碱土金属的盐在水中难溶。通常，它们与氧化数为 -1 的大阴离子形成的盐是易溶的，如碱土金属的硝酸盐、氯酸盐、高氯酸盐、醋酸盐、酸式碳酸盐、酸式草酸盐、磷酸二氢盐，卤化物除氟化物外是易溶的。但它们与半径小、电荷高的阴离子形成的盐较难溶，如它们的氟化物、碳酸盐、磷酸盐和草酸盐是难溶的。硫酸盐和铬酸盐中阳离子半径大的盐难溶，如 $BaSO_4$ 和 $BaCrO_4$ 难溶；阳离子半径小的盐易溶，如 $MgSO_4$ 和 $MgCrO_4$ 易溶。

(3)带结晶水的能力

一般来说，离子愈小，它所带的电荷愈多，则作用于水分子的电场愈强，其盐愈易带结晶水。显然，碱金属离子从 Li^+ 到 Cs^+ 水合能力降低，这清楚地反映在盐类形成结晶水合物的倾向上。几乎所有的锂盐都是水合的，钠盐约有 75%是水合的，钾盐有 25%是水合的，铷盐和铯盐仅有少数是水合的。从阴离子的角度看，碱金属的强酸盐水合能力小，弱酸盐水合能力较大。碱金属的卤化物大多是无水的；硝酸盐中只有锂可形成水合物，如 $LiNO_3 \cdot H_2O$

和 $LiNO_3 \cdot 3H_2O$；硫酸盐中只有锂和钠可形成水合物，如 $Li_2SO_4 \cdot H_2O$ 和 $Na_2SO_4 \cdot 10H_2O$；碳酸盐中除 Li_2CO_3 无水合物外，其余皆有不同形式的水合物，其水合分子数如下：

碳酸盐	Na_2CO_3	K_2CO_3	Rb_2CO_3	Cs_2CO_3
水合分子数	1,7,10	1,5	1,5	3,5

碱金属的盐中，钠盐与钾盐性质很相似，且钠、钾在地壳中含量丰富，因此常用的碱金属盐是钠盐和钾盐。Na^+ 半径较小，有效核电荷稍高，因此钠盐的吸湿性比钾盐强。化学分析中常用的标准试剂许多是钾盐而不是钠盐，如用邻苯二甲酸氢钾标定碱溶液，用重铬酸钾标定还原剂的浓度等。同理，在配制炸药时，用硝酸钾和氯酸钾而不用相应的钠盐。但钠的化合物价格要便宜一些，故一般能用钠的化合物时就尽量使用钠的化合物而不用钾的化合物。

碱土金属的盐比碱金属的盐更易带结晶水，如 $BeCl_2 \cdot 4H_2O$、$MgCl_2 \cdot 6H_2O$、$CaCl_2 \cdot 6H_2O$、$CaSO_4 \cdot 2H_2O$、$BaCl_2 \cdot 2H_2O$ 等。

碱土金属的无水盐有吸潮性。普通食盐潮解就是其中含 $MgCl_2$ 的缘故，纺织工业中用 $MgCl_2$ 保持棉纱的温度而使其柔软。无水 $CaCl_2$ 有很强的吸水性，是一种重要的干燥剂，但由于它能与 NH_3 和乙醇形成加合物，所以不能用于干燥氨和乙醇。

(4)形成复盐的能力

除锂以外，碱金属还能形成一系列复盐。复盐有以下几种类型：

①光卤石类

$MCl \cdot MgCl_2 \cdot 6H_2O$，M(Ⅰ)$=K^+$、$Rb^+$、$Cs^+$，如光卤石 $KCl \cdot MgCl_2 \cdot 6H_2O$。

②矾类

a. $M_2SO_4 \cdot MgSO_4 \cdot 6H_2O$，M(Ⅰ)$=K^+$、$Rb^+$、$Cs^+$，如软钾镁矾 $K_2SO_4 \cdot MgSO_4 \cdot 6H_2O$。

b. M(Ⅰ)M(Ⅲ)$(SO_4)_2 \cdot 12H_2O$，M(Ⅰ)$=Na^+$、K^+、Rb^+、Cs^+，M(Ⅲ)$=Al^{3+}$、As^{3+}、Fe^{3+}、Co^{3+}、Ga^{3+}、V^{3+} 等，如明矾 $KAl(SO_4)_2 \cdot 12H_2O$。

复盐的溶解度一般比相应的简单碱金属盐的溶解度小得多。

(5)热稳定性

一般碱金属盐具有较高的热稳定性，它们的卤化物和硫酸盐加热难分解。碳酸盐中只有 Li_2CO_3 在 1 543 K 时分解为 Li_2O 和 CO_2。唯有硝酸盐不稳定，加热分解，例如

$$4LiNO_3 \xlongequal{973\ K} 2Li_2O + 4NO_2\uparrow + O_2\uparrow$$

$$2NaNO_3 \xlongequal{1\ 003\ K} 2NaNO_2 + O_2\uparrow$$

$$2KNO_3 \xlongequal{943\ K} 2KNO_2 + O_2\uparrow$$

碱土金属的盐类中，卤化物和硫酸盐对热较稳定，碳酸盐从 $BeCO_3$ 到 $BaCO_3$ 热稳定性增大。$BeCO_3$ 稍加热即分解，$MgCO_3$ 加热到 813 K 分解，$CaCO_3$ 的分解温度为 1 173 K，$SrCO_3$ 和 $BaCO_3$ 分别在 1 553 K 和 1 633 K 时分解，分解反应如下：

$$MCO_3 \xlongequal{\triangle} MO + CO_2\uparrow \quad (M=\text{碱土金属})$$

2. 常见盐类的性质与用途

(1)氯化物

氯化钠(NaCl)是日常生活和工业生产中不可缺少的物质，除供食用外，是制造几乎所有钠、氯化合物的常用原料。

我国有较长的海岸线和丰富的内陆盐湖资源，四川自贡地区含有大量食盐的地下卤水，储量比自贡大 10 倍的江苏淮安市的大盐矿，以及金坛发现的百亿吨级的固体盐矿，为我国人民生活和工业用盐提供了丰富的原料。

无水氯化钙($CaCl_2$)是重要的干燥剂。氯化钙($CaCl_2 \cdot 6H_2O$)与冰的混合物是实验室常用的制冷剂。将 $CaCl_2 \cdot 6H_2O$ 加热可得到无水 $CaCl_2$：

$$CaCl_2 \cdot 6H_2O \xrightarrow{473\ K} CaCl_2 \cdot 2H_2O \xrightarrow{533\ K} CaCl_2$$

上述失水过程中仍有少许水解反应发生，故无水 $CaCl_2$ 中常含微量的 CaO。

氯化钡是最重要的可溶性钡盐，水溶液中的产品一般带 2 个结晶水($BaCl_2 \cdot 2H_2O$，无色)，加热到 400 K 脱水为无水盐，有毒，对人致死量为 0.8 g。氯化钡可用于灭鼠，在实验室常用于鉴定 SO_4^{2-}。

要得到 $MgCl_2$，必须在干燥的 HCl 气流中加热 $MgCl_2 \cdot 6H_2O$，使其脱水。

(2)硫酸盐

①硫酸钙

二水硫酸钙($CaSO_4 \cdot 2H_2O$)称为石膏，又称生石膏，为白色粉末，微溶于水。半水硫酸钙($CaSO_4 \cdot \frac{1}{2}H_2O$)称熟石膏，也为白色粉末，有吸潮性，熟石膏粉末与水混合，因逐渐转变为生石膏而硬化并膨胀，故可用来制造模型、塑像、粉笔和石膏绷带等。工业上用氯化钙与硫酸铵反应得到二水硫酸钙：

$$CaCl_2 + (NH_4)_2SO_4 + 2H_2O \longrightarrow CaSO_4 \cdot 2H_2O + 2NH_4Cl$$

二水硫酸钙经煅烧、脱水，可得到半水硫酸钙。

②硫酸钠

十水硫酸钠($Na_2SO_4 \cdot 10H_2O$)俗称芒硝，由于它有很大的熔化热(253 $kJ \cdot kg^{-1}$)，可作为相变储热材料的主要组分。白天它吸收太阳能而熔融，夜间冷却结晶释放出热能。无水硫酸钠 Na_2SO_4 俗称元明粉，大量用于玻璃、造纸、陶瓷等工业，也用于制备 Na_2S 和 $Na_2S_2O_3$。

③硫酸钡

重晶石($BaSO_4$)是制备其他钡类化合物的原料。例如

$$BaSO_4 + 4C \xlongequal{1\,273\ K} BaS + 4CO$$

可溶性的 BaS 可用于制 $BaCl_2$ 和 $BaCO_3$：

$$BaS + 2HCl \xlongequal{} BaCl_2 + H_2S$$

$$BaS + CO_2 + H_2O \xlongequal{} BaCO_3 + H_2S$$

重晶石可作白色涂料(钡白)，在橡胶、造纸工业中作白色填料。$BaSO_4$ 是唯一无毒的钡盐，因其溶解度小，又不溶于胃酸，不会使人中毒，常用作“钡餐”。重晶石粉还因难溶和密度大(4.5 $g \cdot cm^{-3}$)而大量用于钻井泥浆加重剂，以防止油井、气井的井喷。

④硫酸镁

硫酸镁($MgSO_4 \cdot 7H_2O$)为无色斜方晶体,加热时反应如下:

$$MgSO_4 \cdot 7H_2O \xrightarrow{350\ K} MgSO_4 \cdot H_2O \xrightarrow{520\ K} MgSO_4$$

硫酸镁易溶于水,微溶于醇,不溶于乙酸和丙酮,用作媒染剂、泻盐,还可用于造纸、纺织、肥皂、陶瓷和油漆工业。

(3)碳酸盐

①碳酸钠

碳酸钠俗称苏打或纯碱,其水溶液因水解而呈较强的碱性,在实验室可当作碱使用,以调节溶液的 pH。

碳酸钠是一种重要的化工原料,大量用于玻璃、搪瓷、肥皂、造纸、纺织、洗涤剂的生产和有色金属的冶炼,还是制备其他钠盐或碳酸盐的原料。

②碳酸钙

碱土金属的碳酸盐中碳酸钙较为重要。无水 $CaCO_3$ 为无色斜方晶体,加热至1 000 K转变为方解石。$CaCO_3 \cdot 6H_2O$ 为无色单斜晶体,难溶于水,易溶于酸和 NH_4Cl 溶液,用于制填料、涂料和制备 CO_2 等。

(4)硝酸盐

硝酸盐中硝酸钾较重要。由于硝酸钾在空气中不吸潮,在加热时有强氧化性,因此可用来制火药。硝酸钾还是含氮、钾的优质化肥。

(5)氟化物

萤石(CaF_2)是制取 HF 和 F_2 的重要原料,在冶金工业中作助熔剂,也用于制作光学玻璃和陶瓷等。常用的荧光灯中涂有荧光材料 $3Ca_3(PO_4)_2 \cdot Ca(F,Cl)_2$ 和少量 Sb^{3+}、Mn^{2+} 的化合物,其中卤磷酸钙为基质,Sb^{3+}、Mn^{2+} 为激活剂,用紫外光激发后,发出荧光。

3. 配合物

碱金属离子接受电子对的能力较差,一般难形成配合物。碱土金属离子的电荷密度较高,具有比碱金属离子强的接受电子的能力。Be^{2+} 的半径最小,是较强的电子对接受体,能形成较多的配合物,如$[BeF_3]^-$、$[BeF_4]^{2-}$、$[Be(OH)_4]^{2-}$等;Be^{2+} 还可生成许多稳定的螯合物,如二(草酸根)合铍(Ⅱ)酸盐 $M_2[Be(C_2O_4)_2]$。Ca^{2+} 能与 NH_3 形成不太稳定的氨合物;与配位能力很强的螯合剂如乙二胺四乙酸(EDTA)则形成稳定的螯合物,常用于滴定分析;Ca^{2+} 与焦磷酸盐和多聚磷酸盐可形成稳定的螯合物,在锅炉用水中加这种盐可防止锅炉结垢。镁的一种重要配合物是叶绿素,在这种配合物中,镁处于卟啉平面有机环的中心,环上的 4 个 N 与 Mg 结合(图 9-13)。格氏试剂(Grignard)也是一种非常重要的镁的有机化合物,常用于有机合成,它由卤代烷在无水乙醚中与镁反应制得:

$$RX + Mg \xrightarrow{\text{无水乙醚}} RMgX$$

经 X 射线衍射证明,该化合物在乙醚中,镁原子分别与乙醚中的氧原子、卤代烷中的卤素原子及有机基团构成四面体配位。

锶和钡的配合物报道较少。

10.4 元素的 ROH 规则和对角线关系

ROH rule and diagonal relationship of elements

10.4.1 元素的 ROH 规则

ROH rule of elements

某元素的氢氧化物呈酸性、两性还是碱性，可按下述观点来考虑。所有氢氧化物、含氧酸都可用通式 $R(OH)_n$ 表示，简化为 R—O—H 结构，其中 R 代表成酸元素或成碱元素。R—O—H 结构中，存在 R—O 和 O—H 两种极性键，所以 ROH 在水中有两种解离方式：

视频

元素的 ROH 规则和对角线关系

R—O┆H 酸式电离，产生 H^+

R┆O—H 碱式电离，产生 OH^-

ROH 按酸式电离还是碱式电离，与阳离子的极化作用有关。阳离子 R^{n+} 的电荷越多，半径越小，则阳离子的极化作用越大。卡特雷奇(G. H. Cartledge)把两者结合起来考虑，提出了离子势(ionic potential)的概念：

$$离子势(\phi)=\frac{阳离子电荷(z)}{阳离子半径(r)}$$

式中，ϕ 表示阳离子的极化能力，可判断氢氧化物的酸碱性。在 ROH 中，若 R^{n+} 的 ϕ 大，其极化作用强，氧原子的电子云将偏向 R^{n+}，使 O—H 的极性增强，则 ROH 以酸式电离为主；若 R^{n+} 的 ϕ 小，R—O 的极性强，ROH 倾向于碱式电离。据此有人提出了用 ϕ 判断 ROH 酸碱性的经验规则，即

$\sqrt{\phi}<0.22$ ROH 呈碱性

$0.22<\sqrt{\phi}<0.32$ ROH 呈两性

$\sqrt{\phi}>0.32$ ROH 呈酸性

对同一周期各主族元素最高氧化态的氢氧化物来说，从左到右 R^{n+} 的形式电荷依次增多，半径依次减小，$\sqrt{\phi}$ 则依次增大，所以它们的碱性依次减弱，酸性依次增强。例如，第三周期元素氢氧化物的酸碱性递变与 $\sqrt{\phi}$ 的关系见表 10-8。

表 10-8 第三周期元素氢氧化物的酸碱性递变与 $\sqrt{\phi}$ 的关系

ROH	R^{n+} 半径/pm	$\sqrt{\phi}$	酸碱性	ROH	R^{n+} 半径/pm	$\sqrt{\phi}$	酸碱性
NaOH	95	0.103	强碱	H_3PO_4	34	0.383	中强酸
$Mg(OH)_2$	65	0.175	中强碱	H_2SO_4	30	0.447	强酸
$Al(OH)_3$	55	0.234	两性	$HClO_4$	26	0.518	最强酸
H_2SiO_3	40	0.316	弱酸				

对同一主族、同一氧化态各元素的氢氧化物来说，其 R^{n+} 的最外层电子构型相同，电荷也相同，从上到下，R^{n+} 的半径依次增大，$\sqrt{\phi}$ 依次减小，因而氢氧化物碱性增强，这在碱土金属中表现较为明显。碱土金属氢氧化物的酸碱性递变与 $\sqrt{\phi}$ 的关系见表 10-9。

表 10-9 碱土金属氢氧化物的酸碱性递变与$\sqrt{\phi}$的关系

$R(OH)_2$	R^{n+}半径/pm	$\sqrt{\phi}$	酸碱性	$R(OH)_2$	R^{n+}半径/pm	$\sqrt{\phi}$	酸碱性
$Be(OH)_2$	31	0.254	两性	$Sr(OH)_2$	113	0.133 3	强碱
$Mg(OH)_2$	65	0.175	中强碱	$Ba(OH)_2$	135	0.122	强碱
$Ca(OH)_2$	99	0.142	强碱				

用$\sqrt{\phi}$的大小判断氢氧化物的酸碱性只是一个经验规则，有一定的局限性。例如，对于两性氢氧化物[$Sn(OH)_2$、$Zn(OH)_2$ 等]，就不符合 ROH 规则，因为影响氢氧化物酸碱性的因素很复杂，至今尚无完满的解释。

10.4.2 对角线关系 Diagonal relationship

对比周期系中元素的性质发现，有些元素的性质常同其右下方相邻的另一元素类似，这种关系叫作对角关系。周期系第二、三周期只有三对元素的对角关系表现最为明显，即下面用斜线相连的三对元素比其同族元素的性质更为相近：

Li　Be　B　C

Na　Mg　Al　Si

1. 锂与镁的相似性

(1)单质在过量氧中燃烧时，均只生成正常氧化物。

(2)氢氧化物均为中强碱，而且在水中的溶解度都不大。

(3)氟化物、碳酸盐、磷酸盐等均难溶。

(4)氯化物都能溶于有机溶剂(如乙醇)。

(5)碳酸盐在受热时均能分解成相应的氧化物(Li_2O\，MgO)。

2. 铍与铝的相似性

(1)单质均为活泼金属，其标准电极电势相近：$\varphi^{\ominus}(Be^{2+}|Be)=-1.85\ V$，$\varphi^{\ominus}(Al^{3+}|Al)=-1.706\ V$。

(2)单质均为两性金属，既能溶于酸也能溶于强碱。

(3)单质都能被冷、浓硝酸钝化。

(4)氯化物均为双聚物，并显示共价性，可以升华，且溶于有机溶剂。

(5)碳化物属于同一类型，水解后产生甲烷：

$$Be_2C+4H_2O \longrightarrow 2Be(OH)_2\downarrow+CH_4\uparrow$$

$$Al_4C_3+12H_2O \longrightarrow 4Al(OH)_3\downarrow+3CH_4\uparrow$$

对角关系主要是从化学性质总结出来的经验规律，可以用离子极化观点粗略地加以说明：处于对角的三对元素性质上的相似性是由于它们的离子极化力相近。从 Li 到 Mg(或从 Be 到 Al\，从 B 到 Si)电荷增多，但半径增大，对极化力产生两种相反的影响，前者使极化作用增强，而后者使极化作用减弱，由于两种相反的作用抵消了，故使处于对角的三对元素 Li 与 Mg、Be 与 Al、B 与 Si 性质相近。

3. 硼与硅的相似性

硼和硅的某些性质对比见表 10-10。

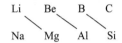

表 10-10 硼和硅的某些性质对比

元素	单质（晶态）	单质与碱的作用	含氧酸		形成多酸和多酸盐	重金属含氧酸盐		氢化物的稳定性	卤化物的水解性
			酸性	稳定性		颜色	溶解度		
硼(B)	原子晶体	置换出氢	很弱（$K_a^{\ominus}=5.7\times10^{-10}$）	很稳定	形成链状或环状多酸盐	有特征颜色	较小	不稳定，在空气中即自燃	极易水解
硅(Si)	原子晶体	置换出氢	很弱（$K_{a1}^{\ominus}=2.5\times10^{-10}$）	稳定	形成链状或环状多酸盐	有特征颜色	较小	不稳定，在空气中即自燃	极易水解

拓展阅读

我国元素的自然资源

我国的矿物资源比较丰富，金属矿物如W、Li、Sb、Zn、稀土居世界之首，Sn、Mo、Bi、Pb、Hg、Nb、Ta、B等矿物储量均居世界前列。其中稀土矿（Y和La系）总储量占世界的80%，蕴藏量最大的就是内蒙古的白云鄂博。钛铁矿居世界第一，Al、Cu、Ni等常用金属的矿石在我国的储量也较大。非金属矿物资源中，P、S、石墨矿和硼矿储量高，硼矿储量居世界首位，磷矿居世界第二。菱镁矿、萤石、硅石、白云岩和石灰岩等重要冶金辅料也不少，其中菱镁矿居世界之首。非金属建材矿，如石棉、滑石、水泥原料、珍珠岩、大理石、膨润土、石膏等也有相当的储量。

但是，我国铁矿、铜矿、磷矿多为贫矿；天然碱、天然硫、金刚石等资源不足；Au、Ag、Pt等更为稀少，而且地区分布不均。选矿、冶炼工艺比较落后，采-炼回收率低，资源浪费，环境污染比较严重。因此，我们要珍惜自然资源，合理开采和利用元素资源，研究开发清洁生产和绿色化学工艺，以造福子孙后代。

锂电池简介

随着科学技术的不断发展，众多领域需要体积小、质量轻、电压高、功率大，且能在各种环境中使用寿命长的电池。传统的电池，如锌-碳-氯化铵电池等，越来越难以满足发展的需求。锂是自然界最轻的金属元素，电极电势极低，作为电池负极材料，可构筑质量轻的高能锂电池。目前，锂电池受到了全世界的广泛关注。

锂电池包括不可充电的锂一次电池和可充电的锂二次电池。特别地，锂二次电池从实验室到商业化，经历了曲折的过程。1970年，首个锂二次电池诞生。经过约20年的发展，锂二次电池由索尼公司于1991年正式商品化。2019年，因在锂二次电池领域的卓越贡献，美国固体物理学家John B. Goodenough、英裔美国化学家Stanley Whittingham和日本化学家Akira Yoshino共同获得了诺贝尔化学奖。

1. 锂一次电池

锂一次电池是一种高能原电池，主要以金属锂为负极材料，以金属氧化物和其他固体、液体氧化剂为正极材料，以固体盐类或溶于有机溶剂的盐为电解质。由于金属锂化学性质十分活泼，易与水反应，因而锂一次电池主要采用非水体系。锂一次电池电压较高，可高于 2 V，有的甚至高达 3.6 V，其适用温度范围较宽。表 10-11 列举了一些锂一次电池的类型及基本性能。其中，Li-$SOCl_2$ 电池是比能量最高的一种电池，$SOCl_2$ 是正极材料，同时也是电解液。该电池电压稳定，高达 3.6 V，并可在 −55～150 ℃使用，其电池反应如下。

正极反应：$$2SOCl_2 + 4e^- = SO_2 + S + 4Cl^-$$

负极反应：$$4Li - 4e^- = 4Li^+$$

电池反应：$$2SOCl_2 + 4Li = SO_2 + S + 4LiCl$$

表 10-11 锂一次电池的类型及基本性能

电池	正极材料	比能量/($W \cdot h \cdot kg^{-1}$)	电压/V	适用温度/℃	寿命/年	应用范围
Li-$SOCl_2$	$SOCl_2$	700	3.6	−55～150	15～20	工业、商业
Li-SO_2	SO_2	260	2.8	−55～70	5	军事、航空
Li-MnO_2	MnO_2	330	3.1	−20～6	5	民用
Li-$(CF)_x$	$(CF)_x$	310	2.8	−20～6	5	民用
Li-I_2	I_2	230	2.7	0～7	10	医疗器械

2. 锂二次电池

锂二次电池与锂一次电池不同，不是直接用金属锂作负极材料，其中锂主要以离子形式存在，因而锂二次电池又称锂离子电池。锂离子电池一般由正极材料、负极材料、电解液、隔膜、金属外壳集流体以及其他辅件构成。

锂离子电池的正极材料主要是嵌锂过渡金属氧化物，如钴酸锂、锰酸锂、磷酸铁锂及三元镍钴锰酸锂等。负极材料主要是可嵌入锂的化合物，如人造石墨、天然石墨、硅基材料及锂合金等。电解液主要包括液态电解液和固态电解质。液态电解液一般以金属锂盐（如 $LiPF_6$、$LiClO_4$ 等）为电解质溶于非水有机溶剂（如碳酸乙烯酯、碳酸二乙酯等）构成。固态电解质一般包括无机固态电解质和聚合物电解质（如聚环氧乙烷离子液体等）。无机固态电解质包括晶态电解质和非晶态电解质，前者主要是锂陶瓷电解质，如 NASICON 型（$Na_3Zr_2Si_2PO_{12}$）、钙钛矿型等；后者为玻璃态锂无机固体电解质，如复合氧化物 B_2O_3-SiO_2-Li_2O 等。聚合物电解质主要有固态聚合物电解质、凝胶聚合物电解质和聚电解质。隔膜主要是聚烯的微多孔膜，如聚乙烯膜、聚丙烯膜等。金属外壳集流体有铝和铜，前者一般为正极集流体，后者为负极集流体。

锂离子电池主要依靠锂离子在正负极之间的往返进行嵌入和脱嵌，实现能量的存储和释放。在充电时，Li^+ 从正极脱嵌，经电解液和隔膜，嵌入负极，使负极处于富 Li^+ 态，使正极处于贫 Li^+ 态。在放电时，Li^+ 从负极脱嵌，经电解液和隔膜，进入正极，如图 10-4 所示。在充放电过程中，锂离子在正负极之间来回运动，因此，锂离子电池又被形象地喻为“摇椅式电池”。以钴酸锂为正极，以石墨为负极的锂离子电池的电池反应如下。

正极反应：$$LiCoO_2 \underset{\text{充电}}{\overset{\text{放电}}{\rightleftharpoons}} Li_{1-x}CoO_2 + xLi^+ + xe^-$$

负极反应：$$6C + xLi^+ + xe^- \underset{\text{充电}}{\overset{\text{放电}}{\rightleftharpoons}} Li_xC_6$$

电池反应：$$LiCoO_2 + 6C \underset{\text{充电}}{\overset{\text{放电}}{\rightleftharpoons}} Li_{1-x}CoO_2 + Li_xC_6$$

根据锂离子电池所用电解液状态的不同，锂离子电池可分为液态锂离子电池、聚合物锂离子电池和全固态锂离子电池。液态锂离子电池主要使用液态电解液，聚合物锂离子电池主要使用凝胶聚合物电解液。凝胶聚合物电解液兼具固态电解质和液态电解液的优点，使得聚合物锂离子电池比液态锂离子电池更安全。全固态锂离子电池使用的电解质有无机固体电解质和高分子聚合物电解质。由于全固态锂离子电池使用的是固体正负电极材料和固体电解质,因而无须使用隔膜。与液态锂离子电池和聚合物锂离子电池相比,全固态锂离子电池可实现更安全、更高比容量、更长循环寿命,它将是最有希望实现量产的下一代电池技术。

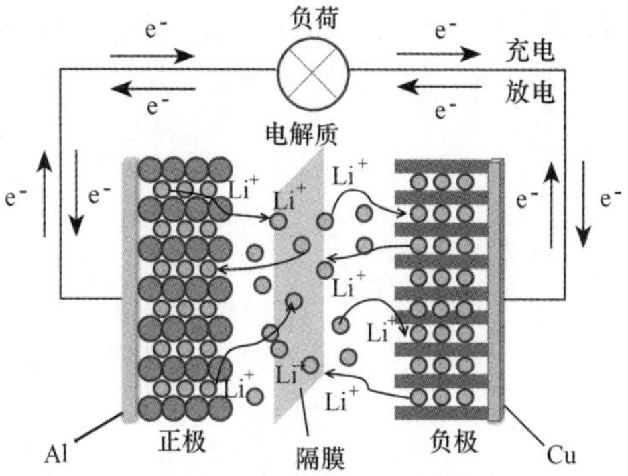

图 10-4　锂离子电池工作原理示意图

目前,商业化的锂离子电池主要是液态锂离子电池和聚合物锂离子电池,两者除电解液的差异外,其余电极材料均相同。一般地,正负极材料的性能在很大程度上决定了锂离子电池的性能及应用。市场上广泛应用的锂离子电池正极材料有钴酸锂、锰酸锂、磷酸铁锂、三元镍钴锰酸锂等,表 10-12 列举了相关正极材料及基本性能(石墨为负极)。

表 10-12　一些锂离子电池的正极材料及基本性能

锂离子电池	正极材料	电压/V	比容量/(mAh·g^{-1})	循环性/次	安全性能	适用温度/°C	应用范围
钴酸锂电池	$LiCoO_2$	3.6	135～140	>300	差	−20～55	小中型号电芯、小型电子设备
锰酸锂电池	$LiMn_2O_4$	3.4～4.3	100～120	>500	良好	高于 50 不稳定	大中型号电芯、动力电池等
磷酸铁锂电池	$LiFePO_4$	3.2～3.7	130～140	>2 000	好	−20～75	新能源汽车、储能、启动电源等
三元镍钴锰酸锂电池	$LiNiMnCoO_2$	3.0～4.5	155～165	>800	好	−20～55	移动和无线电子设备、电动工具、混合动力和电动交通工具等

锂离子电池兼具高电压、高比容量、自放电小、循环寿命长、无记忆效应、安全性能好、环境友好等众多优点,广泛应用于手机电池、笔记本电脑、电动自行车、电动汽车,以及人造卫星、航空航天等方面,对于日常生活、工业生产及科学研究产生了重大影响。为满足持续发展的需求,发展更高能量密度、更安全、更长寿命的锂离子电池将是一个趋势。

此外,随着锂离子电池的大规模应用,自然界中锂资源储量有限,考虑用其他储量丰富的金属取代锂,设计新颖的其他金属离子电池将是未来一个重要方向。金属钠与金属锂具有相似的化学性质,可能构造实用的钠离子电池,这也是当前一个重要的研究领域。

思考题

10-1 地壳中分布最广的是哪 10 种元素？

10-2 为什么海洋和大气也是元素资源的巨大宝库？

10-3 在我国，哪些元素储量比较丰富？哪些元素储量比较稀少？

10-4 元素按性质怎样分类？化学上又如何分类？

10-5 哪些元素属稀有元素？

10-6 简述元素在自然界中的存在形态。

10-7 简述元素单质的制备方法。

10-8 简述绿色化学的原则和目标。

10-9 举例说明"原子经济性"反应不会对环境产生任何污染。

10-10 简述绿色化学与环境污染治理的异同。

10-11 在自然界中有无碱金属的单质和氢氧化物存在？为什么？

10-12 试根据碱金属元素和碱土金属元素价层电子构型的特点，说明它们化学活泼性的递变规律。

10-13 为什么半径大的 s 区金属易形成非正常氧化物？Li、Na、K、Rb、Cs 和 Ba 在过量的氧中燃烧，生成何种氧化物？各类氧化物与水反应的情况如何？

10-14 (1)能否用 $NaNO_3$ 和 KCl 进行复分解反应制取 KNO_3？为什么？

(2)用 $Na_2Cr_2O_7$ 和 KCl 制取 $K_2Cr_2O_7$，又如何？

(3)为什么制火药要用 KNO_3，而不用 $NaNO_3$？

(4)在分析测试中为什么要用 $K_2Cr_2O_7$ 作基准试剂，而不用 $Na_2Cr_2O_7$？

10-15 能否纯粹用化学方法从碱金属的化合物中制得游离态的碱金属？为什么不能采用电解熔融 KCl 的方法制取金属钾？

10-16 室温时，若在空气中保存锂和钾，会发生哪些反应？写出相应的化学方程式。金属锂、钠、钾应如何保存？

10-17 试比较碱金属和碱土金属物理性能的差异，并说明原因。

10-18 解释碱金属和碱土金属氢氧化物的碱性和溶解性的递变规律。

10-19 锂与镁有哪些相似性？铍与其他碱土金属在物理、化学性质方面又有哪些不同？

10-20 为什么氢是未来的理想能源？目前储存氢的最好方法是什么？

习 题

10-1 目前工业上有哪些制氢的方法？写出有关反应方程式。

10-2 试比较下列两组氢化物的热稳定性、还原性和酸性。

(1)CH_4，NH_3，H_2O，HF。　　(2)H_2O，H_2S，H_2Se，H_2Te。

10-3 1 kg CaH_2 与水作用产生的氢气是 1 kg 锌与稀硫酸作用产生氢气的几倍？

10-4 写出氢化铝锂和硼氢化钠的主要化学性质和用途。

10-5 过氧化氢在酸性介质中分别与 $KMnO_4$ 和 Cl_2 反应，在这两个反应中，根据标准电极电势来判断何者是氧化剂，写出反应方程式。

10-6 完成下列反应方程式：

(1) $AsH_3 \xrightarrow{缺氧}$　　(2) $2HI + 2Fe^{3+} \longrightarrow$

(3) $NaH \xrightarrow{\triangle}$　　(4) $KH + NH_3 \longrightarrow$

(5) $BaH_2 + H_2O \longrightarrow$　　(6) $CaH_2 + TiO_2 \longrightarrow$

(7) $B_2H_6 + O_2 \longrightarrow$　　(8) $Na[BH_4] + BF_3 \longrightarrow$

10-7 以重晶石为原料，如何制备 $BaCl_2$、$BaCO_3$、BaO 和 BaO_2？写出有关的化学反应方程式。

10-8 写出 Na_2O_2 分别与 H_2O、$NaCrO_2$、CO_2、Cr_2O_3、H_2SO_4（稀）反应的方程式。

10-9 含有 Ca^{2+}、Mg^{2+} 和 SO_4^{2-} 的粗食盐如何精制成纯的食盐？以反应式表示。

10-10 试利用铍、镁化合物性质的不同鉴别下列各组物质：

(1) $Be(OH)_2$ 和 $Mg(OH)_2$。

(2) $BeCO_3$ 和 $MgCO_3$。

(3) BeF_2 和 MgF_2。

10-11 以氢氧化钙为原料，如何制备下列物质？以反应方程表示。

(1)漂白粉　　(2)氢氧化钠　　(3)氨　　(4)氢氧化镁

10-12 写出下列物质的化学式：

光卤石	明矾	重晶石	天青石	白云石	方解石
苏打	石膏	萤石	芒硝	元明粉	泻盐

10-13 如何鉴别下列物质？

(1) Na_2CO_3、$NaHCO_3$ 和 $NaOH$。

(2) CaO、$Ca(OH)_2$ 和 $CaSO_4$。

10-14 已知 $Mg(OH)_2$ 的 $K_{sp}^{\ominus}=1.8\times10^{-11}$，$NH_3 \cdot H_2O$ 的 $K_b^{\ominus}=1.8\times10^{-5}$，计算反应：

$$Mg(OH)_2 + 2NH_4^+ \rightleftharpoons Mg^{2+} + 2NH_3 \cdot H_2O$$

的平衡常数 $K^{\ominus}$，讨论 $Mg(OH)_2$ 在氨水中的溶解性。

10-15 往 $BaCl_2$ 和 $CaCl_2$ 的水溶液中依次加入碳酸铵、醋酸、铬酸钾，各有何现象发生？写出反应方程式。

第11章

p 区元素
p-Block Elements

11.1 概　述
Overview

与 s 区元素相似，p 区同族元素从上到下原子半径逐渐增大，失电子趋势逐渐增大，元素的金属性逐渐增强，非金属性逐渐减弱。除ⅦA 族外，都是由典型的非金属元素经准金属过渡到典型的金属元素（在ⅢA～ⅤA 族元素中充分体现）。在各族元素中，由于第二周期元素原子半径最小，电负性最大，没有空的 nd 轨道，因而与同族其他元素化学性质差别较大，如 F、O、N 与同族元素相比，具有一些特殊性质。

p 区元素（稀有气体除外）价层电子构型为 $ns^2np^{1\sim5}$，np、ns 电子均可参与成键，由此它们具有多种氧化数，这点不同于 s 区元素。随着价层 np 电子数的增多，失电子趋势减弱，逐渐变为共用电子，甚至得电子。因此，p 区非金属元素除有正氧化数外，还有负氧化数。

p 区元素氧化数差数常为 2。例如，ⅦA 族元素氧化数可表现为＋1、＋3、＋5、＋7（除氟外）；锡、铅常见＋2、＋4，而碳除＋2、＋4 外，还有－2、－4 等。ⅢA～ⅤA 族同族元素自上往下低氧化数化合物的稳定性增强，高氧化数化合物的稳定性减弱，这是由于 ns^2 电子随 n 的增大越来越难参与成键，这种现象称为惰性电子对效应（inert-pair effect）。惰性电子对效应主要表现在第六周期（$n=6$），如 Tl（Ⅲ）、Pb（Ⅳ）、Bi（Ⅴ）的化合物都有极强的氧化性。ⅡB族的汞常温下呈液态（熔点低于常温），亚汞离子以二聚体形式存在也与惰性电子对效应有关。

p 区元素（除铝外）金属正离子多为 18 电子构型［如 Sn（Ⅳ）、Pb（Ⅳ）等］或（18＋2）电子构型［如 Sb（Ⅲ）、Bi（Ⅲ）、Sn（Ⅱ）、Pb（Ⅱ）等］，极化力和变形性都较大；负离子虽为 8 电子构型，但多数离子半径较大，变形性也较大（如 S^{2-}、I^- 等），因此 p 区元素的二元化合物（少数卤化物、氧化物除外）的化学键共价成分较大。

11.2 卤　素
Halogen

卤素为周期系第ⅦA 族元素氟、氯、溴、碘、砹的统称。卤素的希腊文原意为成盐元素。

在自然界，氟主要以萤石（fluorspar，CaF_2）和冰晶石（cryolite，Na_3AlF_6）等矿物存在。氯、溴、碘主要以钠、钾、钙、镁的无机盐形式存在于海水中，海藻是碘的重要来源。砹为放射性元素，仅以微量短暂地存在于自然界。

11.2.1 卤素单质 Halogen elements

1. 卤素单质的物理性质

卤素单质皆为双原子分子，固态时为分子（非极性）晶体，因此熔点、沸点都比较低。随着卤素原子半径的增大和核外电子数目的增多，卤素分子之间的色散力逐渐增大，因此卤素单质的一些物理性质呈周期性变化，见表 11-1。

表 11-1 卤素单质的物理性质

卤素单质	聚集状态	颜色	熔点/℃	沸点/℃	$\Delta H_m^{\ominus}$(汽化)/(kJ·mol^{-1})	溶解度/[g·(100 gH_2O)$^{-1}$]
氟	气	浅黄	−219.6	−188	6.32	分解水
氯	气	黄绿	−101	−34.6	20.41	0.732
溴	液	红棕	−7.2	58.78	30.71	3.58
碘	固	紫黑	113.5	184.3	46.61	0.029

在常温下，氟、氯是气体，溴是易挥发的液体。氯在常温下加压便成黄色液体，利用这一性质，可将氯液化装在钢瓶中储存。固态碘在熔化前已具有相当大的蒸气压，适当加热即可升华，利用碘的这一性质，可将碘进行精制。

卤素单质在水中的溶解度不大（氟与水激烈反应为例外），氯、溴、碘的水溶液分别称为氯水、溴水和碘水。卤素单质在有机溶剂中的溶解度比在水中的溶解度大得多。溴可溶于乙醇、乙醚、氯仿、四氯化碳、二硫化碳等溶剂。碘难溶于水，但易溶于碘化物溶液（如碘化钾），这主要是由于生成 I_3^- 的缘故。

$$I_2 + I^- \rightleftharpoons I_3^-$$

I_3^- 易离解生成 I_2，故多碘化物溶液的性质实际上和碘溶液相同。实验室常用此反应获得较高浓度的碘水。氯和溴也能形成 Cl_3^- 和 Br_3^-，但这两种离子在常温下很不稳定。

气态卤素均有刺激性气味，强烈刺激眼、鼻、气管等黏膜，吸入较多蒸气会严重中毒，甚至造成死亡，其毒性从氟到碘依次减小。液溴沾到皮肤上会造成难以痊愈的灼伤，所以使用卤素单质时应特别小心。

2. 卤素单质的化学性质

从价层电子构型可知，卤素原子最易获得一个电子变为 X^-，因此卤素单质最突出的化学性质是氧化性，除 I_2 外，均为强氧化剂。从标准电极电势 $\varphi^{\ominus}(X_2|X^-)$ 可以看出，F_2 是卤素单质中最强的氧化剂。随着 X 原子半径的增大，卤素的氧化能力依次减弱。

11.2.2 卤化氢、氢卤酸、卤化物、多卤化物和卤素互化物 Hydrogen halides, hydrohalic acids, halides, polyhalides and interhalogen compounds

1. 卤化氢

(1) 卤化氢的制备

卤化氢的制备可采用单质合成、复分解和卤化物的水解等方法。

制备氟化氢以及少量氯化氢时，可用浓硫酸与相应的卤化物（如 CaF_2 和 NaCl）作用，加热使卤化氢气体由反应的混合物中逸出。但是这种方法不适用于制备溴化氢和碘化氢，因为浓硫酸对生成的溴化氢及碘化氢有氧化作用，使其部分氧化为单质溴和碘：

$$H_2SO_4 + 2HBr \longrightarrow Br_2 + SO_2\uparrow + 2H_2O$$

$$H_2SO_4 + 8HI \longrightarrow 4I_2 + H_2S\uparrow + 4H_2O$$

由于磷酸为不挥发的非氧化性酸，可用以代替硫酸制备溴化氢和碘化氢。

实验室中常用非金属卤化物水解的方法制备溴化氢和碘化氢。例如，用水滴于三溴化磷和三碘化磷表面即可产生溴化氢和碘化氢：

$$PBr_3 + 3H_2O \longrightarrow H_3PO_3 + 3HBr$$

$$PI_3 + 3H_2O \longrightarrow H_3PO_3 + 3HI$$

实际应用时，并不需要先制成非金属卤化物，而是将溴或碘与磷混合，再将水逐渐加入混合物，这样溴化氢或碘化氢即可不断产生：

$$3Br_2 + 2P + 6H_2O \longrightarrow 2H_3PO_3 + 6HBr$$

$$3I_2 + 2P + 6H_2O \longrightarrow 2H_3PO_3 + 6HI$$

（2）卤化氢的性质

卤化氢均为具有强烈刺激性臭味的无色气体，在空气中易与水蒸气结合而形成白色酸雾。卤化氢是极性分子，极易溶于水，其水溶液称为氢卤酸。液态卤化氢不导电，这表明它们是共价型化合物。卤化氢的一些重要性质见表 11-2。

表 11-2 卤化氢的一些重要性质

卤化氢	HF	HCl	HBr	HI
熔点/℃	−83.1	−114.8	−88.5	−50.8
沸点/℃	19.54	−84.9	−67	−35.38
$\Delta_f H_m^{\ominus}/(kJ \cdot mol^{-1})$	−271	−92	−36	+26
键能/$(kJ \cdot mol^{-1})$	566	431	366	299
$\Delta_f H_m^{\ominus}$(汽化)/$(kJ \cdot mol^{-1})$	30.31	16.12	17.62	19.77
分子偶极矩 $\boldsymbol{\mu}/(10^{-30}\ C \cdot m)$	6.40	3.61	2.65	1.27
表观解离度/%$(0.1\ mol \cdot L^{-1}, 18\ ℃)$	10	93	93.5	95
溶解度/$[g \cdot (100\ gH_2O)^{-1}]$	35.3	42	49	57

从表中数据可以看出，卤化氢的性质依 HCl→HBr→HI 的顺序有规律地变化。唯氟化氢在许多性质上表现出例外，如熔点、沸点和汽化焓偏高。氟化氢这些独特性质与其分子间存在氢键、形成缔合分子有关。

从化学性质来看，卤化氢和氢卤酸也表现出规律性变化，HF 也表现出一些特殊性。

2. 氢卤酸

（1）氢卤酸的酸性

在氢卤酸中，氢氯酸（盐酸）、氢溴酸和氢碘酸均为强酸，并且酸性依次增强。只有氢氟酸为弱酸。实验表明，氢氟酸的解离度随浓度的变化情况与一般弱电解质不同，其解离度随浓度的增大而增大，浓度大于 5 $mol \cdot L^{-1}$ 时，已变成强酸。这一反常现象是因为解离产生的 F^- 进一步与未解离的 HF 结合，生成了缔合离子 HF_2^-，促使 HF 进一步解离，故溶液酸性增强。

$$HF \rightleftharpoons H^+ + F^-$$

$$F^- + HF \rightleftharpoons HF_2^-$$

(2)氢卤酸的还原性

氢卤酸的还原性强弱可用 $\varphi^{\ominus}(X_2|X^-)$来衡量和比较。如前所述，$X^-$还原能力的递变顺序为 $I^- > Br^- > Cl^- > F^-$。事实上，HF 不能被一般氧化剂所氧化；HCl 较难被氧化，与一些强氧化剂(如 F_2、MnO_2、$KMnO_4$、PbO_2 等)反应才显还原性；Br^- 和 I^- 的还原性较强，空气中的氧就可以将它们氧化为单质。溴化氢溶液在日光、空气作用下即可变为棕色；而碘化氢溶液即使在阴暗处，也会逐渐变为棕色。

(3)氢卤酸的热稳定性

卤化氢的热稳定性是指其受热是否易分解为单质：

$$2HX \xrightarrow{\triangle} H_2 + X_2$$

可用生成焓衡量 HX 的热稳定性。从表 11-2 可以看出，随着卤化氢分子生成焓数值的依次增大，它们的热稳定性依 HF→HI 顺序急剧下降。实际上，碘化氢最易分解，当它受热到 200 ℃左右就明显地分解，而气态 HF 在 1 000 ℃还能稳定地存在。另一方面，也可从键能来判断同一系列化合物的热稳定性，通常键能大的化合物比键能小的化合物更稳定。

氢卤酸中盐酸和氢氟酸有较大的实用意义。常用浓盐酸的质量分数为 37%，密度为 $1.19\ g \cdot cm^{-3}$，浓度为 $12\ mol \cdot L^{-1}$。盐酸是一种重要的工业原料和化学试剂，用于制备各种氯化物，在皮革工业、焊接、电镀、搪瓷和医药领域也有广泛应用。此外，也用于食品工业(合成酱油、味精等)。

氢氟酸(或 HF 气体)能和 SiO_2 反应生成气态 SiF_4：

$$SiO_2 + 4HF \longrightarrow SiF_4 \uparrow + 2H_2O$$

利用这一反应，氢氟酸被广泛用于分析化学上，以测定矿物或钢样中 SiO_2 的含量，还用于在玻璃器皿上刻蚀标记和花纹，毛玻璃和灯泡的“磨砂”也是用氢氟酸腐蚀的。通常氢氟酸储存在塑料容器里。氟化氢有氟源之称，利用它制取单质氟和许多氟化物。氟化氢对皮肤会造成难以治疗的灼伤(对指甲也有强烈的腐蚀作用)，使用时要注意安全。

3. 卤化物、多卤化物和卤素互化物

严格地说，卤素与电负性较小的元素所形成的化合物才称为卤化物。例如，卤素与ⅠA、ⅡA 族的绝大多数金属形成离子型卤化物，这些卤化物具有高的熔点、沸点和低挥发性，熔融时能导电。但广义来说，卤化物也包括卤素与非金属，卤素与氧化数较高的金属所形成的共价型卤化物。共价型卤化物一般熔点、沸点低，熔融时不导电，并具有挥发性。但是离子型卤化物与共价型卤化物之间没有严格的界限，例如，$FeCl_3$ 是易挥发的共价型卤化物，它在熔融态时能导电。

多卤化物是指金属卤化物与卤素单质发生加合反应生成的化合物，如

$$KI + I_2 \rightleftharpoons KI_3$$

卤素互化物是指不同卤素之间通过共用电子对形成的一系列化合物，如

XX'型：ClF(g)、BrF(g)、BrCl(g)、ICl(s)、IBr(s)。

XX'_3型：ClF_3(g)、BrF_3(l)、ICl_3(s)。

XX'_5型：BrF_5(l)、IF_5(l)。

XX'_7型：$IF_7(g)$。

11.2.3 卤素的含氧酸及其盐

Oxyacids and oxyanions of halogen

除氟以外，氯、溴、碘几乎均可形成氧化数为 $+1$、$+3$、$+5$ 和 $+7$ 的次卤酸（HXO）、亚卤酸（HXO_2）、卤酸（HXO_3）和高卤酸（HXO_4）及其盐。卤素含氧酸多数仅能在水溶液中存在，相应的盐较稳定。卤素的含氧酸及其盐中以氯的含氧酸及其盐实际应用较多，下面主要介绍氯的含氧酸及其盐的性质。

氯的含氧酸根的结构如图 11-1 所示。（Cl 采用 sp^3 杂化成键）

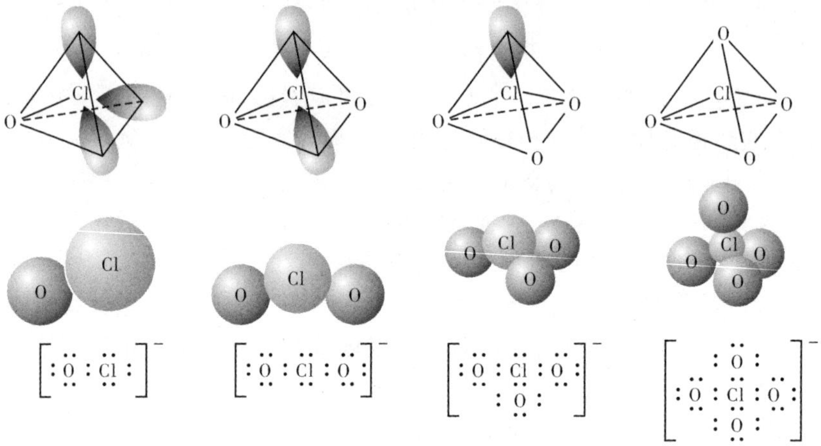

图 11-1　氯的含氧酸根的结构

氯的元素电势图如下：

$$\varphi^\ominus_A/V \quad ClO_4^- \xrightarrow{1.19} ClO_3^- \xrightarrow{1.21} ClO_2^- \xrightarrow{1.64} HClO \xrightarrow{1.63} Cl_2 \xrightarrow{1.36} Cl^-$$

（其中：1.45、1.49、1.47）

$$\varphi^\ominus_B/V \quad ClO_4^- \xrightarrow{0.36} ClO_3^- \xrightarrow{0.33} ClO_2^- \xrightarrow{0.59} ClO^- \xrightarrow{0.42} Cl_2 \xrightarrow{1.36} Cl^-$$

（其中：0.63、0.89、0.50、0.48）

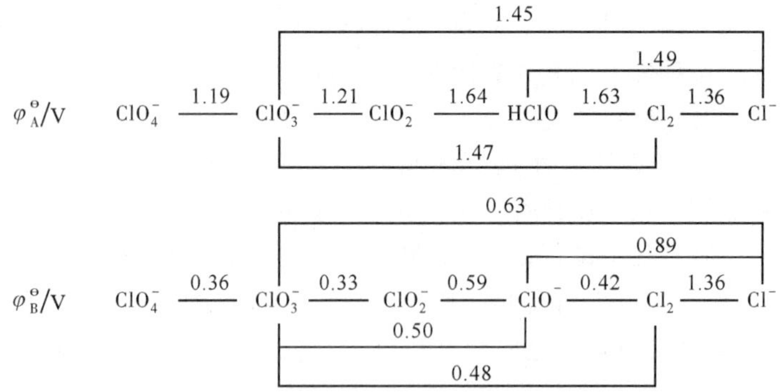

由氯的元素电势图可以看出：在酸性介质中，氯的各种含氧酸均有较强的氧化性；在碱性介质中，含氧酸盐的氧化性弱于其相应的酸（唯 NaClO 仍有较强的氧化性）；氯在碱性介质中易歧化。

1. 次氯酸及其盐

氯气和水作用生成次氯酸和盐酸：

$$Cl_2 + H_2O \rightleftharpoons HClO + HCl$$

上述反应为可逆反应，所得的次氯酸浓度很低。次氯酸为很弱的酸($K_a^{\ominus}=2.9\times10^{-8}$)，比碳酸还弱，且很不稳定，有以下两种基本分解方式：

$$2HClO \xrightarrow{光} 2HCl + O_2\uparrow$$

$$3HClO \xrightarrow{\triangle} 2HCl + HClO_3$$

把氯气通入冷碱溶液，可生成次氯酸盐，反应如下：

$$Cl_2 + 2NaOH \longrightarrow NaClO + NaCl + H_2O$$

$$2Cl_2 + 2Ca(OH)_2 \xrightarrow{<40\ ℃} Ca(ClO)_2 + CaCl_2 \cdot H_2O + H_2O$$

漂白粉是次氯酸钙和碱式氯化钙[$CaCl_2 \cdot Ca(OH)_2 \cdot H_2O$]的混合物，其有效成分是次氯酸钙 $Ca(ClO)_2$。次氯酸盐(或漂白粉)的漂白作用主要是基于次氯酸的氧化性。漂白粉中的$Ca(ClO)_2$可以说只是潜在的强氧化剂，使用时必须加酸，使之转变成 HClO 后才能有强氧化性，发挥其漂白、消毒作用。例如，棉织物的漂白是先将其浸入漂白粉液，然后再用稀酸溶液处理。二氧化碳也能从漂白粉中将弱酸 HClO 置换出来。

$$Ca(ClO)_2 + CaCl_2 \cdot Ca(OH)_2 \cdot H_2O + 2CO_2 \longrightarrow 2CaCO_3 + CaCl_2 + 2HClO + H_2O$$

所以浸泡过漂白粉的织物在空气中晾晒也能产生漂白作用。漂白粉与易燃物混合易引起燃烧、爆炸，对呼吸系统有损害。

2. 氯酸及其盐

氯酸钡与稀硫酸反应可制得氯酸：

$$Ba(ClO_3)_2 + H_2SO_4 \longrightarrow BaSO_4\downarrow + 2HClO_3$$

氯酸仅存在于水溶液中，若将其含量提高到 40%即分解，含量再高，就会迅速分解并发生爆炸。氯酸是强酸，其强度接近于盐酸和硝酸，氯酸又是强氧化剂，例如，它能将单质碘氧化：

$$2HClO_3 + I_2 \longrightarrow 2HIO_3 + Cl_2\uparrow$$

工业上采用无隔膜槽电解氯化钾热溶液(60～70 ℃)的方法制备氯酸钾。电解反应为

$$2KCl + 2H_2O \xrightarrow{电解} \underset{(阳极)}{Cl_2} + \underset{(阴极)}{H_2} + 2KOH$$

因两极距离较近，又无隔膜，故阳极区产生的氯气会进一步与阴极区积聚的 OH^- 反应生成 ClO_3^- 和 Cl^-，Cl^- 又被阳极氧化成氯气，并生成 ClO_3^-。如此往复，充分利用了原料中的氯，电解液中的 ClO_3^- 浓度越来越高，最后得到 $KClO_3$ 浓溶液，冷却至室温，即得到 $KClO_3$ 晶体。

氯酸钾和氯酸钠是重要的氯酸盐。在催化剂存在时，200 ℃下 $KClO_3$ 即可分解为氯化钾和氧气；如果没有催化剂，400 ℃左右主要分解成高氯酸钾和氯化钾：

$$4KClO_3 = 3KClO_4 + KCl$$

固体 $KClO_3$ 是强氧化剂，与易燃物质(如硫、磷、碳)混合后，经摩擦或撞击就会爆炸，因此可用来制造炸药、火柴及焰火等。氯酸钾有毒。

氯酸盐溶液通常在酸性溶液显氧化性。例如，$KClO_3$ 在中性溶液中不能氧化 KI，但酸

化后，即可将 I^- 氧化为 I_2：

$$ClO_3^- + 6I^- + 6H^+ \longrightarrow 3I_2 + Cl^- + 3H_2O$$

3. 高氯酸及其盐

无水高氯酸是无色、黏稠状液体，是极强的无机酸和氧化剂。冷的稀溶液没有明显氧化性，比较稳定，但浓的 $HClO_4$（>60%）与易燃物相接触会发生爆炸，所以储存和使用时务必注意安全。

高氯酸盐则较稳定，$KClO_4$ 的热分解温度高于 $KClO_3$ 的热分解温度。高氯酸盐一般是可溶的，但 K^+、Rb^+、Cs^+、NH_4^+ 的高氯酸盐溶解度却很小。有些高氯酸盐有较显著的水合作用，例如，高氯酸镁[$Mg(ClO_4)_2$]可作优良的干燥剂。

如图 11-2 所示是氯的含氧酸及其盐的氧化性、热稳定性和酸性变化的一般规律：

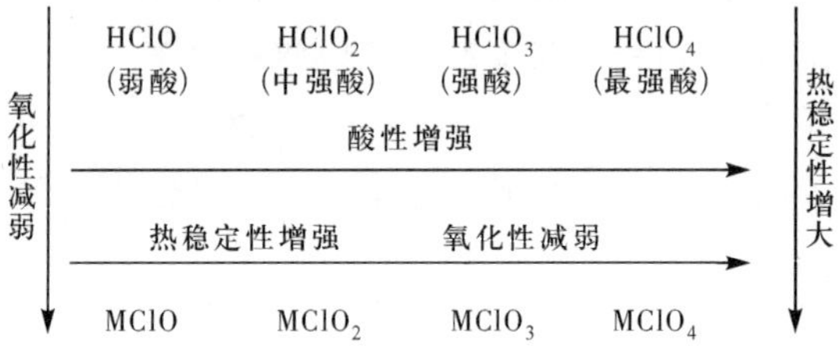

图 11-2　氯的含氧酸及其盐的性质变化的一般规律

11.3　氧族元素

Oxygen group elements

周期系第ⅥA 族包括氧、硫、硒、碲、钋五种元素，这些元素统称为氧族元素。其中氧是地壳中分布最广的元素，它的丰度是 48.6%。在自然界中氧和硫能以单质存在，由于很多金属在地壳中以氧化物和硫化物的形式存在，故这两种元素常称为成矿元素。硒和碲为分散稀有元素，常存在于重金属的硫化物矿中，在自然界中不存在单质。钋是一种放射性元素。氧和硫为典型的非金属元素，硒和碲为准金属元素，而钋为金属元素。

氧族元素的价层电子构型为 ns^2np^4，其原子有获得两个电子达到稀有气体的稳定电子层结构的趋势，表现出较强的非金属性，它们在化合物中的常见氧化数为−2。由于氧在ⅥA 族中的电负性最大（仅次于氟），因而可以和大多数金属元素形成二元离子型化合物。硫、硒、碲与大多数金属元素化合时主要形成共价化合物。氧族元素与非金属元素或金属性较弱的元素化合时皆形成共价化合物。硫、硒、碲与电负性较大的元素结合时，可以形成氧化数为+2、+4、+6 的化合物。

下面是氧和硫的元素电势图：

$$\varphi_A^\ominus/V \qquad O_3 \xrightarrow{2.07} O_2 \xrightarrow{0.682} H_2O_2 \xrightarrow{1.776} H_2O$$

$$\underset{1.229}{\phantom{O_2 \xrightarrow{0.682} H_2O_2}}$$

$$\overset{0.51}{} S_4O_6^{2-} \xrightarrow{0.024}$$

$$S_2O_8^{2-} \xrightarrow{2.01} SO_4^{2-} \xrightarrow{0.172} H_2SO_3 \xrightarrow{-0.082} HS_2O_4^- \xrightarrow{0.752} S_2O_3^{2-} \xrightarrow{0.489} S \xrightarrow{0.147} H_2S$$

$$\underset{0.410}{}$$

$$\underset{0.45}{}$$

$$\varphi_B^\ominus/V \qquad O_3 \xrightarrow{1.24} O_2 \xrightarrow{-0.076} HO_2^- \xrightarrow{0.878} OH^-$$

$$\underset{0.401}{\phantom{O_2 \xrightarrow{-0.076} HO_2^-}}$$

$$\overset{-0.6592}{}$$

$$SO_4^{2-} \xrightarrow{-0.93} SO_3^{2-} \xrightarrow{-0.571} S_2O_3^{2-} \xrightarrow{-0.753} S \xrightarrow{-0.447} S^{2-}$$

$$\underset{-1.13}{} S_4O_6^{2-} \xrightarrow{-0.0023}$$

$$\underset{-0.5872}{}$$

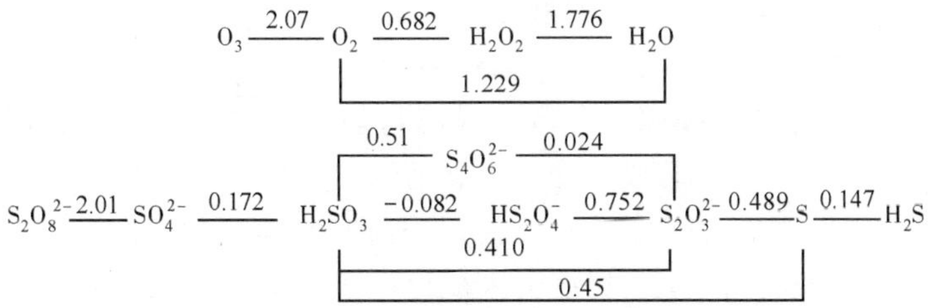

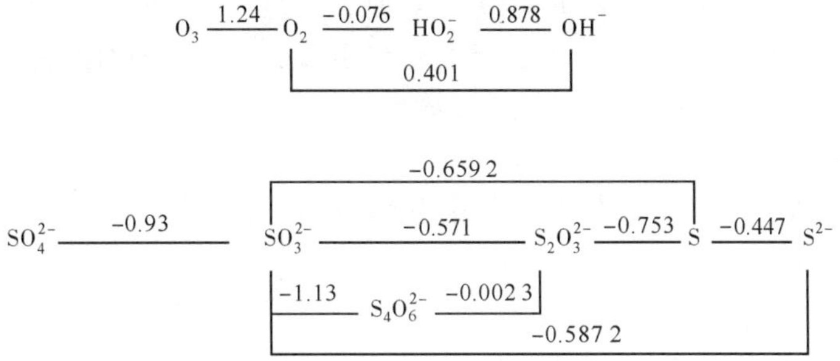

11.3.1　氧、臭氧、过氧化氢
Oxygen，ozone，hydrogen peroxide

1. 氧

氧单质有两种同素异形体(allotrope)，即 O_2 和 O_3 (臭氧)。

氧是无色、无臭的气体，在 $-183\ ℃$ 时凝结为淡蓝色液体。液氧和液氢为火箭升空所用，常以 15 MPa 压力把氧气装入钢瓶内储存。氧在水中的溶解度虽然很小(49.1 moL·L^{-1})，但这是水中各种生物赖以生存的重要条件。

氧分子的离解能较大：

$$O_2 \longrightarrow 2O, \quad D(O\!-\!O)=498.34\ kJ·mol^{-1}$$

所以在常温下，氧很稳定，仅能使一些还原性强的物质如 NO、$SnCl_2$、H_2SO_3、KI 等氧化。在加热条件下，除少数贵金属(Au、Pt 等)以及稀有气体外，氧几乎与所有的元素直接化合成相应的氧化物。

2. 臭氧

臭氧是浅蓝色气体，由于有一种鱼腥臭味，便得了这个不雅的名称。

(1) 臭氧的形成及其作用

臭氧存在于大气圈层的平流层，由太阳对大气中氧气的强辐射作用形成。雷雨季节，空气中的氧经电火花的作用，也可产生少量臭氧。臭氧也可以通过无声放电来制取。

臭氧能吸收太阳光的紫外辐射，从而提供了一个保护地面上一切生物免受太阳过强辐射的防御屏障——臭氧保护层。近年来发现大气上空臭氧锐减，甚至在南极和北极上空已形成了臭氧空洞。造成臭氧减少的主要原因是人类使用氟利昂制冷剂和矿物燃料(汽油、煤、柴油)，向大气排放过多的 CCl_2F_2 和氮氧化物(NO、NO_2)，这些物质引起臭氧的分解。臭氧层的变化还会损害人的免疫系统，给人类健康带来难以想象的危害。有人认为臭氧层的变化会导致整个地球生态环境的破坏。

(2) 臭氧的结构

组成臭氧分子的三个氧原子呈 V 形排列，如图 11-3 所示。中心氧原子采取 sp^2 杂化，形成三个 sp^2 杂化轨道（共有 4 个电子）。其中一个杂化轨道为孤电子对所占，另外两个未成对电子则分别与两旁氧原子的 sp^2 杂化轨道上未成对电子形成两个（sp^2-sp^2）σ 键。中心氧原子未参与杂化的 p 轨道上有一对电子，两旁的氧原子未参与杂化的 p 轨道上各有一个电子，这些未参与杂化的 p 轨道互相平行，彼此重叠形成了垂直于分子平面的三中心四电子大 Π 键（离域 π 键）。臭氧分子中无单电子，故为反磁性物质。

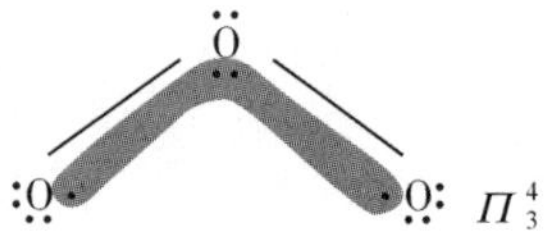

图 11-3　臭氧的结构

(3) 臭氧的性质

臭氧比氧气易溶于水。在常温下缓慢分解成氧气：

$$2O_3(g) \longrightarrow 3O_2(g)$$

O_3 的氧化性比 O_2 强（仅次于 F_2），能氧化许多不活泼单质，如 Hg、Ag、S 等。它能杀菌，可用于净化空气和废水，还可用作棉、麻、纸张的漂白剂和皮毛的脱臭剂。

3. 过氧化氢

过氧化氢（H_2O_2）的水溶液俗称双氧水，纯品为无色黏稠液体。过氧化氢分子中有一过氧基（—O—O—），每个氧原子各连着一个氢原子。光谱研究和理论计算表明，分子中两个氢原子和氧原子不在一平面上。在气态时，H_2O_2 的空间结构如图 11-4 所示，两个氢原子像在半展开书本的两页纸上，氧原子在书的夹缝上。在 H_2O_2 中，O 采用不等性 sp^3 杂化成键。液态过氧化氢分子间有氢键，所以其沸点（150 ℃）远比水高。

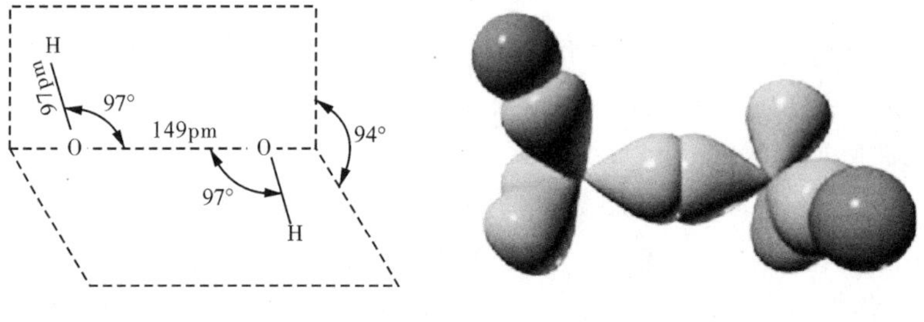

图 11-4　H_2O_2 的空间结构

过氧化氢对热不稳定，具有强氧化性、弱还原性和极弱酸性。纯的过氧化氢在避光和低温下较稳定，常温下分解作用也较缓慢，但过氧化氢在碱性介质中分解较快。并且，许多金属（如 Mn、Pb、Fe、Cu 等）的化合物都是 H_2O_2 分解反应的催化剂。为防止其分解，通常将其储存在光滑塑料瓶或棕色玻璃瓶中并置于阴凉处。

H_2O_2 具有极弱的酸性：

$$H_2O_2 \rightleftharpoons H^+ + HO_2^-, \quad K_{a1}^{\ominus} = 2.2 \times 10^{-12}$$

H_2O_2 的 $K_{a2}^{\ominus}$ 更小，其数量级约为 10^{-25}。

H_2O_2 可与碱反应，例如

$$H_2O_2 + Ba(OH)_2 \longrightarrow \underset{(过氧化钡)}{BaO_2} + 2H_2O$$

因此 BaO_2 可视为 H_2O_2 的盐。

过氧化氢中氧的氧化数为 −1(处于中间氧化数),因此 H_2O_2 既有氧化性又有还原性。下面列出 H_2O_2 在酸性和碱性介质中的标准电极电势。

酸性介质:

$$H_2O_2 + 2H^+ + 2e^- \rightleftharpoons 2H_2O, \quad \varphi^\ominus = 1.776\ V$$

$$O_2 + 2H^+ + 2e^- \rightleftharpoons H_2O_2, \quad \varphi^\ominus = 0.682\ V$$

碱性介质:

$$HO_2^- + H_2O + 2e^- \rightleftharpoons 3OH^-, \quad \varphi^\ominus = 0.878\ V$$

$$O_2 + H_2O + 2e^- \rightleftharpoons HO_2^- + OH^-, \quad \varphi^\ominus = -0.076\ V$$

从电极电势数值可以看出,无论在酸性介质还是碱性介质中,过氧化氢均有氧化性,在酸性介质中氧化性更为突出。例如,在酸性溶液中 H_2O_2 可以将 I^- 氧化为单质 I_2:

$$H_2O_2 + 2I^- + 2H^+ \longrightarrow I_2 + 2H_2O$$

过氧化氢可使黑色的 PbS 氧化为白色的 $PbSO_4$:

$$PbS + 4H_2O_2 \longrightarrow PbSO_4 \downarrow + 4H_2O$$

这一反应用于油画的漂白。

在碱性介质中 H_2O_2 可以把 $[Cr(OH)_4]^-$ 氧化为 CrO_4^{2-}:

$$2[Cr(OH)_4]^- + 3H_2O_2 + 2OH^- \longrightarrow 2CrO_4^{2-} + 8H_2O$$

过氧化氢还原性较弱,只有遇到比它更强的氧化剂时才表现出还原性。例如

$$2MnO_4^- + 5H_2O_2 + 6H^+ \longrightarrow 2Mn^{2+} + 5O_2 \uparrow + 8H_2O$$

$$Cl_2 + H_2O_2 \longrightarrow 2HCl + O_2 \uparrow$$

前一反应用来测定 H_2O_2 的含量,后一反应在工业上常用于除氯。

一般说来,H_2O_2 的氧化性比还原性要显著得多,因此它主要用作氧化剂。H_2O_2 作为氧化剂的主要优点是它的还原产物是水,不会给反应体系引入新的杂质,而且过量部分很容易在加热条件下分解成 H_2O 及 O_2,O_2 可从体系中逸出,不会增加新的物种。

目前工业上制备过氧化氢主要有两种方法:电解法和蒽醌法。

电解法:首先电解硫酸氢铵饱和溶液制得过二硫酸铵(ammonium peroxydisulphate),其反应为

$$2NH_4HSO_4 \xrightarrow{\text{电解}} \underset{(\text{阳极})}{(NH_4)_2S_2O_8} + \underset{(\text{阴极})}{H_2 \uparrow}$$

然后加入适量硫酸使过二硫酸铵水解,即得到过氧化氢,其反应式为

$$(NH_4)_2S_2O_8 + 2H_2O \xrightarrow{H_2SO_4} 2NH_4HSO_4 + H_2O_2$$

生成的硫酸氢铵可循环使用。

蒽醌法:以 H_2 和 O_2 为原料,在苯溶剂中借助 2-乙基蒽醌和钯(Pd)的作用制得过氧化氢,总反应如下:

$$H_2 + O_2 \xrightarrow{\text{2-乙基蒽醌(Pd 催化)}} H_2O_2$$

与电解法相比,蒽醌法能耗低,所用氧取之于空气,2-乙基蒽醌能重复使用,所以此法用者众多。不过,对于电价低廉地区,亦不排除可用电解法。

过氧化氢的用途主要是基于它的氧化性，目前生产的 H_2O_2 约有半数以上用作漂白剂，用于漂白纸浆、毛、丝以及合成物等。化工生产上 H_2O_2 用于制取过氧化物（如过硼酸钠、过氧乙酸等）。

11.3.2 硫及其重要化合物 Sulfur and its important compounds

1. 单质硫（element sulfur）

硫有多种同素异形体：斜方硫（orthorhombic sulfur）、单斜硫（monoclinic sulfur）和弹性硫（elastic sulfur）等。天然硫是黄色固体，属斜方硫（菱形硫），斜方硫和单斜硫均由环状的 S_8 分子聚集而成（图 11-5）。但两者晶体内分子排列的方式有所不同。

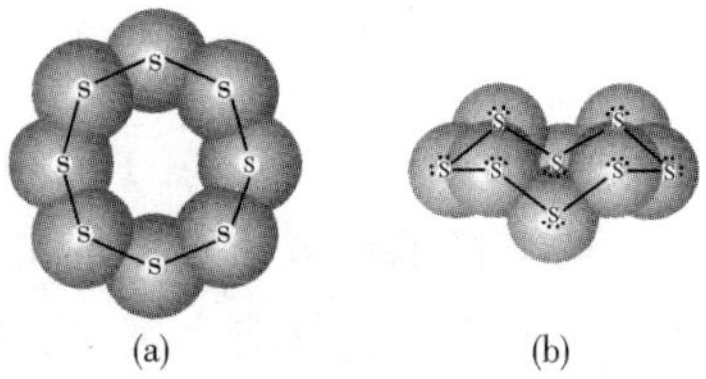

图 11-5 环状的 S_8 分子

硫性质活泼，能与许多金属化合成相应的硫化物。硫溶于热碱液：

$$3S+6NaOH \xrightarrow{\triangle} 2Na_2S+Na_2SO_3+3H_2O$$

硫主要用来制备硫酸，也用于橡胶硫化及火药、火柴、油膏、药物、灭虫剂等的制造等。

2. 硫化氢和氢硫酸（hydrogen sulfide and hydrosulfuric acid）

硫蒸气能和氢直接化合生成硫化氢。实验室中常用硫化亚铁与稀盐酸作用来制备硫化氢气体：

$$FeS+2H^+ \longrightarrow Fe^{2+}+H_2S\uparrow$$

硫化氢是无色有腐蛋臭味的有毒气体。H_2S 在空气中的最大允许含量为 $0.01\ mg\cdot L^{-1}$。H_2S 有麻醉中枢神经作用，为此，大量使用 H_2S 的岗位必须两人同时上岗，以防不测。

H_2S 作为沉淀剂，用于分离水溶液中的金属离子，在定性分析方法中起重要作用。

硫化氢气体能溶于水，在 20 ℃时，1 体积水能溶解 2.6 体积的硫化氢。硫化氢饱和溶液的浓度约为 $0.1\ mol\cdot L^{-1}$，其溶液为氢硫酸。氢硫酸是很弱的二元酸。

硫化氢中硫原子处于最低氧化数（−2）状态，因此硫化氢具有还原性。当硫化氢溶液在空气中放置时，容易被空气中氧所氧化而析出游离的硫，使溶液变混浊。由标准电极电势数据可以看出，无论在酸性介质还是碱性介质中，S^{2-} 都有较强的还原性，而且在碱性介质中还原性稍强。

酸性介质：

$$S+2H^+(aq)+2e^- \rightleftharpoons H_2S(aq),\quad \varphi^{\ominus}=0.147\ V$$

碱性介质：

$$S+2e^- \rightleftharpoons S^{2-}(aq),\quad \varphi^{\ominus}=-0.508\ V$$

S^{2-} 易被氧化为单质硫，但强氧化剂可使它氧化为 H_2SO_4。例如

$$H_2S+2FeCl_3 \longrightarrow S\downarrow+2FeCl_2+2HCl$$

$$H_2S+4Cl_2+4H_2O \longrightarrow H_2SO_4+8HCl$$

3. 硫化物与多硫化物（sulfide and polysulfide compounds）

（1）硫化物

氢硫酸可形成正盐和酸式盐，酸式盐均易溶于水。正盐称为硫化物，除碱金属（包括 NH_4^+）的硫化物和 BaS 易溶于水外，碱土金属硫化物微溶于水（BeS 难溶），其他硫化物大多难溶于水，并具有特征的颜色，这与极化作用有关。根据硫化物在酸中的溶解情况，将其分为四类（表 11-3）。

表 11-3　硫化物的分类

溶于稀盐酸（0.3 mol·L^{-1} HCl）	难溶于稀盐酸		
	溶于浓盐酸	难溶于浓盐酸	
		溶于浓硝酸	仅溶于王水
	SnS（褐色）		
MnS（肉色）	Sb_2S_3（橙色）	CuS（黑色）	
CoS（黑色）	SnS_2（黄色）	As_2S_3（浅黄）	HgS（黑色）
ZnS（白色）	Sb_2S_5（橙色）	Cu_2S（黑色）	Hg_2S（黑色）
NiS（黑色）	PbS（黑色）	As_2S_5（浅黄）	
FeS（黑色）	CdS（黄色）	Ag_2S（黑色）	
	Bi_2S_3（暗棕）		

硫化物在酸中的溶解情况与其溶度积的大小有关。难溶金属硫化物在酸中溶解是通过形成 HS^- 和 H_2S，降低硫离子浓度而进行的。显然，对同类型硫化物而言，其溶度积愈小的愈难溶。例如

硫化物	溶解反应式	硫化物(MS)的 $K_{sp}^{\ominus}$
α-ZnS	$ZnS + 2H^+ \longrightarrow Zn^{2+} + H_2S\uparrow$	1.6×10^{-24}
PbS	$PbS + 4HCl \longrightarrow H_2[PbCl_4] + H_2S\uparrow$	8.0×10^{-28}
CuS	$3CuS + 8HNO_3 \longrightarrow 3Cu(NO_3)_2 + 3S\downarrow + 2NO\uparrow + 4H_2O$	6.3×10^{-36}
HgS	$3HgS + 2HNO_3 + 12HCl \longrightarrow 3H_2[HgCl_4] + 3S\downarrow + 2NO\uparrow + 4H_2O$	1.6×10^{-52}

由于氢硫酸为弱酸，故所有硫化物都有不同程度的水解性。碱金属硫化物，例如，Na_2S 溶于水中，因水解而使溶液呈碱性。工业上常用价格便宜的 Na_2S 代替 NaOH 作为碱使用，故硫化钠俗称硫化碱。碱土金属硫化物遇水也会发生水解，例如

$$2CaS + 2H_2O \rightleftharpoons Ca(HS)_2 + Ca(OH)_2$$

某些氧化数较高的金属硫化物如 Al_2S_3、Cr_2S_3 等遇水发生完全水解：

$$Al_2S_3 + 6H_2O \longrightarrow 2Al(OH)_3\downarrow + 3H_2S\uparrow$$

$$Cr_2S_3 + 6H_2O \longrightarrow 2Cr(OH)_3\downarrow + 3H_2S\uparrow$$

因此这些金属硫化物在水溶液中是不存在的。制备这些硫化物必须用干法，如用金属铝粉和硫粉直接化合生成 Al_2S_3。

可溶性硫化物可用作还原剂，制造硫化染料、脱毛剂、农药和鞣革，也用于制荧光粉。

（2）多硫化物

在可溶硫化物的浓溶液中加入硫粉时，硫溶解而生成相应的多硫化物：

$$S^{2-} + (x-1)S \longrightarrow S_x^{2-} \qquad (x\text{ 为 }2\sim6)$$

随着硫原子数（x）的增加，其颜色加深。实验室配制的 $(NH_4)_2S$ 溶液放置时颜色会由无色变为黄色、橙色甚至红色，就是由于 $(NH_4)_2S$ 易被空气氧化，产物 S 溶于 $(NH_4)_2S$ 生成 $(NH_4)_2S_x$（多硫化铵）所致。自然界中的黄铁矿（FeS_2）即为铁的多硫化物。

多硫化氢 H_2S_x 为黄色液体，将酸作用于多硫化钠（如 Na_2S_2）即生成不稳定的 H_2S_2。

H_2S_2 与 H_2O_2 的形状相似，其盐 BaS_2 也与 BaO_2 相似，都具有氧化性。例如

$$SnS + S_2^{2-} \longrightarrow SnS_3^{2-}（硫代锡酸根）$$

4. 硫的含氧酸及其盐(oxyacids and oxyanions of sulfur)

硫的含氧酸盐数量多而且较稳定，但大多数不存在相应的自由酸。根据结构的类似性可将硫的含氧酸分为四个系列：亚硫酸系列、硫酸系列、连硫酸系列、过硫酸系列。根据它们的组成及结构的不同可分为“焦酸”“代酸”“连酸”“过酸”等类型(表 11-4)。

表 11-4　硫的若干含氧酸

分类	名称	化学式	硫的平均氧化数	结构式	存在形式
亚硫酸系列	亚硫酸	H_2SO_3	+4	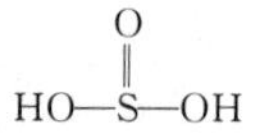	盐
	连二亚硫酸	$H_2S_2O_4$	+3		盐
硫酸系列	硫酸	H_2SO_4	+6	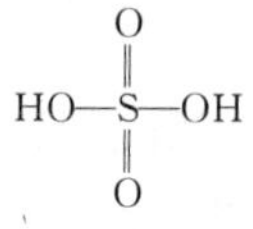	酸、盐
	硫代硫酸	$H_2S_2O_3$	+2	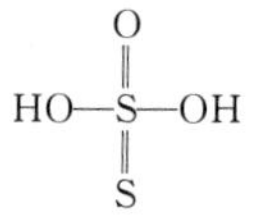	盐
	焦硫酸	$H_2S_2O_7$	+6	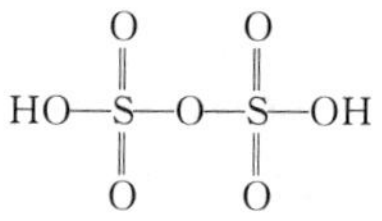	酸、盐
连硫酸系列	连四硫酸	$H_2S_4O_6$	+2.5	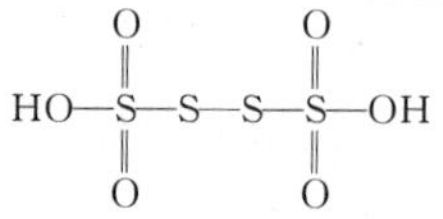	盐
	连多硫酸	$H_2S_xO_6$ $(x=3\sim6)$		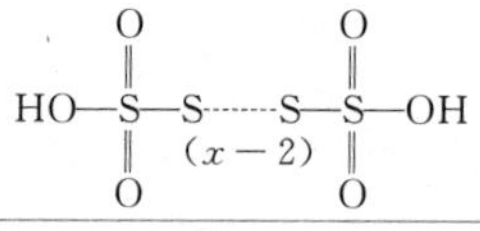	盐
过硫酸系列	过一硫酸	H_2SO_5	+6	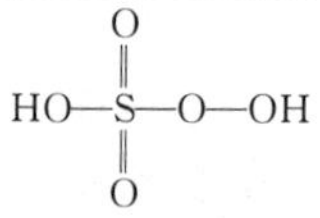	酸、盐
	过二硫酸	$H_2S_2O_8$	+6	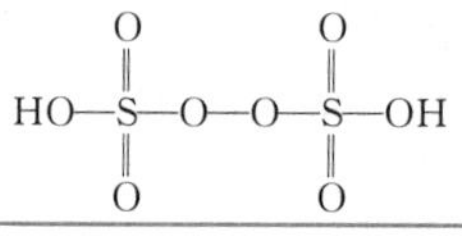	酸、盐

所谓“焦酸”是指两个含氧酸分子失去一分子水所得的产物，如焦硫酸是指两个硫酸分子脱去一分子水的产物。“代酸”是指氧原子被其他原子取代的含氧酸，如硫代硫酸就是硫酸中的一个氧原子被硫原子取代。“连酸”是指中心原子相互连在一起的含氧酸，如连多硫酸。“过酸”是指含有过氧基的含氧酸。

(1) 亚硫酸及其盐

亚硫酸(H_2SO_3)是一种不稳定的二元中强酸，游离态的亚硫酸尚未被离析出来。常用

的是其正盐(如 Na_2SO_3)和酸式盐($NaHSO_3$)。用酸处理这些盐时产生 SO_2,这是实验室制取 SO_2 的方法,也是鉴定 SO_3^{2-} 的方法之一。

亚硫酸及其盐中硫的氧化数为+4,既有氧化性又有还原性,但以还原性为主,只有在较强还原剂(如 I_2、H_2S 等)的作用下才表现出氧化性。例如

$$H_2SO_3 + I_2 + H_2O \longrightarrow H_2SO_4 + 2HI$$

$$2H_2SO_3 + O_2 \longrightarrow 2H_2SO_4$$

$$SO_3^{2-} + Cl_2 + H_2O \longrightarrow SO_4^{2-} + 2Cl^- + 2H^+$$

$$H_2SO_3 + 2H_2S \longrightarrow 3S\downarrow + 3H_2O$$

$$2NaHSO_3 + Zn \longrightarrow Na_2S_2O_4 + Zn(OH)_2$$

(连二亚硫酸钠)

连二亚硫酸钠是一种白色粉状固体,以二水合物形式存在($Na_2S_2O_4 \cdot 2H_2O$),是一种很强的还原剂。主要用于印染工业,它能保证印染质量,使染织品色泽鲜艳,不致被空气中氧氧化,因而称为保险粉。

(2) 硫酸及其盐

硫酸是重要的化工产品之一,大约有上千种化工产品需要用硫酸为原料。硫酸近一半的产量用于化肥生产,此外还大量用于农药、染料、医药、化学纤维,以及石油、冶金、国防和轻工业等部门。

纯硫酸是无色油状液体,10.4 ℃时凝固。98%的硫酸沸点是 338 ℃,是常用的高沸点酸。硫酸是二元酸中酸性最强的,它的第一步解离是完全的,但第二步解离并不完全,HSO_4^- 相当于中强酸:

$$H_2SO_4 \longrightarrow H^+ + HSO_4^-$$

$$HSO_4^- \rightleftharpoons H^+ + SO_4^{2-}, \quad K_{a2}^{\ominus} = 1.0 \times 10^{-2}$$

在含氧酸中 H_2SO_4 是比较稳定的,在一般温度下并不分解,但在其沸点以上的高温下可分解为三氧化硫和水。

浓硫酸有强吸水性。它与水混合时形成水合物,所放出的大量热可使水局部沸腾而飞溅,所以在配制稀硫酸时,只能在搅拌下将浓硫酸慢慢倒入水中,切不可将水倒入浓硫酸中。利用浓硫酸的吸水能力,可用来干燥不与其反应的各种气体,如氯气、氢气、二氧化碳等。浓硫酸不仅可以吸收气体中的水分,还能从一些有机化合物中夺取与水分子组成相当的氢和氧,使这些有机物碳化。例如,蔗糖被浓硫酸脱水:

$$C_{12}H_{22}O_{11} \longrightarrow 12C + 11H_2O$$

因此,浓硫酸能严重破坏动植物组织,如损坏衣服和烧坏皮肤等,使用时必须注意安全。

热的浓 H_2SO_4 是较强的氧化剂,可与许多金属或非金属反应,本身被还原为 SO_2 或 S。但 Al、Fe、Cr 在冷的浓 H_2SO_4 中被钝化,而稀 H_2SO_4 溶液与较活泼的金属反应放出氢气。

硫酸是二元酸,所以能生成两类盐:正盐和酸式盐。在酸式盐中,仅有最活泼的碱金属元素(如 Na、K)才能形成稳定的固态酸式硫酸盐。碱金属的硫酸盐溶液中加入过量的硫酸即结晶析出酸式硫酸盐:

$$Na_2SO_4 + H_2SO_4 \longrightarrow 2NaHSO_4$$

酸式硫酸盐大都易溶于水。硫酸盐中除 $BaSO_4$、$PbSO_4$、$CaSO_4$ 等难溶于水外,其余都

易溶于水。可溶性硫酸盐从溶液中析出的晶体常带有结晶水，如 $CuSO_4 \cdot 5H_2O$、$FeSO_4 \cdot 7H_2O$ 等。

酸式硫酸盐受热到熔点以上时，首先转变为焦硫酸盐：

$$2KHSO_4 \xrightarrow{\triangle} K_2S_2O_7 + H_2O$$

把焦硫酸盐进一步加热，则失去 SO_3：

$$K_2S_2O_7 \xrightarrow{\triangle} K_2SO_4 + SO_3\uparrow$$

为了使某些不溶于水也不溶于酸的金属矿物（Cr_2O_3、Al_2O_3 等）溶解，常用 $KHSO_4$ 与这些金属氧化物共熔，生成可溶性的该金属的硫酸盐。例如

$$Al_2O_3 + 3K_2S_2O_7 \longrightarrow Al_2(SO_4)_3 + 3K_2SO_4$$

$$Cr_2O_3 + 3K_2S_2O_7 \longrightarrow Cr_2(SO_4)_3 + 3K_2SO_4$$

分析化学中常用焦硫酸盐作为熔矿剂，即基于此性质。

（3）硫代硫酸钠

硫代硫酸钠（$Na_2S_2O_3 \cdot 5H_2O$）商品名为海波，俗称大苏打。硫代硫酸钠是无色透明晶体，易溶于水，其水溶液呈弱碱性。它存在于中性、碱性溶液中，在酸性溶液中不稳定，易分解生成单质硫和二氧化硫：

$$S_2O_3^{2-} + 2H^+ \longrightarrow S\downarrow + SO_2\uparrow + H_2O$$

硫代硫酸钠是中强的还原剂，与强氧化剂如氯、溴等作用被氧化成硫酸盐，与较弱的氧化剂如碘作用被氧化成连四硫酸盐：

$$S_2O_3^{2-} + 4Cl_2 + 5H_2O \longrightarrow 2SO_4^{2-} + 8Cl^- + 10H^+$$

$$2S_2O_3^{2-} + I_2 \longrightarrow S_4O_6^{2-} + 2I^-$$

在纺织和造纸工业中，利用前一反应的 $Na_2S_2O_3$ 作为除氯剂。后一反应是分析化学的“碘量法”中的基本反应。

$S_2O_3^{2-}$ 是一个比较强的配体。在照相技术中，常用硫代硫酸钠（定影剂）将未曝光的溴化银溶解：

$$AgBr + 2S_2O_3^{2-} \longrightarrow [Ag(S_2O_3)_2]^{3-} + Br^-$$

重金属的硫代硫酸盐难溶且不稳定。例如，Ag^+ 与 $S_2O_3^{2-}$ 生成的白色沉淀 $Ag_2S_2O_3$ 在溶液中迅速分解，颜色由白色经黄色、棕色，最后成黑色 Ag_2S。用此反应可鉴定 $S_2O_3^{2-}$：

$$S_2O_3^{2-} + 2Ag^+ \longrightarrow Ag_2S_2O_3\downarrow$$

$$Ag_2S_2O_3 + H_2O \longrightarrow Ag_2S\downarrow + H_2SO_4$$

（4）过硫酸及其盐

硫的含氧酸中有过氧基（—O—O—）者称为过硫酸，过硫酸可视为过氧化氢中的氢被磺酸基（$-SO_3H$）所取代的衍生物。单取代物 $H-O-O-SO_3H$（H_2SO_5）称为过一硫酸；双取代物 $HO_3S-O-O-SO_3H$（$H_2S_2O_8$）称为过二硫酸。

过二硫酸是无色晶体，在 65 ℃时熔化并分解，具有强吸水性，能使有机物碳化。过二硫酸不稳定，常用的盐有 $K_2S_2O_8$ 和 $(NH_4)_2S_2O_8$，它们也是强氧化剂，与有机物混合易燃烧、爆炸，需要妥善储存。过二硫酸盐在 Ag^+ 催化作用下，能将 Mn^{2+} 氧化成紫红色的 MnO_4^-：

$$2Mn^{2+} + 5S_2O_8^{2-} + 8H_2O \xrightarrow{Ag^+} 2MnO_4^- + 10SO_4^{2-} + 16H^+$$

此反应在钢铁分析中用于测定锰的含量。

11.4 氮族元素
Nitrogen group elements

周期系第ⅤA 族的氮、磷、砷、锑、铋 5 种元素，统称为氮族元素。绝大部分的氮以单质状态存在于空气中，磷则以化合状态存在于自然界中。磷最重要的矿石为磷灰石，其主要成分为 $Ca_3(PO_4)_2$。我国磷矿资源丰富，居世界第二位，但分布不均，主要在云南、贵州、湖南、湖北等省。砷、锑、铋是亲硫元素，它们的矿石主要为硫化物矿，例如，雄黄（As_4S_4）、雌黄（As_2S_3）、辉锑矿（Sb_2S_3）、辉铋矿（Bi_2S_3）。我国锑矿储量居世界首位，主要分布在湖南锡矿山、广西大厂、甘肃崖湾、云南木利、贵州晴隆等地。

氮族元素中，原子半径较小的氮和磷为典型的非金属元素，随着原子半径的增大，砷和锑表现为准金属，铋则为金属元素，即氮族元素从氮到铋由典型的非金属元素过渡到典型的金属元素。

氮族元素价层电子构型为 ns^2np^3，与ⅦA、ⅥA 两族元素相比，形成正氧化数化合物的趋势较明显。它们和电负性较大的元素结合时，氧化数为＋3 和＋5。由于惰性电子对效应造成氮族元素自上往下氧化数为＋3 的物质稳定性增强，而氧化数为＋5 的物质稳定性减弱。

氮族元素的原子与其他元素原子主要以共价键结合，而且氮族元素原子半径越小，形成共价键的趋势越大。在氧化数为－3 的二元化合物中，只有活泼金属的氮化物和磷化物是离子型的，如 Mg_3N_2、Ca_3P_2 等，在其中含有 N^{3-} 和 P^{3-}。另外，原子序数较大的氮族元素与氟也可形成离子型化合物。

11.4.1 氮及其重要化合物
Nitrogen and its important compounds

1. 氮气

工业用氮气（nitrogen）是通过液态空气分馏得到的。近年来膜分离和吸附纯化等新技术的应用可以获得较纯的氮气。合成氨工业用氮占世界工业氮气市场的 30％以上，呈供不应求之势，因此，目前国内外都在大力开展“化学模拟生物固氮”的研究。实验室需用少量氮气，可把固体 $NaNO_2$ 与 NH_4Cl 饱和溶液混合加热制得：

$$NH_4^+ + NO_2^- \xrightarrow{\triangle} N_2\uparrow + 2H_2O$$

N_2 十分稳定，3 000 ℃时也只有 0.1％离解。N_2 和金属不容易反应，常用作保护气体。

2. 氨

氨（ammonia）是氮的重要化合物之一，几乎所有含氮化合物都可以由它来制取。95％以上的氨用于生产化肥。在工业上制备氨是在高温、高压和催化剂存在下用氮气和氢气合成的，实验室需要少量氨气时，通常用铵盐和碱反应。氨在水中的溶解度很大，1 体积水能溶解 700 体积氨。氨水溶液通常用 $NH_3\cdot H_2O$ 表示，它是氨与水形成的一种加合物。氨与水还能形成另一种加合物 $2NH_3 \cdot H_2O$。氨水冷却到低温可以得到氨的水合物晶体。氨水溶液呈弱碱性。

将氨冷却到 −50 ℃可得到液氨，液氨与水类似，也是一种良好的溶剂，有微弱的解离作用：

$$2NH_3(l) \rightleftharpoons NH_4^+ + NH_2^-, \quad K_w^{\ominus} = 1.0 \times 10^{-30} (-50\ ℃)$$

氨的性质可以用配位反应、取代反应和氧化反应来概括：

(1)配位反应(coordination reaction)

NH_3 中氮原子上有一对孤电子，所以 NH_3 可以作为配位体形成配合物。许多金属离子都能形成氨配合物，如$[Ag(NH_3)_2]^+$、$[Cu(NH_3)_4]^{2+}$等，需要指出的是，不能把 NH_4^+ 看成是配合物。

(2)取代反应(substitution reaction)

在一定条件下，液氨分子中的氢原子可依次被取代，生成一系列氨的衍生物：氨基(—NH_2)的衍生物，如 $NaNH_2$；亚氨基(═NH)的衍生物，如 Ag_2NH；氮化物(N≡)，如 Li_3N。

(3)氧化反应(oxidation reaction)

氨分子中的氮处于最低氧化数(−3)状态，只有还原性，在一定条件下，可被氧化成氮气或氧化数比较高的氮的化合物。氨在空气中虽然不能燃烧，但在纯氧中可以燃烧生成水和氮气，并有黄色火焰：

$$4NH_3 + 3O_2 \xrightarrow{\triangle} 2N_2 + 6H_2O$$

NH_3 在空气中的爆炸极限为 16%～27%(体积分数)，因此，操作场所要严禁明火。在铂催化作用下，NH_3 还可被氧化为一氧化氮：

$$4NH_3 + 5O_2 \xlongequal{Pt,800\ ℃} 4NO + 6H_2O$$

此反应是工业上制硝酸的基础反应。

3. 铵盐

铵盐(ammonium salts)是氨和酸进行加合反应的产物。NH_4^+ 的半径(143 pm)与 K^+ 的半径(133 pm)差别不大，两者在溶液中水合离子半径更为接近[NH_4^+(aq)为 537 pm、K^+(aq)为530 pm]，故铵盐在晶型、颜色、溶解度等方面都与相应的钾盐类似，在化合物的分类上往往把铵盐和碱金属盐列在一起。

铵盐一般为无色晶体(若阴离子无色)，且溶于水。在铵盐溶液中加入强碱并加热，就会释放出氨：

$$NH_4^+ + OH^- \xlongequal{\triangle} NH_3\uparrow + H_2O$$

这是鉴定铵盐的常用方法。

固态铵盐加热极易分解，其分解产物与铵盐中阴离子对应酸有无氧化性以及分解温度有关。其中，无氧化性酸组成的铵盐，分解产物一般为氨和相应的酸：

$$NH_4HCO_3 \xrightarrow{常温} NH_3\uparrow + H_2CO_3$$

$$\hookrightarrow CO_2\uparrow + H_2O$$

$$NH_4Cl \xrightarrow{\triangle} NH_3\uparrow + HCl\uparrow$$（遇冷又结合成 NH_4Cl）

若对应的酸有氧化性，则发生氧化还原反应，相应铵盐热分解产物是 N_2 或氮的氧化物：

$$NH_4NO_2 \xrightarrow{\triangle} N_2\uparrow + 2H_2O\uparrow$$

$$(NH_4)_2Cr_2O_7 \xrightarrow{\triangle} N_2\uparrow + Cr_2O_3 + 4H_2O\uparrow$$

$$NH_4NO_3 \xrightarrow{\sim 210\ ℃} N_2O\uparrow + 2H_2O\uparrow$$

$$2NH_4NO_3 \xrightarrow{>300\ ℃} 2N_2\uparrow + O_2\uparrow + 4H_2O\uparrow$$

由于反应产生大量的气体和热量，气体受热又急剧膨胀，如果在密闭容器中进行，就会发生爆炸，因此硝酸铵常用于制造炸药（硝铵炸药）。矿山爆破、开山劈岭用的多为这种炸药。

硝酸铵、硫酸铵和碳酸氢铵是最重要的铵盐，它们与尿素均属氮肥。氯化铵常用于染料工业、焊接以及干电池的制造。

4. 氮的含氧酸及其盐（oxyacids and oxyanions of nitrogen）

（1）硝酸及其盐（nitric acid and nitrate）

硝酸是化工中最重要的三大无机酸之一，在国民经济和国防工业中都有极重要的用途，其产量仅次于硫酸，居第二位，世界年总产量在百万吨以上。工业上硝酸的制备普遍采用氨催化氧化法：

$$4NH_3 + 5O_2 \longrightarrow 4NO + 6H_2O$$

$$2NO + O_2 \longrightarrow 2NO_2$$

$$3NO_2 + H_2O \longrightarrow 2HNO_3 + NO$$

反应所得的硝酸浓度仅为 50%～55%，需与浓 H_2SO_4 混合，经加热、蒸馏，即可制得浓 HNO_3。

在硝酸分子中，N 采用 sp^2 杂化轨道成键，三个氧原子围绕着氮原子分布在同一平面上，呈平面三角形分布。分子中除了 σ 键，还存在 Π_3^4，如图11-6所示。

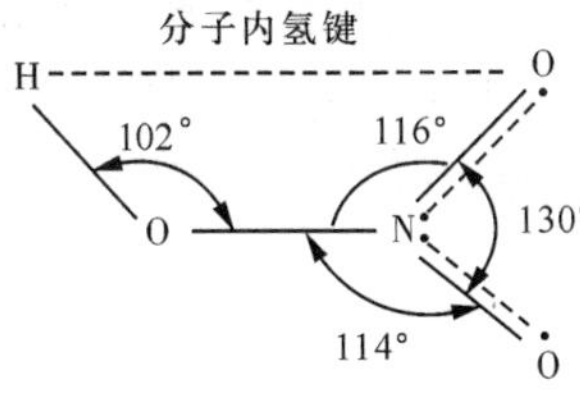

图 11-6　硝酸分子的结构

纯硝酸是无色液体，沸点 83 ℃，易挥发，属挥发性酸。硝酸能和水以任何比例互溶。通常市售的硝酸含 HNO_3 65%～68%，密度约为 1.4 g/cm^3，相当于 15 mol/L。溶有 NO_2（10%～15%）的浓硝酸（含 98% HNO_3 以上）称为发烟硝酸。硝酸受热时由于分解产生的 NO_2 溶于 HNO_3，而使其呈黄到红的颜色。溶解的 NO_2 越多，硝酸的颜色越深。硝酸分解反应如下：

$$4HNO_3 \longrightarrow 4NO_2\uparrow + O_2\uparrow + 2H_2O$$

硝酸是强酸，在水中全部解离。硝酸中的氮呈最高氧化数（+5），而且 HNO_3 分子不稳定，故硝酸（尤其是发烟酸）具有强氧化性。很多非金属元素如碳、磷、硫、碘等，都能被硝酸氧化成相应的氧化物或含氧酸：

$$3C + 4HNO_3 \longrightarrow 3CO_2\uparrow + 4NO\uparrow + 2H_2O$$

$$S + 2HNO_3 \longrightarrow H_2SO_4 + 2NO\uparrow$$

H_2S、HI 等的还原性较强，更易被 HNO_3 氧化。有机物（如松节油）遇浓 HNO_3 则燃烧，故在储存时，不要把浓硝酸与还原性物质放在一起。

硝酸与金属的反应较复杂，其氧化产物见表 11-5。

表 11-5　硝酸与金属的反应

金属	反应情况
Ca、Ag、Cu	生成可溶性盐 $Ca(NO_3)_2$、$AgNO_3$、$Cu(NO_3)_2$
Sn、Sb、W	生成难溶氧化物或水合物 SnO_2、$Sb_2O_3 \cdot xH_2O$、WO_3
Al、Fe、Cr、Ni、V、Ti	在冷水、浓 HNO_3 中钝化
贵金属（Au、Pt、Ir 等）	不反应

硝酸作为氧化剂，其被还原产物有多种：NO_2、HNO_2、NO、N_2O、N_2、NH_4^+。硝酸被金属还原的程度主要取决于硝酸的浓度和金属的活泼性，对同一金属来说，硝酸越稀，被还原的程度越大。浓硝酸被金属还原的主要产物一般是 NO_2。稀硝酸被不活泼金属还原的主要产物一般是 NO；倘若是活泼金属（如 Zn、Mg），主要产物是 N_2O。极稀硝酸被活泼金属（如 Zn）还原的主要产物是 NH_3，但在 HNO_3 的存在下实际上生成 NH_4NO_3。上述各反应如下：

$$Cu + 4HNO_3(浓) \longrightarrow Cu(NO_3)_2 + 2NO_2\uparrow + 2H_2O$$

$$3Cu + 8HNO_3(稀) \longrightarrow 3Cu(NO_3)_2 + 2NO\uparrow + 4H_2O$$

$$4Zn + 10HNO_3(稀) \longrightarrow 4Zn(NO_3)_2 + N_2O\uparrow + 5H_2O$$

$$4Zn + 10HNO_3(极稀) \longrightarrow 4Zn(NO_3)_2 + NH_4NO_3 + 3H_2O$$

由以上几个反应可以看出，与同种金属反应，硝酸越稀，氮被还原程度越大；与同浓度 HNO_3 反应，金属越活泼，HNO_3 被还原程度越大。

硫酸、硝酸、盐酸相比较：硝酸氧化性最强，浓硫酸对人体伤害最大（当然热浓 HNO_3 也很厉害），盐酸的腐蚀性最大。

硝酸与相应的金属或金属氧化物作用可制得硝酸盐。硝酸根的结构如图 11-7 所示。硝酸盐大多数是无色、易溶于水的离子晶体，其水溶液没有氧化性。硝酸盐在常温下比较稳定，但在高温下，固体硝酸盐都会分解而显氧化性，分解的产物因金属离子的不同而有差别。除硝酸铵外，硝酸盐受热分解有三种情况：

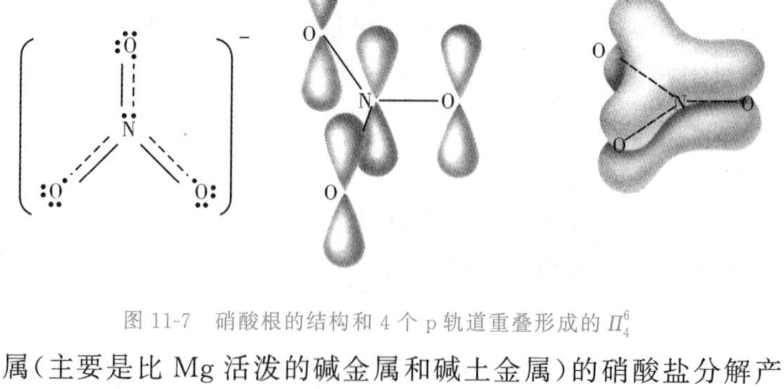

图 11-7　硝酸根的结构和 4 个 p 轨道重叠形成的 Π_4^6

①最活泼金属（主要是比 Mg 活泼的碱金属和碱土金属）的硝酸盐分解产生亚硝酸盐和氧气：

$$2NaNO_3 \xrightarrow{\triangle} 2NaNO_2 + O_2\uparrow$$

②活泼性较小的金属(活泼性在 Mg 与 Cu 之间)的硝酸盐，分解时得到相应的金属氧化物：

$$2Pb(NO_3)_2 \xrightarrow{\triangle} 2PbO + 4NO_2\uparrow + O_2\uparrow$$

③活泼性更小的金属（活泼性比 Cu 差）的硝酸盐，则分解生成金属单质：

$$2AgNO_3 \xrightarrow{\triangle} 2Ag + 2NO_2\uparrow + O_2\uparrow$$

由于所有的硝酸盐在高温时容易放出氧气，所以它们和可燃物质混合极迅速地燃烧。根据这种性质，硝酸盐可用来制备烟火及黑火药。

(2)亚硝酸及其盐(nitrous acid and nitrite)

将物质的量相等的 NO 和 NO_2 的混合物溶解在冷水中，或在亚硝酸盐的冷溶液中加入硫酸，均可生成亚硝酸：

$$NO + NO_2 + H_2O \xrightarrow{冷冻} 2HNO_2$$

$$Ba(NO_2)_2 + H_2SO_4 \longrightarrow BaSO_4\downarrow + 2HNO_2$$

在亚硝酸中，N 采用 sp^2 杂化轨道成键，结构如图 11-8 所示。

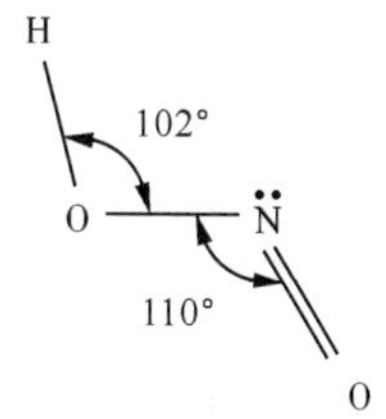

图 11-8　亚硝酸分子的结构

亚硝酸很不稳定，仅存在于冷的稀溶液中，从未制得游离酸。其溶液浓缩或加热时按下式分解：

$$2HNO_2 \rightleftharpoons \underset{(蓝色)}{N_2O_3} + H_2O \rightleftharpoons NO + \underset{(棕色)}{NO_2} + H_2O$$

亚硝酸是较弱的酸($K_a^{\ominus}=4.6\times10^{-4}$)，但酸性比醋酸略强。

亚硝酸盐，特别是碱金属和碱土金属的亚硝酸盐，热稳定性高，重金属的亚硝酸盐很易分解。工业上用 NaOH 或 Na_2CO_3 溶液吸收 NO 和 NO_2 的混合气体也可以得到亚硝酸盐。亚硝酸盐一般易溶于水，但浅黄色的 $AgNO_2$ 为难溶盐。

在亚硝酸及其盐中，氮的氧化数处于中间状态，因此它们既有氧化性又有还原性，以氧化性为主。下面列出不同介质中亚硝酸及其盐的有关标准电极电势：

$$HNO_2 + H^+ + e^- \rightleftharpoons NO + H_2O,\quad \varphi^{\ominus}=0.98\ V$$

$$NO_3^- + H_2O + 2e^- \rightleftharpoons NO_2^- + 2OH^-,\quad \varphi^{\ominus}=0.01\ V$$

在酸性介质中 NO_2^- 可以氧化 Fe^{2+} 和 I^- 等：

$$NO_2^- + Fe^{2+} + 2H^+ \longrightarrow NO + Fe^{3+} + H_2O$$

$$2NO_2^- + 2I^- + 4H^+ \longrightarrow 2NO + I_2 + 2H_2O$$

后一反应可用于定量测定亚硝酸盐。NO_2^- 遇强氧化剂时可被氧化为 NO_3^-：

$$5NO_2^- + 2MnO_4^- + 6H^+ \longrightarrow 5NO_3^- + 2Mn^{2+} + 3H_2O$$

另外，由于 NO_2^- 中氮原子和氧原子都有孤电子对，故 NO_2^- 也可作配位剂。以氧配位时，称为亚硝酸根；以氮配位时，称为硝基。

KNO_2 和 $NaNO_2$ 大量用于染料和有机合成工业。亚硝酸盐是一类危险的有毒物质，进入血液后，能使血红蛋白中的 Fe^{2+} 氧化成 Fe^{3+}，形成高铁血红蛋白，失去带氧能力，其结果与煤气中毒相似,严重者可危及生命。制作咸菜、酸菜、泡菜的容器下层,因处于缺氧状态,利于细菌繁殖,会产生亚硝酸盐;鱼、肉加工制作过程为防腐和保鲜加入亚硝酸盐,如用量过多会引起中毒。把工业用盐(含大量亚硝酸盐)误作食盐使用而导致死亡者屡见不鲜,应当引起高度重视。亚硝酸盐味道甜而不咸,应注意鉴别。

11.4.2 磷及其重要化合物

Phosphorus and its important compounds

1. 磷的单质

磷有数种同素异形体,如白磷(white phosphorus)、红磷(red phosphorus)和黑磷(black phosphorus)等,其中常见的是白磷和红磷。纯白磷是透明的蜡状固体,质软,剧毒,遇光即变为黄色,故又叫黄磷。红磷无毒,化学性质比白磷稳定。白磷以 P_4 形式存在,但其化学式常简写成 P。红磷和黑磷都可以从白磷制得:

$$\text{黑磷} \xleftarrow{\text{高温高压}} \text{白磷} \xrightarrow{\text{隔绝空气 } 400\ ℃} \text{红磷}$$

磷的三种同素异形体的结构如图 11-9 所示。

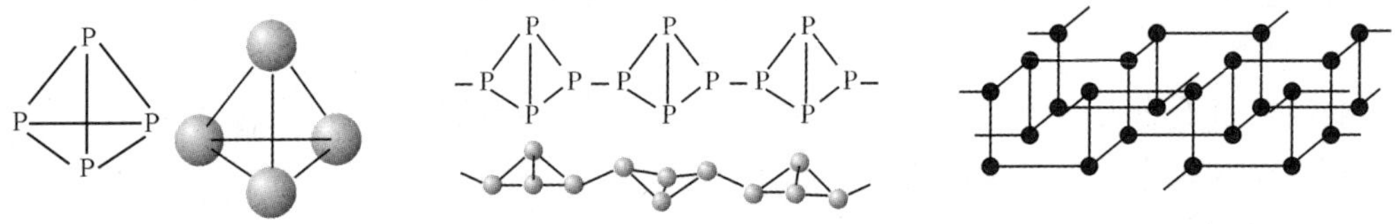

(a) 白磷　　(b) 红磷　　(c) 黑磷

图 11-9　磷的三种同素异形体的结构

2. 三氧化二磷和五氧化二磷

三氧化二磷为白色易挥发的蜡状晶体,易溶于有机溶剂。五氧化二磷为白色雪花状晶体,具有强吸水性。两者分子式分别为 P_4O_6 和 P_4O_{10},但通常简写为 P_2O_3 和 P_2O_5。结构如图 11-10 及图 11-11 所示。

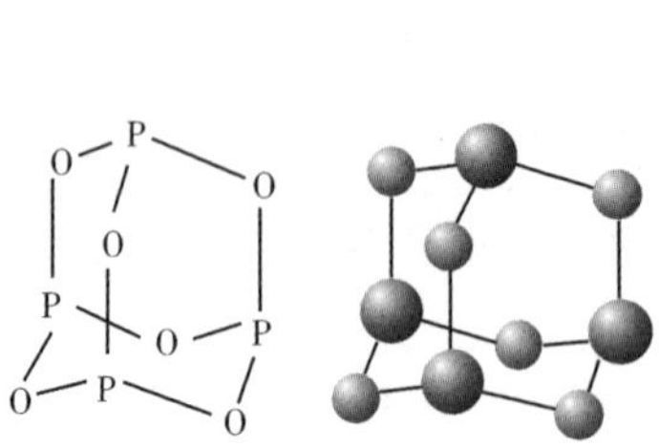

图 11-10　三氧化二磷的结构

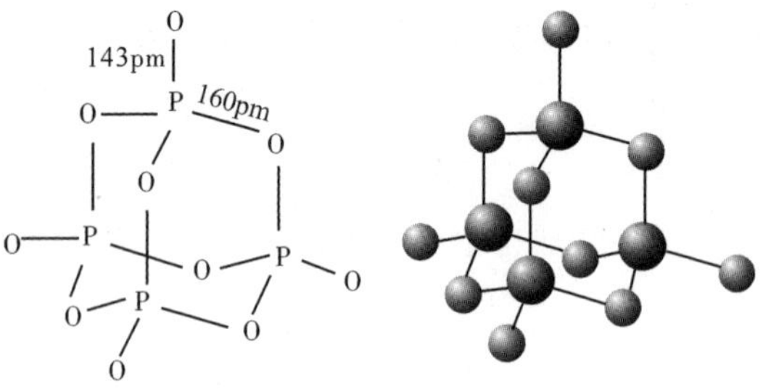

图 11-11　五氧化二磷的结构

五氧化二磷吸水后迅速潮解,其干燥性能优于其他常用干燥剂。它不仅能有效地吸收气体或液体中的水,而且能从许多化合物中夺取与水分子组成相当的氢和氧。例如,可使 H_2SO_4 和 HNO_3 脱水变为硫酸酐和硝酸酐:

$$P_2O_5 + 3H_2SO_4 \longrightarrow 3SO_3 + 2H_3PO_4$$

$$P_2O_5 + 6HNO_3 \longrightarrow 3N_2O_5 + 2H_3PO_4$$

五氧化二磷能侵蚀黏膜、皮肤，使用时注意防护。

3. 磷的含氧酸及其盐

磷有多种含氧酸：氧化数为+1 的次磷酸，氧化数为+3 的亚磷酸和氧化数为+5 的各种磷酸。它们的分子结构如图 11-12 所示。

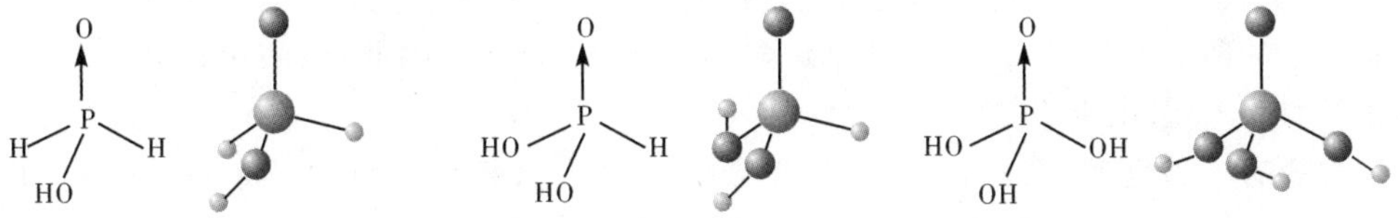

图 11-12 磷的含氧酸的分子结构

(1)次磷酸

次磷酸是一元中强酸，$K_a^\ominus=1.0\times10^{-2}$。主要显强还原性，其标准电极电势为

$$\varphi_A^\ominus(H_3PO_3|H_3PO_2)=-0.499\ V$$
$$\varphi_B^\ominus(HPO_3^{2-}|H_2PO_2^-)=-1.565\ V$$

(2)亚磷酸

亚磷酸是二元中强酸，$K_{a1}^\ominus=6.3\times10^{-2}$，$K_{a2}^\ominus=2.0\times10^{-7}$。与次磷酸一样，主要显强还原性，其标准电极电势为

$$\varphi_A^\ominus(H_3PO_4|H_3PO_3)=-0.76\ V$$
$$\varphi_B^\ominus(PO_4^{3-}|HPO_3^{2-})=-1.12\ V$$

例如，亚磷酸能将 Ag^+ 还原：

$$H_3PO_3+2Ag^++H_2O\longrightarrow H_3PO_4+2Ag+2H^+$$

(3)氧化数为+5 的磷酸

在磷的含氧酸及盐中，氧化数为+5 的各种磷酸应用最广，现将较重要的磷酸列于表 11-6 中。

表 11-6 氧化数为+5 的各种磷酸

名称	化学式	磷的氧化数	名称	化学式	磷的氧化数
正磷酸	H_3PO_4	+5	焦磷酸	$H_4P_2O_7$	+5
三聚磷酸	$H_5P_3O_{10}$	+5	偏磷酸	HPO_3	+5

通常所说的磷酸是指正磷酸，上述磷的含氧酸中以正磷酸含“水分”最多，也最为稳定，正磷酸在强热时会脱水，依次生成焦磷酸和偏磷酸：

$$2H_3PO_4\longrightarrow H_4P_2O_7+H_2O\uparrow$$
$$4H_3PO_4\longrightarrow(HPO_3)_4+4H_2O\uparrow$$

焦磷酸和偏磷酸均属多聚磷酸(多酸)，偏磷酸分子呈环状结构，多聚磷酸也称为缩合酸。

① 磷酸

工业上通常用 76%左右的硫酸分解磷酸钙矿石以制取磷酸：

$$Ca_3(PO_4)_2+3H_2SO_4\longrightarrow2H_3PO_4+3CaSO_4$$

这种方法制得的 H_3PO_4 不纯。纯磷酸可用磷酸酐(五氧化二磷)与水作用制取。纯磷酸是无色晶体，熔点 42.35 ℃。市售的磷酸为黏稠状浓溶液(含 H_3PO_4 1.6 g・cm^{-3}，相当于 14 mol・L^{-1})。磷酸是一种无氧化性、不挥发的三元中强酸。

磷酸是一种重要的无机酸。工业磷酸用于制备磷酸盐，还可用于钢铁构件的磷化处理。

磷酸有很强的配位能力，能与许多金属离子形成配合物。化学分析中为了掩蔽 Fe^{3+} 的干扰，常用 H_3PO_4 与 Fe^{3+} 生成无色可溶性配合物 $H_3[Fe(PO_4)_2]$、$H[Fe(HPO_4)_2]$。

磷酸中的磷虽然呈最高氧化数，但磷酸的氧化性却很小，因此，磷酸可以作为还原性体系的 H^+ 供体，如卤化氢的制备。

磷酸盐有三种类型：磷酸正盐，Na_3PO_4、$Ca_3(PO_4)_2$；磷酸一氢盐，Na_2HPO_4、$CaHPO_4$；磷酸二氢盐，NaH_2PO_4、$Ca(H_2PO_4)_2$。磷酸二氢盐均溶与水，而其他两种类型盐除 K^+、Na^+、NH_4^+ 盐外，一般不溶于水。可溶性磷酸盐在水中都有不同程度的水解，使溶液显示不同的 pH，利用磷酸盐的这种性质，可配制不同 pH 的标准缓冲溶液。

磷酸二氢钙溶于水，能为植物所吸收，是重要的磷肥。用适量的硫酸处理磷酸钙矿石：

$$Ca_3(PO_4)_2 + 2H_2SO_4 + 4H_2O \longrightarrow 2(CaSO_4 \cdot 2H_2O) + Ca(H_2PO_4)_2$$

生成的磷酸二氢钙和石膏的混合物能直接用作肥料(称为过磷酸钙或普钙)。但是普钙含磷量不高，现在改用“重过磷酸钙(重钙)”，其成分为 $Ca(H_2PO_4)_2$，是用磷酸代替硫酸处理磷矿粉而制得：

$$Ca_5F(PO_4)_3 + 7H_3PO_4 + 5H_2O \longrightarrow 5Ca(H_2PO_4)_2 \cdot H_2O + HF\uparrow$$

在含有硝酸的水溶液中，将 PO_4^{3-} 与过量的钼酸铵 $(NH_4)_2MoO_4$ 混合、加热，可缓慢析出黄色的磷钼酸铵沉淀：

$$PO_4^{3-} + 12MoO_4^{2-} + 24H^+ + 3NH_4^+ \longrightarrow (NH_4)_3PO_4 \cdot 12MoO_3 \cdot 6H_2O\downarrow + 6H_2O$$

此反应可用于鉴定 PO_4^{3-}，也可用于磷的定量分析。

磷酸盐除用作化肥外，还用作动物饲料的添加剂，在电镀和有机合成上也有用途。对一切生物来说，磷酸盐在所有能量传递过程，如新陈代谢、光合作用、神经功能和肌肉活动中起着重要作用。

② 焦磷酸及其盐

焦磷酸($H_4P_2O_7$)可以看成是磷酸脱水缩合的产物：

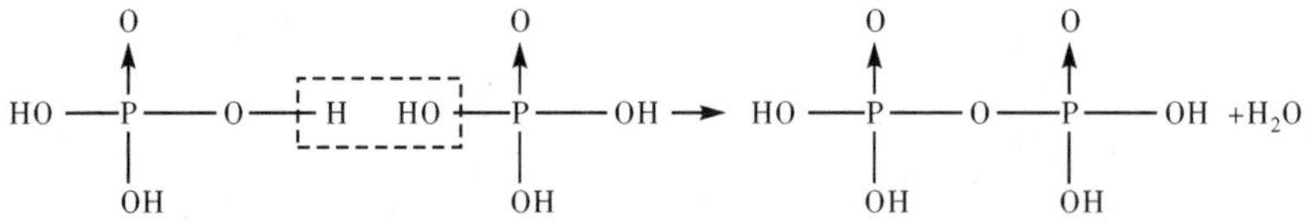

它是无色玻璃状固体，易溶于水，在冷水中会慢慢地转化为磷酸。焦磷酸为四元酸，其酸性比磷酸强。常见的焦磷酸盐有 $M(Ⅰ)_2H_2P_2O_7$ 和 $M(Ⅰ)_4P_2O_7$ 两种类型。将 Na_2HPO_4 加热可得到 $Na_4P_2O_7$：

$$2Na_2HPO_4 \xrightarrow{\triangle} Na_4P_2O_7 + H_2O$$

焦磷酸可以继续与磷酸脱水缩合，形成链状或环状的多聚磷酸，环状的多聚磷酸也称为偏磷酸。

③ 偏磷酸

下面是四个磷酸脱水缩合形成环状的四(聚)偏磷酸的反应。

偏磷酸的化学式可简写为 HPO_3，但偏磷酸实为多聚体$(HPO_3)_n$，常见的有三聚偏磷酸和四聚偏磷酸。偏磷酸是透明的玻璃状物质，质硬，易溶于水，在溶液中逐步转变为磷酸。

偏磷酸盐主要用于处理锅炉用水。它可以和硬水中的 Ca^{2+}、Mg^{2+} 等形成可溶性配合物，使水软化，阻止锅垢生成。偏磷酸盐以前也用作洗衣粉的添加剂，其作用也是与 Ca^{2+}、Mg^{2+} 等形成可溶性配合物，使水软化。这是造成水体富营养化的重要原因，现在已禁用含磷洗衣粉。

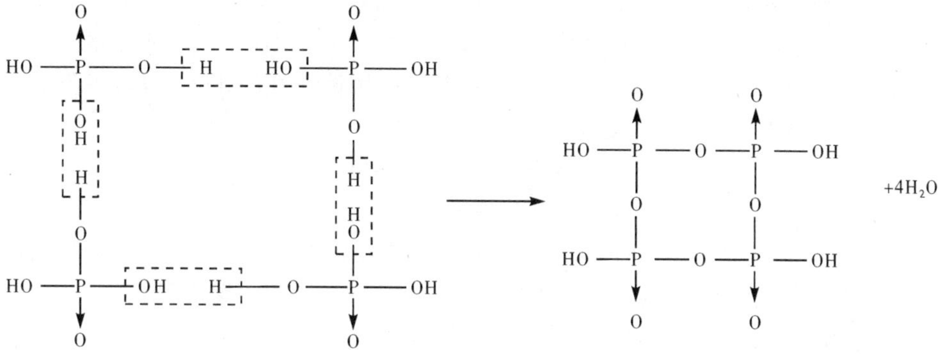

11.4.3　砷、锑、铋的重要化合物

Important compounds of arsenic, antimony and bismuth

1. 砷、锑、铋的单质

砷、锑有黄色、灰色和黑色三种同素异形体，其中灰砷和灰锑比较稳定。常温下，砷、锑、铋在水和空气中比较稳定，不溶于稀酸，但溶于硝酸和热的浓硫酸。高温时，砷、锑、铋和许多非金属(如卤素、氧、硫)发生反应，生成相应的化合物。砷能溶解于熔融的氢氧化钠，锑、铋不与碱反应。

砷、锑、铋能与ⅢA 族元素形成 GaAs、GaSb、InAs、AlSb 等具有半导体性能的材料。在 Pb 中加入 Sb 能使 Pb 的硬度增大，用于制造子弹和轴承。Bi 与 Sn、Cd、Pb 的合金(伍德合金)熔点低，用于自动灭火设备和蒸汽锅的安全装置。

2. 砷、锑、铋的氧化物及其水合物

砷、锑、铋有氧化数为+3 和+5 两个系列的氧化物，即

As_2O_3	Sb_2O_3	Bi_2O_3	As_2O_5	Sb_2O_5	Bi_2O_5
(白色)	(白色)	(黄色)	(白色)	(淡黄色)	(红棕色)

M_2O_3 由单质在空气中燃烧制得，而 M_2O_5(Bi_2O_5 除外)则是用硝酸氧化 As、Sb 单质所得的相应含氧酸脱水而制得：

$$3As + 5HNO_3 + 2H_2O \longrightarrow 3H_3AsO_4 + 5NO\uparrow$$

$$6Sb + 10HNO_3 + (3x-5)H_2O \longrightarrow 3Sb_2O_5 \cdot xH_2O + 10NO\uparrow$$

$$Sb_2O_5 \cdot xH_2O \xrightarrow{\triangle} Sb_2O_5 + xH_2O$$

硝酸只能把 Bi 氧化为 $Bi(NO_3)_3$：

$$Bi + 4HNO_3 \longrightarrow Bi(NO_3)_3 + NO\uparrow + 2H_2O$$

氧化数为+5的铋的含氧酸盐，只能在强碱性介质中用强氧化剂（如 Cl_2）氧化才能生成：

$$Bi(OH)_3 + Cl_2 + 3NaOH \longrightarrow NaBiO_3 + 2NaCl + 3H_2O$$

用非还原性酸处理 $NaBiO_3$（偏铋酸钠）则得到红棕色的 Bi_2O_5，Bi_2O_5 极不稳定，很快分解为 Bi_2O_3 和 O_2。

三氧化二砷（俗称砒霜）是砷的重要化合物，为白色粉末状剧毒物，对人的致死量约为 0.1 g。它主要用于制造杀虫剂、除草剂以及含砷药物。As_2O_3 微溶于水，在热水中溶解度稍大，溶解后生成亚砷酸（H_3AsO_3）。它和 As_2O_3 都是两性偏酸性的化合物，易溶于碱生成亚砷酸盐，溶于浓盐酸生成 As(Ⅲ)盐：

$$As_2O_3 + 6NaOH \longrightarrow 2Na_3AsO_3 + 3H_2O$$

$$As_2O_3 + 6HCl \longrightarrow 2AsCl_3 + 3H_2O$$

Sb_2O_3 和 Bi_2O_3 都难溶于水，Sb_2O_3 具有明显的两性。Bi_2O_3 和 $Bi(OH)_3$ 都为弱碱性化合物，不溶于水。总之，砷、锑、铋的氧化物的酸性依次减弱，碱性逐渐增强。

As(Ⅲ)、Sb(Ⅲ)的氧化物及其水合物显两性，而 Bi(Ⅲ)的氧化物显碱性，按 $H_3AsO_3 \rightarrow Sb(OH)_3 \rightarrow Bi(OH)_3$ 的顺序酸性依次减弱，碱性依次增强。H_3AsO_3 仅存在于溶液中，而 $Sb(OH)_3$ 和 $Bi(OH)_3$ 都是难溶于水的白色沉淀物。

氧化数为+5的砷、锑、铋的氧化物均显酸性，其酸性比氧化数为+3的氧化物强。它们的氧化物与水反应可形成砷酸（H_3AsO_4）和锑酸（$H[Sb(OH)_6]$），但得不到铋酸。

砷、锑、铋的氧化物及其水合物的性质变化规律可概括为图 11-13。

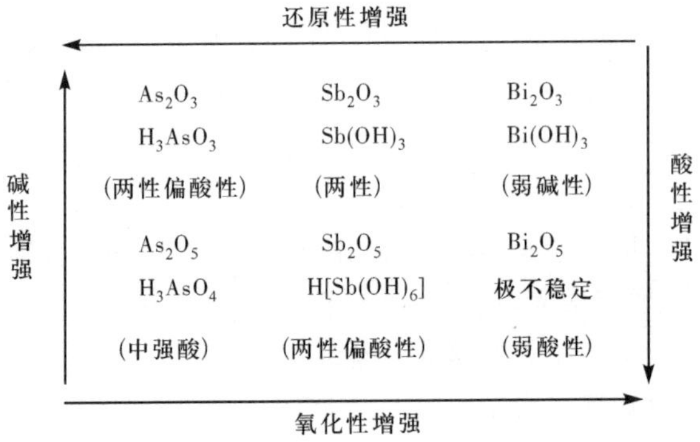

图 11-13 砷、锑、铋的氧化物及其水合物的性质变化规律

3. 砷、锑、铋的盐

从砷、锑、铋的氧化物及其水合物的酸碱性可知，砷、锑、铋的盐类有两种形式，即阴离子盐（MO_3^{3-}、MO_4^{3-}）及阳离子盐（M^{3+}、M^{5+}）。对砷和锑来说，主要形成 MO_3^{3-} 类型的盐，As(Ⅴ)和 Sb(Ⅴ)盐只能以卤化物及硫化物的形式存在。铋主要形成 Bi^{3+} 类型的盐。

As(Ⅲ)、Sb(Ⅲ)、Bi(Ⅲ)的氯化物在水中极易水解。其中 $AsCl_3$ 水解生成 H_3AsO_3，$SbCl_3$、$BiCl_3$ 水解都生成白色碱式盐沉淀：

$$AsCl_3 + 3H_2O \longrightarrow H_3AsO_3 + 3HCl$$

$$SbCl_3 + H_2O \longrightarrow SbOCl\downarrow + 2HCl$$

$$BiCl_3 + H_2O \longrightarrow BiOCl\downarrow + 2HCl$$

故配制这些盐的溶液时，要加相应的酸，以抑制其水解。

由于“惰性电子对效应”，按 As→Sb→Bi 顺序：As(Ⅲ)、Sb(Ⅲ)、Bi(Ⅲ)化合物的还原性依次减弱，As(Ⅴ)、Sb(Ⅴ)、Bi(Ⅴ)化合物的氧化性依次增强。砷酸盐、锑酸盐在强酸性溶液中才显出明显的氧化性，例如

$$H_3AsO_4 + 2H^+ + 2I^- \rightleftharpoons H_3AsO_3 + I_2 + H_2O$$

这个反应的方向强烈地依赖于溶液的酸度，酸性较强时 H_3AsO_4 可以氧化 I^-；酸性较弱时，AsO_3^{3-} 还可以还原 I_2。

偏铋酸钠在酸性溶液中是很强的氧化剂，可将 Mn^{2+} 氧化成 MnO_4^-：

$$2Mn^{2+} + 5NaBiO_3(s) + 14H^+ \longrightarrow 2MnO_4^- + 5Bi^{3+} + 5Na^+ + 7H_2O$$

$$\varphi_A^{\ominus}(MnO_4^- | Mn^{2+}) = 1.491\ V$$

$$\varphi_A^{\ominus}(NaBiO_3 | Bi^{3+}) = 1.8\ V$$

此反应可用来鉴定 Mn^{2+}。

4. 砷、锑、铋的硫化物

向砷、锑、铋的 M^{3+}、M^{5+} 盐溶液中或者向酸化后的 MO_3^{3-}、MO_4^{3-} 溶液中通入 H_2S，都得到有颜色的相应的硫化物沉淀：

As_2S_3	Sb_2S_3	Bi_2S_3	As_2S_5	Sb_2S_5
(黄色)	(橙红色)	(黑色)	(黄色)	(橙红色)

因 Bi(Ⅴ)具有强氧化性，所以不存在 Bi_2S_5。砷、锑、铋的硫化物与酸碱的反应和它们相应的氧化物类似。As_2S_3 和 Sb_2S_3 显两性。As_2S_3 显两性偏酸性，不溶于浓 HCl，只溶于碱；而 Sb_2S_3 既溶于酸又溶于碱。Bi_2S_3 显碱性，不溶于碱，可溶于浓 HCl。

与砷、锑的氧化物能溶于碱性溶液生成相应的含氧酸盐相似，砷、锑的硫化物还能溶于 Na_2S 或 $(NH_4)_2S$ 生成相应的硫代酸盐，而 Bi_2S_3 不溶。

$$As_2S_3 + 3S^{2-} \longrightarrow 2AsS_3^{3-} \quad \text{(硫代亚砷酸盐)}$$

$$Sb_2S_3 + 3S^{2-} \longrightarrow 2SbS_3^{3-} \quad \text{(硫代亚锑酸盐)}$$

As_2S_5 和 Sb_2S_5 的酸性比相应的 M_2S_3 强，因此更易溶于碱性硫化物：

$$M_2S_5 + 3S^{2-} \longrightarrow 2MS_4^{3-} \quad (M = As、Sb) \quad \text{(硫代 M 酸盐)}$$

硫代亚砷酸盐(AsS_3^{3-})和硫代砷酸盐(AsS_4^{3-})可以看作是亚砷酸盐(AsO_3^{3-})和砷酸盐(AsO_4^{3-})中的 O 被 S 取代的产物。将它们酸化后生成相应的硫代酸，硫代酸很不稳定，立即分解为相应的不溶硫化物并放出硫化氢气体，例如

$$2AsS_3^{3-} + 6H^+ \longrightarrow 2H_3AsS_3 \longrightarrow As_2S_3 \downarrow + 3H_2S \uparrow$$

$$2AsS_4^{3-} + 6H^+ \longrightarrow 2H_3AsS_4 \longrightarrow As_2S_5 \downarrow + 3H_2S \uparrow$$

在分析化学上常用硫代酸盐的生成与分解将砷、锑的硫化物与铋的硫化物分离开来。

11.5 碳族元素

Carbon group elements

碳族元素是周期系第ⅣA 族元素，包括碳、硅、锗、锡、铅 5 种元素。与氮族元素一样，碳

族元素自上往下也是由典型的非金属元素(碳、硅)经过准金属元素(锗),过渡到典型的金属元素(锡和铅),碳族元素的价层电子构型为 ns^2np^2,能形成氧化数为+2、+4 的化合物。碳和硅的 M(Ⅱ)化合物很不稳定,碳、硅主要形成氧化数为+4 的化合物,碳有时还能形成氧化数为-4 的化合物。锗和锡的 M(Ⅱ)化合物具有强还原性。由于惰性电子对效应,Pb(Ⅳ)化合物有很强的氧化性,易被还原为 Pb(Ⅱ),所以铅的化合物以 Pb(Ⅱ)为主。

11.5.1 碳族元素的单质
The elements of carbon group

碳单质有三种同素异形体:石墨(graphite)、金刚石(diamond)和富勒烯。富勒烯是指由许多偶数碳原子构成的系列分子,其结构像建筑师 Buckminster Fuller 设计的圆屋顶,因此命名为 Buckminsterfullerene,简称富勒烯(Fullerene)。它是由美国的 Kroto 等人于 1985 年用激光轰击石墨做碳的汽化实验时发现的,其中的典型代表是 C_{60}。碳的三种同素异形体的结构如图 11-14 所示。

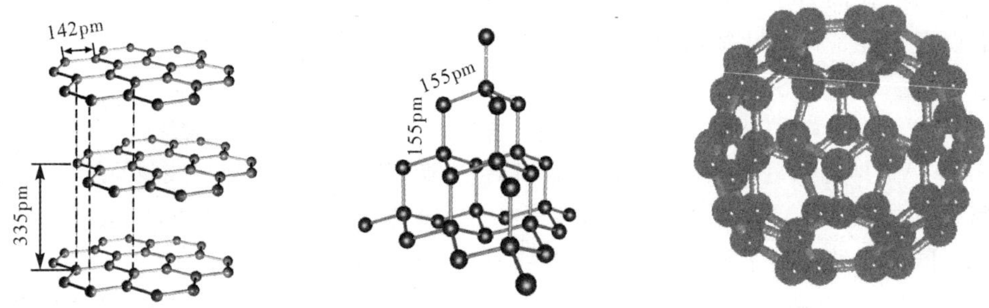

(a) 石墨　(b) 金刚石　(c) C_{60}

图 11-14　碳的三种同素异形体的结构

硅单质有无定形体和晶体两种,其晶体类似金刚石。锗单质是灰白色金属,硬而脆,结构类似金刚石。锡单质也有三种同素异形体:

$$灰锡(\alpha\ 锡) \xrightleftharpoons{13.2\ ℃} 白锡(\beta\ 锡) \xrightleftharpoons{161\ ℃} 脆锡$$

锡制器皿在冬天会自动变成一撮(堆)灰状物,原因就是白锡转变为灰锡。

11.5.2 碳的重要化合物
Important compounds of carbon

1. 碳的氧化物

(1) 一氧化碳

CO 是无色、无臭、有毒的气体。空气中 CO 的含量仅为 0.1%(体积分数)时,即会使人中毒,原因是它能与血液中携带 O_2 的血红蛋白结合,破坏血液的输 O_2 功能。CO 是良好的气体燃料,也是重要的化工原料,在冶金工业上用作还原剂。

CO 与 N_2 是等电子体,结构相似。CO 结构如下:

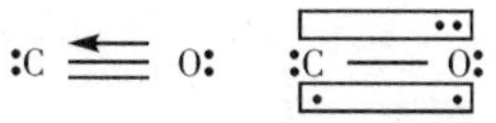

CO 中存在一个 σ 键、两个 π 键，其中一个 π 键是由 O 单方面提供电子对形成的，这是 CO 极性非常小的原因。C 和 O 上都有孤电子对，可以作配位体形成羰基配合物，但是羰基配合物都是以 C 配位的，这与 C、O 的电负性有关。

(2) 二氧化碳

CO_2 是无色、无臭的气体，不助燃，易液化。大气中正常含量约占 0.03%(体积分数)。但是，20 世纪 60 年代后，由于工业、交通迅猛发展，CO_2 排放量与日俱增，其温室效应导致全球气温升高，不可掉以轻心。

有机物(酮、羧酸)中 C=O 双键键长约为 124 pm，C≡O 叁键键长为 113 pm，CO_2 中，碳氧之间键长为 116 pm，介于两者之间，因此 CO_2 的结构为

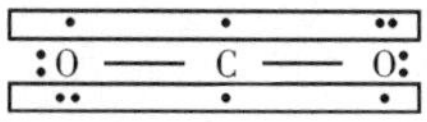

C 采用 sp 杂化轨道与 O 形成两个 σ 键，还形成两个大 Π 键(Π_3^4)。

CO_2 大量用于生产 Na_2CO_3、$NaHCO_3$ 和 NH_4HCO_3，也用作冷冻剂。

2. 碳酸及其盐

(1) 碳酸

20 ℃时，1 L 水能溶解 0.9 L CO_2，其中 1% 的 CO_2 能与水结合形成碳酸。碳酸是二元弱酸，极不稳定，只存在水溶液中，从未制得过纯碳酸。

(2) 碳酸盐

碳酸能形成两种类型的盐，正盐(碳酸盐)和酸式碳酸盐(碳酸氢盐)。

① 溶解性

除铵和碱金属(锂除外)的碳酸盐外，多数碳酸盐难溶于水，大多数酸式碳酸盐易溶于水。对难溶碳酸盐来说，其相应的酸式盐比正盐的溶解度大，例如

$$\underset{(\text{难溶})}{CaCO_3} + CO_2 + H_2O \longrightarrow \underset{(\text{易溶})}{Ca(HCO_3)_2}$$

对易溶碳酸盐来说，它们相应的酸式碳酸盐的溶解度却相对较小。例如，向浓碳酸钠溶液中通入 CO_2 至饱和，可以析出碳酸氢钠：

$$\underbrace{2Na^+ + CO_3^{2-}}_{(\text{易溶})} + CO_2 + H_2O \longrightarrow \underset{(\text{溶解度较小})}{2NaHCO_3}$$

② 水解性

由于碳酸盐的水解性，常把碳酸盐当作碱使用。无水碳酸钠叫纯碱，含水碳酸钠($Na_2CO_3 \cdot 10H_2O$)叫作洗涤碱，它们都是常用的廉价碱。在实际工作中，可溶性碳酸盐既作为碱又作为沉淀剂，用于分离溶液中某些金属离子。金属离子与可溶性碳酸盐作用，有三类不同的沉淀：

若金属[如 Al(Ⅲ)、Fe(Ⅲ)、Cr(Ⅲ)等]的氢氧化物的溶解度小于相应碳酸盐的溶解度，则生成氢氧化物沉淀。例如

$$2Fe^{3+} + 3CO_3^{2-} + 3H_2O \longrightarrow 2Fe(OH)_3\downarrow + 3CO_2\uparrow$$

$$2Al^{3+} + 3CO_3^{2-} + 3H_2O \longrightarrow 2Al(OH)_3\downarrow + 3CO_2\uparrow$$

若金属[如 Bi(Ⅲ)、Cu(Ⅱ)、Mg(Ⅱ)、Pb(Ⅱ)等]的氢氧化物的溶解度与相应碳酸盐的溶解度相差不多,则生成碱式碳酸盐沉淀。例如

$$2Cu^{2+}+2CO_3^{2-}+H_2O \longrightarrow Cu_2(OH)_2CO_3\downarrow+CO_2\uparrow$$

若金属[如 Ca(Ⅱ)、Sr(Ⅱ)、Ba(Ⅱ)、Ag(Ⅰ)、Cd(Ⅱ)、Mn(Ⅱ)等]的碳酸盐的溶解度小于其氢氧化物的溶解度,则生成碳酸正盐沉淀。例如

$$Ba^{2+}+CO_3^{2-} \longrightarrow BaCO_3\downarrow$$

③ 热稳定性

不同的碳酸盐热分解温度相差很大。金属离子的极化能力越强,相应碳酸盐的热稳定性越差。碳酸盐的热稳定性一般规律为

碱金属盐>碱土金属盐>过渡金属盐>铵盐

碳酸盐>碳酸氢盐>碳酸

11.5.3 硅的重要化合物 Important compounds of silicon

1. 二氧化硅

二氧化硅(silica)又称硅石,在自然界中有晶体和无定形体(crystalline and amorphous)两种形态:硅藻土和燧石是无定形的二氧化硅;石英是最常见的二氧化硅晶体,无色透明的纯石英叫水晶。紫水晶、茶晶和碧玉等都是含有杂质的有色石英晶体,普通砂粒是混有杂质的石英细粒。

无论是晶体二氧化硅还是非晶态二氧化硅,其结构单元都是硅氧四面体(图 11-15),两者的差别在于硅氧四面体的排列是否有序(晶体二氧化硅长程有序,而非晶态二氧化硅短程有序)。

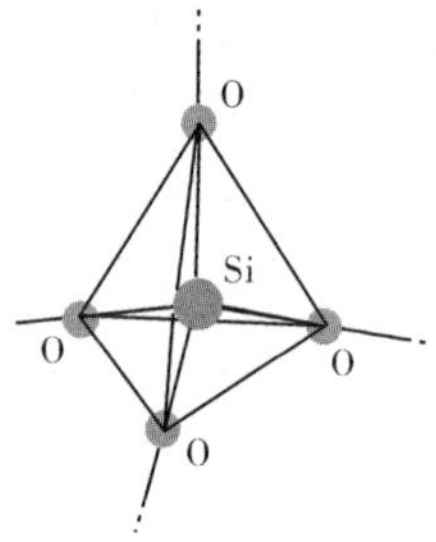

图 11-15 硅氧四面体

石英在 1 600 ℃时熔化成黏稠液体,其内部结构变为不规则状态,若急剧冷却,因黏度大不易再结晶而形成石英玻璃。石英玻璃具有许多特殊性能:加热至 1 400 ℃时也不软化(普通玻璃加热至 600～900 ℃即软化);热膨胀系数很小,所制容器经骤冷、骤热均不易破裂;可以透过可见光和紫外光,用于制造高级化学器皿和光学仪器。

二氧化硅和一般的酸不起反应,但能与氢氟酸反应:

$$SiO_2+4HF \longrightarrow SiF_4\uparrow+2H_2O$$

高温时,二氧化硅与氢氧化钠或纯碱共熔可制得偏硅酸钠。反应如下:

$$SiO_2+2NaOH \xrightarrow{\triangle} Na_2SiO_3+H_2O$$

$$SiO_2+Na_2CO_3 \xrightarrow{\triangle} Na_2SiO_3+CO_2\uparrow$$

2. 硅酸和硅胶

硅酸(silicic acid)的形式很多,其组成(常用 xSiO$_2$ · yH$_2$O 来表示)随形成的条件而异。表 11-7 是几种常见的硅酸。

表 11-7 中,$x\geqslant2$ 的硅酸统称为多硅酸。因为在各种硅酸中偏硅酸的组成最简单,所以常以 H_2SiO_3 简化代表硅酸。

表 11-7　几种常见的硅酸

硅酸名称	化学式	x	y	硅酸名称	化学式	x	y
正硅酸	H_4SiO_4	1	2	三偏硅酸	$H_4Si_3O_8$	3	2
偏硅酸	H_2SiO_3	1	1	焦硅酸	$H_6Si_2O_7$	2	3
二偏硅酸	$H_2Si_2O_5$	2	1				

偏硅酸为二元酸，$K_{a1}^{\ominus}=1.7\times10^{-10}$，$K_{a2}^{\ominus}=1.6\times10^{-12}$。由于偏硅酸的酸性很弱，所以偏硅酸钠在水溶液中强烈水解并呈碱性，当在 SiO_3^{2-} 溶液中加入 NH_4Cl 时，发生完全水解，生成 H_2SiO_3 沉淀和放出氨：

$$SiO_3^{2-}+2NH_4^{+}+2H_2O\longrightarrow H_2SiO_3\downarrow+2NH_3\cdot H_2O$$
$$\hookrightarrow 2NH_3\uparrow+2H_2O$$

在实验室中，盐酸与可溶性硅酸盐作用即可制得偏硅酸：

$$SiO_3^{2-}+2H^{+}\longrightarrow H_2SiO_3$$

虽然硅酸在水中溶解度不大，但它刚形成时并不一定立即沉淀，这是因为开始生成的是可溶于水的单分子硅酸，且这些单分子硅酸还会逐步缩合成硅酸溶胶：

$$\text{HO—Si—O}\boxed{\text{H + HO}}\text{—Si—OH}\longrightarrow\text{HO—Si—O—Si—OH}+H_2O$$

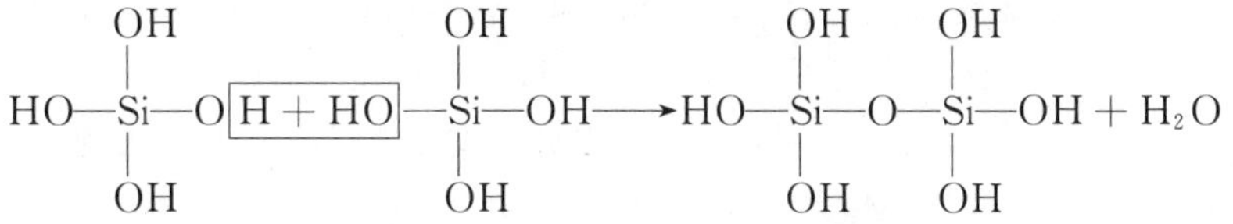

若在稀的硅酸溶胶中加入电解质，或者在适当浓度的硅酸盐溶液中加酸，则生成硅酸胶状沉淀（硅酸凝胶）。硅酸凝胶为多硅酸，其含水量高，软而透明，有弹性。如果将硅酸凝胶中大部分水脱去，则得到硅酸干胶（即硅胶）。

硅胶（silica gel）是一种稍透明的白色固态物质。硅胶内有很多微小的孔隙，比表面积很大（每克硅胶比表面积为 $800\sim900\ m^2$），因此硅胶有很强的吸附性能，可作吸附剂、干燥剂和催化剂的载体。实验室常用的干燥剂变色硅胶是在硅胶中加入 $CoCl_2$，它在无水时呈蓝色，含水时呈粉红色，氯化钴颜色的变化可指示硅胶的吸湿情况。

3. 硅酸盐

二氧化硅与不同比例的碱性氧化物共熔，可得到若干确定组成的硅酸盐（silicate），其中最简单的是偏硅酸盐和正硅酸盐。例如，碱金属的硅酸盐：

$$SiO_2+M_2O\longrightarrow M_2SiO_3$$
$$SiO_2+2M_2O\longrightarrow M_4SiO_4$$

所有硅酸盐中，仅碱金属的硅酸盐可溶于水，其余金属的硅酸盐难溶于水，而且许多金属的硅酸盐具有特征颜色。

可溶性硅酸盐溶液俗称水玻璃，按正离子不同，有锂水玻璃、钠水玻璃、钾水玻璃和铵水玻璃，最常用的是钠水玻璃，所以一般所说的水玻璃就是钠水玻璃。工业上将石英砂与碳酸钠熔融制得水玻璃，又称泡花碱。市售的水玻璃中 SiO_2 与 Na_2O 的物质的量之比（称为模数）一般为 3.3，故水玻璃实际上为多硅酸钠。水玻璃可用作黏合剂，木材、织物防火处理剂、肥皂的填充剂、发泡剂等。

天然硅酸盐有正长石、高岭土、白云母、石棉、泡沸石等，在分子骨架中一般有铝存在，所以称为硅铝酸盐，例如，泡沸石（$Na_2O\cdot Al_2O_3\cdot2SiO_2\cdot nH_2O$），它是一种天然分子筛。

天然硅铝酸盐结构复杂，一般写成氧化物形式，它以硅氧四面体和铝氧四面体为结构单元，构成巨阴离子。天然硅铝酸盐有三种结构，如石棉中的链状巨阴离子，云母中的层状巨阴离子，分子筛中的立体形巨阴离子(图 11-16)。

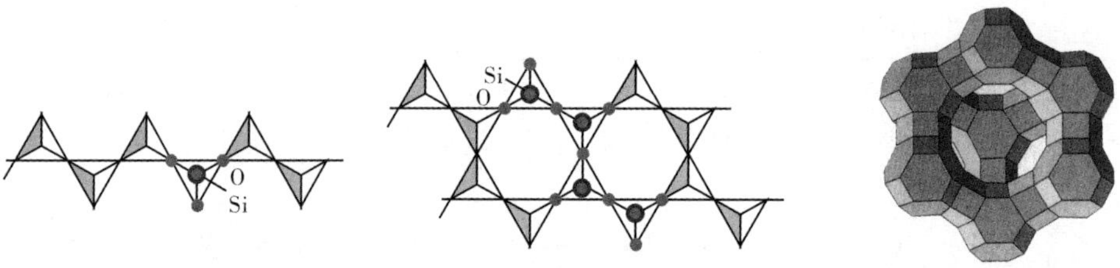

(a) 链状巨阴离子　(b) 层状巨阴离子　(c) 立体形巨阴离子

图 11-16　硅铝酸盐的巨阴离子

4. 硅的氢化物

硅与氢能够形成一系列氢化物，硅的氢化物(silicon hydrides)称为硅烷。与碳烷不同的是，硅与氢不能形成与烯烃、炔烃类似的不饱和化合物，所以硅烷的数目是有限的，迄今为止，也只制得二十几种硅烷。硅烷可以用通式 Si_nH_{2n+2} 表示。

最简单的硅烷是甲硅烷 SiH_4，它是无色无味的气体，可以用下列方法制备：

$$Mg_2Si + 4H^+ \longrightarrow 2Mg^{2+} + SiH_4$$

$$SiCl_4 + Li[AlH_4] \longrightarrow SiH_4 + LiCl + AlCl_3$$

前者产物中有不到一半的甲硅烷，其余为高级硅烷和氢气。高级硅烷是无色液体。

硅烷的化学性质远比相应的碳烷活泼，可以自燃，并且具有强还原性，极易水解，加热易分解：

$$SiH_4 + 2O_2 \longrightarrow SiO_2 + 2H_2O$$

$$SiH_4 + 2KMnO_4 \longrightarrow 2MnO_2 + K_2SiO_3 + H_2O + H_2$$

$$SiH_4 + (n+2)H_2O \longrightarrow SiO_2 \cdot nH_2O + 4H_2$$

$$SiH_4 \xrightarrow{500\ ℃} Si + 2H_2$$

5. 硅的卤化物

硅的卤化物(silicon halides)用 SiX_4 表示。常温下，SiF_4 是无色气体，$SiCl_4$ 和 $SiBr_4$ 是无色液体，SiI_4 是固体。

SiF_4 极易水解，在潮湿空气中发烟，但是干燥的 SiF_4 很稳定，不腐蚀玻璃。在溶液中，SiF_4 与 HF 形成稳定的氟硅酸 $H_2[SiF_6]$，其酸性与硫酸相似。

$$SiF_4 + 3H_2O \longrightarrow H_2SiO_3 + 4HF$$

$$SiF_4 + 2HF \longrightarrow H_2[SiF_6]$$

$SiCl_4$ 可以用下列反应制得：

$$Si + 2Cl_2 \longrightarrow SiCl_4$$

$$SiO_2 + 2C + 2Cl_2 \longrightarrow SiCl_4 + 2CO$$

与 SiF_4 一样，$SiCl_4$ 也极易水解，它同样在潮湿空气中发烟：

$$SiCl_4 + 3H_2O \longrightarrow H_2SiO_3 + 4HCl$$

$SiCl_4$ 是制备有机硅化合物的重要原料。

11.5.4　锡、铅及其重要化合物
Tin, lead and their important compounds

1. 锡和铅的单质

锡是银白色、低熔点金属，质软，延展性好。它在空气中不易被氧化，镀在铁皮上所得的马口铁是制造食品罐头盒的材料。锡还用于生产焊锡(Sn-Pb 合金)和青铜(Cu-Sn 合金)。铅也是较软的金属，常温下表面生成一层碱式碳酸铅保护膜。铅主要用于电缆、铅蓄电池、耐酸设备、低熔合金和 X 射线的屏蔽材料。但是铅及其化合物均有毒，进入人体后不易排出且难治疗，因此，不宜用铅制造水管及食具。

锡与酸、碱反应如下：

$$Sn + 4HCl(浓) \xrightarrow{\triangle} H_2[SnCl_4] + H_2\uparrow$$

$$4Sn + 10HNO_3(稀) \longrightarrow 4Sn(NO_3)_2 + NH_4NO_3 + 3H_2O$$

$$Sn + 4HNO_3(浓) \longrightarrow \underset{(\beta\text{-锡酸})}{H_2SnO_3} + 4NO_2 + H_2O$$

$$Sn + 2OH^-(浓) + 4H_2O \xrightarrow{\triangle} [Sn(OH)_6]^{2-} + 2H_2$$

铅与稀盐酸、稀硫酸几乎不反应，与 HNO_3 反应生成可溶性铅盐，与热、浓碱反应与锡类同。

2. 锡和铅的氧化物和氢氧化物

锡和铅有两类氧化物(MO、MO_2)和相应的氢氧化物[$M(OH)_2$、$M(OH)_4$]，都是两性的，其中高氧化数的 MO_2 和 $M(OH)_4$ 以酸性为主，低氧化数的 MO 和$M(OH)_2$以碱性为主。其酸碱性递变规律符合 ROH 规则，如图 11-17 所示。

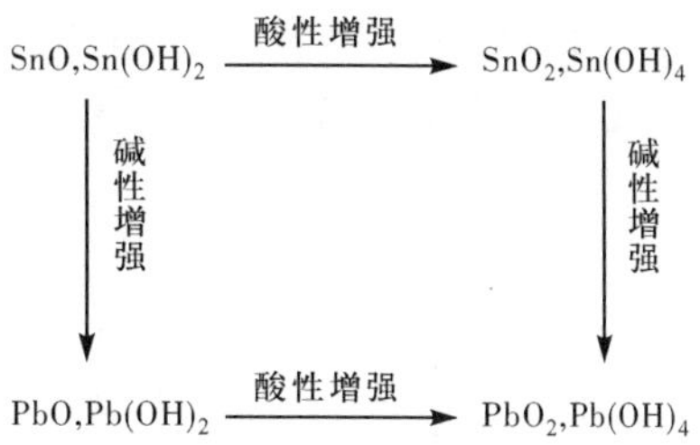

图 11-17　锡和铅的氧化物和氢氧化物酸碱性递变规律

PbO 有红、黄两种变体，主要用以制备铅白粉[$Pb(OH)_2(CO_3)_2$]及油漆中的催干剂。PbO_2 是褐色固体，有强氧化性，酸性介质中可把 Mn^{2+} 氧化为紫色的 MnO_4^-。

$$2Mn^{2+} + 5PbO_2 + 4H^+ \longrightarrow 2MnO_4^- + 5Pb^{2+} + 2H_2O$$

铅的氧化物除 PbO 和 PbO_2 外，还有常见的"混合氧化物"——鲜红色的 Pb_3O_4(铅丹)。如果以 H_4PbO_4 作为酸，以 $Pb(OH)_2$ 作为碱，Pb_3O_4 可以看作是正铅酸的铅盐($Pb_2[PbO_4]$)，或者说它是氧化铅和二氧化铅的"混合氧化物"($2PbO \cdot PbO_2$)。铅丹和稀硝酸反应如下：

$$Pb_3O_4 + 4HNO_3 \longrightarrow 2Pb(NO_3)_2 + \underset{(褐色)}{PbO_2\downarrow} + 2H_2O$$

可见 Pb_3O_4 中的铅具有两种不同的氧化数。铅丹的化学性质较稳定，可用作防锈漆。它与亚麻仁油混合成水暖工常用的红油，涂在管子的衔接处防止漏水。

由于 MO、MO_2 都难溶于水，因而相应的 $M(OH)_2$、$M(OH)_4$ 是用 M(Ⅱ)、M(Ⅳ)的盐溶液与碱溶液相作用而制得的。例如，用碱金属的氢氧化物处理 Sn(Ⅱ)盐和 Pb(Ⅱ)盐，即有$M(OH)_2$白色沉淀析出：

$$M^{2+} + 2OH^- \longrightarrow M(OH)_2 \downarrow \quad (M = Sn、Pb)$$

Sn(Ⅱ)和 Pb(Ⅱ)的氢氧化物既溶于酸又溶于碱：

$$M(OH)_2 + 2H^+ \longrightarrow M^{2+} + 2H_2O$$

$$M(OH)_2 + 2OH^- \longrightarrow [M(OH)_4]^{2-}$$

在锡(Ⅳ)化合物的溶液中加入碱金属氢氧化物，可生成白色胶状沉淀 $Sn(OH)_4$。$Sn(OH)_4$是两性略偏酸性的氢氧化物。正锡酸易失水变成偏锡酸 H_2SnO_3，最后得到酸酐(SnO_2)。SnO_2 与 NaOH 共熔生成偏锡酸钠(Na_2SnO_3)：

$$SnO_2 + 2NaOH \xrightarrow{熔融} Na_2SnO_3 + H_2O$$

Na_2SnO_3 是 Sn(Ⅳ)的稳定化合物，在它的溶液中加入适量的盐酸，可得到凝胶状的α-锡酸($SnO_2 \cdot xH_2O$)，它能溶于过量的浓盐酸及碱溶液。锡酸的另一种变体叫作 β-锡酸。β-锡酸是由浓硝酸和锡作用生成的白色粉末，既难溶于酸也难溶于碱。目前有人认为 α-锡酸是不稳定的无定形体，而 β-锡酸是稳定的晶体。长时间放置 α 型则向 β 型转变。

3. 锡和铅的盐类

锡和铅都有氧化数为+2 和+4 的盐类。下面是锡和铅的元素电势图：

$$\varphi_A^\ominus/V \qquad Sn^{4+} \xrightarrow{0.15} Sn^{2+} \xrightarrow{-0.138} Sn$$

$$PbO_2 \xrightarrow{1.455} Pb^{2+} \xrightarrow{-0.126} Pb$$

$$\varphi_B^\ominus/V \qquad [Sn(OH)_6]^{2-} \xrightarrow{-0.93} [Sn(OH)_4]^{2-} \xrightarrow{-0.91} Sn$$

$$PbO_2 \xrightarrow{0.28} PbO \xrightarrow{-0.58} Pb$$

可以看出，Sn(Ⅱ)无论在酸性还是碱性介质中都有还原性，在碱性介质中还原性更强。例如，在碱性溶液中，$[Sn(OH)_4]^{2-}$ 可以将铋盐还原成黑色的金属铋，这是鉴定铋盐的一种方法：

$$2Bi^{3+} + 6OH^- + 3[Sn(OH)_4]^{2-} \longrightarrow 2Bi \downarrow + 3[Sn(OH)_6]^{2-}$$

Pb(Ⅳ)在酸性条件下有很强的氧化性，这与惰性电子对效应有关。

锡(Ⅱ)盐和含氧酸盐均易水解生成碱式盐和氢氧化亚锡沉淀：

$$Sn^{2+} + Cl^- + H_2O \longrightarrow Sn(OH)Cl \downarrow + H^+$$

$$SnO_2^{2-} + 2H_2O \longrightarrow Sn(OH)_2 \downarrow + 2OH^-$$

配制 $SnCl_2$ 溶液时，通常把 $SnCl_2$ 固体溶在浓盐酸中，待完全溶解后，加水稀释至所需浓度。由于 Sn^{2+} 盐在空气中容易被氧化，配制 $SnCl_2$ 溶液时常加一些锡粒：

$$2Sn^{2+} + O_2 + 4H^+ \longrightarrow 2Sn^{4+} + 2H_2O$$

$$Sn^{4+} + Sn \longrightarrow 2Sn^{2+}$$

$SnCl_4$ 遇水强烈水解，在潮湿空气中会冒白烟。Pb(Ⅱ)水解不显著。$PbCl_4$ 极不稳定，容易分解为 $PbCl_2$ 和 Cl_2。

绝大多数铅的化合物难溶于水。卤化铅中以金黄色的 PbI_2 溶解度最小，但它溶于沸水和 KI 溶液中：

$$PbI_2 + 2KI(浓) \longrightarrow K_2[PbI_4]$$

$PbCl_2$ 难溶于冷水，易溶于热水和浓盐酸：

$$PbCl_2 + 2HCl(浓) \longrightarrow H_2[PbCl_4]$$

$PbSO_4$ 难溶于水，但易溶于浓 H_2SO_4，它在 NH_4OAc 溶液中由于能生成难解离的 $Pb(OAc)_2$ 而溶解，反应如下：

$$PbSO_4 + H_2SO_4(浓) \longrightarrow Pb(HSO_4)_2$$

$$PbSO_4 + 2OAc^- \longrightarrow \underset{(醋酸铅)}{Pb(OAc)_2} + SO_4^{2-}$$

可溶性 Pb(Ⅱ)盐[如 $Pb(NO_3)_2$ 和 $Pb(OAc)_2$(俗称铅糖)]皆有毒，这是由于 Pb^{2+} 能和蛋白质分子中半胱氨酸的巯基(—SH)作用。

4. 锡和铅的硫化物

锡和铅能生成 MS 和 MS_2 两类硫化物。用硫化氢作用于相应的盐溶液可得到硫化物沉淀，它们是 SnS(棕色)、SnS_2(黄色)和 PbS(黑色)。因铅(Ⅳ)具有强氧化性，所以不存在 PbS_2。

上面三种硫化物不溶于水和稀酸。与氧化物一样，高氧化数的硫化物显酸性，低氧化数的硫化物显碱性，同时具有一定的还原性。SnS_2 与碱金属硫化物(或硫化铵)反应，由于生成硫代酸盐而溶解：

$$SnS_2 + S^{2-} \longrightarrow SnS_3^{2-}$$

而 SnS、PbS 因碱性不溶于碱金属硫化物，但是，若碱金属硫化物(或硫化铵)中含有多硫离子(如 S_2^{2-})，SnS 则被氧化，生成硫代酸盐而溶解，例如

$$SnS + S_2^{2-} \longrightarrow SnS_3^{2-}$$

PbS 不能被氧化，因此不能溶解。硫代酸盐不稳定，遇酸则按下式分解：

$$SnS_3^{2-} + 2H^+ \longrightarrow SnS_2\downarrow + H_2S\uparrow$$

PbS 能溶于稀硝酸和浓盐酸：

$$3PbS + 8H^+ + 2NO_3^- \longrightarrow 3Pb^{2+} + 3S\downarrow + 2NO\uparrow + 4H_2O$$

$$PbS + 4HCl(浓) \longrightarrow H_2[PbCl_4] + H_2S\uparrow$$

11.6　硼族元素

Boron group elements

硼族元素是周期系中第ⅢA 族元素，包括硼(B)、铝(Al)、镓(Ga)、铟(In)、铊(Tl)五种元素。自然界无游离硼，主要以硼砂($Na_2B_4O_7 \cdot 10H_2O$)和硼镁矿($Mg_2B_2O_5 \cdot H_2O$)形式存在。我国硼储量居世界之首。镓、铟、铊都比较分散，作为与其他矿共生的组分而存在，故称为分散稀有元素。

硼族元素的价层电子构型为 ns^2np^1，它们的最高氧化数为+3，硼、铝一般只形成氧化数为+3 的化合物。从镓到铊，由于 ns^2 惰性电子对效应，氧化数为+3 的化合物稳定性降低，而氧化数为+1 的化合物稳定性增加。铊(Ⅰ)的化合物比铊(Ⅲ)的化合物稳定。

硼的原子半径小，电负性较大，其化合物均属共价型。硼族元素原子的价电子数为3，而价层轨道数为4，这种价电子数小于价层轨道数的元素称为缺电子元素，相应的原子称为缺电子原子，缺电子原子有可能形成缺电子化合物。缺电子化合物因有空的价电子轨道，能接受电子对，易形成聚合分子（如 Al_2Cl_6）和配合物（如 $H[BF_4]$）。

11.6.1 硼的重要化合物 Important compounds of boron

1. 硼的氢化物

与碳的氢化物和硅的氢化物相似，硼的氢化物（boron hydride）称为硼烷（borane）。硼烷是一类在结构与组成上相当特殊的化合物，这个特殊性与硼烷是缺电子化合物（electron deficient compound）有关。据报道，现已合成出20多种硼烷，这些硼烷可以分为两类：B_nH_{n+4} 和 B_nH_{n+6}。在所有硼烷中，最简单的是乙硼烷。

视频

硼的重要化合物

（1）乙硼烷的结构

从硼原子价层电子构型来看，最简单的硼烷分子似乎应该是 BH_3（甲硼烷），但实验表明，最简单的硼烷是 B_2H_6（乙硼烷），BH_3（甲硼烷）不能独立存在。

乙硼烷的结构不同于乙烷。形成乙烷结构需要7对电子，硼是缺电子原子，在 B_2H_6 中只有12个价电子，所以乙硼烷的结构不可能与乙烷相同。

结构实验表明，B_2H_6 中具有桥状结构，如图11-18(a)所示。在 B_2H_6 中，B采取不等性 sp^3 杂化，每个B的4个 sp^3 杂化轨道中有两个用于与两个H的1s轨道重叠形成正常的σ键，另两个 sp^3 杂化轨道（一个有一个电子，另一个没有电子）同另外两个H的1s轨道相互重叠形成 $\overset{\mathrm{H}}{\mathrm{B}\frown\mathrm{B}}$ 键[图11-18(b)]，犹如两个B通过H作为桥梁连接，故 $\overset{\mathrm{H}}{\mathrm{B}\frown\mathrm{B}}$ 键也被称为氢桥键（氢桥键与氢键不同）。氢桥键是由两个电子把三个原子键合起来的，所以叫作三中心二电子键，简写为3c—2e。

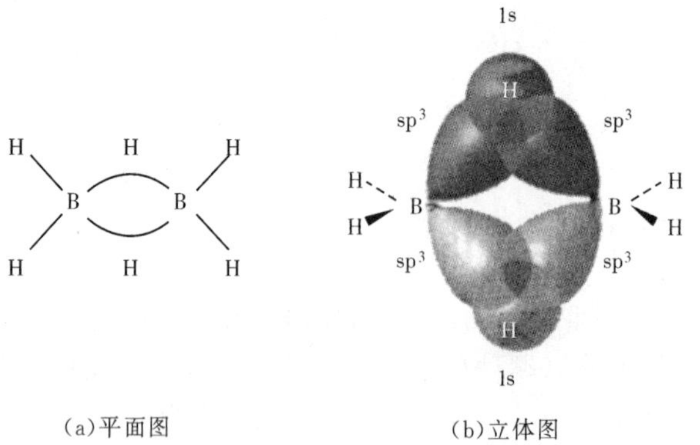

(a)平面图　　(b)立体图

图11-18 B_2H_6 结构

三中心键是多中心键的一种形式。所谓多中心键是指三个或三个以上原子之间结合所形成的共价键，是一种非定域的键。多中心键是缺电子原子的一种特殊成键形式，普遍存在于硼烷之中。三中心键的强度小于一般共价键，故硼烷的性质比烷烃活泼。

(2) 硼烷的性质

在常温下，B_2H_6 及 B_4H_{10} 为气体，B_5H_9、B_6H_{10} 为液体，$B_{10}H_{14}$ 及其他高级硼烷为固体。随着 B 数目的增加和相对分子质量的增大，分子间作用力也增大，熔点、沸点升高。它们的物理性质与具有相应组成的碳烷烃很相似，但化学性质接近于硅烷，在通常情况下，比硅烷更不稳定。乙硼烷在空气中能自燃，燃烧时生成三氧化二硼和水，并放出大量的热：

$$B_2H_6(g)+3O_2(g) \longrightarrow B_2O_3(s)+3H_2O(g), \quad \Delta_r H_m^{\ominus}=-2\ 033.79\ kJ \cdot mol^{-1}$$

由于硼烷燃烧时放出大量的热，且反应速率快，因此硼烷有可能作高能喷射燃料，用于火箭和导弹。硼烷遇水发生水解作用：

$$B_2H_6(g)+6H_2O(l) \longrightarrow 2H_3BO_3(aq)+6H_2(g), \quad \Delta_r H_m^{\ominus}=-465\ kJ \cdot mol^{-1}$$

此反应产生氢气和大量的热，故 B_2H_6 适用于作水底火箭燃料。

由于乙硼烷是缺电子化合物，所以它能与氨、一氧化碳等具有孤电子对的分子发生加合作用，例如

$$B_2H_6+2CO \longrightarrow 2[H_3B \leftarrow CO]$$

$$B_2H_6+2NH_3 \longrightarrow 2[H_3B \leftarrow NH_3]$$

纯硼烷的毒性很大，远远超过通常已知毒物的毒性，如氰化氢、光气($COCl_2$)等，因此现有的硼烷燃料不是纯硼烷而是硼烷的衍生物。例如，$(C_2H_5)_3B_5H_6$ 是液体高能燃料，$(C_2H_5)_2B_{10}H_{12}$ 和 $(C_4H_9)_2B_{10}H_{12}$ 等是固体高能燃料。

2. 硼的含氧化合物

硼在自然界中总是以含氧化合物的形式存在，**硼的含氧化合物**(oxo-compound of boron)具有很高的稳定性，这与硼的高度亲氧性(B_2O_3 的生成焓为 $-1\ 272.8\ kJ \cdot mol^{-1}$)以及硼的含氧化合物能形成牢固的硼氧骨架有关。构成三氧化二硼、硼酸、多硼酸及其盐的基本结构单元为平面三角形的 BO_3 和正四面体的 BO_4。

(1) 三氧化二硼

H_3BO_3 受热脱水后生成 B_2O_3：

$$H_3BO_3 \underset{H_2O}{\overset{423\ K}{\rightleftharpoons}} HBO_2 \underset{H_2O}{\overset{573\ K}{\rightleftharpoons}} B_2O_3$$

B_2O_3 是白色固体，易溶于水，并与水反应生成偏硼酸，B_2O_3 加热时先软化成为液态，它能溶解许多金属氧化物，可以溶解在硼砂的熔体中，形成有特征颜色的偏硼酸盐玻璃，分析化学利用 B_2O_3 的这一性质，鉴定某些金属氧化物(硼砂珠实验)。例如

$$CuO + B_2O_3 \longrightarrow \underset{(蓝色)}{Cu(BO_2)_2}$$

$$NiO + B_2O_3 \longrightarrow \underset{(绿色)}{Ni(BO_2)_2}$$

(2) 硼酸

硼酸[boric acid，$B(OH)_3$ 或 H_3BO_3]是硼酸晶体的结构单元，呈平面三角形，硼原子位于平面三角形的中心。硼酸分子和硼酸晶体的片状结构如图 11-19 所示。

硼酸分子内 B 通过 sp^2 杂化与三个 O 以共价键结合形成平面三角形结构；硼酸晶体中，分子间通过氢键形成接近六边形的对称层状结构，层与层之间借助微弱的范德华力结合。因此，硼酸晶体为鳞片状。

硼酸微溶于冷水。随着温度的升高，硼酸中的部分氢键断裂，故硼酸在热水中的溶解度明显增大。硼酸是一元弱酸，其离解方式与众不同：

$$H_3BO_3 + H_2O \rightleftharpoons [B(OH)_4]^- + H^+, \quad K_a^{\ominus} = 5.7 \times 10^{-10}$$

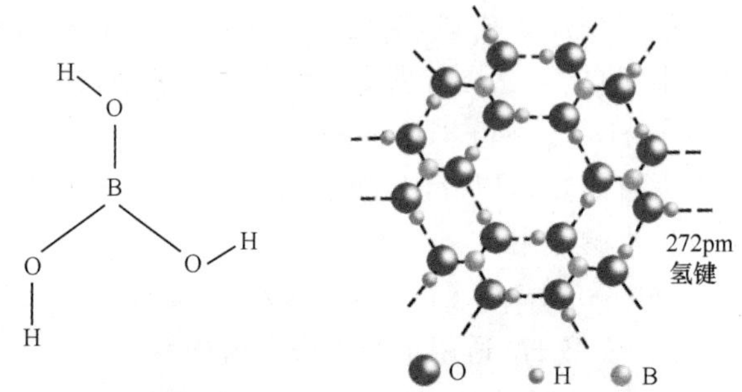

(a) 硼酸分子　　(b) 硼酸晶体的片状结构

图 11-19　硼酸分子和硼酸晶体的片状结构

在硼酸溶液中加入邻位多元醇(如乙二醇、甘油、甘露醇等)，能使其酸性增强，反应为

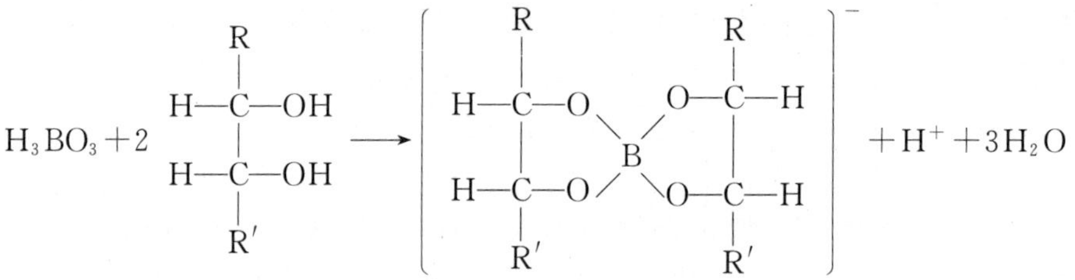

$K_a^{\ominus} \approx 10^{-5}$，可以直接用碱标准溶液滴定。

硼酸主要用于搪瓷和玻璃工业，还是一种防腐剂和医药用的消毒剂。

3. 硼酸盐

硼酸盐(borates)有偏硼酸盐(BO_2^-)、正硼酸盐(BO_3^{3-})和多硼酸盐等。最重要的硼酸盐是四硼酸钠，俗称硼砂($Na_2B_4O_7 \cdot 10H_2O$)。硼砂阴离子实际上是$[B_4O_5(OH)_4]^{2-}$，四个 B 中有两个以 sp^2 杂化轨道成键，另外两个以 sp^3 杂化轨道成键，其结构如图 11-20 所示。

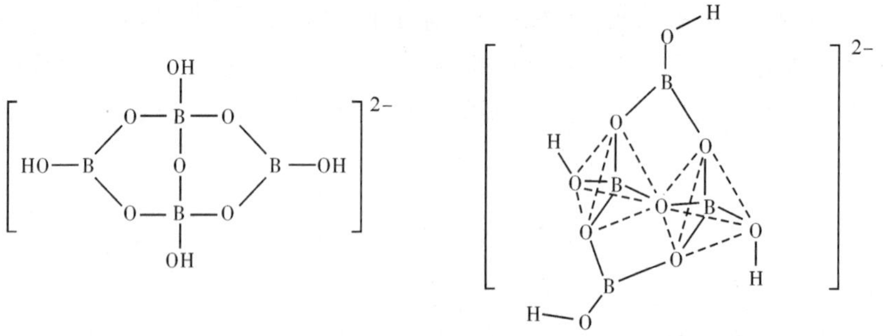

(a) 平面图　　(b) 立体图

图 11-20　硼砂阴离子$[B_4O_5(OH)_4]^{2-}$的结构

硼砂是无色透明的晶体，在空气中易风化失水。受热时先失去结晶水成为蓬松状物质，故体积膨胀；温度为 350～400 ℃时，脱水成为无水盐($Na_2B_4O_7$)；在 878 ℃时熔融，冷却后

成为透明的玻璃状物质(称为硼砂玻璃)。铁、钴、镍、锰等金属氧化物可以溶解在硼砂的熔体中,形成有特征颜色的偏硼酸盐玻璃。例如

$$Na_2B_4O_7 + CoO \longrightarrow Co(BO_2)_2 \cdot 2NaBO_2$$

(蓝色)

$$Na_2B_4O_7 + MnO \longrightarrow Mn(BO_2)_2 \cdot 2NaBO_2$$

(绿色)

早期的分析化学家常利用硼砂的这一性质,鉴定某些金属氧化物(硼砂珠实验)。若将熔融时的 $Na_2B_4O_7$ 看成是 $2NaBO_2 \cdot B_2O_3$,则上述反应可以看作是碱性氧化物 CoO、MnO 和酸性氧化物 B_2O_3 结合成盐的反应。硼砂易溶于水,且易水解而呈碱性。

硼砂是一种用途广泛的重要化工原料,很多用途是基于它在高温下同金属氧化物的作用,如用于陶瓷和搪瓷工业(点釉)、玻璃工业(特种玻璃)、烧焊技术等方面。在实验室中常用硼砂作为标定酸浓度的基准物质及配制标准缓冲溶液的基准物质。此外,在农业上用作微量元素肥料,对小麦、棉花、麻等有增产效果。

11.6.2 铝的重要化合物

Important compounds of aluminum

铝是地球上最丰富的金属元素,占地球表面固体部分 8%以上。铝质轻,延展性好,对光反射作用强,化学性质活泼,属两性金属。

1. 氧化铝和氢氧化铝(aluminum oxide and hydroxide)

Al_2O_3 主要有两种晶形,即 α-Al_2O_3 和 γ-Al_2O_3。金属铝表面的氧化铝膜是氧化铝的另一种变体。α-Al_2O_3 即为自然界中的刚玉,硬度高(硬度仅次于金刚石),密度大,化学性质稳定,可作为高硬度材料、耐磨材料和耐火材料。刚玉中若含有 Cr(Ⅲ),则为红宝石;若含有 Fe(Ⅱ)、Fe(Ⅲ)和 Ti(Ⅳ),即为蓝宝石。

α-Al_2O_3 不溶于酸,只能用 $K_2S_2O_7$ 使之转化为可溶性硫酸盐:

$$Al_2O_3 + 3K_2S_2O_7 \rightarrow 3K_2SO_4 + Al_2(SO_4)_3$$

γ-Al_2O_3 也称活性氧化铝,可由加热分解 $Al(OH)_3$ 制得。γ-Al_2O_3 既溶于酸又溶于碱,其比表面积大(200～600 m^2/g),是重要的催化剂载体和固体吸附剂。

在铝酸盐溶液中通 CO_2,得到白色晶态氢氧化铝[$Al(OH)_3$]沉淀;而把铝盐加入氨水或适量碱得到白色的凝胶状无定形 $Al(OH)_3$ 沉淀,它实际上是含水量不定的 $Al_2O_3 \cdot xH_2O$,故称为水合氧化铝,习惯上把水合氧化铝称为氢氧化铝。这种无定形水合氧化铝经静置可转变为晶态的 $Al(OH)_3$,温度越高,转变越快。

氢氧化铝难溶于水,属两性氢氧化物,溶于酸生成铝盐,溶于碱生成铝酸盐:

$$Al(OH)_3 + 3H^+ \longrightarrow Al^{3+} + 3H_2O$$

(铝盐)

$$Al(OH)_3 + OH^- \longrightarrow [Al(OH)_4]^-$$

(铝酸盐)

氢氧化铝溶于碱溶液后,生成的化合物是 $Na[Al(OH)_4]$,而非 $NaAlO_2$ 或 Na_3AlO_3。固态 $NaAlO_2$ 要用 Al_2O_3 和氢氧化钠固体共熔的方法制备:

$$Al_2O_3(s)+2NaOH(s)\xrightarrow{熔融}2NaAlO_2(s)+H_2O(g)$$

2. 铝盐

(1) 卤化铝

铝的卤化物(AlX_3)中,AlF_3 为离子化合物,$AlCl_3$、$AlBr_3$ 及 AlI_3 均为共价化合物。卤化铝中最重要的是 $AlCl_3$。由于铝盐容易水解,所以在水溶液中不能制得无水 $AlCl_3$,即使在浓盐酸中结晶也只能得到组成为 $AlCl_3 \cdot 6H_2O$ 的无色晶体。因此,无水 $AlCl_3$ 只能用干法制取:

$$2Al+3Cl_2\xrightarrow{\triangle}2AlCl_3$$

$$Al_2O_3+3C+3Cl_2\xrightarrow{\triangle}2AlCl_3+3CO$$

无水 $AlCl_3$ 能溶于几乎所有的有机溶剂,在水中会发生强烈水解作用,甚至在空气中遇到水汽也猛烈地冒烟。为此,人体不慎接触 $AlCl_3$ 时,切忌直接用水冲洗,以免灼伤皮肉,应先用有机溶剂(如乙醚、丙酮)洗涤,再用大量水冲洗。常温下,$AlCl_3$ 为无色晶体或白色粉末,工业品因含铁而呈浅黄或红棕色。$AlCl_3$ 加热到 180 ℃时升华,气态 $AlCl_3$ 以双聚分子的形式存在,在 800 ℃时双聚分子分解为单分子。气态 $AlCl_3$ 双聚分子如图 11-21 所示。

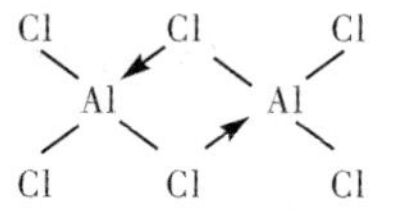

图 11-21 气态 $AlCl_3$ 双聚分子的结构

无水 $AlCl_3$ 最重要的工业用途是作为有机合成和石油工业的催化剂。$AlCl_3 \cdot 6H_2O$ 主要用作净水凝聚剂及木材防腐剂。

(2) 硫酸铝和铝矾

无水硫酸铝为白色粉末。用纯的氢氧化铝溶于热的浓硫酸或用硫酸直接处理铝矾土(或高岭土),都可制得硫酸铝:

$$2Al(OH)_3+3H_2SO_4\longrightarrow Al_2(SO_4)_3+6H_2O$$

$$Al_2O_3+3H_2SO_4\longrightarrow Al_2(SO_4)_3+3H_2O$$

在常温下自溶液中析出的无色针状晶体为 $Al_2(SO_4)_3 \cdot 18H_2O$。

硫酸铝易溶于水,其溶液由于 Al^{3+} 的水解而呈酸性,铝盐在水溶液中所含有的 Al^{3+} 实际上以 $[Al(H_2O)_6]^{3+}$ 形式存在。水解反应如下:

$$[Al(H_2O)_6]^{3+}+H_2O\rightleftharpoons[Al(H_2O)_6OH]^{2+}+H^+$$

或缩写为

$$Al^{3+}+H_2O\rightleftharpoons[Al(OH)]^{2+}+H^+$$

进一步水解,则形成 $Al(H_2O)_3(OH)_3$,或简写为 $Al(OH)_3$。一些弱酸的铝盐在水中几乎完全或大部分水解。例如

$$2Al^{3+}+3S^{2-}+6H_2O\longrightarrow 2Al(OH)_3\downarrow+3H_2S\uparrow$$

$$2Al^{3+}+3CO_3^{2-}+3H_2O\longrightarrow 2Al(OH)_3\downarrow+3CO_2\uparrow$$

所以弱酸的铝盐,如 Al_2S_3、$Al_2(CO_3)_3$,不能用湿法制得。

硫酸铝易与碱金属离子(除锂离子外)或铵的硫酸盐结合而形成复盐,其组成可用 $M(\text{I})M(\text{III})(SO_4)_2 \cdot 12\ H_2O$ 来表示,这类复盐称为矾。最重要的铝矾是硫酸钾铝 [$KAl(SO_4)_2 \cdot 12\ H_2O$],叫作铝钾矾,俗称明矾。

矾类都是类质同晶物质，当这类物质存在于同一溶液中时，能一起结晶出来。如将无色的铝钾矾和深紫色的铬钾矾[$KCr(SO_4)_2 \cdot 12H_2O$]的混合物溶于水中，静止溶液使之结晶，得到的是层状混合晶体（即共晶）。

11.7　稀有气体
Noble gases

稀有气体包括氦（He）、氖（Ne）、氩（Ar）、氪（Kr）、氙（Xe）、氡（Rn）六种元素，其中氡（Rn）是放射性元素。原子最外层电子构型除 He 为 $1s^2$ 外，其余都是 ns^2np^6。

稀有气体的化学性质很不活泼，过去人们曾认为它们不会与其他元素发生化学反应，称之为"惰性气体"，在周期表中，将它们称为零族元素。正是这种绝对化的概念束缚了人们的思想，阻碍了稀有气体化合物的研究。直到 1962 年，第一个稀有气体化合物$Xe[PtF_6]$才由在加拿大工作的英国青年化学家 N. Bartlett 合成出来。从此以后，许多化学家竞相开展这方面的工作，先后合成了多种稀有气体化合物，促进了稀有气体化学的发展。现在，稀有气体在周期表中称为第ⅧA 族元素。

11.7.1　稀有气体的性质和用途
The properties and applications of noble gases

稀有气体的某些性质见表 11-8，稀有气体都是单原子分子，分子间仅存在着微弱的范德华力。它们的物理性质随原子序数的递增而有规律地变化。例如，稀有气体的熔点、沸点、溶解度、密度和临界温度等随原子序数的增大而递增，这同它们分子间色散力的递增相适。

表 11-8　稀有气体的某些性质

稀有气体	氦	氖	氩	氪	氙	氡
元素符号	He	Ne	Ar	Kr	Xe	Rn
原子序数	2	10	18	36	54	86
相对原子质量	4.002 6	20.180	39.948	83.80	131.29	222.02
原子最外层电子构型	$1s^2$	$2s^2p^6$	$3s^23p^6$	$4s^24p^6$	$5s^25p^6$	$6s^26p^6$
范德华半径/pm	122	160	191	198	217	—
熔点/℃	−272.15	−248.67	−189.4	−157.36	−111.8	−71
沸点/℃	−268.935	−246.05	−185.9	−153.22	−108.04	−62
电离能/($kJ \cdot mol^{-1}$)	2 372.3	2 086.95	1 526.8	1 357.0	1 176.5	1 043.3
水中溶解度/[$mL \cdot (kgH_2O)^{-1}$](20 ℃)	8.61	10.5	33.6	59.4	108	230
临界温度/K	5.25	44.5	150.85	209.35	289.74	378.1
气体密度/($g \cdot L^{-1}$)(标准态)	0.176	0.899 9	1.782 4	3.749 3	5.761	9.73
摩尔汽化焓/($kJ \cdot mol^{-1}$)	0.08	1.8	6.7	9.6	13.6	18.0

稀有气体的化学性质很不活泼。从表 11-8 中可以看出，稀有气体原子具有很大的电离能，而它们的电子亲和能均为正值。因此，相对来说，在一般条件下稀有气体原子不易失去或得到电子而与其他元素的原子形成化合物。但在一定条件下，稀有气体仍然可以与某些物质反应生成化合物，如 Xe 可以与 F_2 在不同条件下反应生成 XeF_2、XeF_4 和 XeF_6 等。稀有气体的第一电离能从 He 到 Rn 依次减小，它们的化学反应性依次增强。现在已经合成的稀有气体化合物多为氙的化合物和少数氪的化合物，而氦、氖、氩的化合物至今尚未制得。

利用液氦可以获得0.001 K的低温，超低温技术中常常应用液氦。用气体氦代替氢气填充气球或汽艇，因氦不燃烧，所以比氢安全得多。氦在血液中的溶解度比氮小，用氦和氧的混合物代替空气供潜水员呼吸用，可以延长潜水员在水底工作的时间，避免潜水员迅速返回水面时因压力突然下降而引起氮气自血液中逸出阻塞血管造成的"气塞病"。这种"人造空气"在医学上也用于气喘、窒息病人的治疗。大量的氦还用于航天工业和核反应工程。

稀有气体在电场作用下易于放电发光。氖、氦等常用于霓虹灯、航标灯等照明设备；氪和氙也用于制造特种电光源，如用氙制造的高压长弧氙灯被称为"人造小太阳"；氦-氖激光器是以氦和氖作为工作物质的，氩离子激光器也有广泛的用途。由于稀有气体的化学性质不活泼，故可作为某些金属的焊接、冶炼和热处理或制备还原性极强物质的保护气氛。少量的氡用于医疗，但氡的放射性也会危害人体健康。

11.7.2 稀有气体的存在和分离 The existence and separation of noble gases

稀有气体在自然界是以单质状态存在的。除氡以外，它们主要存在于空气中。在空气中氩的体积分数约为0.39%，氖、氦、氪和氙的含量则更少。空气中各稀有气体的含量见表11-9。氦也存在于天然气中，含量约为1%，有些地区的天然气中氦含量可高达8%。另外，某些放射性物质中常含有氦。氡也存在于放射性矿物中，是镭、钍的放射性产物。

表 11-9 空气中各稀有气体的含量

稀有气体	体积分数/%	质量分数 /%	稀有气体	体积分数/%	质量分数 /%
氦	5.239×10^{-4}	7.42×10^{-5}	氪	1.14×10^{-4}	3.29×10^{-4}
氖	1.818×10^{-3}	1.267×10^{-3}	氙	8×10^{-5}	3.9×10^{-5}
氩	0.934	1.288			

从空气中分离稀有气体的方法是利用它们物理性质的差异，将液态空气分级蒸馏。首先蒸馏出来的是氦(−268.9 ℃)、氖(−246.1 ℃)、氮(−195.8 ℃)，除去氮，得到氦、氖的混合气体。氩、氪和氙仍留在液氧中，再继续分馏，由于氩的沸点(−185.9 ℃)低于氧(−183 ℃)，得到不纯的氩气。将这种气体通过NaOH以除去CO_2，再通过赤热的铜丝以除去微量的氧，最后通过灼热的镁屑使微量氮转变为Mg_3N_2而除去，便可以得到含有少量其他稀有气体的氩气。从天然气中分离氦也可以采用液化的方法。

氦、氖混合气体的分离是利用低温下活性炭对这些气体的选择性吸附来进行的。由于各种稀有气体分子间的色散力有差异，相同温度下相对分子质量大的稀有气体被吸附得多些，而相对分子质量小的氦最不易被吸附。吸附了稀有气体混合物的活性炭在低温下经过分级解吸，即可得到各种稀有气体。

11.7.3 稀有气体的化合物 The compounds of noble gases

1962年，N. Bartlett利用PtF_6氧化氧分子，合成了$O_2^+[PtF_6]^-$。当时，考虑到稀有气体的电离能从上到下依次减小，而氙的第一电离能(1 176.5 kJ/mol)与氧分子的第一电离能(1 171.5 kJ/mol)相近，据此Bartlett预测Xe与PtF_6也可能发生类似的反应。此外，根据

O_2 和 Xe 的范德华半径估计 O_2^+ 和 Xe 的半径相近，由此估算 Xe[PtF_6]的晶格能与[O_2PtF_6]的晶格能差不多，因而可以预料 Xe 与[PtF_6]反应的产物 Xe[PtF_6]可能会稳定存在。经过多次实验，他终于在室温下合成了第一个真正的稀有气体化合物——Xe[PtF_6]红色晶体。这一发现震动了整个化学界，推动了稀有气体化学的广泛研究和迅速发展。

自从 Xe[PtF_6]被合成，人们已经制得了数百种稀有气体化合物。除了氡以外，相对说来氙是稀有气体中最活泼的元素。到目前为止，对稀有气体化合物研究得比较多的主要是氙的化合物，例如，氙的氟化物（XeF_2、XeF_4、XeF_6 等）、氧化物（XeO_3、XeO_4 等）、氟氧化物（$XeOF_2$、$XeOF_4$ 等）和含氧酸盐[M(Ⅱ)XeO_4、M_4XeO_6 等]。

稀有气体化合物的稳定性很低，都具有强氧化性，氙的主要化合物的一些性质见表11-10。

表 11-10 氙的主要化合物的一些性质

氧化数	化合物	状态	熔点/K	性质
+2	XeF_2	无色晶体	402	易溶于 HF，易水解，有强氧化性
+4	XeF_4	无色晶体	390	稳定，有强氧化性，遇水歧化
	$XeOF_2$	无色晶体	304	不太稳定
+6	XeF_6	无色晶体	323	稳定，水解猛烈，有强氧化性
	$XeOF_4$	无色晶体	227	稳定
	XeO_3	无色晶体	—	易爆炸，易潮解，溶液中稳定，有强氧化性
+8	XeO_4	无色气体	237.3	易爆炸
	M_4XeO_6	无色盐	—	有强氧化性

11.8 p 区元素化合物性质小结

Summary of the properties of p-block compounds

p 区元素及其化合物的许多性质呈现出规律性的变化。本节就 p 区元素氢化物、氧化物及其水合物、含氧酸盐性质的某些变化规律做一小结。

11.8.1 p 区元素的氢化物

Hydrides of p-block elements

p 区元素氢化物的酸碱性、还原性和热稳定性的变化规律如图 11-22 所示。

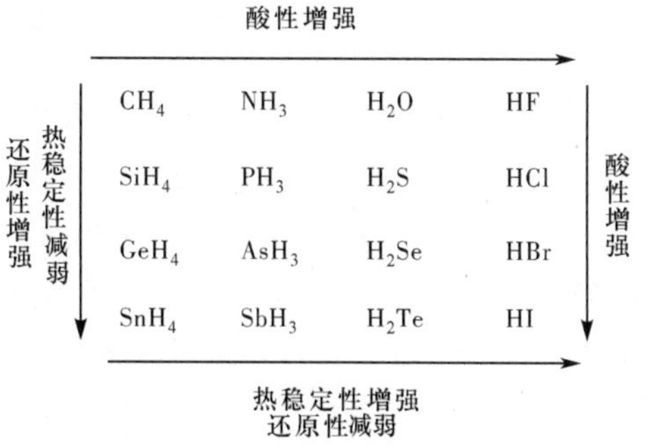

图 11-22 p 区元素氢化物的性质变化规律小结

11.8.2 p 区元素的氧化物及其水合物 Oxides and hydrates of p-block elements

1. 氧化物

p 区元素氧化物按组成可分为金属氧化物和非金属氧化物;按键型分为离子型氧化物和共价型氧化物;按化学性质还可以分为酸性氧化物、碱性氧化物、两性氧化物和惰性氧化物(或不成盐氧化物)。

同族元素同一氧化数的氧化物酸碱性变化规律是:自上而下酸性减弱,碱性增强。

2. 氧化物水合物的酸碱性

同一周期最高氧化数氧化物的水合物从左到右碱性减弱,酸性增强。例如

$Ga(OH)_3$	$Ge(OH)_4$	H_3AsO_4	H_2SeO_4	$HBrO_4$
两性	两性	中强酸	强酸	强酸

同族元素相同氧化数氧化物的水合物自上而下酸性减弱,碱性增强。例如,$HClO \rightarrow HBrO \rightarrow HIO$ 的酸性依次减弱。

同一元素不同氧化数氧化物的水合物随氧化数升高,酸性增强。例如,$HClO \rightarrow HClO_2 \rightarrow HClO_3 \rightarrow HClO_4$ 的酸性依次增强(高氯酸是氯的含氧酸中最强的酸)。又如,H_2SO_4 比 H_2SO_3 的酸性强,HNO_3 比 HNO_2 的酸性强,H_2SnO_3 为两性偏酸,而 $Sn(OH)_2$ 为两性偏碱。但也有例外,如 H_5IO_6 比 HIO_3 酸性弱,H_6TeO_6 比 H_2TeO_3 酸性弱。

p 区元素氧化物水合物的酸碱性是符合 ROH 规则的。

11.8.3 p 区元素化合物的氧化还原性 Redox properties of compounds of p-block elements

p 区元素同一周期最高氧化数化合物还原为单质时,氧化性从左到右依次增强。对于氯、溴、氮等非金属性较强的元素的不同氧化数的含氧酸来说,通常不稳定的酸氧化性较强,而稳定的酸氧化性较弱。除此之外,p 区元素化合物的氧化还原性无明显规律性。

11.8.4 p 区元素含氧酸盐的热稳定性 Thermal stability of oxyanions of p-block elements

含氧酸盐的热稳定性与正离子的极化力有关,正离子的极化力越大,含氧酸盐的热稳定性越弱。例如,一些金属的碳酸盐分解后产生的 CO_2 的分压达到 100 kPa 时的温度如下:

Na_2CO_3	$BaCO_3$	$MgCO_3$	$FeCO_3$	$CdCO_3$	Ag_2CO_3
约 1 800 ℃	1 360 ℃	540 ℃	280 ℃	345 ℃	275 ℃

在所有正离子中,H^+ 的极化力最大,所以含氧酸的热稳定性远远小于相应的盐,例如,H_2CO_3 在常温下已经分解,HCO_3^- 在水溶液中加热就会分解,而 CO_3^{2-} 的分解温度与正离子的种类有关。

拓展阅读

几种新型无机材料简介

材料是人类生存和发展的物质基础，也是一切工程技术的基础。现代科学技术的发展对材料的性能不断提出新的更高的要求。材料科学是当前科学研究的前沿领域之一。以材料科学中的化学问题为研究对象的材料化学成为无机化学的重要学科之一。

材料主要包括金属材料、无机非金属材料、复合材料和高分子材料等。这里简单介绍几种新型无机材料。

1. 氮化硅陶瓷材料

氮化硅 Si_3N_4 陶瓷是一种高温结构陶瓷材料，属于无机非金属材料。在 Si_3N_4 中，硅原子和氮原子以共价键结合，使 Si_3N_4 具有熔点高、硬度大、机械强度高、热膨胀系数低、导热性好、化学性质稳定、绝缘性能好等特点。它在 1 200 ℃的工作温度下可以维持强度不降低。氮化硅可用于制作高温轴承、无冷却式陶瓷发动机汽车、燃气轮机的燃烧室和机械密封环等，广泛应用于现代高科技领域。

工业上普遍采用高纯硅与纯氮在较高温度下非氧化气氛中反应制取 Si_3N_4：

$$3Si + 2N_2 \longrightarrow Si_3N_4$$

采用化学气相沉积法也可以得到纯度较高的 Si_3N_4：

$$3SiCl_4 + 2N_2 + 6H_2 \longrightarrow Si_3N_4 + 12HCl$$

除 Si_3N_4 外，高温结构陶瓷还有 SiC、ZrO_2、Al_2O_3 等。

2. 砷化镓半导体材料

砷化镓 GaAs 是多用途的高技术材料。除了硅之外，GaAs 已成为最重要的半导体材料。

砷化镓是亮灰色晶体，具有金属光泽，质硬而脆。GaAs 的晶体结构与单质硅和金刚石相似。它在常温下比较稳定，不与空气中的氧和水作用，也不与 HCl、H_2SO_4 等反应。

砷化镓是一种本征（非掺杂）半导体，其禁带宽度比硅大，工作温度比硅高（50～250 ℃），引入掺杂元素的 GaAs 可用于制作大功率电子元器件。GaAs 中电子运动速度快，传递信息快，GaAs 可用于制造速度更快、功能更强的计算机。GaAs 中被激发的电子回到基态时以光的形式释放能量，具有将电能转换为光能的性能，可作为发光二极管的发光组分，也可以制成二极管激光器，用于在光纤光缆中传递红外光。

目前主要采用镓与砷直接化合制备 GaAs。发展最早而且最为成熟的方法是气相外延法，即以 GaAs 为衬底材料，新生成的 GaAs 在衬底上外延生长。例如，化学气相沉积法是一种制备 GaAs 的新技术，$Ga(CH_3)_3(g)$ 与 $AsH_3(g)$ 在加热的 GaAs 衬底上发生反应：

$$Ga(CH_3)_3(g) + AsH_3(g) \longrightarrow GaAs(s) + 3CH_4(g) \quad (\text{反应温度为 } 500 \sim 800\ ℃)$$

生成的 GaAs 沉积在衬底上。此法操作方便、可靠，可批量生产，是 GaAs 的主要工业生产方法。

3. 氧化锡气敏材料

气敏陶瓷是一类对气体敏感的陶瓷材料。早在 1931 年人们就发现 Cu_2O 的电导率随水蒸气吸附而发生改变。现代社会对易燃、易爆、有毒、有害气体的检测、控制、报警提出了越来越高的要求，因此促进了气敏陶瓷的发展。1962 年以后，日本、美国等首先对 SnO_2 和 ZnO 半导体陶瓷气敏元件进行实用性研究，并取得突破性进展。

氧化锡 SnO_2 是一种具有半导体性能的材料。以氧化锡为敏感材料的气敏传感器是将 SnO_2 及掺杂剂(少量 $PdCl_2$ 等)经高温烧结制成的多孔性敏感元件。超细化(0.1 μm)的氧化锡有相当大的比表面，所以吸附气体的能力很强。氧化锡气敏元件对 H_2、CO、CH_4 等还原性气体非常敏感，与被吸附气体交换电子引起表面电子得失。氧化锡半导体能带和电子密度变化所产生的电信号可以被检测，由此可以测出气体的浓度。以氧化锡为敏感材料的气敏传感器具有快速、简便、灵敏等优点，可用于对易燃、易爆、有毒、有害气体的监控。

思考题

11-1 举例说明 X_2 氧化性和 X^- 还原性强弱的递变规律。

11-2 简述卤化氢的还原性、热稳定性和氢卤酸酸性的递变规律。

11-3 大气层中的臭氧层是如何形成的？对人类生存有何重要性？

11-4 比较 H_2O_2 和 H_2S_2 的结构及性质。

11-5 根据溶解性可将硫化物分为几类？

11-6 向 $AgNO_3$ 溶液中加入少量 $Na_2S_2O_3$ 与向 $Na_2S_2O_3$ 溶液中加入少量 $AgNO_3$，反应有何不同？

11-7 什么是惰性电子对效应？

11-8 为什么在酸性介质中 Bi(Ⅴ)可以将 Cl^- 氧化为 Cl_2，而在碱性介质中 Cl_2 可以将 Bi(Ⅲ)氧化为 Bi(Ⅴ)？

11-9 试比较易溶碳酸盐、难溶碳酸盐以及它们的酸式盐溶解度的大小。

11-10 怎样从离子极化角度来说明碳酸盐热稳定性的递变规律？

11-11 $SnCl_2$ 中含有少量 $SnCl_4$，$SnCl_4$ 中含有少量 $SnCl_2$，如何得到两者的纯品？

11-12 乙硼烷与乙烷在结构上有何区别？

11-13 为什么硼酸是一元酸？

11-14 多聚磷酸与多聚偏磷酸在结构和性质上有何区别？

11-15 简述稀有气体的用途，写出第一个稀有气体化合物的化学式。

习 题

11-1 用反应式表示下列反应：

(1) 氯水逐滴加入 KBr 溶液中。

(2) 氯气通入热的石灰乳中。

(3) 用 $HClO_3$ 处理 I_2。

11-2　完成下列反应方程式：

(1) Cl_2+KOH(冷)→

(2) Cl_2+KOH(热)→

(3) $HCl+KMnO_4$→

(4) $KClO_3 \xrightarrow{\triangle}$

(5) $KClO_3+HCl$→

(6) $KI+I_2$→

(7) $I_2+H_2O_2$→

(8) $HF+SiO_2$→

11-3　下列各对物质在酸性溶液中能否共存？为什么？

(1) $FeCl_3$ 与 Br_2 水。

(2) $FeCl_3$ 与 KI 溶液。

(3) NaBr 与 $NaBrO_3$ 溶液。

(4) KI 与 KIO_3 溶液。

11-4　根据 ROH 规则，分别比较下列各组化合物酸性的相对强弱：

(1) HClO、$HClO_2$、$HClO_3$、$HClO_4$。

(2) H_3PO_4、H_2SO_4、$HClO_4$。

(3) HClO、HBrO、HIO。

11-5　某物质水溶液(A)既有氧化性又有还原性，试根据实验判断(A)是什么溶液。

(1) 向此溶液加入碱时生成盐。

(2) 将(1)所得溶液酸化，加入适量 $KMnO_4$，$KMnO_4$ 褪色。

(3) 在(2)所得溶液中加入 $BaCl_2$ 得白色沉淀。

11-6　一种无色透明的盐 A 溶于水，在水溶液中加入稀 HCl，有刺激性气味的气体 B 产生，同时有淡黄色沉淀 C 析出，若通 Cl_2 于 A 溶液中并加入可溶性钡盐，则生成白色沉淀 D。问 A、B、C、D 各为何物？并写出有关反应式。

11-7　有一白色固体 A，加入油状无色液体 B，可得紫黑色固体 C；C 微溶于水，加入 A 后，C 的溶解度增大，得一棕色溶液 D。将 D 分成两份，一份加入无色溶液 E，另一份通入气体 F，都褪色成无色透明溶液；E 溶液遇酸则有淡黄色沉淀生成，将气体 F 通入溶液 E，在所得的溶液中加入 $BaCl_2$，有白色沉淀，后者难溶于 HNO_3。A～F 各代表何种物质？

11-8　用一简便方法将下列五种固体加以区别，并写出有关反应式：

$$Na_2S, Na_2S_2, Na_2SO_3, Na_2SO_4, Na_2S_2O_3$$

11-9　完成并配平下列反应方程式(尽可能写出离子反应方程式)：

(1) $H_2O_2+KI+H_2SO_4$→

(2) $H_2O_2+KMnO_4+H_2SO_4$→

(3) $H_2S+FeCl_3$→

(4) $Na_2S_2O_3 + I_2 \rightarrow$

(5) $Na_2S_2O_3 + Cl_2 + H_2O \longrightarrow$

(6) $Al_2O_3 + K_2S_2O_7 \xrightarrow{共熔}$

(7) $Na_2S_2O_8 + MnSO_4 + H_2O \xrightarrow{Ag^+}$

(8) $AgBr + Na_2S_2O_3 \rightarrow$

11-10 要使氨气干燥，应将其通过下列哪种干燥剂？

(1) 浓 H_2SO_4 (2) $CaCl_2$ (3) P_2O_5 (4) NaOH(s)

11-11 写出下列各铵盐、硝酸盐热分解的反应方程式。

(1)铵盐：NH_4Cl、$(NH_4)_2SO_4$、$(NH_4)_2Cr_2O_7$。

(2)硝酸盐：KNO_3、$Cu(NO_3)_2$、$AgNO_3$。

11-12 写出下列反应的方程式：

(1) 亚硝酸盐在酸性溶液中分别被 MnO_4^-、$Cr_2O_7^{2-}$ 氧化成硝酸盐，其中 MnO_4^-、$Cr_2O_7^{2-}$ 分别被还原成 Mn^{2+}、Cr^{3+}。

(2) 亚硝酸盐在酸性溶液中被还原成 NO。

(3) 亚硝酸与氨水反应产生 N_2。

11-13 完成并配平下列反应方程式：

(1) $S + HNO_3$(浓)$\rightarrow$ (2) $Zn + HNO_3$(极稀)$\rightarrow$

(3) $AsO_3^{3-} + H_2S + H^+ \rightarrow$ (4) $AsO_4^{3-} + H^+ + I^- \rightarrow$

(5) $NaBiO_3 + Mn^{2+} + H^+ \rightarrow$ (6) $Sb_2S_3 + S^{2-} \rightarrow$

11-14 下列各对离子能否共存于溶液中？写出不能共存者的反应方程式。

(1) Sn^{2+}、Fe^{2+} (2) Sn^{2+}、Fe^{3+} (3) $[PbCl_4]^{2-}$、$[SnCl_6]^{2-}$

(4) SiO_3^{2-}、NH_4^+ (5) Pb^{2+}、$[Pb(OH)_4]^{2-}$ (6) Pb^{2+}、Fe^{3+}

11-15 将某金属溶于热的浓盐酸，所得溶液分成三份。其一加入足量水，产生白色沉淀；其二加碱中和，也产生白色沉淀，此白色沉淀溶于过量碱后，再加入 $Bi(OH)_3$，则产生黑色沉淀；其三加入 $HgCl_2$ 溶液，产生灰黑色沉淀。试判断该金属是什么？

11-16 某红色固体粉末 X 与 HNO_3 作用得褐色沉淀物 A；把此沉淀分离后，在溶液中加入 K_2CrO_4，得黄色沉淀 B；向 A 中加入浓盐酸则有气体 C 产生，此气体有氧化性。问 X、A、B、C 各为何物？

11-17 某白色固体 A 不溶于水，当加热时，猛烈地分解而产生一固体 B 和无色气体 C（此气体可使澄清的石灰水变混浊）。固体 B 不溶于水，但溶解于 HNO_3 得溶液 D。向 D 溶液加入 HCl 产生白色沉淀 E。E 易溶于热水，E 溶液与 H_2S 反应得黑色沉淀 F 和滤出液 G。沉淀 F 溶解于 60% HNO_3 产生淡黄色沉淀 H、溶液 D 和无色气体 I，气体 I 在空气中呈红棕色。根据以上实验现象，判断各代号物质的名称。

11-18 以化学方程式表示下列物质之间的作用：

(1) $PbO_2 + HNO_3 + H_2O_2 \rightarrow$ (2) $Pb_3O_4 + HNO_3 \rightarrow$

(3) $PbO_2 + MnSO_4 + HNO_3 \rightarrow$ (4) $Na_2[Sn(OH)_4] + Bi(OH)_3 \rightarrow$

(5) $HgCl_2 + SnCl_2 \rightarrow$ (6) $PbS + H_2O_2 \rightarrow$

(7)$Na_2[Sn(OH)_4]$+HCl(足量)→　　　　(8)SnS+$(NH_4)_2S_2$→

11-19　现有白色固体 A,溶于水产生白色沉淀 B。B 可溶于浓 HCl 得溶液 C,在 C 中加入$AgNO_3$溶液析出白色沉淀 D。D 溶于氨水得无色溶液 E,酸化 E 又产生白色沉淀 D。将 H_2S 通入溶液 C,产生棕色沉淀 F。F 溶于$(NH_4)_2S_2$ 形成溶液 G,酸化溶液 G 得黄色沉淀 H。少量溶液 C 加入 $HgCl_2$ 溶液得白色沉淀 I,继续加入溶液 C,沉淀 I 变灰黑色,最后变为黑色沉淀 J。试确定各代号物质的名称。

第12章

过渡元素

Transition Elements

12.1 概 述

Overview

目前对过渡元素(transition elements)的范围有几种不同的认识。一种观点是将 d 区元素[不包括除镧以外的镧系元素(lanthanides)和除锕以外的锕系元素(actinides)]称为过渡元素,这些元素次外层 d 轨道没有填满,性质上与主族元素(main group elements)有较大的差异。另一种观点是 ds 区元素的次外层 d 轨道虽然已经填满,但这两族元素在性质上与 d 区元素在许多方面有相似性,所以,有人主张将 ds 区元素也包括在过渡元素范围内。本书采用后一种观点。习惯上将第四周期的 Sc 到 Zn 共 10 种元素称为第一过渡系;相应地将第五周期和第六周期的各自 10 个元素称为第二过渡系和第三过渡系。除镧以外的镧系元素和除锕以外的锕系元素,因最后的电子填充在外数第 3 层的 f 轨道,称为内过渡元素。本章主要讨论第一过渡系元素。

视频

d 区元素的通性

过渡元素的价层电子构型(valence electronic configuration)为$(n-1)d^{1\sim10}ns^{0\sim2}$,在同一周期中,从左向右,最外层电子数几乎不变,电子依次填充在次外层的 d 轨道上。这种电子分布决定了 d 区元素具有一些共同的性质。

12.1.1 原子半径

Atomic radius

过渡元素的原子半径随原子序数增加而变化的情况如图 12-1 所示。由图可见,同一周期过渡元素从左到右随着原子序数的增加,原子半径缓慢地减小,直到铜(ⅠB 族)前后又略微增大。这是因为同周期从左到右随原子序数的增加,所增加的电子是填充在次外层的 d 轨道上,对核的屏蔽作用较大,致使有效核电荷增加缓慢,所以原子半径缓慢地减小。到了铜,$(n-1)$d 轨道已全充满,对核的屏蔽作用较 d 轨道未充满时更大,使有效核电荷相对略微变小,核对外层电子的引力减小,所以原子半径又略微增大。

过渡元素的各族中,从上到下原子半径是依次增大的,ⅢB 族从 Sc→La 原子半径增大显著。但以后各族中，由于镧系收缩的结果，几乎正好抵消了从上到下电子层增多使原子半径增大的效应，所以第五、六周期同族元素的原子半径十分接近，性质也因此非常相似。例如，ⅣB 族的 Zr 和 Hf，ⅤB 族的 Nb 和 Ta 在性质上非常相似。到过渡元素的右端，镧系收缩的影响便消失了。

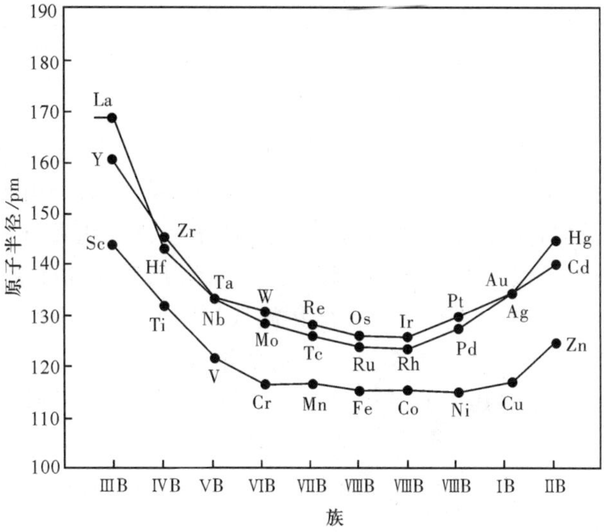

图 12-1　过渡元素的原子半径

过渡元素离子半径的变化规律和原子半径变化的规律相似，即同周期中氧化态相同的离子半径从左到右随核电荷的增加而逐渐变小。同族元素的最高氧化态的离子半径从上到下随电子层数增加而增大。由于镧系收缩的缘故，第五、六周期同族元素的离子半径很相近，甚至 Hf^{4+} 的半径略小于 Zr^{4+}，Ta^{5+} 的半径略小于 Nb^{5+}（表 12-1）。同一元素的离子半径随电荷的增高而减小，如 $r(Ti^{2+})>r(Ti^{3+})>r(Ti^{4+})$ 。

表 12-1　镧系收缩对离子半径的影响

离子	半径/pm	离子	半径/pm	离子	半径/pm
Sc^{3+}	73.2	Y^{3+}	89.3	La^{3+}	101.6
Ti^{4+}	68	Zr^{4+}	79	Hf^{4+}	78
V^{5+}	59	Nb^{5+}	69	Ta^{5+}	68
Cr^{6+}	62	Mo^{6+}	62	W^{6+}	62
Mn^{7+}	46	Tc^{7+}	—	Re^{7+}	56

12.1.2　物理性质
Physical properties

过渡金属的外观除ⅠB 族的 Cu 和 Au 外，多数呈银白色或灰白色，有光泽。其中 Sc 和 Ti 属轻金属(light metal)，其余均属重金属(heavy metal)。过渡金属单质有较好的延展性和良好的导热、导电性能。银是所有金属中导热和导电性能最好的金属。

对于 d 区元素来说，不仅最外层 s 电子参与金属键的形成，次外层的 d 电子也可以参与成键，所以它们一般都有较高的熔点和硬度。ⅥB族参与成键的电子数最多，熔点(melting point)最高的金属钨(3 410 ℃)和硬度(hardness)最大的金属铬都是这一族的元素。而ds区的ⅡB族元素的次外层d轨道已经填满，d电子难以参与成键，所以这一族元素的熔点较低。由于惰性电子对效应，汞的最外层s电子($6s^2$)参与成键的能力较弱，所以熔点仅为−38.87℃，室温时呈液态。

12.1.3 氧化态
Oxidation state

过渡元素的价层电子构型为$(n-1)d^{1\sim10}ns^{0\sim2}$，最外层的s电子比次外层的d电子容易受外界的影响，因此在化合时总是首先失去两个s电子使其氧化数为+2，然后是次外层d轨道上的电子全部或部分依次参与成键，因此，过渡元素几乎都有可变的氧化态，而且大多是连续变化的，一般由+2依次变到和元素所在族数相同的最高氧化态。到了第ⅧB族，未成对的d电子数逐渐减少，同时由于有效核电荷的增加和原子半径的减小，电离能逐渐增大，使d电子参与成键的倾向减小了，氧化态又逐渐降低。第一过渡系元素的氧化态的变化形成一个规则的角锥，见表12-2。

表 12-2 过渡元素的价层电子结构及常见氧化态

元素	Sc	Ti	V	Cr	Mn	Fe	Co	Ni	Cu	Zn
价层电子结构	$3d^1 4s^2$	$3d^2 4s^2$	$3d^3 4s^2$	$3d^5 4s^1$	$3d^5 4s^2$	$3d^6 4s^2$	$3d^7 4s^2$	$3d^8 4s^2$	$3d^{10} 4s^1$	$3d^{10} 4s^2$
氧化态	(+2) $\underline{+3}$	+2 +3 $\underline{+4}$	+2 +3 +4 $\underline{+5}$	(+1) +2 $\underline{+3}$ (+4) +5 +6	$\underline{+2}$ $\underline{+3}$ $\underline{+4}$ (+5) +6 $\underline{+7}$	$\underline{+2}$ $\underline{+3}$ (+4) (+5) (+6)	$\underline{+2}$ +3 (+4) (+5)	$\underline{+2}$ +3 (+4)	+1 $\underline{+2}$ (+3)	$\underline{+2}$
元素	Y	Zr	Nb	Mo	Tc	Ru	Rh	Pd	Ag	Cd
价层电子结构	$4d^1 5s^2$	$4d^2 5s^2$	$4d^4 5s^1$	$4d^5 5s^1$	$4d^5 5s^2$	$4d^7 5s^1$	$4d^8 5s^1$	$4d^{10}$	$4d^{10} 5s^1$	$4d^{10} 5s^2$
稳定氧化态	+3	+4	+5	+6	+7	+4	+3	+2	+1	+2
元素	La	Hf	Ta	W	Re	Os	Ir	Pt	Au	Hg
价层电子结构	$5d^1 6s^2$	$5d^2 6s^2$	$5d^3 6s^2$	$5d^4 6s^2$	$5d^5 6s^2$	$5d^6 6s^2$	$5d^7 6s^2$	$5d^9 6s^1$	$5d^{10} 6s^1$	$5d^{10} 6s^2$
稳定氧化态	+3	+4	+5	+6	+7	+8	+3 +4	+4	+1 +3	+1 +2

表12-2中氧化态下面划有横线的表示稳定的氧化态，有括弧的表示不稳定的氧化态。同一族中从上到下高氧化态趋向于比较稳定，所以第二、三过渡系趋于形成高氧化态。这与周期表中p区的ⅢA\、ⅣA\、ⅤA族元素正好相反，因为惰性电子对效应使这些元素最外层的ns^2电子从上到下成键的能力越来越弱，所以表现为从上到下低氧化态趋于稳定。

12.1.4 单质的化学活泼性
Chemical activity of elements

单质的化学活泼性与金属原子失电子的倾向有关。在水溶液中，金属的化学活泼性可由其在酸性溶液中的标准电极电势($\varphi^{\ominus}$)来判断。第一过渡系金属在酸性溶液中的标准电极电势见表12-3。

表 12-3 第一过渡系元素的标准电极电势

元素	$\varphi^{\ominus}$/V		元素	$\varphi^{\ominus}$/V	
	$M^{2+}\mid M$	$M^{3+}\mid M$		$M^{2+}\mid M$	$M^{3+}\mid M$
Sc		−2.08	Fe	−0.441	−0.037
Ti	−1.63		Co	−0.277	
V	−1.2		Ni	0.257	
Cr	−0.557	−0.74	Cu	0.342	
Mn	−1.18		Zn	−0.762	

从表 12-3 所列数据看出，第一过渡系金属的标准电极电势(除 Cu 外)$\varphi^{\ominus}(M^{2+}\mid M)$或$\varphi^{\ominus}(M^{3+}\mid M)$均为负值，一般都能从非氧化性酸中置换出氢，这显示出它们有较强的金属活泼性。第一过渡系从左到右，其金属活泼性逐渐减弱。Mn 的 $\varphi^{\ominus}$ 比 Cr 低，这和 Mn 失去两个 4s 电子以后形成稳定的 $3d^5$ 构型有关。$\varphi^{\ominus}(Cu^{2+}\mid Cu)$为正值，是因为在第一过渡系元素中，Cu($3d^{10}4s^1$)的第二电离能最大，要使 $3d^{10}$ 构型成为 $3d^9$，需要较高能量，虽然 Cu^{2+} 的半径小，水合能较大，但不能完全抵消第二电离能的影响，所以总能量较高，相应的标准电极电势也变大。所以第一过渡系金属，除 Cu 外，其余 9 个都是活泼金属。

同族过渡元素除ⅢB 族外，其他各族从上到下金属的活泼性依次减弱。例如，ⅥB 族的铬、钼、钨和Ⅷ B 族的镍、钯、铂，从上到下金属的活泼性依次减弱。

第一过渡系中两种相邻金属的活泼性相似性超过了同族元素之间的活泼性相似性，例如

$$\varphi^{\ominus}(Fe^{2+}\mid Fe)=-0.441\ V,\quad \varphi^{\ominus}(Ni^{2+}\mid Ni)=-0.257\ V$$
$$\varphi^{\ominus}(Co^{2+}\mid Co)=-0.277\ V,\quad \varphi^{\ominus}(Pd^{2+}\mid Pd)=0.915\ V$$
$$\varphi^{\ominus}(Ni^{2+}\mid Ni)=-0.257\ V,\quad \varphi^{\ominus}(Pt^{2+}\mid Pt)=1.188\ V$$

12.1.5 配位性和磁性
Coordination and magnetism

过渡元素的原子或离子具有能级相近的$(n-1)$d、ns、np 共 9 个价电子轨道。对离子而言，其中 ns、np 轨道是空的，而$(n-1)$d 轨道一般未填满电子，对核的屏蔽作用较小，因而有较大的有效核电荷，且过渡元素的原子或离子的半径较小。这种电子构型都具有接受配体孤电子对和吸引配体的能力，因此它们都有形成配合物的倾向。事实上，过渡元素的离子或原子能形成大量不同类型的配位化合物，包括简单配合物、螯合物、羰基配合物、有机金属配合物等。

在许多低氧化态过渡金属配合物中，金属除与配体键合外，由于 d 电子云密度较大，还有利于金属自身价层轨道之间的充分重叠，因而形成金属-金属键的倾向显著。第二、三过渡系金属的 4d 和 5d 价层轨道电子云在空间的伸展范围比 3d 大，更有利于 d 轨道重叠成键，所以第二、三过渡系金属形成金属-金属键的能力更强。例如，Mo、W、Ru、Rh、Pt 等就有大量的双核和多核原子簇化合物 (cluster compounds)(含金属-金属键的配合物)。

许多过渡金属及其化合物都具有顺磁性，因为物质的磁性主要取决于物质内部成单电子的自旋磁矩，许多过渡金属及其化合物都具有未成对的 d 电子。Fe、Co、Ni 在固态时为铁磁性物质。未成对的 d 电子越多，磁矩 μ 越大(表 12-4)。

表 12-4 未成对 d 电子数与物质磁性的关系

离子	d 电子数	未成对 d 电子数	磁矩 μ/(B. M.)	离子	d 电子数	未成对 d 电子数	磁矩 μ/(B. M.)
VO^{2+}	1	1	1.73	Fe^{2+}	6	4	4.90
V^{3+}	2	2	2.83	Co^{2+}	7	3	3.87
Cr^{3+}	3	3	3.87	Ni^{2+}	8	2	2.83
Mn^{2+}	5	5	5.92	Cu^{2+}	9	1	1.73

12.1.6 水合离子的颜色
Color of hydrate ions

过渡元素的许多水合离子(hydrate ions)和其他配离子常呈现出颜色。表 12-5 列出了第一过渡系金属低氧化态水合离子的颜色。其原因是这些离子的 d 轨道未填满电子，d 电子吸收部分可见光的能量后，可以在能量不同的 d 轨道之间发生 d-d 跃迁，水合离子则显示出透过光的颜色。没有 d 电子(即 d^0)或 d 轨道全充满(即 d^{10})，如 Sc^{3+}、Y^{3+}、Zn^{2+}、Cd^{2+}、Ag^+ 等，不产生 d-d 跃迁，因此，水合离子无色。

表 12-5 第一过渡系金属低氧化态水合离子的颜色

d 电子构型	d 电子数	水合离子	水合离子的颜色	d 电子构型	d 电子数	水合离子	水合离子的颜色
d^0	0	$[Sc(H_2O)_3]^{3+}$	无色	d^6	6 6	$[Fe(H_2O)_6]^{2+}$ $[Co(H_2O)_6]^{3+}$	淡绿色 蓝色
d^1	1	$[Ti(H_2O)_6]^{3+}$	紫红色	d^7	7	$[Co(H_2O)_6]^{2+}$	粉红色
d^2	2	$[V(H_2O)_6]^{3+}$	绿色	d^8	8	$[Ni(H_2O)_6]^{2+}$	绿色
d^3	3 3	$[Cr(H_2O)_6]^{3+}$ $[V(H_2O)_6]^{2+}$	蓝紫色 紫色	d^9	9	$[Cu(H_2O)_6]^{2+}$	蓝色
d^4	4 4	$[Cr(H_2O)_6]^{2+}$ $[Mn(H_2O)_6]^{3+}$	天蓝色 红色	d^{10}	10	$[Zn(H_2O)_6]^{2+}$	无色
d^5	5 5	$[Mn(H_2O)_6]^{2+}$ $[Fe(H_2O)_6]^{3+}$	淡粉红色 淡紫色				

同一中心离子与不同配体形成配合物时，由于晶体场分裂能不同，则 d-d 跃迁时所需能量也不同，亦即吸收光的波长不同，因此显不同的颜色。例如

不同配体配合物	d-d 跃迁时吸收光的波长 λ/nm	配离子的颜色
$[Ni(H_2O)_6]^{2+}$	1 176	绿色
$[Ni(NH_3)_6]^{2+}$	925	蓝色

过渡金属的某些含氧酸也具有颜色，如 CrO_4^{2-} 为黄色、MnO_4^- 为紫色等，这些离子和化合物的颜色不是由于 d-d 跃迁引起的，而是由电荷迁移(charge transfer)引起的。电荷迁移是一类允许的跃迁，对光有很强的吸收。CrO_4^{2-} 和 MnO_4^- 中的 Cr^{6+} 和 Mn^{7+} 都具有 d^0 电子构型，应该是没有颜色的，但是这类离子的电荷高、半径小，对 O^{2-} 的极化作用较强，能够吸收可见光，使电子从氧向金属迁移，故这些含氧酸根离子呈现不同的颜色。

例如，MnO_4^- 的紫色是由于 $O^{2-} \rightarrow Mn^{7+}$ 电子跃迁(p-d 跃迁)的吸收峰在可见光区 18 500 cm^{-1} 处。

过渡元素的许多特性，都是与其 d 亚层电子有关的，所以有人认为“过渡元素的化学就

是 d 电子的化学”。

12.2　钛族和钒族元素 Titanium and vanadium groups elements

12.2.1　概　述 Overview

周期表中 d 区ⅣB 族包括钛(Ti)、锆(Zr)、铪(Hf)、𬬻(Rf)四种元素，称为钛族元素(titanium group elements)；ⅤB 族包括钒(V)、铌(Nb)、钽(Ta)、𬭊(Db)四种元素，称为钒族元素(vanadium group elements)。其中 Rf、Db 为人工合成放射性元素(radionuclides)。

1. 钛、锆、铪

钛重要的矿石有金红石(rutile，TiO_2)、钛铁矿(ilmenite，$FeTiO_3$)以及钒钛铁矿(vanadiumilmenite)。我国钛资源丰富，仅攀西地区(四川攀枝花和西昌)的钒钛铁矿就有几十亿吨，占全国储量的 92%以上，世界上已探明的钛储量中我国约占一半。锆和铪是稀有金属，主要矿石有锆英石($ZrSiO_4$)，铪常与锆共生。

金属钛呈银白色，有光泽，熔点高，密度小，耐磨，耐低温，无磁性，延展性好，并且具有优良的抗腐蚀性，尤其是对海水。钛表面形成一层致密的氧化物保护膜，使之不被酸、碱侵蚀。基于上述优点，钛及其合金广泛地用于制造喷气发动机、超音速飞机和潜艇(防雷达、防磁性水雷)以及海军化工设备。此外，钛与生物体组织相容性好，结合牢固，可用于接骨和制造人工关节；钛具有隔热、高度稳定、质轻、坚固等特性，由纯钛制造的假牙是任何金属材料无法比拟的，所以钛又被称为“生物金属”。因此，继 Fe、Al 之后，预计 Ti 将成为应用广泛的第三金属。

金属锆是反应堆核燃元件的外壳材料，也是耐腐蚀材料。铪在反应堆中用作控制棒。锆和铪的性质极为相似，分离十分困难，早期采用分步结晶或分步沉淀法，目前主要应用离子交换和溶剂萃取等方法。例如，利用强碱型酚醛树脂 $R—N^+(CH_3)_3Cl^-$ 阴离子交换剂，可获得满意的分离效果；在溶剂萃取中，用三辛胺优先萃取锆的硫酸盐配合物受到广泛重视，获得的 ZrO_2 含 Hf 小于 0.006%，被认为是目前的最佳方案。

2. 钒、铌、钽

钒、铌、钽均为分散稀有元素。钒在地壳中的含量并不低(约为 0.009%)，但分布稀少而广泛，很少见到钒的富矿，而且钒的提取、分离都较为困难，因而被列为稀有金属。主要的钒矿有绿硫钒矿(VS_2)、钒铅矿[vanadinite，$Pb_5(VO_4)_3Cl$]、钒酸钾铀矿[$K_2(UO_2)_2(VO_4)_2 \cdot 3H_2O$]和钒钛铁矿。我国钒矿储量居世界首位，四川攀枝花地区蕴藏着极其丰富的钒钛铁矿，但基本上是伴生矿，回收率低。钒、钽在其他金属矿物中共生，其矿物通式以$(Fe,Mn)(Nb,Ta)_2O_6$ 表示，若以铌为主，称为铌铁矿；若以钽为主，称为钽铁矿。

金属钒呈银白色，有光泽，熔点高，易呈钝态，常温下不与碱及非氧化性的酸作用，但能溶于氢氟酸、浓硝酸、浓硫酸和王水。钒主要用作钢的添加剂。含钒 (0.1%～0.3%)的钢材，具有强度大、弹性好、抗磨损、抗冲击等优点，广泛用于制造高速切削钢、弹簧钢、钢轨等。

近年来发现钒的某些化合物具有重要的生理功能,如胆固醇的生物合成、牙齿和骨骼的矿化、葡萄糖的代谢等都与钒有相当密切的关系,这更显出钒重要的化学性质。

铌和钽是我国重要的丰产元素。铌是某些硬质钢的组分元素,特别适宜制造耐高温钢。由于钽的低生理反应性和不被人体排斥,常用于制作修复严重骨折所需的金属板材以及缝合神经的丝和箔等。由于镧系收缩,两者离子半径相近,分离比较困难。

12.2.2 钛的重要化合物
Important compounds of titanium

钛原子的价层电子构型为 $3d^2 4s^2$,在形成化合物时主要显 +4 氧化态,但有时也形成 +3、+2、0、-1,甚至 -2 中间氧化态。+2 氧化态的化合物不稳定,很少见。Ti(Ⅳ)具有很强的极化力,所以 Ti(Ⅳ)化合物主要以共价键相结合,在水溶液中常以 TiO^{2+} 形式存在。Ti(Ⅳ)形成配离子的倾向大,如 $[TiF_6]^{2-}\setminus$,$[TiCl_6]^{2-}$ 等。钛的元素电势图如下:

$$\varphi_A^\ominus/V \quad [TiF_6]^{2-} \xrightarrow{\hspace{4em} -1.19 \hspace{4em}}$$
$$TiO_2 \xrightarrow{0.1} Ti^{3+} \xrightarrow{-0.37} Ti^{2+} \xrightarrow{-1.63} Ti$$
$$\xrightarrow{\hspace{2em}-0.89\hspace{2em}}$$

$$\varphi_B^\ominus/V \quad TiO_2 \xrightarrow{-1.69} Ti$$

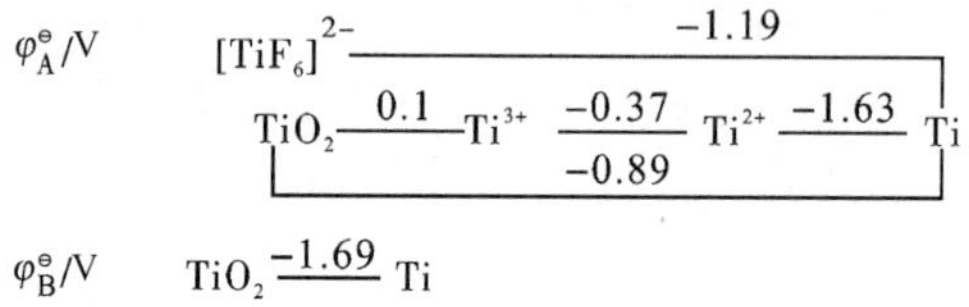

1. Ti(Ⅳ)化合物

(1)二氧化钛

TiO_2 在自然界中有三种晶型,分别以三种矿物形式存在:金红石、锐钛矿、板钛矿。金红石晶型最常见,其他晶型受热也转变成金红石晶型。自然界的 TiO_2 含有少量铁、铌、铬、钒等而呈红色或黄色晶体。金红石晶型硬度大(图 12-2),化学稳定性较好,是一种天然宝石。

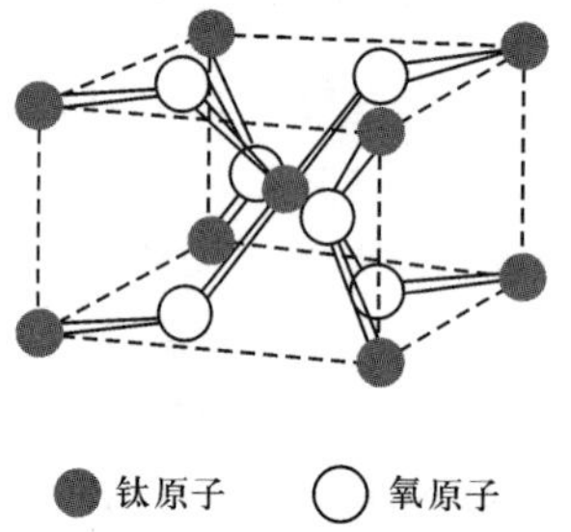

TiO_2 为**两性氧化物**(amphoteric oxide),酸性相对较弱,碱性相对较强一些。它不溶于水,也不溶于稀酸,溶于热的浓硫酸形成 $TiOSO_4$,与 NaOH 共熔生成偏钛酸钠:

$$TiO_2 + H_2SO_4 \longrightarrow TiOSO_4 + H_2O$$

$$TiO_2 + 2NaOH \xrightarrow{共熔} Na_2TiO_3 + H_2O$$

● 钛原子　　○ 氧原子

图 12-2 金红石的立方晶格

人工制备的金红石晶型呈白色粉末状,俗称钛白,是最好的白色颜料,因为它兼有锌白(ZnS)的持久性和铅白($[Pb(OH)]_2CO_3$)的遮盖性,并且无毒,在造纸工业中用作增白剂,在人造纤维中用作消光剂;还用于制造油漆涂料以及橡胶和塑料的填充剂。它是重要的化工原料,也是制备金属钛的一种中间体。最新研究表明,锐钛型 TiO_2 对有机物的光裂解反应有很好的催化作用。

钛白的制取方法主要有两种。一种是用干燥的氧气,在 923~1 023 K 对四氯化钛进行气相氧化:

$$TiCl_4 + O_2 \xrightarrow{923～1\,023\ K} TiO_2 + 2Cl_2$$

另一种是硫酸法,即用浓硫酸(浓度在 80% 以上)分解钛铁矿制取硫酸钛酰,溶液净化除铁,一般从 333 K 冷却到 288 K 使 $FeSO_4$ 的溶解度降低，大部分以 $FeSO_4 \cdot 7H_2O$ 结晶析出。余下的溶液经蒸发浓缩后，促使硫酸钛酰水解出偏钛酸，偏钛酸煅烧制得 TiO_2 白色粉末。主要反应如下：

酸分解：$$FeTiO_3 + 2H_2SO_4 \xrightarrow{243\sim353\ K} TiOSO_4 + FeSO_4 + 2H_2O$$

水解沉淀：$$TiOSO_4 + 2H_2O \longrightarrow H_2TiO_3 \downarrow + H_2SO_4$$

煅烧：$$H_2TiO_3 \xrightarrow{1\ 173\sim1\ 223\ K} TiO_2 + H_2O$$

TiO_2 具有很高的熔点（2 098 K）和热稳定性，加热至 2 400 K 以上时，才部分地分解出氧气并生成 Ti_2O_3。TiO_2 中氧和钛的结合力很强，它的氧化性非常弱，因而 TiO_2 的化学性质也很稳定。由 TiO_2 直接还原制取金属钛是很困难的，所以金属钛的生产不适合用矿石的直接还原法。

（2）钛酸盐及钛酰盐

TiO_2 的盐分为两类，即**钛酸盐**（titanate）和**钛酰盐**（titanyl）。钛酸盐大都难溶于水，如 $FeTiO_3$、$CaTiO_3$、Na_2TiO_3，它们是提取钛的重要矿物。钛酸有两种形式：**正钛酸**（titanic acid，H_4TiO_4）和**偏钛酸**[metatitanic acid，H_2TiO_3 或 $TiO(OH)_2$]。在硫酸钛酰中加入 NaOH 或 $NH_3 \cdot H_2O$，可以得到正钛酸沉淀；若将 TiO_2 溶于浓 H_2SO_4 并蒸发至将干，把得到的 $TiOSO_4$ 溶于冷水，在加热煮沸的情况下水解生成偏钛酸沉淀。两种钛酸都是白色固体，不溶于水，具有两性，不同之处是其粒子大小及聚合程度，正钛酸的反应活性比偏钛酸大。

钛酸与强碱作用得到碱金属的偏钛酸盐（M_2TiO_3）的水合物。无水偏钛酸盐可由 TiO_2 与碳酸盐熔融而制得，如 TiO_2 与 $BaCO_3$ 一起熔融（加入 $BaCl_2$ 或 Na_2CO_3 作助熔剂）便得到偏钛酸钡：

$$TiO_2 + BaCO_3 \longrightarrow BaTiO_3 + CO_2 \uparrow$$

人工制得的 $BaTiO_3$ 有特殊的**压电性能**（piezoelectric performance），可用于制造超声波发生器，它还具有高的**介电常数**（dielectric constant），用于制造电容器。

钛酰盐中最重要的是硫酸钛酰（$TiOSO_4$），呈白色粉末状，能溶于冷水并水解而沉淀析出钛酸。不论在溶液中还是晶体中都不存在简单的 TiO^{2+}，而是钛与钛之间通过氧原子连接成具有聚合结构[$(TiO)_n^{2n+}$]的锯齿形长链：

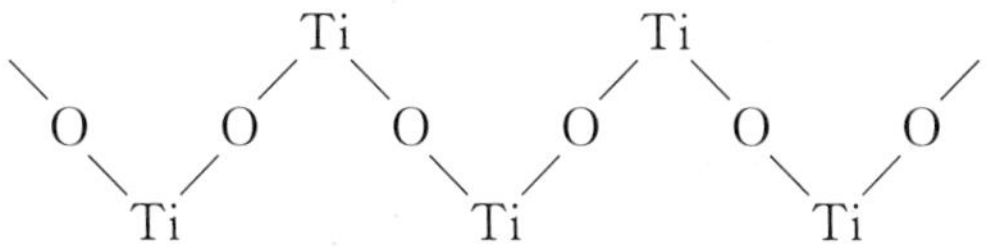

在中等酸度的 TiO^{2+} 溶液中加入 H_2O_2 可以生成较稳定的橘黄色配合物：

$$TiO^{2+} + H_2O_2 \longrightarrow [TiO(H_2O_2)]^{2+}$$

此反应可以用于微量钛的光度分析。

（3）四氯化钛

$TiCl_4$ 常温下为无色液体，熔点 250 K，沸点 409 K，化学性质活泼，不稳定，在水中或潮湿空气中极易水解，因此将 $TiCl_4$ 暴露在空气中会产生烟雾，部分水解生成氯化钛酰，完全水解生成偏钛酸沉淀。

$$TiCl_4 + H_2O \longrightarrow TiOCl_2 + 2HCl$$

$$TiCl_4 + 3H_2O \longrightarrow H_2TiO_3 \downarrow + 4HCl \uparrow$$

$TiCl_4$ 和 $TiCl_3$ 在聚乙烯和聚丙烯的合成中作催化剂。

$TiCl_4$ 与醇溶剂发生分解作用，生成相应的二醇盐：

$$TiCl_4 + 2ROH \longrightarrow TiCl_2(OR)_2 + 2HCl$$

如加入干燥氨气除去 HCl，反应就能生成四醇盐：

$$TiCl_4 + 4ROH + 4NH_3 \longrightarrow Ti(OR)_4 + 4NH_4Cl$$

钛的醇盐是液体或易升华的固体，可将其涂在各种材料的表面，暴露在大气中时能产生一层薄而透明的 TiO_2 附着层。这种性能使其可用于制作防水织物和隔热涂料，特别适合于生产不滴不流的摇溶性涂料。

$TiCl_4$ 在干燥情况下加热可被 H_2 还原为紫色粉末状 $TiCl_3$：

$$2TiCl_4 + H_2 \xrightarrow{773\sim973\ K} 2TiCl_3 + 2HCl \uparrow$$

2. Ti(Ⅲ)化合物

低氧化态的化合物中最常见的是 $TiCl_3$ 和 $Ti_2(SO_4)_3$。由于 Ti^{3+} 具有 d^1 构型，能够发生 d-d 跃迁，因此 Ti(Ⅲ)化合物一般都显紫色并呈顺磁性。

用 Zn 处理 Ti(Ⅳ)盐的盐酸溶液或将钛溶于热浓盐酸中，从得到的 $TiCl_3$ 水溶液中可以析出六水合三氯化钛（$TiCl_3 \cdot 6H_2O$）的紫色晶体，其化学式为 $[Ti(H_2O)_6]Cl_3$。

而在 $TiCl_3$ 浓溶液中加入乙醚，并通入 HCl 至饱和，则可以由绿色的乙醚溶液中得到绿色的六水合三氯化钛晶体。紫色和绿色的 $TiCl_3 \cdot 6H_2O$ 是异构体。根据结构分析绿色的组成为$[Ti(H_2O)_5Cl]Cl_2 \cdot H_2O$。

$TiCl_3$（紫色粉末状）在高于 723 K 时，于真空中歧化为二氯化钛和四氯化钛：

$$2TiCl_3(s) \xrightarrow{723\ K} TiCl_4(g) + TiCl_2(s)$$

用 Zn 还原钛酰离子 TiO^{2+} 也可以制得 Ti^{3+}：

$$2TiO^{2+} + Zn + 4H^+ \longrightarrow 2Ti^{3+} + Zn^{2+} + 2H_2O$$

由电极电势可以看出，Ti^{3+} 是一种强还原剂，其还原性比 Sn^{2+} 还强。

$$TiO^{2+} + 2H^+ + e^- \rightleftharpoons Ti^{3+} + H_2O, \quad \varphi^\ominus = 0.1\ V$$

因此，Cu^{2+}、Fe^{3+} 等氧化剂能与 Ti^{3+} 发生反应，使紫色消失，反应如下：

$$Ti^{3+} + Cu^{2+} + Cl^- + H_2O \longrightarrow CuCl \downarrow + TiO^{2+} + 2H^+$$

在空气中 Ti^{3+} 也容易被氧气所氧化：

$$2Ti^{3+} + H_2O + \frac{1}{2}O_2 \longrightarrow 2TiO^{2+} + 2H^+$$

Ti^{3+} 的还原性可用于测定溶液中钛的含量：在含有 Ti(Ⅳ)的硫酸溶液中，用铝片先将 TiO^{2+} 还原为 Ti^{3+}，再用 Fe^{3+} 标准溶液滴定，以 KSCN 为指示剂。反应式为

$$3TiO^{2+} + Al + 6H^+ \longrightarrow 3Ti^{3+} + Al^{3+} + 3H_2O$$

$$Ti^{3+} + Fe^{3+} + H_2O \longrightarrow TiO^{2+} + Fe^{2+} + 2H^+$$

12.2.3　钒的重要化合物
Important compounds of vanadium

钒的价层电子构型为 $3d^3 4s^2$，5 个价电子均可参加成键，能形成氧化态为 +5、+4、+3、+2 的化合物。个别配合物中还有 +1、0、−1 等低氧化态存在。最高氧化态 +5 是钒最稳定的氧化态。

由于氧化数为 +5 的钒具有较大的电荷半径比，所以水溶液中不存在简单的 V^{5+}，而是以钒氧基离子（VO_2^+、VO^{3+}）和钒酸根离子（VO_3^-、VO_4^{3-}）等形式存在。而钒酸根离子在不同酸度下可以生成不同聚合状态的**多钒酸根**(polyvanadate)离子，并且因电荷迁移而使含氧酸根显示颜色。低氧化态的化合物 $VOSO_4$、$V_2(SO_4)_3$、VSO_4，除 VO^{2+} 在溶液中稳定外，V^{3+}、V^{2+} 均为较强的还原剂。其元素电势图如下：

$$\varphi_A^\ominus/V \quad VO_2^+ \xrightarrow{1.0} VO^{2+} \xrightarrow{0.337} V^{3+} \xrightarrow{-0.255} V^{2+} \xrightarrow{-1.2} V$$

$$\varphi_B^\ominus/V \quad HV_6O_{17}^{3-} \xrightarrow{-1.15} V$$

1. 五氧化二钒

V_2O_5 是橙黄色至砖红色针状晶体，在 923 K 左右熔融，无臭、无味、有毒，微溶于水[0.07 g/(100 g H_2O)]得到淡黄色带酸性的溶液。工业上以含钒铁矿熔炼钢时所获得的富钒炉渣为原料制取 V_2O_5。实验室中 V_2O_5 可由加热分解偏钒酸铵制得：

$$2NH_4VO_3 \longrightarrow V_2O_5 + 2NH_3 + H_2O$$

V_2O_5 是两性氧化物，以酸性为主，易溶于强碱生成**钒酸盐**(vanadate)。在冷溶液中生成正钒酸盐，在热溶液中生成偏钒酸盐：

$$V_2O_5 + 6NaOH \xrightarrow{冷} 2Na_3VO_4 + 3H_2O$$

$$V_2O_5 + 2NaOH \xrightarrow{热} 2NaVO_3 + H_2O$$

另一方面，它具有微弱的碱性，能微溶于强酸。在 pH<1 的酸性溶液中，V_2O_5 与硫酸反应生成硫酸钒酰盐，钒二氧基离子（VO_2^+）的水合离子显淡黄色：

$$V_2O_5 + H_2SO_4 \longrightarrow (VO_2)_2SO_4 + H_2O$$

当干燥的 HCl 气体与热的 V_2O_5 反应，同时用五氧化二磷吸收生成的水时，则可以制得三氯氧钒（$VOCl_3$）：

$$V_2O_5(热) + 6HCl \rightleftharpoons 2VOCl_3 + 3H_2O$$

$VOCl_3$ 为黄色液体，遇水即分解，使上述平衡左移。V(Ⅴ)是强氧化剂，V_2O_5 溶于盐酸能将氯离子氧化成氯气：

$$V_2O_5 + 6HCl \longrightarrow 2VOCl_2 + Cl_2\uparrow + 3H_2O$$

而其本身被还原为二氯氧钒，VO^{2+} 显蓝色。在有 SO_3^{2-} 存在的稀硫酸溶液中，V_2O_5 也能溶解并被还原为 VO^{2+}：

$$V_2O_5 + 4H^+ + SO_3^{2-} \longrightarrow 2VO^{2+} + SO_4^{2-} + 2H_2O$$

可见 V_2O_5 具有比 TiO_2 强的酸性和弱的碱性以及较强的氧化性。化学工业中 V_2O_5 主要用作催化剂。

2. 钒酸盐和钒盐

钒酸盐的形式多种多样，可分为偏钒酸盐 M(Ⅰ)VO_3、正钒酸盐 M_3(Ⅰ)VO_4 和多钒酸盐 M_4(Ⅰ)V_2O_7 等。在一定条件下，向钒酸盐溶液中加酸，随着 pH 的逐渐减小，钒酸根会逐渐脱水，缩合为多钒酸根。当 pH<1 时，形成淡黄色的 VO_2^+ 溶液。

$$\underset{\text{正钒酸根}}{VO_4^{3-}} \xrightarrow{pH\ 10\sim12} \underbrace{V_2O_7^{4-} \xrightarrow{pH=9} V_3O_9^{3-} \xrightarrow{pH=2.2} H_2V_{10}O_{28}^{4-}}_{\text{多钒酸根}} \xrightarrow{pH<1} VO_2^+$$

钒酸盐在强酸性溶液中(以 VO_2^+ 形式存在)有较强的氧化性。在酸性溶液中能被还原为颜色各异的低价钒盐：亚钒酰离子 VO^{2+}(蓝色)、V^{3+}(绿色)和 V^{2+}(紫色)。例如

$$VO_2^+ + Fe^{2+} + 2H^+ \longrightarrow VO^{2+} + Fe^{3+} + H_2O$$

$$2VO_2^+ + H_2C_2O_4 + 2H^+ \xrightarrow{\triangle} 2VO^{2+} + 2CO_2\uparrow + 2H_2O$$

后一个反应可用于测定钒含量。微量钒的测定也可以用 H_2O_2 为显色剂进行光度分析。在弱酸性、中性和弱碱性条件下，在含有钒酸盐的溶液中加入 H_2O_2 可得到黄色的二过氧钒酰离子$[VO_2(O_2)_2]^{3-}$(也有人认为是$[VO_2(H_2O_2)_2]^+$)。在强酸条件下，得到的是红棕色的二过氧合钒离子$[V(O_2)_2]^{3+}$(也有人认为是$[V(H_2O_2)_2]^{5+}$)。两者之间存在下列平衡：

$$[VO_2(O_2)_2]^{3-} + 8H^+ \rightleftharpoons [V(H_2O_2)_2]^{5+} + 2H_2O$$

12.3 铬族和锰族元素

Chromium and manganese groups elements

12.3.1 概　述

Overview

周期表中 d 区ⅥB 族包括铬(Cr)、钼(Mo)、钨(W) 和 106 号𬭳(Sg)四种元素，称为铬族元素，ⅦB 族包括锰(Mn)、锝(Tc)、铼 (Re)和 107 号𬭛(Bh)四种元素，称为锰族元素。其中 Tc、Sg 和 Bh 为人工合成放射性元素。

视频

铬及其重要化合物

1. 铬、钼、钨

铬、钼、钨均为银白色金属，钼、钨虽为稀有元素，但在我国蕴藏丰富。江西大庾岭的钨锰铁矿[主要成分为(Fe^{2+}，Mn^{2+})WO_4]、辽宁杨家杖子的辉钼矿(主要成分为 MoS_2)堪称大矿，我国钨占世界总储量的一半以上，居世界第一位，钼的储量居世界第二位。铬在自然界中主要以铬铁矿 $Fe(CrO_2)_2$ 形式存在，在我国主要分布在青海的柴达木和宁夏的贺兰山。

铬、钼、钨的原子有 6 个价电子可以参与形成金属键，原子半径也较小，因而熔点高、硬度大，其中钨在所有金属中熔点(3 683 K)最高，铬在所有金属中硬度最大。

铬具有高硬度、耐磨、耐腐蚀、良好光泽等优良性能，常用作金属表面的镀层(如自行车、汽车、精密仪器的零件常为镀铬制件)，并大量用于制造合金，如铬钢、不锈钢。钼和钨也大量用于制造耐高温、耐磨和耐腐蚀的合金钢，以满足刀具、钻头、常规武器以及导弹、火箭等

生产的需要。此外，钨丝还用于制作灯丝（温度高达 2 873 K，不熔化，发光率高，寿命长）、高温电炉的发热元件等。

常温下，铬、钼、钨表面因形成致密的氧化膜而降低了活性，在空气或水中都相当稳定。去掉保护膜的铬可缓慢溶于稀盐酸和稀硫酸中，形成蓝色的 Cr^{2+}。Cr^{2+} 与空气接触，很快被氧化而变为紫色的 Cr^{3+}：

$$Cr + 2H^+ \longrightarrow Cr^{2+} + H_2\uparrow$$

$$4Cr^{2+} + 4H^+ + O_2 \longrightarrow 4Cr^{3+} + 2H_2O\text{（若用盐酸，溶液呈绿色）}$$

铬还可与热浓硫酸作用：

$$2Cr + 6H_2SO_4\text{（热，浓）} \longrightarrow Cr_2(SO_4)_3 + 3SO_2\uparrow + 6H_2O$$

由于钝化作用，铬不溶于浓硝酸。

钼和钨非常相似，其化学性质较稳定，与铬有显著区别。钼与稀盐酸或浓盐酸都不反应，能溶于浓硝酸和王水。钨与盐酸、硫酸、硝酸都不反应，氢氟酸和硝酸的混合物或王水能使钨溶解。

铬、钼、钨只有在高温下才能与卤素、硫、氮、碳等直接化合。

2. 锰、锝、铼

锰在地壳中的丰度是 0.1%，位于第 12 位，列过渡元素第 3 位，仅次于铁和钛，主要以软锰矿（$MnO_2 \cdot xH_2O$）形式存在。我国锰矿有一定储量，但质量较差。1973 年美国发现深海有锰结核（含锰 25%），估计海底存有锰结核 3 万多亿吨，可供人类使用几千年。锝是 1937 年人工合成的具有放射性的元素，后来在铀的裂变产物中也发现了锝的同位素。铼属稀有元素。

锰、锝、铼的价层电子构型为 $(n-1)d^5ns^2$，最高氧化数为 +7，Mn 的氧化数还有 +6、+4、+3、+2。同 ⅤB～ⅥB 族元素一样，从上往下（从 Mn 到 Re），高氧化态趋于稳定，如 Re_2O_7 和 Tc_2O_7 性质相似，比 Mn_2O_7 稳定得多；低氧化态稳定性恰好相反，锰以 Mn^{2+} 最稳定，而锝(Ⅱ)、铼(Ⅱ)则不存在简单离子。

锰是银白色金属，性坚而脆，化学性活泼，粉末状的锰能着火，在常温下缓慢地溶于水，与稀酸作用放出氢气。

锰主要用于制造合金钢。含 Mn 10%～15% 以上的锰钢具有良好的抗冲击、耐磨损及耐蚀性，可用作耐磨材料，如制造粉碎机、钢轨和装甲钢板等。硫是钢铁的有害元素，在高温下与 Fe 形成低熔点的 FeS，会引起钢的热脆性。锰可从 FeS 中置换出铁，自身成为 MnS 而转入渣中，将硫除去，因此在钢铁生产中，锰用作脱氧剂和脱硫剂。锰也是人体必需的微量元素之一。

12.3.2 铬的重要化合物

Important compounds of chromium

在化合物中，铬的常见价态为 +3 和 +6，也有极少量的 +2 价态的化合物，铬的元素电势图如下：

$\varphi_A^\ominus/V$　　$Cr_2O_7^{2-} \xrightarrow{1.33} Cr^{3+} \xrightarrow{-0.41} Cr^{2+} \xrightarrow{-0.91} Cr$

（Cr^{3+} — Cr：-0.74）

$\varphi_B^\ominus/V$　　$CrO_4^{2-} \xrightarrow{-0.13} Cr(OH)_3 \xrightarrow{-1.1} Cr(OH)_2 \xrightarrow{-1.4} Cr$

（CrO_4^{2-} — $[Cr(OH)_4]^-$：-0.12；$[Cr(OH)_4]^-$ — Cr：-1.2）

由铬的元素电势图可知，在酸性溶液中，氧化数为＋6 的铬（$Cr_2O_7^{2-}$）有较强的氧化性，易被还原为 Cr^{3+}；而 Cr^{2+} 有较强的还原性，易被氧化为 Cr^{3+}。因此，在酸性溶液中，Cr^{3+} 是铬的最稳定形态。在碱性溶液中，氧化数为＋6 的铬（CrO_4^{2-}）氧化性很弱，相反，Cr(Ⅲ)易被氧化为 Cr(Ⅵ)。

1. 铬(Ⅲ)化合物

Cr(Ⅲ)的常见化合物有三氧化二铬、铬盐和亚铬酸盐。

(1)三氧化二铬及其水合物[习惯上称为氢氧化铬 $Cr(OH)_3$]

将重铬酸铵加热分解或将金属铬在氧气中燃烧都可以得到绿色的三氧化二铬：

$$(NH_4)_2Cr_2O_7 \xrightarrow{\triangle} Cr_2O_3 + N_2\uparrow + 4H_2O$$

$$4Cr + 3O_2 \longrightarrow 2Cr_2O_3$$

Cr_2O_3 不但是冶炼铬的原料，而且可用作油漆的颜料——“铬绿”，近年来也用作有机合成催化剂。

Cr_2O_3 微溶于水，熔点为 2 263 K，受热时不分解。它具有两性，不但溶于酸，而且溶于强碱。溶于硫酸生成紫色的硫酸铬，溶于氢氧化钠生成亮绿色的亚铬酸钠：

$$Cr_2O_3 + 3H_2SO_4 \longrightarrow Cr_2(SO_4)_3 + 3H_2O$$

$$Cr_2O_3 + 2NaOH + 3H_2O \longrightarrow 2Na[Cr(OH)_4]（或\ NaCrO_2）$$

经过灼烧的 Cr_2O_3 与 Al_2O_3 同晶型，熔点(2 708 K)高，不溶于酸、碱，但可与酸性熔剂共熔，转变为可溶性的盐：

$$Cr_2O_3 + 3K_2S_2O_7 \xrightarrow{\triangle} 3K_2SO_4 + Cr_2(SO_4)_3$$

$$Cr_2O_3 + 6KHSO_4 \xrightarrow{\triangle} 3K_2SO_4 + Cr_2(SO_4)_3 + 3H_2O$$

向 Cr(Ⅲ)盐溶液中加适量碱，或者在亚铬酸盐中加适量酸，都将产生灰蓝色的水合氧化铬 $Cr_2O_3 \cdot xH_2O$ 胶状沉淀，习惯上称之为氢氧化铬$Cr(OH)_3$，它具有明显的两性。当碱过量时，因生成亮绿色的$[Cr(OH)_4]^-$（简化表示为 CrO_2^-，称为亚铬酸根离子）而使$Cr(OH)_3$沉淀溶解：

$$Cr_2(SO_4)_3 + 6NaOH \longrightarrow 2Cr(OH)_3\downarrow + 3Na_2SO_4$$

$$Cr(OH)_3 + OH^- \rightleftharpoons [Cr(OH)_4]^-$$

当酸过量时，亚铬酸盐会转变为 Cr(Ⅲ)盐：

$$CrO_2^- + H^+ + H_2O \rightleftharpoons Cr(OH)_3\downarrow$$

$$Cr(OH)_3 + 3H^+ \longrightarrow Cr^{3+} + 3H_2O$$

因此，$Cr(OH)_3$ 是铬(Ⅲ)盐和亚铬酸盐相互转化的桥梁，在溶液中它的酸碱平衡可表示如下：

$$\underset{（紫色）}{Cr^{3+}} + 3OH^- \rightleftharpoons \underset{（灰蓝色）}{Cr(OH)_3} \rightleftharpoons H_2O + \underset{（亮绿色）}{HCrO_2} \rightleftharpoons H^+ + CrO_2^- + H_2O$$

根据平衡移动原理,加酸时平衡向生成 Cr^{3+} 方向移动,加碱时平衡向生成 CrO_2^- 方向移动。应当指出的是,铬(Ⅲ)盐溶液的颜色往往与负离子有关,在硝酸盐、硫酸盐溶液中,硝酸根、硫酸根等配位能力很弱,铬离子以水合离子 $[Cr(H_2O)_6]^{3+}$ 形式存在,呈紫色。在 $CrCl_3$ 溶液中,氯离子可以取代 1 个或 2 个水分子进入配离子内界,$[Cr(H_2O)_5Cl]^{2+}$ 呈浅绿色,$[Cr(H_2O)_4Cl_2]^+$ 呈暗绿色。

(2)铬(Ⅲ)盐和亚铬酸盐

若 $Cr(Ⅲ)$ 以 Cr^{3+} 形式存在,相应的盐类称为铬(Ⅲ)盐;若 $Cr(Ⅲ)$ 以 $[Cr(OH)_4]^-$ 或 CrO_2^- 形式存在,相应的盐类称为亚铬酸盐。

最重要的铬(Ⅲ)盐是硫酸铬和铬钾矾。将 Cr_2O_3 溶于冷浓硫酸中,则得到紫色的 $Cr_2(SO_4)_3 \cdot 18H_2O$,此外还有绿色的 $Cr_2(SO_4)_3 \cdot 6H_2O$ 和桃红色的无水 $Cr_2(SO_4)_3$。硫酸铬与碱金属的硫酸盐可以形成铬钾矾 $K_2SO_4 \cdot Cr_2(SO_4)_3 \cdot 24H_2O$。铬钾矾可用 SO_2 还原重铬酸钾的酸性溶液而制得:

$$K_2Cr_2O_7 + H_2SO_4 + 3SO_2 \Longrightarrow K_2SO_4 \cdot Cr_2(SO_4)_3 + H_2O$$

铬矾在鞣革、纺织等工业上有广泛的用途,铬化合物总产量的三分之一用于鞣革。

亚铬酸盐在碱性介质中转化成铬(Ⅵ)盐的性质很重要,工业上从铬铁矿生产铬酸盐的主要反应,就是利用此性质。

作为两性氢氧化物,$Cr(OH)_3$ 的酸性和碱性都较弱,因此铬(Ⅲ)盐和亚铬酸盐在水中容易水解,如铬(Ⅲ)盐的水解:

$$[Cr(H_2O)_6]^{3+} + H_2O \Longrightarrow [Cr(OH)(H_2O)_5]^{2+} + H_3O^+$$

降低酸度,$[Cr(OH)(H_2O)_5]^{2+}$ 可进一步聚合成多核配位化合物:

$$[Cr(OH)(H_2O)_5]^{2+} + [Cr(H_2O)_6]^{3+} \Longrightarrow [(H_2O)_5Cr \overset{HO}{\diagup} Cr(H_2O)_5]^{5+} + H_2O$$

$$2[Cr(OH)(H_2O)_5]^{2+} \Longrightarrow [(H_2O)_4Cr \overset{HO}{\underset{HO}{\diamond}} Cr(H_2O)_4]^{4+} + 2H_2O$$

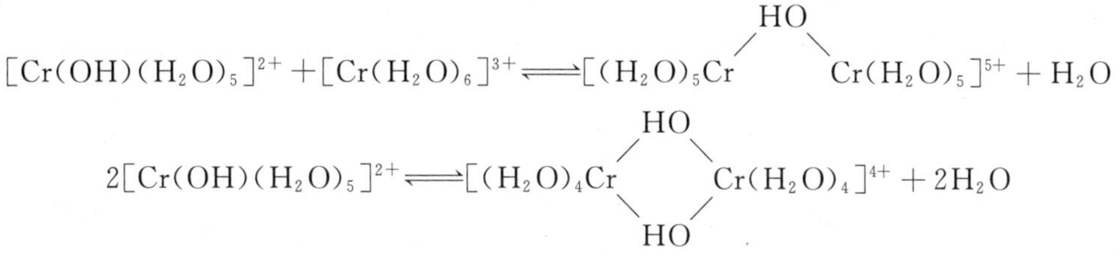

继续加碱,开始析出灰蓝色胶状沉淀 $Cr(OH)_3 \cdot nH_2O$。在 pH < 4 的溶液中才有 $[Cr(H_2O)_6]^{3+}$ 存在。

亚铬酸盐的水解程度更大,将含有 $[Cr(OH)_4]^-$ 的水溶液加热煮沸,可完全水解生成水合氧化铬沉淀:

$$2[Cr(OH)_4]^- + (x-3)H_2O \longrightarrow Cr_2O_3 \cdot xH_2O \downarrow + 2OH^-$$

Cr^{3+} 与弱酸 H_2S 生成的盐 Cr_2S_3 可完全水解:

$$Cr_2S_3 + 6H_2O \longrightarrow 2Cr(OH)_3 \downarrow + 3H_2S \uparrow$$

所以在水溶液中不能制备铬(Ⅲ)的弱酸盐。

(3)Cr(Ⅲ)化合物的氧化还原性

由铬的元素电势图可知,在酸性溶液中,Cr^{3+} 的氧化性和还原性都很弱,通常采用氧化性很强的过二硫酸铵 $(NH_4)_2S_2O_8$ 或高锰酸钾等作氧化剂才能将 Cr^{3+} 氧化为 $Cr_2O_7^{2-}$:

$$2Cr^{3+} + 3S_2O_8^{2-} + 7H_2O \xrightarrow[\triangle]{Ag^+} Cr_2O_7^{2-} + 6SO_4^{2-} + 14H^+$$

$$10Cr^{3+} + 6MnO_4^- + 11H_2O \xrightarrow{\triangle} 5Cr_2O_7^{2-} + 22H^+ + 6Mn^{2+}$$

在碱性溶液中，CrO_2^- 有较强的还原性，容易被氧化，如 CrO_2^- 可被 H_2O_2 或 Na_2O_2 等氧化成铬(Ⅵ)酸盐：

$$2CrO_2^- + 3H_2O_2 + 2OH^- \longrightarrow 2CrO_4^{2-} + 4H_2O$$

$$2CrO_2^- + 3Na_2O_2 + 2H_2O \longrightarrow 2CrO_4^{2-} + 6Na^+ + 4OH^-$$

2. 铬(Ⅵ)化合物

常见的铬(Ⅵ)化合物有氧化物(CrO_3)、重铬酸盐[其中**重铬酸钾**(potassium dichromate，俗称红矾钾)和重铬酸钠(俗称红矾钠)较为常用]和铬酸盐。铬(Ⅵ)化合物有较大毒性。

自然界很少存在铬(Ⅵ)的矿物，铬(Ⅵ)化合物通常是由铬铁矿 $Fe(CrO_2)_2$ 借助于碱熔法制得的，即把铬铁矿与碳酸钠混合，并在空气中煅烧：

$$4Fe(CrO_2)_2 + 8Na_2CO_3 + 7O_2 \xrightarrow{\sim 1\ 273\ K} 8Na_2CrO_4 + 2Fe_2O_3 + 8CO_2$$

由于 Na_2CrO_4 易溶于水，Fe_2O_3 却难溶，用水浸取煅烧后的熔体，铬酸盐进入溶液，再经浓缩、结晶，可得到黄色的 Na_2CrO_4 晶体。以 Na_2CrO_4 为原料，可以制得 CrO_3、$Na_2Cr_2O_7$、$K_2Cr_2O_7$、CrO_2Cl_2、$KCr(SO_4)_2 \cdot 12H_2O$ 等 Cr(Ⅲ)和 Cr(Ⅵ)化合物。必须指出的是，铬(Ⅵ)化合物有较大毒性，会对环境产生严重污染，在生产和使用 Cr(Ⅵ)化合物时，要注意安全生产和环境保护。

(1)三氧化铬

三氧化铬俗称铬酐，加浓硫酸于饱和的 $K_2Cr_2O_7$ 溶液可得 CrO_3：

$$K_2Cr_2O_7 + 2H_2SO_4 \longrightarrow 2KHSO_4 + 2CrO_3 + H_2O$$

CrO_3 是暗红色针状晶体，熔点为 469 K，遇热不稳定，温度超过熔点便分解为 Cr_2O_3 且放出氧气：

$$4CrO_3 \xrightarrow{\triangle} 2Cr_2O_3 + 3O_2\uparrow$$

CrO_3 在 298 K 时溶解度为 166 g/(100 g H_2O)，其水溶液是黄色的铬酸。其中含有铬酸 H_2CrO_4，强度接近于硫酸，它仅存在于稀溶液中，浓度较大时会缩合成多酸(重铬酸是最简单的一种多酸)。H_2CrO_4 分两步电离，第二步电离比较弱：

$$H_2CrO_4 \rightleftharpoons HCrO_4^- + H^+, \quad K_{a1}^{\ominus} = 4.07$$

$$HCrO_4^- \rightleftharpoons CrO_4^{2-} + H^+, \quad K_{a2}^{\ominus} = 1.26 \times 10^{-6}$$

CrO_3 具有强氧化性，遇酒精等易燃有机物立即燃烧，甚至可能爆炸。在酸性条件下，它能氧化过氧化氢放出氧气：

$$2CrO_3 + 3H_2O_2 + 6H^+ \longrightarrow 2Cr^{3+} + 3O_2\uparrow + 6H_2O$$

实验室用的铬酸洗液是饱和重铬酸盐与浓硫酸等体积混合而得，新配制的铬酸洗液底部的暗红色针状晶体就是 CrO_3。铬酸洗液可用于洗涤被还原性物质(如油脂)污染的玻璃仪器。洗液经使用后，会转变成暗绿色，此时铬的氧化数由+6 变为+3，洗液已失效。

CrO_3 主要用于纺织、皮革及电镀工业中。

(2)铬酸盐与重铬酸盐

Cr(Ⅵ)的含氧酸盐有**铬酸盐**(chromate)和**重铬酸盐**(dichromate)两种类型，铬酸根离子

(CrO_4^{2-})呈黄色，重铬酸根离子($Cr_2O_7^{2-}$)呈橙红色。钾、钠的铬酸盐和重铬酸盐是 Cr(Ⅵ)最重要的盐，$K_2Cr_2O_7$ 易通过重结晶法提纯，而且不易潮解，又不含结晶水，是化学分析中的基准物。

在铬酸盐溶液中加酸，溶液由黄色变为橙红色，在重铬酸盐溶液中加碱，溶液由橙红色变为黄色，这表明铬酸盐与重铬酸盐溶液中存在如下平衡：

$$2CrO_4^{2-}+2H^+ \rightleftharpoons Cr_2O_7^{2-}+H_2O, \quad K^\ominus=4.2\times10^{14}$$

根据化学平衡移动原理可知，在酸性溶液中，Cr(Ⅵ)主要以 $Cr_2O_7^{2-}$ 形式存在；在碱性溶液中，则以 CrO_4^{2-} 形式存在。理论计算和实验都证明：当 pH>11 时，溶液中 CrO_4^{2-} 几乎占 100%；当 pH<1.2 时，溶液中 $Cr_2O_7^{2-}$ 几乎占 100%。

重铬酸盐大多易溶于水，而铬酸盐，除了 K^+、Na^+ 与 NH_4^+ 盐外，一般都难溶于水，由于 CrO_4^{2-} 与 $Cr_2O_7^{2-}$ 之间存在着上述平衡关系，所以无论是向铬酸盐溶液还是向重铬酸盐溶液中加入某些金属离子，都生成铬酸盐沉淀而不是重铬酸盐沉淀。下面是在重铬酸盐溶液中加入 Ag^+、Ba^{2+} 和 Pb^{2+} 的反应方程式：

$$4Ag^+ + Cr_2O_7^{2-} + H_2O \longrightarrow \underset{(砖红色)}{2Ag_2CrO_4\downarrow} + 2H^+$$

$$2Ba^{2+} + Cr_2O_7^{2-} + H_2O \longrightarrow \underset{(黄色)}{2BaCrO_4\downarrow} + 2H^+$$

$$2Pb^{2+} + Cr_2O_7^{2-} + H_2O \longrightarrow \underset{(黄色)}{2PbCrO_4\downarrow} + 2H^+$$

上述反应可以用于鉴定溶液中的 CrO_4^{2-} 或金属离子。$BaCrO_4$ 俗称柠檬黄，$PbCrO_4$ 俗称铬黄，都是传统的黄色颜料。

从铬的元素电势图可以看出，在酸性溶液中，重铬酸盐有很强的氧化性；在碱性溶液中，铬酸盐几乎无氧化性。例如，在冷溶液中，$K_2Cr_2O_7$ 可以氧化 H_2S、H_2SO_3 和 HI；在加热时，可以氧化 HBr 和 HCl。这些反应中，$Cr_2O_7^{2-}$ 的还原产物都是 Cr^{3+}：

$$Cr_2O_7^{2-} + 3H_2S + 8H^+ \longrightarrow 2Cr^{3+} + 3S\downarrow + 7H_2O$$

$$Cr_2O_7^{2-} + 6I^- + 14H^+ \longrightarrow 2Cr^{3+} + 3I_2 + 7H_2O$$

$$Cr_2O_7^{2-} + 3SO_3^{2-} + 8H^+ \longrightarrow 2Cr^{3+} + 3SO_4^{2-} + 4H_2O$$

在分析化学中常用 $K_2Cr_2O_7$ 来测定铁的含量：

$$Cr_2O_7^{2-} + 14H^+ + 6Fe^{2+} \longrightarrow 2Cr^{3+} + 6Fe^{3+} + 7H_2O$$

3. Cr^{3+} 或 $Cr_2O_7^{2-}$ 的鉴定

重铬酸盐和过氧化氢在酸性条件下发生氧化还原反应，最终形成铬(Ⅲ)盐并放出氧气：

$$Cr_2O_7^{2-} + 3H_2O_2 + 8H^+ \longrightarrow 2Cr^{3+} + 3O_2\uparrow + 7H_2O$$

在反应过程中，铬(Ⅵ)与过氧离子(O_2^{2-})形成深蓝色的中间体——过氧化铬[$CrO(O_2)_2$，简写为 CrO_5]。过氧化铬在水溶液中不稳定，很快分解放出氧气，深蓝色消失，铬(Ⅵ)转化成铬(Ⅲ)：

$$Cr_2O_7^{2-} + 4H_2O_2 + 2H^+ \longrightarrow 2CrO(O_2)_2 + 5H_2O$$

$$4CrO_5 + 12H^+ \longrightarrow 4Cr^{3+} + 7O_2\uparrow + 6H_2O$$

过氧化铬在有机相中稳定性较高，如果上述反应体系中加入乙醚或戊醇，过氧化铬被萃取进入有机相,乙醚或戊醇层呈现蓝色。利用这个反应可检验溶液中的 $Cr_2O_7^{2-}$ 或 Cr^{3+}。$CrO(O_2)_2$ 和 $[(C_2H_5)_2OCrO(O_2)_2]$ 的结构可简单表示为

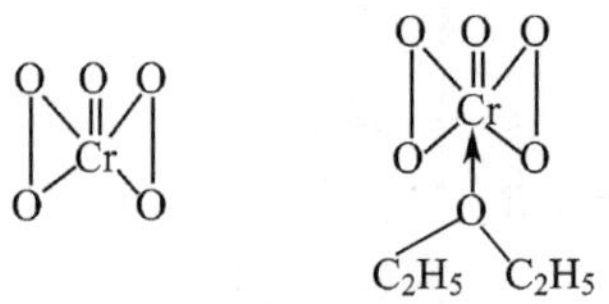

微量铬的定量分析可用吸光光度法,先用 $KMnO_4$ 将试样中的铬氧化为铬(Ⅵ),再用二苯碳酰二肼进行显色后测定。

将 $Cr(Ⅲ)$ 与 $Cr(Ⅵ)$ 在酸碱介质中的相互转化小结为如下关系图:

$$CrO_2^- \xrightarrow{OH^-+中强氧化剂} CrO_4^{2-} \text{(碱性介质)}$$

$$H^+ \big\Vert OH^- \qquad\qquad H^+ \big\Vert OH^-$$

$$Cr^{3+} \underset{H^++弱还原剂}{\overset{H^++强氧化剂}{\rightleftharpoons}} Cr_2O_7^{2-} \text{(酸性介质)}$$

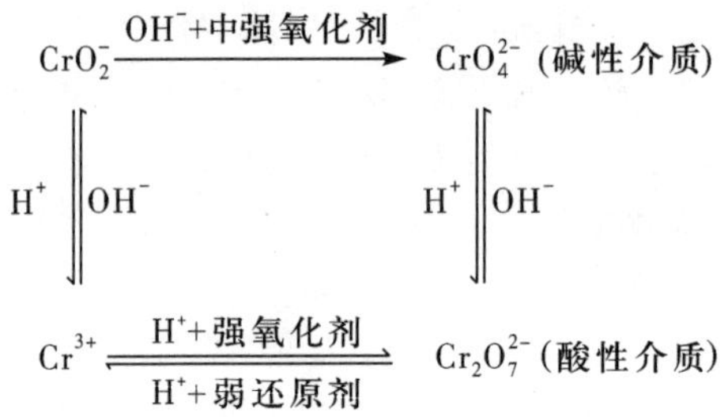

12.3.3 锰的重要化合物
Important compounds of manganese

锰的价层电子构型为 $3d^54s^2$,7 个价电子都可以参加成键,是第一过渡系中氧化态范围最宽的元素,可以呈现从 $+7$ 到 $+2$ 的氧化态,特殊条件下还会出现 -1 到 -3 的氧化态。最常见的氧化态是 $+2$、$+4$ 和 $+7$ 的化合物。

锰的元素电势图如下:

$$\varphi_A^O/V \quad MnO_4^- \underset{}{\overset{0.56}{\frown}} MnO_4^{2-} \overset{2.240}{\frown} MnO_2 \overset{0.95}{\frown} Mn^{3+} \overset{1.51}{\frown} Mn^{2+} \overset{-1.18}{\frown} Mn$$

$$\varphi_B^O/V \quad MnO_4^- \overset{-0.56}{\frown} MnO_4^{2-} \overset{-0.62}{\frown} MnO_2 \overset{-0.25}{\frown} Mn(OH)_3 \overset{0.15}{\frown} Mn(OH)_2 \overset{-1.56}{\frown} Mn$$

视频

锰

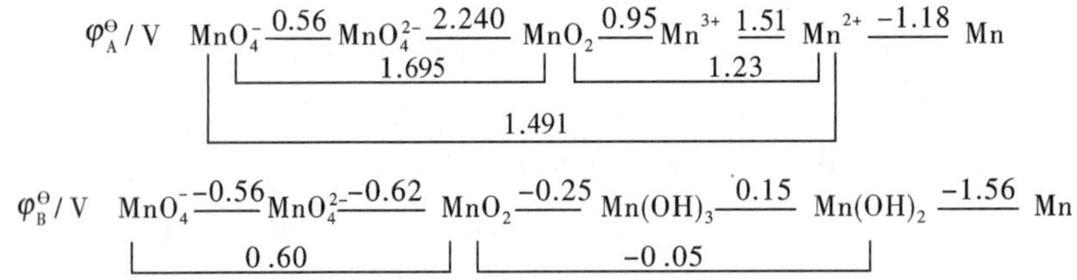

从锰的元素电势图可知,酸性溶液中,Mn^{2+} 是锰的最稳定价态,它不易被氧化,也不易被还原。在碱性溶液中,锰的最稳定价态是 MnO_2。$Mn(Ⅲ)$ 的化合物无论在酸性溶液中还是在碱性溶液中都会发生歧化反应,只有与某些配位体形成配合物时才能稳定存在。MnO_4^{2-} 也发生歧化反应,只有在强碱性溶液(pH>14.4)中才稳定。

锰的氧化物及其水合物酸碱性的递变规律是过渡元素中最典型的:随着锰的氧化数升高,碱性逐渐减弱,酸性逐渐增强。

←碱性增强

MnO(绿)	Mn_2O_3(棕)	MnO_2(黑)		Mn_2O_7(绿)
$Mn(OH)_2$(白)	$Mn(OH)_3$(棕)	$Mn(OH)_4$(棕黑)	H_2MnO_4(绿)	$HMnO_4$(紫红)
碱性	弱碱性	两性	酸性	强酸性

酸性增强→

1. 锰(Ⅱ)化合物

锰(Ⅱ)的强酸盐均溶于水，只有少数弱酸盐，如 $MnCO_3$、MnS 等难溶于水。从水溶液中结晶出来的锰(Ⅱ)盐一般呈粉红色晶体。例如，$MnSO_4 \cdot 7H_2O$、$Mn(NO_3)_2 \cdot 6H_2O$ 和 $MnCl_2 \cdot 6H_2O$ 等。这些化合物无论是在溶液中还是在晶体中，Mn(Ⅱ)都以水合锰离子 $[Mn(H_2O)_6]^{2+}$ 的形式存在。$[Mn(H_2O)_6]^{2+}$ 为淡红色，当溶液浓度较小时，颜色很浅，几乎无色。

锰(Ⅱ)盐与碱液反应时，产生的白色胶状沉淀 $Mn(OH)_2$ 在空气中不稳定，迅速被氧化为棕色的 $MnO(OH)_2$(水合二氧化锰)：

$$Mn^{2+} + 2OH^- \longrightarrow \underset{(白色)}{Mn(OH)_2}$$

$$2Mn(OH)_2 + O_2 \longrightarrow \underset{(棕色)}{2MnO(OH)_2}$$

若要在实验室中制备白色的 $Mn(OH)_2$，必须在隔绝空气的条件下操作。

在酸性条件下将 Mn^{2+} 氧化是较为困难的，要使用像 $NaBiO_3$、PbO_2、$(NH_4)_2S_2O_8$ 这样的强氧化剂，才能将 Mn^{2+} 氧化为高锰酸根(MnO_4^-)：

$$2Mn^{2+} + 5S_2O_8^{2-} + 8H_2O \xrightarrow{Ag^+} 2MnO_4^- + 10SO_4^{2-} + 16H^+$$

$$2Mn^{2+} + 5PbO_2 + 4H^+ \longrightarrow 2MnO_4^- + 5Pb^{2+} + 2H_2O$$

$$2Mn^{2+} + 5NaBiO_3 + 14H^+ \longrightarrow 2MnO_4^- + 5Bi^{3+} + 5Na^+ + 7H_2O$$

这些反应可用于 Mn^{2+} 的鉴定，但要注意，不能使用具有还原性的酸(如盐酸)。第一个反应也可用于微量锰的吸光光度测定。

2. 锰(Ⅳ)化合物

锰(Ⅳ)最重要的化合物是二氧化锰，是一种黑色粉末状固体，不溶于水。在空气中加热到 800 K 以上放出氧气。水溶液中 Mn (Ⅳ)的化合物不稳定，只有某些配合物能够稳定存在。

从锰的元素电势图可以看出，Mn(Ⅳ)处于中间价态，它既有氧化性又有还原性。在酸性介质中，MnO_2 的还原性很弱，氧化性很强，例如

$$MnO_2 + 4HCl(浓) \longrightarrow MnCl_2 + Cl_2\uparrow + 2H_2O$$

在实验室中常利用此反应制取少量氯气。

在碱性介质中，MnO_2 的氧化性很弱，但有一定程度的还原性。MnO_2 与碱共熔，可被空气中的氧所氧化，生成绿色的锰酸盐：

$$2MnO_2 + 4KOH + O_2 \xrightarrow{熔融} 2K_2MnO_4 + 2H_2O$$

这个反应是工业上从软锰矿提取锰的各种化合物的第一步反应，实验室中通常用 $KClO_3$ 代替 O_2：

$$3MnO_2 + 6KOH + KClO_3 \xrightarrow{熔融} 3K_2MnO_4 + KCl + 3H_2O$$

MnO_2 有许多用途，例如，用作干电池的去极化剂、火柴的助燃剂，在玻璃制造中用作脱色剂除去（硫化物和亚铁盐的）杂色，在某些有机反应中用作催化剂，以及用作合成磁性记录材料铁氧体（$MnFeO_4$）的原料等。

3. Mn(Ⅵ)和 Mn(Ⅶ)化合物

Mn(Ⅵ)以 MnO_4^{2-}（绿色）的形式存在于强碱性溶液中，最典型的化合物是锰酸钾（K_2MnO_4）。Mn(Ⅶ)以 MnO_4^-（紫红色）的形式存在，常见化合物有高锰酸钾（$KMnO_4$）和高锰酸钠（$NaMnO_4$），此外，还有绿色油状物 Mn_2O_7。

(1)锰酸盐(manganate)

从锰的元素电势图可知，MnO_4^{2-} 只有在强碱性溶液（pH＞14.4）中才能稳定存在。在其他条件下都会发生歧化反应，如在酸性溶液中的歧化反应：

$$3MnO_4^{2-} + 4H^+ \longrightarrow 2MnO_4^- + MnO_2 + 2H_2O$$

在中性或弱碱性溶液中也发生歧化反应，但趋势及速率小：

$$3MnO_4^{2-} + 2H_2O \longrightarrow 2MnO_4^- + MnO_2 + 4OH^-$$

在强碱性的 K_2MnO_4 溶液中通入 CO_2 气体，由于 pH 降低，会使 K_2MnO_4 发生歧化反应：

$$3K_2MnO_4 + 2CO_2 = 2KMnO_4 + MnO_2 + 2K_2CO_3$$

锰酸盐在酸性溶液中有强氧化性，但由于它的不稳定性，故不用作氧化剂。

(2)高锰酸盐(permanganate)

$KMnO_4$ 俗称灰锰氧，深紫色晶体，是一种能溶于水的强氧化剂。工业上用电解 K_2MnO_4 的碱性溶液或用 Cl_2 氧化 K_2MnO_4 的方法来制备 $KMnO_4$：

$$2MnO_4^{2-} + 2H_2O \xrightarrow{电解} \underset{(阳极)}{2MnO_4^-} + \underset{(阴极)}{H_2\uparrow} + 2OH^-$$

$$2MnO_4^{2-} + Cl_2 \longrightarrow 2MnO_4^- + 2Cl^-$$

在无水环境中，$KMnO_4$ 较为稳定，加热到 473 K 才分解：

$$10KMnO_4 \xlongequal{473\ K} 3K_2MnO_4 + 7MnO_2 + 6O_2\uparrow + 2K_2O$$

$KMnO_4$ 水溶液稳定性较差，在酸性溶液中缓慢地分解：

$$4MnO_4^- + 4H^+ \longrightarrow 4MnO_2 + 2H_2O + 3O_2\uparrow$$

光照和加热都会加速上述反应，因此 $KMnO_4$ 溶液要保存在棕色瓶中，并避免受热。在中性和弱碱性溶液中 $KMnO_4$ 也会分解，但分解速率比在酸性溶液中缓慢：

$$4MnO_4^- + 2H_2O \longrightarrow 4MnO_2 + 4OH^- + 3O_2\uparrow$$

这个反应需要光催化。在浓碱溶液中，MnO_4^- 能被 OH^- 还原为绿色的 MnO_4^{2-} 并放出 O_2：

$$4MnO_4^- + 4OH^- \longrightarrow 4MnO_4^{2-} + O_2\uparrow + 2H_2O$$

前述用碱熔法制得锰酸盐，不能直接把 MnO_2 氧化为 MnO_4^-，其原因就是 MnO_4^- 在强碱溶液中不稳定。另外，MnO_2本身具有催化作用，可以加速 $KMnO_4$的分解。所以，$KMnO_4$ 一旦分解，生成的 MnO_2 就会加速分解的进行，这称作自动催化。

$KMnO_4$ 在酸性、中性（或微碱性）、强碱性介质中都有很强的氧化性，下面是不同介质中

MnO_4^-作为氧化剂的电极反应：

酸性介质： $MnO_4^- + 8H^+ + 5e^- \rightleftharpoons Mn^{2+} + 4H_2O$， $\varphi^\ominus = 1.491\ V$

中性、弱碱性介质： $MnO_4^- + 2H_2O + 3e^- \rightleftharpoons MnO_2 + 4OH^-$， $\varphi^\ominus = 0.58\ V$

强碱性介质(pH>14.4)： $MnO_4^- + e^- \rightleftharpoons MnO_4^{2-}$， $\varphi^\ominus = 0.56\ V$

从电极反应可知，在不同介质中，MnO_4^- 的还原产物不同，分别为 Mn^{2+}、MnO_2 及 MnO_4^{2-}。下面是不同介质中 $KMnO_4$ 与 Na_2SO_3 的反应方程式：

$$\underset{(紫色)}{2MnO_4^-} + 5SO_3^{2-} + 6H^+ \longrightarrow \underset{(淡红色或无色)}{2Mn^{2+}} + 5SO_4^{2-} + 3H_2O$$

$$2MnO_4^- + 3SO_3^{2-} + H_2O \longrightarrow \underset{(黑色)}{2MnO_2\downarrow} + 3SO_4^{2-} + 2OH^-$$

$$2MnO_4^- + SO_3^{2-} + 2OH^- \longrightarrow \underset{(绿色)}{2MnO_4^{2-}} + SO_4^{2-} + H_2O$$

$KMnO_4$ 主要作氧化剂，除了用作分析化学试剂外，在轻化工业还可以用作织物和油脂的漂白剂(bleach)和脱色剂(decolorant)，在化学工业中用于生产维生素C、糖精烟酸等，稀溶液(0.1%)在日常生活中可用于饮食用具、器皿、蔬菜、水果等消毒。

12.4 铁系元素 Ferrous elements

12.4.1 概 述 Overview

ⅧB族元素包括三横排共九种元素。铁、钴、镍是ⅧB族的第一横排元素。受镧系收缩的影响，本族元素横向性质的相似性超过纵向。因此，把铁、钴、镍三种元素称为铁系元素，其余六种元素(Ru、Rh、Pd、Os、Ir、Pt)统称为铂系元素。铂系元素被划为稀有元素，它们与Ag、Au一起，称为贵金属。

铁的主要矿石有磁铁矿(Fe_3O_4)\，赤铁矿(Fe_2O_3)\，菱铁矿($FeCO_3$)和黄铁矿(FeS_2)，钴和镍的重要矿石有辉钴矿(CoAsS)和镍黄铁矿(NiS·FeS)。

铁、钴、镍都是具有光泽的银白色金属，铁、钴略带灰色。铁和镍有很好的延展性，钴比较硬而脆。铁是最重要的金属材料。钴、镍主要用于制造合金，钴、铬、钨、钼的合金具有很高的硬度且耐腐蚀，是制刀具和钻头的好材料。镍合金耐腐蚀，如含60%Ni\，36%Cu\，3.5%Fe和0.5%Al的合金可用作化工机械材料。含78.5%Fe和21.5%Ni的合金磁性很好，可用于电极和电讯工程中。含9%Ni和18%Cr的不锈钢在工业及民用方面都有非常广泛的用途。铁、钴、镍都表现出铁磁性，铁、钴、镍合金是很好的磁性材料，$SmCo_5$ 永磁体的磁性大于其他磁性材料10倍以上，用于高磁性要求和超小型的设备和仪器等。

钴、镍和块状的纯铁对空气和水都是稳定的，但是一般的铁含有杂质，在潮湿空气中慢慢形成棕色的铁锈。铁锈的成分比较复杂，简略用 $Fe_2O_3 \cdot xH_2O$ 表示，它是一种松脆多孔的物质，不能保护里层的铁不被腐蚀。镍常被镀在金属制品表面以保护金属不生锈，镍粉可作氢化反应的催化剂。

铁、钴、镍属于中等活泼的金属，都能溶于稀酸，通常形成水合离子$[M(H_2O)_6]^{2+}$，但钴、镍比铁溶得慢些。冷的浓H_2SO_4和浓HNO_3能使铁的表面形成致密氧化物膜而钝化，所以储运浓H_2SO_4和浓HNO_3的容器和管道可用铁制品。但是，储运过程中两种浓酸一旦被稀释，就会发生严重的事故。冷的浓HNO_3也会使钴和镍钝化。

金属铁能被浓碱溶液所侵蚀，钴和镍在碱溶液中的稳定性比铁高，故实验室中可以用镍坩埚熔融碱性物质。

在加热的条件下，铁、钴、镍能与许多非金属，如氧、硫、氯等剧烈反应。

铁是第一个被公认的生命必需微量过渡元素。成年人体内含4～6 g Fe，其中大部分是以血红蛋白和肌红蛋白的形式存在于血液和肌肉组织中，其余与各种蛋白质和酶结合。钴也是生命必需的微量元素之一，维生素B_{12}就是钴的配合物，它在生物化学过程中起着非常重要的作用，能促使红细胞成熟，是治疗恶性贫血病的特效药。镍的化合物被我国列为第一类污染物，允许排放的最高浓度为1.0 mg·L^{-1}总镍。

12.4.2 铁、钴、镍的重要化合物

Important compounds of iron, cobalt and nickel

铁、钴、镍三种元素原子的价层电子构型如下：

元素	Fe	Co	Ni
价层电子构型	$3d^64s^2$	$3d^74s^2$	$3d^84s^2$
原子半径/pm	117	116	115

铁、钴、镍最外层4s轨道都有两个电子，次外层3d轨道电子数分别为6、7、8，而且它们的原子半径十分相近，因而它们的性质很相似。第一过渡系元素从ⅦB族的Mn过渡到ⅧB族时，3d轨道电子数已超过5个，使得3d轨道上成对电子数增多，导致铁系元素的价电子全部参加成键的可能性减少，不再出现最高氧化态与族数相当的情况。铁的最高氧化态为+6，在一般条件下，铁的常见氧化数为+2、+3。钴和镍的最高氧化数为+4，常见氧化数为+2。铁、钴、镍在某些配合物中也呈现低氧化数(+1、0、−1或−2)，如在羰基配合物中，金属的氧化数为0。铁、钴、镍的元素电势图如下：

视频

铁

视频

钴、镍

铁的元素电势图：

$$\varphi_A^\ominus/V \quad FeO_4^{2-} \xrightarrow{2.20} Fe^{3+} \xrightarrow{0.771} Fe^{2+} \xrightarrow{-0.441} Fe$$

$$\varphi_B^\ominus/V \quad FeO_4^{2-} \xrightarrow{0.720} Fe(OH)_3 \xrightarrow{-0.560} Fe(OH)_2 \xrightarrow{-0.870} Fe$$

钴的元素电势图：

$$\varphi_A^\ominus/V \quad Co^{3+} \xrightarrow{1.842} Co^{2+} \xrightarrow{-0.277} Co$$

$$\varphi_B^\ominus/V \quad Co(OH)_3 \xrightarrow{0.17} Co(OH)_2 \xrightarrow{-0.730} Co$$

镍的元素电势图：

$$\varphi_A^\ominus/V \quad NiO_2 \xrightarrow{1.93} Ni^{2+} \xrightarrow{-0.257} Ni$$

$$\varphi_B^\ominus/V \quad Ni(OH)_3 \xrightarrow{0.480} Ni(OH)_2 \xrightarrow{-0.720} Ni$$

由元素电势图可知，在酸性介质中，M(Ⅱ)是 Fe、Co、Ni 的稳定价态，它们都以 M^{2+} 形态存在；在碱性介质中，铁的最稳定氧化数是+3，钴和镍仍为+2。根据标准电极电势可知，在碱性条件下，M(Ⅱ)容易氧化为高价化合物；在酸性条件下，除了 Fe^{3+} 氧化能力中等，其余高价化合物[Fe(Ⅵ)、Co(Ⅲ)和 Ni(Ⅲ、Ⅳ)]都具有强氧化性。

1. 氧化物和氢氧化物

(1)氧化物

铁、钴、镍都能形成氧化数为+2、+3 的氧化物，它们的颜色各不相同。

FeO	CoO	NiO	Fe_2O_3	Co_2O_3	Ni_2O_3
(黑色)	(灰绿色)	(暗绿色)	(砖红色)	(褐色)	(黑色)

Fe 除了生成氧化数为+2、+3 的氧化物，还能形成混合价态氧化物 Fe_3O_4，X 射线结构研究已证明，Fe_3O_4 是一种铁酸盐，即 Fe(Ⅱ)Fe(Ⅲ)[FeO_4]。

除了 FeO，其余氧化物都可以由相应的氢氧化物加热脱水制得，Co_2O_3 和 Ni_2O_3 还可以在氧气中热分解氧化数为+2 的碳酸盐或热分解氧化数为+2 的硝酸盐制得。

这些氧化物都不溶于水，除了 Fe_2O_3，其余都是碱性氧化物，易溶于酸而难溶于碱，Fe_2O_3 是以碱性为主的两性氧化物，易溶于酸中得 Fe(Ⅲ)盐，如

$$Fe_2O_3 + 6HCl \longrightarrow 2FeCl_3 + 3H_2O$$

Fe_2O_3 的酸性较弱，只有在浓 NaOH 溶液中才部分溶解，只有与碱金属氧化物、氢氧化物或碳酸盐共熔，才能完全反应：

$$Fe_2O_3 + Na_2CO_3 \xrightarrow{\text{熔融}} 2NaFeO_2 + CO_2$$

由于溶液中 Co(Ⅲ)和 Ni(Ⅲ、Ⅳ)都有强氧化性，所以用酸溶解它们的氧化物时得不到相应的 Co(Ⅲ)和 Ni(Ⅲ)盐，会发生氧化还原反应：

$$M_2O_3 + 6HCl \longrightarrow 2MCl_2 + Cl_2\uparrow + 3H_2O \quad (M=Co、Ni)$$

$$2M_2O_3 + 4H_2SO_4 \longrightarrow 4MSO_4 + O_2\uparrow + 4H_2O \quad (M=Co、Ni)$$

Fe_2O_3 溶于酸不发生氧化还原反应，生成相应的 Fe(Ⅲ)盐，如

$$Fe_2O_3 + 6HCl \longrightarrow 2FeCl_3 + 3H_2O$$

这说明高价氧化物 M_2O_3 的氧化能力按 Fe→Co→Ni 的顺序增强，Fe_2O_3、Co_2O_3、Ni_2O_3的稳定性依次降低。

Fe_2O_3 可用于红色颜料(俗称铁红)、磨光剂和磁性材料的原料。

(2)氢氧化物

在铁(Ⅱ)、钴(Ⅱ)、镍(Ⅱ)的盐溶液中加入强碱，均能得到相应的氢氧化物沉淀：

$$Fe^{2+} + 2OH^- \longrightarrow \underset{\text{(白色)}}{Fe(OH)_2}\downarrow$$

$$Co^{2+} + 2OH^- \longrightarrow \underset{\text{(粉红色)}}{Co(OH)_2}\downarrow$$

$$Ni^{2+} + 2OH^- \longrightarrow \underset{\text{(绿色)}}{Ni(OH)_2}\downarrow$$

$Fe(OH)_2$ 从溶液中析出时，往往得不到纯的 $Fe(OH)_2$，只有在完全清除溶液中的氧时，才有可能得到白色的 $Fe(OH)_2$。因为它易被空气中的氧所氧化，变成灰绿色，最后成为红棕色的水合氧化铁(Ⅲ)($Fe_2O_3 \cdot nH_2O$)，一般仍将其写作 $Fe(OH)_3$：

$$4Fe(OH)_2 + O_2 + 2H_2O \longrightarrow 4Fe(OH)_3$$

$Co(OH)_2$ 在空气中也能慢慢地被氧化为棕色的 $Co(OH)_3$。若用氧化剂可使反应迅速进行。$Ni(OH)_2$ 不能和空气中的氧作用，它只能在强碱溶液中被强氧化剂(如 NaClO\，Cl_2 \，Br_2 等)氧化为黑色的 $Ni(OH)_3$：

$$2Co(OH)_2 + NaClO + H_2O \longrightarrow 2Co(OH)_3\downarrow + NaCl$$

$$2Ni(OH)_2 + 2NaOH + Br_2 \longrightarrow 2Ni(OH)_3\downarrow + 2NaBr$$

由此可见，$M(OH)_2$ 的还原能力按 Fe→Co→Ni 顺序依次减弱。

与相应的氧化物一样，氧化数为＋2、＋3 的氢氧化物主要呈碱性，只有新沉淀出来的 $Fe(OH)_3$ 略显两性，但碱性强于酸性，能部分溶于浓的强碱溶液中生成 $[Fe(OH)_6]^{3-}$：

$$Fe(OH)_3 + 3KOH \xrightarrow{\triangle} K_3[Fe(OH)_6]\ (或\ KFeO_2)$$

同样，类似相应的氢氧化物，$Co(OH)_3$ 与 $Ni(OH)_3$ 在酸性条件下都是强氧化剂，与酸反应时不能得到相应的钴(Ⅲ)、镍(Ⅲ)盐，而是发生氧化还原反应：

$$4M(OH)_3 + 4H_2SO_4 \longrightarrow 4MSO_4 + O_2\uparrow + 10H_2O \quad (M = Co、Ni)$$

$$2M(OH)_3 + 6HCl \longrightarrow 2MCl_2 + Cl_2\uparrow + 6H_2O \quad (M = Co、Ni)$$

$Fe(OH)_3$ 与酸不发生氧化还原反应，而生成相应的铁(Ⅲ)盐：

$$Fe(OH)_3 + 3H^+ \longrightarrow Fe^{3+} + 3H_2O$$

在碱性介质中，Fe(Ⅲ)也具有一定的还原性，新沉淀出来的 $Fe(OH)_3$ 用浓的强碱溶液处理，生成的铁(Ⅲ)酸盐($[Fe(OH)_6]^{3-}$ 或 FeO_2^-)能与强氧化剂(如 NaClO)反应，生成高铁(Ⅵ)酸盐(FeO_4^{2-})：

$$2Fe(OH)_3 + 3ClO^- + 4OH^- \longrightarrow 2FeO_4^{2-} + 3Cl^- + 5H_2O$$

高铁酸钾(或高铁酸钠)是一种新型的、环保的水处理剂。

上述氢氧化物的性质可归纳如下：

还原性增强，碱性减弱（←）

酸性增强（↓）				酸性减弱（↑）
	$Fe(OH)_2$ 白色 难溶于水	$Co(OH)_2$ 粉红色 难溶于水	$Ni(OH)_2$ 绿色 难溶于水	
	$Fe(OH)_3$ 红棕色 难溶于水	$Co(OH)_3$ 棕色 难溶于水	$Ni(OH)_3$ 黑色 难溶于水	

氧化性增强，酸性减弱（→）

2. 盐类

(1)氧化数为＋2 的盐

氧化数为＋2 的铁、钴、镍的盐在性质上有许多相似之处。它们的强酸盐如硝酸盐、硫酸盐、氯化物等易溶于水，从溶液中结晶出来时还带有相同数目的结晶水。硫酸盐都含有 7 个结晶水，为 $M(Ⅱ)SO_4 \cdot 7H_2O$，硝酸盐、氯化物常含 6 个结晶水，为 $M(Ⅱ)(NO_3)_2 \cdot 6H_2O$，

M(Ⅱ)Cl_2·$6H_2O$。碳酸盐、磷酸盐、硫化物等弱酸盐都难溶于水。

氧化数为+2 的铁、钴、镍水合离子都显一定颜色，这和 M^{2+} 具有未满的 d 电子有关。$[Fe(H_2O)_6]^{2+}$ 为浅绿色，$[Co(H_2O)_2]^{2+}$ 为粉红色，$[Ni(H_2O)_6]^{2+}$ 为绿色。这些水分子形成结晶水共同析出，所以它们的盐也有颜色。

铁系元素的硫酸盐都能和碱金属或铵的硫酸盐形成复盐，如硫酸亚铁铵 $(NH_4)_2SO_4 \cdot FeSO_4 \cdot 6H_2O$，俗称摩尔盐，它是分析化学中常用的还原剂。从铁、钴、镍的元素电势图可知，铁(Ⅱ)盐具有还原性，而钴(Ⅱ)、镍(Ⅱ)的盐比较稳定。比较重要的 M(Ⅱ)盐有以下几种。

①硫酸亚铁

将铁屑与硫酸作用，然后将溶液浓缩，冷却后就有绿色的 $FeSO_4 \cdot 7H_2O$ 晶体析出。$FeSO_4 \cdot 7H_2O$俗称绿矾，不稳定，在空气中可逐渐风化而失去一部分水，并且表面容易氧化生成黄褐色碱式硫酸铁(Ⅲ)：

$$4FeSO_4 + 2H_2O + O_2 \longrightarrow 2Fe_2(OH)_2(SO_4)_2$$

$FeSO_4 \cdot 7H_2O$ 加热失水可得无水 $FeSO_4$，$FeSO_4$ 在强热下分解为红色的 Fe_2O_3：

$$2FeSO_4 \xrightarrow{\triangle} Fe_2O_3 + SO_2 + SO_3$$

在酸性或碱性溶液中，铁(Ⅱ)可被空气中的氧氧化，在碱性溶液中铁(Ⅱ)更易被氧化，因此，保存铁(Ⅱ)盐溶液时，应加足够的酸，同时加入几颗铁钉，因为根据铁的元素电势图可知，单质铁能与 Fe^{3+} 发生反歧化反应，因而有利于防止 Fe^{2+} 的氧化：

$$2Fe^{3+} + Fe \longrightarrow 3Fe^{2+}$$

在酸性条件下，亚铁的复盐如摩尔盐比硫酸亚铁更稳定，故在定量分析中常被用作还原剂，用来标定重铬酸钾和高锰酸钾溶液。

硫酸亚铁与鞣酸反应可生成易溶的鞣酸亚铁，由于它在空气中易被氧化为黑色的鞣酸铁，可用来制蓝黑墨水。硫酸亚铁在农业上用作农药，主治小麦黑穗病；在工业上用于染色和木材防腐等。

②二氯化钴

二氯化钴的颜色与结晶水分子数目有关，它们的相互转变温度及特征颜色如下：

$$\underset{\text{(粉红色)}}{CoCl_2 \cdot 6H_2O} \xrightarrow{325\ K} \underset{\text{(紫红色)}}{CoCl_2 \cdot 2H_2O} \xrightarrow{363\ K} \underset{\text{(蓝红色)}}{CoCl_2 \cdot H_2O} \xrightarrow{393\ K} \underset{\text{(蓝色)}}{CoCl_2}$$

蓝色的二氯化钴在潮湿空气中由于水合作用转变为粉红色，因此，常用它来显示某种物质的含水情况。用 $CoCl_2$ 作硅胶干燥剂的指示剂就是利用上述特性，将硅胶放在 $CoCl_2$ 溶液中浸泡，然后烘干成蓝色使用。当干燥硅胶吸水后，逐渐由蓝色变为粉红色，指示硅胶吸水已达饱和，将其在 393 K 烘干至蓝色，可以反复使用。

③硫酸镍

用金属镍与硫酸和硝酸反应：

$$2Ni + 2HNO_3 + 2H_2SO_4 \longrightarrow 2NiSO_4 + NO_2 + NO + 3H_2O$$

也可以将氧化镍或碳酸镍溶于稀硫酸中制得绿色晶体 $NiSO_4 \cdot 7H_2O$，它大量用于电镀、制取镍催化剂、媒染剂等。

(2)氧化数为+3 的盐

铁系元素中只有铁和钴有氧化数为+3 的简单盐，其中钴(Ⅲ)盐由于具有强氧化性而只能以固态形式存在，溶于水迅速分解为钴(Ⅱ)盐。高氧化态镍的氧化性更强，类似的镍盐至今尚未见到。

铁(Ⅲ)的强酸盐如 $Fe(NO_3)_3 \cdot 6H_2O$、$FeCl_3 \cdot 6H_2O$(黄棕色)、$Fe_2(SO_4)_3 \cdot 12H_2O$ 等都易溶于水，这些盐的晶体中都含有 $[Fe(H_2O)_6]^{3+}$，它也存在于强酸性(pH＝0 左右)溶液中。$[Fe(H_2O)_6]^{3+}$ 显极浅紫色，它在溶液中最显著的性质是水解、沉淀、氧化还原和转化为其他配合物。

由于 $Fe(OH)_3$ 比 $Fe(OH)_2$ 碱性更弱，所以铁(Ⅲ)盐较铁(Ⅱ)盐更易水解，而使溶液显黄色或黄棕色：

$$[Fe(H_2O)_6]^{3+} + H_2O \rightleftharpoons [Fe(OH)(H_2O)_5]^{2+} + H_3O^+$$

$$[Fe(OH)(H_2O)_5]^{2+} + H_2O \rightleftharpoons [Fe(OH)_2(H_2O)_4]^{+} + H_3O^+$$

所形成深棕色的碱式离子可缩聚为二羟基八水合二铁(Ⅲ)离子：

$$2[Fe(OH)(H_2O)_5]^{2+} \rightleftharpoons [(H_2O)_4Fe(OH)_2Fe(H_2O)_4]^{4+} + 2H_2O$$

在 Fe^{3+} 的稀溶液(10^{-4} mol · L^{-1} 左右)中，其水解产物主要是 $[Fe(OH)(H_2O)_5]^{2+}$ 和 $[Fe(OH)_2(H_2O)_4]^{+}$；在较浓的 Fe^{3+} 溶液(1 mol · L^{-1} 左右)中，其水解产物主要是 $[(H_2O)_4Fe(OH)_2Fe(H_2O)_4]^{4+}$。由上述平衡可知，在铁(Ⅲ)盐溶液中加酸时，可以防止或减弱水解；当 pH 增大到2～3 时，水解趋势就很明显，聚合倾向增大，溶液颜色由黄棕色逐渐变为深棕色；pH 继续升高，可析出红棕色胶状水合物沉淀，通常用 $Fe(OH)_3$ 表示。$FeCl_3$ 的净水作用就是由于 Fe^{3+} 水解产生 $Fe(OH)_3$ 后，与水中悬浮的泥土杂质一起聚沉下来，使混浊的水变清澈。

在酸性介质中，Fe^{3+} 是中强氧化剂，可氧化 $SnCl_2$、I^-、H_2S、SO_3^{2-}、$S_2O_3^{2-}$、Cu 等：

$$2Fe^{3+} + 2I^- \rightleftharpoons 2Fe^{2+} + I_2$$

$$2Fe^{3+} + H_2S \rightleftharpoons 2Fe^{2+} + S + 2H^+$$

$$2Fe^{3+} + Cu = 2Fe^{2+} + Cu^{2+}$$

3. 配合物

铁系元素能形成多种配合物。这些配合物不但包括了经典的简单配合物和螯合物，还包括非经典的配合物，如含有非经典化学键(d-π^* 反馈 π 键)的羰基配合物、含有 M—M 键的金属簇状化合物、含有 π 配位键的夹心式配合物等。下面主要介绍一些常见配位体形成的配合物。

(1)氨配合物

水溶液中 Fe^{2+} 和 Fe^{3+} 都不能形成氨合配离子，在其水溶液中加入氨时，不是形成氨配合物，而是生成氢氧化物沉淀。在无水环境中它们能形成配位数为六的氨合配离子，如将 $FeCl_2$ 溶入液氨，可以得到 $[Fe(NH_3)_6]Cl_2$，但此配合物遇水则分解：

$$[Fe(NH_3)_6]Cl_2 + 6H_2O \longrightarrow Fe(OH)_2 + 4NH_3 \cdot H_2O + 2NH_4Cl$$

Co^{2+} 与过量氨水反应，可形成土黄色的 $[Co(NH_3)_6]^{2+}$，它在空气中可慢慢被氧化成更稳定的红褐色 $[Co(NH_3)_6]^{3+}$：

$$\underset{\text{(土黄色)}}{4[Co(NH_3)_6]^{2+}} + O_2 + 2H_2O \longrightarrow \underset{\text{(红褐色)}}{4[Co(NH_3)_6]^{3+}} + 4OH^-$$

磁矩测量表明，$[Co(NH_3)_6]^{2+}$ 有 3 个未成对电子，因此它是一个外轨型配离子；而 $[Co(NH_3)_6]^{3+}$ 没有未成对电子，是内轨型配离子。$[Co(NH_3)_6]^{3+}$ 的稳定性远远高于

$[Co(NH_3)_6]$。

在讨论钴盐的性质时曾经指出，在溶液中 Co^{3+} 有非常强的氧化性，能被溶液中的还原性物质（包括 H_2O）还原为 Co^{2+}，所以，钴盐在溶液中都是以 Co^{2+} 存在的。但它形成配离子后，电极电势发生了很大的改变，下面是 Co^{3+} 在氨水和酸性溶液中的标准电极电势：

$$[Co(NH_3)_6]^{3+} + e^- \rightleftharpoons [Co(NH_3)_6]^{2+}, \qquad \varphi_B^{\ominus} = 0.058\ V$$

$$Co^{3+} + e^- \rightleftharpoons Co^{2+}, \qquad \varphi_A^{\ominus} = 1.842\ V$$

由标准电极电势可知，$[Co(NH_3)_6]^{2+}$ 具有较强的还原性，空气中的氧就能将其氧化为 $[Co(NH_3)_6]^{3+}$。一般来说，氧化数为 +2 和 +3 的 Co 配合物的稳定性差别越大，Co(Ⅱ)配离子的还原性越强。

Ni^{2+} 在过量的氨水中可形成稳定的蓝色 $[Ni(NH_3)_6]^{2+}$，这是一个外轨型配离子。

(2)氰配合物

Fe^{2+}、Co^{2+}、Ni^{2+}、Fe^{3+} 等均能与 CN^- 形成配合物。

Fe(Ⅱ)盐与 KCN 溶液作用得白色 $Fe(CN)_2$ 沉淀，KCN 过量时 $Fe(CN)_2$ 溶解，形成 $[Fe(CN)_6]^{4-}$：

$$Fe^{2+} + 2CN^- \longrightarrow Fe(CN)_2 \downarrow$$

$$Fe(CN)_2 + 4CN^- \longrightarrow [Fe(CN)_6]^{4-}$$

从溶液中析出来的黄色晶体 $K_4[Fe(CN)_6] \cdot 3H_2O$，俗称黄血盐。黄血盐主要用于制造颜料、油漆、油墨。$[Fe(CN)_6]^{4-}$ 在溶液中相当稳定，在其溶液中几乎检不出 Fe^{2+} 的存在，通入氯气（或加入其他氧化剂），可以将 $[Fe(CN)_6]^{4-}$ 氧化为 $[Fe(CN)_6]^{3-}$：

$$2[Fe(CN)_6]^{4-} + Cl_2 \longrightarrow 2[Fe(CN)_6]^{3-} + 2Cl^-$$

由此溶液中可析出 $K_3[Fe(CN)_6]$ 深红色晶体，俗名赤血盐。在 Fe(Ⅲ)盐溶液中加入 KCN 也能制得 $K_3[Fe(CN_6)]$。

在含有 Fe^{2+} 的溶液中加入赤血盐溶液或在含有 Fe^{3+} 的溶液中加入黄血盐溶液，均能生成蓝色沉淀：

$$K^+ + Fe^{2+} + [Fe(CN)_6]^{3-} \longrightarrow \underset{\text{(滕氏蓝)}}{[KFe(CN)_6Fe]} \downarrow$$

$$K^+ + Fe^{3+} + [Fe(CN)_6]^{4-} \longrightarrow \underset{\text{(普鲁士蓝)}}{[KFe(CN)_6Fe]} \downarrow$$

这两个反应常用来分别鉴定 Fe^{2+} 和 Fe^{3+}。

实验表明滕氏蓝和普鲁士蓝(Prussian blue)是相同的物质，化学式为 $[KFe(CN)_6Fe]$，图 12-3 为 $[KFe(CN)_6Fe]$ 晶体中的键合示意图：

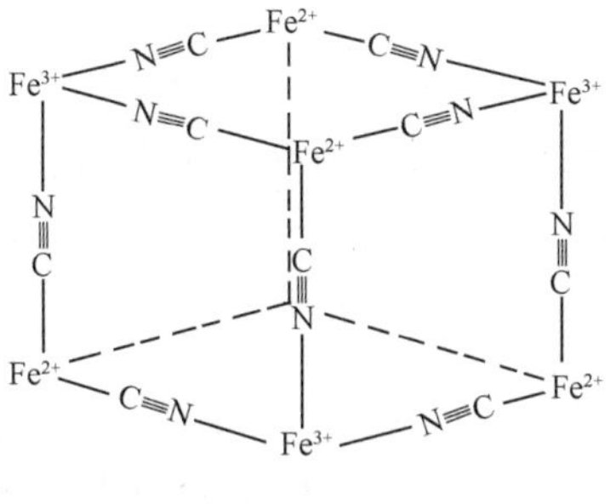

图 12-3　滕氏蓝和普鲁士蓝晶体中的键合示意图

从图中可以看出，CN^- 的 C 与 Fe^{2+} 配位、N 与 Fe^{3+} 配位，符合软硬酸碱理论。

滕氏蓝和普鲁士蓝广泛用于油漆和油墨工业，也用于蜡笔、图画颜料的制造。

Co^{2+} 与 CN^- 的反应与 Fe^{2+} 类似，先形成浅棕色水合氰化物沉淀，此沉淀溶于过量的 CN^- 溶液中形成紫色的 $[Co(CN)_6]^{4-}$。反应式如下：

$$Co^{2+} + 2CN^- \longrightarrow Co(CN)_2 \downarrow \quad \text{（浅棕色）}$$

$$Co(CN)_2 + 4CN^- \longrightarrow [Co(CN)_6]^{4-} \quad \text{（紫色）}$$

$[Co(CN)_6]^{4-}$ 具有很强的还原性，下面是 $[Co(CN)_6]^{4-}$ 作为还原剂时电对的标准电极电势：

$$[Co(CN)_6]^{3-} + e^- \rightleftharpoons [Co(CN)_6]^{4-}, \quad \varphi^{\ominus} = -0.83\ V$$

说明 $[Co(CN)_6]^{4-}$ 极易被氧化为 $[Co(CN)_6]^{3-}$。实际上，只要把 $[Co(CN)_6]^{4-}$ 稍稍加热，就能使水溶液中的 H^+ 还原放出氢气：

$$[Co(CN)_6]^{4-} + 2H_2O \longrightarrow [Co(CN)_6]^{3-} + 2OH^- + H_2 \uparrow$$

$[Co(CN)_6]^{4-}$ 的强还原性可以从结构上加以说明，Co^{2+} 的价层电子构型为 $3d^7 4s^0 4p^0$，由价键理论可知，$[Co(CN)_6]^{4-}$ 的中心离子 Co^{2+} 采用 d^2sp^3 杂化轨道成键，为了空出 2 个 3d 轨道，有一个电子会被激发到能量很高的 5s 轨道上，这个电子极易失去，所以 $[Co(CN)_6]^{4-}$ 显示出强还原性。

Ni^{2+} 与 CN^- 的反应也与 Fe^{2+} 类似，先形成灰蓝色水合氰化物沉淀，此沉淀溶于过量的 CN^- 溶液中，形成橙黄色的 $[Ni(CN)_4]^{2-}$，在这个配离子中，Ni^{2+} 采用 dsp^2 杂化轨道成键，$[Ni(CN)_4]^{2-}$ 具有平面正方形结构。

(3)硫氰配合物

水溶液中，铁系离子与 SCN^- 形成的配离子稳定性都不高，其中最稳定的是 Fe^{3+} 与 NCS^- 的配离子，在 Fe^{3+} 溶液中加入 KSCN，形成血红色的 $[Fe(NCS)_n]^{3-n}$：

$$Fe^{3+} + nSCN^- \longrightarrow [Fe(NCS)_n]^{3-n} \quad (n \text{ 为 } 1 \sim 6)$$

n 值随溶液中 SCN^- 的浓度而异，SCN^- 浓度越大，n 越大。这一反应非常灵敏，常用来鉴定 Fe^{3+} 和比色法测定 Fe^{3+} 的含量。Fe^{2+} 的硫氰配合物在常温下就会分解，所以 KSCN 不能用来检出 Fe^{2+}，而且，像 Fe^{3+} 一样，血红色的 $[Fe(NCS)_n]^{3-n}$ 也会被铁粉还原使血红色消失：

$$2[Fe(NCS)_n]^{3-n} + Fe \longrightarrow 3Fe^{2+} + 2n\ SCN^-$$

Co^{2+} 与 SCN^- 反应，形成天蓝色配离子 $[Co(SCN)_4]^{2-}$，$[Co(SCN)_4]^{2-}$ 在水溶液中不稳定，但有丙酮或戊醇存在时，可以抑制其离解而稳定，常用于 Co^{2+} 的鉴定，鉴定时要注意 Fe^{3+} 的干扰，一般用 NH_4F 掩蔽 Fe^{3+}。

Ni^{2+} 可与 SCN^- 反应，形成 $[Ni(SCN)]^+$、$[Ni(SCN)_3]^-$ 等配合物，这些配离子在水溶液中均不稳定。

(4)羰基配合物(carbonyl complexes)

铁系元素与 CO 易形成羰基配合物，例如 Fe、Co、Ni 的羰基配合物：

羰合物	颜色	熔点/℃	沸点/℃
$[Fe(CO)_5]$	浅黄(液)	−20	103
$[Co_2(CO)_8]$	深橙(固)	—	(51～52 分解)
$[Ni(CO)_4]$	无色(液)	−25	43

羰基配合物不稳定，受热易分解，利用此性质可用于制备纯金属。例如，高纯铁粉的制

备：

$$Fe + 5CO \xrightarrow[200\ ℃]{20\ MPa} [Fe(CO)_5] \xrightarrow{200\sim250\ ℃} 5CO + Fe(高纯)$$

(5)螯合物

Fe^{2+}、Co^{2+}、Ni^{2+}、Fe^{3+}等离子均能形成螯合物，这里只介绍 Ni^{2+} 与丁二酮肟形成螯合物的反应和应用。

Ni^{2+} 与丁二酮肟在氨水溶液中形成二(丁二肟)合镍(Ⅱ)：

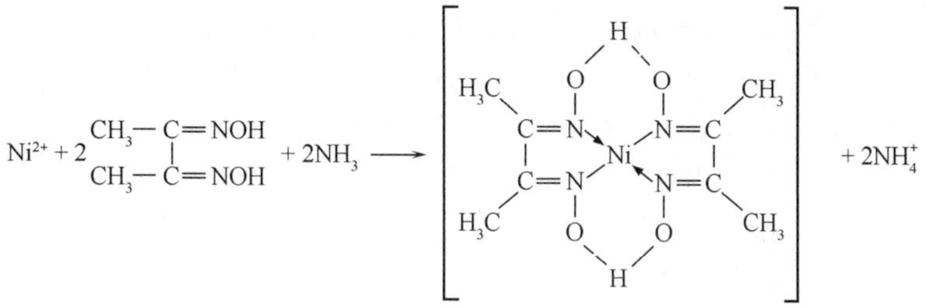

此反应的选择性较高，而且二(丁二肟)合镍(Ⅱ)具有特征的鲜红色，在水中的溶解度很小，所以既可以用于 Ni^{2+} 的鉴定，也能用于镍的重量分析。丁二酮肟也称为镍试剂。

12.5 铜族和锌族元素 The copper and zinc groups elements

12.5.1 概 述 Overview

铜族和锌族元素位于周期表的 ds 区，铜族元素是指ⅠB 族的铜(Cu)、银(Ag)、金(Au)和 111 号 Rg 四种元素；锌族元素指的是ⅡB 族的锌(Zn)、镉(Cd)、汞(Hg)和 112 号 Cn 四种元素，其中 Rg 和 Cn 为人工合成放射性元素。

1. 铜、银、金

铜、银、金是人类最早熟悉的金属。纯铜为红色，金为黄色，银为银白色。它们都是重金属，其中金的密度最大，为 19.3 $g \cdot cm^{-3}$。与前所述过渡元素相比，其熔点、沸点相对较低，硬度小，且有极好的导电、导热性能，延展性好。银是所有金属中导电、导热性最好的，而金的延展性更为突出，1 g Au可以拉成长达 3.4 km 的金丝，也能镊压成 0.000 1 mm 厚的金箔。铜是最常用的导体。

铜、银主要以硫化物矿和氧化物矿的形式存在。例如，辉铜矿(Cu_2S)、黄铜矿($CuFeS_2$)、赤铜矿(Cu_2O)、孔雀石[$Cu_2(OH)_2CO_3$]和蓝铜矿[$Cu_3(OH)_2(CO_3)_2$]，闪银矿(Ag_2S)以及角银矿(AgCl)等。

铜、银、金均有以单质状态存在的矿物。金以单质形式散存于岩石(岩脉金)或沙砾(冲积金)中。

铜、银、金的化学活泼性较差。在干燥空气中铜很稳定，有二氧化碳及湿气存在时，则在表面上生成“铜绿”，它的主要成分是绿色的碱式碳酸铜：

$$2Cu+O_2+H_2O+CO_2 \longrightarrow Cu_2(OH)_2CO_3$$

金是在高温下唯一不与氧气反应的金属，在自然界中仅与碲形成天然化合物碲化金。

银的活泼性介于铜和金之间。银在室温下不与氧气和水作用；即使在高温下也不与氢、氮或碳作用；与卤素反应较慢；在室温下若与含有 H_2S 的空气接触，表面因蒙上一层 Ag_2S 而发暗，这是银币和银首饰变暗的原因。

$$4Ag+2H_2S+O_2 \longrightarrow 2Ag_2S+2H_2O$$

铜、银不溶于非氧化性稀酸，能与硝酸、热的浓硫酸作用：

$$Cu+4HNO_3(浓) \longrightarrow Cu(NO_3)_2+2NO_2\uparrow+2H_2O$$

$$3Cu+8HNO_3(稀) \longrightarrow 3Cu(NO_3)_2+2NO\uparrow+4H_2O$$

$$Cu+2H_2SO_4(浓) \longrightarrow CuSO_4+SO_2\uparrow+2H_2O$$

$$2Ag+2H_2SO_4(浓) \longrightarrow Ag_2SO_4+SO_2\uparrow+2H_2O$$

$$Ag+2HNO_3(65\%) \longrightarrow AgNO_3+NO_2\uparrow+H_2O$$

金不溶于单一的无机酸，但能溶于王水（浓 HCl 与浓 HNO_3 按 3∶1 的体积比形成的混合液）：

$$Au+HNO_3+4HCl \longrightarrow H[AuCl_4]+NO\uparrow+2H_2O$$

而银遇王水因表面生成 AgCl 薄膜而阻止反应继续进行。

在空气存在下，银和金都能溶于碱金属氰化物溶液：

$$4M+O_2+8CN^-+2H_2O \longrightarrow 4[M(CN)_2]^-+4OH^- \quad (M=Ag、Au)$$

此反应常用于从矿石中提取银和金。

难溶的金之所以能溶于王水和碱金属氰化物，是因为它们的离子形成了配位化合物而使单质的还原性增强。Au 能形成＋1 和＋3 价态的化合物，在水溶液中，除了配合物较为稳定，其他化合物无论是＋1 价态还是＋3 价态都有强氧化性，这可从下面的元素电势图看出：

$$\varphi_A^\ominus/V \quad Au^{3+} \xrightarrow{1.29} Au^+ \xrightarrow{1.68} Au \quad (Au^{3+} \xrightarrow{1.52} Au)$$

铜、银的用途很广，除作钱币、饰物外，铜大量用来制造电线、电缆，广泛用于电子工业和航天工业以及各种化工设备。铜合金主要用于制造齿轮等机械零件、热电偶、刀具等。黄铜（含锌 5%～40%）的加工性能好；白铜（含锌 13%～27%、镍 13%～15%）抗磨，耐腐蚀；青铜（含锡 5%～10%、磷 0.35%）弹性大，耐疲劳，可以制造弹簧材料。铜是生命必备的微量元素，故有“生命元素”之称。银主要用于电镀、制镜、感光材料、化学试剂、电池、催化剂、药物及补牙齿用的银汞齐等。金主要用于黄金储备、铸币、电子工业及制造首饰。

2. 锌、镉、汞

锌、镉、汞都是银白色金属，锌和镉略带蓝色。锌、镉、汞最显著的特点是熔点和沸点都比较低，并且按 Zn→Cd→Hg 的顺序降低，锌和镉的熔点分别为 693 K 和 594 K，汞是金属中熔点最低的，它是室温下唯一的液态金属。

锌、镉、汞都是亲硫元素，矿物以氧化物或硫化物为主。重要的矿物有闪锌矿（ZnS）、菱锌矿（$ZnCO_3$）、辰砂矿（HgS）等。镉主要存在于锌的各种矿石中，大部分镉是冶炼锌时得到的副产品。

锌主要用于制造合金、干电池及电镀。锌在生命过程中占有重要地位，动物和植物体内都不能缺锌。若儿童体内缺锌，会显现出厌食、性情忧郁、反应迟钝、智力低下及发育不良等。

镉用于制镉-镍蓄电池和电镀及反应堆的控制棒。

液态汞在 273～573 K 时体积膨胀系数很均匀，不润湿玻璃，可用来制作温度计。汞的蒸气在电弧中能导电，并辐射高强度的可见和紫外光线，故可作太阳灯。汞能溶解一些金属而形成汞齐。如钠溶解于汞形成钠汞齐，钠汞齐在同水接触时其中的汞仍保持惰性，而钠则同水反应得比较平衡：

$$2(NaHg_x)+2H_2O \longrightarrow 2NaOH+H_2+2xHg$$

根据此性质钠汞齐在有机合成中常用作还原剂。利用汞能熔解金和银的性质，冶金工业中用汞齐法提炼这些贵金属。

锌、镉、汞的价层电子构型为 $(n-1)d^{10}ns^2(n=4,5,6)$。从电子分布看，锌、镉、汞的化学活泼性应比铜、银、金更低。实际上，ⅡB 族元素的化学活泼性比同周期的ⅠB 族元素要高得多，这是因为锌、镉、汞的升华热小，固体单质转变为水合离子所需要的能量低。ⅠB 族和ⅡB 族元素金属活泼次序如下：

$$Zn>Cd>H>Cu>Hg>Ag>Au$$

锌、镉、汞次外层 d 轨道上的电子不参与成键，它们的特征价态为+2。汞还有+1 价态，它以二聚体 Hg_2^{2+} 存在，这是由惰性电子对效应引起的。汞的性质与锌、镉有较大的差异，也与惰性电子对效应有关。

锌是活泼金属，能与非氧化性酸反应置换出氢气，镉与锌很相似，但活泼性稍差。汞不能与非氧化性酸反应，它只与硝酸和浓硫酸反应：

$$Hg+2H_2SO_4(\text{浓}) \xrightarrow{\triangle} HgSO_4+SO_2\uparrow+2H_2O$$

$$3Hg+8HNO_3 \xrightarrow{\triangle} 3Hg(NO_3)_2+2NO\uparrow+4H_2O$$

锌能溶于 KOH、NaOH 溶液生成锌酸盐，所以锌是两性金属：

$$Zn+2KOH+2H_2O \longrightarrow K_2[Zn(OH)_4]+H_2\uparrow$$

锌还能与氨水反应形成配离子而溶解(与两性金属铝不同之处)：

$$Zn+4NH_3+2H_2O \longrightarrow [Zn(NH_3)_4](OH)_2+H_2\uparrow$$

在潮湿空气中锌渐渐与 CO_2 化合成碱式碳酸锌，将锌表面紧密地覆盖住，从而阻止反应继续发生：

$$4Zn+2O_2+3H_2O+CO_2 \longrightarrow ZnCO_3\cdot 3Zn(OH)_2$$

所以常在铁或钢表面上附一层锌以抗腐蚀。

在加热条件下，锌、镉、汞能与绝大多数非金属单质反应。1 273 K 时，锌在空气中能燃烧成纤维状的 ZnO。

室温下，干燥的空气与汞几乎不反应，但在潮湿空气中金属汞表面会生成一层暗灰色的氧化亚汞薄膜。在空气中将汞加热至沸腾，汞会缓慢与氧作用生成氧化汞：

$$2Hg+O_2 \longrightarrow \underset{(\text{红色})}{2HgO}$$

但加热至 773 K 以上，它又可分解为汞和氧。常温下，汞与硫反应生成 HgS，所以，不小心溅落的汞可以覆盖硫黄粉以避免汞蒸气造成危害。

室温下汞的蒸气压很大，人体吸入汞蒸气会对身体产生很大的伤害，无论是单质汞还是可溶性汞化合物，都是剧毒物质，使用时要注意安全。镉的化合物同样会对身体和环境产生危害，日本富山县的炼锌厂将未经处理的含镉废水直接排放，对环境的污染长达 40 年之久(1931—1972)。人吃含镉的米、喝含镉的水而中毒，全身骨痛，最后骨骼软化，这就是 20 世纪著名的“富山事件”。

12.5.2 铜的重要化合物

Important compounds of copper

铜的价层电子构型为 $3d^{10}4s^1$，3d 轨道刚刚填满，3d 电子仍然能参与成键，所以氧化数有+1、+2、+3，其中+3 价态的化合物并不常见。下面是酸性溶液中铜的元素电势图：

$$\varphi_A^\ominus/\text{V}\quad Cu^{3+}\xrightarrow{2.4}Cu^{2+}\xrightarrow{0.153}Cu^{+}\xrightarrow{0.521}Cu\qquad (Cu^{2+}\xrightarrow{0.342}Cu)$$

可以看到，Cu(Ⅲ)在水溶液中具有极强的氧化性，事实上，它在水溶液中根本不能存在，因为它会氧化水。Cu(Ⅰ)会发生歧化反应，因此 Cu(Ⅰ)只能存在于固体或配合物中。

1. 氧化物和氢氧化物

加热分解硝酸铜和碳酸铜或者在氧气中加热铜粉可得黑色的 CuO，它不溶于水，但可溶于酸。CuO 的热稳定性很高，加热到 1 273 K 才开始分解为暗红色的 Cu_2O：

$$2Cu(NO_3)_2 \xrightarrow{\triangle} 2CuO + 4NO_2\uparrow + O_2\uparrow$$

$$2Cu + O_2 \xrightarrow{\triangle} 2CuO$$

$$4CuO \xrightarrow{1\ 273\ K} 2Cu_2O + O_2\uparrow$$

加强碱于铜盐溶液中，可析出浅蓝色的 $Cu(OH)_2$ 沉淀，$Cu(OH)_2$ 受热易脱水变成 CuO：

$$Cu^{2+} + 2OH^- \longrightarrow Cu(OH)_2\downarrow$$

$$Cu(OH)_2 \xrightarrow{333\sim353\ K} CuO + H_2O$$

CuO 是高温超导材料，如 Bi-Sr-Ca-CuO、Ti-Ba-Ca-CuO 等都是超导转变温度超过 120 K 的新材料。

$Cu(OH)_2$ 显两性(以弱碱性为主)，易溶于酸，也能溶于浓的强碱溶液中，生成亮蓝色的四羟基合铜(Ⅱ)配离子：

$$Cu(OH)_2 + 2H^+ \longrightarrow Cu^{2+} + 2H_2O$$

$$Cu(OH)_2 + 2OH^- \longrightarrow [Cu(OH)_4]^{2-}$$

$[Cu(OH)_4]^{2-}$ 配离子可被葡萄糖还原为暗红色的 Cu_2O：

$$2[Cu(OH)_4]^{2-} + \underset{(\text{葡萄糖})}{C_6H_{12}O_6} \longrightarrow Cu_2O\downarrow + \underset{(\text{葡萄糖酸})}{C_6H_{12}O_7} + 4OH^- + 2H_2O$$

医学上用此反应来检查糖尿病。$Cu(OH)_2$ 也易溶于氨水，生成深蓝色的 $[Cu(NH_3)_4]^{2+}$。此**铜氨溶液**(copper ammonia solution)能溶解纤维，加酸时纤维又沉淀析出，工业上就是利用该性质制造人造丝的。

Cu_2O 呈碱性，它对热很稳定，在 1 508 K 熔化也不分解，难溶于水，易溶于稀酸，在酸中溶解的同时立即歧化为 Cu 和 Cu^{2+}：

$$Cu_2O + 2H^+ \longrightarrow Cu^{2+} + Cu + H_2O$$

Cu_2O 与盐酸反应时不发生歧化反应，而是形成难溶于水的 CuCl：

$$Cu_2O + 2HCl \longrightarrow \underset{(\text{白色})}{2CuCl\downarrow} + H_2O$$

此外，它还能溶于氨水，形成无色配离子 $[Cu(NH_3)_2]^+$：

$$Cu_2O + 4NH_3 + H_2O \longrightarrow 2[Cu(NH_3)_2]^+ + 2OH^-$$

$[Cu(NH_3)_2]^+$ 遇到空气则被氧化为深蓝色的 $[Cu(NH_3)_4]^{2+}$：

$$4[Cu(NH_3)_2]^+ + O_2 + 8NH_3 + 2H_2O \longrightarrow 4[Cu(NH_3)_4]^{2+} + 4OH^-$$

Cu_2O 主要用作玻璃、搪瓷工业的红色颜料。此外，由于 Cu_2O 具有半导体性质，可用它和铜制造亚铜整流器。

CuOH 极不稳定，至今尚未制得。

2. 盐类

(1) 氯化亚铜

在热的浓盐酸溶液中，用铜粉还原 $CuCl_2$ 生成无色的 $[CuCl_2]^-$，用水稀释即可得到难溶于水的白色 CuCl 沉淀：

$$Cu^{2+} + Cu + 4Cl^- \longrightarrow 2[CuCl_2]^-$$

$$2[CuCl_2]^- \xrightarrow{H_2O} 2CuCl\downarrow + 2Cl^-$$

总反应为

$$Cu^{2+} + Cu + 2Cl^- \longrightarrow 2CuCl\downarrow$$

实质上这是一个反歧化反应。

将 $[CuCl_2]^-$ 稀释能生成 CuCl 沉淀，若只从反应

$$[CuCl_2]^- \xrightarrow{H_2O} CuCl\downarrow + Cl^-$$

看，是不符合化学平衡移动原理的，因为稀释时 $Q = \dfrac{c(Cl^-)}{c([CuCl_2]^-)}$ 保持不变，平衡不移动。实际上，平衡体系中还涉及 CuCl 的沉淀溶解平衡：

$$[CuCl_2]^- \rightleftharpoons CuCl + Cl^- \rightleftharpoons Cu^+ + 2Cl^-$$

所以

$$Q = \frac{c(Cu^+)[c(Cl^-)]^2}{c([CuCl_2]^-)}$$

稀释时 Q 变小，总反应的平衡向生成 CuCl 的方向移动。

CuCl 的盐酸溶液能吸收 CO，形成氯化羰基亚铜 $[CuCl(CO)]\cdot H_2O$，所以常用 CuCl 吸收除去 CO 气体，CuCl 还用作有机合成中的催化剂。

(2) 氯化铜

铜(Ⅱ)的卤化物中氯化铜较重要。无水氯化铜($CuCl_2$)为棕黄色固体，X 射线研究证明它是共价化合物，其结构为由 $CuCl_4$ 平面组成的长链(图 12-4)。$CuCl_2 \cdot 2H_2O$ 是蓝绿色晶体。

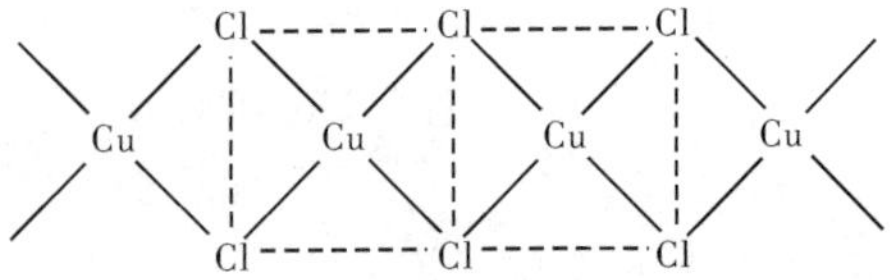

图 12-4 无水 $CuCl_2$ 链状结构示意图

$CuCl_2$ 不但易溶于水，而且易溶于一些有机溶剂(如乙醇、丙醇)。在 $CuCl_2$ 很浓的水溶液中，可形成黄色的 $[CuCl_4]^{2-}$，而 $CuCl_2$ 的稀溶液为浅蓝色，原因是水分子取代了 $[CuCl_4]^{2-}$ 中的 Cl^-，形成 $[Cu(H_2O)_4]^{2+}$。$CuCl_2$ 的浓溶液通常为黄绿色或绿色，这是由于溶液中同时含有 $[CuCl_4]^{2-}$ 和 $[Cu(H_2O)_4]^{2+}$。$CuCl_2$ 用于制造玻璃、陶瓷用颜料、消毒剂、媒染剂和催化剂。

(3)硫酸铜

硫酸铜溶液由于 Cu^{2+} 水解而显酸性。将硫酸铜水溶液浓缩结晶时，得到蓝色的五水硫酸铜($CuSO_4 \cdot 5H_2O$)晶体，俗称胆矾，其结构式为 $[Cu(H_2O)_4]SO_4 \cdot H_2O$。

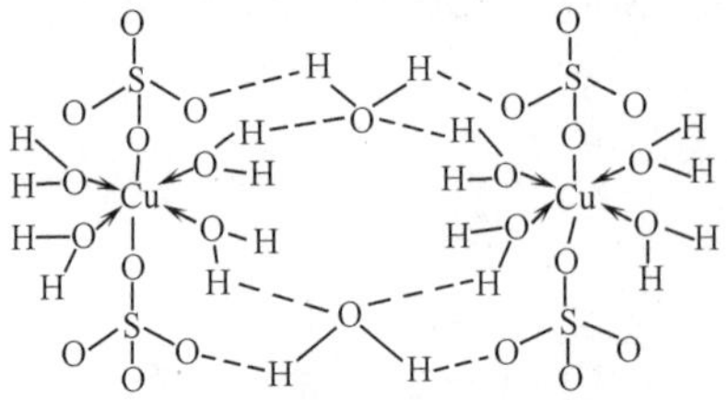

从结构式可以看到，在五个水分子中四个是配位水，另一个用氢键与硫酸根结合。将五水硫酸铜加热，它逐步脱水，最后得到白色的无水硫酸铜($CuSO_4$)：

$$CuSO_4 \cdot 5H_2O \xrightarrow{375\ K} CuSO_4 \cdot 3H_2O \xrightarrow{386\ K} CuSO_4 \cdot H_2O \xrightarrow{531\ K} CuSO_4$$

无水 $CuSO_4$ 易溶于水，吸水性强，吸水后即显出特征的蓝色。可利用这一性质检验液态有机物(如乙醇、乙醚等)中的微量水分；也可用作干燥剂，从有机液体中除去水分。

$CuSO_4$ 为制取其他铜盐的重要原料，在电解或电镀中用作电解液和配制电镀液，在纺织工业中用作媒染剂。由于 $CuSO_4$ 具有杀菌能力，用于蓄水池、游泳池中可防止藻类生长。硫酸铜和石灰乳混合而成的“波尔多液”可消灭树木等植物病虫害。

3. 配合物

(1)Cu(Ⅰ)配合物

Cu(Ⅰ)配合物的配位数一般是 2，当配体浓度很大时，也会形成配位数为 3 和 4 的配合物。常见的 Cu(Ⅰ)配离子有：

	$[CuCl_2]^-$	$[Cu(SCN)_2]^-$	$[Cu(NH_3)_2]^+$	$[Cu(S_2O_3)_2]^{3-}$	$[Cu(CN)_2]^-$
$K_f^{\ominus}$	3.16×10^5	1.51×10^5	7.24×10^{10}	1.66×10^{12}	1.0×10^{24}

多数 Cu(Ⅰ)配合物溶液具有吸收烯烃、炔烃和 CO 的能力。例如

$$[Cu(NH_2CH_2CH_2OH)_2]^+ + C_2H_4 \rightleftharpoons [Cu(NH_2CH_2CH_2OH)_2(C_2H_4)]^+$$

$$[Cu(NH_3)_2]^+ + CO \rightleftharpoons [Cu(NH_3)_2(CO)]^+$$

上述反应是可逆的，受热时放出 C_2H_4 和 CO。前一反应用于从石油气中分离出 C_2H_4；后一反应用于合成氨的铜洗工段，吸收可使催化剂中毒的 CO 气体，工艺中使用的是醋酸二氨合铜(Ⅰ)($[Cu(NH_3)_2]Ac$)。

(2)Cu(Ⅱ)配合物

Cu^{2+} 一般形成配位数为 4 的正方形配合物。例如，$[Cu(H_2O)_4]^{2+}$ \，$[CuCl_4]^{2-}$、

$[Cu(NH_3)_4]^{2+}$等。按照价键理论，平面正方形配合物中心离子采用 dsp^2 杂化轨道成键，Cu^{2+}的价层电子构型为 $3d^9 4s^0 4p^0$。若采用 dsp^2 杂化轨道成键，有一个 3d 电子将被激发到 4p 轨道上，而这一点至今没有实验、事实能够证明。事实上，在这个平面正方形上下方还有两个配体存在（与另外四个配体相同或不同），与平面正方形四个角上的配体相比，它们离中心离子比较远，若把这两个配体算入，就是一个拉长的变形八面体。由于这两个配体与中心离子的结合力远远小于配位键，只比分子间作用力略大，所以，一般认为 Cu^{2+} 配合物的配位数为 4。上述现象称为姜-泰勒效应（Jahn-Teller effect），这是由于 Cu^{2+} 的 $3d^9$ 电子构型使八面体场中的 d_r 轨道高度不对称而进一步分裂造成的。

在 $CuSO_4$ 溶液中加氨水，先生成浅蓝色的碱式硫酸铜沉淀，氨水过量时，沉淀溶解生成深蓝色的$[Cu(NH_3)_4]^{2+}$溶液，它是由过量氨水与 Cu(Ⅱ)盐溶液反应而形成的：

$$2Cu^{2+} + SO_4^{2-} + 2NH_3 \cdot H_2O \longrightarrow Cu_2(OH)_2SO_4 \downarrow + 2NH_4^+$$

$$Cu_2(OH)_2SO_4 + 6NH_3 \cdot H_2O + 2NH_4^+ \longrightarrow 2[Cu(NH_3)_4]^{2+} + SO_4^{2-} + 8H_2O$$

$[Cu(NH_3)_4]^{2+}$溶液有溶解纤维的能力，在所得的纤维溶液中加酸或水时，纤维又可析出，工业上利用这种性质制造人造丝。Cu^{2+} 还可和一些有机配合剂（如乙二胺、EDTA 等）形成稳定的螯合物。

4. 铜(Ⅰ)和铜(Ⅱ)的相互转化

同一元素的不同价态之间可以通过化学反应相互转化，然而，Cu(Ⅰ)和 Cu(Ⅱ)的相互转化却有着特殊性。从物质结构的角度看，Cu^+ 和 Cu^{2+} 的价层电子构型分别为 $3d^{10}4s^0 4p^0$ 和 $3d^9 4s^0 4p^0$，Cu(Ⅰ)化合物应该比 Cu(Ⅱ)化合物更加稳定。从化学热力学的角度看，Cu^+ 和 Cu^{2+} 的水合热分别为 $-581\ kJ \cdot mol^{-1}$ 和 $-2\ 119\ kJ \cdot mol^{-1}$，推测在水溶液中，$Cu^{2+}$ 的稳定性远高于 Cu^+。

实际情况与理论推测是一致的，水溶液中 Cu^+ 不稳定，易发生歧化反应，Cu(Ⅰ)的固态化合物（难溶化合物）和配合物能够稳定存在。一些 Cu(Ⅱ)化合物受热时会分解成 Cu(Ⅰ)的固态化合物。

例如，自然界中存在辉铜矿（Cu_2S）、赤铜矿（Cu_2O），这些 Cu(Ⅰ)化合物都是稳定的。CuO、CuS、$CuCl_2$ 等 Cu(Ⅱ)化合物受热分解成 Cu(Ⅰ)化合物：

$$4CuO(s) \underset{473\ K}{\overset{1\ 273\ K}{\rightleftharpoons}} 2Cu_2O(s) + O_2(g)$$

$$2CuS(s) \xrightarrow{573\ K} Cu_2S(s) + S(g)$$

$$2CuCl_2(s) \xrightarrow{773\ K} 2CuCl(s) + Cl_2(g)$$

注意第一个反应，高温下 CuO 分解，而温度较低时 Cu_2O 被氧化。利用该反应可以除去 N_2 中的微量 O_2。

由铜的元素电势图可知，在酸性溶液中，Cu^+ 易发生歧化反应：

$$\varphi_A^\ominus/V \quad Cu^{2+} \frac{\ 0.153\ }{\quad} Cu^+ \frac{\ 0.521\ }{\quad} Cu$$

$$2Cu^+ \rightleftharpoons Cu^{2+} + Cu$$

为使 Cu(Ⅱ)转化为 Cu(Ⅰ)，必须有还原剂存在，同时还要降低溶液中 Cu^+ 的浓度，使之成为难溶化合物或难解离的配合物，能够有效降低 Cu^+ 的浓度，从而实现这一转化。例如

$$Cu^{2+} + Cu + 2Cl^- \longrightarrow 2CuCl\downarrow$$

$$Cu^{2+} + Cu + 4Cl^- \longrightarrow 2[CuCl_2]^-$$

这里单质 Cu 作为还原剂，分别生成 Cu(Ⅰ)沉淀和配离子。从下面的元素电势图可知，反应进行的程度都比较大。

$$\varphi_A^\ominus/V \quad Cu^{2+} \overset{0.56}{\text{———}} CuCl \overset{0.124}{\text{———}} Cu$$

$$\varphi_A^\ominus/V \quad Cu^{2+} \overset{0.44}{\text{———}} [CuCl_2]^- \overset{0.24}{\text{———}} Cu$$

工业上生产 CuCl，有时用 SO_2 代替铜作还原剂：

$$2Cu^{2+} + SO_2 + 2Cl^- + 2H_2O \longrightarrow 2CuCl\downarrow + SO_4^{2-} + 4H^+$$

上述反应都说明，Cu(Ⅰ)的难溶化合物和配合物在水溶液中是稳定的。下面两反应也证明了这一点：

①热的 Cu(Ⅱ)盐溶液中加入 KCN，可得到白色 CuCN 沉淀：

$$2Cu^{2+} + 4CN^- \longrightarrow 2CuCN\downarrow + (CN)_2\uparrow$$

若继续加入过量的 KCN，则 CuCN 因形成配离子而溶解：

$$CuCN + (x-1)CN^- \longrightarrow [Cu(CN)_x]^{1-x} \quad (x \text{ 为 } 2\sim4)$$

②$CuSO_4$ 溶液与 KI 反应，可得到白色 CuI 沉淀：

$$2Cu^{2+} + 4I^- \longrightarrow 2CuI\downarrow + I_2$$

$$\varphi_A^\ominus/V \quad Cu^{2+} \overset{0.86}{\text{———}} CuI \overset{-0.186}{\text{———}} Cu$$

此反应的标准电动势 $E^\ominus = 0.86-(-0.186)=1.046$ V，说明反应进行的程度很大，它是碘量法测定铜的基本反应。

总之，在水溶液中凡能使 Cu^+ 生成难溶盐或稳定 Cu(Ⅰ)配离子时，则可使 Cu(Ⅱ)化合物转化为 Cu(Ⅰ)化合物。

12.5.3 银的重要化合物 Important compounds of silver

1. 卤化银

卤化银中只有 AgF 易溶于水，其余的卤化银均难溶于水。硝酸银与可溶性卤化物反应，生成不同颜色的卤化银沉淀。卤化银的颜色依 Cl→Br→I 的顺序加深(白→浅黄→黄)，溶解度依次降低。这和 Ag^+ 与卤素之间的极化作用有关。

卤化银有感光性。在光照下分解为单质(先变为紫色，最后变为黑色)：

$$2AgX \xrightarrow{\text{日光}} 2Ag + X_2$$

基于卤化银的感光性，可用作照相底片上的感光物质。例如，照相底片上敷有一层含有AgBr胶体粒子的明胶，在光照下，AgBr 被分解为“银核”(银原子)：

$$2AgBr \xrightarrow{\text{光照}} 2Ag + Br_2$$

然后用显影剂(主要含有有机还原剂，如对苯二酚)处理，使含有“银核”的 AgBr 粒子被还原为金属而变为黑色，最后在定影液(主要含有 $Na_2S_2O_3$)作用下，使未感光的 AgBr 形成 $[Ag(S_2O_3)_2]^{3-}$ 而溶解，晾干后就得到“负像”(俗称底片)：

$$AgBr + 2S_2O_3^{2-} \longrightarrow [Ag(S_2O_3)_2]^{3-} + Br^-$$

印相时，将负像放在照相纸上再进行曝光，经显影，定影，即得“正像”，这就是黑白相片的制作过程。

AgI 在人工降雨中用作冰核形成剂，一般来说，0.9 kg 碘化银晶体可以使很大一片地区上空的云层布满晶种。作为快离子导体（固体电解质），AgI 可用于固体电解质电池和电化学器件。

2. 硝酸银

$AgNO_3$ 是最重要的可溶性银盐。将 Ag 溶于热的 65％硝酸，蒸发，结晶，制得无色菱片状硝酸银晶体。它是常用的重要试剂。

$AgNO_3$ 受热不稳定，加热到 713 K，按下式分解：

$$2AgNO_3 \xrightarrow{713\ K} 2Ag + 2NO_2\uparrow + O_2\uparrow$$

在日光照射下，$AgNO_3$ 也会按上式缓慢地分解，因此必须保存在棕色瓶中。

硝酸银具有氧化性[$\varphi^{\ominus}(Ag^+|Ag) = 0.800\ V$]，遇微量的有机物即被还原为黑色的单质银。一旦皮肤沾上 $AgNO_3$ 溶液，就会出现黑色斑点。

$AgNO_3$ 主要用于制造照相底片所需的溴化银乳剂，它还是一种重要的分析试剂。医药上常用它作消毒剂和腐蚀剂。

3. 配合物

Ag(Ⅰ)配合物的配位数一般为 2，常见的 Ag(Ⅰ)的配离子有 $[Ag(NH_3)_2]^+$、$[Ag(S_2O_3)_2]^{3-}$、$[Ag(CN)_2]^-$ 等，在这些配离子中，Ag^+ 采用 sp 杂化轨道成键，它们的几何构型都是直线形。

$[Ag(NH_3)_2]^+$ 具有弱氧化性，工业上曾用它在玻璃或暖水瓶胆上化学镀银：

$$2[Ag(NH_3)_2]^+ + \underset{(\text{甲醛或葡萄糖})}{RCHO} + 3OH^- \longrightarrow 2Ag\downarrow + RCOO^- + 4NH_3\uparrow + 2H_2O$$

现在已用铝代替银。$[Ag(NH_3)_2]^+$ 放置过程中会逐渐变成具有爆炸性的氨基银（Ag_2NH 和 $AgNH_2$），因此，切勿将 $[Ag(NH_3)_2]^+$ 溶液长期放置，用后应及时处理。

$[Ag(CN)_2]^-$ 作为镀银电解液的主要成分，在阴极被还原为 Ag：

$$[Ag(CN)_2]^- + e^- \longrightarrow Ag + 2CN^-$$

电镀效果很好，但因氰化物有剧毒，近年来逐渐发展出无氰镀银。

4. 银序

卤化银沉淀会生成配合物而溶解，配离子又会生成溶解度更小的沉淀：

$$AgCl \xrightarrow{NH_3} [Ag(NH_3)_2]^+ \xrightarrow{Br^-} AgBr \xrightarrow{S_2O_3^{2-}} [Ag(S_2O_3)_2]^{3-} \xrightarrow{I^-} AgI \xrightarrow{CN^-} [Ag(CN)_2]^- \xrightarrow{S^{2-}} Ag_2S$$

这一个系列称为银序（silver preface），是讨论配位平衡和沉淀溶解平衡关系的典型实例。

12.5.4　锌、镉、汞的重要化合物

Important compounds of zinc, cadmium and mercury

1. 氧化物和氢氧化物

锌、镉、汞能形成难溶于水的 MO 型氧化物：ZnO（白色粉末），CdO（棕黄色粉末），HgO

(红色或黄色晶体)。ZnO 和 CdO 可由金属在空气中燃烧制得,也可由相应的碳酸盐加热分解而制得:

$$ZnCO_3 \xrightarrow{568\ K} ZnO + CO_2\uparrow$$

$$CdCO_3 \xrightarrow{600\ K} CdO + CO_2\uparrow$$

白色 ZnO 受热时因为离子极化作用加强而变黄,冷却又变白。CdO 受热后由棕色变为近乎黑色。ZnO 俗名锌白,大量用作橡胶填料及油漆颜料。ZnO 对气体具有高度吸附性,在石油化工中用作脱氧剂以及苯酚和甲醛缩合等反应的催化剂。ZnO 还具有承受大电流和高电压的能力,因此可用作雷电引起的过电压保护,也可用于稳压或变频元件。

在 $Hg(NO_3)_2$ 及 $Hg_2(NO_3)_2$ 溶液中加入强碱,得到的并不是相应的氢氧化物沉淀,而是黄色的 HgO 和棕褐色的 Hg_2O 沉淀,这是因为 $Hg(OH)_2$ 和 $Hg_2(OH)_2$ 在室温下都不稳定,生成后立即脱水为氧化物:

$$Hg^{2+} + 2OH^- \longrightarrow HgO\downarrow + H_2O$$

$$Hg_2^{2+} + 2OH^- \longrightarrow Hg_2O\downarrow + H_2O$$

若将 $Hg(NO_3)_2$ 晶体加热分解,则得到红色的 HgO。X 射线研究表明,颜色不同是由于晶粒大小不同,晶粒小时为黄色,晶粒大时为红色,它们的晶体结构相同。

ZnO 显两性,CdO\,HgO\,Hg_2O 显碱性。它们的热稳定性按 ZnO、CdO、HgO、Hg_2O 顺序依次减小。ZnO 和 CdO 在高温下升华而不分解,而 HgO 在 763 K 分解为汞和氧。Hg_2O 受热或见光分解。

$$\underset{(棕褐色)}{Hg_2O} \longrightarrow \underset{(黄色)}{HgO} + \underset{(黑色)}{Hg}$$

将 ZnO 的乙醚溶液与浓的 H_2O_2 溶液作用可生成过氧化锌水合物($ZnO_2 \cdot \frac{1}{2}H_2O$)。硝酸锌在液氨中与 KO_2 作用还可生成不太纯的无水 ZnO_2。过氧化锌微溶于水,受热时分解成 ZnO 和 O_2。ZnO_2 是一种无刺激性的防腐剂,有类似于聚乙醇的作用,可修补车胎。

在锌盐、镉盐溶液中加入适量强碱,可以制得相应的 $M(OH)_2$:

$$Zn^{2+} + 2OH^- \longrightarrow \underset{(白色)}{Zn(OH)_2}\downarrow$$

$$Cd^{2+} + 2OH^- \longrightarrow \underset{(白色)}{Cd(OH)_2}\downarrow$$

如前所述,汞盐溶液与碱反应析出的不是 $Hg(OH)_2$。因为 Hg^{2+} 的极化能力强,变形性大,所以 $Hg(OH)_2$ 极不稳定,目前还未制得。

$Zn(OH)_2$ 显两性,溶于强酸生成锌盐,溶于强碱生成锌酸盐:

$$Zn(OH)_2 + 2OH^- \longrightarrow [Zn(OH)_4]^{2-} \quad (或\ ZnO_2^{2-})$$

$Cd(OH)_2$ 基本上呈碱性,酸性很弱,只有新制得的 $Cd(OH)_2$ 才能部分缓慢地溶于热、浓强碱中,生成$Na_2[Cd(OH)_4]$。

$Zn(OH)_2$ 和 $Cd(OH)_2$ 都能溶于氨水,形成配位数为 4 的配位化合物。氢氧化物加热时都易脱水,转变为氧化物。

2. 重要的盐类

(1)氯化物

①氯化锌

用锌、氧化锌或碳酸锌与盐酸反应，经过浓缩冷却得 $ZnCl_2 \cdot H_2O$ 晶体。若将氯化锌溶液蒸干，只能得到碱式氯化锌而得不到无水氯化锌，这是由于 Zn^{2+} 的水解造成的：

$$ZnCl_2 + H_2O \longrightarrow Zn(OH)Cl\downarrow + HCl\uparrow$$

要制备无水 $ZnCl_2$，一般要在干燥 HCl 气流中加热脱水。无水 $ZnCl_2$ 是白色易潮解的固体，它的溶解度很大，吸水性很强，有机化学中常用作去水剂和催化剂。

氯化锌的浓溶液中，由于生成配位酸(一羟基二氯合锌酸)而有显著酸性($6\ kg \cdot mol^{-1}$时，pH=1)，它能溶解金属氧化物，因此焊锡前常用 $ZnCl_2$ 溶液清除金属表面的氧化物。

$$ZnCl_2 + H_2O \longrightarrow H[ZnCl_2(OH)]\text{(浓溶液)}$$

$$FeO + 2H[ZnCl_2(OH)] \longrightarrow Fe[ZnCl_2(OH)]_2 + H_2O$$

焊接金属用的“熟镪水”就是氯化锌的浓溶液。焊接时不损害金属表面，能保证焊接金属的直接接触。

氯化锌也能溶于多种有机溶剂，如乙醇、丙醇、甘油、醚和乙酸，但难溶于液氨。加热时，非导电性的固体氯化锌会变成一种黏稠、高折射率且能导电的液体，蒸馏不分解。研究发现，液体氯化锌中存在 Zn^{2+}、$ZnCl_3^-$ 和 $ZnCl_2^{2-}$，所以有良好的导电性。

②氯化汞

$HgCl_2$ 可在过量的氯气中加热金属汞，或将 HgO 溶于盐酸而制得。

$HgCl_2$ 为白色针状晶体，微溶于水，有剧毒，内服 0.2～0.4 g 可致死。$HgCl_2$ 的稀溶液有杀菌作用，可用作外科消毒剂。

氯化汞熔融时不导电，为共价化合物，氯原子以共价键与汞原子结合成直线形分子(Cl—Hg—Cl)，熔点较低(549 K)，易升华，故俗称升汞。它微溶于水，在水中电离度很小，主要以分子形式存在：

$$HgCl_2 \rightleftharpoons HgCl^+ + Cl^-,\quad K_1^\ominus = 3.2\times10^{-7}$$

$$HgCl^+ \rightleftharpoons Hg^{2+} + Cl^-,\quad K_2^\ominus = 1.8\times10^{-7}$$

所以 $HgCl_2$ 有假盐之称。$HgCl_2$ 在水中微量水解，在氨水中氨解生成氯化氨基汞，二者反应类似：

$$HgCl_2 + H_2O \longrightarrow Hg(OH)Cl + HCl$$

$$HgCl_2 + 2NH_3 \longrightarrow \underset{\text{(白色)}}{HgNH_2Cl\downarrow} + NH_4Cl$$

$HgCl_2$ 在含有过量 NH_4Cl 的氨水中与氨形成配位化合物：

$$HgCl_2 + 2NH_3 \xrightarrow{NH_4Cl} [Hg(NH_3)_2Cl_2]$$

$$[Hg(NH_3)_2Cl_2] + 2NH_3 \xrightarrow{NH_4Cl} [Hg(NH_3)_4Cl_2]$$

$HgCl_2$ 在酸性溶液中有氧化性，例如，适量的 $SnCl_2$ 在盐酸溶液中可把 $HgCl_2$ 还原为 Hg_2Cl_2 白色沉淀。如果 $SnCl_2$ 过量，生成的 Hg_2Cl_2 进一步被还原为金属 Hg，使沉淀变黑：

$$2HgCl_2 + SnCl_2 \longrightarrow \underset{\text{(白色)}}{Hg_2Cl_2\downarrow} + SnCl_4$$

$$Hg_2Cl_2 + SnCl_2 \longrightarrow \underset{\text{(黑色)}}{2Hg\downarrow} + SnCl_4$$

可利用上述反应鉴定 Hg^{2+}，也可以检验 Sn^{2+}。

$HgCl_2$ 还可与碱金属氯化物形成 $[HgCl_4]^{2-}$，从而使 $HgCl_2$ 的溶解度增大：

$$HgCl_2 + 2Cl^- \longrightarrow [HgCl_4]^{2-}$$

③氯化亚汞

将金属 Hg 与固体 $HgCl_2$ 一起研磨，即可制得 Hg_2Cl_2：

$$HgCl_2 + Hg \longrightarrow Hg_2Cl_2$$

Hg_2Cl_2 为难溶于水的白色粉末，其中汞以双聚体 Hg_2^{2+} 的形式存在，其分子结构也是直线形（Cl—Hg—Hg—Cl）。Hg_2Cl_2 无毒，因味略甜，俗称甘汞，医药上用作轻泻剂，化学上用以制造甘汞电极。在光照射下，易分解成氯化汞和汞：

$$Hg_2Cl_2 \xrightarrow{\text{光照}} HgCl_2 + Hg$$

Hg_2Cl_2 与氨水反应可生成氯化氨基汞和金属汞：

$$Hg_2Cl_2 + 2NH_3 \longrightarrow \underset{\text{（白色）}}{Hg(NH_2)Cl} \downarrow + \underset{\text{（黑色）}}{Hg} \downarrow + NH_4Cl$$

氯化氨基汞是白色沉淀，金属汞为黑色分散的细珠，因此沉淀是灰色的，这个反应可用于检验 Hg_2^{2+}。

（2）硝酸汞和硝酸亚汞

$Hg(NO_3)_2$ 和 $Hg_2(NO_3)_2$ 都溶于水，在水中都会水解生成碱式盐沉淀：

$$2Hg(NO_3)_2 + H_2O \longrightarrow HgO \cdot Hg(NO_3)_2 \downarrow + 2HNO_3$$
$$Hg_2(NO_3)_2 + H_2O \longrightarrow Hg_2(OH)NO_3 \downarrow + HNO_3$$

$Hg(NO_3)_2$ 是离子型化合物，从水溶液中结晶时带有一个结晶水 $Hg(NO_3)_2 \cdot H_2O$。

$Hg_2(NO_3)_2$ 受热分解为 HgO：

$$Hg_2(NO_3)_2 \xrightarrow{\triangle} 2HgO + 2NO_2$$

在 $Hg(NO_3)_2$ 溶液中加入适量 KI 溶液，生成橘红色 HgI_2 沉淀，HgI_2 可溶于过量的 KI 溶液中，形成无色 $[HgI_4]^{2-}$ 配离子：

$$Hg^{2+} + 2I^- \longrightarrow HgI_2 \downarrow$$
$$HgI_2 + 2I^- \longrightarrow [HgI_4]^{2-}$$

在 $Hg_2(NO_3)_2$ 溶液中加入适量 KI 溶液，生成淡绿色 Hg_2I_2 沉淀，Hg_2I_2 可溶于过量的 KI 溶液中，形成 $[HgI_4]^{2-}$ 配离子，同时有黑色汞析出：

$$Hg_2^{2+} + 2I^- \longrightarrow Hg_2I_2 \downarrow$$
$$Hg_2I_2 + 2I^- \longrightarrow [HgI_4]^{2-} + Hg \downarrow$$

在 $Hg(NO_3)_2$ 溶液中加入氨水，可得碱式氨基硝基汞白色沉淀：

$$2Hg(NO_3)_2 + 4NH_3 + H_2O \longrightarrow [O \overset{\displaystyle Hg}{\underset{\displaystyle Hg}{\diagup \diagdown}} NH_2]NO_3 \downarrow + 3NH_4NO_3$$

而在 $Hg_2(NO_3)_2$ 溶液中加入氨水，不仅有上述白色沉淀产生，还有黑色汞析出：

$$2Hg_2(NO_3)_2 + 4NH_3 + H_2O \longrightarrow [O \overset{\displaystyle Hg}{\underset{\displaystyle Hg}{\diagup \diagdown}} NH_2]NO_3 \downarrow + 2Hg \downarrow + 3NH_4NO_3$$

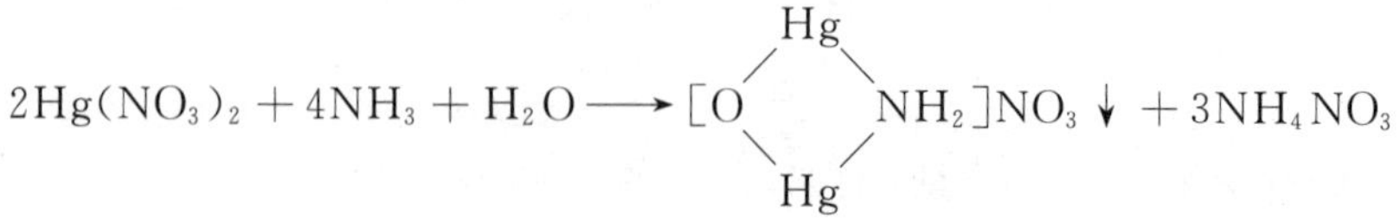

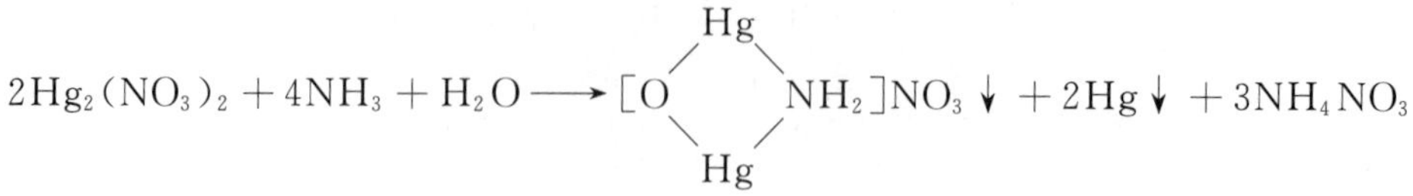

（3）奈斯勒试剂

$K_2[HgI_4]$ 的碱性溶液称为奈斯勒试剂，它是鉴定 NH_3 和 NH_4^+ 的特效试剂。奈斯勒试剂遇到 NH_3 或 NH_4^+ 会有棕色沉淀生成：

$$2[HgI_4]^{2-} + NH_4^+ + 4OH^- \longrightarrow \left[O \begin{smallmatrix} Hg \\ \\ Hg \end{smallmatrix} NH_2\right]I\downarrow + 7I^- + 3H_2O$$

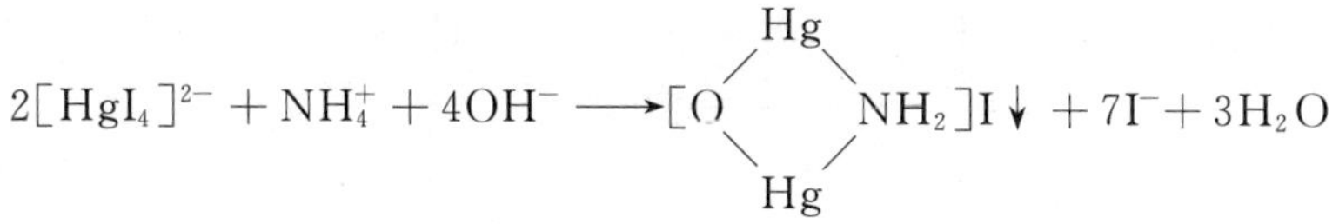

（4）硫化物

往 Zn^{2+}、Cd^{2+}、Hg^{2+} 的溶液中通入 H_2S 时，都会生成相应的硫化物沉淀：

$$M^{2+} + H_2S \longrightarrow MS\downarrow + 2H^+$$

硫化物的溶度积按 $Zn^{2+} \rightarrow Cd^{2+} \rightarrow Hg^{2+}$ 依次减小，颜色由白→黄→黑依次加深。

ZnS 可作白色颜料，它同 $BaSO_4$ 共沉淀所形成的混合晶体叫锌钡白，是一种优良的白色颜料。晶体 ZnS 如含有微量的铜、银或锰的化合物，在黑暗处能发出不同颜色的荧光，用于涂布荧光屏幕，制备荧光粉。

CdS 也是一种颜料，俗称镉黄，用于研究太阳能电池。

HgS 有两种变体：黑色 β 型 HgS 和红色 α 型 HgS，α 型比 β 型更稳定。加热时，黑色 β 型HgS 转变为红色 α 型 HgS。在室温下，β 型 HgS 仍可长期保持不变。α 型和 β 型 HgS 都有半导体性质和光导性质。

3. Hg(Ⅰ)和 Hg(Ⅱ)的相互转化

在水溶液中，汞的元素电势图如下：

$$\varphi_A^{\ominus}/V \quad Hg^{2+} \underline{\quad 0.92 \quad} Hg_2^{2+} \underline{\quad 0.79 \quad} Hg$$
$$\underline{\qquad\qquad 0.85 \qquad\qquad}$$

可以看到 $\varphi_{右}^{\ominus} < \varphi_{左}^{\ominus}$，与 Cu(Ⅰ)化合物不同，溶液中 Hg(Ⅰ)化合物是稳定的，不会发生歧化反应。相反，可以由 Hg(Ⅱ)化合物与 Hg 反应生成 Hg(Ⅰ)化合物（反歧化反应）：

$$Hg^{2+} + Hg \Longrightarrow Hg_2^{2+}$$

如将固体 $HgCl_2$ 与金属汞研磨可制得 Hg_2Cl_2：

$$HgCl_2 + Hg \longrightarrow Hg_2Cl_2$$

在 $Hg(NO_3)_2$ 溶液中加入 Hg 也能得到 $Hg_2(NO_3)_2$：

$$Hg(NO_3)_2 + Hg \longrightarrow Hg_2(NO_3)_2$$

由 Hg(Ⅱ)制取 Hg(Ⅰ)化合物时，除单质汞作还原剂外，也可用其他还原剂。若还原剂电对的标准电极电势小于 0.79 V，则可能将其还原为 Hg。要避免单质汞的产生，选择还原剂时，电对的标准电极电势应为 0.79～0.92 V，或者在反应过程中保证 Hg(Ⅱ)过量。

由于 $\varphi^{\ominus}(Hg^{2+}|Hg_2^{2+}) = 0.92\ V$ 较大，在溶液中要使 Hg(Ⅰ)转化 Hg(Ⅱ)，需要使用较强的氧化剂（$\varphi^{\ominus} > 0.92\ V$）。还有另一种方法可以使 Hg(Ⅰ)部分转化为 Hg(Ⅱ)，就是促使 Hg_2^{2+} 发生歧化反应。由能斯特方程可知，

$$\varphi(Hg^{2+}|Hg_2^{2+}) = \varphi^{\ominus}(Hg^{2+}|Hg_2^{2+}) + \frac{0.059\,2}{2}\lg\frac{[c(Hg^{2+})]^2}{c(Hg_2^{2+})}$$

若能大幅度降低溶液中 Hg^{2+} 的浓度，则 $\varphi(Hg^{2+}|Hg_2^{2+})$ 可能降到 0.79 V 以下，Hg_2^{2+} 的歧化反应就能自发进行了。

若向 Hg_2^{2+} 的溶液中加入过量的氨水、强碱、硫化钠、碘化钾、氰化钾等物质，这些物质都能够与 Hg^{2+} 形成溶解度很小的难溶化合物或形成很稳定的配合物，有效地降低了溶液中 Hg^{2+} 的浓度，从而使 Hg(Ⅰ)发生歧化反应：

$$Hg_2^{2+} + S^{2-} \longrightarrow HgS\downarrow + Hg\downarrow$$

$$Hg_2^{2+} + 4I^- \longrightarrow [HgI_4]^{2-} + Hg\downarrow$$

$$Hg_2^{2+} + 2CN^- \longrightarrow Hg(CN)_2 + Hg\downarrow$$

$$Hg_2^{2+} + 2OH^- \longrightarrow HgO\downarrow + Hg\downarrow + H_2O$$

$$Hg_2Cl_2 + 2NH_3 \longrightarrow Hg(NH_2)Cl\downarrow + Hg + NH_4Cl$$

比较溶液中 Cu(Ⅰ)、Cu(Ⅱ)的相互转化和 Hg(Ⅰ)、Hg(Ⅱ)的相互转化可知：Cu^+ 会发生歧化反应，但若有能够与 Cu^+ 形成难溶化合物或配合物的物质存在，就能使反歧化反应自发进行；Hg_2^{2+} 不会发生歧化反应，但若有能够与 Hg^{2+} 形成难溶化合物或配合物的物质存在，就能使 Hg_2^{2+} 的歧化反应自发进行。

拓展阅读

过渡元素和新型材料

随着科技的发展，人类对赖以生存和发展的物质基础——材料的需求也提出了更高的要求。为此，人们一方面寻找大自然中的天然物质，经加工改造以获取所需的材料。另一方面着力研究和寻找一些新的合成材料。如利用某些材料优良的物化性能及生化性能来制造磁性材料、光学材料、电阻材料、特种合金、特种陶瓷等功能材料。

功能材料可分为三类：无机功能材料、有机功能材料及复合功能材料。其中无机功能材料中有不少是涉及 d 区元素的特性材料。现简要介绍几种重要的新型无机材料。

1. 合金

由两种或两种以上金属在熔融状态下互溶而成的均匀的、有金属特性的物质即为合金。合金又可依其结构、组成和性能分为三类：

(1)合金析出温度低于任何一种组分金属析出温度的低熔混合合金。如由铅锡合金制成的焊锡。

(2)各组分(包括金属和金属、金属和非金属)相互作用，形成了化合物形式的金属互化物合金，可用以替代金、银、铂等贵金属。如制成稀金饰物。

(3)合金中各组分以任何比例互溶，在给定温度下形成固态溶液的固熔体合金。如金和银形成的合金。

合金又可按需要组合成性质和用途不同的多种材料，这些材料已在近代工业中占有极为重要的地位。

(1)膨胀合金

膨胀合金是具有反常热膨胀性能的精密合金。这类合金有良好的封接性，可焊、耐蚀、易加工和切削。膨胀合金分为低膨胀合金和定膨胀合金两类。低膨胀合金主要用作环境温度波动时，尺寸要求近似恒定的元件的材料，以保证仪器仪表的精密度要求。如用于制造标准钟的摆杆、精密天平的臂、长度标尺、液态天然气或液态氢等的储罐和运输管道。这类合金如 Fe-Ni 系合金、Fe-Ni-Co 系合金、Fe-Co-Cr 系和一些铬基合金，实用价值比较高。定膨胀合金又称封接合金。这类合金在一定温度范围内，具有与玻璃、陶瓷等被封接材料相接近的膨胀系数（两者的膨胀系数差异一般小于 10%），不会因产生过大的内应力而导致封接部分“炸裂”漏气。这类合金材料主要有 Fe-Ni 系合金、Fe-Cr 系合金、Fe-Ni-Co 系合金以及 Fe-Ni-Cr 系合金，可用于制作性能良好的黏结剂和密封材料。在集成电路引线框架与玻璃封接材料等以及电子工业中均有应用。

（2）耐蚀合金

金属与所处环境介质间发生化学或电化学作用后，会使金属变质或破坏，造成金属腐蚀。而耐蚀合金在腐蚀环境下性能相对稳定，元件和装置仍能达到工业过程要求的使用寿命，有足够的耐蚀性能。耐蚀合金种类很多，可根据使用要求选择。耐蚀合金的组成主要有不锈钢和铁基耐蚀合金，镍、镍基合金和钴基合金。铁基合金是在 Fe-Cr 系合金中加入 Ni、Mn、Mo 等金属。如 Cr-Ni-Mo-Cu-Ti-Al-B 系合金，可抗硫化氢、氯化物及硫酸、磷酸、硝酸等腐蚀。镍基合金是以镍为基体，添加 Cu、Cr、Mo 等金属元素，具有良好的综合性能。如 Ni-Cu 系合金，可耐工业大气、天然水、流动海水的腐蚀，对强碱也有极佳的耐蚀性能；Ni-Cr-Mo 系合金，在氧化还原介质中均有良好的耐蚀性。钴基合金，是在钴中加入 Ti、Nb 或 Ta，可得到高强度、高硬度、耐腐蚀、耐冲刷的材料，可用作温度传感器、阀门流量计等材料。

（3）形状记忆合金

形状记忆合金是具有形状记忆效应的合金。此种合金在高温下受外力作用发生了变形，经定型后，若被冷却至低温，使之变形，然后稍加热，又能自动恢复原形，并可循环进行，仿佛合金能记住高温状态时所赋予的形状一样。有实用价值的形状记忆合金是钛镍基和铜基合金。如Cu-Zn-Al系合金、Cu-Al-Ni 系合金、Ti-Ni 系合金等。用于电子仪器，作为温度自动调节装置，咖啡、牛奶沸腾感知器；制作机械器具，如机器人的手脚、防火壁的启动器和记录仪笔的驱动部件；在汽车工业中制作汽车发动机防热风扇的离合器；用于医疗器材，制作人工肾脏泵、人工心脏活门、人工关节、人工骨、医用内窥镜等；也可用作能源开关，用于空间技术，如人造卫星天线等。

（4）弹性合金

弹性合金是具有良好弹性的精密合金。这种合金耐腐蚀、无磁性、抗塑性变形、硬度高、电阻率低、导电性高、有恒定的线膨胀系数和温度系数及易加工等。一般可分为高弹性合金和恒弹性合金。前者组成主要是 Fe-Cr-Ni 基不锈钢和基本成分为 Co、Ni、Cr 的钴基合金，常被用作弹簧、发条、轴尖、仪表轴承等小尺寸弹性元件和结构元件。后者组成一般是在 Fe-Ni 基中加入 Cr、Ti、Al 等金属，这类合金在一定的温度范围内弹性不随温度而变，弹性和硬度均较高，热膨胀系数小，常被用作精密弹簧、钟表游丝等。

2. 功能陶瓷

功能陶瓷是在陶瓷中加入某些金属粉（如铬族和铁系元素）和一些非金属组分（如难溶氧化物、硼化物、碳化物等）粉末后，经烧结而成的。这些物质的加入，使陶瓷的微观结构发生了改变,使陶瓷的难溶性、硬度和金属的导电、导热性结合起来,从而改善了陶瓷功能。功能陶瓷也有多种类型,如电功能陶瓷、磁功能陶瓷、光功能陶瓷和生物及化学功能陶瓷。功能陶瓷的优点是:组成性能可按使用要求调节,易制成各种形状的制品,价格低廉,使用耐久,因而已成为重要的无机材料。

(1)有电、磁、光功能的陶瓷

①介电铁电陶瓷

这类陶瓷具有优良的电磁功能。材料在电场作用下,其中的电子、离子和空穴等荷电粒子能产生微小的位移,引起微小的极化,这种性质称为介电性。为满足材料介电性要求,可制成不同组分的陶瓷材料,如含 $MgO-La_2O_3-TiO_2$ 系列的陶瓷烧结材料,具有稳定电容温度系数,在较高温度下介电损耗低,可用于制作陶瓷电容器;含 $BaTi_4O_9$ 和 $Ba_2Ti_9O_{20}$ 的 $BaO-TiO_2$ 系列陶瓷,电容温度系数稳定,有较好的微波性能等,用于制作微波电路元件;$Zr-Cu-TiO_2$ 系列陶瓷,温度系数小,线性好,可作滤波器、谐振器、耦合器等元件;$SrTiO_3-Bi_2O_3-TiO_2$ 系列陶瓷,被广泛应用于雷达高压电路及避雷器、断路器的制作。若以 $BaTiO_3$ 为基础,加入少量 Sr\,Sn\,Zr 等,可制成高介电容器,用于电视机和收录机中。

用于制作高电容率的电容器一般为铁电陶瓷。近年来也开发了许多低温烧结的材料系统,如碳酸钡-锆酸钙-铌锆酸铋系列的高压铁电陶瓷。

用多晶组成的陶瓷往往具有光功能,是一些透明的铁电陶瓷。如 La\,Zr\,Ti 氧化物的陶瓷为透明铁电陶瓷,可用作光存储元件、视频显示、光阀及开关等。

②压电陶瓷

压电效应是指当某些电介质在承受机械应力时,电介质的部分表面会产生与施加压力成正比的电荷,即为正压电效应;在电压作用下,电介质材料若发生机械变形,称为逆压电效应。许多电器元件需要具备这种压电效应。当将添加组分后烧结成的铁电陶瓷经强直流电场处理,使之产生压电效应后,该材料能用于各种场合。如在水声技术中,可用在水下通讯、探测海洋、地质调查、港务工程、海底电缆、导航救捞等方面;在超声技术中,可用在高电场作用下压电探测,产生高强度的超声波,从而达到超声清洗、超声焊接、超声打孔等目的;也用于高压发生装置中和电声技术中,如压电点火、引爆引燃、送受话器、电子校表仪等。

这类探测材料主要有钛酸钡压电陶瓷、锆钛酸铅压电陶瓷、钨青铜型压电陶瓷及偏铌酸铅($PbNb_2O_6$)、偏铌酸钡($BaNb_2O_6$)等。

③半导体陶瓷

这类材料具有半导体性能和高介电常数,如含硫化镉、钛酸钡、氧化钨、氧化镉、氧化铅的系列陶瓷,现广泛用作热敏电阻、光敏电阻、热电元件、太阳能电池、防火灾传感器、温度补偿器等。

(2)有生物及化学功能的陶瓷

将 $MgCrO_4-TiO_2$\,$Zn-Cr_2O_3$\,$LiZrVO_4$\,$TiO_2-V_2O_5$、$NiFe_2O_4$ 等与陶瓷烧结而成的材料具有许多微孔,而微孔有吸附大气中水分子的作用,水汽在微孔的晶粒表面扩散,可使电导发生改变,据此可制成湿敏陶瓷。用于家用电器、汽车、医疗、仓库、精密测量、气象及国防军工等方面,作为检测和监控的传感器。添加 $\alpha-Fe_2O_3$\,ZrO_2\,TiO_2\,CoO-MgO\,WO_3 等后烧结而成的陶瓷,称气敏陶瓷。它们在接触某些气体后,能产生气敏特征,可达到检测气体的目的。如添加 α-Fe_2O_3 的陶瓷，在接触了还原性气体后，α-Fe_2O_3 可转变为 Fe_3O_4，使电位下降，产生气敏特征，据此可检测异丁烷、石油液化气等可燃气体。又如含 ZrO_2 的气敏陶瓷可检测氧气，可制成气体泄漏报警器、各类气体（如 H_2、CH_4、CO，城市煤气，天然气等）的探测器。

3. 超导材料

一般金属的电阻是随温度而改变的。在热力学温度为 0 K 时，金属的电阻可趋于一个恒定值。但有些金属导体，当温度低到一定程度时，电阻会突然消失。这种以零电阻为特征的状态称为超导态。使金属从正常态转变为超导态的温度称临界温度。将超导态的物质置于中等强度的磁场中时，磁力线无法穿透该物质，导体内的磁感应强度为零，产生抗磁性。这类在某一特定温度下电阻会突然消失，并变为强抗磁体的材料，称为超导材料。

超导材料分为两类：第一类为纯金属的超导体，如 Rh、W、Ir、Hf、Ti、Ru、Cd、Os、Zr、Mo、V、La、Tc、Pa、Nb、V、Ga、In、Hg、Pb 等 28 种金属单质，其中绝大部分为 d 区元素；第二类为大多数的金属合金和化合物超导体（一些无机物、有机物、合金和非晶态合金等），如 Nb-Ti 系合金、Nb-Zr 系合金、Nb-Ti 系合金、Nb-Ti-Zr 系合金、Nb-Ti-Ta 系三元合金，以及 Nb_3Sn、V_3Ga 等数千种合金及化合物，它们都具有超导性。

由于超导材料在低温强磁场下比普通导体承受更大的电流密度（在零电阻的闭路电路中电流可永远流动），而且超导材料无电阻，工作时不会产生大量热，消耗的功率比普通导体低几个数量级，因而可用于建立高磁场、大体积磁体。现已广泛用于尖端技术领域，举例如下。

超导材料成功地用于制造核磁共振仪和穆斯波尔（Mossbauer）谱仪，这些仪器是用于材料科学和固态物理研究的；超导材料已用于物理研究及检测、医疗、强磁分离技术、超导电机等方面；在大型回旋加速器中应用超导材料作磁场系统；用于受控热核反应中，为解决地球能源问题创造了条件；在富集磁性矿砂或提纯陶瓷土、玻璃原料，应用超导体进行磁分离。除此以外，超导材料还用于直流超导电机、超导磁悬浮车、超导电缆、大型储能器等的制造。

同时，随着高温超导体的研究，出现了如 Ba-La-Ca 氧化物的高温超导材料，临界温度高达 35 K，这使液氮（77 K）作为制冷剂的超导体使用成为现实。总之，超导材料在科学技术领域中将有着广泛的研究和应用前景。

思考题

12-1　简述 d 区元素的通性。

12-2　在第一过渡系中，哪些 M^{2+} 和 M^{3+} 在水溶液中是稳定的？哪些有氧化性？哪些有还原性？

12-3　怎样鉴定 Cr^{3+}、Mn^{2+}、Fe^{3+}、Co^{2+}、Ni^{2+}？

12-4　试设计一个分离含 Fe^{3+}、Mn^{2+}、Cr^{3+}、Cu^{2+}、Ni^{2+} 和 Al^{3+} 混合液的分离方案。

12-5　根据化学平衡原理，说明反应 $2CrO_4^{2-} + 2H^+ \rightleftharpoons Cr_2O_7^{2-} + H_2O$ 的平衡移动规律。

12-6 解释下列现象,并写出相应的反应方程式:

(1)铜器在潮湿的空气中形成铜绿。

(2)SO_2 通入 $CuSO_4$ 与 NaCl 的浓溶液时析出白色沉淀。

(3)糖尿病的检验。

(4)在 $CuSO_4$ 溶液中加氨水时,颜色由浅蓝变成深蓝,当用大量水稀释时,则析出蓝色絮状沉淀。

(5)黑白照相的定影过程。

(6)在 $AgNO_3$ 溶液中滴加 KCN 溶液时,先生成白色沉淀而后溶解,再加入 NaCl 溶液时并无沉淀生成,但加入少量 Na_2S 溶液时就析出黑色沉淀。

(7)银器在含有 H_2S 的空气中会慢慢变黑。

(8)金溶于王水。

(9)焊接铁皮时,常先用浓 $ZnCl_2$ 溶液处理铁皮表面。

(10)NH_4^+ 用奈斯勒试剂鉴定。

(11)HgS 不溶于 HCl、HNO_3 和$(NH_4)_2S$,而溶于王水或 Na_2S。

(12)过量的汞与 HNO_3 反应的产物是 $Hg_2(NO_3)_2$。

12-7 判断下列四种酸性未知液的定性分析报告是否合理:

(1)K^+、NO_2^-、MnO_4^-、CrO_4^{2-}。

(2)Fe^{2+}、Mn^{2+}、Cl^-、SO_4^{2-}。

(3)Fe^{3+}、Ni^{2+}、I^-、Cl^-。

(4)Ba^{2+}、NO_3^-、Br^-、$Cr_2O_7^{2-}$。

12-8 用溶度积规则说明在 Mn^{2+} 的浓溶液中通以 H_2S,得不到 MnS 沉淀。

12-9 试从原子结构角度说明ⅠA 族元素与ⅠB 族元素、ⅡA 族元素与ⅡB 族元素在化学性质上的差异。

12-10 铁能使 Cu^{2+} 还原,铜能使 Fe^{3+} 还原,两者有无矛盾?说明理由。

12-11 利用标准电极电势值,说明铜、银、金在碱性氰化物水溶液中溶解时,空气和氰离子各起什么作用?

12-12 试以铁系元素的价层电子构型为依据,简述它们的氧化态及稳定性。

12-13 要使 MnO_4^{2-} 在溶液中稳定存在,应怎样控制碱的浓度?(假定除了氢氧根离子,其余物质都处于标准状态)

12-14 实验室一般使用铬酸洗液,为什么当它变为暗绿色时,洗涤效果就不好?

12-15 MnO_4^- 在碱溶液中由紫色变成绿色的 MnO_4^{2-},这和 $Cr_2O_7^{2-}$ 在碱性溶液中由橙色变为黄色 CrO_4^{2-} 的原理是否相同?

习　题

12-1 完成并配平下列反应方程式:

(1) $Ti+HF \longrightarrow$　　(2) $FeTiO_3+H_2SO_4 \longrightarrow$

(3) $TiO_2+NaOH \longrightarrow$　　(4) $TiO_2+H_2SO_4 \longrightarrow$

(5) $TiO_2 + C + Cl_2 \longrightarrow$　　(6) $TiOSO_4 + H_2O \longrightarrow$

(7) $TiOSO_4 + NaOH + H_2O \longrightarrow$　　(8) $TiCl_4 + H_2O \longrightarrow$

12-2　请解释下列现象，并写出相应的反应方程式：

(1)金属钛为何易溶于含 HF 的混合酸中？

(2)$TiCl_4$ 为何可用于制造烟幕？

(3)当向 $TiCl_4$ 溶液瓶中加入浓盐酸和锌时，会生成什么产物？

(4)当用 TiO_2 为原料制备金属钛时，为何不能用碳直接还原？

(5)当 $TiCl_3$ 遇水和空气时会产生什么现象？为什么？

12-3　完成并配平下列反应方程式：

(1) $V_2O_5 + NaOH \longrightarrow$　　(2) $V_2O_5 + HCl(浓) \longrightarrow$

(3) $NH_4VO_3 \xrightarrow{\triangle}$　　(4) $VO_2^+ + H_2C_2O_4 + H^+ \longrightarrow$

(5) $VO^{2+} + MnO_4^- \longrightarrow$

12-4　若使$(VO_4)^{3-}$溶液的 pH 不断降低，将会出现什么现象？简单说明道理。

12-5　选用合适的还原剂，使下述过程得以实现：

(1) $VO_2^+ \longrightarrow V^{2+}$

(2) $VO_2^+ \longrightarrow VO^{2+}$

12-6　试根据钒的元素电势图，说明在酸性钒酸盐溶液中，分别加入 Sn^{2+}、Fe^{2+} 或金属锌时，钒可被还原至何种氧化态。

12-7　完成并配平下列反应方程式：

(1) $(NH_4)_2Cr_2O_7 \xrightarrow{\triangle}$　　(2) $CrO_2^- + Cl_2 + OH^- \longrightarrow$

(3) $Cr_2O_7^{2-} + H_2S + H^+ \longrightarrow$　　(4) $[Cr(OH)_4]^- + Br_2 + OH^- \longrightarrow$

(5) $Cr_2O_3 + NaOH \longrightarrow$　　(6) $Cr_2O_3 + H_2SO_4 \longrightarrow$

(7) $CrO_3 + HCl \longrightarrow$　　(8) $CrO_5 + NaOH \longrightarrow$

12-8　请以 $K_2Cr_2O_7$ 为原料，设计制备：(1)K_2CrO_4，(2)Cr_2O_3，(3)CrO_3，(4)$CrCl_3$ 的方案，并列出必要的反应条件。

12-9　请根据下述实验现象，解释并写出有关的化学反应方程式。

(1)将 NaOH 溶液滴入 $Cr_2(SO_4)_3$ 溶液中，即有灰绿色絮状沉淀产生，然后生成的沉淀又会逐步溶解。此时再加入溴水，溶液可由灰绿色转变为黄色。

(2)若将 $BaCrO_4$ 的黄色沉淀溶于浓 HCl 之中，即可得到一种绿色的溶液。

12-10　现有某精矿 A，经碱熔法在空气中加热至 1 273 K 后，立即用水浸出溶液 B，将浸出液 B 用酸酸化可得溶液 C。当将 Ag^+ 加入 C 中，可得砖红色沉淀 D。若将 H_2O_2 和乙醚加入 C 中，则可得到蓝色物质 E。若在溶液 C 中加入 Fe^{2+}，则得绿色溶液 F。在溶液 F 中加入过量的 NaOH，并经过滤除去沉淀 $Fe(OH)_3$ 后，可得清液 G。若在 G 中加入 H_2O_2，则又可获得溶液 B。试问：A～G 各为何物，写出有关的反应方程式。

12-11　完成并配平下列反应方程式：

(1) $MnO_2 + HCl \longrightarrow$　　(2) $Mn^{2+} + NaBiO_3 + H^+ \longrightarrow$

(3) $Mn(OH)_2 + O_2 \longrightarrow$　　(4) $MnO_4^- + Mn^{2+} \longrightarrow$

(5) $MnO_4^- + C_2O_4^{2-} + H^+ \longrightarrow$　　　(6) $MnO_2 + KOH + KClO_3 \longrightarrow$

(7) $Mn_2O_3 + H_2SO_4 \longrightarrow$　　　(8) $KMnO_4 \xrightarrow[\triangle]{>473\ K}$

12-12　现有一种固体 A,当与 NaOH 和 Na_2O_2 共熔后,用水浸出溶液 B,经酸化后,可得棕褐色固体 C 及溶液 D。将溶液 D 与 H_2O_2 反应,即逸出氧气并得到溶液 E。在 E 中加入 NaOH 可得白色沉淀 F。在空气中 F 可逐渐被氧化成棕黑色物质 G。试写出 A～G 各为何物,并写出有关反应方程式。

12-13　完成并配平下列反应方程式:

(1) $FeSO_4 + Br_2 + H_2SO_4 \longrightarrow$　　　(2) $Ni(OH)_2 + Br_2 + OH^- \longrightarrow$

(3) $FeCl_3 + Cu \longrightarrow$　　　(4) $Co(OH)_2 + H_2O_2 \longrightarrow$

(5) $Fe(OH)_3 + KClO_3 + KOH \longrightarrow$　　　(6) $Co_2O_3 + HCl \longrightarrow$

(7) $Ni + HNO_3 + H_2SO_4 \longrightarrow$

12-14　写出用盐酸处理 $Fe(OH)_3$\,$Co(OH)_3$\,$Ni(OH)_3$ 时所发生的反应,并简述原因。

12-15　请解释下述现象:

(1)在含 Fe^{3+} 的溶液中加入氨水,得不到铁氨配合物。

(2)由 Fe(Ⅲ)盐与 KI 作用不能制得 FeI_3,同理,由 Co(Ⅲ)盐与 KCl 作用,也不能制得 $CoCl_3$。

(3)变色硅胶在干燥时显蓝色,吸水后变红。

12-16　有一种金属 A,当溶于稀 HCl 后,能生成 ACl_2(ACl_2 的磁矩为 5.0 B.M.)。在无氧时,在 ACl_2 溶液中加入 NaOH,可生成白色沉淀 B。当置于空气中,会逐渐变绿,最后呈棕色沉淀 C。若将 C 溶于稀 HCl 中,则可生成溶液 D。在预先加入 NaF 的前提下,D 不能使 KI 氧化成 I_2。若在 C 的浓 NaOH 溶液中通以氯气,可得紫色溶液 E。向 E 中加入 $BaCl_2$ 后,会沉淀出红棕色固体 F。F 是有强氧化性的物质。若将 C 灼烧,则可生成棕红色的粉末 G。在部分还原情况下,G 可变成铁磁性黑色物质 H。试判断 A～G 各为何物?并写出有关的反应方程式。

12-17　选择适当的配位剂分别将下列沉淀溶解,并写出相应的反应方程式。

(1)CuCl　(2)AgBr　(3)$Cd(OH)_2$　(4)CuS　(5)HgS　(6)Hg_2I_2,S

12-18　许多金属离子都可以与 CN^- 形成稳定的配合物,为什么向 Cu^{2+} 溶液中加入 NaCN 时,一般得不到 $[Cu(CN)_4]^{2-}$?

12-19　分别向 $Cu(NO_3)_2$、$AgNO_3$、$Hg(NO_3)_2$ 溶液中加入过量的 KI 溶液,各得到什么产物?写出化学反应方程式。

12-20　判断下列各字母所代表的物质:化合物 A 是一种黑色固体,它不溶于水、稀 HAc 和 NaOH 溶液,而溶于热盐酸中,生成一种绿色的溶液 B。将溶液 B 与铜丝一起煮沸,逐渐变成土黄色溶液 C。若用大量水稀释溶液 C,则生成白色沉淀 D。D 可溶于氨溶液生成无色溶液 E。E 暴露在空气中会迅速变成蓝色溶液 F。向 F 中加入 KCN 时,蓝色消失,生成溶液 G,往 G 中加锌粉,则生成红色沉淀 H,H 不溶于稀酸和稀碱,但能溶于热 HNO_3 生成蓝色溶液 I,往 I 中慢慢加入 NaOH 溶液则生成蓝色沉淀 J,如将 J 过滤,取出后加热,又生成原来的化合物 A。

12-21　化合物 A 是能溶于水的白色固体，将 A 加热时，生成白色固体 B 和无色刺激性气体 C，C 能使 KI_3 溶液褪色，生成溶液 D，D 中加入 $BaCl_2$ 时生成白色沉淀 E，E 不溶于 HNO_3。固体 B 溶于热 HCl 溶液生成溶液 F，F 虽能与过量的 NaOH 溶液或氨水作用，但不生成沉淀，若它与 NH_4HS 溶液作用，则生成白色沉淀 G。在空气中灼烧 G 会变成原来的白色固体 B 和 C。若用稀 HCl 溶液与化合物 A 作用，则生成溶液 F 和气体 C，试判断各字母所代表的物质。

12-22　有无色溶液 A，具有下列性质：

(1)加入氨水时，有白色沉淀 B 生成。

(2)加入稀 NaOH，则有黄色沉淀 C 生成，C 不溶于碱，但溶于 HNO_3。

(3)滴加 KI 溶液，先析出橘红色沉淀 D。当 KI 过量时，橘红色沉淀 D 消失，生成无色溶液 E。

(4)若在此无色溶液 A 中加入数滴汞并振荡，汞逐渐消失，此时，再加入氨水则得灰黑色沉淀 B 和 F。

(5)通 H_2S 于 A 溶液中，产生黑色沉淀 G，G 沉淀不溶于浓 HNO_3，但可溶于 Na_2S 溶液，得溶液 H。

试判断 A～H 各为何物？并写出每一步的反应方程式。

第13章

定量分析中的分离方法

Separation Methods in Quantitative Analysis

在分析化学中，实际分析对象往往比较复杂，测定某一组分时常受到其他组分的干扰，这不仅影响测定结果的准确性，有时甚至无法测定。消除干扰最简便的方法是控制分析条件(analysis conditions)或使用掩蔽剂(masking agent)，这在讨论各种测定方法时已做过介绍。但有时使用这些方法还不能消除干扰，就需事先将被测组分的干扰成分除去。若被测组分含量很低，测定方法的灵敏度又不够高，分离的同时往往还需把被测组分富集起来，使其有可能被测定。

分析中对分离的要求是：干扰组分应减少至不再干扰被测组分的测定，被测组分在分离过程中的损失要小到可忽略不计。后者常用回收率(rate of recovery)来衡量：

$$R_r(\text{回收率})=\frac{Q_r(\text{分离后的测量值})}{Q_r^0(\text{原始含量})}\times 100\%$$

回收率越高越好，但实际工作中随着被测组分的含量不同对回收率有不同的要求。含量在1%以上的常量组分，回收率应接近100%；对于痕量组分，回收率可在90%～110%，有些情况下，例如，待测组分的含量太低时，回收率在80%～120%亦符合要求。

例如，50.0 mg 铁经分离干扰后，测得为49.8 mg，其回收率是

$$\frac{49.8}{50.0}\times 100\%=99.6\%$$

本章讨论几种常见的分离方法。

13.1 溶剂萃取分离法

Solvent extraction separation

溶剂萃取分离法利用物质溶解性(solubility)的差异，采用与水不混溶的有机溶剂，从水溶液中把无机离子萃取到有机相中，以实现分离。

如果欲从水溶液中把无机离子萃取出来，必须设法将它们的亲水性转化为疏水性，才能使它们溶入有机溶剂层。有时需要把有机相的物质再转入水相，这一过程称为反萃取(back extraction)。通过萃取和反萃取的使用，能提高萃取分离的选择性。

13.1.1 分配系数、分配比和萃取效率、分离因数

Distribution coefficient, distribution ratio and extraction efficiency, separation factor

用有机溶剂从水中萃取溶质 A 时，如果溶质 A 在两相中的存在形式相同，平衡时在有机相中的浓度$[A]_{有}$与水相中的浓度$[A]_{水}$之比（严格说是活度比）在给定温度下是一常数，即

$$\frac{[A]_{有}}{[A]_{水}}=K_D$$

K_D 称分配系数（distribution coefficient），此表达式称为分配定律（law of distribution）。

实际上萃取体系是一个复杂体系，它可能伴有离解、缔合和配位（dissociation，association and coordination）等多种化学作用，溶质 A 在两相中可能有多种存在形式，这时分配定律就不适用了。对分析工作者来说，重要的是知道溶质 A 在两相间的分配。因此，常把溶质 A 在两相中各种存在形式的浓度之和（即分析浓度、总浓度）之比称为分配比（distribution ratio），以 D 表示：

$$D=\frac{c_{有}}{c_{水}}=\frac{[A_1]_{有}+[A_2]_{有}+\cdots+[A_n]_{有}}{[A_1]_{水}+[A_2]_{水}+\cdots+[A_n]_{水}}$$

只有在最简单的萃取体系中，溶质在两相中的存在形式完全相同时，$D=K_D$，在实际情况下，一般 $D\neq K_D$。如果物质在某种有机溶剂中的分配系数比较大，则用该种有机溶剂萃取时，原溶质的大部分将进入有机溶剂相，这时萃取效率较高。根据分配比可以计算萃取效率（extraction efficiency）。

当溶质 A 的水溶液用有机溶剂萃取时，设水溶液的体积为 $V_{水}$，有机溶剂的体积为 $V_{有}$，则萃取效率 E(%)为

$$E=\frac{\text{A 在有机相中的总量}}{\text{A 在两相中的总量}}\times 100\%$$

$$=\frac{c_{有}V_{有}}{c_{有}V_{有}+c_{水}V_{水}}\times 100\%$$

用 $c_{水}V_{有}$ 除上式分子、分母各项则得

$$E=\frac{c_{有}/c_{水}}{c_{有}/c_{水}+V_{水}/V_{有}}\times 100\%=\frac{D}{D+(V_{水}/V_{有})}\times 100\%$$

可见萃取效率由分配比 D 和体积比 $V_{水}/V_{有}$ 决定。D 越大，萃取效率越高。表 13-1 是 $V_{水}/V_{有}=1$ 时不同 D 值的萃取效率 E。

表 13-1　不同 D 值的萃取效率 E ($V_{水}/V_{有}=1$)

D	E/%	D	E/%
1	50	100	99
10	91	1 000	99.9

若一次萃取要求萃取效率达到 99.9%，则 D 值必须大于 1 000。

如果 D 固定，减小 $V_{水}/V_{有}$，即增加有机溶剂的用量，也可提高萃取效率，但效果不太显

著；另一方面，增加有机溶剂的用量，将使萃取以后的溶质在有机相中的浓度降低，不利于进一步的分离和测定。因此在实际工作中，对于分配系数比较小的溶质，常采用分几次加入溶剂、连续几次萃取的办法，提高萃取效率。

若在原来的水溶液中 A 的浓度为 c_0，体积为 $V_{水}$，以有机溶剂（体积为 $V_{有}$）萃取，达到平衡后水溶液及有机溶剂相中 A 的浓度各等于 c_i 和 c_i'（$i=1,2,\cdots,n$），则根据定义得

$$c_0V_{水}=c_1V_{水}+c_1'V_{有}=c_1V_{水}+c_1DV_{有}$$

$$c_1=c_0\frac{V_{水}}{DV_{有}+V_{水}}$$

萃取两次后，

$$c_2=c_0\left(\frac{V_{水}}{DV_{有}+V_{水}}\right)^2$$

可以导出，当用 $V_{有}$(mL)萃取 n 次时，

$$c_n=c_0\left(\frac{V_{水}}{DV_{有}+V_{水}}\right)^n$$

例如，$D=10$，$V_{水}=V_{有}$，经过三次萃取得

$$c_3=c_0\left(\frac{V_{水}}{DV_{有}+V_{水}}\right)^3=c_0\left(\frac{1}{D+1}\right)^3=0.000\ 751\ 3\ c_0$$

可见，若连续萃取，当所使用的有机溶剂体积是 $V_{水}$ 的 3 倍时，萃取已达到完全（$D=10$ 时）。若不用连续萃取的办法，而是单纯增加有机溶剂量，如使 $V_{有}=10V_{水}$，则萃取一次后水溶液中 A 的 c_1 为

$$c_1=c_0\frac{V_{水}}{DV_{有}+V_{水}}=c_0\frac{1}{100+1}=0.009\ 9\ c_0$$

可见使用有机溶剂的量比前者多得多，但效果却不及前者。

为了达到分离目的，不但萃取效率要高，而且共存组分间的分离效果要好，一般用分离因数(separation factor)β 来表示分离效果。β 是两种不同组分分配比的比值：

$$\beta=\frac{D_A}{D_B}$$

如果 D_A 和 D_B 相差很大，分离因素很大，两种物质可以定量分离；如果 D_A 和 D_B 相差不多，两种物质就难以完全分离。

13.1.2 萃取体系的分离和萃取条件的选择 Separation of extraction system and selection of extraction conditions

无机物质中只有少数共价分子，如 HgI_2、$HgCl_2$、$GeCl_4$、$AsCl_3$、SbI_3 等可以直接用有机溶剂萃取。大多数无机物质在水溶液中离解成离子，并与水分子结合成水合离子。而萃取过程却要用非极性或弱极性的有机溶剂从水中萃取出已水合的离子，这显然是有困难的。为了使无机离子的萃取过程能顺利进行，必须在水中加入某种试剂，使被萃取物质与试剂结合成不带电荷的、难溶于水而易溶于有机溶剂的分子，这种试剂称萃取剂。根据被萃取组分

与萃取剂所形成的被萃取分子的性质不同，可把萃取体系分类如下：

1. 形成内络盐的萃取体系

这种萃取体系在分析化学中应用广泛。所用萃取剂一般是有机弱酸，也是螯合剂(chelating agent)。例如，8-羟基喹啉，可与 Pb^{2+}、Ti^{3+}、Fe^{3+}、Ga^{3+}、In^{3+}、Al^{3+}、Mg^{2+}、Zn^{2+} 等离子生成螯合物，如图 13-1 所示。所生成的螯合物难溶于水，可用有机溶剂氯仿萃取。又如二苯硫腙，它微溶于水，形成互变异构体，并可与 Ag^+、Au^{3+}、Bi^{3+}、Cd^{2+}、Hg^{2+}、Cu^{2+}、Co^{2+} 等离子螯合，所生成的螯合物难溶于水，可用 CCl_4 萃取。

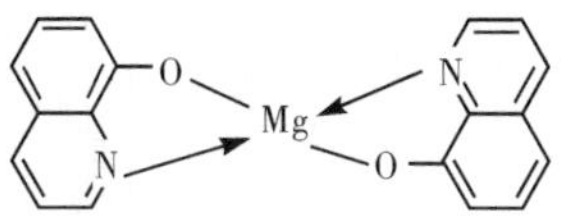

图 13-1　8-羟基喹啉与镁离子生成的螯合物

这类萃取剂如以 HR 表示，它们与金属离子的螯合和萃取过程可简单地用图 13-2 表示。

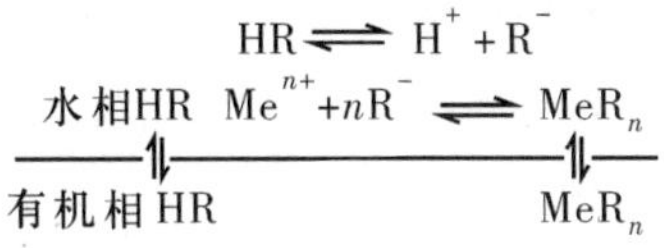

图 13-2　螯合萃取的过程

萃取剂(extractant)HR 越易离解，它与金属离子所形成的螯合物 MeR_n 就越稳定；螯合物的分配系数越大，而萃取剂的分配系数越小，则萃取越容易进行，萃取效率越高。对于不同的金属离子，由于所生成的螯合物的稳定性不同，螯合物在两相中的分配系数不同，因而选择和控制适当的萃取条件，包括萃取剂的种类、溶剂的种类、溶液的酸度，就可使不同的金属离子得以萃取分离。

2. 形成离子缔合物的萃取体系

属于这一类的是带不同电荷的离子，它们可互相缔合成疏水性的中性分子，被有机溶剂萃取。在这一类萃取体系中，溶剂分子参加到被萃取的分子中去，因此它既是溶剂又是萃取剂。

例如，用乙醚从 HCl 溶液中萃取 Fe^{3+}：

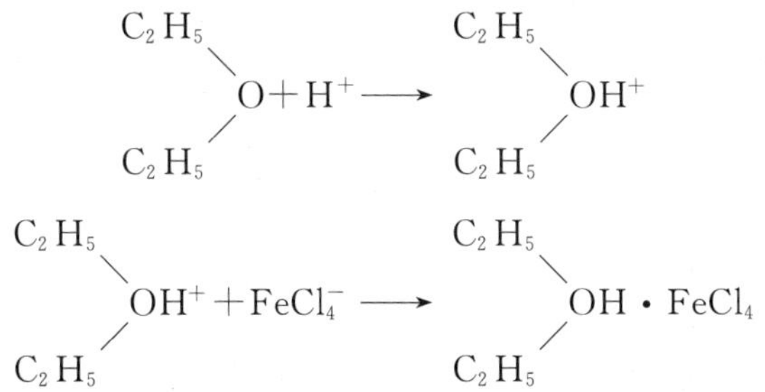

又如，在 HNO_3 溶液中，用磷酸三丁酯(TBP)萃取 UO_2^{2+} 也属于这一类。

$$UO_2^{2+} + 6H_2O \rightleftharpoons [UO_2(H_2O)_6]^{2+}$$

$$[UO_2(H_2O)_6]^{2+} + 6TBP \longrightarrow [UO_2(TBP)_6]^{2+} + 6H_2O$$

$$[UO_2(TBP)_6]^{2+} + 2NO_3^- \longrightarrow UO_2(TBP)_6(NO_3)_2$$

疏水性的溶剂化分子 $UO_2(TBP)_6(NO_3)_2$ 被磷酸三丁酯所萃取。

对于这类萃取体系，加入大量的与被萃取化合物具有相同阴离子的盐类，可显著地提高萃取效率，这种现象称盐析作用(salting out)。

3. 形成三元配合物的萃取体系

这是 20 世纪末发展起来的一类萃取体系。由于三元配合物具有选择性好、灵敏性高的特点，因而这类萃取体系发展较快。例如，为了萃取 Ag^+，可使 Ag^+ 与邻二氮杂菲配位成配阳离子，并与溴邻苯三酚红的阴离子缔合成三元配合物，如图 13-3 所示。在 pH＝7 的缓冲溶液中用硝基苯萃取，然后可在溶剂相中用光度法(photometry)进行测定。

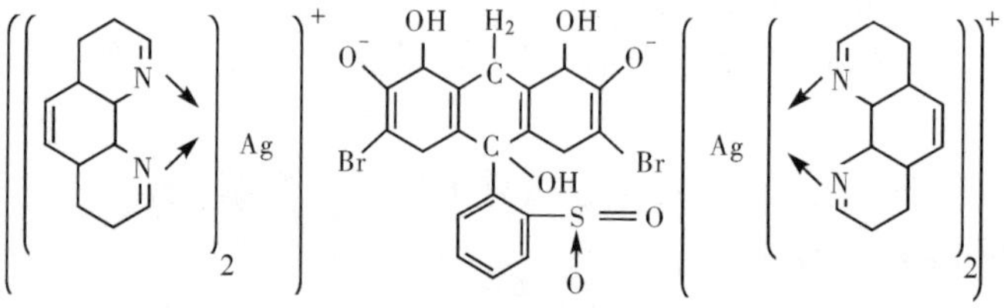

图 13-3　邻二氮杂菲合银与溴邻苯三酚红阴离子缔合成的三元配合物

三元配合物萃取体系对于稀有元素、分散元素的分离和富集很有意义。

13.1.3　有机物的萃取分离
Extraction and separation of organic compounds

在有机物的萃取分离中，相似相溶(similar dissolve mutually)原则是十分有用的。极性有机化合物和有机化合物的盐类通常溶于水而不溶于非极性有机溶剂；非极性有机化合物则不溶于水，但可溶于非极性有机溶剂，如苯、四氯化碳、环己烷等。因此根据相似相溶原则，选用适当的溶剂和条件，常可从混合物中萃取某些组分，而不萃取另一些组分，从而达到分离目的。例如，可用水从丙醇和溴丙烷的混合物中萃取极性的丙醇，可用弱极性的乙醚从极性的三羟基丁烷中萃取弱极性的酯。

在分析工作中，萃取操作一般用间歇法在梨形分液漏斗中进行。对于分配系数较小的物质，则可以在各种不同形式的连续萃取器中进行连续萃取。

13.2　色谱分离法
Chromatographic separation

色谱分离法又称层析法(chromatography)，是一种物理化学分离法，利用混合物各组分的物理化学性质的差异，使各组分不同程度地分布在两相中。其中一相是固定相(stationary phase)，另一相是流动相(mobile phase)。用本法分离样品时，总是由一种流动相带着样品流经固定相，从而使各种组分分离。固定相可以是固体的吸附剂，也可以由固体支持体及载体、担体上载有液体所组成。以气体为流动相称为气相色谱分析，以液体为流动相称为液相色谱分析。色谱分离操作简便，不需要很复杂的设备，样品用量可大可小，既能用于实验室的分离分析，也适用于产品的制备和提纯。因此，在医药卫生、环境保护、生物化学等领域已成为经常使用的分离分析方法。本节主要介绍液相色谱分离法(liquid chromatography)。

13.2.1　纸上萃取色谱分离法
Chromatography extraction on paper

纸上萃取色谱分离法又称纸层析或纸上层析，此法设备简单，易于操作，适于微量组分的分离。其原理是根据不同物质在两相间的分配比不同而进行分离。滤纸谱图上溶质点的移动，可以看成是溶质在固定相和流动相之间的连续分配作用，因分配系数不同达到分离的目的。这是以滤纸上吸附的水作固定相，与水不混溶的有机溶剂作流动相(展开剂)。一般滤纸上的纤维能吸附 22%的水分，其中约 6%的水与纤维结合生成水合纤维素配合物。纸纤维上的羟基具有亲水性，与水的氢键相连，限制了水的扩散。因此，使得与水互溶的溶剂在此情况下仍然能与水形成类似不相混合的两相。各组分在色谱图谱中的位置常用比移值(R_f)表示，如图 13-4 所示。

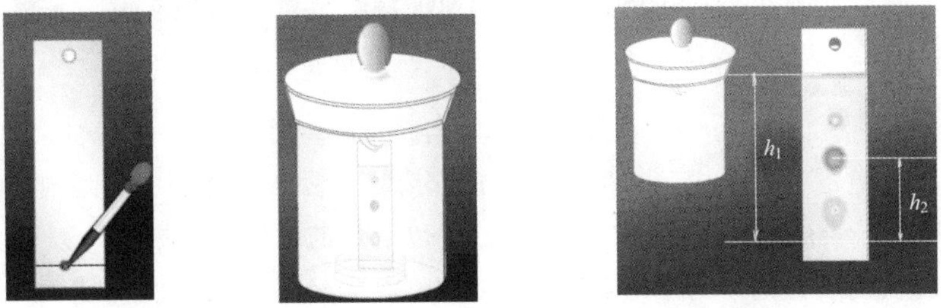

(a) 点样　(b) 展开　(c) 显色和处理

图 13-4　纸上萃取色谱分离过程

$$R_f=\frac{\text{斑点中心移动距离}}{\text{溶剂前缘移动距离}}=\frac{h_2}{h_1}$$

R_f 为 0～1。若 $R_f \approx 0$，表明该组分基本留在原点未移动，即没被展开；若$R_f \approx 1$，表明该组分随溶剂一起上升，即待测组分在固定相中的浓度接近于零。

在一定条件下 R_f 是物质的特征值，可以利用 R_f 鉴定各种物质。但影响 R_f 的因素很多，最好用已知的标准样进行对照。根据各物质的 R_f 可以判断彼此能否用色谱法分离。一般地，R_f 只要相差 0.02 以上，就能彼此分离。

对于有色物质，各个斑点可以清楚地看出来，不需要显色。如果分离的是无色物质，则在分离后需要用物理方法或化学方法处理滤纸，使各斑点显现出来。如采用紫外照射、氨熏、碘熏、喷显色剂溶液等。常用的显色剂有 $FeCl_3$ 水溶液、茚三酮正丁醇溶液等。

纸上萃取色谱分离法是一种微量分离方法，是一项技术性很高的工作，要想得到良好的分离效果，必须严格控制色谱条件。

13.2.2　薄层萃取色谱分离法
Thin layer extraction chromatography separation method

薄层萃取色谱分离法又称薄板层析或薄层色谱，是在纸上萃取色谱分离法基础上发展起来的。与纸上萃取色谱分离法相比，具有速度快、分离清晰、灵敏度高，可以采用各种方法显色等特点，近年来发展极为迅速，广泛地应用于有机分析中。

薄层萃取色谱分离法是把固定相的支持剂均匀地涂在玻璃板上，把样品点在薄层板的一端，放在密闭容器中，用适当的溶剂展开。借助薄层板的毛细作用，展开剂由下向上移动。由于固定相相对不同物质的吸附能力不同，当展开剂流过时，不同物质在吸附剂与展开剂之间发生不断吸附、解吸、再吸附、再解吸等过程。易被吸附的物质移动得慢些，较难被吸附的物质移动得快些。经过一段时间的展开，不同物质彼此分开，最后形成相互分开的斑点，如图 13-5 所示。样品分离情况也可用比移值(R_f)衡量。

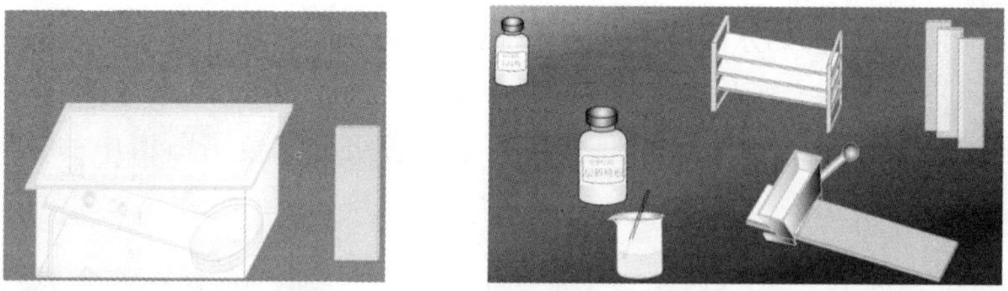

(a) 装置　　(b) 层析板的涂敷

图 13-5　薄层萃取色谱分离法的装置和层析板的涂敷

在薄层萃取色谱分离法中，为了获得良好的分离，必须选择适当的**吸附剂**(adsorbent)和**展开剂**(developing agent)。对展开剂的选择，仍以溶剂的极性为依据。一般地说，极性大的物质要选极性大的展开剂。为了寻找适宜的展开剂，需经过多次实验方能确定。吸附剂必须具有适当的吸附能力，而与溶剂、展开剂及欲分离的试样又不会发生任何化学反应。吸附剂都做成细粉状，一般以150～250目较为合适。其吸附能力的强弱往往和所含的水分有关，含水分较多的，吸附能力就大为减弱，因此需把吸附剂在一定温度烘焙以驱除水分，进行"活化"。在薄层萃取色谱分离法中用得最广泛的吸附剂是氧化铝和硅胶。氧化铝制备的层析板称"软板"，硅胶制备的层析板称"硬板"。

例如，1-氨基蒽醌混合物的分离。层析板：中性氧化铝吸附剂，展开剂：丙酮、四氯化碳、乙醇(1∶3∶0.04)。

橙色：1-氨基蒽醌

橙红色：1,5-二氨基蒽醌

桃红色：1,8-二氨基蒽醌

黄色：2-氨基蒽醌

红色：1,6-二氨基蒽醌

黄橙色：1,7-二氨基蒽醌

褐色：原点

又如，Cu^{2+}、Pb^{2+}、Cd^{2+}、Bi^{3+}、Hg^{2+} 的分离。层析板：硅胶 G 板，展开剂：正丁醇、1.5 mol·L^{-1} HCl 和乙酰基丙酮按 100∶20∶0.5 混合。显色：展开后喷以 KI 溶液，待薄层干燥后以氨熏，再以 H_2S 熏。显色后，得到棕黑色 CuS 斑、棕色 PbS 斑、黄色 CdS 斑、棕黑色 Bi_2S_3 和棕黑色 HgS 斑。R_f 依上述次序依次增加。

13.3 离子交换分离法
Ion exchange separation method

利用离子交换剂与溶液中离子发生交换反应而使离子分离的方法,称离子交换分离法。如果把交换上去的离子用适当的洗脱剂一次洗脱,相互分离,称离子交换层析法。该方法分离效率高,既能用于带相反电荷离子间的分离,也能用于带相同电荷离子间的分离,尤其适用于性质相近的离子间的分离,如 Nb 和 Ta、Zr 和 Hf 以及稀土元素等。还可用于微量元素的富集和高纯物质的制备,其中也包括蛋白质、核酸、酶等生物活性物质的纯化。离子交换分离法设备简单,操作也不复杂,树脂又具有再生能力,可以反复使用。因此它广泛应用于科研、生产等许多部门。离子交换分离法的不足之处是分离过程的周期长,耗时过多。因此在分析化学中,仅用它解决较困难的分离问题。

离子交换剂的种类很多,有无机交换剂,也有有机交换剂。目前应用较多的是有机交换剂,即离子交换树脂。

13.3.1 离子交换树脂法
Ion exchange resin method

离子交换树脂是一种高分子聚合物,其三维网状结构的骨架部分一般很稳定,对于酸、碱、一般的有机溶剂和较弱的氧化剂都不起作用。在网状结构的骨架上有许多活性基团,这些基团上有可以被交换的离子。根据这些离子的电荷,交换树脂可以分成阳离子交换树脂和阴离子交换树脂两大类。

1. 阳离子交换树脂

阳离子交换树脂(cation exchange resin)的活性交换基团是酸性的,它的 H^+ 可被阳离子交换。根据活性基团酸性强弱,可分为强酸型、弱酸型两类。强酸型树脂含有磺酸基($—SO_3H$),弱酸型树脂含有羧基(—COOH)或酚羟基(—OH)。这类树脂以强酸型离子交换树脂应用较广,它在酸性、中性和碱性溶液中都能使用,且交换反应速度快,与简单的、复杂的、无机的和有机的阳离子都可以交换,因而在分析化学中应用较多。弱酸型树脂对 H^+ 的亲和力大,酸性溶液中不能使用,但选择性好,如果选酸作洗脱剂,就能分离不同强度的碱性氨基酸。上述树脂中酸性基团上的 H^+ 可以离解出来,并能与其他阳离子进行交换,因此又称为 H^+ 型阳离子交换树脂。

H^+ 型强酸性阳离子交换树脂与溶液中其他阳离子,例如 Na^+ 发生的交换反应,可以简单地表示如下:

$$R—SO_3H + Na^+ \underset{\text{洗脱过程}}{\overset{\text{交换过程}}{\rightleftharpoons}} R—SO_3Na + H^+$$

溶液中的 Na^+ 进入树脂网状结构,H^+ 则交换进入溶液,树脂就转变为 Na^+ 型强酸型阳离子交换树脂。由于交换过程是可逆过程,如果以适当浓度的酸溶液处理已经交换的树脂,反应将向反方向进行,树脂又恢复原状,这一过程称为再生或洗脱过程。再生后的树脂经过洗涤可以再次使用。

2. 阴离子交换树脂

阴离子交换树脂(anion exchange resin)的活性基团是碱性的,它的阴离子可被其他阴离子交换。根据基团碱性的强弱,又可分为强碱型和弱碱型两类。弱碱型阴离子交换树脂含有氨基($—NH_2$)、仲氨基($—NHCH_3$)、和叔氨基[$—N(CH_3)_2$];强碱型阴离子交换树脂含有季氨基[$N^+(CH_3)_3OH^-$],这种树脂中的 OH^- 能与其他阴离子发生交换。交换过程和洗脱过程可以表示如下:

$$R—N^+(CH_3)_3OH^- + Cl^- \underset{\text{洗脱过程}}{\overset{\text{交换过程}}{\rightleftharpoons}} R—N^+(CH_3)_3Cl^- + OH^-$$

上述阴离子交换树脂为 OH^- 型阴离子交换树脂。经上式交换后则转变为 Cl^- 型阴离子交换树脂。交换后的树脂经适当浓度的碱溶液处理后可以再生。

阴离子交换树脂中以强碱型阴离子交换树脂的应用较广,在酸性、中性和碱性溶液中都能应用,对于强酸根和弱酸根离子都能交换。弱碱型阴离子交换树脂在碱性溶液中即失去交换能力,在分析化学中应用较少。

3. 螯合树脂

在离子交换树脂中引入某些能与金属离子螯合的活性基团,就成为螯合树脂(chelating resin),它能在交换过程中选择性地交换某种金属离子,所以对化学分离有重要的意义。例如,含有氨基二乙酸基团的树脂,由该基团与金属离子的反应特性估计,这种树脂对 Cu^{2+}、Co^{2+}、Ni^{2+} 有很好的选择性。可以预计,利用这种方法同样可以制备含某一金属离子的树脂,来分离含有某些官能团的有机化合物。如含汞的树脂可分离含有巯基的化合物,如半胱氨酸、谷胱甘肽等,这一设想可能对生物化学的研究有一定意义。

13.3.2 离子交换色谱法
Ion exchange chromatography

离子交换色谱法亦可用来分离各种不同电荷的离子,这是基于离子在树脂上的交换能力不同。离子在树脂上交换能力的大小称为离子交换亲和力。

在强酸型阳离子交换树脂上,碱金属离子、碱土金属离子和稀土金属离子的交换亲和力大小顺序分别如下:

$$Li^+ < H^+ < Na^+ < K^+ < Rb^+ < Cs^+$$

$$Mg^{2+} < Ca^{2+} < Sr^{2+} < Ba^{2+}$$

$$Lu^{3+} < Yb^{3+} < Er^{3+} < Ho^{3+} < Dy^{3+} < Tb^{3+} < Gd^{3+} <$$
$$Eu^{3+} < Sm^{3+} < Nd^{3+} < Pr^{3+} < Ce^{3+} < La^{3+}$$

不同价的离子,其交换亲和力随着原子价数的增加而增大。例如

$$Na^+ < Ca^{2+} < Al^{3+} < Th^{4+}$$

各种强碱性阴离子交换亲和力顺序如下:

$$F^- < OH^- < CH_3COO^- < Cl^- < Br^- < NO_3^- < HSO_4^- < I^- < SCN^- < ClO_4^-$$

由于带相同电荷离子的交换亲和力存在差异,因而可以利用此差异进行离子交换层析

分离。

例如，为了分离 Li^+、Na^+、K^+，可以将这三种离子的中性溶液通过细长的、填充有强酸型阳离子的交换柱，这三种离子都留在交换柱的上端。接着以 0.1 mol·L^{-1} HCl 溶液洗脱，它们都将被洗下。随着洗脱液的流动，下面的树脂层又交换上去，接着又被洗脱。如此沿着交换柱不断地发生交换、洗脱、又交换、又洗脱的过程，于是交换亲和力最弱的 Li^+ 首先被洗下，接着是 Na^+，最后是 K^+。如果分段收集洗脱液，则可把 Li^+、Na^+、K^+ 分离，而后可以分别测定。

由于离子间交换亲和力的差异往往较小，单独依靠交换亲和力的差异来分离比较困难，如果采用某种配位剂溶液作洗脱液，则结合洗脱液的配位作用可使分离效果更好。

近年来，有机化合物的离子交换色谱分离也获得了迅速发展和日益广泛的应用，尤其在药物分析和生物化学分析方面。例如，对氨基酸的分离，已进行深入的研究并取得了显著成果，据介绍，在一根交换柱上已能分离出 46 种氨基酸和其他组分。

以上讨论的分离都用离子交换树脂作为交换剂。但离子交换树脂不耐高温、不耐辐射。为了适应原子能工业的需要，人们研究生产了耐高温、耐辐射的无机离子交换剂，如磷酸锆、钨酸锆等。

另一方面，把离子交换剂树脂和黏合剂均匀混合，或把纤维素加以处理，引入可交换的活性基团，用来涂铺薄层，进行离子交换薄层层析的研究和应用，近年来也有发展。

13.4　沉淀分离法

Precipitation separation method

沉淀分离法是一种经典的分离方法，它利用沉淀反应把被测组分和干扰组分分开。沉淀剂可以分为无机沉淀剂、有机沉淀剂两类。有机沉淀剂主要与金属离子形成螯合物沉淀、缔合物沉淀和三元配合物沉淀。本节主要介绍无机沉淀剂沉淀分离法。无机沉淀剂有很多种，形成沉淀的类型也有多种。方法的主要原理是溶度积规则。此处只对形成氢氧化物和硫化物沉淀的沉淀分离法做简要讨论。

1. 氢氧化物沉淀分离法(precipitation separation of hydroxides)

大多数金属离子都能生成氢氧化物沉淀，而且沉淀的溶解度往往相差很大，有可能借助控制酸度的方法使某些金属离子彼此分离。从理论上讲，只要知道氢氧化物的溶度积和金属离子的原始浓度，就能算出沉淀开始析出和沉淀完全时的酸度。

表 13-2 列出了一些常见氢氧化物沉淀的计算结果。实际上，金属离子可能形成多种羟基配合物(包括多核配合物)及其他配合物，有关常数现在也还未完全得到；沉淀的溶度积又随沉淀的晶形而变(如刚析出与陈化后，沉淀的晶态有变化，溶度积则不同)。因此，金属离子分离的最适宜 pH 范围与计算值常会有出入，必须由实验确定。

表 13-2　一些常见氢氧化物沉淀的计算结果

氢氧化物	溶度积 $K_{sp}^{\ominus}$	开始沉淀时的 pH（假定 c_M=0.01 mol/L）	完全沉淀时的 pH（假定 $c_M=10^{-6}$ mol/L）
$Sn(OH)_4$	1.0×10^{-57}	0.5	1.3
$TiO(OH)_2$	1.0×10^{-29}	0.5	2.0
$Sn(OH)_2$	3.0×10^{-27}	1.7	3.7
$Fe(OH)_3$	2.64×10^{-39}	1.8	3.1
$Al(OH)_3$	2.0×10^{-33}	3.8	5.1
$Cr(OH)_3$	6.3×10^{-31}	4.6	5.9
$Zn(OH)_2$	1.2×10^{-17}	6.5	8.5
$Fe(OH)_2$	1.0×10^{-15}	7.5	9.5
$Ni(OH)_2$	6.5×10^{-18}	6.4	8.4
$Mn(OH)_2$	1.9×10^{-13}	8.6	10.6
$Mg(OH)_2$	1.8×10^{-11}	9.6	11.6

(1) 采用 NaOH 作沉淀剂可使两性元素与非两性元素分离，两性元素（如铬、铝等）以含氧酸盐的阴离子形态保留在溶液中，非两性元素则形成氢氧化物沉淀。

(2) 在铵盐存在下以氨水为沉淀剂（pH 为 8～9）可使高价金属离子如 Th^{4+}、Al^{3+}、Fe^{3+} 等与大多数一、二价金属离子分离。这时，Ag^+、Cu^{2+}、Co^{2+}、Ni^{2+}、Zn^{2+}、Cd^{2+} 等以氨配合物形式存在于溶液中，而 Ca^{2+}、Mg^{2+} 因其氢氧化物溶解度较大也会留在溶液中。

(3) 也可用加入某种金属氧化物（如 ZnO）、有机碱六次甲基四胺 $(CH_2)_6N_4$ 等来调节和控制溶液酸度，以达到沉淀分离的目的。

氢氧化物沉淀分离法的选择性较差，又由于氢氧化物是非晶态沉淀，共沉淀现象较为严重。为了改善沉淀性能，减少共沉淀现象，沉淀作用应在较浓的热溶液中进行，使生成的氢氧化物共沉淀含水分较少，结构较紧密，体积较小，吸附的杂质离开沉淀表面转入溶液，从而获得较纯的沉淀。如果让沉淀作用在尽量浓的溶液中进行，同时加入大量没有干扰作用的盐类，即进行“小体积沉淀”，可使吸附其他组分的机会进一步减小，沉淀较为纯净。

2. 硫化物沉淀分离法（precipitation separation of sulfides）

能形成硫化物沉淀的金属离子有四十余种，它们的溶解度相差悬殊，因而可以通过控制溶液中硫离子的浓度使金属离子彼此分离。

硫化物沉淀分离所用的主要沉淀剂是 H_2S，在溶液中 H_2S 存在如下平衡：

$$H_2S \rightleftharpoons HS^- + H^+$$

$$HS^- \rightleftharpoons S^{2-} + H^+$$

溶液中的 S^{2-} 浓度与溶液的酸度有关。控制适当的酸度，亦即控制 $[S^{2-}]$：

$$[S^{2-}] = \frac{K_{a1}^{\ominus} K_{a2}^{\ominus} [H_2S]}{[H^+]^2}$$

即可进行硫化物沉淀分离。和氢氧化物沉淀分离法相似，硫化物沉淀分离法的选择性较差，硫化物是非晶态沉淀，吸附现象严重。如果改用硫乙酰胺为沉淀剂，利用硫代乙酰胺在酸性或碱性溶液中水解产生的 H_2S 或 S^{2-} 来进行均相沉淀，可使沉淀性能和分离效果有所改善。

$$CH_3CSNH_2 + 2H_2O + H^+ \rightleftharpoons CH_3COOH + H_2S + NH_4^+$$

$$CH_3CSNH_2 + 3OH^- \rightleftharpoons CH_3COO^- + S^{2-} + NH_3 + H_2O$$

硫化物共沉淀现象严重，分离效果不理想，而且 H_2S 是有毒、恶臭的气体，因此，硫化物沉淀分离法的应用并不广泛。

近年来有机沉淀剂的应用已较普遍，它的选择性和灵敏度较高，生成的沉淀性能好，沉淀剂灼烧后易去除，显示了较强的优越性，因而得到迅速的发展。

13.5 其他方法 Other methods

1. 挥发和蒸馏分离法

挥发和蒸馏分离法(volatilization and distillation separation)是利用化合物的挥发性的差异来进行分离的方法，可以用于除去干扰组分，也可以用于使被测组分定量分出，然后进行测定。

蒸馏法是有机化学中一种重要的分离方法。在有机分析中，也经常用到挥发和蒸馏分离法。在无机分析中，挥发和蒸馏分离法的应用虽然不多，但由于方法的选择性高，容易掌握，故在某些情况下仍具有很大的意义。它主要应用于非金属元素和少数几种金属元素的分离。

2. 气浮分离法

气浮分离法(air flotation separation)的原理是采用某种方式，向水中通入少量微小气泡，在一定条件下呈表面活性的待分离物质吸附或黏附于上升气泡进行吸附分离。过去称为浮选分离或泡沫浮选分离。该法 1959 年开始应用于分析化学领域，是分离和富集痕量物质的一种有效方法。

气浮分离涉及的理论比较复杂，有待进一步研究。目前认为，主要是由于表面活性剂在水溶液中易被吸附到气泡的气-液界面。表面活性剂极性一端向着水相，非极性一端向着气相，在含有待分离的离子、分子的水溶液中加入表面活性剂时，表面活性剂的极性端与水相中的离子或其极性分子通过物理(如静电引力)或化学(如配位反应)作用连接在一起，当通入气泡时，表面活性剂就将这些物质连在一起定向排列在气-液界面，被气泡带至液面，形成泡沫层，从而达到分离的目的。

附　录

Appendix

附录 1　弱酸和弱碱的离解常数

附表 1-1　酸

名称	分子式	温度/℃	离解常数	$pK_a^\ominus$
砷酸	H_3AsO_4	18	$K_{a1}^\ominus=5.6\times10^{-3}$	2.25
			$K_{a2}^\ominus=1.7\times10^{-7}$	6.77
			$K_{a3}^\ominus=3.0\times10^{-12}$	11.50
硼酸	H_3BO_3	20	$K_a^\ominus=5.7\times10^{-10}$	9.24
氢氰酸	HCN	25	$K_a^\ominus=6.2\times10^{-10}$	9.21
碳酸	H_2CO_3	25	$K_{a1}^\ominus=4.2\times10^{-7}$	6.38
			$K_{a2}^\ominus=5.6\times10^{-11}$	10.25
铬酸	H_2CrO_4	25	$K_{a1}^\ominus=1.8\times10^{-1}$	0.74
			$K_{a2}^\ominus=3.2\times10^{-7}$	6.49
氢氟酸	HF	25	$K_a^\ominus=7.2\times10^{-4}$	3.46
亚硝酸	HNO_2	25	$K_a^\ominus=4.6\times10^{-4}$	3.37
磷酸	H_3PO_4	25	$K_{a1}^\ominus=7.6\times10^{-3}$	2.12
			$K_{a2}^\ominus=6.3\times10^{-8}$	7.20
			$K_{a3}^\ominus=4.4\times10^{-13}$	12.36
硫化氢	H_2S	25	$K_{a1}^\ominus=1.07\times10^{-7}$	6.97
			$K_{a2}^\ominus=1.26\times10^{-13}$	12.90
亚硫酸	H_2SO_3	18	$K_{a1}^\ominus=1.3\times10^{-2}$	1.82
			$K_{a2}^\ominus=6.2\times10^{-8}$	7.00
硫酸	H_2SO_4	25	$K_{a2}^\ominus=1.0\times10^{-2}$	1.99
甲酸	$HCOOH$	20	$K_a^\ominus=1.80\times10^{-4}$	3.74
醋酸	CH_3COOH	20	$K_a^\ominus=1.8\times10^{-5}$	4.74
一氯乙酸	$CH_2ClCOOH$	25	$K_a^\ominus=1.4\times10^{-3}$	2.86
二氯乙酸	$CHCl_2COOH$	25	$K_a^\ominus=5.0\times10^{-2}$	1.30
三氯乙酸	CCl_3COOH	25	$K_a^\ominus=0.23$	0.64
草酸	$H_2C_2O_4$	25	$K_{a1}^\ominus=5.6\times10^{-2}$	1.25
			$K_{a2}^\ominus=6.5\times10^{-5}$	4.29

（续表）

名称	分子式	温度/℃	离解常数	$pK_a^{\ominus}$
琥珀酸	$(CH_2COOH)_2$	25	$K_{a1}^{\ominus}=6.4\times10^{-5}$	4.19
			$K_{a2}^{\ominus}=2.7\times10^{-6}$	5.57
酒石酸	CH(OH)COOH | CH(OH)COOH	25	$K_{a1}^{\ominus}=9.1\times10^{-4}$	3.04
			$K_{a2}^{\ominus}=4.3\times10^{-5}$	4.37
柠檬酸	CH_2COOH | C(OH)COOH | CH_2COOH	18	$K_{a1}^{\ominus}=7.4\times10^{-4}$	3.13
			$K_{a2}^{\ominus}=1.7\times10^{-5}$	4.76
			$K_{a3}^{\ominus}=4.0\times10^{-7}$	6.40
苯酚	C_6H_5OH	20	$K_a^{\ominus}=1.1\times10^{-10}$	9.95
苯甲酸	C_6H_5COOH	25	$K_a^{\ominus}=6.2\times10^{-5}$	4.21
水杨酸	$C_6H_4(OH)COOH$	18	$K_{a1}^{\ominus}=1.07\times10^{-3}$	2.97
			$K_{a2}^{\ominus}=4.0\times10^{-14}$	13.40
乙酰水杨酸	25		$K_a^{\ominus}=2.75\times10^{-5}$	4.56
邻苯二甲酸	$C_6H_4(COOH)_2$	25	$K_{a1}^{\ominus}=1.3\times10^{-3}$	2.89
			$K_{a2}^{\ominus}=2.9\times10^{-6}$	5.54

附表 1-2 碱

名称	分子式	温度/℃	离解常数	$pK_b^{\ominus}$
氨水	$NH_3\cdot H_2O$	25	$K_b^{\ominus}=1.8\times10^{-5}$	4.74
羟胺	NH_2OH	20	$K_b^{\ominus}=9.1\times10^{-9}$	8.04
苯胺	$C_6H_5NH_2$	25	$K_b^{\ominus}=4.6\times10^{-10}$	9.34
乙二胺	$H_2NCH_2CH_2NH_2$	25	$K_{b1}^{\ominus}=8.5\times10^{-5}$	4.07
			$K_{b2}^{\ominus}=7.1\times10^{-8}$	7.15
三乙醇胺	$(HOCH_2CH_2)_3N$	25	$K_b^{\ominus}=5.8\times10^{-7}$	6.24
联氨	H_2NNH_2	25	$K_{b1}^{\ominus}=3.0\times10^{-6}$	5.52
			$K_{b2}^{\ominus}=7.6\times10^{-15}$	14.12
甲胺	CH_3NH_2	25	$K_b^{\ominus}=4.2\times10^{-4}$	3.38
乙胺	$C_2H_5NH_2$	25	$K_b^{\ominus}=5.6\times10^{-4}$	3.25
乙醇胺	$HOCH_2CH_2NH_2$	25	$K_b^{\ominus}=3.2\times10^{-5}$	4.50
六次甲基四胺	$(CH_2)_6N_4$	25	$K_b^{\ominus}=1.4\times10^{-9}$	8.85
吡啶	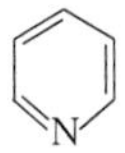	25	$K_b=1.7\times10^{-9}$	8.77

附录 2　难溶化合物的溶度积常数

（18 ℃）

难溶化合物	分子式	溶度积 $K_{sp}^{\ominus}$	温度/℃	难溶化合物	分子式	溶度积 $K_{sp}^{\ominus}$	温度/℃
氢氧化铝	$Al(OH)_3$	2.0×10^{-33}		氢氧化亚铁	$Fe(OH)_2$	1.0×10^{-15}	
溴酸银	$AgBrO_3$	5.77×10^{-5}	25	草酸亚铁	FeC_2O_4	2.1×10^{-7}	25
溴化银	$AgBr$	4.1×10^{-13}		硫化亚铁	FeS	6.3×10^{-18}	
碳酸银	Ag_2CO_3	6.15×10^{-12}	25	硫化汞	HgS	$4.0\times10^{-53}\sim1.6\times10^{-52}$	
氯化银	$AgCl$	1.8×10^{-10}	25	溴化亚汞	Hg_2Br_2	1.3×10^{-21}	25
铬酸银	Ag_2CrO_4	1.1×10^{-12}	25	氯化亚汞	Hg_2Cl_2	2.0×10^{-18}	
氢氧化银	$AgOH$	1.52×10^{-8}	25	碘化亚汞	Hg_2I_2	1.2×10^{-28}	
碘化银	AgI	8.3×10^{-17}	25	磷酸铵镁	$MgNH_4PO_4$	2.5×10^{-13}	25
硫化银	Ag_2S	6.3×10^{-50}		碳酸镁	$MgCO_3$	2.6×10^{-5}	25
硫氰酸银	$AgSCN$	1.0×10^{-12}		氟化镁	MgF_2	7.1×10^{-9}	
碳酸钡	$BaCO_3$	5.1×10^{-9}	25	氢氧化镁	$Mg(OH)_2$	1.8×10^{-11}	
铬酸钡	$BaCrO_4$	1.2×10^{-10}		草酸镁	MgC_2O_4	8.57×10^{-5}	
草酸钡	BaC_2O_4	4.1×10^{-7}		氢氧化锰	$Mn(OH)_2$	1.9×10^{-13}	
硫酸钡	$BaSO_4$	1.1×10^{-10}		硫化锰(无定形)	MnS	2.5×10^{-10}	
氢氧化铋	$Bi(OH)_3$	4.0×10^{-31}		氢氧化镍	$Ni(OH)_2$	6.5×10^{-18}	
氢氧化铬	$Cr(OH)_3$	6.3×10^{-31}		碳酸铅	$PbCO_3$	3.3×10^{-14}	
硫化镉	CdS	8.0×10^{-27}		铬酸铅	$PbCrO_4$	1.77×10^{-14}	
碳酸钙	$CaCO_3$	2.8×10^{-9}	25	氟化铅	PbF_2	3.2×10^{-8}	
氟化钙	CaF_2	3.4×10^{-11}		草酸铅	PbC_2O_4	2.74×10^{-11}	
草酸钙	$CaC_2O_4\cdot H_2O$	2.30×10^{-9}		氢氧化铅	$Pb(OH)_2$	1.2×10^{-15}	
硫酸钙	$CaSO_4$	9.1×10^{-6}	25	硫酸铅	$PbSO_4$	1.6×10^{-8}	
硫化钴(α)	CoS	4×10^{-21}		硫化铅	PbS	8.0×10^{-28}	
硫化钴(β)	CoS	2×10^{-25}		碳酸锶	$SrCO_3$	1.1×10^{-10}	25
碘酸铜	$CuIO_3$	1.4×10^{-7}	25	氟化锶	SrF_2	2.8×10^{-9}	
草酸铜	CuC_2O_4	2.87×10^{-8}	25	草酸锶	SrC_2O_4	5.61×10^{-8}	
硫化铜	CuS	6.3×10^{-36}		硫酸锶	$SrSO_4$	3.2×10^{-7}	17.4
溴化亚铜	$CuBr$	4.15×10^{-8}	18～20	氢氧化锡	$Sn(OH)_4$	1.0×10^{-57}	
氯化亚铜	$CuCl$	1.72×10^{-7}	18～20	氢氧化亚锡	$Sn(OH)_2$	3.0×10^{-27}	
碘化亚铜	CuI	1.1×10^{-12}	18～20	氢氧化钛	$Ti(OH)_2$	3.0×10^{-29}	
硫化亚铜	Cu_2S	2×10^{-47}	18～20	氢氧化锌	$Zn(OH)_2$	1.2×10^{-17}	18～20
硫氰酸亚铜	$CuSCN$	4.8×10^{-15}	25	草酸锌	ZnC_2O_4	1.35×10^{-9}	
氢氧化铁	$Fe(OH)_3$	2.64×10^{-39}		硫化锌	β-ZnS	2.5×10^{-22}	
					α-ZnS	1.6×10^{-24}	

注　未标明温度者为 18 ℃。

附录3 标准电极电势

（18～25 ℃）

半反应	$\varphi^{\ominus}$/V
$Li^+ + e^- \rightleftharpoons Li$	−3.045
$K^+ + e^- \rightleftharpoons K$	−2.924
$Ba^{2+} + 2e^- \rightleftharpoons Ba$	−2.90
$Sr^{2+} + 2e^- \rightleftharpoons Sr$	−2.89
$Ca^{2+} + 2e^- \rightleftharpoons Ca$	−2.76
$Na^+ + e^- \rightleftharpoons Na$	−2.711
$Mg^{2+} + 2e^- \rightleftharpoons Mg$	−2.375
$Al^{3+} + 3e^- \rightleftharpoons Al$	−1.706
$ZnO_2^{2-} + 2H_2O + 2e^- \rightleftharpoons Zn + 4OH^-$	−1.216
$Mn^{2+} + 2e^- \rightleftharpoons Mn$	−1.18
$Sn(OH)_6^{2-} + 2e^- \rightleftharpoons HSnO_2^- + 3OH^- + H_2O$	−0.96
$SO_4^{2-} + H_2O + 2e^- \rightleftharpoons SO_3^{2-} + 2OH^-$	−0.92
$TiO_2 + 4H^+ + 4e^- \rightleftharpoons Ti + 2H_2O$	−0.89
$2H_2O + 2e^- \rightleftharpoons H_2 + 2OH^-$	−0.828
$HSnO_2^- + H_2O + 2e^- \rightleftharpoons Sn + 3OH^-$	−0.79
$Zn^{2+} + 2e^- \rightleftharpoons Zn$	−0.762
$Cr^{3+} + 3e^- \rightleftharpoons Cr$	−0.74
$AsO_4^{3-} + 2H_2O + 2e^- \rightleftharpoons AsO_2^- + 4OH^-$	−0.71
$S + 2e^- \rightleftharpoons S^{2-}$	−0.508
$2CO_2 + 2H^+ + 2e^- \rightleftharpoons H_2C_2O_4$	−0.49
$Cr^{3+} + e^- \rightleftharpoons Cr^{2+}$	−0.41
$Fe^{2+} + 2e^- \rightleftharpoons Fe$	−0.441
$Cd^{2+} + 2e^- \rightleftharpoons Cd$	−0.403
$Cu_2O + H_2O + 2e^- \rightleftharpoons 2Cu + 2OH^-$	−0.361
$Co^{2+} + 2e^- \rightleftharpoons Co$	−0.277
$Ni^{2+} + 2e^- \rightleftharpoons Ni$	−0.257
$AgI + e^- \rightleftharpoons Ag + I^-$	−0.15
$Sn^{2+} + 2e^- \rightleftharpoons Sn$	−0.138
$Pb^{2+} + 2e^- \rightleftharpoons Pb$	−0.126
$CrO_4^{2-} + 4H_2O + 3e^- \rightleftharpoons Cr(OH)_3 + 5OH^-$	−0.12
$Ag_2S + 2H^+ + 2e^- \rightleftharpoons 2Ag + H_2S$	−0.036
$Fe^{3+} + 3e^- \rightleftharpoons Fe$	−0.037
$2H^+ + 2e^- \rightleftharpoons H_2$	0.000
$NO_3^- + H_2O + 2e^- \rightleftharpoons NO_2^- + 2OH$	0.01
$TiO^{2+} + 2H^+ + e^- \rightleftharpoons Ti^{3+} + H_2O$	0.10
$S_4O_6^{2-} + 2e^- \rightleftharpoons 2S_2O_3^{2-}$	0.09
$AgBr + e^- \rightleftharpoons Ag + Br^-$	0.10
$S + 2H^+ + 2e^- \rightleftharpoons H_2S$(水溶液)	0.147
$Sn^{4+} + 2e^- \rightleftharpoons Sn^{2+}$	0.15
$Cu^{2+} + e^- \rightleftharpoons Cu^+$	0.153
$BiOCl + 2H^+ + 3e^- \rightleftharpoons Bi + Cl^- + H_2O$	0.158
$SO_4^{2-} + 4H^+ + 2e^- \rightleftharpoons H_2SO_3 + H_2O$	0.20

（续表）

半反应	$\varphi^{\ominus}$/V
$AgCl+e^- \rightleftharpoons Ag+Cl^-$	0.223
$IO_3^- +3H_2O+6e^- \rightleftharpoons I^- +6OH^-$	0.26
$Hg_2Cl_2+2e^- \rightleftharpoons 2Hg+2Cl^-$（0.1 mol·L^{-1} NaOH）	0.268
$Cu^{2+}+2e^- \rightleftharpoons Cu$	0.342
$VO^{2+}+2H^+ +e^- \rightleftharpoons V^{3+}+H_2O$	0.36
$Fe(CN)_6^{3-}+e^- \rightleftharpoons Fe(CN)_6^{4-}$	0.36
$2H_2SO_3+2H^+ +4e^- \rightleftharpoons S_2O_3^{2-}+3H_2O$	0.40
$Cu^+ +e^- \rightleftharpoons Cu$	0.521
$I_3^- +2e^- \rightleftharpoons 3I^-$	0.536
$I_2+2e^- \rightleftharpoons 2I^-$	0.536
$IO_3^- +2H_2O+4e^- \rightleftharpoons IO^- +4OH^-$	0.56
$MnO_4^- +e^- \rightleftharpoons MnO_4^{2-}$	0.56
$H_3AsO_4+2H^+ +2e^- \rightleftharpoons HAsO_2+2H_2O$	0.56
$MnO_4^- +2H_2O+3e^- \rightleftharpoons MnO_2+4OH^-$	0.58
$O_2+2H^+ +2e^- \rightleftharpoons H_2O_2$	0.682
$Fe^{3+}+e^- \rightleftharpoons Fe^{2+}$	0.771
$Hg_2^{2+}+2e^- \rightleftharpoons 2Hg$	0.79
$Ag^+ +e^- \rightleftharpoons Ag$	0.800
$Hg^{2+}+2e^- \rightleftharpoons Hg$	0.851
$2Hg^{2+}+2e^- \rightleftharpoons Hg_2^{2+}$	0.92
$NO_3^- +3H^+ +2e^- \rightleftharpoons HNO_2+H_2O$	0.94
$NO_3^- +4H^+ +3e^- \rightleftharpoons NO+2H_2O$	0.96
$HNO_2+H^+ +e^- \rightleftharpoons NO+H_2O$	0.98
$VO_2^+ +2H^+ +e^- \rightleftharpoons VO^{2+}+H_2O$	1.00
$N_2O_4+4H^+ +4e^- \rightleftharpoons 2NO+2H_2O$	1.03
$Br_2+2e^- \rightleftharpoons 2Br^-$	1.065
$IO_3^- +6H^+ +6e^- \rightleftharpoons I^- +3H_2O$	1.085
$IO_3^- +6H^+ +5e^- \rightleftharpoons \frac{1}{2}I_2+3H_2O$	1.195
$MnO_2+4H^+ +2e^- \rightleftharpoons Mn^{2+}+2H_2O$	1.23
$O_2+4H^+ +4e^- \rightleftharpoons 2H_2O$	1.23
$Au^{3+}+2e^- \rightleftharpoons Au^+$	1.29
$Cr_2O_7^{2-}+14H^+ +6e^- \rightleftharpoons 2Cr^{3+}+7H_2O$	1.33
$Cl_2+2e^- \rightleftharpoons 2Cl^-$	1.36
$BrO_3^- +6H^+ +6e^- \rightleftharpoons Br^- +3H_2O$	1.44
$Ce^{4+}+e^- \rightleftharpoons Ce^{3+}$	1.443
$ClO_3^- +6H^+ +6e^- \rightleftharpoons Cl^- +3H_2O$	1.45
$PbO_2+4H^+ +2e^- \rightleftharpoons Pb^{2+}+2H_2O$	1.46
$MnO_4^- +8H^+ +5e^- \rightleftharpoons Mn^{2+}+4H_2O$	1.491
$Mn^{3+}+e^- \rightleftharpoons Mn^{2+}$	1.51
$BrO_3^- +6H^+ +5e^- \rightleftharpoons \frac{1}{2}Br_2+3H_2O$	1.52
$HClO+H^+ +e^- \rightleftharpoons \frac{1}{2}Cl_2+H_2O$	1.63
$MnO_4^- +4H^+ +3e^- \rightleftharpoons MnO_2+2H_2O$	1.695
$H_2O_2+2H^+ +2e^- \rightleftharpoons 2H_2O$	1.776
$Co^{3+}+e^- \rightleftharpoons Co^{2+}$	1.842
$S_2O_8^{2-}+2e^- \rightleftharpoons 2SO_4^{2-}$	2.00
$O_3+2H^+ +2e^- \rightleftharpoons O_2+H_2O$	2.07
$F_2+2e^- \rightleftharpoons 2F^-$	2.87

附录 4　条件电极电势

半反应	$\varphi^{\ominus'}$/V	介质
$Ag(II)+e^- \rightleftharpoons Ag^+$	1.927	4 mol·L^{-1} HNO_3
$Ce(IV)+e^- \rightleftharpoons Ce(III)$	1.70	1 mol·L^{-1} $HClO_4$
	1.61	1 mol·L^{-1} HNO_3
	1.44	0.5 mol·L^{-1} H_2SO_4
	1.28	1 mol·L^{-1} HCl
$Co^{3+}+e^- \rightleftharpoons Co^{2+}$	1.85	4 mol·L^{-1} HNO_3
$Co(乙二胺)_3^{3+}+e^- \rightleftharpoons Co(乙二胺)_3^{2+}$	−0.2	0.1 mol·L^{-1} KNO_3+0.1 mol·L^{-1}乙二胺
$Cr(III)+e^- \rightleftharpoons Cr(II)$	−0.40	5 mol·L^{-1} HCl
$Cr_2O_7^{2-}+14H^++6e^- \rightleftharpoons 2Cr^{3+}+7H_2O$	1.00	1 mol·L^{-1} HCl
	1.025	1 mol·L^{-1} $HClO_4$
	1.08	3 mol·L^{-1} HCl
	1.05	2 mol·L^{-1} HCl
	1.15	4 mol·L^{-1} H_2SO_4
$CrO_4^{2-}+2H_2O+3e^- \rightleftharpoons CrO_2^-+4OH$	−0.12	1 mol·L^{-1} NaOH
$Fe(III)+e^- \rightleftharpoons Fe(II)$	0.73	1 mol·L^{-1} $HClO_4$
	0.71	0.5 mol·L^{-1} HCl
	0.68	1 mol·L^{-1} H_2SO_4
	0.68	1 mol·L^{-1} HCl
	0.46	2 mol·L^{-1} H_3PO_4
	0.51	1 mol·L^{-1} HCl+0.25 mol·L^{-1} H_3PO_4
$H_3AsO_4+2H^++2e^- \rightleftharpoons H_3AsO_3+H_2O$	0.557	1 mol·L^{-1} HCl
	0.557	1 mol·L^{-1} $HClO_4$
$Fe(EDTA)^-+e^- \rightleftharpoons Fe(EDTA)^{2-}$	0.12	0.1 mol·L^{-1} EDTA，pH 为 4～6
$Fe(CN)_6^{3-}+e^- \rightleftharpoons Fe(CN)_6^{4-}$	0.48	0.01 mol·L^{-1} HCl
	0.56	0.1 mol·L^{-1} HCl
	0.71	1 mol·L^{-1} HCl
	0.72	1 mol·L^{-1} $HClO_4$
$I_2(水)+2e^- \rightleftharpoons 2I^-$	0.628	1 mol·L^{-1} H^+
$I_3^-+2e^- \rightleftharpoons 3I^-$	0.545	1 mol·L^{-1} H^+
$MnO_4^-+8H^++5e^- \rightleftharpoons Mn^{2+}+4H_2O$	1.45	1 mol·L^{-1} $HClO_4$
	1.27	8 mol·L^{-1} H_3PO_4
$Os(VIII)+4e^- \rightleftharpoons Os(IV)$	0.79	5 mol·L^{-1} HCl
$SnCl_6^{2-}+2e^- \rightleftharpoons SnCl_4^{2-}+2Cl^-$	0.14	1 mol·L^{-1} HCl
$Sn^{2+}+2e^- \rightleftharpoons Sn$	−0.16	1 mol·L^{-1} $HClO_4$
$Sb(V)+2e^- \rightleftharpoons Sb(III)$	0.75	3.5 mol·L^{-1} HCl
$Sb(OH)_6^-+2e^- \rightleftharpoons SbO_2^-+2OH^++2H_2O$	−0.428	3 mol·L^{-1} NaOH
$SbO_2^-+2H_2O+3e^- \rightleftharpoons Sb+4OH^-$	−0.675	10 mol·L^{-1} KOH

（续表）

半反应	$\varphi^{\ominus'}$/V	介质
$Ti(IV)+e^- \rightleftharpoons Ti(III)$	−0.01	0.2 mol·L^{-1} H_2SO_4
	0.12	2 mol·L^{-1} H_2SO_4
	−0.04	1 mol·L^{-1} HCl
	−0.05	1 mol·L^{-1} H_3PO_4
$Pb(II)+2e^- \rightleftharpoons Pb$	−0.32	1 mol·L^{-1} NaAc
	−0.14	1 mol·L^{-1} $HClO_4$
$UO_2^{2+}+4H^++2e^- \rightleftharpoons U(IV)+2H_2O$	0.41	0.5 mol·L^{-1} H_2SO_4

附录 5 配离子的稳定常数

配离子	$\lg K^{\ominus}_{稳}$	$K^{\ominus}_{稳}$
$[Ag(CN)_2]^-$	21.1	1.26×10^{21}
$[Ag(NH_3)_2]^+$	7.05	1.12×10^{7}
$[Ag(S_2O_3)_2]^{3-}$	13.46	2.89×10^{13}
$[AgCl_2]^-$	5.04	1.10×10^{5}
$[AgBr_2]^-$	7.33	2.14×10^{7}
$[AgI_2]^-$	11.74	5.5×10^{11}
$[Co(NH_3)_6]^{2+}$	5.11	1.29×10^{5}
$[Cu(CN)_2]^-$	24.0	1×10^{24}
$[Cu(SCN)_2]^-$	5.18	1.52×10^{5}
$[Cu(NH_3)_4]^{2+}$	13.32	2.09×10^{13}
$[Cu(NH_3)_2]^+$	10.86	7.24×10^{10}
$[Cu(P_2O_7)_2]^{6-}$	9.0	1×10^{9}
$[Fe(CN)_6]^{3-}$	42	1×10^{42}
$[FeF_6]^{3-}$	12.05	1.13×10^{12}
$[Hg(CN)_4]^{2-}$	41.40	2.51×10^{41}
$[HgI_4]^{2-}$	29.83	6.76×10^{29}
$[HgBr_4]^{2-}$	21.00	1×10^{21}
$[HgCl_4]^{2-}$	15.07	1.17×10^{15}
$[Ni(NH_3)_6]^{2+}$	8.74	5.50×10^{8}
$[Ni(en)_3]^{2+}$	18.33	2.14×10^{18}
$[Zn(CN)_4]^{2-}$	16.70	5.0×10^{16}
$[Zn(NH_3)_4]^{2+}$	9.46	2.87×10^{9}
$[Zn(en)_2]^{2+}$	10.83	6.76×10^{10}

* 数据主要录自 J. A. Dean, "Lange's Handbook of Chemistry" (11 版, 1973); 温度一般为 20～25 ℃; $K^{\ominus}_{稳}$数值是由 $\lg K^{\ominus}_{稳}$值换算的。

附录 6　部分化合物的相对分子质量

化合物	相对分子质量	化合物	相对分子质量
AgBr	187.78	$Fe_2(SO_4)_3$	399.89
AgCl	143.32	H_3BO_3	61.83
AgCN	133.84	$H_2C_4H_4O_6$(酒石酸)	150.09
Ag_2CrO_4	331.73	$H_2C_2O_4$	90.04
AgI	234.77	$H_2C_2O_4 \cdot 2H_2O$	126.07
$AgNO_3$	169.87	$HClO_4$	100.46
AgSCN	165.95	HCOOH	46.03
Al_2O_3	101.96	Hg_2Cl_2	472.09
$Al_2(SO_4)_3$	342.15	$HgCl_2$	271.50
As_2O_3	197.84	$KAl(SO_4)_2 \cdot 12H_2O$	474.39
As_2O_5	229.84	$KB(C_6H_5)_4$	358.33
$BaCl_2$	208.24	$KBrO_3$	167.01
$BaCl_2 \cdot {}_2H_2O$	244.27	$KClO_3$	122.55
$BaCO_3$	197.34	$KClO_4$	138.55
BaC_2O_4	225.35	K_2CO_3	138.21
BaO	153.33	K_2CrO_4	194.20
$Ba(OH)_2$	171.35	$K_2Cr_2O_7$	294.19
$BaSO_4$	233.39	$KHC_2O_4 \cdot H_2C_2O_4 \cdot 2H_2O$	254.19
$CaCl_2$	110.99	$KHC_2O_4 \cdot H_2O$	146.14
$CaCl_2 \cdot H_2O$	129.00	KIO_3	214.00
$CaCO_3$	100.09	$KIO_3 \cdot HIO_3$	389.92
CaC_2O_4	128.10	$KMnO_4$	158.04
CaF_2	78.08	KNO_2	85.10
CaO	56.08	KOH	56.11
$Ca(OH)_2$	74.09	KSCN	97.18
$Ca_3(PO_4)_2$	310.18	K_2SO_4	174.26
Ca_2SO_4	136.14	$MgCl_2$	95.21
$Ce(SO_4)_2$	332.24	$MgCO_3$	84.32
CH_3COCH_3	58.08	$MgNH_4PO_4$	137.33
CH_3COOH	60.05	MgO	40.31
CH_3COONa	82.03	$Mg_2P_2O_7$	222.60
CH_3OH	32.04	MnO_2	86.94
$C_6H_4COOHCOOK$(苯二甲酸氢钾)	204.23	$Na_2B_4O_7$	201.22
C_6H_5COOH	122.12	$Na_2B_4O_7 \cdot 10H_2O$	381.37
C_6H_5COONa	144.10	$NaBiO_3$	279.97
$COOHCH_2COOH$	104.06	NaCN	49.01
$COOHCH_2COONa$	126.04	Na_2CO_3	105.99
Cr_2O_3	151.99	$Na_2C_2O_4$	134.00
$Cu(C_2H_3O_2)_2 \cdot Cu(AsO_2)_2$	1013.80	NaH_2PO_4	119.98
CuO	79.54	$NaHCO_3$	84.01
Cu_2O	143.09	Na_2HPO_4	141.96
CuSCN	121.63	$Na_2H_2Y \cdot 2H_2O$(EDTA 二钠盐)	372.26
$CuSO_4$	159.61	$NaNO_2$	69.00
$CuSO_4 \cdot 5H_2O$	249.69	NaOH	40.01
$FeCl_3$	162.21	Na_2O	61.98
$FeCl_3 \cdot 6H_2O$	270.30	$Na_2S \cdot 9H_2O$	240.18
FeO	71.85	Na_2SiF_6	188.06
Fe_2O_3	159.69	$Na_2S_2O_3$	158.11
Fe_3O_4	231.54	$Na_2S_2O_3 \cdot 5H_2O$	248.19
$FeSO_4 \cdot H_2O$	169.93	$Na_2SO_4 \cdot 10H_2O$	322.20
$FeSO_4 \cdot 7H_2O$	278.02	Na_3PO_4	163.94

（续表）

化合物	相对分子质量	化合物	相对分子质量
$NH_3 \cdot H_2O$	35.05	Sb_2S_3	339.70
$(NH_4)_2C_2O_4 \cdot H_2O$	142.11	SiF_4	104.08
$(NH_4)_2HPO_4$	132.05	SiO_2	60.08
$(NH_4)_2SO_4$	132.14	$SnCl_2$	189.60
$(NH_4)_3PO_4 \cdot 12MoO_3$	1 876.53	$SnCO_3$	178.72
$NH_4Fe(SO_4)_2 \cdot 12H_2O$	482.20	SnO_2	150.71
NH_4SCN	76.12	TiO_2	79.88
$NiO_8H_{14}O_4N_4$（丁二酮肟镍）	288.91	WO_3	231.85
P_2O_5	141.95	$ZnCl_2$	136.30
Pb_3O_4	685.57	ZnO	81.38
$PbCrO_4$	323.18	$ZnSO_4$	161.45
$PbSO_4$	303.26	$Zn_2P_2O_7$	304.72
Sb_2O_3	291.50		

关键词索引

Keyword Index

参考文献

References

[1] 徐志珍，张敏，田振芬. 工科无机化学[M]. 4 版. 上海：华东理工大学出版社，2018.
[2] 孟长功. 无机化学[M]. 6 版. 北京：高等教育出版社，2019
[3] 武汉大学. 分析化学[M]. 6 版. 北京：高等教育出版社，2016.
[4] 刘伟生. 配位化学[M]. 2 版. 北京：化工出版社，2019.
[5] 王元兰，邓斌. 无机与分析化学[M]. 2 版. 北京：化工出版社，2017.
[6] 陈寿春. 重要无机化学反应[M]. 3 版. 上海：上海科学技术出版社，2000.
[7] 周公度. 结构和物性——化学原理的应用[M]. 3 版. 北京：高等教育出版社，2011.
[8] OVERTON W，ARMSTRONG R. 无机化学[M]. 李珺，雷依波，刘斌，等，译. 6 版. 北京：高等教育出版社，2020.
[9] HOUSE J E. Inorganic Chemistry[M]. 2nd ed. Kidlington：Elsevier Press，2012.

元素周期表

原子序数——92 U——元素符号
元素名称——铀
$5f^3 6d^1 7s^2$——外围电子的构型，括号指可能的构型
238.0——相对原子质量（加中括号的数据为该放射性元素半衰期最长同位素的质量数）

族 周期	ⅠA 1	ⅡA 2	ⅢB 3	ⅣB 4	ⅤB 5	ⅥB 6	ⅦB 7	Ⅷ B 8	9	10	ⅠB 11	ⅡB 12	ⅢA 13	ⅣA 14	ⅤA 15	ⅥA 16	ⅦA 17	ⅧA 18	电子层	18族电子数
1	1 H 氢 $1s^1$ 1.008																	12 He 氦 $1s^2$ 4.003	K	2
2	3 Li 锂 $2s^1$ 6.941	4 Be 铍 $2s^2$ 9.012											5 B 硼 $2s^2 2p^1$ 10.81	6 C 碳 $2s^2 2p^2$ 12.01	7 N 氮 $2s^2 2p^3$ 14.01	8 O 氧 $2s^2 2p^4$ 16.00	9 F 氟 $2s^2 2p^5$ 19.00	10 Ne 氖 $2s^2 2p^6$ 20.18	L K	8 2
3	11 Na 钠 $3s^1$ 22.99	12 Mg 镁 $3s^2$ 24.31											13 Al 铝 $3s^2 3p^1$ 26.98	14 Si 硅 $3s^2 3p^2$ 28.09	15 P 磷 $3s^2 3p^3$ 30.97	16 S 硫 $3s^2 3p^4$ 32.06	17 Cl 氯 $3s^2 3p^5$ 35.45	18 Ar 氩 $3s^2 3p^6$ 39.95	M L K	8 8 2
4	19 K 钾 $4s^1$ 39.10	20 Ca 钙 $4s^2$ 40.08	21 Sc 钪 $3d^1 4s^2$ 44.96	22 Ti 钛 $3d^2 4s^2$ 47.87	23 V 钒 $3d^3 4s^2$ 50.94	24 Cr 铬 $3d^5 4s^1$ 52.00	25 Mn 锰 $3d^5 4s^2$ 54.94	26 Fe 铁 $3d^6 4s^2$ 55.85	27 Co 钴 $3d^7 4s^2$ 58.93	28 Ni 镍 $3d^8 4s^2$ 58.69	29 Cu 铜 $3d^{10} 4s^1$ 63.55	30 Zn 锌 $3d^{10} 4s^2$ 65.41	31 Ga 镓 $4s^2 4p^1$ 69.72	32 Ge 锗 $4s^2 4p^2$ 72.64	33 As 砷 $4s^2 4p^3$ 74.92	34 Se 硒 $4s^2 4p^4$ 78.96	35 Br 溴 $4s^2 4p^5$ 79.90	36 Kr 氪 $4s^2 4p^6$ 83.80	N M L K	8 18 8 2
5	37 Rb 铷 $5s^1$ 85.47	38 Sr 锶 $5s^2$ 87.62	39 Y 钇 $4d^1 5s^2$ 88.91	40 Zr 锆 $4d^2 5s^2$ 91.22	41 Nb 铌 $4d^4 5s^1$ 92.91	42 Mo 钼 $4d^5 5s^1$ 95.94	43 Tc 锝 $4d^5 5s^2$ [98]	44 Ru 钌 $4d^7 5s^1$ 101.1	45 Rh 铑 $4d^8 5s^1$ 102.9	46 Pd 钯 $4d^{10}$ 106.4	47 Ag 银 $4d^{10} 5s^1$ 107.9	48 Cd 镉 $4d^{10} 5s^2$ 112.4	49 In 铟 $5s^2 5p^1$ 114.8	50 Sn 锡 $5s^2 5p^2$ 118.7	51 Sb 锑 $5s^2 5p^3$ 121.8	52 Te 碲 $5s^2 5p^4$ 127.6	53 I 碘 $5s^2 5p^5$ 126.9	54 Xe 氙 $5s^2 5p^6$ 131.3	O N M L K	8 18 18 8 2
6	55 Cs 铯 $6s^1$ 132.9	56 Ba 钡 $6s^2$ 137.3	57～71 La～Lu 镧系	72 Hf 铪 $5d^2 6s^2$ 178.5	73 Ta 钽 $5d^3 6s^2$ 180.9	74 W 钨 $5d^4 6s^2$ 183.8	75 Re 铼 $5d^5 6s^2$ 186.2	76 Os 锇 $5d^6 6s^2$ 190.2	77 Ir 铱 $5d^7 6s^2$ 192.2	78 Pt 铂 $5d^9 6s^1$ 195.1	79 Au 金 $5d^{10} 6s^1$ 197.0	80 Hg 汞 $5d^{10} 6s^2$ 200.6	81 Tl 铊 $6s^2 6p^1$ 204.4	82 Pb 铅 $6s^2 6p^2$ 207.2	83 Bi 铋 $6s^2 6p^3$ 209.0	84 Po 钋 $6s^2 6p^4$ [209]	85 At 砹 $6s^2 6p^5$ [210]	86 Rn 氡 $6s^2 6p^6$ [222]	P O N M L K	8 18 32 18 8 2
7	87 Fr 钫 $7s^1$ [223]	88 Ra 镭 $7s^2$ [226]	89～103 Ac～Lr 锕系	104 Rf 𬬻 $(6d^2 7s^2)$ [267]	105 Db 𬭊 $(6d^3 7s^2)$ [268]	106 Sg 𬭳 $6d^4 7s^2$ [269]	107 Bh 𬭛 $6d^5 7s^2$ [270]	108 Hs 𬭶 $6d^6 7s^2$ [277]	109 Mt 鿏 $6d^7 7s^2$ [278]	110 Ds 𫟼 $6d^8 7s^2$ [281]	111 Rg 𬬭 $6d^9 7s^2$ [282]	112 Cn 鿔 $6d^{10} 7s^2$ [285]	113 Nh 鿭 $7s^2 7p^1$ [286]	114 Fl 𫓧 $7s^2 7p^2$ [289]	115 Mc 镆 $7s^2 7p^3$ [290]	116 Lv 𫟷 $7s^2 7p^4$ [293]	117 Ts 石田 $7s^2 7p^5$ [294]	118 Og 气奥 $7s^2 7p^6$ [294]	Q P O N M L K	8 18 32 32 18 8 2

镧系	57 La 镧 $5d^1 6s^2$ 138.9	58 Ce 铈 $4f^1 5d^1 6s^2$ 140.1	59 Pr 镨 $4f^3 6s^2$ 140.9	60 Nd 钕 $4f^4 6s^2$ 144.2	61 Pm 钷 $4f^5 6s^2$ [145]	62 Sm 钐 $4f^6 6s^2$ 150.4	63 Eu 铕 $4f^7 6s^2$ 152.0	64 Gd 钆 $4f^7 5d^1 6s^2$ 157.3	65 Tb 铽 $4f^9 6s^2$ 158.9	66 Dy 镝 $4f^{10} 6s^2$ 162.5	67 Ho 钬 $4f^{11} 6s^2$ 164.9	68 Er 铒 $4f^{12} 6s^2$ 167.3	69 Tm 铥 $4f^{13} 6s^2$ 168.9	70 Yb 镱 $4f^{14} 6s^2$ 173.0	71 Lu 镥 $4f^{14} 5d^1 6s^2$ 175.0
锕系	89 Ac 锕 $6d^1 7s^2$ [227]	90 Th 钍 $6d^2 7s^2$ 232.0	91 Pa 镤 $5f^2 6d^1 7s^2$ 231.0	92 U 铀 $5f^3 6d^1 7s^2$ 238.0	93 Np 镎 $5f^4 6d^1 7s^2$ [237]	94 Pu 钚 $5f^6 7s^2$ [244]	95 Am 镅 $5f^7 7s^2$ [243]	96 Cm 锔 $5f^7 6d^1 7s^2$ [247]	97 Bk 锫 $5f^9 7s^2$ [247]	98 Cf 锎 $5f^{10} 7s^2$ [251]	99 Es 锿 $5f^{11} 7s^2$ [252]	100 Fm 镄 $5f^{12} 7s^2$ [257]	101 Md 钔 $5f^{13} 7s^2$ [258]	102 No 锘 $5f^{14} 7s^2$ [259]	103 Lr 铹 $5f^{14} 6d^1 7s^2$ [262]

金属　非金属　稀有气体　过渡元素